"十三五"江苏省高等学校重点教材

工程力学

（静力学与材料力学）

第3版

主　编　王永廉　方建士
副主编　马景槐　汪云祥　顾建平
参　编　张　珑　穆春燕　张小朋

机械工业出版社

本书是为国内应用型本科院校以及其他院校工科各专业精心编写的工程力学教材，具有理论简明、内容翔实、突出应用、结构严谨、层次分明、语言精练、通俗易懂的特点。本书在保持前两版风格特点的基础之上，有机融入了思政元素，以提升育人效果；通过二维码引入了重难点知识点、典型例习题的讲解视频，以及各章知识要点、解题方法与难题解析，以帮助读者更好地学习和理解；适当增补了例题和习题，以拓展读者视野，满足读者深入学习的需要。

本书涵盖了静力学与材料力学的主要内容，共分十八章，包括静力学基础、平面汇交力系、力矩·力偶·平面力偶系、平面任意力系、空间力系、静力学专题、材料力学绪论、轴向拉伸与压缩、剪切与挤压、扭转、弯曲内力、弯曲应力、弯曲变形、应力状态分析与强度理论、组合变形、压杆稳定、疲劳问题简介、电测法简介。每章都配有大量的例题、复习思考题与习题。常用材料的力学性能、型钢表和习题参考答案，作为附录列于书后。

本书配有可供教师使用的多媒体课件、教学设计（教案）、备课笔记、教学及考核大纲、习题详解、期末试卷等丰富的教学资源，拟将本书作为授课教材的教师请填写书后所附"教学支持申请表"免费获取。

本书适合作为应用型本科院校工科各专业中、少学时工程力学课程的教材，也可作为其他院校工科各专业相应课程的教材或教学参考书，还可供有关工程技术人员参考。

图书在版编目（CIP）数据

工程力学．静力学与材料力学／王永廉，方建士主编．--3版．--北京：机械工业出版社，2024.11（2025.6重印）．（"十三五"江苏省高等学校重点教材）．-- ISBN 978-7-111-76318-5

Ⅰ．TB12
中国国家版本馆CIP数据核字第2024LL6575号

机械工业出版社（北京市百万庄大街22号　邮政编码100037）
策划编辑：张金奎　　　　责任编辑：张金奎　汤　嘉
责任校对：张　薇　薄萌钰　封面设计：张　静
责任印制：郜　敏
三河市国英印务有限公司印刷
2025年6月第3版第2次印刷
169mm×239mm · 26印张 · 507千字
标准书号：ISBN 978-7-111-76318-5
定价：69.80元

电话服务　　　　　　　　　网络服务
客服电话：010-88361066　　机　工　官　网：www.cmpbook.com
　　　　　010-88379833　　机　工　官　博：weibo.com/cmp1952
　　　　　010-68326294　　金　书　网：www.golden-book.com
封底无防伪标均为盗版　　　机工教育服务网：www.cmpedu.com

第 3 版前言

本书是为国内应用型本科院校以及其他院校工科各专业精心编写的工程力学教材，具有理论简明、内容翔实、突出应用、结构严谨、层次分明、语言精练、通俗易懂的特点。第 1 版自 2014 年出版发行以来，受到了这一层面师生的普遍欢迎，2018 年被遴选为"'十三五'江苏省高等学校重点教材"。

本书在前两版的基础之上，做出了如下修订：

（1）为更好地用党的二十大精神指导教学，在适当章节自然有机地融入了思政元素，以提升育人效果。

（2）为了帮助读者更好地学习和理解，在有关章节嵌入了重难点知识点、典型例习题的讲解视频，以及各章知识要点、解题方法与难题解析，读者可以扫描相应的二维码学习。

（3）对某些章节的例题和习题做了适当增补，以拓展读者视野，满足读者深入学习的需要。

参与本次修订工作的有南京工程学院的王永廉、方建士、顾建平、张珑、穆春燕和张小朋。其中，王永廉负责统稿定稿。

本书适合作为应用型本科院校工科各专业中、少学时工程力学课程的教材，也可作为其他院校工科各专业相应课程的教材或教学参考书，还可供有关工程技术人员参考。

本书配有可供教师使用的多媒体课件、教学设计（教案）、备课笔记、教学及考核大纲、习题详解、期末试卷等丰富的教学资源，拟将本书作为授课教材的教师请填写书后所附"教学支持申请表"免费获取。

本书的姊妹教材——《理论力学》（第 4 版）与《材料力学》（第 4 版），同时由机械工业出版社出版发行，可分别供应用型本科院校以及其他院校工科各专业的理论力学课程与材料力学课程的教学选用。

本书虽经再次修订，但疏漏与欠妥之处在所难免，欢迎读者继续批评指正。有建议者请与南京工程学院力学教研室王永廉联系（E-mail：ylwang0606@163.net）。谢谢。

编　者
2024 年 6 月

第 2 版前言

本书是为国内应用型本科院校以及其他院校工科各相关专业精心编写的工程力学教材，具有理论简明、内容翔实、突出应用、结构严谨、层次分明、语言精练、通俗易懂的特点。第 1 版自 2014 年出版发行以来，受到了有关师生的普遍欢迎。

在保持第 1 版风格特点的基础之上，本书做了如下修订：

1. 在第六章"静力学专题"中，增加了"虚位移原理"一节，以满足部分学生拓展提高的需要。

2. 将全书的插图改为双色三维插图，以便于学生理解实物构型。

3. 对各章的例题和习题做了适当调整和增补，题型更加丰富和均衡。

4. 采用全新的版面装帧设计，使教材更加生动和精美。

5. 对全书的文字进一步润色和提炼。

此外，为推进党的二十大精神进教材，本书在 2023 年重印时，通过扫描二维码阅读学习的新形式，自然有机地融入了课程思政元素，以提升育人效果。

本次修订工作由南京工程学院的王永廉和方建士负责完成。本书适合于应用型本科院校非机、非土类各专业中、少学时工程力学课程的教学，也可供其他院校的相关专业选用。

本书的姊妹教材——《理论力学》（第 3 版）与《材料力学》（第 3 版），已由机械工业出版社出版发行，可分别供应用型本科院校以及其他院校工科各专业的理论力学课程与材料力学课程的教学选用。

本书虽经修订，但疏漏与欠妥之处在所难免，欢迎读者继续批评指正。有建议者请与南京工程学院力学教研室王永廉联系（E-mail：ylwang0606@sina.com）。

编 者
2020 年 3 月

第1版前言

本书是为国内应用型本科院校编写的工程力学教材，适合于这些院校非机、非土类各专业中、少学时工程力学课程的教学，也可供其他院校的相关专业选用。

本书涵盖了静力学、材料力学的主要内容。静力学部分包括静力学基础，平面汇交力系，力矩、力偶与平面力偶系，平面任意力系，空间力系与静力学专题六章；材料力学部分包括材料力学绪论、轴向拉伸与压缩、剪切与挤压、扭转、弯曲内力、弯曲应力、弯曲变形、应力状态分析与强度理论、组合变形、压杆稳定、疲劳问题简介与电测法简介十二章。考虑到学生的认知规律和教师的授课习惯，本书在章节编排上采用了由特殊到一般、由平面到空间、由浅入深的传统方式。

根据国内应用型本科院校的办学定位和教学要求，本着以必需够用为度、以实际应用为重的原则，本书对内容进行了适当取舍，并简化理论推导，加大例题、思考题与习题的分量，着重于培养学生的实际应用能力。

本书对基本理论、基本概念的阐述简洁明了，对工程应用、解题方法的介绍翔实细致，尽力做到结构严谨，层次分明，语言精练，通俗易懂。

参与本书编写工作的有江苏理工学院的马景槐，南京工程学院的王永廉、汪云祥、方建士、张珑和穆春燕。其中，王永廉、马景槐任主编，汪云祥、方建士任副主编。王永廉负责全书的统稿定稿工作。

本书配有制作精美的多媒体电子教案，读者可在机械工业出版社教育服务网（www.cmpedu.com）上注册下载。

本书的姊妹篇——《理论力学》和《材料力学》，已由机械工业出版社出版发行，可供应用型本科院校以及其他院校工科各专业的理论力学课程和材料力学课程的教学选用。

编者期望，这套教材能够使这个层面上的师生满意。但由于编者能力有限，难免会存在不足之处，衷心希望读者批评指正。有建议者请与南京工程学院材料工程系王永廉联系（E-mail：ylwang0606@163.net）。

编　者
2013 年 8 月

目　　录

第 3 版前言
第 2 版前言
第 1 版前言

第一章　静力学基础

第一节　静力学的基本概念 …………… 1
第二节　静力学公理 …………………… 3
第三节　约束与约束力 ………………… 5
第四节　物体的受力分析 ……………… 9
复习思考题 ……………………………… 15
习题 ……………………………………… 16

第二章　平面汇交力系

第一节　平面汇交力系合成与平衡的
　　　　几何法 ………………………… 19
第二节　平面汇交力系合成与平衡的
　　　　解析法 ………………………… 21
复习思考题 ……………………………… 27
习题 ……………………………………… 27

第三章　力矩·力偶·平面力偶系

第一节　力对点的矩 …………………… 31
第二节　力偶与力偶矩 ………………… 33
第三节　平面力偶系的合成与平衡 …… 35
复习思考题 ……………………………… 39
习题 ……………………………………… 40

第四章　平面任意力系

第一节　平面任意力系向一点的简化 … 43
第二节　平面任意力系的平衡 ………… 48
第三节　物体系的平衡问题 …………… 54
复习思考题 ……………………………… 61

习题 ……………………………………… 62

第五章　空间力系

第一节　空间汇交力系 ………………… 69
第二节　力对轴的矩 …………………… 72
第三节　空间任意力系的平衡 ………… 74
复习思考题 ……………………………… 80
习题 ……………………………………… 80

第六章　静力学专题

第一节　滑动摩擦 ……………………… 83
第二节　平面桁架的内力计算 ………… 92
第三节　物体的重心 …………………… 99
第四节　虚位移原理 …………………… 105
复习思考题 ……………………………… 113
习题 ……………………………………… 114

第七章　材料力学绪论

第一节　材料力学的基本任务 ………… 120
第二节　材料力学的基本假设 ………… 120
第三节　材料力学的研究对象 ………… 121
第四节　杆件的基本变形 ……………… 122
复习思考题 ……………………………… 123

第八章　轴向拉伸与压缩

第一节　引言 …………………………… 124
第二节　拉（压）杆的内力 …………… 126
第三节　拉（压）杆的应力 …………… 129
第四节　拉（压）杆的变形 …………… 134
第五节　材料在拉伸时的力学性能 …… 139
第六节　材料在压缩时的力学性能 …… 144
第七节　拉（压）杆的强度计算 ……… 145
第八节　应力集中概念 ………………… 150

第九节 拉伸（压缩）超静定问题…… 151	第五节 弯曲切应力及其强度计算…… 247
复习思考题…………………………… 156	第六节 梁的合理强度设计…………… 254
习题…………………………………… 157	复习思考题…………………………… 258
	习题…………………………………… 259

第九章　剪切与挤压

第一节　引言……………………………… 165
第二节　剪切的实用计算………………… 167
第三节　挤压的实用计算………………… 168
第四节　连接件的强度计算……………… 169
复习思考题………………………………… 176
习题………………………………………… 176

第十章　扭转

第一节　引言……………………………… 182
第二节　外力偶矩的计算·扭矩与
　　　　 扭矩图…………………………… 183
第三节　扭转圆轴横截面上的应力……… 186
第四节　扭转圆轴的强度计算…………… 191
第五节　扭转圆轴的变形与刚度
　　　　 计算……………………………… 193
复习思考题………………………………… 197
习题………………………………………… 197

第十一章　弯曲内力

第一节　引言……………………………… 202
第二节　梁的支座约束力………………… 205
第三节　剪力和弯矩……………………… 206
第四节　剪力方程和弯矩方程·剪力图
　　　　 和弯矩图………………………… 214
第五节　剪力、弯矩与载荷集度间的
　　　　 关系……………………………… 217
复习思考题………………………………… 224
习题………………………………………… 225

第十二章　弯曲应力

第一节　引言……………………………… 229
第二节　截面的几何性质………………… 229
第三节　弯曲正应力……………………… 236
第四节　弯曲正应力强度计算…………… 242

第十三章　弯曲变形

第一节　引言……………………………… 265
第二节　挠曲线近似微分方程…………… 266
第三节　计算弯曲变形的积分法………… 267
第四节　计算弯曲变形的叠加法………… 272
第五节　梁的刚度计算…………………… 277
第六节　简单超静定梁…………………… 280
复习思考题………………………………… 283
习题………………………………………… 283

第十四章　应力状态分析与
　　　　　　强度理论

第一节　应力状态概念…………………… 288
第二节　复杂应力状态的工程实例……… 290
第三节　二向应力状态分析的
　　　　 解析法…………………………… 292
第四节　二向应力状态分析的图
　　　　 解法……………………………… 297
第五节　三向应力状态简介……………… 300
第六节　广义胡克定律…………………… 302
第七节　强度理论………………………… 305
复习思考题………………………………… 310
习题………………………………………… 311

第十五章　组合变形

第一节　引言……………………………… 317
第二节　弯曲与拉伸（压缩）的
　　　　 组合……………………………… 318
第三节　弯曲与扭转的组合……………… 322
复习思考题………………………………… 327
习题………………………………………… 328

第十六章　压杆稳定

第一节　引言……………………………… 333

第二节　临界力的欧拉公式 …………… 335
第三节　临界应力的欧拉公式 …………… 340
第四节　经验公式与临界应力总图 …… 342
第五节　压杆的稳定计算 ………………… 347
第六节　提高压杆稳定性的措施 ……… 351
复习思考题 …………………………………… 352
习题 …………………………………………… 353

第十七章　疲劳问题简介

第一节　交变应力与疲劳破坏 ………… 358
第二节　对称循环下构件的疲劳强度
　　　　计算 ………………………………… 361
复习思考题 …………………………………… 366

第十八章　电测法简介

第一节　引言 ………………………………… 368
第二节　电测法的基本原理 …………… 368
第三节　电测法的简单应用 …………… 370
复习思考题 …………………………………… 374
习题 …………………………………………… 374

附录

附录A　常用材料的力学性能 ………… 377
附录B　型钢表 …………………………… 378
附录C　习题参考答案 …………………… 394

参考文献 ……………………………………… 407
教学支持申请表 …………………………… 408

第一章
静力学基础

· 思 政 导 读 ·

一般认为，静力学起源并发展于欧洲，对其做出重要贡献的学者有古希腊的阿基米德（约公元前287—前212），荷兰的斯蒂文（1548—1620）和法国的伐里农（1654—1721）等。实际上，中国古代科学家也对静力学做出过重大贡献，早在春秋战国时期，墨子（约公元前480—前390）在其代表作《墨经》中就对杠杆、轮轴和斜面做了分析，明确指出，"衡……长重者下，短轻者上"，提出了杠杆原理，比阿基米德早了一两百年。

静力学是研究物体平衡规律的学科，在工程和科学实践中得到了广泛应用。它主要解决下列三类问题：

（1）**物体的受力分析** 分析物体的受力情况，并作出表明其受力情况的简图。

（2）**力系的简化** 用一个较为简单的力系来等效替代一个较为复杂的力系。

（3）**力系的平衡** 建立力系的平衡条件，并利用平衡条件求出平衡力系中的未知量。

本章介绍静力学的基础知识，主要内容包括静力学基本概念、静力学公理及推论、约束与约束力以及物体的受力分析。

第一节　静力学的基本概念

一、力的概念

力是物体间的相互机械作用。这种作用使物体的机械运动状态发生改变和使物体产生变形。前者称为力的运动效应或外效应，后者称为力的变形效应或内效应。

经验表明，力对物体的作用效应取决于**力的三要素，即力的大小、方向和作用点**。力的大小表示物体间相互机械作用的强弱程度。在国际单位制中，衡量力大小的单位是 N（牛）。力的方向包括力的作用线方位和力沿作用线的指向。力的作用点是力作用位置的抽象。在严格意义上，物体相互作用的位置不可能是一个点，而应是物体的一部分。但当力的作用范围很小时，就可将其抽象为一点，该点即称为**力的作用点**。

综上所述，力是一个具有大小、方向和作用点的物理量，因此是一个**定位矢量**，可用一带箭头的有向线段来表示（见图 1-1）。有向线段的长度按一定的比例尺表示力的大小；有向线段的方位和箭头表示力的方向；有向线段的起点或终点表示力的作用点；与有向线段重合的直线则表示力的作用线。

矢量通常用黑体字母（如 $\boldsymbol{F}$）或上方带箭头的字母（如 $\vec{F}$）来表示，而矢量的大小则用普通字母（如 F）来表示。在本书静力学中，一律采用黑体字母（如 $\boldsymbol{F}$）来表示矢量。

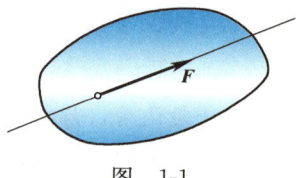

图 1-1

二、刚体的概念

所谓**刚体是指在任何力的作用下都不发生变形的物体**。其特征表现为：刚体内任意两点的距离永远保持不变。刚体是静力学中理想化的力学模型。实际上，任何物体受力都会产生程度不同的变形。如果物体的变形很小，对所研究的问题没有实质性影响，则可将物体抽象为刚体。在静力学中，泛指的物体均应理解为刚体。

三、平衡的概念

平衡是指物体相对于惯性参考系（如地球）**处于静止或匀速直线运动的状态**。它是物体机械运动的一种特殊形式。

四、力系的概念

力系是指作用于物体上的一群力。根据力系中力的作用线是否位于同一平面内，可将力系分为**平面力系**和**空间力系**两大类。根据力系中力的作用线的相互关系，又可将力系分为作用线汇交于一点的**汇交力系**，作用线互相平行的**平行力系**和作用线既不完全平行，也不完全汇交于一点的**任意力系**。

使物体处于平衡状态的力系称为**平衡力系**。如果某两力系对物体的作用效应相同，则称这两个力系为**等效力系**。若一个力与一个力系等效，则称该力为力系的**合力**，而称力系中的各力为该合力的**分力**。用一个较简单的力系等效替代一个较复杂的力系，称为**力系的简化**；用一个力等效替换一个力系，称为**力系的合成**；反之，一个力用其分力来等效替代，则称为**力的分解**。

第二节 静力学公理

静力学公理是人类关于力的基本性质的概括和总结,是静力学理论的基础。它无须证明而为人们所确认。

公理 1　力的平行四边形法则

作用于物体上同一点的两个力,可以合成为一个合力。合力的作用点仍在该点,合力的大小和方向由这两个力为邻边构成的平行四边形的对角线确定, 如图 1-2a 所示。它们对应的矢量关系式为

$$F_R = F_1 + F_2 \tag{1-1}$$

即合力矢 F_R 等于两个分力矢 F_1 与 F_2 的矢量和。

在求作用于物体同一点的两个力的合力时,也可采用**力的三角形法则**,即**将两个力依次首尾相连,构成一不封闭的三角形,合力的大小和方向则由该三角形的封闭边矢量确定**,如图 1-2b 或图 1-2c 所示。

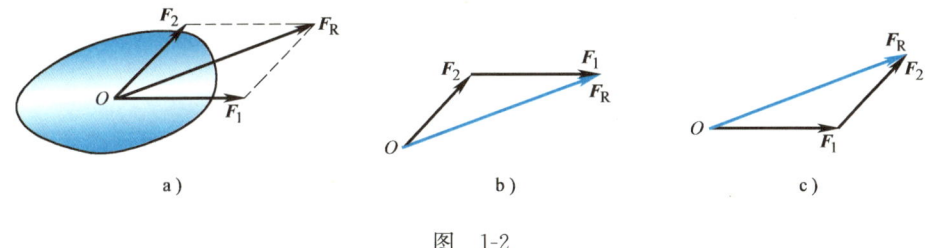

图　1-2

反之,也可以根据这一公理将一力分解为作用于同一点的两个分力。由于同一对角线可作出无数多个不同的平行四边形,因此分解的结果不唯一。要使分解结果唯一,必须附加条件。通常是将一个力分解为方向互相垂直的两个分力,这种分解方式称为**正交分解**,所得的两个分力称为**正交分力**。

公理 2　二力平衡公理

作用在同一刚体上的两个力,使刚体保持平衡的必要且充分条件是:这两个力大小相等、方向相反,且作用在同一条直线上。

二力平衡公理指出了作用于刚体上最简单力系平衡时所必须满足的条件。对刚体而言,这个条件既必要又充分,但对非刚体而言,这个条件只是必要条件。

受两个力作用而处于平衡状态的构件,称为**二力构件**。当二力构件的形状为杆件时,则称为**二力杆**。根据二力平衡公理,不论二力构件的形状如何,其所受的两个力的作用线必沿此两力作用点的连线(见图 1-3)。

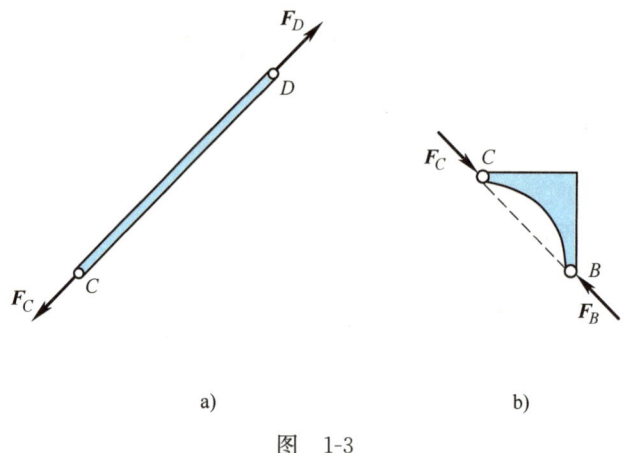

图 1-3

公理 3 加减平衡力系公理

在已知力系上加上或减去任一平衡力系,并不改变原力系对刚体的作用效应。

此公理是研究力系等效变换的重要依据,只适用于刚体而不适用于变形体。

由上述几个公理可得到下面两个推论:

推论 1 力的可传性原理

作用在刚体上的力,可沿其作用线滑移到刚体内的任一点,而不改变该力对刚体的作用效应。

证明:设力 F 作用在刚体上的点 A,如图 1-4a 所示。根据公理 2 和公理 3,在该力作用线上的任一点 B 加上一对平衡力 F_1 和 F_2,并令 $F_2 = -F_1 = F$(见图 1-4b)。此时,力 F 和 F_1 也是一对平衡力,再将这一对平衡力减去,就只剩下一个作用于点 B 的力 F_2(见图 1-4c),其等效于作用于点 A 的力 F。于是推论得证。

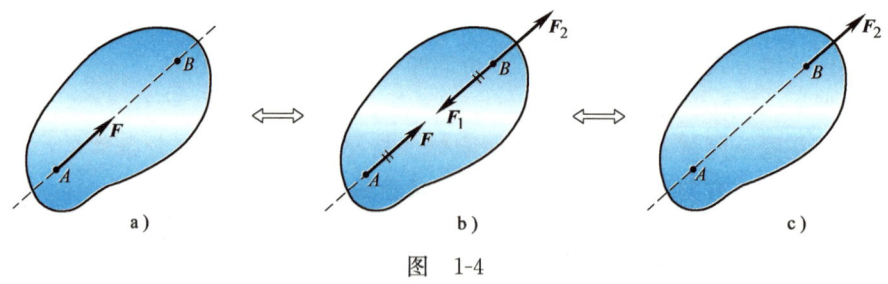

图 1-4

力的可传性原理只适用于刚体。由力的可传性原理可知,对于刚体而言,力的三要素可改为:力的大小、方向和作用线。因此,对刚体来说,力是**滑动矢量**。

推论2　三力平衡汇交定理

刚体受三力作用而平衡，若其中两个力的作用线相交于一点，则第三个力的作用线必汇交于同一点，且三力共面。

证明：设在刚体的 A、B、C 三点，分别作用三个平衡力 F_1、F_2、F_3，其中 F_1、F_2 的作用线相交于点 O，如图 1-5 所示。根据力的可传性原理，分别将 F_1、F_2 沿各自作用线滑移至汇交点 O，并由平行四边形法则得其合力 F_{12}。F_{12} 应与 F_3 平衡，由二力平衡公理，F_3 与 F_{12} 共线，故 F_3 必与 F_1、F_2 共面，且其作用线通过汇交点 O。由此推论得证。

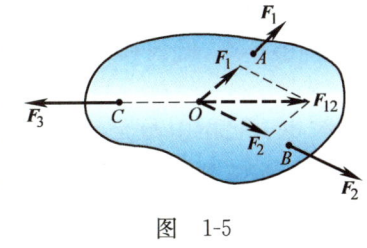

图　1-5

三力平衡汇交定理说明了不平行三力平衡的必要条件。利用这个定理可以确定不平行的平衡三力中未知的第三个力的方向。三力平衡汇交定理同样只适用于刚体。

公理4　作用力与反作用力定律

两个物体之间的作用力和反作用力总是同时存在，大小相等，方向相反，沿同一直线，分别作用在这两个物体上。

这个公理概括了物体间相互作用的关系，表明一切力总是成对出现的。由于作用力与反作用力分别作用在两个不同的物体上，因此它们不是平衡力系。

第三节　约束与约束力

一、约束与约束力的概念

就其运动情况而言，物体可分为两类：一类是位移不受限制的物体，称为**自由体**，如空中飞行的飞机、自由下落中的物体等；另一类是位移受限制的物体，称为**非自由体**或**受约束体**，如沿轨道行驶的火车、桌面上的茶杯等。

限制非自由体位移的周围物体称为**约束**，如限制火车位移的轨道、限制茶杯位移的桌面等。约束作用在被约束物体上限制其位移的力称为**约束力**，旧又称为**约束反力**或**支反力**，约束力属于**被动力**。显然，约束力的方向总与该约束所限制的物体位移方向相反；约束力的作用点位于约束与被约束物体的相互接触处。

与约束力相反，作用于物体上的重力、风力等各种载荷，将促使物体运动或使物体产生运动趋势，这类力属于**主动力**。一般来说，主动力是已知的，约束力是未知的。在平衡问题中，应根据主动力，由平衡条件确定约束力的大小。

二、约束的基本类型及其约束力

下面将工程中常见的约束分类,并根据各类约束的特性说明其约束力的表达方式。

知识点
1:常见约束与约束力

1. 柔性体约束

由绳索、链条和带等柔性连接物体构成的约束称为**柔性体约束**。这类约束的特点是绝对柔软,只能限制物体沿着柔性体伸长方向的位移。因此,柔性体的约束力,作用在连接点或假想截断处,方向沿着柔性体的轴线而背离被约束物体,恒为拉力,常用 F_T 表示,如图 1-6 所示。

凡只能限制物体沿某一方向位移而不能限制物体沿相反方向位移的约束

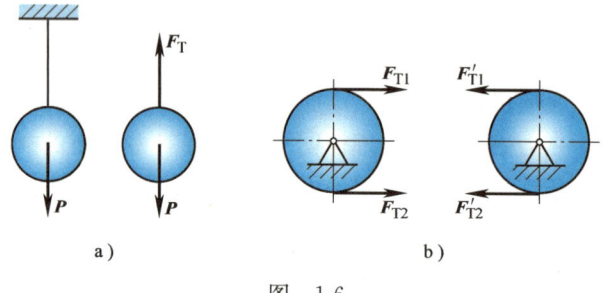

图 1-6

称为**单面约束**,既能限制物体沿某一方向位移又能限制物体沿相反方向位移的约束则称为**双面约束**。柔性体约束属于单面约束。

2. 光滑接触面约束

物体与约束相互接触,接触面是光滑的,其间的摩擦力可以忽略不计,这类约束称为**光滑接触面约束**。光滑接触面约束只能限制物体沿接触面的公法线而趋向于约束内部的位移。因此,光滑接触面对物体的约束力,作用在接触点处,方向沿接触面的公法线而指向被约束物体。这种约束力称为**法向约束力**,常用 F_N 表示,如图 1-7 所示。光滑接触面约束也属于单面约束。

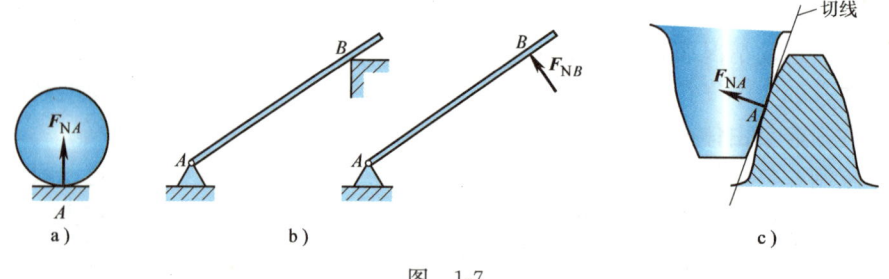

图 1-7

3. 光滑铰链约束

工程中常用的圆柱铰链、固定铰链支座、活动铰链支座、向心轴承、推力轴承、球形铰链等,都属于**光滑铰链约束**。它们的共同特点是只能限制物体的移动,而不能限制物体的转动。

(1) 圆柱铰链　**圆柱铰链**又称**中间铰链**，简称**铰链**，它由圆柱销钉插入两构件的圆孔而构成（见图 1-8a），其简图如图 1-8b 所示。圆柱铰链只能限制物体沿销钉径向的位移，而不能限制物体沿销钉轴向的位移。因此，其约束力必然位于垂直于销钉轴线的平面内，作用在销钉与构件圆孔的接触点，方向沿接触面公法线通过圆孔中心。随着物体受力情况的不同，接触点的位置也不同。由于接触点不能事先确定，因而其约束力的方向也不能预先确定，通常用两个作用于圆孔中心的正交分力来表示，如图 1-8c 所示。

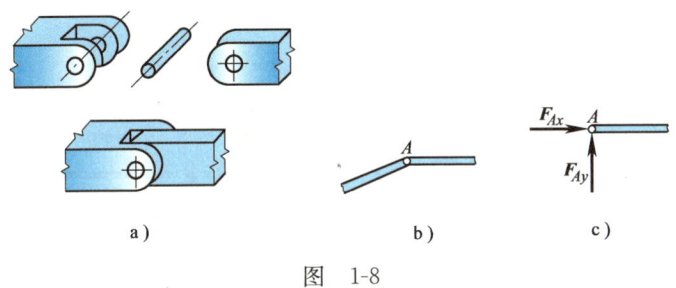

图　1-8

(2) 固定铰链支座　若铰链约束中有一个构件固定在地面或机架上作为支座，则称为**固定铰链支座**，简称**铰支座**（见图 1-9a），其简图如图 1-9b 所示。由于固定铰支座的构造和圆柱铰链相同，故其约束力通常也用两个作用于圆孔中心的正交分力来表示，如图 1-9c 所示。

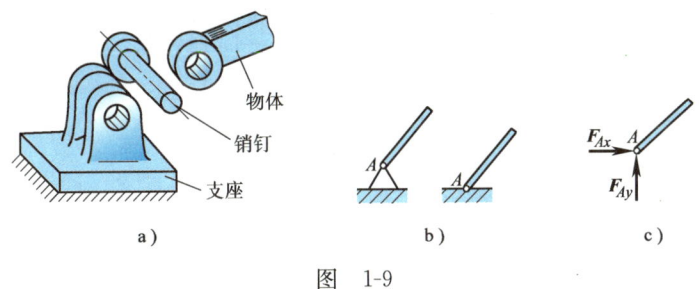

图　1-9

(3) 活动铰链支座　在铰支座下面用几个辊轴支承在光滑平面上，就构成了**活动铰链支座**，也称为**辊轴支座**（见图 1-10a），其简图如图 1-10b 所示。活动铰链支座只能限制物体沿支承面法线方向的位移，而不能限制物体沿支承面切线方向的位移，故其约束力垂直于光滑支承面，通常用 F_N 表示，如图 1-10c 所示。与光滑接触面约束不同，活动铰链支座通常为双面约束。

(4) 向心轴承　**向心轴承**又称**径向轴承**（见图 1-11a），支承在转轴的两端，其简图如图 1-11b 或图 1-11c 所示。向心轴承只能限制转轴沿径向的位移，而不能限制转轴沿轴向的位移。因此，向心轴承对转轴的约束力一定沿着径向，但

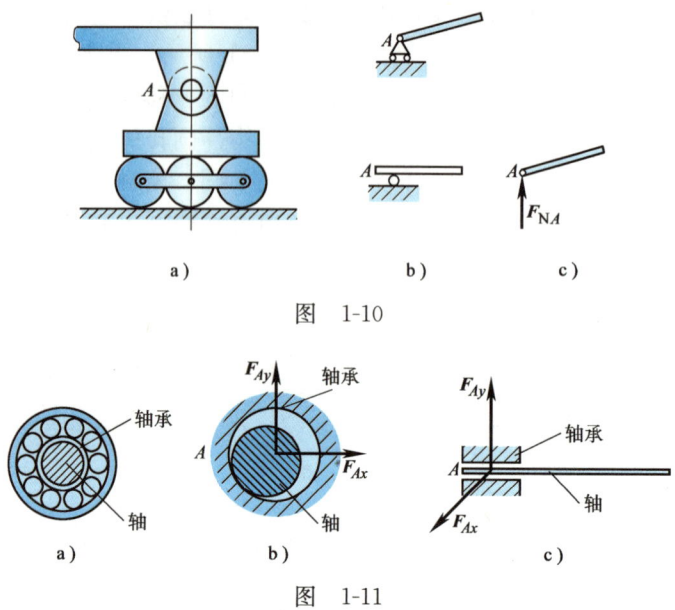

图 1-10

图 1-11

具体方向一般未知,通常也用作用于轴心的两个正交分力来表示(见图 1-11b 或图 1-11c)。

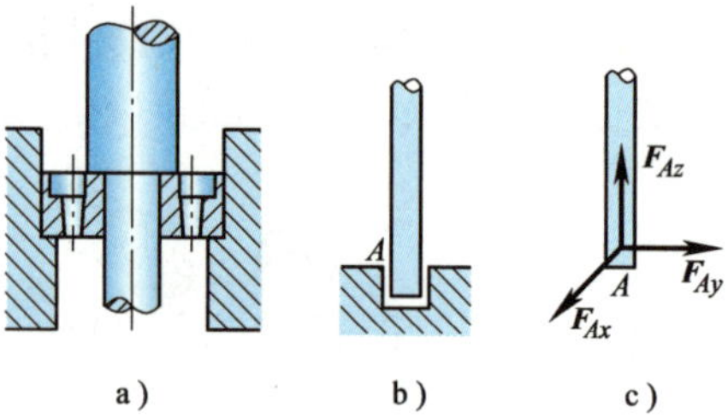

(5) 推力轴承 **推力轴承**(见图 1-12a)的简图如图 1-12b 所示。与向心轴承不同,它能同时限制转轴沿轴向和径向的位移,比向心轴承多一个沿轴向的约束力。因此,推力轴承的约束力常用作用于轴心的三个正交分力来表示,如图 1-12c 所示。

图 1-12

4. 链杆约束(二力杆约束)

两端用光滑铰链与其他构件连接且不计自重的刚性杆称为**链杆**,常被用来作为拉杆或撑杆构成**链杆约束**,如图 1-13a 所示。由于链杆为二力杆,故又称为**二力杆约束**。显然,链杆约束的约束力方向必沿其两端铰链中心的连线,但指向一般

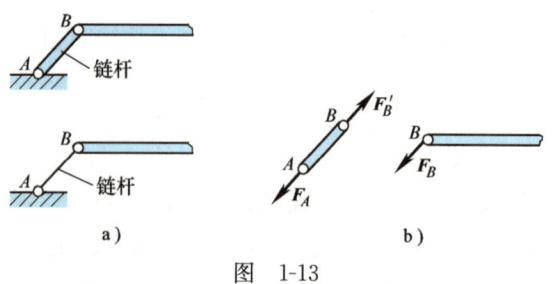

图 1-13

不能预先确定，通常可假设为拉力，如图 1-13b 所示。链杆约束为双面约束。

5. 固定端约束

物体的一部分固嵌于另一物体所形成的约束称为**固定端约束**。例如，输电线的电杆、房屋的阳台、固定在刀架上的车刀等所受的约束都是固定端约束。固定端约束的简图如图 1-14 所示。固定端约束限制物体的所有位移，由于其约束力的分布比较复杂，需要加以简化，因此，固定端的约束力的表达方式将在第四章中介绍。

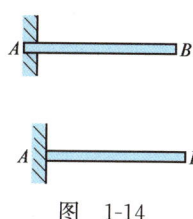

图 1-14

第四节 物体的受力分析

解决力学问题时，首先要选取研究对象，然后分析研究对象的受力情况，并作出表明其受力情况的简图，这个过程称为**物体的受力分析**。为了清晰地表示物体的受力情况，需要取**分离体**，即解除研究对象所受的全部约束，将它从周围物体中分离出来，并单独画出其简图。在分离体的简图上作出的表示其受力情况的力矢图称为**受力图**。正确地对物体进行受力分析并作受力图，是分析、解决力学问题的基础。

物体受力分析的基本步骤为：

1) 选定研究对象，并取分离体；
2) 在分离体简图上画出研究对象所受的主动力；
3) 根据约束类型及其他有关静力学知识画出研究对象所受的约束力。

【**例 1-1**】 重为 P 的球体，在 A 处用绳索系在墙上，如图 1-15a 所示，不计球体与墙面间的摩擦，试画出球体的受力图。

解：(1) 选取研究对象

选取球体为研究对象，解除约束，单独画出其简图。

(2) 画主动力

主动力为重力 P，垂直向下，作用点在球心 O。

(3) 画约束力

小球在点 A 有绳索约束，约束力为拉力 F_T，作用于点 A 并沿绳索背离小球；在点 B 有光滑接触面约束，约束力为法向约束力 F_N，作用于接触点 B 并沿接触面的公法线指

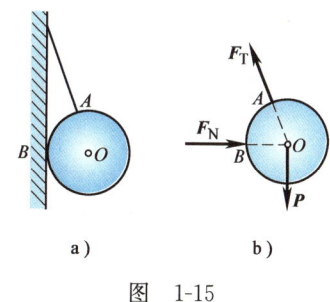

图 1-15

向球体。

球体的受力图如图 1-15b 所示。

【例 1-2】 梁 AB 左端为固定铰支座，右端为活动铰支座，如图 1-16a 所示。在 C 处作用一集中载荷 F，梁重不计，试作出梁 AB 的受力图。

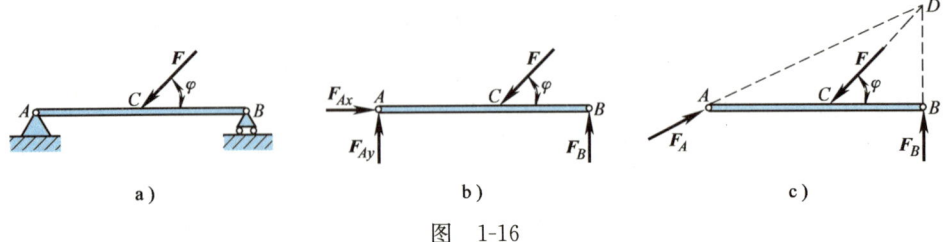

图 1-16

解：（1）选取研究对象

选取梁 AB 为研究对象，解除约束，单独画出其简图。

（2）画主动力

主动力为已知集中载荷 F。

（3）画约束力

B 端活动铰支座的约束力为法向约束力 F_B，垂直于支承面铅垂向上；A 端固定铰支座的约束力用一对正交分力 F_{Ax}、F_{Ay} 来表示。梁 AB 的受力图如图 1-16b 所示。

梁 AB 的受力图还可以画成如图 1-16c 所示。根据三力平衡汇交定理，已知力 F 与 F_B 的作用线相交于点 D，则 A 端固定铰支座的约束力 F_A 的作用线必汇交于点 D，从而确定 F_A 一定沿着 A、D 两点的连线。

【例 1-3】 试画出图 1-17a 所示简支刚架 $ACDB$ 的受力图，不计刚架自重。

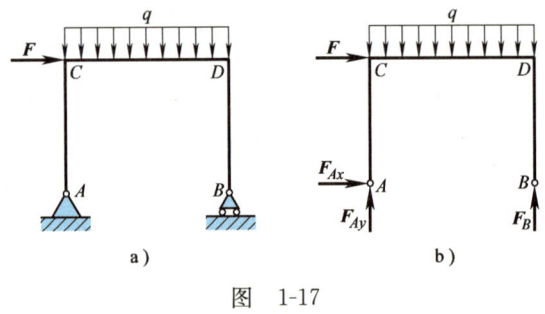

图 1-17

解：（1）选取研究对象

选取刚架 $ACDB$ 为研究对象，解除约束，单独画出其简图。

（2）画主动力

点 C 受有水平集中载荷 F，CD 段受有均布载荷 q。

(3) 画约束力

A 端固定铰支座的约束力用一对正交分力 F_{Ax}、F_{Ay} 表示；B 端活动铰支座的约束力为法向约束力 F_B。

刚架 $ACDB$ 的受力图如图 1-17b 所示。

【例 1-4】 如图 1-18a 所示，匀质水平梁 AB 用斜杆 CD 支撑，A、C、D 三处均为光滑铰链连接。梁 AB 重为 P_1，其上放置一重为 P_2 的电动机。如不计斜杆 CD 的重力，试分别画出斜杆 CD 和梁 AB（含电动机）的受力图。

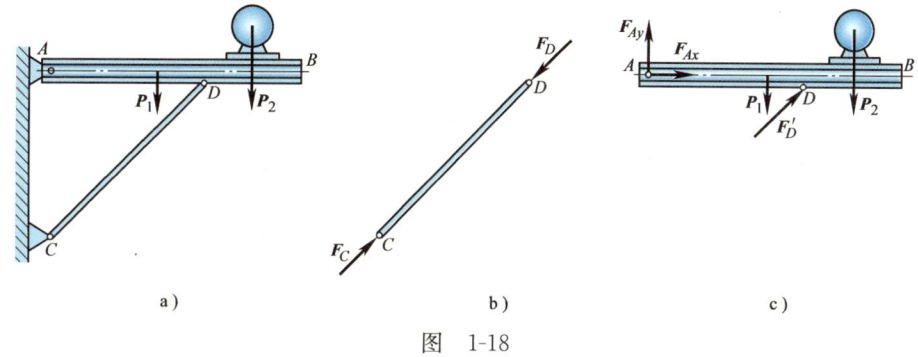

图 1-18

解：(1) 画斜杆 CD 的受力图

选取斜杆 CD 为研究对象，解除约束，单独画出其简图。

由于斜杆 CD 的自重不计，且只在 C、D 两处受到光滑铰链约束，因此杆 CD 为二力杆。由此可确定 F_C 和 F_D 的作用线应沿铰链中心 C、D 的连线，且大小相等、方向相反。由经验判断，斜杆 CD 受压力，其受力图如图 1-18b 所示。如果 $F_C(F_D)$ 的指向不能预先判定，通常可先假设杆件受拉。若最后求出的力为正值，即说明原假设正确，杆件受拉；若为负值，则表明杆件实际受力方向与原假设相反，为压力。

(2) 画梁 AB（含电动机）的受力图

选取梁 AB（含电动机）为研究对象，解除约束，并单独画出其简图。

依次画出作用于其上的主动力及约束力：它受有 P_1、P_2 两个主动力的作用；梁在铰链 D 处受有二力杆 CD 给它的约束力 F'_D，根据作用力与反作用力定律，$F'_D = -F_D$，即 F'_D 与 F_D 的大小相等、方向相反；梁在 A 处受到固定铰支座约束力的作用，由于方向未知，可用一对正交分力 F_{Ax}、F_{Ay} 来表示。

梁 AB（含电动机）的受力图如图 1-18c 所示。

【例 1-5】 如图 1-19a 所示，三铰拱由左、右两半拱铰接而成，在左半拱 AC 上作用有集中载荷 F。若不计构件自重，试分别画出该结构整体和各个构件的受力图。

解：(1) 画右半拱 BC 的受力图

选取右半拱 BC 为研究对象，解除约束，并单独画出其简图。

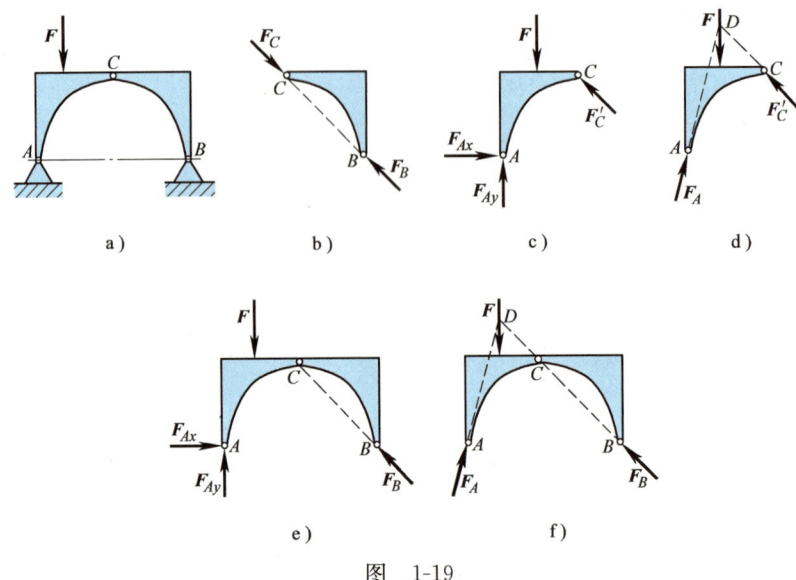

图 1-19

画出作用于其上的主动力与约束力：由于拱 BC 自重不计，且只在 B、C 两处受到铰链约束，因此为二力构件。在铰链中心 B、C 处分别受到大小相等、方向相反的 F_B、F_C 两约束力的作用。其受力图如图 1-19b 所示。

(2) 画左半拱 AC 的受力图

选取左半拱 AC 为研究对象，解除约束，并单独画出其简图。

依次画出作用于其上的主动力与约束力：由于拱 AC 自重不计，因此主动力只有集中载荷 F；左半拱 AC 在铰链 C 处受有约束力 F'_C，F'_C 与 F_C 可视为一对作用力与反作用力，故有 $F'_C = -F_C$，即 F'_C 与 F_C 大小相等、方向相反；在 A 处受有固定铰支座的约束力 F_A，由于方向未定，故可用它的一对正交分力 F_{Ax} 和 F_{Ay} 来表示。其受力图如图 1-19c 所示。

进一步分析可知，由于左半拱 AC 在 F、F'_C 与 F_A 三个不平行力的作用下平衡，故可根据三力平衡汇交定理确定铰链 A 处约束力 F_A 的方向。设点 D 为 F 和 F'_C 作用线的交点，则 F_A 的作用线必交于点 D，指向可任意假定，如图 1-19d 所示。

(3) 画整体的受力图

选取整体为研究对象，解除约束，并单独画出其简图。

当对整体进行受力分析时，由于铰链 C 处所受的力 F_C 与 F'_C 成对作用在系统内部，并且大小相等、方向相反，对整个系统的作用效应相互抵消，因此在受力图中不必画出。这种系统内部的作用力称为**内力**；而系统以外的物体对系统的作用力，则称为**外力**。即在受力图中，只需画出外力，而不要画出内力。整体所受的外力有主动力 F，约束力 F_{Ax}、F_{Ay}（或 F_A）和 F_B，其受力图如图 1-19e（或图 1-19f）所示。需要注意，图 1-19e（或图 1-19f）中的 F_{Ax}、F_{Ay}（或 F_A）和 F_B 应与半拱 AC、BC 受力图中的 F_{Ax}、F_{Ay}（或 F_A）

和 F_B 完全一致。

【例 1-6】 如图 1-20a 所示，匀质圆柱体 O 重为 P_1，由重为 P_2 的光滑匀质板 AB、绳索 BE 和光滑墙壁支持，A 处是固定铰链支座。试画出圆柱体 O 与板 AB 组成的系统的受力图以及圆柱体 O 和板 AB 单独的受力图。

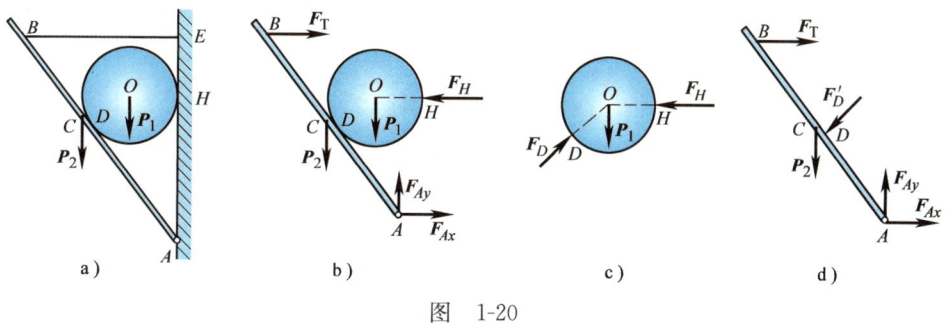

图 1-20

解：（1）画圆柱体 O 与板 AB 组成的系统的受力图

选取圆柱体 O 与板 AB 组成的系统为研究对象，解除约束，单独画出其简图。

依次画出作用于其上的全部外力：主动力 P_1、P_2 与 A、B、H 三处的约束力。D 处的约束力属于内力，不必画出。其受力图如图 1-20b 所示。

（2）画圆柱体 O 的受力图

选取圆柱体 O 为研究对象，解除约束，单独画出其简图。

依次画出作用于其上的主动力与约束力：主动力为圆柱体 O 的重力 P_1，约束力为在 D、H 两处受到的光滑接触面的法向约束力 F_D、F_H。这三个力的作用线汇交于圆柱体 O 的中心，如图 1-20c 所示。

（3）画板 AB 的受力图

选取板 AB 为研究对象，解除约束，单独画出其简图。

依次画出作用于其上的主动力与约束力：板 AB 受主动力 P_2 的作用；在 D 处受圆柱 O 对它的法向约束力 F'_D 的作用，显然 F'_D 与 F_D 是一对作用力与反作用力，其大小相等、方向相反；在 B 处受绳索拉力 F_T 的作用；固定铰支座 A 处的约束力用一对正交分力 F_{Ax} 和 F_{Ay} 表示。其受力图如图 1-20d 所示。

【例 1-7】 组合梁如图 1-21a 所示，其中，集中载荷 F 作用于圆柱销钉 B 上，梁的自重不计。试分别作出梁 AB、销钉 B、梁 BC、梁 AB 与销钉 B 组合、梁 BC 与销钉 B 组合的受力图。

解： 分别选取梁 AB、销钉 B、梁 BC、梁 AB 与销钉 B 组合、梁 BC 与销钉 B 组合为研究对象，并取分离体。

梁 AB 的受力图如图 1-21b 所示，F_A、F_{B1} 分别为链杆 A、圆柱销钉 B 对梁 AB 的约束力。由于集中载荷 F 是作用在销钉 B 上的，故在梁 AB 的受力图中不应画出。

销钉 B 的受力图如图 1-21c 所示，F'_{B1}、F'_{B2} 分别为梁 AB、梁 BC 对销钉 B 的约束力。F'_{B1} 与 F_{B1} 互为作用力与反作用力。

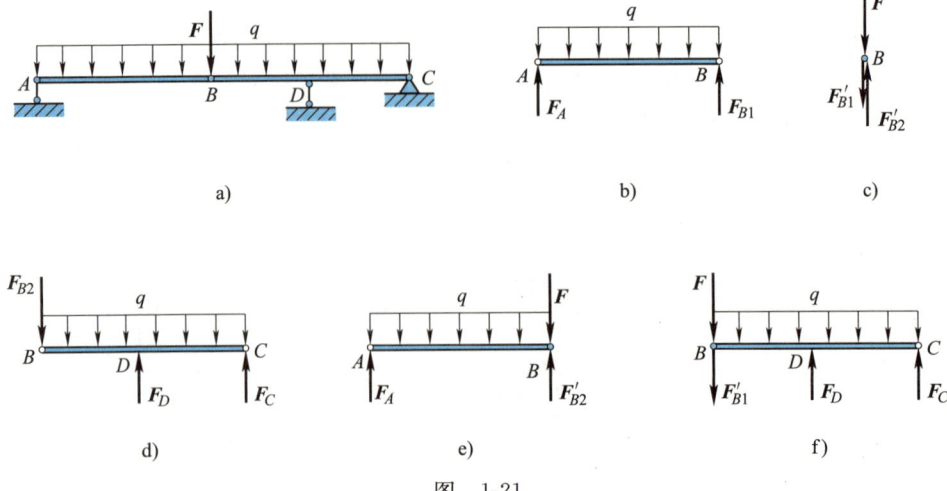

图 1-21

梁 BC 的受力图如图 1-21d 所示，F_{B2}、F_D 和 F_C 分别为销钉 B、链杆 D 和固定铰支座 C 对梁 BC 的约束力。F_{B2} 与 F'_{B2} 互为作用力与反作用力。同理，集中载荷 F 在梁 BC 的受力图中也不应画出。

梁 AB 与销钉 B 组合的受力图如图 1-21e 所示。此时，B 端受到集中载荷 F 和梁 BC 对销钉 B 的约束力 F'_{B2} 的作用，而梁 AB 与销钉 B 之间的相互作用力 F_{B1} 与 F'_{B1} 为内力，则不应画出。

梁 BC 与销钉 B 组合的受力图如图 1-21f 所示。此时，B 端受到集中载荷 F 和梁 AB 对销钉 B 的约束力 F'_{B1} 的作用，而梁 BC 与销钉 B 之间的相互作用力 F_{B2} 与 F'_{B2} 为内力，则不应画出。

在上述各个受力图中，由于圆柱销钉 B 与固定铰支座 C 处的水平约束力显然为零，故均省略没有画出。

综上所述，在对物体进行受力分析、画受力图时必须注意以下几点：

1) 明确研究对象并取分离体。根据需要，可取单个物体为研究对象，也可取由几个物体组成的系统为研究对象。不同研究对象的受力图是不同的。

2) 搞清研究对象受力的数目，既不要多画又不要漏画。由于力是物体间的相互机械作用，因此必须分析清楚，每一个力既有施力者、又有受力者。一般应先画已知的主动力，再画未知的约束力。

3) 正确表达约束力。凡是研究对象与周围其他物体接触的地方，都一定存在着约束力。约束力的表达方式应根据约束的类型来确定。画受力图时采用解除约束代之以力的方法，受力图上不能再带上约束。

4) 正确表达作用力与反作用力之间的关系。分析两物体间相互作用时，应遵循作用力与反作用力定律。作用力的方向一经假定，反作用力的方向则必须与之相反。

5）受力图上只画外力，不画内力。在画物体系统的受力图时，由于内力成对出现，组成平衡力系，因此不必画出。一个力，属于外力还是内力，可能因研究对象的不同而不同。当将物体系统拆开来分析时，系统中的有些内力就会成为作用在拆开的物体上的外力。

6）同一物体系统中各研究对象的受力图必须保持一致。同一力在不同的受力图中的表示应完全相同。某处的约束力一旦确定，则无论是在整体、局部还是单个物体的受力图上，该约束力的表示必须完全一致，不能有任何不同。

7）正确判断二力构件。由于二力构件上两个力的方向可以根据二力平衡公理确定，从而简化受力图，因此二力构件的正确判断对于受力分析很有意义。

复习思考题

1-1 凡两端用铰链连接的杆都是二力杆吗？

1-2 什么是力系的简化？什么是力系的合成？两者的关联与区别何在？

1-3 如作用于刚体同一平面内的三个力的作用线汇交于一点，此刚体是否一定处于平衡状态？

1-4 应根据什么原则来确定约束力的方向？约束有哪几种基本类型？其约束力应如何表示？

1-5 什么是平衡二力？什么是作用力与反作用力？如何区分二者？

1-6 在静力学公理及其推论中，哪些只适用于刚体？

1-7 受力分析时为什么一定要取分离体？其意义何在？

1-8 如思考题1-8图a所示，梯子由AC和BC两部分构成，C处为铰链，DE为绳索；在点A和点B分别作用有力F_1和F_2。试问是否可以根据力的可传性，将力F_1移至点B、将力F_2移至点A（见思考题1-8图b）？为什么？

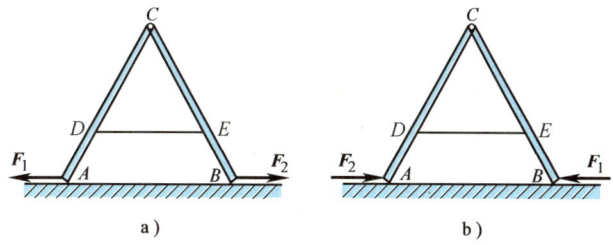

思考题1-8图

习题

1-1 画出习题 1-1 图中物体 A 或 AB 的受力图。题图中未画重力的各物体自重不计，所有接触处均为光滑接触。

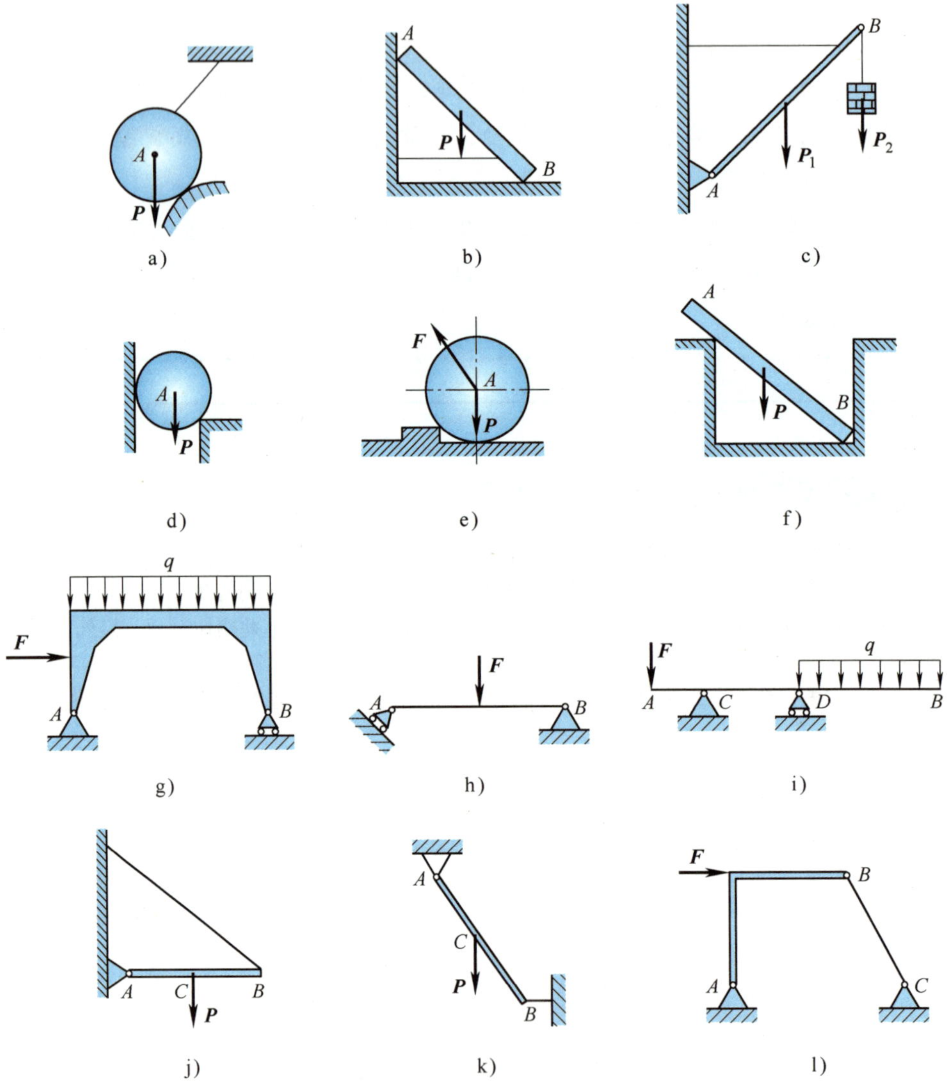

习题 1-1 图

1-2 画出习题 1-2 图中各物体系统中指定物体的受力图。题图中未画重力的各物体自重不计，所有接触处均为光滑接触。

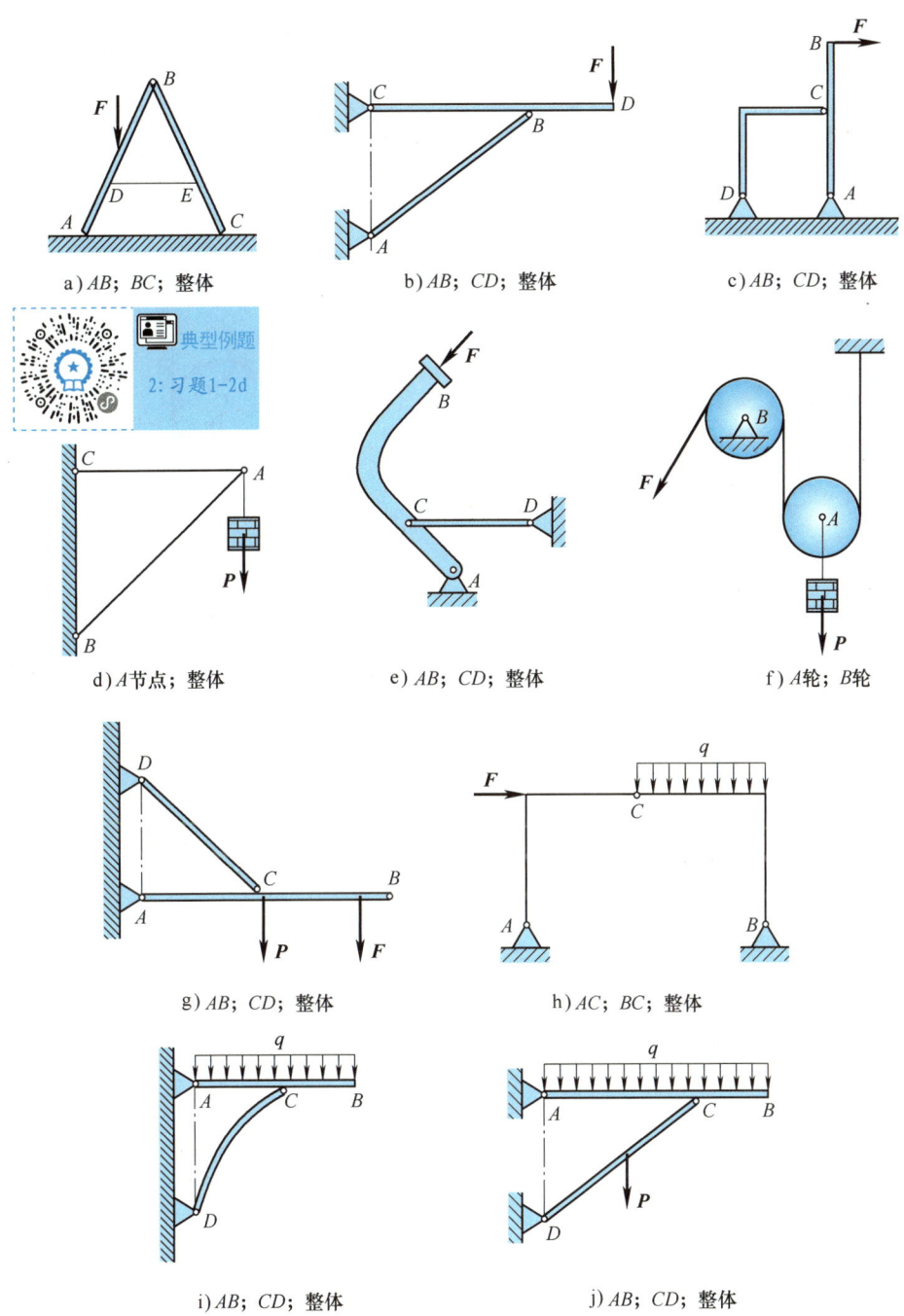

习题 1-2 图

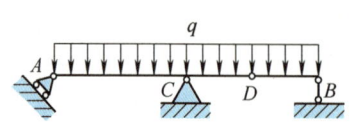
k) AD；BD；整体

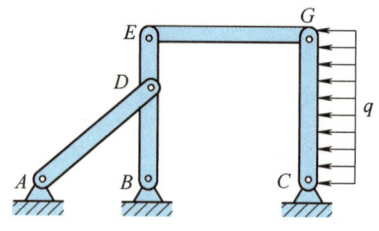
l) BE；CG；整体

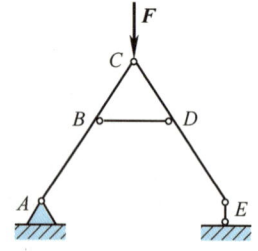
m) AC；EC；整体

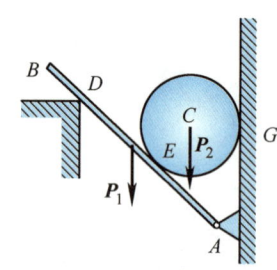
n) AB；圆轮C；AB连同圆轮C

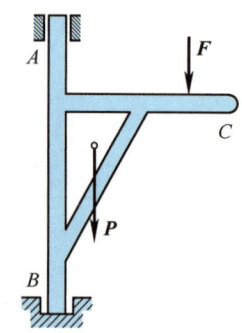
o) 起重架ABC

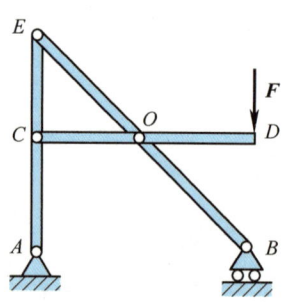
p) AE；BE；CD；整体

习题 1-2 图（续）

第二章
平面汇交力系

各力的作用线都位于同一平面内且汇交于同一点的力系称为**平面汇交力系**。本章主要研究平面汇交力系的合成与平衡问题。

第一节　平面汇交力系合成与平衡的几何法

一、平面汇交力系合成的几何法

设刚体上作用一平面汇交力系 F_1、F_2、F_3、F_4，各力作用线汇交于点 A（见图 2-1a），先由力的可传性，将各力的作用点沿其作用线移至汇交点 A（见图 2-1b）；然后连续应用力的三角形法则将各力依次两两合成，具体过程如图 2-1c 所示：首先将 F_1 与 F_2 首尾相连作力三角形，求出其合力 F_{R1}；再作力三角形求出 F_{R1} 与 F_3 的合力 F_{R2}；最后作力三角形合成 F_{R2} 与 F_4，得到的 F_R 即为该力系的合力矢。由图可知，在求合力矢 F_R 时，实际上不必画出 F_{R1}、F_{R2}，而只需将各分力矢 F_1、F_2、F_3 和 F_4 依次首尾相连，构成一开口力多边形，由该开口力多边形的始点 a 指向终点 e 的封闭边矢量即为其合力矢 F_R。这种求合力矢的几何作图方法称为**力多边形法则**。比较图 2-1c 与图 2-1d 可知，若改变各力的合成次序，力多边形的形状也将改变，但封闭边，即合力矢 F_R 则完全相同。

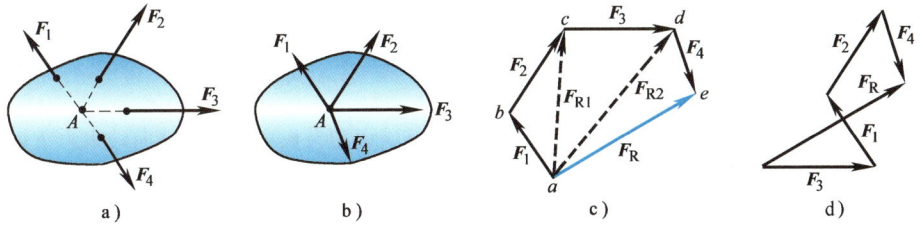

图　2-1

显然，上述方法可推广到由 n 个力组成的任一平面汇交力系，故有结论：**平面汇交力系的合成结果为一个合力，合力的作用线通过汇交点，合力的大小和方向可由各分力依次首尾相连构成的力多边形的封闭边矢量确定。** 其对应的矢量关系式为

$$F_R = F_1 + F_2 + \cdots + F_n = \sum F_i \tag{2-1}$$

即合力 F_R 等于各分力 F_i 的矢量和。

二、平面汇交力系平衡的几何条件

由于平面汇交力系可以等效为一个合力，因此，**平面汇交力系平衡的必要且充分条件为其合力为零**，即

$$F_R = \sum F_i = 0 \tag{2-2}$$

根据力多边形法则，合力为零意味着力多边形封闭边长度为零，故有结论：**平面汇交力系平衡的必要且充分的几何条件为其力多边形自行封闭。**

利用上述平面汇交力系平衡的几何条件，可以通过几何作图的方法来求解平面汇交力系的平衡问题。具体方法为：先按选定的比例尺将各分力依次首尾相连，画出封闭的力多边形；然后，按所选比例尺量得待求未知量，或者根据图形的几何关系，利用三角公式算出待求未知量。由作图规则可知，待求的未知量不应超过两个。

【**例 2-1**】 如图 2-2a 所示，圆柱 O 重 $P = 500 \text{ N}$，搁在墙面与夹板之间。夹板与墙面的夹角为 $60°$。若接触面是光滑的，试分别求出圆柱给墙面和夹板的压力。

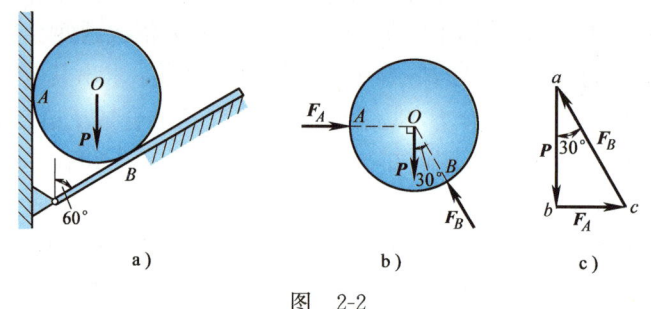

图 2-2

解：（1）选取研究对象

选取圆柱 O 为研究对象。

（2）画出圆柱 O 的受力图

作用于圆柱 O 上的主动力有重力 P，约束力有墙面和夹板对圆柱的法向约束力 F_A 和 F_B。三力组成平面汇交力系，如图 2-2b 所示。其中，只有两个未知量，F_A 与 F_B 的大小待求。

（3）作封闭的力三角形

根据平面汇交力系平衡的几何条件，这三个力应组成一个封闭的力三角形。选择适当的比例尺，先从任一点 a 画已知力矢 $\vec{ab}=P$，接着从力矢 P 的末端 b 作直线平行于 F_A，过力矢 P 的始端 a 作直线平行于 F_B，两直线交于点 c，从而构成一封闭的力三角形 abc，如图 2-2c 所示。

(4) 确定未知量

在力三角形 abc 中，线段 bc 和 ca 的长度分别代表力 F_A 和 F_B 的大小，按选定的比例尺即可直接量得。或者利用三角函数，易得 F_A 和 F_B 的大小分别为

$$F_A = P\tan 30° = 500\ \text{N} \times \tan 30° = 288.7\ \text{N}$$

$$F_B = \frac{P}{\cos 30°} = \frac{500\ \text{N}}{\cos 30°} = 577.4\ \text{N}$$

这里的 F_A 和 F_B 分别为墙面和夹板作用在圆柱上的约束力，根据作用力与反作用力的关系，圆柱给墙面和夹板的压力分别与 F_A 和 F_B 大小相等、方向相反。

由例 2-1 可知，用几何法求解平面汇交力系平衡问题的步骤为：

1) 根据题意，选取适当的平衡物体为研究对象。
2) 对研究对象进行受力分析，画出受力图。
3) 选择适当的比例尺，将研究对象上的各个力依次首尾相连，作出封闭的力多边形。作图时应从已知力开始，根据矢序规则和封闭特点，就可以确定未知力的方位与指向。
4) 按选定的比例尺量取未知量，或者利用三角函数求出未知量。

第二节　平面汇交力系合成与平衡的解析法

一、力在直角坐标轴上的投影

如图 2-3 所示，在力 F 所在平面内建立直角坐标系 Oxy。由力矢 F 的始端 A 和末端 B 分别向 x 轴、y 轴作垂线，得垂足 a_1、b_1 和 a_2、b_2，所得线段 a_1b_1 和 a_2b_2 分别称为力 F 在 x 轴和 y 轴上的投影，记作 F_x 和 F_y。并规定：力矢 F 的始端垂足 $a_1(a_2)$ 至末端垂足 $b_1(b_2)$ 的指向与 $x(y)$ 轴指向一致时，投影 $F_x(F_y)$ 取正值；反之，取负值。

设力 F 与 x 轴、y 轴正方向之间的夹角分别为 α、β（见图 2-3），根据上述定义，力 F 在 x 轴、y 轴上的投影的表达式分别为

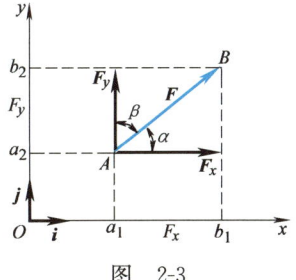

图 2-3

$$\left.\begin{aligned}F_x&=F\cos\alpha\\F_y&=F\cos\beta\end{aligned}\right\}\qquad(2\text{-}3)$$

即力在某轴上的投影等于力的大小乘以力与该轴正向间夹角的余弦。在实际运算中，通常可利用力与坐标轴间的锐角来计算投影大小，而通过观察来直接判定投影的正负号。

反之，如果已知力 $\boldsymbol{F}$ 在 x 轴、y 轴上的投影 F_x、F_y，则该力的大小和方向余弦分别为

$$F=\sqrt{F_x^2+F_y^2}\qquad(2\text{-}4)$$

$$\cos\alpha=\frac{F_x}{F},\quad \cos\beta=\frac{F_y}{F}\qquad(2\text{-}5)$$

需要特别指出的是，力在坐标轴上的投影与分力是两个不同的概念，力在坐标轴上的投影是代数量，而分力则是矢量。在直角坐标系中，力在某轴上的投影与力沿该轴的分力的大小相等；投影的正负号则与该分力的指向对应，它们之间的关系可表达为

$$\boldsymbol{F}=\boldsymbol{F}_x+\boldsymbol{F}_y=F_x\boldsymbol{i}+F_y\boldsymbol{j}\qquad(2\text{-}6)$$

式中，$\boldsymbol{i}$、$\boldsymbol{j}$ 分别为沿 x 轴、y 轴正向的单位矢量（见图 2-3）。

【例 2-2】 已知平面内四个力，其中 $F_1=F_2=6$ kN，$F_3=F_4=4$ kN，各力的方向如图 2-4 所示，试分别求出各力在 x 轴和 y 轴上的投影。

图 2-4

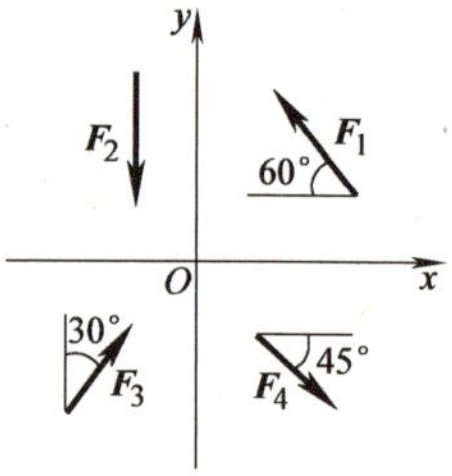

解：根据定义，各力在 x 轴和 y 轴上的投影分别为

$F_{1x}=-F_1\cos 60°=-3$ kN，　$F_{1y}=F_1\sin 60°=5.20$ kN

$F_{2x}=0$，　$F_{2y}=-F_2=-6$ kN

$F_{3x}=F_3\sin 30°=2$ kN，　$F_{3y}=F_3\cos 30°=2\sqrt{3}$ kN$=3.46$ kN

$F_{4x}=F_4\cos 45°=2\sqrt{2}$ kN$=2.83$ kN，　$F_{4y}=-F_4\sin 45°=-2\sqrt{2}$ kN$=-2.83$ kN

二、合力投影定理

知识点 2：合力投影定理及平面汇交力系的平衡方程

由图 2-5 不难看出，**合力在某一轴上的投影，等于它的各分力在同一轴上投影的代数和**，即

$$\left.\begin{aligned}F_{Rx}&=\sum F_{ix}\\F_{Ry}&=\sum F_{iy}\end{aligned}\right\}\qquad(2\text{-}7)$$

这称为**合力投影定理**。合力投影定理建立了合力投影与分力投影之间的关系。

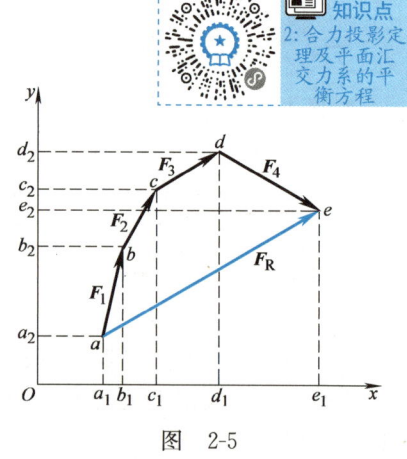

图 2-5

三、平面汇交力系合成的解析法

利用合力投影定理，可以用解析法来求平面汇交力系的合力。具体方法为：先计算出各分力 F_i 在 x 轴、y 轴上的投影 F_{ix}、F_{iy}；然后根据合力投影定理计算出合力 F_R 在 x 轴、y 轴上的投影 F_{Rx}、F_{Ry}；最后根据合力的投影 F_{Rx} 和 F_{Ry} 确定合力的大小与方向余弦，即

$$F_R = \sqrt{F_{Rx}^2 + F_{Ry}^2} = \sqrt{(\sum F_{ix})^2 + (\sum F_{iy})^2} \tag{2-8}$$

$$\cos\alpha = \frac{F_{Rx}}{F_R} = \frac{\sum F_{ix}}{F_R}, \quad \cos\beta = \frac{F_{Ry}}{F_R} = \frac{\sum F_{iy}}{F_R} \tag{2-9}$$

【例 2-3】 试求图 2-6a 所示平面汇交力系的合力，已知 $F_1 = 200\,\text{N}$，$F_2 = 300\,\text{N}$，$F_3 = 100\,\text{N}$，$F_4 = 250\,\text{N}$，各力方向如图所示。

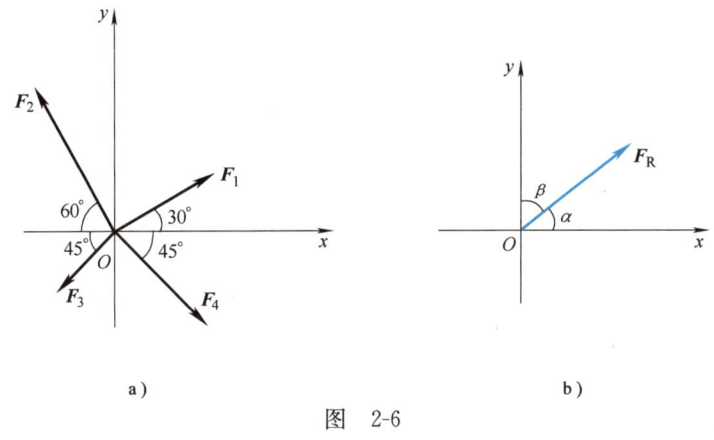

图 2-6

解：（1）计算合力的投影

由合力投影定理，得合力的投影

$$F_{Rx} = \sum F_{ix} = F_1 \cos 30° - F_2 \cos 60° - F_3 \cos 45° + F_4 \cos 45° = 129.3\,\text{N}$$

$$F_{Ry} = \sum F_{iy} = F_1 \sin 30° + F_2 \sin 60° - F_3 \sin 45° - F_4 \sin 45° = 112.3\,\text{N}$$

（2）确定合力的大小和方向

根据式（2-8）和式（2-9），得合力 F_R 的大小和方向余弦分别为

$$F_R = \sqrt{F_{Rx}^2 + F_{Ry}^2} = \sqrt{129.3^2 + 112.3^2}\,\text{N} = 171.3\,\text{N}$$

$$\cos\alpha = \frac{F_{Rx}}{F_R} = \frac{129.3}{171.3} = 0.755, \quad \cos\beta = \frac{F_{Ry}}{F_R} = \frac{112.3}{171.3} = 0.656$$

由方向余弦即得合力 F_R 与 x 轴、y 轴正方向之间的夹角分别为 $\alpha = 41.0°$、$\beta = 49.0°$。合力 F_R 的作用线通过力系的汇交点 O（见图 2-6b）。

四、平面汇交力系平衡的解析条件·平衡方程

据前所述，平面汇交力系平衡的必要且充分条件为力系的合力等于零，根

据式 (2-8)，即有
$$F_R = \sqrt{(\sum F_{ix})^2 + (\sum F_{iy})^2} = 0$$
欲使上式成立，必须同时满足
$$\left.\begin{array}{l}\sum F_{ix}=0\\ \sum F_{iy}=0\end{array}\right\} \quad (2\text{-}10)$$

即平面汇交力系平衡的必要且充分的解析条件为：力系中所有各力分别在两个坐标轴上投影的代数和同时等于零。式 (2-10) 称为**平面汇交力系的平衡方程**。

显然，利用平面汇交力系的平衡方程可以求解两个未知量。在列平衡方程时，用于投影的坐标轴可任意选择，以方便投影为好，只要两投影轴不相互平行即可。

【**例 2-4**】 重 $P = 5$ kN 的电动机放在水平梁 AB 的中央，梁的 A 端受固定铰支座的约束，B 端以撑杆 BC 支持，如图 2-7a 所示。若不计梁与撑杆自重，试求撑杆 BC 所受的力。

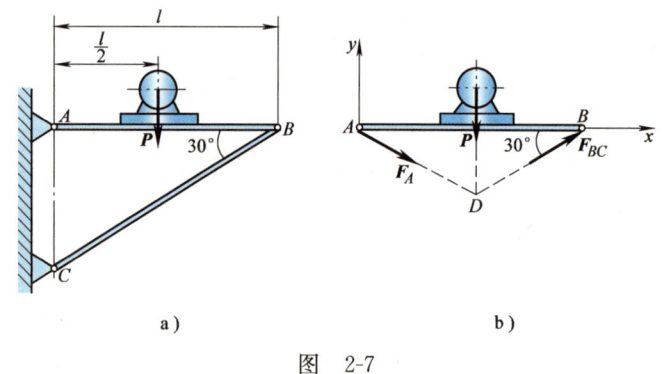

图 2-7

解：(1) 选取研究对象

选取梁 AB（包含电动机）为研究对象。

(2) 画受力图

作出梁 AB 的受力图如图 2-7b 所示，其中撑杆 BC 为二力杆，它对梁 AB 的约束力 $\boldsymbol{F}_{BC}$ 的指向按撑杆 BC 受压确定；固定铰 A 的约束力 $\boldsymbol{F}_A$ 的方位由三力平衡汇交定理确定，指向任意假设。$\boldsymbol{F}_{BC}$、$\boldsymbol{F}_A$ 与电动机重力 $\boldsymbol{P}$ 三力构成一平面汇交力系，其中只有 $\boldsymbol{F}_{BC}$ 与 $\boldsymbol{F}_A$ 的大小这两个要素未知。

(3) 列平衡方程

选取图示坐标系，注意到 $\boldsymbol{F}_A$ 与 AB 的夹角也为 30°，建立平衡方程
$$\sum F_{ix} = 0, \quad F_A \cos 30° + F_{BC} \cos 30° = 0$$
$$\sum F_{iy} = 0, \quad -F_A \sin 30° + F_{BC} \sin 30° - P = 0$$

(4) 求解未知量

联立上述两平衡方程，解得
$$F_{BC} = -F_A = P = 5 \text{ kN}$$

所得 F_{BC} 为正值，表示其假设方向与实际方向相同，即撑杆 BC 受压；而 F_A 为负值，则表明其假设方向与实际方向相反。

【例 2-5】 如图 2-8a 所示，重 $P=20\ \text{kN}$ 的重物，用钢丝绳挂在绞车 D 与滑轮 B 上。A、B、C 处均为光滑铰链连接。若钢丝绳、杆和滑轮的自重不计，并忽略滑轮尺寸，试求系统平衡时杆 AB 和 BC 所受的力。

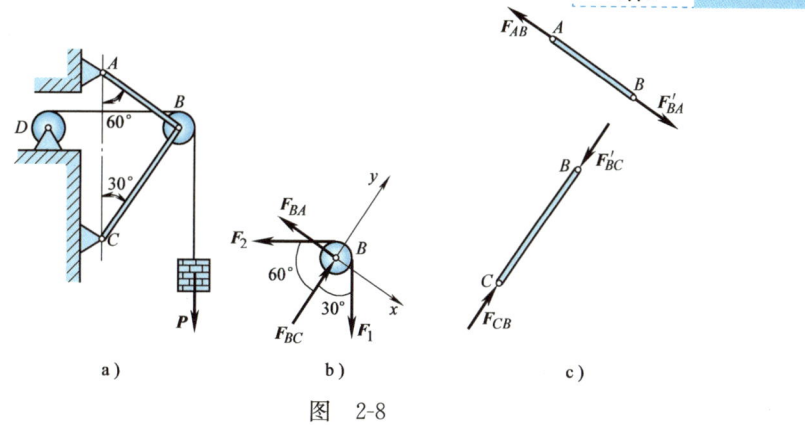

图 2-8

解：(1) 选取研究对象

由于 AB、BC 两杆都是二力杆，所受力与两杆对滑轮的约束力是作用力与反作用力的关系，因此，可选取滑轮（含销钉）B 为研究对象，只要求出两杆对滑轮（含销钉）B 的约束力即可。

(2) 画受力图

如图 2-8b 所示，作用于滑轮（含销钉）B 上的力有钢丝绳的拉力 F_1 和 F_2，其中 $F_1=F_2=P$；杆 AB 和 BC 对滑轮（含销钉）B 的约束力 F_{BA} 和 F_{BC}，其中 F_{BA} 和 F_{BC} 的指向分别按照杆 AB 受拉、杆 BC 受压确定（见图 2-8c）。由于不计滑轮尺寸，故这些力构成的力系可视为平面汇交力系。

(3) 列平衡方程

选取图示坐标系，其中 x 轴的方向垂直于未知力 $\boldsymbol{F}_{BC}$ 的作用线。这样，在每个平衡方程中只会出现一个未知量，从而避免求解联立方程组。列出平衡方程

$$\sum F_{ix}=0,\quad -F_{BA}+F_1\sin 30°-F_2\sin 60°=0$$
$$\sum F_{iy}=0,\quad F_{BC}-F_1\cos 30°-F_2\cos 60°=0$$

(4) 求解未知量

由平衡方程解得

$$F_{BA}=-0.366P=-7.3\ \text{kN},\quad F_{BC}=1.366P=27.3\ \text{kN}$$

所得 F_{BA} 为负值，表示其假设方向与实际方向相反，即杆 AB 受压；F_{BC} 为正值，表示其假设方向与实际方向相同，即杆 BC 也受压。

【例 2-6】 简易压榨机由两端铰接的杆 AB、BC 和压板 D 组成,如图 2-9a 所示。已知 $AB=BC$,杆的水平倾角为 α,点 B 所受铅垂压力为 F。若不计各构件的自重与各处摩擦,试求水平压榨力的大小。

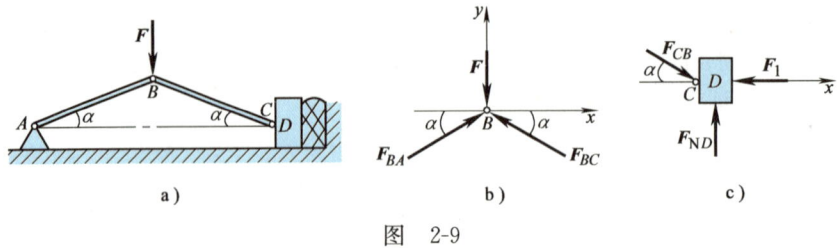

图 2-9

解: 1) 先选取销钉 B 为研究对象,注意到杆 AB 和 BC 均为二力杆,作出其受力图如图 2-9b 所示。建立图示坐标轴,列平衡方程

$$\sum F_{ix}=0, \quad F_{BA}\cos\alpha-F_{BC}\cos\alpha=0$$
$$\sum F_{iy}=0, \quad F_{BA}\sin\alpha+F_{BC}\sin\alpha-F=0$$

解得

$$F_{BC}=F_{BA}=\frac{F}{2\sin\alpha}$$

2) 再选取压板 D 为研究对象,其受力图如图 2-9c 所示。选取图示 x 轴为投影轴,列平衡方程

$$\sum F_{ix}=0, \quad F_{CB}\cos\alpha-F_1=0$$

注意到 $F_{CB}=F_{BC}=\dfrac{F}{2\sin\alpha}$,即得水平压榨力 F_1 的大小为

$$F_1=\frac{F}{2}\cot\alpha$$

利用平衡方程求解平衡问题的方法称为解析法,它是求解平衡问题的主要方法。由上述例题可知,用解析法求解平衡问题的过程可归纳为下列四个步骤:

(1) **选研究对象** 适当地选取研究对象。选取研究对象的一般原则为:所选取物体上既包含已知力又包含待求的未知力;先选受力情况较为简单的物体,再选受力情况相对复杂的物体;选取的研究对象上所包含的未知量的数目一般不要超过相应力系的独立的平衡方程的数目。

(2) **画受力图** 按照上一章介绍的方法,对所选取的研究对象进行受力分析,画出受力图。很显然,受力图是计算的基础,不容许出现任何差错。

(3) **列平衡方程** 选取坐标轴,列平衡方程。在选取坐标轴时,应使尽可能多的未知力与坐标轴垂直,同时还要便于投影。

(4) **求未知量** 解方程,求出未知量。

复习思考题

2-1 若力 F_1、F_2 在同一轴上的投影相等，问这两个力是否一定相等？

2-2 试分别计算思考题 2-2 图 a、b 所示两种情况下，力 F 在两坐标轴上的投影以及沿两坐标轴的分力，并说明在这两种情况下，投影与分力的联系与区别。

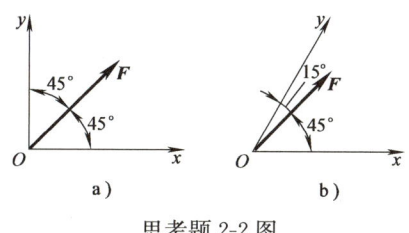

思考题 2-2 图

2-3 用力多边形法则求合力时，各分力的次序可以变更吗？

2-4 用解析法求平面汇交力系的合力时，选取不同的直角坐标轴，所得合力是否相同？

2-5 用解析法求解平面汇交力系的平衡问题时，两投影轴是否一定要相互垂直？

2-6 刚体上 A、B、C 三点分别作用有三个力 F_1、F_2、F_3，其指向如思考题 2-6 图所示。若这三力构成的力三角形自行封闭，试问该刚体是否平衡？

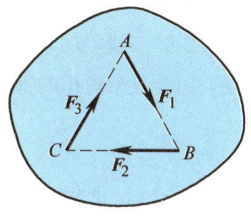

思考题 2-6 图

习题

2-1 试分别求出习题 2-1 图中各力在 x 轴和 y 轴上的投影。

2-2 铆接薄钢板在孔 A、B、C、D 处受四个力作用，孔间尺寸如习题 2-2 图所示。已知 $F_1=50\ \text{N}$，$F_2=100\ \text{N}$，$F_3=150\ \text{N}$，$F_4=220\ \text{N}$，试求此平面汇交力系的合力。

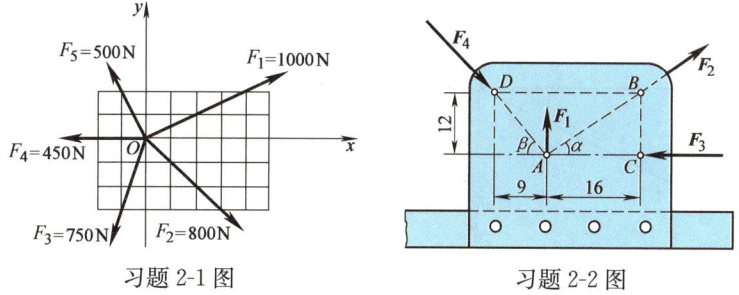

习题 2-1 图　　　　　　　　习题 2-2 图

2-3 平面汇交力系如习题 2-3 图所示，已知 $F_1=150\ \text{N}$，$F_2=200\ \text{N}$，$F_3=250\ \text{N}$，$F_4=$

100 N，试分别用几何法和解析法求其合力 F_R。

2-4 在习题 2-4 图所示刚架的点 B 作用一水平力 F，刚架重量略去不计，试求支座 A、D 处的约束力。

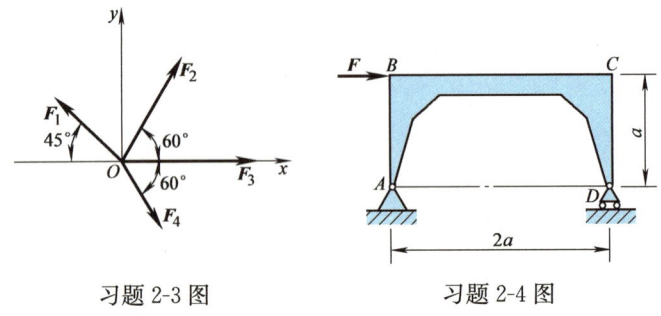

习题 2-3 图　　　　　习题 2-4 图

2-5 习题 2-5 图所示构架，已知 $P=10\,\text{kN}$，若不计各杆自重，试求杆 BC 所受的力以及铰支座 A 处的约束力。

2-6 习题 2-6 图所示管道支架由杆 AB 与 CD 构成，管道通过绳索悬挂在水平杆 AB 的 B 端，每个支架负担的管道重为 2 kN。若不计杆重，试求杆 CD 所受的力和铰支座 A 处的约束力。

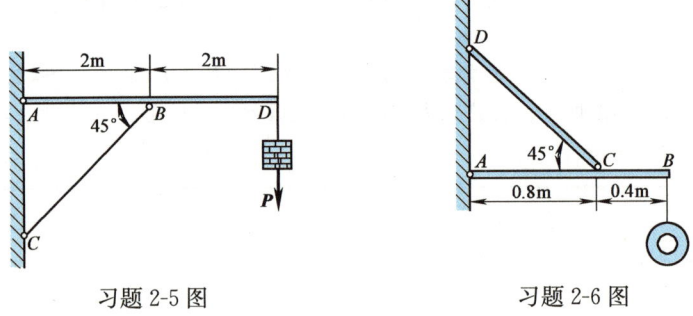

习题 2-5 图　　　　　习题 2-6 图

2-7 在习题 2-7 图所示三角支架的铰链 B 上，悬挂重 $P=50\,\text{kN}$ 的重物。不计杆件自重，试求 AB、BC 两杆所受的力。

2-8 如习题 2-8 图所示，用杆 AB 和 AC 铰接后吊起重为 P 的重物。不计杆件自重，试求 AB、AC 两杆所受的力。

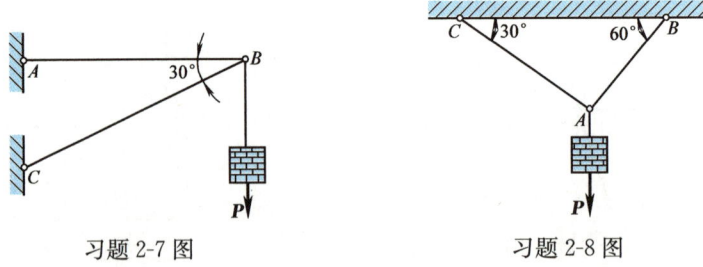

习题 2-7 图　　　　　习题 2-8 图

2-9 简易起吊装置如习题 2-9 图所示，已知杆 AB 位于水平位置，绞盘 D 以匀速起吊一

重 $P=20$ kN 的重物。若不计滑轮尺寸和构件自重，试求 AB、BC 两杆受力。

2-10 四杆机构 $ABCD$ 如习题 2-10 图所示，力 $\boldsymbol{F}_1$、$\boldsymbol{F}_2$ 分别作用在节点 B、C 上，使之在图示位置处于平衡状态。若不计各杆自重，试确定 $\boldsymbol{F}_1$ 和 $\boldsymbol{F}_2$ 之间的大小关系。

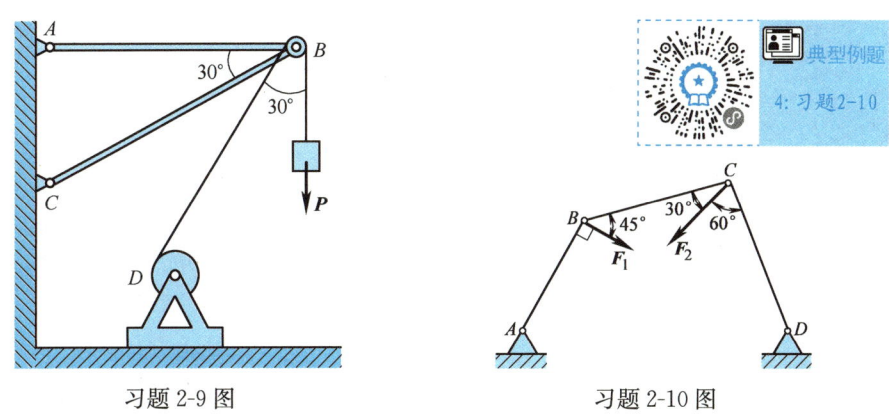

习题 2-9 图　　　　　习题 2-10 图

2-11 如习题 2-11 图所示，将两个相同的光滑圆柱体放在矩形槽内，两圆柱的半径 $r=20$ cm，重量 $P=600$ N。试求出接触点 A、B、C 处的约束力。

2-12 习题 2-12 图所示为夹具中所用的增力机构，已知推力 $\boldsymbol{F}_1$ 和杆 AB 的水平倾角 α，不计各构件自重，试求夹紧时夹紧力 $\boldsymbol{F}_2$ 的大小以及当 $\alpha=10°$ 时的增力倍数 F_2/F_1。

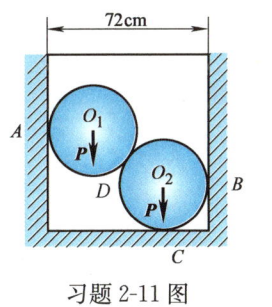 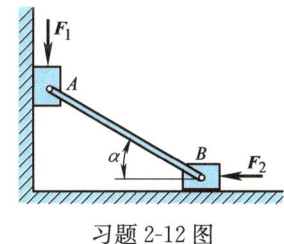

习题 2-11 图　　　　　习题 2-12 图

2-13 如习题 2-13 图所示，匀质杆 AB 重为 P、长为 l，在 B 端用跨过滑轮的绳索吊起，绳索的末端有重为 P_1 的物块。已知 A、C 两点在同一铅垂线上，$AC=AB$，若不计滑轮尺寸，试求平衡时的角 θ。

2-14 习题 2-14 图中的匀质杆 AB 重为 P、长为 $2l$，两端置于相互垂直的光滑斜面上，已知左斜面与水平面成 α 角，试求平衡时杆的水平倾角 θ。

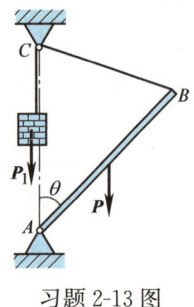
习题 2-13 图

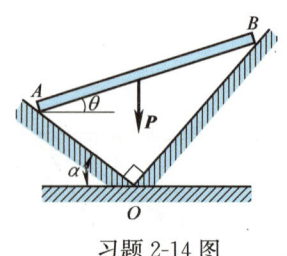
习题 2-14 图

2-15 如习题 2-15 图所示,用一组绳悬挂一重 $P=1\,\text{kN}$ 的物体,试求各段绳的张力。

2-16 习题 2-16 图所示为液压夹紧机构,B、C、D、E 各处均为光滑铰链连接。已知推力 F,在图示位置机构平衡。若不计各构件自重,试求此时工件 H 所受到的压紧力。

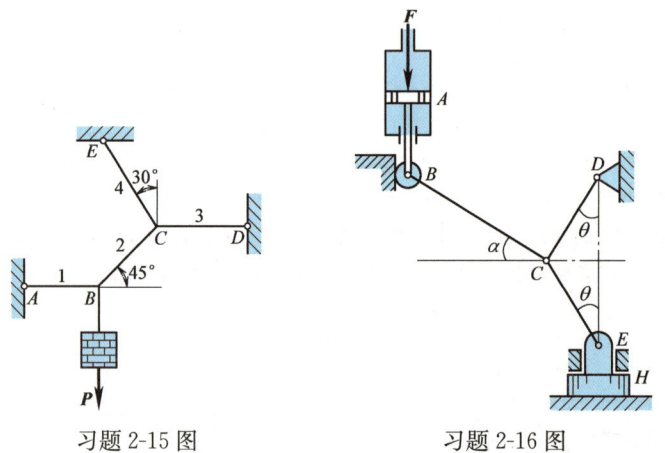

习题 2-15 图 习题 2-16 图

第三章
力矩·力偶·平面力偶系

本章主要研究平面内力对点的矩、力偶与力偶矩以及平面力偶系的合成与平衡问题。

第一节　力对点的矩

一、力对点的矩的概念

力对物体的运动效应分为移动效应和转动效应，其中移动效应可用力矢来度量；而转动效应则需用力矩来度量，**力矩是度量力对物体的转动效应的物理量**。

如图 3-1 所示，力 F 与点 O 位于同一平面内，力 F 可使物体绕点 O 转动。经验表明，力 F 使物体绕点 O 转动的效应不仅与力 F 的大小成正比，而且还与转动中心 O 至力 F 作用线的垂直距离 d 成正比。因此，定义

$$M_O(F) = \pm Fd \tag{3-1}$$

为**平面内力 F 对点 O 的矩**，简称**力矩**。其中，点 O 称为**矩心**；矩心 O 至力 F 作用线的垂直距离 d 称为**力臂**；正负号表示力 F 使物体绕矩心 O 转动的方向，一般规定，**力使物体绕矩心逆时针转动时为正，反之为负**。根据上述定义，平面内力对点的矩为代数量。在国际单位制中，力矩的单位为 N·m（牛·米）。

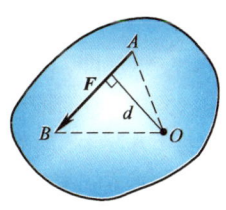

图 3-1

由图 3-1 可以看出，力 F 对点 O 的矩的大小在数值上也等于以力 F 为底边、矩心 O 为顶点所构成的 $\triangle OAB$ 的面积的两倍，即

$$M_O(F) = \pm Fd = \pm 2A_{\triangle OAB} \tag{3-2}$$

其中，$A_{\triangle OAB}$ 为 $\triangle OAB$ 的面积。

由上述力矩的定义，易得如下结论：

1)若力的作用线通过矩心,力臂为零,力矩必为零;
2)当力沿其作用线滑动时,不会改变力对指定点的矩。

二、合力矩定理

根据力系等效概念,易得结论:**平面汇交力系的合力对平面内任意一点的矩等于其各分力对同一点的矩的代数和**,即

$$M_O(\boldsymbol{F}_R) = \sum M_O(\boldsymbol{F}_i) \quad (3-3)$$

该结论称为**合力矩定理**。上述合力矩定理不仅适用于平面汇交力系,而且适用于任何有合力存在的平面力系。

以后,在计算力对点的矩时,也可以利用合力矩定理。例如,当力臂不易求出时,可以先将力分解为两个便于确定力臂的分力,然后再利用合力矩定理来计算力矩。这样,往往比较方便。

如图3-2所示,力$\boldsymbol{F}$的大小、方向以及作用点A的位置均已知,欲求力$\boldsymbol{F}$对坐标原点O的矩,就可以根据合力矩定理,通过其分力$\boldsymbol{F}_x$与$\boldsymbol{F}_y$对点O的矩而得到,即

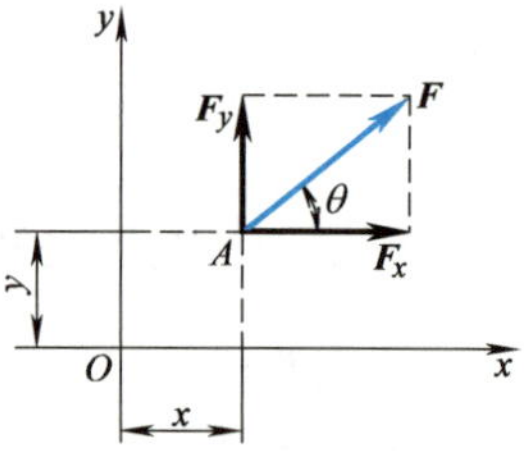

$$M_O(\boldsymbol{F}) = M_O(\boldsymbol{F}_y) + M_O(\boldsymbol{F}_x) = xF\sin\theta - yF\cos\theta$$

或

$$M_O(\boldsymbol{F}) = xF_y - yF_x \quad (3-4)$$

式(3-4)即为Oxy坐标平面内力$\boldsymbol{F}$对坐标原点O的矩的解析表达式。式中,x、y为力$\boldsymbol{F}$作用点的坐标;F_x、F_y为力$\boldsymbol{F}$在x、y轴上的投影。

图 3-2

【例3-1】 如图3-3所示,已知$F_1 = 50$ kN,$F_2 = 100$ kN,$AB = 6$ m。试分别求F_1、F_2对点A的矩。

解:由于力F_1垂直于AB,力臂即为$AB = 6$ m,力$\boldsymbol{F}_1$使杆AB绕点A逆时针转动,所以力F_1对点A的矩为

$$M_A(\boldsymbol{F}_1) = 50 \text{ kN} \times 6 \text{ m} = 300 \text{ kN} \cdot \text{m}$$

力$\boldsymbol{F}_2$对点A的力臂

$$AC = AB\sin 30° = 6 \text{ m} \times 0.5 = 3 \text{ m}$$

力$\boldsymbol{F}_2$使杆AB绕点A顺时针转动,所以力$\boldsymbol{F}_2$对点A的矩为

$$M_A(\boldsymbol{F}_2) = -100 \text{ kN} \times 3 \text{ m} = -300 \text{ kN} \cdot \text{m}$$

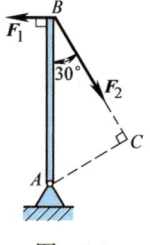

图 3-3

【例3-2】 简支刚架如图3-4所示,已知$\boldsymbol{F}$、a、b和α。试计算力$\boldsymbol{F}$对点A的矩。

解:方法一 根据定义计算力$\boldsymbol{F}$对点A的矩

先计算力臂d,由图中的几何关系有

$d = AE\sin\alpha = (AD - ED)\sin\alpha = (a - b\cot\alpha)\sin\alpha = a\sin\alpha - b\cos\alpha$

故得力 F 对点 A 的矩

$$M_A(F) = Fd = Fa\sin\alpha - Fb\cos\alpha$$

方法二　利用合力矩定理计算力 F 对点 A 的矩

将力 F 分解为图示两个正交分力 F_x 与 F_y，利用合力矩定理即得力 F 对点 A 的矩为

$$M_A(F) = M_A(F_x) + M_A(F_y) = -F_x b + F_y a = Fa\sin\alpha - Fb\cos\alpha$$

比较两种算法，显然后者更为方便。

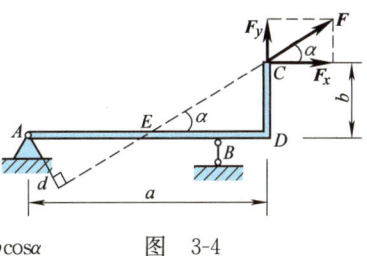

图 3-4

【例 3-3】　如图 3-5 所示，已知大圆轮半径为 R，小圆轮半径为 r，在小圆轮最右侧点 B 处受一力 F 的作用，力 F 的水平倾角为 θ。试计算力 F 对大圆轮与地面接触点 A 的矩。

解：由于力 F 对点 A 的力臂不易确定，故先将力 F 分解为两个正交分力 F_x 与 F_y，然后利用合力矩定理来计算力 F 对点 A 的矩，即有

$$M_A(F) = M_A(F_x) + M_A(F_y) = -F_x R + F_y r = F(r\sin\theta - R\cos\theta)$$

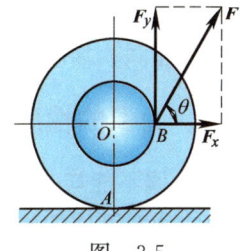

图 3-5

第二节　力偶与力偶矩

一、力偶

在实际中，常会遇到物体同时受到大小相等、方向相反、作用线不在同一直线上的两个力作用的情况。例如，驾驶员用双手转动方向盘（见图 3-6a）；钳工用丝锥攻螺纹（见图 3-6b）等。在力学中，将这样的两个力视为一个整体，称为**力偶**，用符号 (F, F') 表示，如图 3-7 所示。力偶所在平面称为**力偶作用面**，力偶中二力作用线之间的垂直距离 d 称为**力偶臂**。

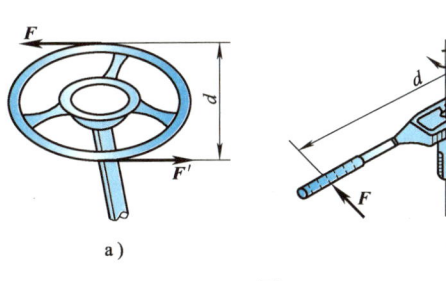

图 3-6

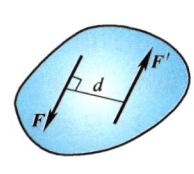

图 3-7

二、力偶矩

力偶对刚体只产生转动效应，而不产生移动效应。经验表明，力偶对刚体的转动效应，不仅与力偶中二力的大小成正比，而且与力偶臂成正比；另外，力偶的转向决定了刚体的转向。因此，为了度量力偶对刚体的转动效应，定义

$$M = \pm Fd \tag{3-5}$$

为平面内力偶 $(\boldsymbol{F}, \boldsymbol{F}')$ 的矩，简称**力偶矩**。即，**力偶矩的大小等于力偶中力的大小和力偶臂的乘积；正负号表示力偶在作用面内的转向**，通常规定，**逆时针转向为正，反之为负**。根据上述定义，平面内力偶矩为代数量。力偶矩单位与力矩单位相同，在国际单位制中为 N·m（牛·米）。

三、力偶的性质

1. 力偶不能与一个力等效，也不能与一个力平衡

由力偶对刚体的作用效应可知，力偶不能与一个力等效，也不能与一个力平衡；力偶只能与力偶等效，力偶只能与力偶平衡。力偶与力同属于力系中的基本元素。

还需指出，由于组成力偶的两个力的大小相等、方向相反，所以它们在任一坐标轴上投影的代数和均为零；但因其不共线，故力偶本身并不平衡。

2. 组成力偶的两个力对其作用面内任一点的矩的代数和恒等于力偶矩，而与矩心位置无关

如图 3-8 所示，在力偶 $(\boldsymbol{F}, \boldsymbol{F}')$ 的作用面内任取一点 O 为矩心，设其中力 $\boldsymbol{F}'$ 对矩心 O 的力臂为 x，则组成力偶的两个力 $\boldsymbol{F}$、$\boldsymbol{F}'$ 对点 O 的矩的代数和

$$M_O(\boldsymbol{F}) + M_O(\boldsymbol{F}') = F(x+d) - F'x = Fd = M$$

即组成力偶的两个力对其作用面内任一点的矩的代数和恒等于力偶矩，而与矩心位置无关。

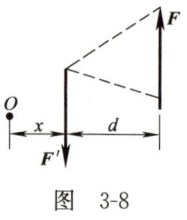

图 3-8

3. 作用于刚体同一平面内两个力偶等效的充分且必要条件为其力偶矩相等

这一性质称为**平面力偶等效定理**。由此可得下列推论：

推论 1 力偶可以在其作用面内任意移转，而不改变它对刚体的作用效应。

换言之，力偶对刚体的作用效应与其在作用面内的位置无关。因为不论力偶在其作用面内怎样移转，力偶矩的大小和转向都不会改变，故对刚体的作用效应也就不会改变。

推论 2 只要保持力偶矩大小和转向不变，可以任意同时变化力偶中力的大小和力偶臂的长短，而不改变它对刚体的作用效应。

由此可见，力的大小和力偶臂都不是力偶的特征量，只有力偶矩才是力偶

对刚体作用的唯一度量。所以，今后常用力偶矩 M 的符号来表示力偶，如图 3-9 所示。

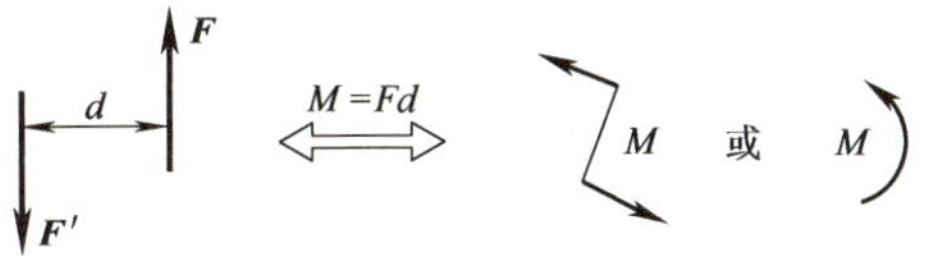

图 3-9

第三节　平面力偶系的合成与平衡

作用在物体同一平面内的若干个力偶所组成的力系称为**平面力偶系**。下面依次讨论平面力偶系的合成与平衡问题。

一、平面力偶系的合成

设平面力偶系由两个力偶 (F_1, F_1')、(F_2, F_2') 所组成，其力偶矩分别为 $M_1 = F_1 d_1$、$M_2 = -F_2 d_2$，如图 3-10a 所示，试求它们合成的结果。

根据平面力偶等效定理，在保持力偶矩不变的条件下，同时改变这两个力偶中力的大小和力偶臂的长短，使它们具有相同的力偶臂 d，并将它们在其作用面内移转，使力的作用线重合，如图 3-10b 所示。于是得到与原力偶等效的两个新力偶 (F_3, F_3')、(F_4, F_4')，并有

$$M_1 = F_1 d_1 = F_3 d, \quad M_2 = -F_2 d_2 = -F_4 d$$

分别将作用在点 A、点 B 的两个共线力 F_3 和 F_4、F_3' 和 F_4' 合成（设 $F_3 > F_4$），得到两个新的力 F 和 F'，其中

$$F = F_3 - F_4, \quad F' = F_3' - F_4'$$

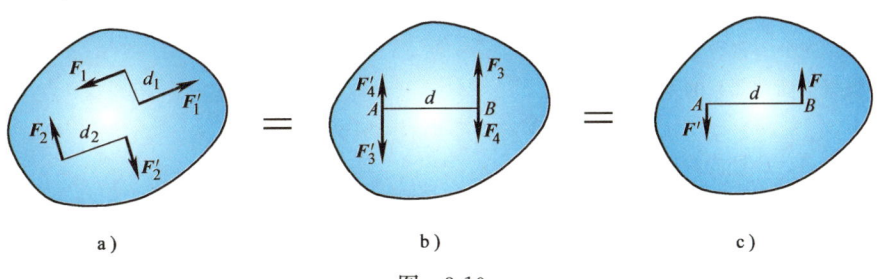

图 3-10

它们构成了与原力偶系等效的合力偶（F，F'），如图 3-10c 所示，此合力偶的矩为

$$M=Fd=(F_3-F_4)d=F_3d-F_4d=M_1+M_2$$

显然，对由任意个力偶组成的平面力偶系，也可用上述同样的方法合成。于是有结论：**平面力偶系可合成为一个合力偶；合力偶矩等于各分力偶矩的代数和**，即

$$M=M_1+M_2+\cdots+M_n=\sum M_i \tag{3-6}$$

二、平面力偶系的平衡

由平面力偶系的合成结果容易推知，**平面力偶系平衡的必要且充分条件为平面力偶系中各力偶矩的代数和等于零**，即

$$\sum M_i=0 \tag{3-7}$$

式（3-7）称为**平面力偶系的平衡方程**。利用平面力偶系的平衡方程，可以求解一个未知量。

【**例 3-4**】 在梁 AB 上作用一力偶，其力偶矩 $M=100\ \text{kN}\cdot\text{m}$，转向如图 3-11a 所示。已知梁长 $l=5\ \text{m}$，若不计梁的自重，试求支座 A、B 处的约束力。

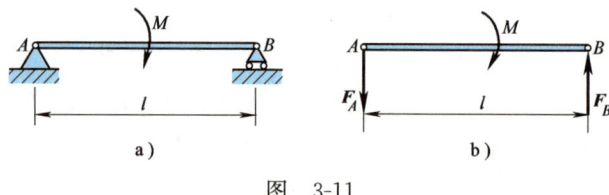

图 3-11

解：(1) 选取研究对象

选取梁 AB 为研究对象。

(2) 画受力图

梁 AB 上作用有矩为 M 的已知力偶和支座 A、B 的约束力。活动铰支座 B 的约束力 F_B 的作用线沿铅垂方向，根据力偶只能与力偶平衡的性质可知，固定铰支座 A 的约束力 F_A 和 F_B 必组成一个力偶，因此 F_A 的作用线也沿铅垂方向并与 F_B 反向，如图 3-11b 所示。于是，梁 AB 上的作用力组成一平面力偶系。

(3) 列平衡方程

根据平面力偶系的平衡方程，有

$$\sum M_i=0,\quad F_A l-M=0$$

解得支座 A、B 处的约束力

$$F_A=F_B=\frac{M}{l}=\frac{100\ \text{kN}\cdot\text{m}}{5\ \text{m}}=20\ \text{kN}$$

$F_A(F_B)$ 为正值，说明图中 $F_A(F_B)$ 的假设方向是正确的。

第三章 力矩·力偶·平面力偶系

【例 3-5】 图 3-12 所示工件上作用有三个力偶,已知三个力偶的矩分别为 $M_1=M_2=10\ \text{N·m}$,$M_3=20\ \text{N·m}$;固定螺柱 A 和 B 的距离 $l=200\ \text{mm}$。若不计摩擦,试求两个固定螺柱所承受的力。

解:(1) 选取研究对象
选取工件为研究对象。

(2) 画受力图
工件受到三个力偶和两个螺柱的法向约束力的作用。三个力偶合成后仍为一个力偶,如果工件平衡,必定有一个约束力偶与它相平衡。因此螺柱 A 和 B 的约束力 F_A 和 F_B 必组成一个力偶。由此,作出工件的受力图如图 3-12 所示,其上的作用力组成一平面力偶系。

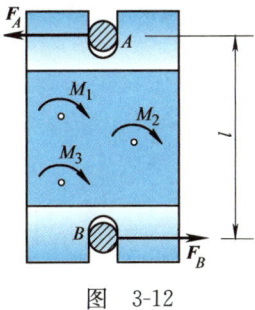

图 3-12

(3) 列平衡方程
根据平面力偶系的平衡方程,有
$$\sum M_i = 0, \quad F_A l - M_1 - M_2 - M_3 = 0$$

解得
$$F_A = F_B = \frac{M_1 + M_2 + M_3}{l} = \frac{(10+10+20)\ \text{N·m}}{200 \times 10^{-3}\ \text{m}} = 200\ \text{N}$$

两个固定螺柱 A、B 所承受的力与螺柱对工件的约束力 F_A、F_B 互为作用力与反作用力,即分别与 F_A、F_B 大小相等,方向相反。

【例 3-6】 在图 3-13a 所示结构中,用铰链 B 连接两根直角折杆 AB 和 BC,在直角折杆 AB 上作用一矩为 M 的力偶。若不计各构件自重,试求铰支座 A 和 C 处的约束力。

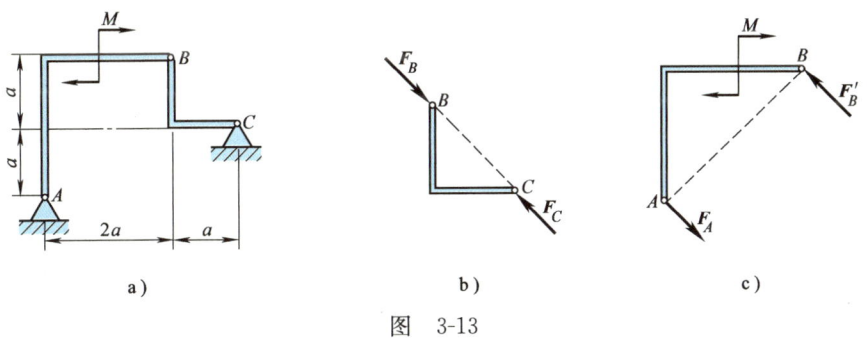

图 3-13

解:(1) 选取研究对象
选取直角折杆 AB 为研究对象。

(2) 画受力图
由于 BC 为二力构件,故 F_B 与 F_C 等值、相反、共线,如图 3-13b 所示。AB 上所受的主动力为一矩为 M 的已知力偶;由于力偶只能与力偶平衡,因此 A、B 处的约束力 F_A、F_B' 必构成一力偶,且转向与 M 相反。直角折杆 AB 的受力图如图 3-13c 所示,其中 F_B' 是 F_B 的反作用力,垂直于 AB。于是,直角折杆 AB 上的作用力构成一平面力偶系。

(3) 列平衡方程

根据平面力偶系的平衡方程，有

$$\sum M_i = 0, \quad 2\sqrt{2}a \cdot F_A - M = 0$$

由此解得铰支座 A 处的约束力

$$F_A = \frac{\sqrt{2}M}{4a}$$

由于 $F_A = F'_B = F_B = F_C$，故铰支座 C 处的约束力

$$F_C = F_A = \frac{\sqrt{2}M}{4a}$$

$\boldsymbol{F}_A$ 和 $\boldsymbol{F}_C$ 的方向分别如图 3-13c、b 所示。

【例 3-7】 在图 3-14a 所示机构中，套筒 A 穿过摆杆 BO_1，用铰链连接在曲柄 AO 上。已知曲柄 AO 长为 r，其上作用有矩为 M_1 的力偶。在图示位置，$\theta = 30°$，机构平衡，试求作用于摆杆 BO_1 上的力偶矩 M_2，不计摩擦和各构件自重。

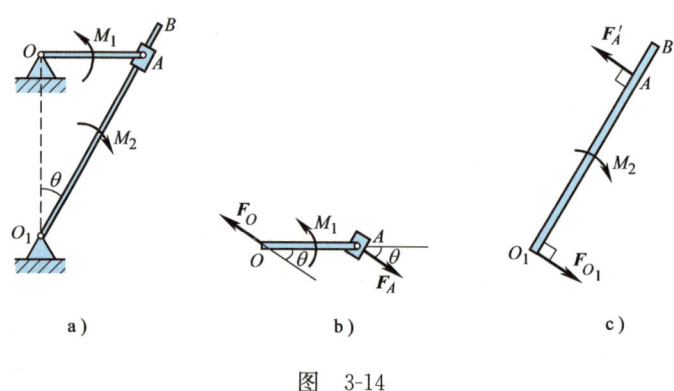

图 3-14

解：这是刚体系的平衡问题。因取刚体系整体为研究对象时未知量过多，故宜分别选取单个刚体为研究对象。

(1) 选取研究对象

分别选曲柄 AO（包括套筒 A）、摆杆 BO_1 为研究对象。

(2) 画受力图

分别画出曲柄 AO（包括套筒 A）与摆杆 BO_1 的受力图。套筒与摆杆之间为光滑接触面约束，其约束力 $\boldsymbol{F}_A(\boldsymbol{F}'_A)$ 应垂直于摆杆 BO_1。AO 与 BO_1 上的主动力分别为矩为 M_1 与 M_2 的力偶，并各受两个约束力的作用，因此各自的两个约束力必构成力偶与各自的主动力偶平衡，由此即可确定铰支座 O、O_1 处的约束力的方向。两个构件的受力图分别如图 3-14b、c 所示。

(3) 列平衡方程

两个构件都是在平面力偶系作用下处于平衡状态，列出各自的平衡方程如下：

曲柄 AO：$\sum M_i = 0$， $M_1 - F_A \cdot AO\sin 30° = 0$

摆杆 BO_1：$\sum M_i = 0$， $-M_2 + F'_A \cdot AO_1 = 0$

其中，$F'_A = F_A$、$AO = r$、$AO_1 = r/\sin 30° = 2r$。

联立上述两个平衡方程，解得作用于摆杆 BO_1 上的力偶矩

$$M_2 = 4M_1$$

 复习思考题

3-1 力和力偶对物体的作用效应有何不同？

3-2 如思考题 3-2 图所示，物体上作用有两个力偶 (F_1, F'_1)、(F_2, F'_2)，其力多边形自行封闭，试问物体是否平衡？为什么？

3-3 组成力偶的二力等值反向；作用力与反作用力等值反向；平衡二力同样等值反向，试问这三者间有何区别？

3-4 力偶有哪些基本性质？

3-5 既然力偶不能与一力平衡，那为什么思考题 3-5 图中的圆轮又能平衡呢？

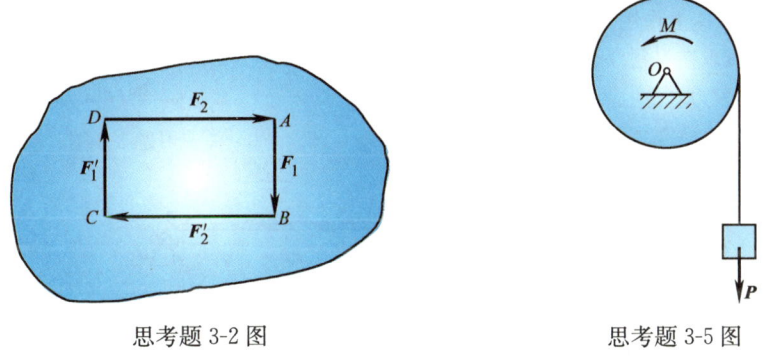

思考题 3-2 图   思考题 3-5 图

3-6 思考题 3-6 图中的四个力偶，指出哪些力偶是等效的？

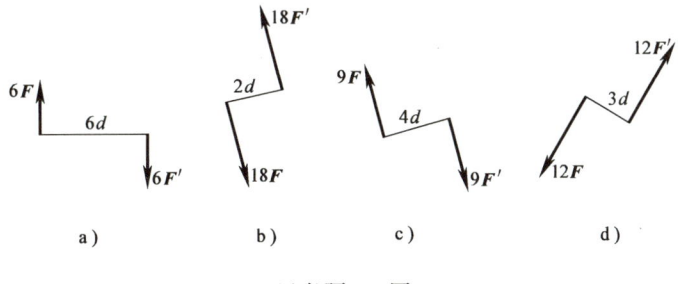

思考题 3-6 图

习题

3-1 作用在悬臂梁端点 B 的四个力的大小均为 8 kN，方向如习题 3-1 图所示。试分别求出各力对点 A 的矩。

3-2 如习题 3-2 图所示，试分别计算力 F 对点 A 和点 B 的矩。

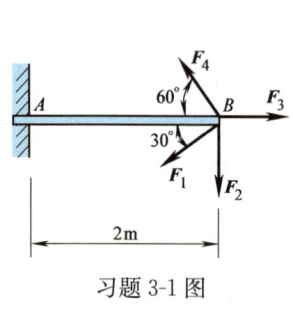

习题 3-1 图

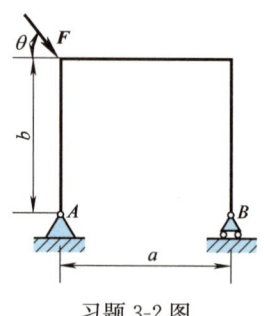

习题 3-2 图

3-3 悬臂刚架如习题 3-3 图所示，已知力 $F_1=12\,\text{kN}$，$F_2=6\,\text{kN}$，试求 F_1 与 F_2 的合力 F_R 对点 A 的矩。

3-4 已知梁 AB 上作用一矩为 M 的力偶，梁长为 l。若不计梁自重，试在习题 3-4 图 a、b 两种情况下，铰支座 A 和 B 处的约束力。

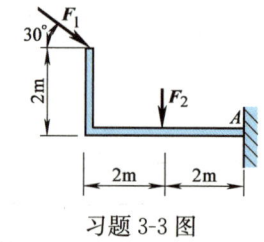

习题 3-3 图

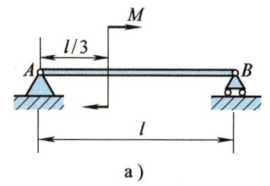
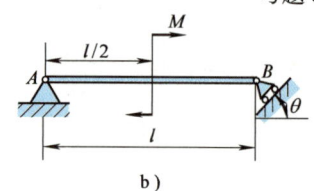

习题 3-4 图

3-5 已知直角折杆 AB 上作用一矩为 M 的力偶，不计折杆自重，试求在习题 3-5 图 a、b 两种情况下，铰支座 A、B 处的约束力。

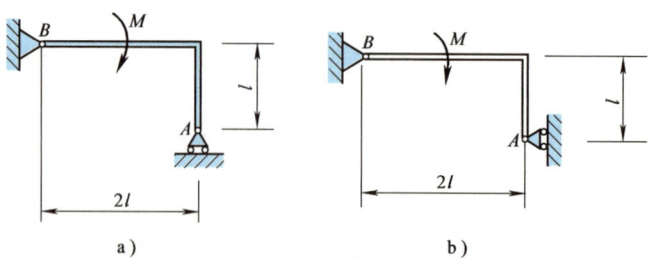

习题 3-5 图

3-6 构架如习题 3-6 图所示,已知 $F=F'$,若不计杆件自重,试求铰支座 C、D 处的约束力。

3-7 如习题 3-7 图所示,已知两齿轮的半径分别为 r_1、r_2,作用于主动轮 I 上的驱动力偶矩为 M_1,齿轮的压力角为 θ(压力角为啮合力与切线间的夹角)。若不计齿轮自重,试求使两齿轮维持匀速转动时作用于从动轮 II 上的阻力偶矩 M_2 以及轴 O_1、O_2 处的约束力。

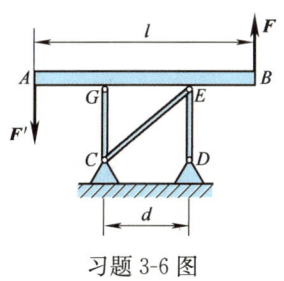

习题 3-6 图

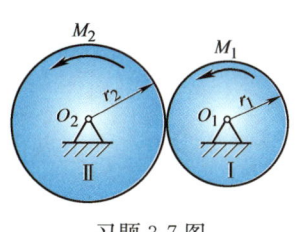

习题 3-7 图

3-8 支架如习题 3-8 图所示,已知 $CB=0.8$ m;作用于横杆 CD 上的两个力偶矩分别为 $M_1=0.2$ kN·m、$M_2=0.5$ kN·m。不计杆件自重,试求铰支座 A、C 处的约束力。

3-9 如习题 3-9 图所示,已知三铰刚架的 AC 部分上作用有矩为 M 的力偶,左右两部分的直角边成正比,即 $a:b=c:a$。不计三铰刚架自重,试求铰支座 A、B 处的约束力。

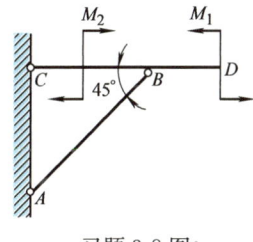

习题 3-8 图

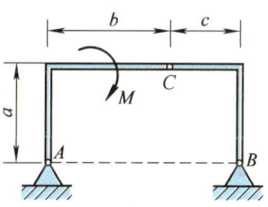

习题 3-9 图

3-10 四杆机构 $OABO_1$ 在习题 3-10 图所示位置平衡,已知 $AO=40$ cm、$BO_1=60$ cm,作用在杆 AO 上的力偶矩 $M_1=1$ N·m。若各杆自重不计,试求作用在杆 BO_1 上的力偶矩 M_2 以及杆 AB 所受的力。

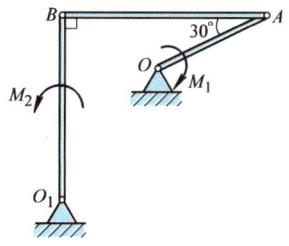

习题 3-10 图

3-11 习题 3-11 图所示结构，已知在构件 BC 上作用一矩为 M 的力偶，若不计各构件自重，试求铰支座 A 处的约束力。

3-12 在习题 3-12 图所示机构中，已知曲柄 AO 上作用一矩为 M 的力偶，滑块 D 上作用一水平力 F。机构在图示位置平衡，若不计摩擦与各构件自重，试求力 F 与力偶矩 M 的关系。

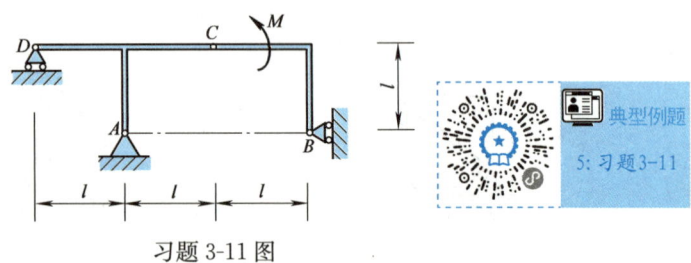

习题 3-11 图

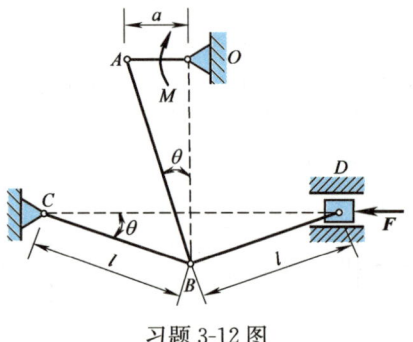

习题 3-12 图

第四章
平面任意力系

各力的作用线在同一平面内任意分布的力系称为**平面任意力系**。平面任意力系是工程中最为常见的一种力系。本章主要研究平面任意力系的简化与平衡问题。

第一节 平面任意力系向一点的简化

一、力的平移定理

作用于刚体上的力可以等效地平行移动至刚体上任一指定点，但必须在该力与指定点所在平面内附加一力偶，该附加力偶的矩等于原力对指定点的矩。此结论称为**力的平移定理**。力的平移定理是平面任意力系简化的理论基础。现证明如下：

如图 4-1a 所示，力 F 作用于刚体上的点 A，在刚体上任取一点 B，并在点 B 加上等值反向的平衡二力 F' 和 F''，并使 $F' = F = -F''$（见图 4-1b）。根据加减平衡力系公理，三个力 F、F'、F'' 组成的新力系与原来的一个力 F 等效。显然，这三个力可视为一个作用于点 B 的力 F' 和一个力偶（F, F''）。由于 $F' = F$，

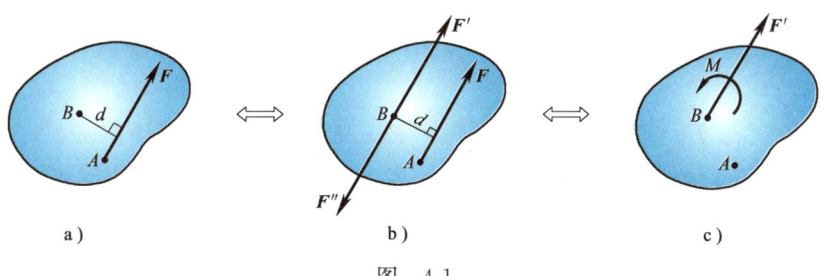

图 4-1

这样就将作用于点 A 的力 F 平行移动至了另一点 B，但同时附加了一个力偶，该附加力偶的矩为

$$M = Fd = M_B(\boldsymbol{F})$$

于是定理得证。

由力的平移定理的逆过程可知：**位于同一平面内的一个力和一个力偶可以合成为一个力**。例如，图 4-1c 中位于同一平面内的作用于点 B 的力 $\boldsymbol{F}'$ 与矩为 M 的力偶可合成为一个作用于点 A 的力 $\boldsymbol{F}$，其中 $\boldsymbol{F} = \boldsymbol{F}'$、$d = \dfrac{M}{F'}$。

二、平面任意力系向作用面内一点的简化

设平面任意力系 $F_1, F_2, \cdots, F_n$ 作用于一刚体上，如图 4-2a 所示。在力系作用面内任取一点 O，称为**简化中心**。应用力的平移定理，把各力都平移到点 O。这样，得到作用于点 O 的 $\boldsymbol{F}_1', \boldsymbol{F}_2', \cdots, \boldsymbol{F}_n'$，以及相应的附加力偶，附加力偶的矩分别记作 $M_1, M_2, \cdots, M_n$，如图 4-2b 所示。显然，这些附加力偶作用在同一平面内，它们的矩分别等于原力 $F_1, F_2, \cdots, F_n$ 对简化中心 O 的矩，即

$$M_i = M_O(\boldsymbol{F}_i) \quad (i = 1, 2, \cdots, n)$$

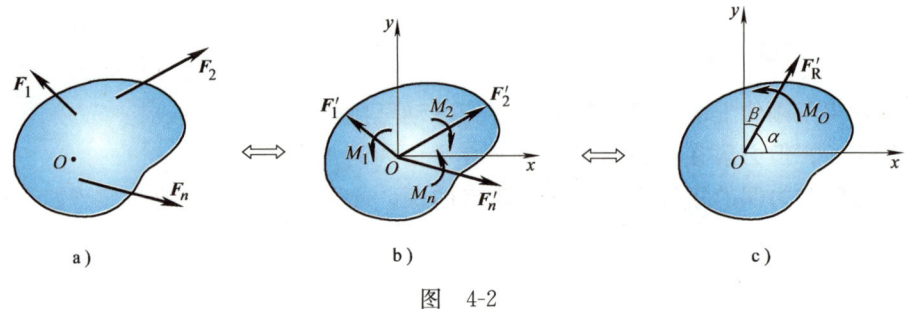

图 4-2

这样，平面任意力系等效为了两个简单力系：平面汇交力系和平面力偶系。然后，再分别合成这两个简单力系。

平面汇交力系 $\boldsymbol{F}_1', \boldsymbol{F}_2', \cdots, \boldsymbol{F}_n'$ 可合成为一个作用线通过简化中心 O 的力 $\boldsymbol{F}_R'$，如图 4-2c 所示。因为各力矢 $\boldsymbol{F}_1', \boldsymbol{F}_2', \cdots, \boldsymbol{F}_n'$ 分别与原力矢 $\boldsymbol{F}_1, \boldsymbol{F}_2, \cdots, \boldsymbol{F}_n$ 相等，故有

$$\boldsymbol{F}_R' = \boldsymbol{F}_1' + \boldsymbol{F}_2' + \cdots + \boldsymbol{F}_n' = \boldsymbol{F}_1 + \boldsymbol{F}_2 + \cdots + \boldsymbol{F}_n = \sum \boldsymbol{F}_i \tag{4-1}$$

即力矢 $\boldsymbol{F}_R'$ 等于原力系中各力的矢量和，称为原力系的**主矢**。运用解析法可得主矢 $\boldsymbol{F}_R'$ 的大小与方向余弦分别为

$$F_R' = \sqrt{F_{Rx}'^2 + F_{Ry}'^2} = \sqrt{(\sum F_{ix})^2 + (\sum F_{iy})^2} \tag{4-2}$$

$$\cos\alpha = \frac{F'_{Rx}}{F'_R} = \frac{\sum F_{ix}}{F'_R}, \quad \cos\beta = \frac{F'_{Ry}}{F'_R} = \frac{\sum F_{iy}}{F'_R} \tag{4-3}$$

平面力偶系可合成为一个力偶，这个力偶的矩 M_O 称为原力系对简化中心 O 的**主矩**，它等于各附加力偶矩 M_i 的代数和。由于 $M_i = M_O(\boldsymbol{F}_i)$，所以主矩 M_O 又等于原力系中各力对简化中心 O 的矩 $M_O(\boldsymbol{F}_i)$ 的代数和，即

$$M_O = \sum M_i = \sum M_O(\boldsymbol{F}_i) \tag{4-4}$$

综上所述，可得如下结论：**在一般情况下，平面任意力系向其作用面内任一点 O 简化，可得一个力和一个力偶。这个力等于该力系的主矢，作用线通过简化中心 O；这个力偶的矩等于该力系对简化中心 O 的主矩。**

由于主矢等于原力系中各力的矢量和，故其与简化中心的选择无关。

由于主矩等于原力系中各力对简化中心的矩的代数和，而当取不同的点为简化中心时，各力对简化中心的矩将随之改变，因此主矩一般与简化中心的选择有关，必须指明简化中心的位置。

下面利用平面任意力系的简化理论，来分析第一章中所介绍的固定端支座的约束力。

显然，固定端支座对物体的约束力是作用于接触面上的分布力。在平面问题中，这些约束力为一平面任意力系，如图 4-3a 所示。根据上述平面任意力系的简化理论，将其向作用面内点 A 简化得到一个力 $\boldsymbol{F}_A$ 和一个矩为 M_A 的力偶，如图 4-3b 所示。一般情况下，这个力的大小和方向均是未知的，可用两个正交分力来代替。因此，在平面问题中，固定端 A 处的约束力可简化为两个正交约束力 $\boldsymbol{F}_{Ax}$、$\boldsymbol{F}_{Ay}$ 和一个矩为 M_A 的约束力偶，如图 4-3c 所示。其中，约束力 $\boldsymbol{F}_{Ax}$、$\boldsymbol{F}_{Ay}$ 代表了固定端对物体沿水平方向、铅垂方向移动的限制作用，矩为 M_A 的约束力偶则代表了固定端对物体在平面内转动的限制作用。注意到，后者正是固定端支座与固定铰支座的区别所在。

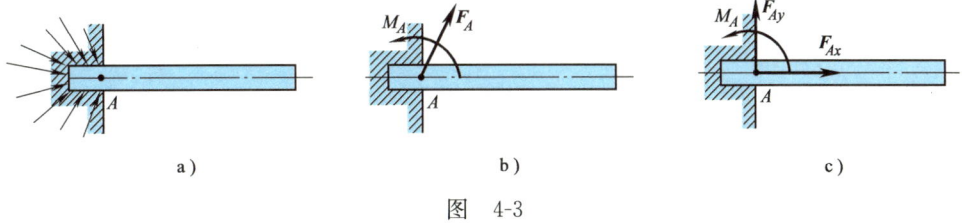

图 4-3

三、平面任意力系简化结果的讨论

平面任意力系向其作用面内一点简化的结果，可能有下列四种情况：

1) 主矢 $\boldsymbol{F}'_R = \boldsymbol{0}$ 且主矩 $M_O = 0$，则力系平衡。这一情况将在下一节中详细

讨论。

2) 主矢 $F'_R = 0$ 但主矩 $M_O \neq 0$，则力系合成为一个力偶，该合力偶的矩等于力系的主矩，即 $M = M_O = \sum M_O(F_i)$。此时，原力系等价于平面力偶系，力系的主矩即成为合力偶矩，而与简化中心的位置无关。

3) 主矢 $F'_R \neq 0$ 但主矩 $M_O = 0$，则力系合成为一个作用线通过简化中心 O 的合力，该合力矢等于力系的主矢，即 $F_R = F'_R = \sum F_i$。此时，附加的平面力偶系平衡，原力系等价于汇交于简化中心 O 的平面汇交力系。

4) 主矢 $F'_R \neq 0$ 且主矩 $M_O \neq 0$，则由力的平移定理的逆过程可知，力系向点 O 简化所得的力 F'_R 和矩为 M_O 的力偶可合成为一个合力 F_R，如图 4-4 所示，该合力矢等于力系的主矢，即 $F_R = F'_R = \sum F_i$，简化中心 O 至合力 F_R 作用线的垂直距离为

$$d = \frac{|M_O|}{F'_R} \tag{4-5}$$

至于合力作用线位于点 O 的哪一侧，显然根据主矢 F'_R 的方向和主矩 M_O 的转向即可确定。

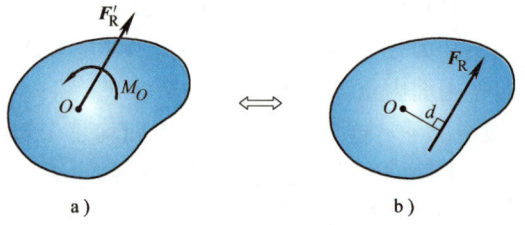

图 4-4

【例 4-1】 平面任意力系如图 4-5a 所示，已知 $F_1 = 10$ N、$F_2 = 20$ N、$F_3 = 25$ N、$F_4 = 12$ N，图中各力作用点的坐标的单位为 cm。试向坐标原点 O 简化此力系并求其合成结果。

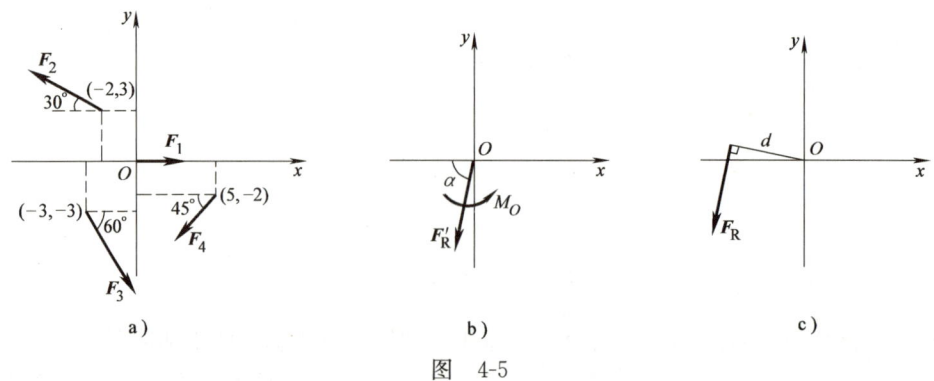

图 4-5

解：(1) 求简化结果

力系向坐标原点 O 简化的结果为一个主矢和一个主矩。

力系的主矢 $\boldsymbol{F}'_R$ 在 x 轴、y 轴上的投影为

$$F'_{Rx}=\sum F_{ix}=F_1-F_2\cos 30°+F_3\cos 60°-F_4\cos 45°=-3.3\text{ N}$$

$$F'_{Ry}=\sum F_{iy}=F_2\sin 30°-F_3\sin 60°-F_4\sin 45°=-20.2\text{ N}$$

主矢 $\boldsymbol{F}'_R$ 的大小以及与 x 轴所夹的锐角分别为

$$F'_R=\sqrt{F'^2_{Rx}+F'^2_{Ry}}=20.5\text{ N}$$

$$\alpha=\arctan\left|\frac{F'_{Ry}}{F'_{Rx}}\right|=\arctan 6.1=80.8°$$

由 $F'_{Rx}<0$、$F'_{Ry}<0$ 可知，$\boldsymbol{F}'_R$ 指向第三象限（见图 4-5b）。

根据式 (4-4)，力系对坐标原点 O 的主矩为

$$M_O=\sum M_O(\boldsymbol{F}_i)=F_2\cos30°\times 3\text{ cm}-F_2\sin30°\times 2\text{ cm}+F_3\cos60°\times 3\text{ cm}+F_3\sin60°\times 3\text{ cm}-$$
$$F_4\cos45°\times 2\text{ cm}-F_4\sin45°\times 5\text{ cm}=75.0\text{ N}\cdot\text{cm}$$

转向为逆时针（见图 4-5b）。

(2) 求合成结果

由于主矢 $\boldsymbol{F}'_R\neq\boldsymbol{0}$ 且主矩 $M_O\neq 0$，故原力系可合成为一个合力，合力矢 $\boldsymbol{F}_R=\boldsymbol{F}'_R$，其作用线离坐标原点 O 的距离为

$$d=\frac{|M_O|}{F'_R}=\frac{75.0\text{ N}\cdot\text{cm}}{20.5\text{ N}}=3.7\text{ cm}$$

合力作用线的位置位于坐标原点 O 的左侧，如图 4-5c 所示。

【**例 4-2**】 如图 4-6 所示，长为 l 的水平梁 AB 受竖向线性分布载荷的作用，已知最大载荷集度（单位长度上的载荷）为 q，试求该分布载荷的合力的大小及其作用线的位置。

解：这是平面同向平行力系的合成问题。显然其合力 $\boldsymbol{F}_q$ 的方向与该分布载荷的方向相同，现来确定合力 $\boldsymbol{F}_q$ 的大小及其作用线的位置。

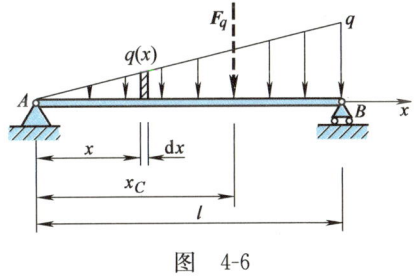

图 4-6

如图 4-6 所示，取梁的 A 端为坐标原点，建立坐标轴 x。在 x 处取微元段 $\mathrm{d}x$，则分布载荷在 $\mathrm{d}x$ 上的合力

$$\mathrm{d}F_q=q(x)\mathrm{d}x$$

式中，$q(x)=\frac{x}{l}q$，为分布载荷在 x 处的集度。对上式积分，即得合力 $\boldsymbol{F}_q$ 的大小

$$F_q=\int_l \mathrm{d}F_q=\int_0^l q(x)\mathrm{d}x=\int_0^l \frac{q}{l}x\mathrm{d}x=\frac{1}{2}ql$$

微元力 $\mathrm{d}\boldsymbol{F}_q$ 对点 A 的矩

$$M_A(\mathrm{d}\boldsymbol{F}_q)=x\mathrm{d}F_q=xq(x)\mathrm{d}x=\frac{q}{l}x^2\mathrm{d}x$$

对上式积分，即得整个线性分布载荷对点 A 的矩

$$\sum M_A(\mathrm{d}\boldsymbol{F}_q) = \int_0^l \frac{q}{l} x^2 \mathrm{d}x = \frac{ql^2}{3}$$

设点 A 至合力 $\boldsymbol{F}_q$ 的作用线的距离为 x_C，根据合力矩定理，有

$$M_A(\boldsymbol{F}_q) = F_q x_C = \frac{1}{2} q l x_C = \sum M_A(\mathrm{d}\boldsymbol{F}_q) = \frac{ql^2}{3}$$

故得

$$x_C = \frac{2}{3} l$$

以同样的方法分析其他形式的分布载荷，可得一般性结论：**当分布载荷垂直于被作用杆件时，分布载荷合力 $\boldsymbol{F}_q$ 的方向与分布载荷的方向相同；大小等于分布载荷曲线下几何图形的面积；作用线通过分布载荷曲线下几何图形的形心。**

例如，对于图 4-7 所示的均布载荷，根据上述结论不难确定，其合力 $\boldsymbol{F}_q$ 的大小

$$F_q = ql$$

作用线位置

$$x_C = \frac{1}{2} l$$

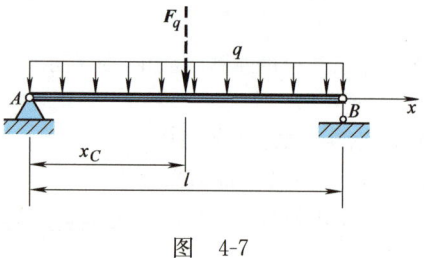

图 4-7

第二节　平面任意力系的平衡

一、平面任意力系的平衡方程

1. 平面任意力系平衡方程的基本形式

由上节可知，平面任意力系平衡的必要且充分的条件是：力系的主矢和对任一点的主矩都等于零，即

$$\left.\begin{array}{l} \boldsymbol{F}_R' = \boldsymbol{0} \\ M_O = 0 \end{array}\right\} \tag{4-6}$$

将式 (4-2) 和式 (4-4) 代入上式，得

$$\left.\begin{array}{l}\sum F_{ix}=0\\\sum F_{iy}=0\\\sum M_O(\boldsymbol{F}_i)=0\end{array}\right\} \qquad (4-7)$$

即平面任意力系平衡的必要且充分的解析条件为：**力系中所有力在作用面内任意两个坐标轴上投影的代数和分别等于零，并且所有力对作用面内任意一点的矩的代数和等于零**。式（4-7）称为**平面任意力系的平衡方程**，它是平面任意力系平衡方程的基本形式，包含两个投影方程和一个力矩方程，可以求解三个未知量。在求解具体问题时，由于投影轴和矩心是可以任意选取的，为了使每个方程中尽可能出现较少的未知量以简化计算，通常将矩心选取在多个未知力作用线的交点上，投影轴则尽可能与未知力的作用线垂直。

【**例 4-3**】 如图 4-8a 所示，悬臂梁 AB 上作用有矩为 M 的力偶和集度为 q 的均布载荷，在自由端还受一集中力 F 的作用，梁的长度为 l。试求固定端 A 处的约束力。

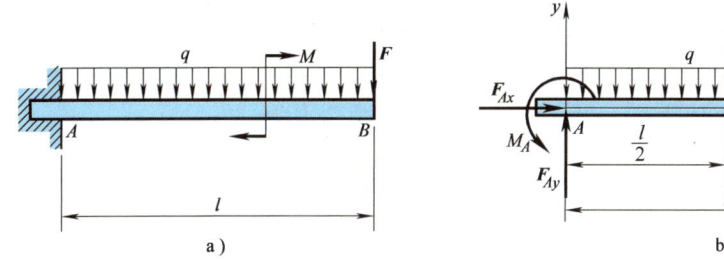

图 4-8

解：(1) 选取研究对象

选取悬臂梁 AB 为研究对象。

(2) 画受力图

梁 AB 受到集中力 F、均布载荷 q、力偶矩 M，以及固定端约束力 F_{Ax}、F_{Ay} 与 M_A 的作用，其受力图如图 4-8b 所示，其中均布载荷的合力 $F_q = ql$。这些力构成平面任意力系，其中包含了 F_{Ax}、F_{Ay} 与 M_A 三个未知量。

(3) 列平衡方程

选取图示坐标轴，并以点 A 为矩心，列平衡方程

$$\sum F_{ix}=0, \quad F_{Ax}=0$$
$$\sum F_{iy}=0, \quad F_{Ay}-ql-F=0$$
$$\sum M_A(\boldsymbol{F}_i)=0, \quad M_A-ql\cdot\frac{l}{2}-Fl-M=0$$

(4) 求解未知量

由上述平衡方程，解得固定端 A 处的约束力为

$$F_{Ax}=0, \quad F_{Ay}=ql+F, \quad M_A=\frac{ql^2}{2}+Fl+M$$

所得结果均为正值，说明图中假设的约束力的方向是正确的。

2. 平面任意力系平衡方程的其他形式

（1）一投影二力矩式

$$\left.\begin{array}{l}\sum F_{ix}=0\\ \sum M_A(\boldsymbol{F}_i)=0\\ \sum M_B(\boldsymbol{F}_i)=0\end{array}\right\} \tag{4-8}$$

式中，A、B 为力系作用面内的任意两点，但其连线不能垂直于 x 轴。

式（4-8）是平面任意力系平衡方程的另一种形式。因为，如果力系对点 A 的主矩等于零，则这个力系只可能有两种情形：或者合成为作用线通过点 A 的一个力，或者平衡。如果力系对另一点 B 的主矩也同时为零，则这个力系或者合成为作用线通过 A、B 两点连线的一个力，或者平衡（见图 4-9）。如果再满足 $\sum F_{ix}=0$，那么力系如有合力，则此合力必与 x 轴垂直。而式（4-8）的附加条件（A、B 两点连线不垂直于 x 轴），则完全排除了力系合成为一个力的可能性，因此，该力系必为平衡力系。

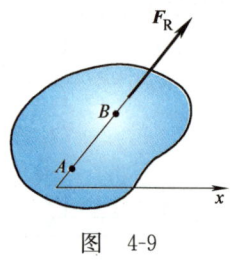

图 4-9

（2）三力矩式

$$\left.\begin{array}{l}\sum M_A(\boldsymbol{F}_i)=0\\ \sum M_B(\boldsymbol{F}_i)=0\\ \sum M_C(\boldsymbol{F}_i)=0\end{array}\right\} \tag{4-9}$$

式中，A、B、C 为力系作用面内的任意三点，但 A、B、C 三点不共线。

为什么式（4-9）是平面任意力系平衡方程的又一种形式？请读者自行证明。

对于上面介绍的平面任意力系平衡方程的三种形式，在求解平衡问题时，可根据具体情况，灵活选用。

需要强调指出，对于平面任意力系，只能列出三个独立的平衡方程，求解三个未知量。任何第四个方程只能是前三个方程的线性组合，而不是独立的。但可以利用第四个方程来校核计算结果。

【例 4-4】 一重为 P 的物块悬挂在图 4-10a 所示构架上。已知 $P=1.8\ \text{kN}$，$\alpha=45°$。若不计构架与滑轮自重，试求铰支座 A 处的约束力以及杆 BC 所受的力。

解：（1）选取研究对象

选取滑轮 D、杆 AB 与物块组成的刚体系为研究对象。

（2）画受力图

研究对象的受力图如图 4-10b 所示，由于杆 BC 为二力杆，故 B 处约束力 $\boldsymbol{F}_B$ 沿杆 BC 方向，其指向按杆 BC 受拉确定；绳索的拉力 $F_T=P=1.8\ \text{kN}$。

（3）列平衡方程

选取图示坐标轴，并分别以点 A、点 B 为矩心，列平衡方程

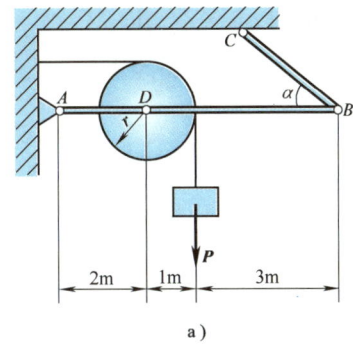
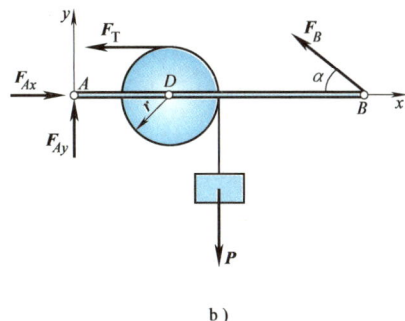

图 4-10

$$\sum M_A(F_i)=0, \quad F_B\sin 45°\times 6\text{ m}-P\times 3\text{ m}+F_T\times 1\text{ m}=0$$
$$\sum M_B(F_i)=0, \quad -F_{Ay}\times 6\text{ m}+P\times 3\text{ m}+F_T\times 1\text{ m}=0$$
$$\sum F_{ix}=0, \quad F_{Ax}-F_T-F_B\cos 45°=0$$

(4) 求解未知量

代入 P 与 F_T 的数值,解上述平衡方程,得
$$F_{Ax}=2.4\text{ kN}, \quad F_{Ay}=1.2\text{ kN}, \quad F_B=0.85\text{ kN}$$
杆 BC 所受的力与 F_B 是作用力与反作用力的关系,故杆 BC 承受大小为 0.85 kN 的拉力。

【例 4-5】 横梁 AB 用三根杆支撑,受载荷如图 4-11a 所示。已知 $F=10$ kN,$M=5$ kN·m,不计构件自重,试求三杆所受的力。

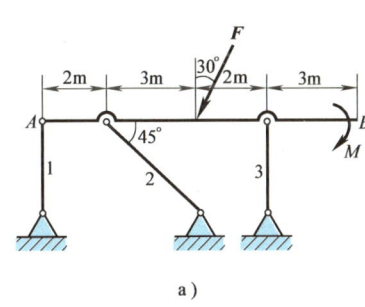
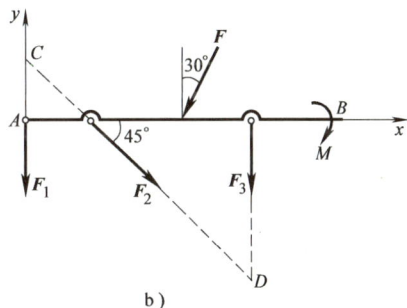

图 4-11

解:(1) 选取研究对象

选取横梁 AB 为研究对象。

(2) 画受力图

横梁 AB 的受力图如图 4-11b 所示,三根杆均为二力杆,它们对梁的约束力沿各杆的轴线,并假设各杆均受拉。

(3) 列平衡方程

选取图示坐标轴,并以 F_1 与 F_2 作用线的交点 C 为矩心,列平衡方程

$$\sum M_C(\boldsymbol{F}_i)=0, \quad -F_3\times 7\text{ m}-F\sin 30°\times 2\text{ m}-F\cos 30°\times 5\text{ m}-M=0$$
$$\sum F_{ix}=0, \quad F_2\cos 45°-F\sin 30°=0$$
$$\sum F_{iy}=0, \quad -F_1-F_2\sin 45°-F\cos 30°-F_3=0$$

(4) 求解未知量

代入 F 与 M 的数值，解上述平衡方程，得三杆所受的力分别为

$$F_1=-5.33\text{ kN}, \quad F_2=7.07\text{ kN}, \quad F_3=-8.33\text{ kN}$$

结果中 F_2 为正值，说明杆 2 受拉；F_1 与 F_3 为负值，则说明杆 1、杆 3 受压。

另外，还可以以 F_2 与 F_3 作用线的交点 D 为矩心（见图 4-11b），利用第四个平衡方程 $\sum M_D(\boldsymbol{F}_i)=0$ 求出 F_1，来对上述计算结果进行校核。请读者自行尝试。

二、平面平行力系的平衡方程

各力作用线在同一平面内并相互平行的力系称为**平面平行力系**。平面平行力系是平面任意力系的特殊情况。当它平衡时，也应满足平面任意力系的平衡方程。若选择 y 轴与力系中各力平行（见图 4-12），则 $\sum F_{ix}=0$ 自然满足，因此平面平行力系独立的平衡方程只有两个，即

$$\left.\begin{array}{r}\sum F_{iy}=0\\ \sum M_O(\boldsymbol{F}_i)=0\end{array}\right\} \quad (4\text{-}10)$$

平面平行力系的平衡方程也可以表示为二力矩式，即

$$\left.\begin{array}{r}\sum M_A(\boldsymbol{F}_i)=0\\ \sum M_B(\boldsymbol{F}_i)=0\end{array}\right\} \quad (4\text{-}11)$$

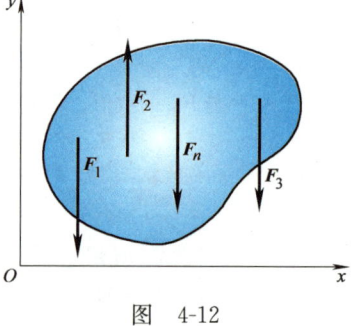

图 4-12

式中，A、B 为力系作用面内任意两点，但其连线不能与各力平行。

【例 4-6】 一外伸梁如图 4-13a 所示，沿全长作用有均布载荷 $q=8\text{ kN/m}$，两支座中间作用有一集中力 $F=8\text{ kN}$。已知 $a=1\text{ m}$，若不计梁自重，试求铰支座 A、B 处的约束力。

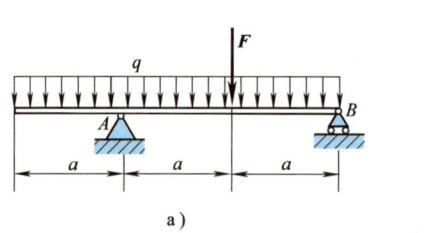

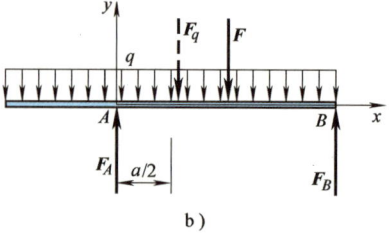

图 4-13

解：(1) 选取研究对象

选取外伸梁为研究对象。

(2) 画受力图

外伸梁的受力图如图 4-13b 所示，其中均布载荷的合力 $F_q = 3qa$。由于固定铰支座 A 处的水平约束分力显然为零，故受力图中没有画出。于是，作用于梁上的各力组成一平面平行力系。

(3) 列平衡方程

选取图示坐标轴，并以点 A 为矩心，列平衡方程

$$\sum M_A(\boldsymbol{F}_i) = 0, \quad F_B \cdot 2a - F \cdot a - 3qa \cdot \frac{a}{2} = 0$$

$$\sum F_{iy} = 0, \quad F_A + F_B - 3qa - F = 0$$

(4) 求解未知量

代入有关数值，解上述平衡方程，得铰支座 A、B 处的约束力分别为

$$F_B = 10 \text{ kN}, \quad F_A = 22 \text{ kN}$$

【**例 4-7**】 塔式起重机结构简图如图 4-14 所示。已知机架自重为 G，其作用线与右轨 B 的间距为 e；满载时荷重为 P，与右轨 B 的间距为 l；平衡块与左轨 A 的间距为 a；轨道 A、B 间距为 b。要保证起重机在空载和满载时都不翻倒，试问平衡块的重 W 应为多少？

解：(1) 选取研究对象，画受力图

选取塔式起重机整体为研究对象，其受力图如图 4-14 所示。作用于塔式起重机上各力组成一平面平行力系。

(2) 确定空载时平衡块的重量

当空载时，$P = 0$。为使起重机不绕左轨 A 翻倒，必须满足 $F_B \geqslant 0$。

以点 A 为矩心，列平衡方程

$$\sum M_A(\boldsymbol{F}_i) = 0, \quad F_B b - G(e+b) + Wa = 0$$

解得

$$F_B = \frac{1}{b}[G(e+b) - Wa]$$

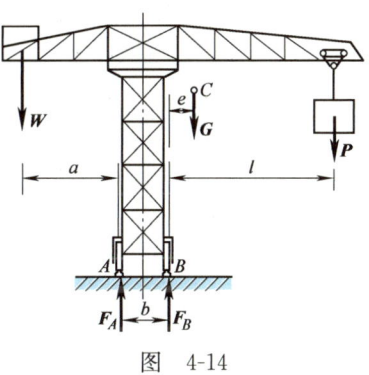

图 4-14

将上式代入条件 $F_B \geqslant 0$，可得空载时平衡块的重量

$$W \leqslant \frac{G(e+b)}{a}$$

(3) 确定满载时平衡块的重量

当满载时，为使起重机不绕右轨 B 翻倒，必须满足 $F_A \geqslant 0$。

以点 B 为矩心，列平衡方程

$$\sum M_B(\boldsymbol{F}_i) = 0, \quad -F_A b + W(a+b) - Ge - Pl = 0$$

解得

$$F_A = -\frac{1}{b}[Ge + Pl - W(a+b)]$$

将上式代入条件 $F_A \geqslant 0$，可得满载时平衡块的重量

$$W \geqslant \frac{1}{a+b}(Ge+Pl)$$

综合考虑到上述两种情况,平衡块的重量应满足不等式

$$\frac{1}{a+b}(Ge+Pl) \leqslant W \leqslant \frac{G(e+b)}{a}$$

• 思 政 导 读 •

　　塔式起重机起源于20世纪初的欧洲,早已成为建筑、交运等行业中必不可少的起重设备。但在旧中国,人们却很难见到塔式起重机。新中国成立后,特别是改革开放以来,中国的塔机行业得到了飞速发展,业已成为世界上塔式起重机最大的产销国。图4-15为中联重科生产的大国重器——全球最大的塔式起重机R20000-720,其最大起重量达720 t,最大起升高度为400 m,相当于可以一次起吊500辆小轿车至130层楼的高度。

图 4-15

第三节　物体系的平衡问题

　　实际中,经常遇到由若干物体组成的物体系。当物体系平衡时,组成该系统的每一个物体均处于平衡状态,而对于每一个受平面任意力系作用的平衡物体,都可以列出三个独立的平衡方程。如物体系由 n 个物体组成,则共有 $3n$ 个独立的平衡方程。当物体系中有物体受平面汇交力系或平面力偶系或平面平行力系作用时,独立的平衡方程的数目则相应减少。当系统中未知力的数目等于其独立的平衡方程的数目时,所有的未知力都能由平衡方程确定,这样的问题

称为**静定问题**。例如，图 4-16a、b、c 所示均为静定问题。工程中，有时为了提高结构的承载能力，会增加一些相对于维持结构平衡而多余的约束，使得这些结构中未知力的数目多于独立平衡方程的数目，未知力就不能全部由平衡方程确定，这样的问题称为**超静定问题**。在超静定问题中，总未知力数目与总独立平衡方程数目之差称为**超静定次数**，例如，图 4-16d、e、f 所示均为一次超静定问题。对于超静定问题，必须考虑物体因受力作用而产生的变形，加列某些补充方程，方能获解。超静定问题的求解已超出了刚体静力学的范畴，将在材料力学与结构力学等后续课程中研究。

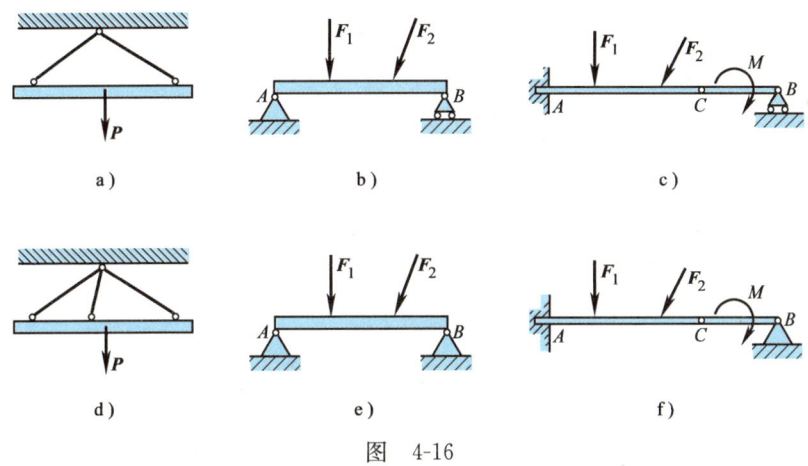

图 4-16

求解物体系的平衡问题时，既可选取整个系统为研究对象，也可选取单个物体或系统中部分物体的组合（分系统）为研究对象，应视具体情况灵活掌握。下面通过实例来说明各类物体系的平衡问题的解法。

【**例 4-8**】 图 4-17a 所示为压榨机的机构简图，已知曲柄 AO 上作用一矩 $M=500\ \text{N·m}$ 的力偶，$AO=r=0.1\ \text{m}$，$DB=DC=DE=a=0.3\ \text{m}$，$\theta=30°$，机构在图示位置处于平衡状态。若不计构件自重，试求此时的水平压榨力 F 的值。

解：这是可变机构的平衡问题。欲使可变机构处于平衡状态，作用于其上的主动力之间必须满足一定的关系。这类问题往往不必求出所有约束力，而是从已知主动力到未知主动力，按传动顺序依次将机构拆开，分别选取各构件为研究对象，通过分析各连接点处的受力，来逐步建立主动力之间应满足的关系。

1) 首先选取曲柄 AO 为研究对象，其受力图如图 4-17b 所示。由于杆 AB 为二力杆，故铰链 A 对曲柄 AO 的约束力 F_A 沿 AB 方向。根据力偶的基本性质，铰支座 O 处的约束力 F_O 与 F_A 等值、反向，构成一力偶。由平面力偶系的平衡方程

$$\sum M_i=0,\quad M-F_A r=0$$

得

$$F_A=\frac{M}{r} \tag{a}$$

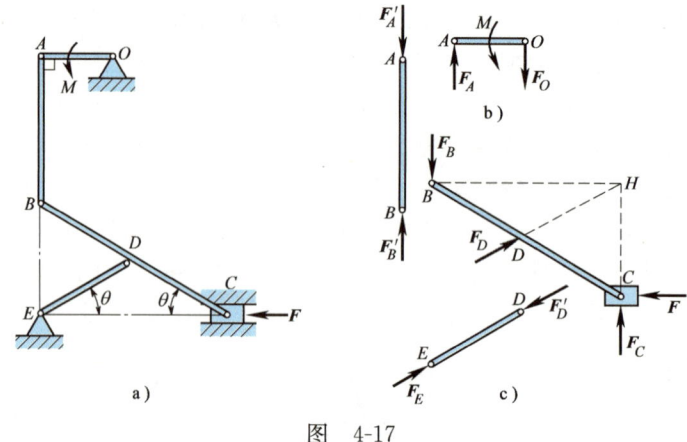

图 4-17

2) 然后选取杆 BC 与滑块 C 组成的分系统为研究对象,其受力图如图 4-17c 所示。以未知力 F_D、F_C 作用线的交点 H 为矩心,列平衡方程

$$\sum M_H(F_i)=0, \quad -F \cdot 2a\sin\theta + F_B \cdot 2a\cos\theta = 0$$

解得

$$F=\sqrt{3}F_B \tag{b}$$

由于 $F_B=F_B'=F_A'=F_A$,故联立式(a)、式(b),即得水平压榨力

$$F=\sqrt{3}\frac{M}{r}=8660 \text{ N}$$

【**例 4-9**】 一静定组合梁如图 4-18a 所示。已知 $F=10$ kN,$q=10$ kN/m,$M=20$ kN·m,$\alpha=30°$,$a=1$ m。试求支座 A、B 与铰链 C 处的约束力。

解:静定组合梁由若干根梁组合而成。其中,本身能保持平衡并能独立承受载荷的梁称为组合梁的基本部分;而本身不能保持平衡、必须依赖于基本部分才能维持平衡并承受载荷的梁称为组合梁的附属部分。显然,本题中的梁 AC 是基本部分,梁 CB 则为附属部分。解这类平衡问题通常是先研究附属部分,然后再研究基本部分或整个系统。

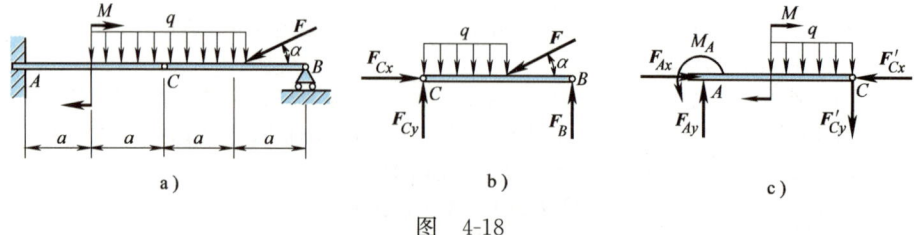

图 4-18

1) 首先选取附属部分,即梁 CB 为研究对象,其受力图如图 4-18b 所示。列平衡方程

$$\sum M_C(\boldsymbol{F}_i)=0, \quad F_B \cdot 2a - F\sin\alpha \cdot a - qa \cdot \frac{a}{2}=0$$

$$\sum F_{ix}=0, \quad F_{Cx} - F\cos\alpha = 0$$

$$\sum F_{iy}=0, \quad F_{Cy} - qa - F\sin\alpha + F_B = 0$$

解得活动铰支座 B 与铰链 C 处的约束力分别为

$$F_B = 5 \text{ kN}(\uparrow), \quad F_{Cx} = 8.66 \text{ kN}(\rightarrow), \quad F_{Cy} = 10 \text{ kN}(\uparrow)$$

2) 然后选取基本部分，即梁 AC 为研究对象，其受力图如图 4-18c 所示。其中，根据作用力与反作用力的关系有 $F'_{Cx} = F_{Cx} = 8.66$ kN, $F'_{Cy} = F_{Cy} = 10$ kN。列平衡方程

$$\sum F_{ix}=0, \quad F_{Ax} - F'_{Cx} = 0$$

$$\sum F_{iy}=0, \quad F_{Ay} - qa - F'_{Cy} = 0$$

$$\sum M_A(\boldsymbol{F}_i)=0, \quad M_A - M - qa \cdot \frac{3a}{2} - F'_{Cy} \cdot 2a = 0$$

解得固定端支座 A 处的约束力

$$F_{Ax} = 8.66 \text{ kN}(\rightarrow), \quad F_{Ay} = 20 \text{ kN}(\uparrow), \quad M_A = 55 \text{ kN} \cdot \text{m}(\text{逆时针})$$

【例 4-10】 构架如图 4-19a 所示，已知重物的重力为 $\boldsymbol{P}$, $DC = CE = AC = CB = 2l$, 定滑轮半径为 R, 动滑轮半径为 r, 其中 $R = 2r = l$, $\theta = 45°$。试求支座 A、E 处的约束力以及杆 BD 所受的力。

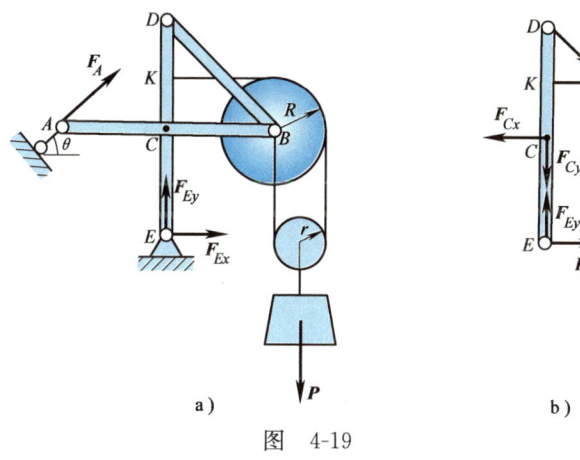

图 4-19

解：在该类问题中，由于整体所受的未知约束力较少，可以全部求出，故一般先选取整体为研究对象，求出整体所受的约束力。然后，再根据题意选取某些物体为研究对象，即可求出全部待求未知力。

1) 首先选取整体为研究对象，其受力图如图 4-19a 所示。列平衡方程

$$\sum M_E(\boldsymbol{F}_i)=0, \quad -F_A \cdot 2\sqrt{2}l - P \cdot \frac{5}{2}l = 0$$

$$\sum F_{ix}=0, \quad F_A \cos 45° + F_{Ex} = 0$$

$$\sum F_{iy}=0, \quad F_A \sin 45° + F_{Ey} - P = 0$$

解得支座 A、E 处的约束力分别为

$$F_A = -\frac{5\sqrt{2}}{8}P, \quad F_{Ex} = \frac{5}{8}P, \quad F_{Ey} = \frac{13}{8}P$$

2) 为了求出杆 BD 所受的力,应选取包含此力的物体或分系统为研究对象。不难看出,此时选取杆 DE 为研究对象最为方便。杆 DE 的受力图如图 4-19b 所示。以点 C 为矩心,列平衡方程

$$\sum M_C(\boldsymbol{F}_i) = 0, \quad -F_{DB}\cos 45° \cdot 2l - F_K \cdot l + F_{Ex} \cdot 2l = 0$$

式中,$F_K = \frac{1}{2}P$,$F_{Ex} = \frac{5}{8}P$,代入上式,解得

$$F_{DB} = \frac{3\sqrt{2}}{8}P$$

杆 BD 所受的力与 $\boldsymbol{F}_{DB}$ 为作用力与反作用力的关系,即杆 BD 受大小为 $\frac{3\sqrt{2}}{8}P$ 的拉力作用。

【例 4-11】 图 4-20a 所示三铰构架由 AC 和 BC 两个简单桁架通过铰链 C 连接而成。若铰支座 A 和 B 等高,桁架重 $W_1 = W_2 = W$,在左桁架上作用一水平力 $\boldsymbol{F}$,尺寸 l、H、a 和 h 均为已知。试求铰支座 A、B 处的约束力。

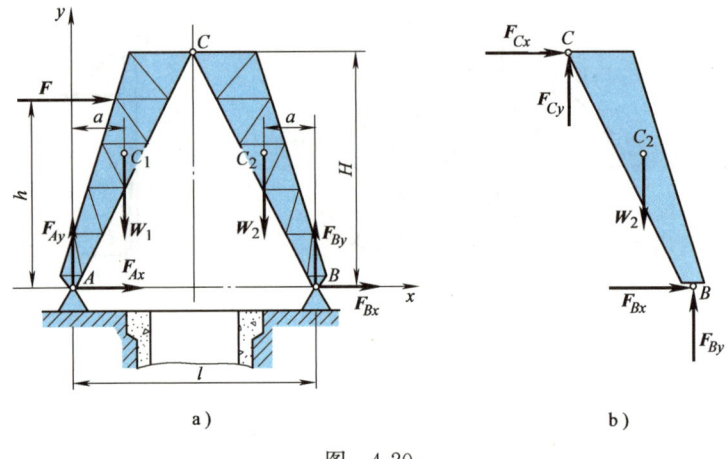

图 4-20

解: 对支座等高的三铰构架,通常是先取整体再取分体进行计算。

1) 首先选取整体为研究对象,其受力图如图 4-20a 所示。分别以点 A 与点 B 为矩心,列平衡方程

$$\sum M_A(\boldsymbol{F}_i) = 0, \quad F_{By}l - W_1 a - W_2(l-a) - Fh = 0$$

$$\sum M_B(\boldsymbol{F}_i) = 0, \quad -F_{Ay}l - Fh + W_1(l-a) + W_2 a = 0$$

解得

$$F_{By} = \frac{1}{l}(Wl + Fh), \quad F_{Ay} = \frac{1}{l}(Wl - Fh)$$

2) 然后选取右桁架 BC 为研究对象，其受力图如图 4-20b 所示。以点 C 为矩心，列平衡方程

$$\sum M_C(\boldsymbol{F}_i) = 0, \quad F_{By}\frac{l}{2} + F_{Bx}H - W_2\left(\frac{l}{2} - a\right) = 0$$

代入 F_{By}，得

$$F_{Bx} = -\frac{1}{2H}(2Wa + Fh)$$

3) 最后再根据整体受力图，列平衡方程

$$\sum F_{ix} = 0, \quad F_{Ax} + F_{Bx} + F = 0$$

代入 F_{Bx}，即得

$$F_{Ax} = \frac{1}{2H}(2Wa + Fh - 2FH)$$

若三铰构架的支座 A、B 位于不同高程，又应如何求解？请读者自行思考。

【例 4-12】 在图 4-21a 所示构架中，F_1、F_2、M、a 为已知，且 $M = F_1 a$，F_2 作用于销钉 B 上。若不计构件自重，试求：(1) 固定端 A 处的约束力；(2) 销钉 B 对杆 AB 以及 T 形杆 BCE 的约束力。

解：先选取杆 CD 为研究对象，作出受力图如图 4-21b 所示。以点 D 为矩心，列平衡方程

$$\sum M_D(\boldsymbol{F}_i) = 0, \quad -F_{Cy} \cdot 2a + M = 0$$

解得

$$F_{Cy} = \frac{M}{2a} = \frac{F_1}{2}(\downarrow)$$

次选取 T 形杆 BCE 为研究对象，作出受力图如图 4-21c 所示。其中，$\boldsymbol{F}'_{Cx}$ 与 $\boldsymbol{F}_{Cx}$、$\boldsymbol{F}'_{Cy}$ 与 $\boldsymbol{F}_{Cy}$ 互为作用力与反作用力，有 $F'_{Cy} = F_{Cy} = \dfrac{F_1}{2}$。这里只有三个未知量，可以全部求出。由平面任意力系平衡方程

$$\sum F_x = 0, \quad F'_{Cx} - F_{BCx} = 0$$
$$\sum F_y = 0, \quad F'_{Cy} - F_{BCy} - F_1 = 0$$
$$\sum M_B(\boldsymbol{F}_i) = 0, \quad F'_{Cy} \cdot a + F'_{Cx} \cdot a - F_1 \cdot 2a = 0$$

解得销钉 B 对 T 形杆 BCE 的约束力以及销钉 C 处的约束力分别为

$$F_{BCx} = \frac{3}{2}F_1(\leftarrow), \quad F_{BCy} = -\frac{1}{2}F_1(\uparrow), \quad F'_{Cx} = \frac{3}{2}F_1(\rightarrow)$$

再选取销钉 B 为研究对象，作出受力图如图 4-21d 所示。其中，$\boldsymbol{F}'_{BCx}$ 与 $\boldsymbol{F}_{BCx}$、$\boldsymbol{F}'_{BCy}$ 与 $\boldsymbol{F}_{BCy}$ 互为作用力与反作用力，有 $F'_{BCx} = F_{BCx} = \dfrac{3}{2}F_1$，$F'_{BCy} = F_{BCy} = -\dfrac{1}{2}F_1$。由平面汇交

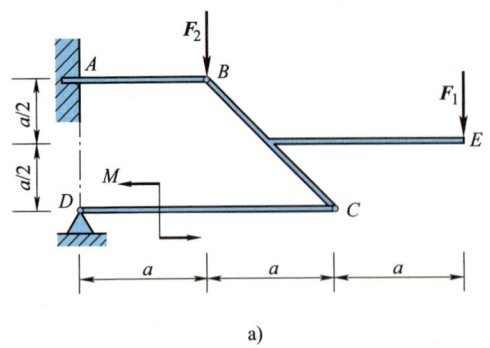
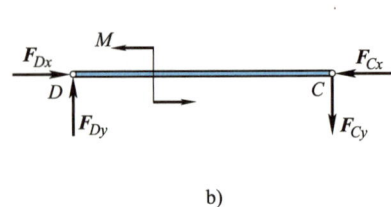
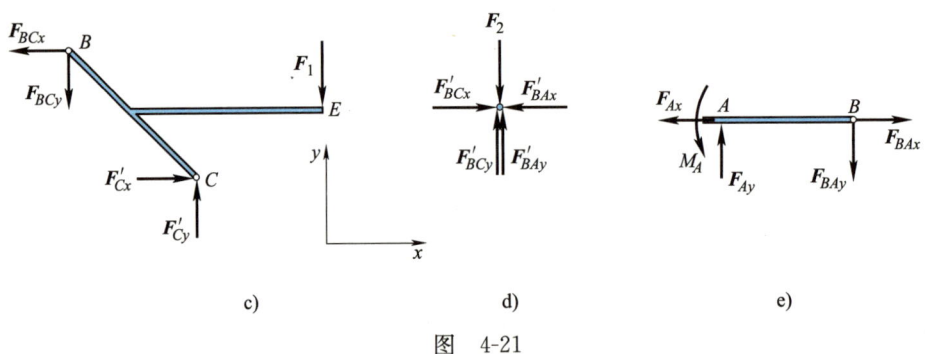

图 4-21

力系平衡方程

$$\sum F_x = 0, \quad F'_{BCx} - F'_{BAx} = 0$$
$$\sum F_y = 0, \quad F'_{BCy} + F'_{BAy} - F_2 = 0$$

解得杆 AB 对销钉 B 的作用力

$$F'_{BAx} = \frac{3}{2}F_1(\leftarrow), \quad F'_{BAy} = F_2 + \frac{1}{2}F_1(\uparrow)$$

根据作用力与反作用力定律，即得销钉 B 对杆 AB 的约束力（见图 4-21e）

$$F_{BAx} = \frac{3}{2}F_1(\rightarrow), \quad F_{BAy} = F_2 + \frac{1}{2}F_1(\downarrow)$$

最后选取杆 AB 为研究对象，作出受力图如图 4-21e 所示。由平面任意力系平衡方程

$$\sum F_x = 0, \quad F_{BAx} - F_{Ax} = 0$$
$$\sum F_y = 0, \quad -F_{BAy} + F_{Ay} = 0$$
$$\sum M_A(\boldsymbol{F}_i) = 0, \quad -F_{BAy} \cdot a + M_A = 0$$

解得固定端 A 处的约束力

$$F_{Ax} = \frac{3}{2}F_1(\leftarrow), \quad F_{Ay} = F_2 + \frac{1}{2}F_1(\uparrow), \quad M_A = \left(F_2 + \frac{1}{2}F_1\right)a(逆时针)$$

注意：如本例题所示，当载荷作用于销钉上时，销钉对其所连接的两根杆件的约束力不可再视同为作用力与反作用力，这一点应引起读者注意。

复习思考题

4-1 设某平面力系向一点简化的主矢为零，主矩不为零，问能否适当地选取另一点为简化中心，使其主矩为零？为什么？

4-2 若某平面力系向 A、B 两点简化的主矩皆为零，试讨论此力系简化的可能结果。

4-3 已知某平面力系对不在同一直线上的三点 A、B、C 的主矩相等，试问此力系简化的最终结果是什么？

4-4 若平面任意力系的力多边形自行封闭，问此力系是否为平衡力系？为什么？

4-5 若某平面力系向作用面内任一点简化的结果都相同，则此力系简化的最终结果可能是什么？

4-6 试判断思考题 4-6 图所示各种平衡问题中，哪些是静定的，哪些是超静定的？假设各接触面均为光滑，主动力均为已知。

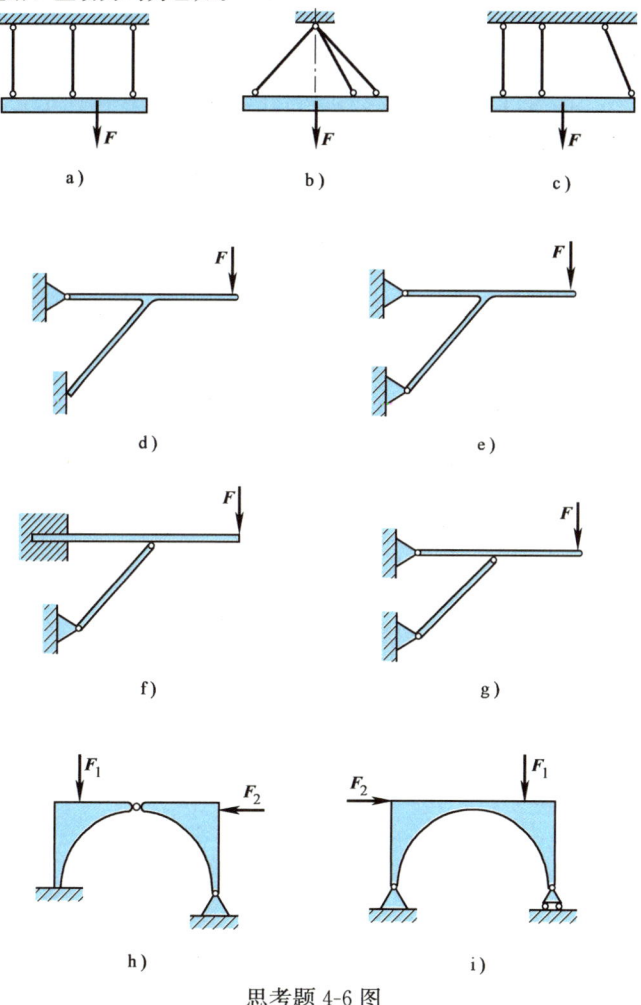

思考题 4-6 图

习题

4-1 如习题 4-1 图所示,在边长为 1 m 的正方形的四个顶点上,分别作用有 F_1、F_2、F_3、F_4 四个力,已知 $F_1=40\,\text{N}$,$F_2=60\,\text{N}$,$F_3=60\,\text{N}$,$F_4=80\,\text{N}$。试求:(1)力系向点 A 简化的结果;(2)力系的合成结果。

4-2 混凝土重力坝截面形状与尺寸如习题 4-2 图所示,已知 $P_1=450\,\text{kN}$,$P_2=200\,\text{kN}$,$F_1=300\,\text{kN}$,$F_2=70\,\text{kN}$。试求:(1)力系向点 O 简化的结果;(2)力系的合成结果。

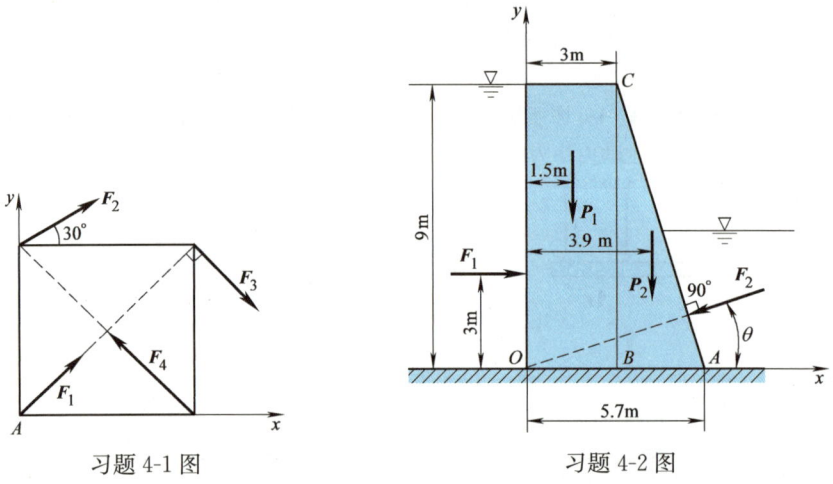

习题 4-1 图　　　　习题 4-2 图

4-3 单跨梁的载荷及尺寸如习题 4-3 图所示,不计梁自重,试求梁各支座的约束力。

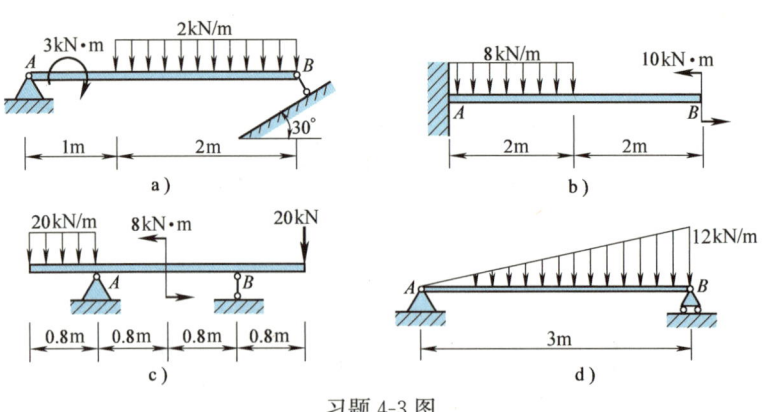

习题 4-3 图

4-4 习题 4-4 图所示露天厂房立柱的底部用混凝土砂浆与杯形基础固连在一起。已知吊车梁传来的铅垂载荷 $F=60\,\text{kN}$,风压集度 $q=2\,\text{kN/m}$,立柱自重 $P=40\,\text{kN}$,$a=0.5\,\text{m}$,$h=10\,\text{m}$。试求立柱底部所受的约束力。

4-5 立柱 AC 承受载荷如习题 4-5 图所示,不计立柱自重,试求固定端 A 处的约束力。

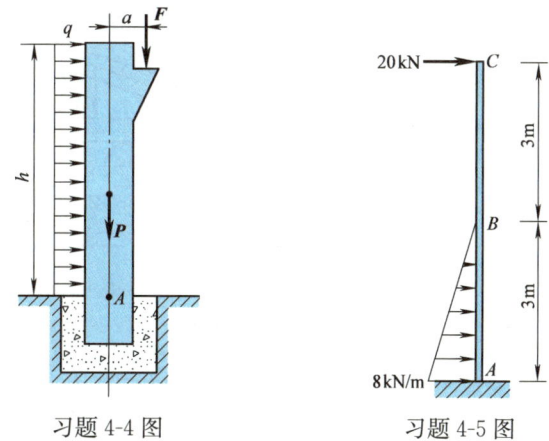

习题 4-4 图   习题 4-5 图

4-6 试求习题 4-6 图所示各平面刚架支座的约束力，不计刚架自重，图中尺寸单位为 m。

4-7 匀质杆 AB 重 $P=1$ kN，在习题 4-7 图所示位置平衡，试求绳子的拉力和铰支座 A 处的约束力。

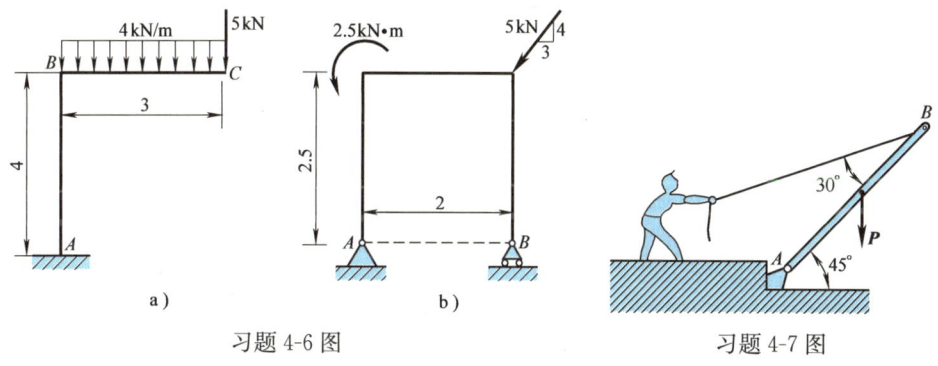

习题 4-6 图   习题 4-7 图

4-8 习题 4-8 图所示匀质杆 AO 重为 P，长为 l，放在宽度为 $b(b<l/2)$ 的光滑槽内。试求杆在平衡时的水平倾角 α。

4-9 如习题 4-9 图所示，液压式汽车起重机固定部分（包括汽车）的总重 $P_1=60$ kN，旋转部分的总重 $P_2=20$ kN，又 $a=1.4$ m，$b=0.4$ m，$l_1=1.85$ m，$l_2=1.4$ m。试求：(1) 当 $R=3$ m，起吊重量 $P=50$ kN 时，支撑腿 A、B 所受到的地面的支承力；(2) 当 $R=5$ m 时，为了保证起重机不致翻倒，问最大起重量为多少？

4-10 习题 4-10 图所示小型回转式起重机，已知起吊重量 $P_1=10$ kN，起重机自重 $P_2=3.5$ kN。试求向心轴承 A 与推力轴承 B 处的约束力。

4-11 飞机起落架如习题 4-11 图所示，A、B、C 均为光滑铰链，杆 AO 垂直于 AB 连线。当飞机等速直线滑行时，地面作用于轮上的铅直正压力 $F_N=30$ kN。若不计摩擦和各杆自重，试求铰链 A、B 处的约束力。

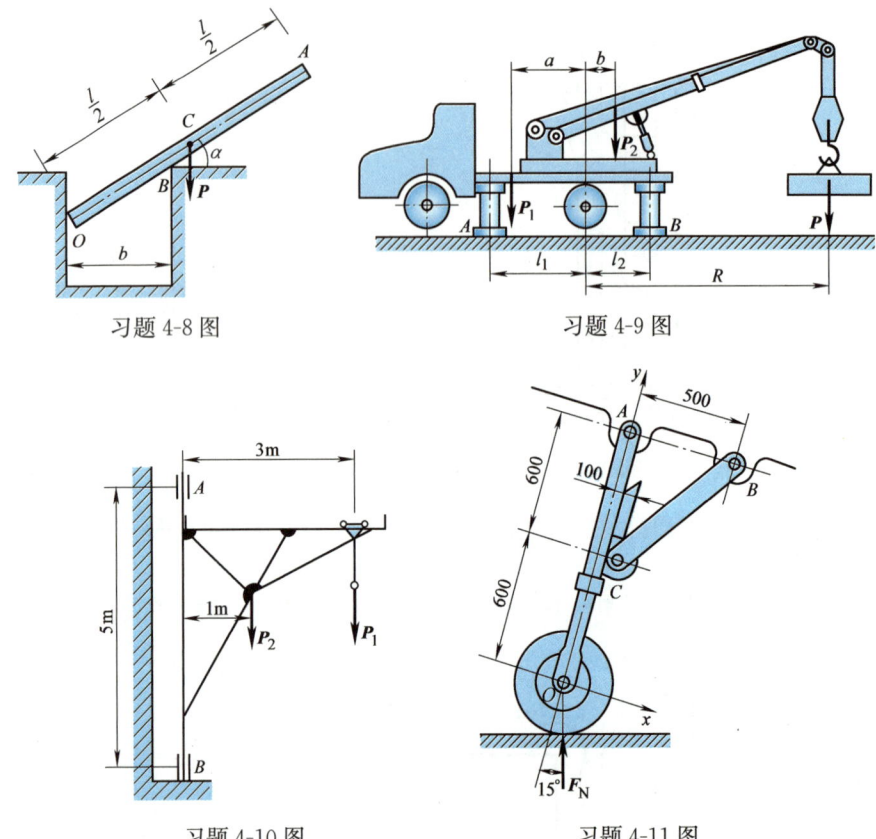

习题 4-8 图 习题 4-9 图

习题 4-10 图 习题 4-11 图

4-12 如习题 4-12 图所示，匀质球重为 P，半径为 r，放在墙与杆 BC 之间。杆 BC 长为 l，与墙的夹角为 α，B 端用水平绳 AB 拉住。不计摩擦和杆重，试求绳索的拉力，并问 α 为何值时绳的拉力最小？

4-13 如习题 4-13 图所示，半径 $r=0.4$ m 的匀质圆柱体 O 重 $P=1000$ N，放在斜面上用撑架支承。不计架重和摩擦，试求铰支座 A、C 处的约束力。

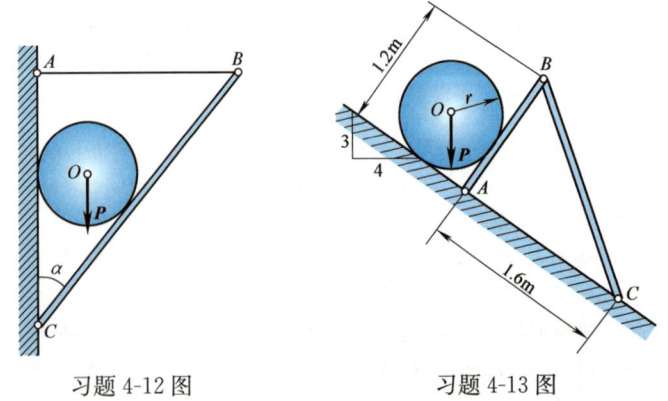

习题 4-12 图 习题 4-13 图

4-14 静定组合梁的载荷及尺寸如习题 4-14 图所示，图中尺寸单位为 m。不计梁自重，试求梁各支座处的约束力。

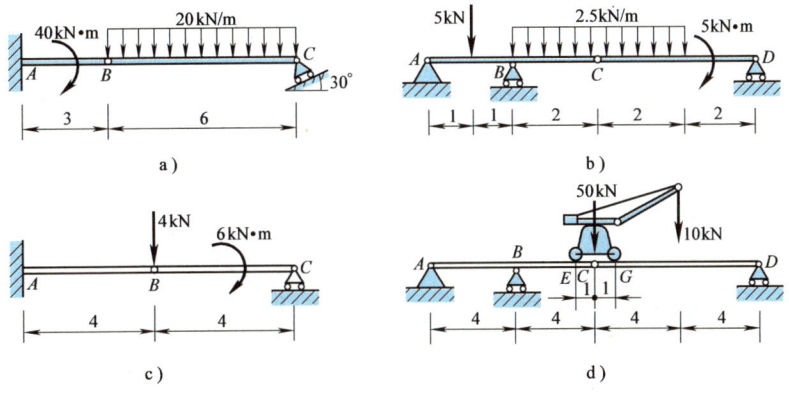

习题 4-14 图

4-15 三铰拱式组合屋架如习题 4-15 图所示，不计架重，试求拉杆 AB 的受力以及铰链 C 处的约束力。

4-16 平面刚架如习题 4-16 图所示，已知 $q=10\ \text{kN/m}$，$F=50\ \text{kN}$。不计刚架自重，试求支座 A、B、D 处的约束力。

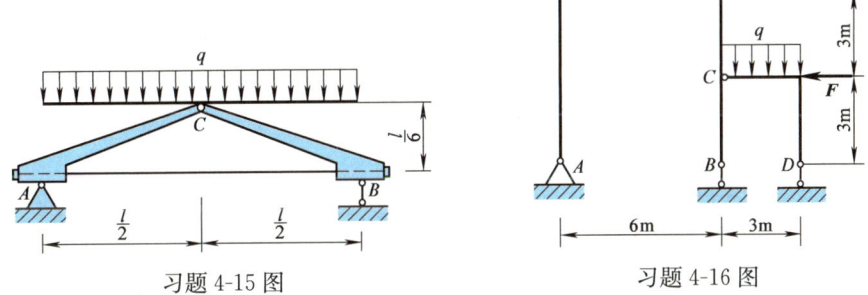

习题 4-15 图　　　　　　　习题 4-16 图

4-17 平面刚架所受载荷以及尺寸如习题 4-17 图所示，不计刚架自重，试求铰支座 A、B 处的约束力。

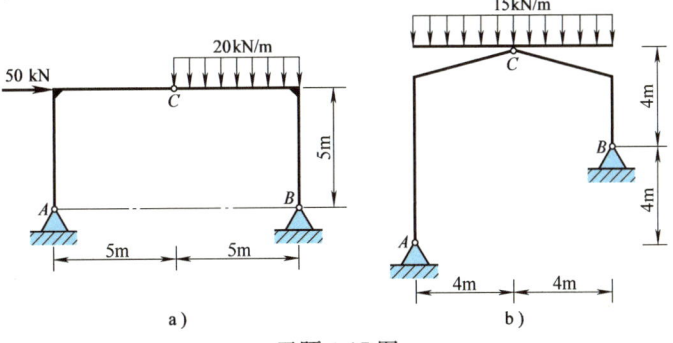

习题 4-17 图

4-18 如习题 4-18 图所示，人字梯的两部分 AB 和 AC 的长均为 l，在 A 端铰接，在 D、E 两点用水平绳连接。梯子放在光滑的水平面上，其一边作用有铅直力 F。如不计人字梯自重，试求绳 DE 的拉力。

4-19 习题 4-19 图所示结构，已知 $q=2$ kN/m，不计各杆自重，试求杆 AC 和 BC 所受的力。

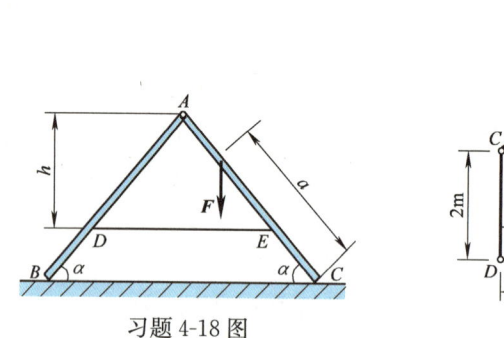

习题 4-18 图

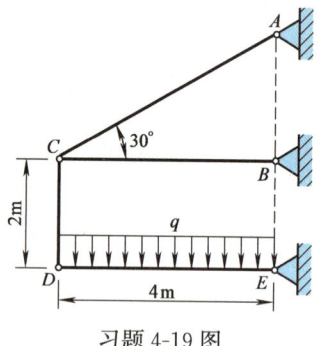

习题 4-19 图

4-20 习题 4-20 图所示为火箭发动机实验台，发动机固定在实验台上，用测力计测得绳索拉力为 F_T，实验台和发动机共重 P。若不计杆 AC 和 BD 的重力，试求火箭推力 F 和杆 BD 所受的力。

4-21 习题 4-21 图所示平面构架，已知两个相同滑轮的半径为 $l/6$，载荷 $P=6$ kN，若不计构架与滑轮自重，试求铰支座 A、C 处的约束力。

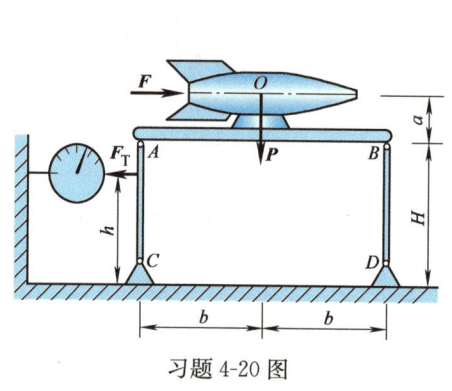

习题 4-20 图

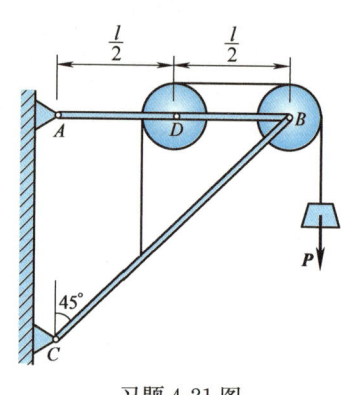

习题 4-21 图

4-22 平面构架如习题 4-22 图所示，物体重 $P=1200$ N，由细绳跨过滑轮 E 水平系在墙上。若不计杆与滑轮自重，试求支座 A、B 处的约束力以及杆 BC 所受的力。

4-23 习题 4-23 图所示结构，已知 $F=10$ kN，$l_1=2$ m，$l_2=3$ m。不计结构自重，试求杆 CD、EO 所受的力。

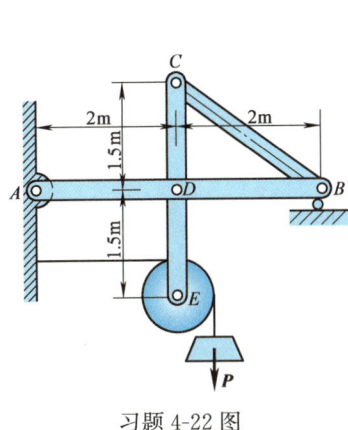

习题 4-22 图

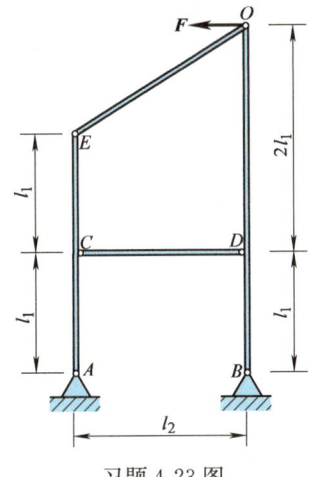

习题 4-23 图

4-24 习题 4-24 图所示桁梁混合结构，已知 F、q、l，不计结构自重，试求杆 1、2、3 所受的力。

4-25 铸工造型机翻台机构如习题 4-25 图所示，已知 $BD=b=0.3$ m，$CD=EO=h=0.4$ m，$DO=l=1$ m，且 $DO \perp EO$；翻台重 $P=500$ N，重心在点 C；在图示位置，AB 铅垂，BC 水平，$\varphi=30°$。若不计构件自重，试求保持平衡的力 F 以及铰支座 A、O 与铰链 D 处的约束力。

4-26 习题 4-26 图所示构架，已知 F、q、l，$M=ql^2$，不计构架自重，试求支座 A、D 处的约束力。

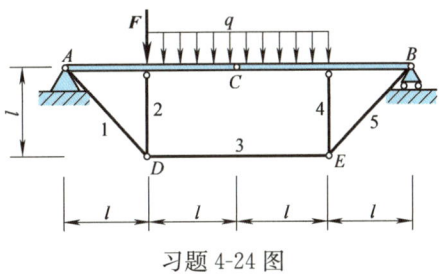

习题 4-24 图

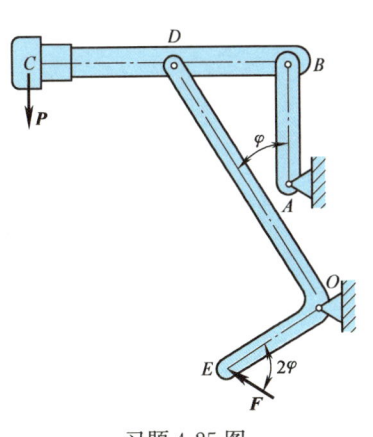

习题 4-25 图

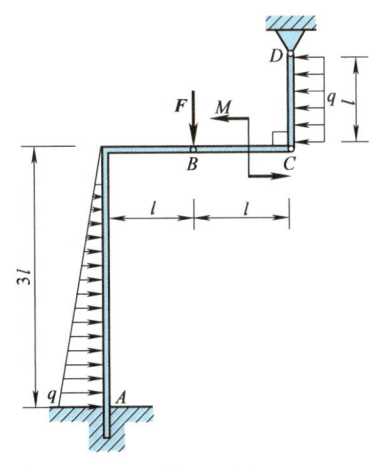

习题 4-26 图

4-27 在习题 4-27 图所示构架中,已知重物的重力 P、定滑轮的半径 R、杆件尺寸 l。若不计定滑轮与各杆自重,试求固定端 A 处的约束力。

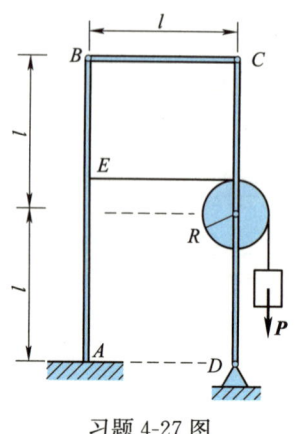

习题 4-27 图

第五章 空间力系

各力的作用线不在同一平面内的力系称为**空间力系**。空间力系是力系中最一般的情形。本章主要讨论空间力系的平衡问题。

第一节 空间汇交力系

研究空间力系的方法与研究平面力系的方法基本相同。但因空间力系中的各力分布在三维空间，故平面力系中的有关概念、理论和方法需要加以引申和扩展。本节在讨论空间汇交力系的合成与平衡之前，需要先介绍力在空间直角坐标轴上的投影。

一、力在空间直角坐标轴上的投影

计算力在空间直角坐标轴上的投影，一般有两种方法。

1. 直接投影法

若力 F 与 x、y、z 轴的正向夹角 α、β、γ 为已知，如图 5-1 所示，则力 F 在空间直角坐标轴上的投影就等于力 F 的大小乘以力 F 与该轴正向夹角的余弦，即

$$\left.\begin{aligned} F_x &= F\cos\alpha \\ F_y &= F\cos\beta \\ F_z &= F\cos\gamma \end{aligned}\right\} \quad (5\text{-}1)$$

这种方法称为**直接投影法**或**一次投影法**。

2. 间接投影法

当力 F 与坐标轴 x、y 的正向夹角 α、β 不易确定时，可先将力 F 投影到坐标平面 Oxy 上，得到力 F 在坐标平面 Oxy 上的投影 F_{xy}，然后再将

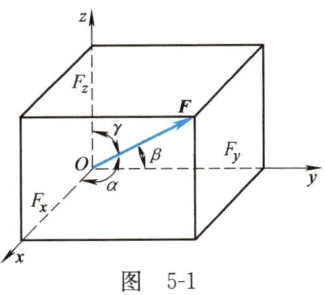

图 5-1

F_{xy} 投影到 x、y 轴上。这种方法称为**间接投影法**或**二次投影法**。在图 5-2 中，已知力 $\boldsymbol{F}$ 与 z 轴的正向夹角 γ 和投影 $\boldsymbol{F}_{xy}$ 与 x 轴的夹角 φ，则由二次投影法，力 $\boldsymbol{F}$ 在三个坐标轴上的投影分别为

$$\left.\begin{array}{l}F_x = F\sin\gamma\cos\varphi \\ F_y = F\sin\gamma\sin\varphi \\ F_z = F\cos\gamma\end{array}\right\} \qquad (5\text{-}2)$$

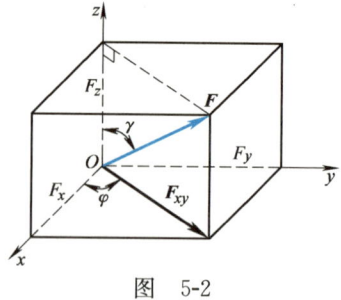

图 5-2

需要特别指出，力在坐标轴上的投影是代数量；而力在平面上的投影则是矢量，这是因为力在平面上的投影具有方向性，必须用矢量来表示。

反之，若已知力 $\boldsymbol{F}$ 在空间直角坐标轴上的投影 F_x、F_y、F_z，则该力的大小与方向余弦分别为

$$F = \sqrt{F_x^2 + F_y^2 + F_z^2} \qquad (5\text{-}3)$$

$$\left.\begin{array}{l}\cos\alpha = \dfrac{F_x}{F} \\[4pt] \cos\beta = \dfrac{F_y}{F} \\[4pt] \cos\gamma = \dfrac{F_z}{F}\end{array}\right\} \qquad (5\text{-}4)$$

【**例 5-1**】 如图 5-3 所示，设力 $\boldsymbol{F}$ 作用于长方体的顶点 C，其作用线沿长方体对角线。若长方体三个棱边长分别为 $AB=a$，$BC=b$，$BE=c$，试求力 $\boldsymbol{F}$ 在图示直角坐标轴上的投影。

解： $\boldsymbol{F}$ 在 z 轴上的投影

$$F_z = F\cos\gamma = \frac{c}{\sqrt{a^2+b^2+c^2}}F$$

采用二次投影法，得 $\boldsymbol{F}$ 在 x、y 轴上的投影

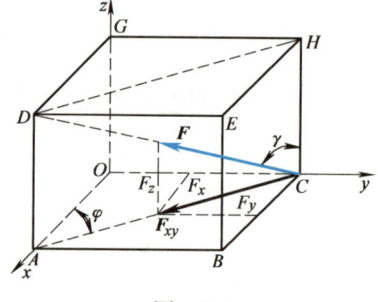

图 5-3

$$F_x = F\sin\gamma\cos\varphi = F\frac{\sqrt{a^2+b^2}}{\sqrt{a^2+b^2+c^2}}\frac{b}{\sqrt{a^2+b^2}} = \frac{b}{\sqrt{a^2+b^2+c^2}}F$$

$$F_y = -F\sin\gamma\sin\varphi = -F\frac{\sqrt{a^2+b^2}}{\sqrt{a^2+b^2+c^2}}\frac{a}{\sqrt{a^2+b^2}} = -\frac{a}{\sqrt{a^2+b^2+c^2}}F$$

二、空间汇交力系的合成与平衡

将平面汇交力系的合成法则扩展到空间，可得结论：**空间汇交力系可以合**

成为一个作用线通过汇交点的合力,合力矢等于各分力矢的矢量和,即

$$F_R = \sum F_i = \sum F_{ix} i + \sum F_{iy} j + \sum F_{iz} k \tag{5-5}$$

式中,$\sum F_{ix}$、$\sum F_{iy}$、$\sum F_{iz}$ 分别为合力 F_R 在 x、y、z 轴上的投影;i、j、k 分别为沿 x、y、z 轴正向的单位矢量。合力的大小和方向余弦分别为

$$F_R = \sqrt{(\sum F_{ix})^2 + (\sum F_{iy})^2 + (\sum F_{iz})^2} \tag{5-6}$$

$$\left. \begin{array}{l} \cos\langle F_R, i \rangle = \dfrac{\sum F_{ix}}{F_R} \\[4pt] \cos\langle F_R, j \rangle = \dfrac{\sum F_{iy}}{F_R} \\[4pt] \cos\langle F_R, k \rangle = \dfrac{\sum F_{iz}}{F_R} \end{array} \right\} \tag{5-7}$$

式中,$\langle F_R, i \rangle$、$\langle F_R, j \rangle$、$\langle F_R, k \rangle$ 分别表示 F_R 与 x、y、z 轴的正向夹角。

根据空间汇交力系的合成结果可知,**空间汇交力系平衡的必要且充分条件为该力系的合力等于零**。由式(5-6)可知,为使合力 F_R 为零,必须同时满足

$$\left. \begin{array}{l} \sum F_{ix} = 0 \\ \sum F_{iy} = 0 \\ \sum F_{iz} = 0 \end{array} \right\} \tag{5-8}$$

即空间汇交力系平衡的必要且充分的解析条件为力系中所有各力分别在三个坐标轴上投影的代数和同时等于零。式(5-8)称为**空间汇交力系的平衡方程**。

应用上述三个独立的平衡方程,可求解包含不多于三个未知量的空间汇交力系的平衡问题。解题方法及步骤与求解平面汇交力系的平衡问题相似。

【**例 5-2**】 如图 5-4a 所示,三根杆 AB、AC、AD 铰接于点 A,在点 A 悬挂一重 $P=1000$ N 的物体。杆 AB 与杆 AC 相互垂直且长度相等,杆 AD 与水平面 OBAC 间的夹角 $\angle OAD = 30°$,A、B、C、D 处均为光滑铰链。若不计杆的自重,试求各杆所受的力。

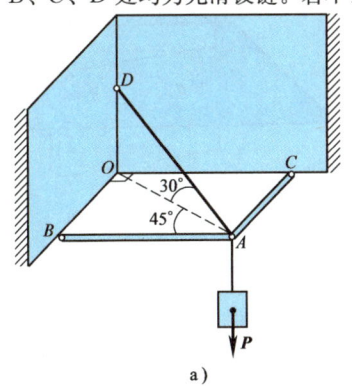
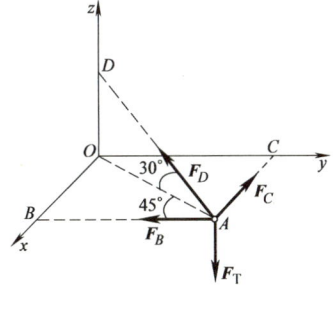

图 5-4

解: 因重力不计,各杆都是二力杆,假设各杆均受拉。选取铰链 A 为研究对象,受力图如图 5-4b 所示,铰链 A 受三杆的拉力 $\boldsymbol{F}_B$、$\boldsymbol{F}_C$、$\boldsymbol{F}_D$ 以及挂重物的绳子的拉力 $\boldsymbol{F}_T$ 的作用而平衡,这些力组成空间汇交力系。

取图示坐标系,列平衡方程

$$\sum F_{ix}=0, \quad -F_C-F_D\cos 30°\sin 45°=0$$

$$\sum F_{iy}=0, \quad -F_B-F_D\cos 30°\cos 45°=0$$

$$\sum F_{iz}=0, \quad F_D\sin 30°-F_T=0$$

式中,$F_T=P=1000\text{ N}$。解得各杆受力为

$$F_D=2000\text{ N}, \quad F_B=F_C=-1225\text{ N}$$

F_B 与 F_C 为负值,说明其实际方向与假设方向相反,即杆 AB、AC 受压;F_D 为正值,说明杆 AD 受拉。

第二节 力对轴的矩

一、力对轴的矩的概念

在工程和生活实际中,经常遇到物体在力的作用下绕轴转动的情形。为了度量力对轴的转动效应,需要引入**力对轴的矩**的概念。

如图 5-5 所示,力 $\boldsymbol{F}$ 作用于门上的点 A,使门绕 z 轴转动。为了确定力 $\boldsymbol{F}$ 使门绕 z 轴转动的效应,将该力分解为两个分力 $\boldsymbol{F}_z$ 和 $\boldsymbol{F}_{xy}$,其中 $\boldsymbol{F}_z$ 与 z 轴平行,$\boldsymbol{F}_{xy}$ 与 z 轴垂直。由经验可知,平行于 z 轴的分力 $\boldsymbol{F}_z$ 不能使门转动,只有分力 $\boldsymbol{F}_{xy}$ 才能使门绕 z 轴转动。如果过点 A 作一平面 $x\text{-}y$ 与 z 轴垂直,并交 z 轴于点 O,显然分力 $\boldsymbol{F}_{xy}$ 也就是力 $\boldsymbol{F}$ 在 $x\text{-}y$ 平面上的投影,而分力 $\boldsymbol{F}_{xy}$ 使门绕 z 轴转动的效应可以用在 $x\text{-}y$ 平面内 $\boldsymbol{F}_{xy}$ 对点 O 的矩来度量。于是,有如下定义:

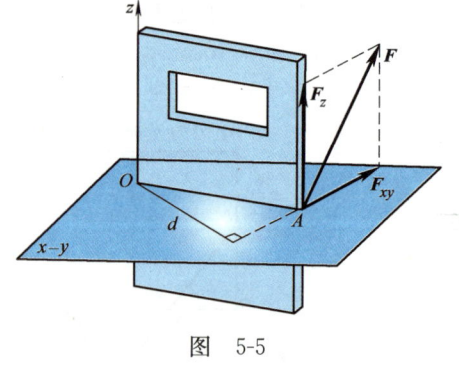

图 5-5

力对轴的矩是一个代数量,其大小等于力在垂直于该轴平面上的投影对该轴与该平面交点的矩;其正负号由右手螺旋法则确定,即将右手四指握轴并使其弯曲方向与力使物体绕轴转动的方向一致,若大拇指的指向与轴的正向相同,则取正号,反之取负号(见图 5-6)。力对轴的矩的正负号也可规定为:从轴的

正向往负向看去，逆时针转向为正，反之为负。显然这两种规则是一致的。力 F 对 z 轴的矩用符号 $M_z(F)$ 表示，即有

$$M_z(F)=M_O(F_{xy})=\pm F_{xy}d \qquad (5\text{-}9)$$

力对轴的矩是度量力使物体绕轴转动效应的物理量。力对轴的矩的单位与力对点的矩的单位相同，在国际单位制中为 N·m（牛·米）。

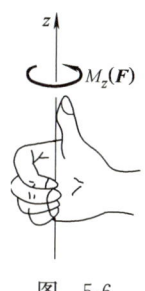

图 5-6

由力对轴的矩的定义可知：

1）当力的作用线与轴平行（此时 $F_{xy}=0$）或相交（此时 $d=0$）时，力对该轴的矩等于零。

2）当力沿其作用线滑移时，力对轴的矩不变。

二、对轴的合力矩定理

由平面力系中对点的合力矩定理，可推出空间力系中对轴的合力矩定理：**空间力系的合力对某一轴的矩等于力系中所有各力对同一轴的矩的代数和**，即

$$M_z(F_R)=\sum M_z(F_i) \qquad (5\text{-}10)$$

在计算力对轴的矩时，有时利用上述合力矩定理较为方便，具体方法为：先将力做正交分解，然后计算每个分力对轴的矩，最后求这些力矩的代数和，即得该力对该轴的矩。

三、力对轴的矩的解析算式

如图 5-7 所示，力 F 作用点 A 的坐标为 (x,y,z)，将力 F 在 x-y 平面上的投影 F_{xy} 做正交分解，得分力 F_x 与 F_y，从而有

$$M_z(F)=M_O(F_{xy})=M_O(F_x)+M_O(F_y)$$

式中，$M_O(F_x)=-yF_x$、$M_O(F_y)=xF_y$，代入上式即得

$$M_z(F)=xF_y-yF_x$$

同理，可得力 F 对 x、y 轴的矩的解析算式。概括有

$$\left.\begin{array}{l} M_x(F)=yF_z-zF_y \\ M_y(F)=zF_x-xF_z \\ M_z(F)=xF_y-yF_x \end{array}\right\} \qquad (5\text{-}11)$$

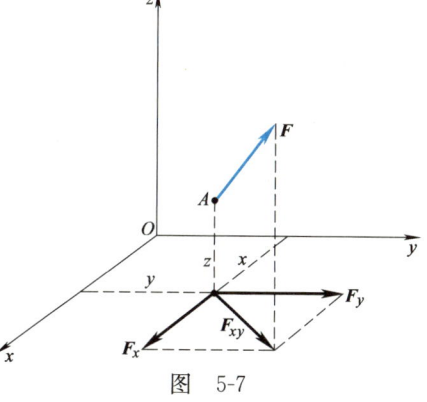

图 5-7

式中，(x,y,z) 为力 F 作用点的坐标；

F_x、F_y、F_z 为力 $\boldsymbol{F}$ 在 x、y、z 轴上的投影。

【例 5-3】 如图 5-8 所示,手柄 $OABC$ 位于 x-y 坐标平面内,在 D 处受力 $\boldsymbol{F}$ 的作用。力 $\boldsymbol{F}$ 位于垂直于 y 轴的平面内,偏离铅直线的角度为 θ。$OA=AB=l$,$BD=a$,AB 平行于 x 轴,BC 平行于 y 轴。试求力 $\boldsymbol{F}$ 对 x、y、z 轴的矩。

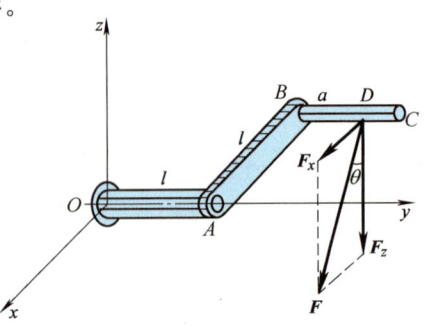

图 5-8

解:方法一 利用力对轴的合力矩定理求解

将力 $\boldsymbol{F}$ 沿坐标轴分解为 $\boldsymbol{F}_x$ 和 $\boldsymbol{F}_z$ 两个分力,其大小 $F_x=F\sin\theta$、$F_z=F\cos\theta$。根据合力矩定理,得

$$M_x(\boldsymbol{F})=M_x(\boldsymbol{F}_x)+M_x(\boldsymbol{F}_z)=0+[-F_z \cdot (OA+BD)]=-F(l+a)\cos\theta$$

$$M_y(\boldsymbol{F})=M_y(\boldsymbol{F}_x)+M_y(\boldsymbol{F}_z)=0+(-F_z \cdot AB)=-Fl\cos\theta$$

$$M_z(\boldsymbol{F})=M_z(\boldsymbol{F}_x)+M_z(\boldsymbol{F}_z)=[-F_x \cdot (OA+BD)]+0=-F(l+a)\sin\theta$$

方法二 利用力对轴的矩的解析算式求解

力 $\boldsymbol{F}$ 在 x、y、z 轴上的投影分别为

$$F_x=F\sin\theta, \quad F_y=0, \quad F_z=-F\cos\theta$$

力 $\boldsymbol{F}$ 作用点 D 的坐标为

$$x=-l, \quad y=l+a, \quad z=0$$

由式 (5-11),即得

$$M_x(\boldsymbol{F})=yF_z-zF_y=(l+a)(-F\cos\theta)-0=-F(l+a)\cos\theta$$

$$M_y(\boldsymbol{F})=zF_x-xF_z=0-(-l)(-F\cos\theta)=-Fl\cos\theta$$

$$M_z(\boldsymbol{F})=xF_y-yF_x=0-(l+a)(F\sin\theta)=-F(l+a)\sin\theta$$

两种计算方法结果相同。

第三节 空间任意力系的平衡

一、空间任意力系的平衡方程

可以证明,当一个空间任意力系平衡时,必须同时满足下面的六个平衡方程:

$$\left.\begin{array}{l} \sum F_{ix}=0 \\ \sum F_{iy}=0 \\ \sum F_{iz}=0 \\ \sum M_x(\boldsymbol{F}_i)=0 \\ \sum M_y(\boldsymbol{F}_i)=0 \\ \sum M_z(\boldsymbol{F}_i)=0 \end{array}\right\} \quad (5\text{-}12)$$

上式表明，空间任意力系平衡的必要且充分的解析条件是：力系中所有各力分别在三个坐标轴上投影的代数和以及所有各力分别对三个坐标轴的矩的代数和均同时等于零。

应用上述六个独立的平衡方程，可求解不多于六个未知量的空间任意力系的平衡问题。

还应补充说明两点：

1）当空间任意力系平衡时，它在任何平面上的投影力系也平衡。因此，可将空间任意力系投影在三个坐标平面上，通过三个平面力系来进行计算，即可将空间力系的平衡问题转化为平面力系的平衡问题来处理。

2）与平面任意力系类似，空间任意力系的平衡方程除了式（5-12）所示的三投影式加三力矩式的基本形式外，还可以采用二投影式加四力矩式、一投影式加五力矩式以及六力矩式等其他形式，但同样对投影轴和矩轴有一定的限制条件，读者如有兴趣可自行研究。

二、空间平行力系的平衡方程

空间平行力系为空间任意力系的一种特殊情况。若取 z 轴与各力平行（见图 5-9），则各力对 z 轴的矩都恒等于零，同时各力在 x、y 两坐标轴上的投影也都恒等于零。于是，式（5-12）中的方程

$$\sum F_{ix}=0, \quad \sum F_{iy}=0, \quad \sum M_z(\boldsymbol{F}_i)=0$$

成为恒等式。因此，空间平行力系的平衡方程为

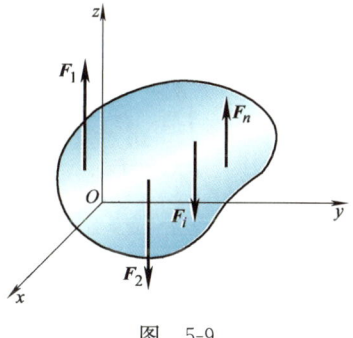

图 5-9

$$\left.\begin{array}{l}\sum F_{iz}=0\\ \sum M_x(\boldsymbol{F}_i)=0\\ \sum M_y(\boldsymbol{F}_i)=0\end{array}\right\} \tag{5-13}$$

上式表明，空间平行力系平衡的必要且充分的解析条件是：该力系中所有各力在与力作用线平行的坐标轴上投影的代数和以及所有各力分别对两个与力作用线垂直的轴的矩的代数和同时等于零。

空间平行力系有三个独立的平衡方程，最多可解三个未知量。

三、空间约束的常见类型

物体在空间力系作用下可能产生的运动有沿空间坐标轴 x、y、z 三个方向的移动以及绕三个坐标轴的转动。因此，要求空间约束提供相应的约束力以限

制物体的移动，以及相应的约束力偶以限制物体的转动。表 5-1 给出了几种常见的空间约束及其约束力的表达方式。

表 5-1　常见的空间约束及其约束力

约 束 力	约 束 类 型
F_{Az}, F_{Ay}	径向轴承　圆柱铰链　铁轨　蝶形铰链
F_{Az}, F_{Ay}, F_{Ax}	球形铰链　止推轴承
a) M_{Az}, F_{Az}, M_{Ay}, F_{Ay} b) F_{Az}, M_{Ay}, F_{Ay}, F_{Ax}	导向轴承　万向接头 a)　b)
a) M_{Ax}, M_{Az}, F_{Az}, F_{Ay}, F_{Ax} b) M_{Az}, F_{Az}, F_{Ay}, M_{Ax}, M_{Ay}	带有销子的夹板　导轨 a)　b)
M_{Az}, F_{Az}, M_{Ay}, F_{Ay}, F_{Ax}, M_{Ax}	空间的固定端支座

在分析实际的空间约束时，应抓住主要因素，忽略次要因素，做一些合理的简化。例如，导向轴承能阻碍轴沿 y 轴和 z 轴的移动，并能阻碍绕 y 轴和 z 轴的转动，所以有 4 个约束力 F_{Ay}、F_{Az}、M_{Ay}、M_{Az}；而径向轴承限制绕 y 轴和 z 轴

的转动作用很小，M_{Ay} 和 M_{Az} 可忽略不计，所以只有两个约束力 F_{Ay} 和 F_{Az}。又如，一般柜门都装有两个合页，形如表 5-1 中的蝶形铰链，它主要限制物体沿 y 轴、z 轴的移动，因而有两个约束力 F_{Ay} 和 F_{Az}；合页不限制物体绕转轴的转动，单个合页对物体绕 y 轴、z 轴转动的限制作用也很小，因而没有约束力偶。

另外，同一种约束装置的约束力的数目还与所受到的力系有关。例如，在空间任意力系作用下，固定端 A 处的约束力共有 6 个，即 F_{Ax}、F_{Ay}、F_{Az}、M_{Ax}、M_{Ay}、M_{Az}；而在 Oxy 平面内受平面任意力系作用时，固定端 A 处的约束力就只有 3 个，即 F_{Ax}、F_{Ay}、M_{Az}。

【例 5-4】 传动轴如图 5-10 所示，已知齿轮的节圆直径 $d=173$ mm，压力角为 20°，在法兰盘上作用一矩 $M=1030$ N·m 的力偶。若不计摩擦和构件自重，试求传动轴等速转动时径向轴承 A、B 处的约束力以及齿轮所受的啮合力 F。

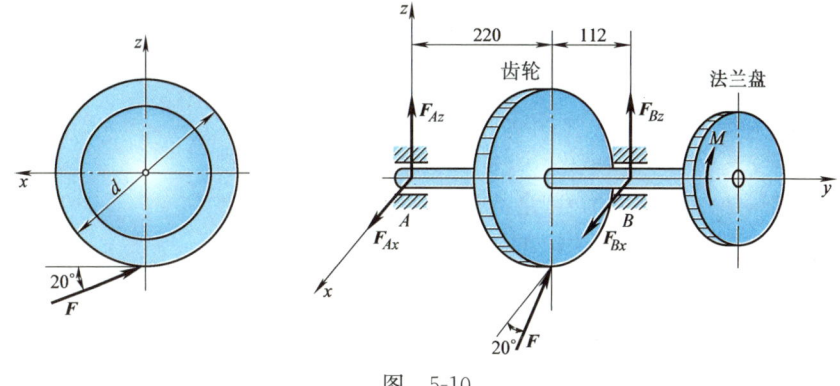

图 5-10

解：选取整个传动轴为研究对象，受力图如图 5-10 所示，其中，径向轴承 A、B 处的约束力 F_{Ax}、F_{Az} 与 F_{Bx}、F_{Bz} 均假设沿 x、z 轴的正向。这是空间任意力系，共含有 5 个未知量。建立图示坐标轴，列平衡方程

$$\sum M_y(\boldsymbol{F}_i)=0, \quad -M+F\cos 20°\times \frac{d}{2}=0$$

$$\sum M_x(\boldsymbol{F}_i)=0, \quad F\sin 20°\times 220 \text{ mm}+F_{Bz}\times 332 \text{ mm}=0$$

$$\sum M_z(\boldsymbol{F}_i)=0, \quad -F_{Bx}\times 332 \text{ mm}+F\cos 20°\times 220 \text{ mm}=0$$

$$\sum F_{ix}=0, \quad F_{Ax}+F_{Bx}-F\cos 20°=0$$

$$\sum F_{iz}=0, \quad F_{Az}+F_{Bz}+F\sin 20°=0$$

代入已知数值，解得径向轴承 A、B 处的约束力以及齿轮所受的啮合力分别为

$$F_{Ax}=4.02 \text{ kN}, \quad F_{Az}=-1.46 \text{ kN}$$
$$F_{Bx}=7.89 \text{ kN}, F_{Bz}=-2.87 \text{ kN}$$
$$F=12.67 \text{ kN}$$

负号表示该力的方向与图中假设方向相反。

【例 5-5】 一曲柄传动轴上安装着带轮，如图 5-11 所示。已知带拉力 $F_2 = 2F_1$，曲柄上作用的铅垂力 $F = 2000$ N，带轮的直径 $D = 400$ mm，曲柄长 $R = 300$ mm，带与铅垂线间的夹角分别为 $\alpha = 30°$ 和 $\beta = 60°$，其他尺寸如图所示。试求带拉力和径向轴承 A、B 处的约束力。

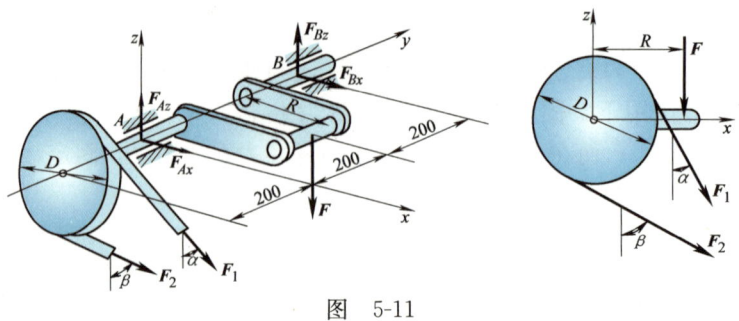

图 5-11

解：选取传动轴整体为研究对象，作出受力图如图 5-11 所示。这是空间任意力系，取图示坐标轴，列平衡方程

$\sum F_{ix} = 0$，$F_1 \sin 30° + F_2 \sin 60° + F_{Ax} + F_{Bx} = 0$

$\sum F_{iz} = 0$，$-F_1 \cos 30° - F_2 \cos 60° - F + F_{Az} + F_{Bz} = 0$

$\sum M_x(\boldsymbol{F}_i) = 0$，$F_1 \cos 30° \times 200 \text{ mm} + F_2 \cos 60° \times 200 \text{ mm} -$
$\qquad\qquad\qquad F \times 200 \text{ mm} + F_{Bz} \times 400 \text{ mm} = 0$

$\sum M_y(\boldsymbol{F}_i) = 0$，$F \times 300 \text{ mm} - (F_2 - F_1) \times 200 \text{ mm} = 0$

$\sum M_z(\boldsymbol{F}_i) = 0$，$F_1 \sin 30° \times 200 \text{ mm} + F_2 \sin 60° \times 200 \text{ mm} - F_{Bx} \times 400 \text{ mm} = 0$

式中，$F_2 = 2F_1$。联立解之，得带拉力和径向轴承 A、B 处的约束力分别为

$F_1 = 3000$ N，$F_2 = 6000$ N

$F_{Ax} = -1004$ N，$F_{Az} = 9397$ N

$F_{Bx} = 3348$ N，$F_{Bz} = -1799$ N

负号表示该力的方向与图中假设方向相反。

【例 5-6】 如图 5-12 所示，匀质长方形板 $ABCD$ 重量为 P，用球形铰支座 A 和蝶形铰支座 B 固定在墙上，并用绳 EC 维持在水平位置。试求绳的拉力和铰支座 A、B 处的约束力。

解：选取板 $ABCD$ 为研究对象。如图 5-12 所示，板 $ABCD$ 所受的力有：重力 $\boldsymbol{P}$，球形铰支座 A 处的约束力 F_{Ax}、F_{Ay}、F_{Az}，蝶形铰支座 B 处的约束力 F_{Bx}、F_{Bz} 以及绳 EC 的拉力 F_T，这些力构成空间任意力系。取图示坐标轴，为避免联立方程，首先以 y 轴为矩轴，列平衡方程

$\sum M_y(\boldsymbol{F}_i) = 0$，$-F_T \sin 30° \cdot BC + P \cdot \dfrac{BC}{2} = 0$

解得

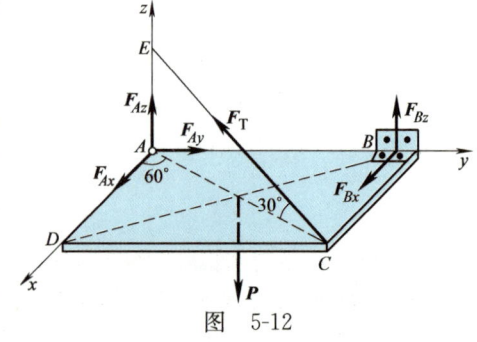

图 5-12

$$F_T = P$$

其次，以 z 轴为矩轴，列平衡方程

$$\sum M_z(\boldsymbol{F}_i) = 0, \quad -F_{Bx} \cdot AB = 0$$

解得

$$F_{Bx} = 0$$

然后，以由点 A 指向点 C 的 AC 轴为矩轴，列平衡方程

$$\sum M_{AC}(\boldsymbol{F}_i) = 0, \quad F_{Bz} \cdot AB \cdot \sin 30° = 0$$

解得

$$F_{Bz} = 0$$

最后，再列出三个投影式平衡方程

$$\sum F_{ix} = 0, \quad F_{Ax} - F_T \cdot \cos 30° \cdot \cos 60° = 0$$
$$\sum F_{iy} = 0, \quad F_{Ay} - F_T \cdot \cos 30° \cdot \sin 60° = 0$$
$$\sum F_{iz} = 0, \quad F_{Az} + F_T \cdot \sin 30° - P = 0$$

解得

$$F_{Ax} = \frac{\sqrt{3}}{4}P, \quad F_{Ay} = \frac{3}{4}P, \quad F_{Az} = \frac{1}{2}P$$

【例 5-7】 三轮车如图 5-13 所示，已知车重 $P = 8 \text{ kN}$，重心位于点 C；载荷 $P_1 = 10 \text{ kN}$，作用于点 E。试求三轮车静止时地面对车轮的约束力。

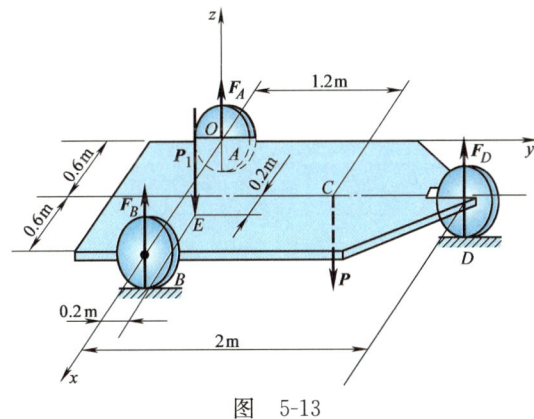

图 5-13

解：选取三轮车为研究对象。车上作用有主动力 $\boldsymbol{P}$、$\boldsymbol{P}_1$ 和地面对三个车轮的法向约束力 $\boldsymbol{F}_A$、$\boldsymbol{F}_B$、$\boldsymbol{F}_D$，受力图如图 5-13 所示，这些力构成空间平行力系。

取图示坐标轴，列平衡方程

$$\sum F_{iz} = 0, \quad -P - P_1 + F_A + F_B + F_D = 0$$
$$\sum M_x(\boldsymbol{F}_i) = 0, \quad -P_1 \times 0.2 \text{ m} - P \times 1.2 \text{ m} + F_D \times 2 \text{ m} = 0$$
$$\sum M_y(\boldsymbol{F}_i) = 0, \quad P_1 \times 0.8 \text{ m} + P \times 0.6 \text{ m} - F_D \times 0.6 \text{ m} - F_B \times 1.2 \text{ m} = 0$$

解得地面对车轮的约束力

$F_A = 4.4 \text{ kN}$, $F_B = 7.8 \text{ kN}$, $F_D = 5.8 \text{ kN}$

复习思考题

5-1 若力 F 与 x 轴的正向夹角为 α，在什么情况下它在 y 轴上的投影 $F_y = -F\sin\alpha$？此时它在 z 轴上的投影为多少？

5-2 已知力 F 及其与 x 轴的正向夹角 α、与 y 轴的正向夹角 β，能不能算出 F_z？

5-3 在什么情况下力对轴的矩等于零？

5-4 空间任意力系向三个互相垂直的坐标平面上投影，可得到三个平面任意力系，每个平面任意力系可列出三个平衡方程，故共有九个平衡方程。这样是否可以求解九个未知量？为什么？

5-5 试确定下列空间力系的独立平衡方程的数目：(1) 各力的作用线都与某一直线相交；(2) 各力的作用线都平行于某一固定平面。

习题

5-1 如习题 5-1 图所示，水平圆盘的半径为 r，外缘 C 处作用有已知力 F，力 F 位于圆盘 C 处的切平面内，且与圆盘 C 处的切线夹角为 $60°$，其他尺寸如图所示。试求力 F 对 x、y、z 轴的矩。

5-2 如习题 5-2 图所示，在边长为 a 的立方体的顶角 A 处，沿着对角线作用一力 F。试求力 F 在 x、y、z 轴上的投影以及对 x、y、z 轴的矩。

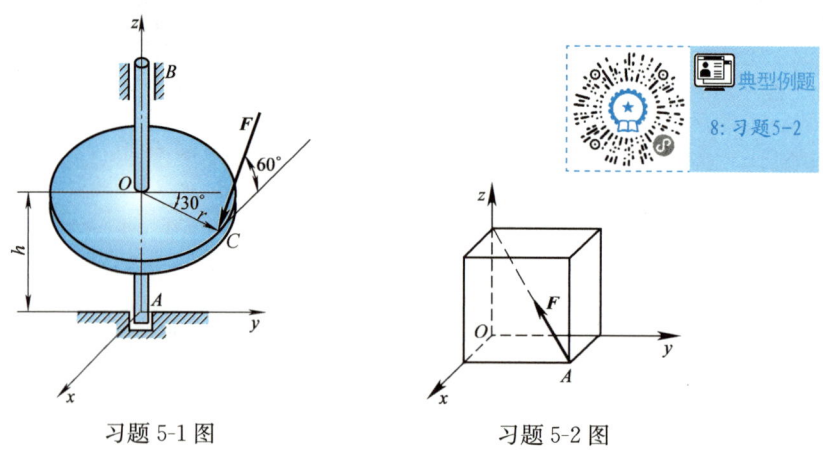

习题 5-1 图　　　　习题 5-2 图

5-3 习题 5-3 图所示一对称三角支架，已知 A、B、C 三点在半径 $r = 0.5 \text{ m}$ 的圆周上，$l = 1 \text{ m}$，作用于铰链 O 上的水平力 $F = 400 \text{ N}$，该力与杆 OA 位于同一铅垂平面内。不计各杆自重，试求三根杆所受的力。

5-4 在习题 5-4 图所示起重装置中，已知 $AB=BC=AD=AE$，A、B、C、D、E 处均为铰链连接，△ABC 在 x-y 平面上的投影为 AG 线，AG 线与 y 轴的夹角为 θ，重物的重力为 P。若不计杆件自重，试求各杆所受的力。

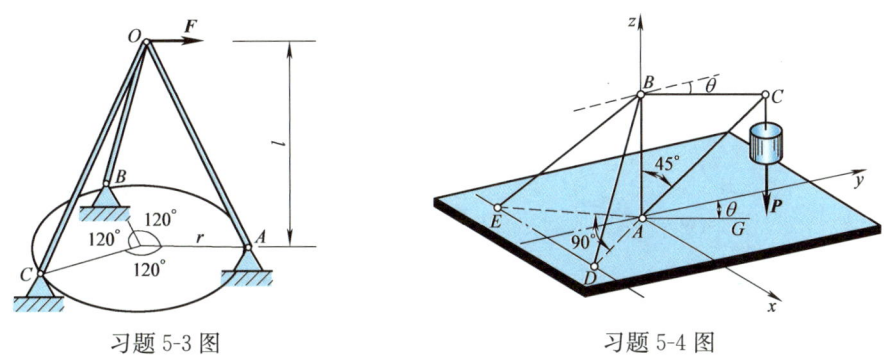

习题 5-3 图　　　　　　　　　习题 5-4 图

5-5 如习题 5-5 图所示，三脚圆桌的半径 $r=500$ mm，重 $P=600$ N。圆桌的三脚 A、B、C 形成一等边三角形。若在中线 CD 上距圆心为 a 的点 E 处作用一铅直力 $F=1500$ N，试求使圆桌不致翻倒的最大距离 a。

5-6 如习题 5-6 图所示，已知作用在曲柄脚踏板上的沿铅直方向的力 $F_1=300$ N；$b=15$ cm，$h=9$ cm，$\varphi=30°$。试求沿铅直方向的拉力 F_2 以及径向轴承 A、B 处的约束力。

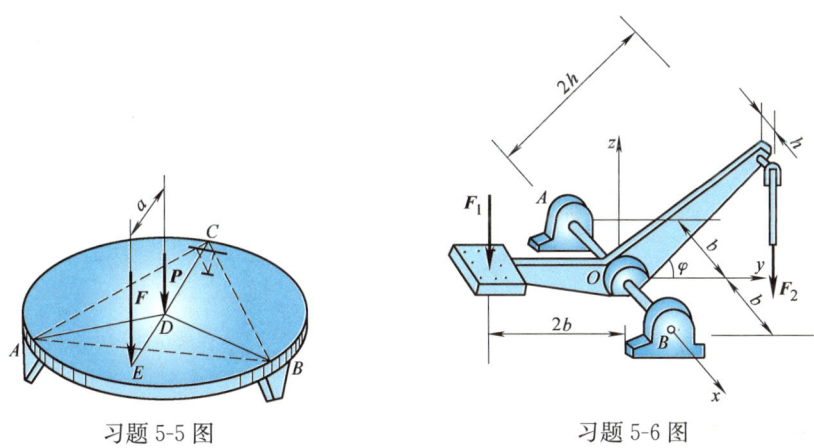

习题 5-5 图　　　　　　　　　习题 5-6 图

5-7 如习题 5-7 图所示，作用于齿轮上的啮合力 F 推动带轮绕水平轴 AB 做等速转动。已知沿铅直方向的带的紧边拉力为 200 N、松边拉力为 100 N。试求啮合力 F 的大小以及径向轴承 A、B 处的约束力。

5-8 习题 5-8 图所示传动轴，带轮Ⅰ上的带沿铅直方向，松边拉力 F_2 与紧边拉力 F_1 之比为 1∶2；带轮Ⅱ上的带沿水平方向，松边拉力 P_2 与紧边拉力 P_1 之比为 1∶3。已知 $P_2=2$ kN，带轮Ⅰ直径 $D_1=300$ mm，带轮Ⅱ直径 $D_2=150$ mm，试求径向轴承 A、B 处的约束力。

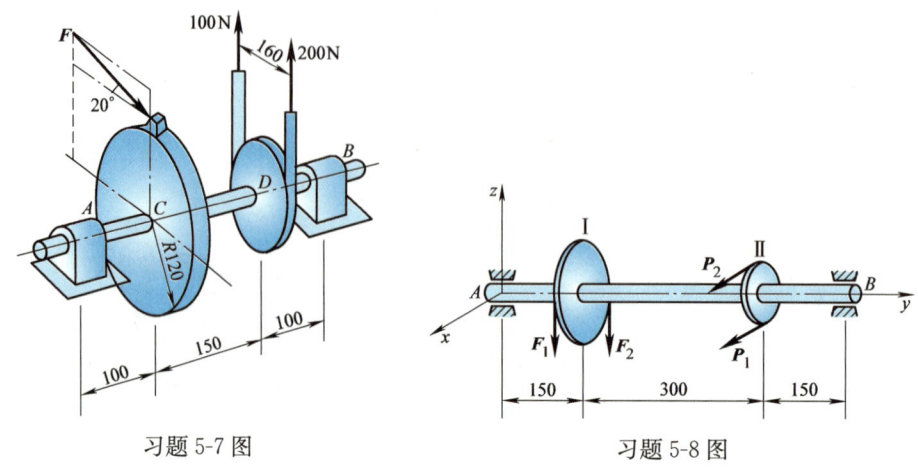

习题 5-7 图　　　　　　　　　　　习题 5-8 图

5-9　如习题 5-9 图所示，已知工件所受镗刀的切削力 $F_z=500$ N、径向力 $F_x=150$ N、轴向力 $F_y=75$ N；刀尖位于 $x\text{-}y$ 平面内，其坐标 $x=75$ mm、$y=200$ mm。若不计工件自重，试求被切削工件左端 O 处的约束力。

5-10　如习题 5-10 图所示，边长为 a 的正方形板 $ABCD$ 用六根杆支撑在水平面内，在点 A 沿 AD 边作用一水平力 F。若不计板及杆的重量，试求各杆所受的力。

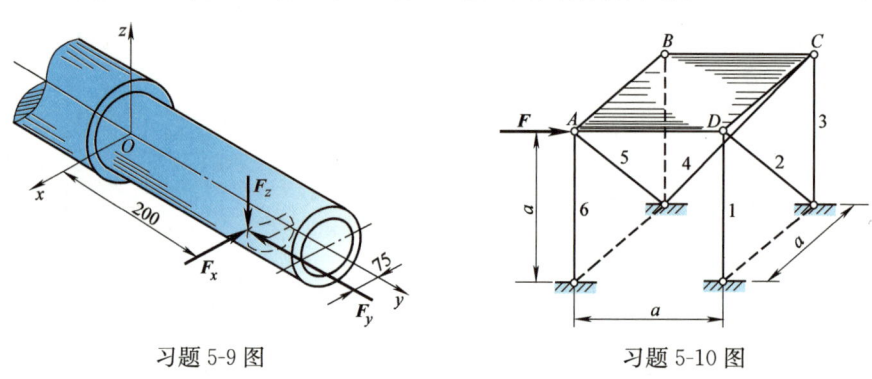

习题 5-9 图　　　　　　　　　　　习题 5-10 图

第六章
静力学专题

本章研究静力学的四个专门问题：滑动摩擦、平面桁架、物体重心和虚位移原理。

第一节 滑动摩擦

在前面章节中，两物体间的接触面均被认为是理想光滑的。而实际上，两物体间的接触面一般都有摩擦，只是在有些场合，摩擦属于次要因素，可以忽略不计。但在工程以及日常生活的许多问题中，摩擦影响显著，不容忽略。本节主要介绍滑动摩擦的有关概念以及如何求解考虑滑动摩擦的平衡问题。

一、滑动摩擦的概念

两个表面粗糙的物体，当其接触表面之间有相对滑动趋势或相对滑动时，彼此作用有阻碍相对滑动趋势或相对滑动的切向约束力，这种切向约束力称为**滑动摩擦力**。

滑动摩擦力作用于物体的相互接触处，方向与相对滑动趋势或相对滑动的方向相反，大小则需按下列三种不同情况加以确定。

1. 静摩擦力

如图 6-1a 所示，一重为 P 的物体放置在粗糙的水平面上，物体在重力 P 和法向约束力 F_N 的作用下处于平衡状态。现在该物体上作用一水平拉力 F（见图 6-1b），当拉力 F 由零逐渐增加但不超过某一特定数值时，物体仍可保持静止。这表明，支承面

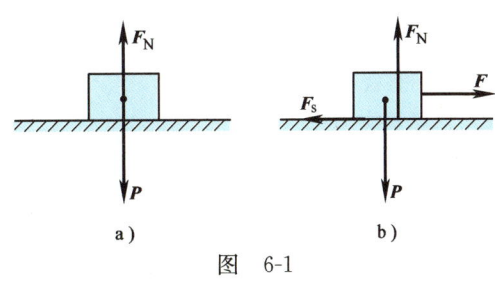

图 6-1

对物体还作用有一个阻碍相对滑动趋势的切向约束力,即滑动摩擦力。此时的滑动摩擦力称为**静滑动摩擦力**,简称**静摩擦力**,常以 F_s 表示。显然,**静摩擦力的大小应由平衡条件确定**。在图 6-1b 中,由平衡条件易得 $F_s=F$,即静摩擦力 F_s 的大小随主动力 F 而改变。

2. 最大静摩擦力

静摩擦力随主动力的增大而增大,这是静摩擦力和一般约束力共同的性质。但静摩擦力 F_s 又有不同于一般约束力的特点,它不能随主动力 F 的增大而无限增大。当主动力 F 的大小达到一定数值时,物块就会处于将要滑动,但尚未开始滑动的平衡的临界状态。此时,静摩擦力 F_s 达到最大值,即为**最大静摩擦力**,以 $F_{s\,max}$ 表示。此后,如果主动力 F 再继续增大,静摩擦力就不能再随之增大,物体将失去平衡而开始滑动。

实验证明:最大静摩擦力的大小与两接触物体间的正压力(法向约束力)F_N 成正比,即

$$F_{s\,max}=f_s F_N \tag{6-1}$$

式中,比例常数 f_s 称为**静摩擦因数**。式(6-1)称为**静摩擦定律**,又称为**库仑摩擦定律**。

静摩擦因数 f_s 的量纲为一。它与接触物体的材料以及接触表面状况(如粗糙度、温度和湿度等)有关,而与接触面积的大小无关。

静摩擦因数 f_s 需通过实验测定,其值可在有关工程手册中查到。表 6-1 中列出了一些常用材料的摩擦因数的近似值。由于影响摩擦因数的因素较多,因此,如果需要准确的数值,则应在具体条件下进行实测。

表 6-1 常用材料的摩擦因数的近似值

材料名称	静摩擦因数 f_s		动摩擦因数 f_k	
	无润滑	有润滑	无润滑	有润滑
钢-钢	0.15	0.1~0.12	0.15	0.05~0.1
钢-铸铁	0.3	—	0.18	0.05~0.15
钢-青铜	0.15	0.1~0.15	0.15	0.1~0.15
铸铁-铸铁	—	0.18	0.15	0.07~0.12
铸铁-青铜	—	—	0.15~0.2	0.07~0.15
青铜-青铜	—	0.1	0.2	0.07~0.1
皮革-铸铁	0.3~0.5	0.15	0.6	0.15
橡皮-铸铁	—	—	0.8	0.5
木材-木材	0.4~0.6	0.1	0.2~0.5	0.07~0.15

静摩擦定律给我们指出了增大摩擦和减小摩擦的途径。要增大最大静摩擦力,可以通过加大正压力或增大静摩擦因数来实现。例如,汽车一般都用后轮

驱动，这是因为后轮正压力大于前轮，这样可以允许产生较大的向前推动的摩擦力。又如，火车在雪后行驶时，要在铁轨上洒细沙，以增大摩擦因数，避免打滑。

综上所述，静摩擦力的大小随主动力而改变，但介于零与最大静摩擦力之间，即有

$$0 \leqslant F_s \leqslant F_{s\,max} \tag{6-2}$$

3. 动摩擦力

当静摩擦力已达到最大值时，若主动力 F 再继续加大，接触面之间将发生相对滑动。此时，接触物体间仍作用有阻碍相对滑动的切向约束力，即滑动摩擦力。此时的滑动摩擦力称为**动滑动摩擦力**，简称**动摩擦力**，常以 F_k 表示。

实验证明：动摩擦力的大小与两接触物体间的正压力（法向约束力）F_N 成正比，即

$$F_k = f_k F_N \tag{6-3}$$

式中，比例常数 f_k 称为**动摩擦因数**。式（6-3）称为**动摩擦定律**。

动摩擦因数 f_k 除了与接触物体的材料和接触表面状况有关外，还与接触物体间相对滑动速度的大小有关。一般情况下，动摩擦因数随相对滑动速度的增大而稍减小，但当相对滑动速度不大时，可近似认为是个常数（见表 6-1）。

动摩擦因数 f_k 一般小于静摩擦因数 f_s，但在一般工程问题中，可近似认为二者相等。

在机器中，经常通过降低接触表面的粗糙度或加入润滑油等方法，使动摩擦因数 f_k 降低，以减小摩擦与磨损。

二、摩擦角与自锁现象

1. 摩擦角

当摩擦存在时，接触面对静止物体的约束力包含了法向约束力 F_N 和切向约束力，即静摩擦力 F_s，这两个力的合力 F_R 称为**全约束力**，又称为**全反力**。记全约束力 F_R 与接触面法线间的夹角为 φ，当静摩擦力达到最大值时，φ 角也达到最大值 φ_f。**全约束力与接触面法线间的夹角的最大值 φ_f 称为摩擦角**。由图 6-2a 可得

$$\tan\varphi_f = \frac{F_{s\,max}}{F_N} = \frac{f_s F_N}{F_N} = f_s \tag{6-4}$$

即**摩擦角的正切等于静摩擦因数**。

改变主动力在水平面内的方向，则全约束力的方向也随之改变。这样，临界平衡时的全约束力的作用线将形成一个以接触点为顶点的锥面，称为**摩擦锥**。若物体与支承面间沿各个方向的静摩擦因数都相同，即沿各个方向的摩擦角 φ_f

是常数，则摩擦锥是一个顶角为 $2\varphi_f$ 的正圆锥体，如图 6-2b 所示。

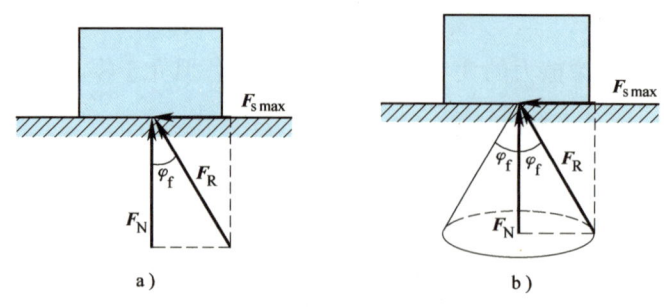

图 6-2

2. 自锁现象

由于物体静止时静摩擦力总是小于或等于最大静摩擦力，因此全约束力与接触面法线间的夹角 φ 也总是小于或等于摩擦角 φ_f，即

$$0°\leqslant\varphi\leqslant\varphi_f \tag{6-5}$$

这表明，全约束力的作用线不可能超出摩擦角的范围。由此可知：

1) 当主动力的合力 $\boldsymbol{F}$ 的作用线落在摩擦角 φ_f 以内时，全约束力 $\boldsymbol{F}_R$ 与 $\boldsymbol{F}$ 就能满足二力平衡条件（见图 6-3a）。因此，只要主动力的合力 $\boldsymbol{F}$ 的作用线与接触面法线间的夹角 θ 不超过摩擦角 φ_f，即

$$\theta\leqslant\varphi_f \tag{6-6}$$

则不论这个力有多大，物体总能保持静止。这种现象称为**自锁现象**。式（6-6）称为**自锁条件**。利用自锁条件可设计某些机构或夹具，如千斤顶、压榨机、圆锥销等，使之能够始终保持在静平衡状态下工作。

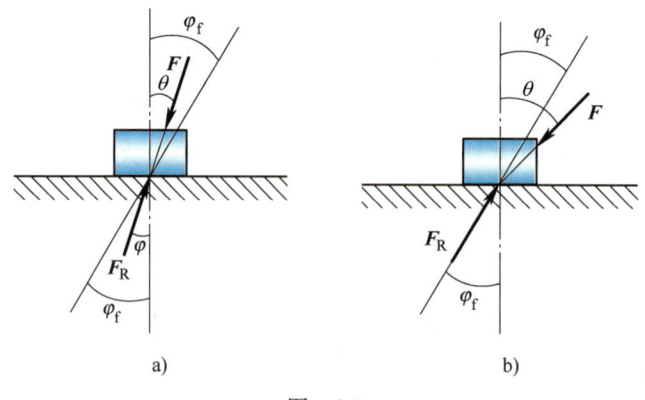

图 6-3

2) 当主动力的合力 F 的作用线与接触面法线间的夹角 $\theta > \varphi_f$ 时（见图 6-3b），全约束力 F_R 就不可能与之平衡。因此，不论这个力有多小，物体一定会滑动。工程中应用这一原理，可设法避免自锁，以保证传动机构不致卡死。

· 思 政 导 读 ·

自锁现象对提高效率、保障安全有着十分重要的作用，在航天航空、机械工程、交通运输、医疗器械、建筑工程以及日常生活用品等各个领域都得到了广泛运用。文字记载表明，我国是最早发现并运用自锁现象的国家。早在战国时期，《墨经》中就描述了自锁现象并记载了当时对自锁现象的运用，充分显示了中国古人的智慧。

三、考虑滑动摩擦的平衡问题

求解考虑滑动摩擦的平衡问题的方法和步骤与不考虑摩擦时大致相同，但需要注意以下几点：

1) 画受力图时必须加上静摩擦力 F_s。静摩擦力 F_s 的方向沿着接触面的切线，与物体相对滑动趋势方向相反。

2) 由于考虑摩擦力，增加了未知量的数目，因此，为使问题获解，除了平衡方程外，还需列出补充方程，即

$$0 \leqslant F_s \leqslant F_{s\,max} = f_s F_N \quad \text{或者} \quad 0° \leqslant \varphi \leqslant \varphi_f = \arctan f_s$$

3) 由于物体处于平衡状态时，静摩擦力 F_s 的值有一定的范围，介于 0 与 $F_{s\,max}$ 之间。因此，有摩擦时平衡问题的解答通常也是一个范围值。在确定这个范围值时，一般可采取两种方式：一种是考虑平衡的临界状态，假定静摩擦力取最大值，以 $F_s = F_{s\,max} = f_s F_N$（或者 $\varphi = \varphi_f = \arctan f_s$）作为平衡方程的补充方程，确定平衡范围的界限值；另一种是直接采用 $F_s \leqslant f_s F_N$（或者 $\varphi \leqslant \arctan f_s$），以不等式进行运算。

下面通过例题，具体说明考虑滑动摩擦的平衡问题的解法。

【例 6-1】 如图 6-4a 所示，一重为 P 的物块放在倾角为 θ 的斜面上，它与斜面间的静摩擦因数为 f_s，设 $\theta > \varphi_f = \arctan f_s$，试求当物块处于静止时水平主动力 F 的大小。

解： 显然，力 F 太大，物块将上滑；力 F 太小，物块将下滑，因此 F 应在最大值与最小值之间。

先求力 F 的最大值 F_{max}。当力 F 达到此值时，物块处于将要向上滑动的临界状态。在此情形下，静摩擦力沿斜面向下，并达到最大值 $F_{s\,max}$。物块共受四个力作用：已知力 P，未知力 F_{max}、F_N 和 $F_{s\,max}$，如图 6-4b 所示。取图示坐标轴，列平衡方程

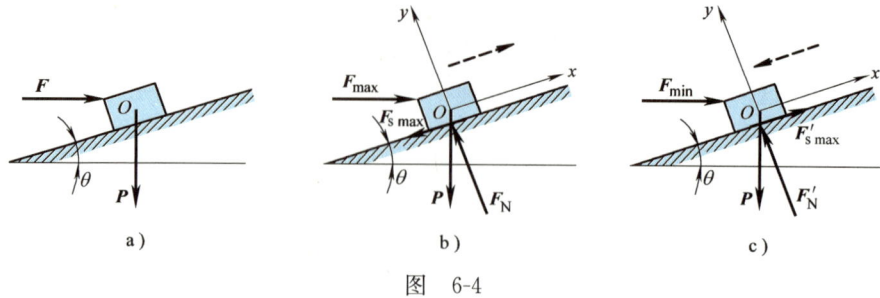

图 6-4

$$\sum F_{ix}=0, \quad F_{\max}\cos\theta - P\sin\theta - F_{s\max}=0$$
$$\sum F_{iy}=0, \quad F_N - F_{\max}\sin\theta - P\cos\theta = 0$$

此外，还有一个补充方程，即

$$F_{s\max}=f_s F_N$$

三式联立求解，可得水平主动力 F 的最大值

$$F_{\max}=P\frac{\sin\theta+f_s\cos\theta}{\cos\theta-f_s\sin\theta}=P\frac{\sin\theta+\tan\varphi_f\cos\theta}{\cos\theta-\tan\varphi_f\sin\theta}=P\tan(\theta+\varphi_f)$$

再求力 F 的最小值 $F_{\min}$。当力 F 达到此值时，物块处于将要向下滑动的临界状态。在此情形下，静摩擦力沿斜面向上，并达到另一最大值 $F'_{s\max}$。物块的受力情况如图 6-4c 所示。取图示坐标轴，列平衡方程

$$\sum F_{ix}=0, \quad F_{\min}\cos\theta - P\sin\theta + F'_{s\max}=0$$
$$\sum F_{iy}=0, \quad F'_N - F_{\min}\sin\theta - P\cos\theta = 0$$

外加补充方程

$$F'_{s\max}=f_s F'_N$$

三式联立求解，得水平主动力 F 的最小值

$$F_{\min}=P\frac{\sin\theta-f_s\cos\theta}{\cos\theta+f_s\sin\theta}=P\frac{\sin\theta-\tan\varphi_f\cos\theta}{\cos\theta+\tan\varphi_f\sin\theta}=P\tan(\theta-\varphi_f)$$

所以，当物块处于静止时水平主动力 F 的大小范围为

$$P\tan(\theta-\varphi_f) \leqslant F \leqslant P\tan(\theta+\varphi_f)$$

注意到，此题如不计摩擦，平衡时应有 $F=P\tan\theta$，其解答是唯一的。

由此题可知，在临界状态下求解有摩擦的平衡问题时，必须根据物体相对滑动趋势的方向，正确判定最大静摩擦力 $\boldsymbol{F}_{s\max}$ 的方向，即最大静摩擦力 $\boldsymbol{F}_{s\max}$ 的方向不能假定，必须按真实方向画出。

该题也可以利用摩擦角的概念用几何法进行求解：先将法向约束力 $\boldsymbol{F}_N$ 和最大静摩擦力 $\boldsymbol{F}_{s\max}$ 用全约束力 $\boldsymbol{F}_R$ 来代替，当物块在有向上滑动趋势且达到临界平衡状态时，物块在 $\boldsymbol{P}$、$\boldsymbol{F}_R$、$\boldsymbol{F}_{\max}$ 三个力作用下平衡，如图 6-5a 所示。然后，根据平面汇交力系平衡的几何条件，将 $\boldsymbol{P}$、$\boldsymbol{F}_R$、$\boldsymbol{F}_{\max}$ 依次首尾相连作封闭的力三角形（见图 6-5b），由图易得水平主动力 F 的最大值为

$$F_{\max}=P\tan(\theta+\varphi_f)$$

同理,物块在有向下滑动趋势且达到临界平衡状态时的受力图如图 6-5c 所示,封闭的力三角形如图 6-5d 所示,由图即得水平主动力 F 的最小值为

$$F_{\min}=P\tan(\theta-\varphi_f)$$

于是,当物块处于静止时水平主动力 F 的大小范围为

$$P\tan(\theta-\varphi_f)\leqslant F_1\leqslant P\tan(\theta+\varphi_f)$$

这一结果与用解析法计算的结果完全相同。

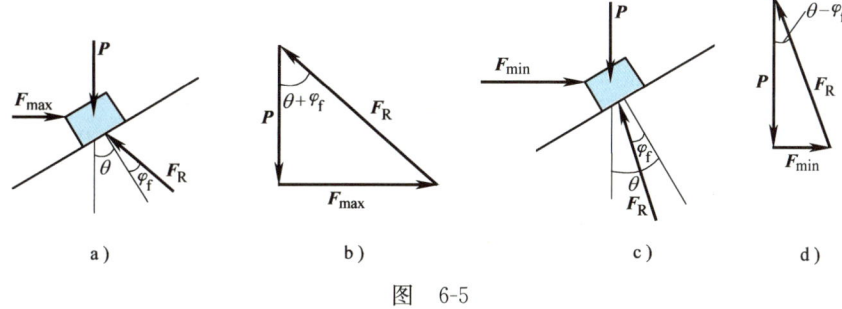

图 6-5

在此题中,若斜面的倾角小于摩擦角,即 $\theta<\varphi_f$ 时,水平主动力的最小值 $F_{\min}$ 即为负值。这意味着,此时无论物块所受的重力 P 有多大,都不需要力 F 的支持就能静止于斜面上,这就是自锁现象。

【例 6-2】 图 6-6a 所示为起重装置的制动器。已知重物重为 P,制动块与鼓轮间的静摩擦因数为 f_s,几何尺寸如图所示。若忽略构件自重,试问在手柄上作用的制动力 F 至少应为多大时才能保持鼓轮静止?

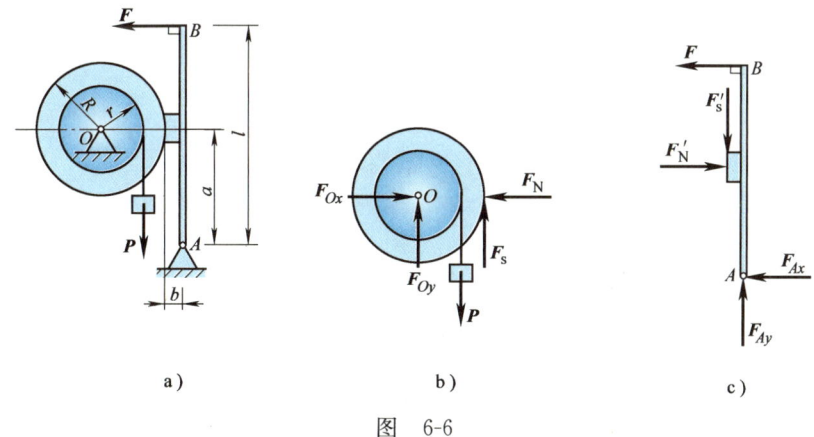

图 6-6

解:分别选取鼓轮与重物、制动手柄为研究对象,受力图分别如图 6-6b、c 所示,其中 F'_s 与 F_s、F'_N 与 F_N 互为作用力与反作用力。

对于鼓轮与重物,列平衡方程
$$\sum M_O(\boldsymbol{F}_i)=0, \quad F_s R - Pr = 0$$
对于制动手柄,列平衡方程
$$\sum M_A(\boldsymbol{F}_i)=0, \quad Fl + F'_s b - F'_N a = 0$$
当制动力 F 为最小值 $F_{\min}$ 时,鼓轮处于临界平衡状态,有补充方程
$$F_s = F_{s\max} = f_s F_N$$
由于 $F'_N = F_N$、$F'_s = F_s$,联立求解以上各式,即得所需制动力 F 的最小值
$$F_{\min} = \frac{Pr}{Rl}\left(\frac{a}{f_s} - b\right)$$

【例 6-3】 如图 6-7a 所示,一重 $P=480$ N 的矩形匀质物块置于水平面上,其上作用有力 $\boldsymbol{F}$。已知接触面间的静摩擦因数 $f_s = 1/3$。试问此物体在力 $\boldsymbol{F}$ 作用下是先滑动还是先倾倒?并求出使物体保持静平衡的 $\boldsymbol{F}$ 的最大值。

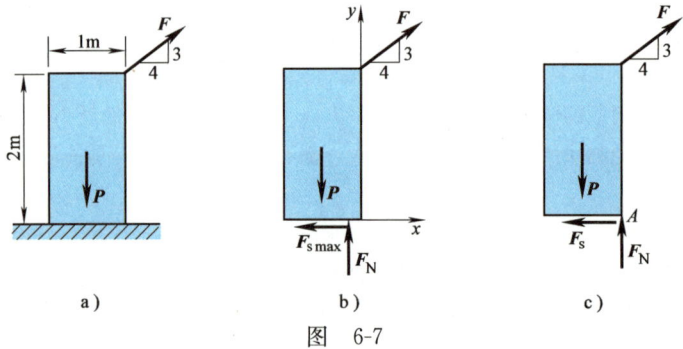

图 6-7

解: 1) 设物体处于即将滑动的临界平衡状态,其受力图如图 6-7b 所示。取图示坐标轴,列平衡方程
$$\sum F_{ix} = 0, \quad \frac{4}{5}F - F_{s\max} = 0$$
$$\sum F_{iy} = 0, \quad F_N + \frac{3}{5}F - P = 0$$
另有补充方程
$$F_{s\max} = f_s F_N$$
联立解之,得
$$F = \frac{1}{3}P = 160 \text{ N}$$

2) 设物体处于即将绕点 A 倾倒的临界平衡状态,其受力图如图 6-7c 所示。以点 A 为矩心,列平衡方程
$$\sum M_A(\boldsymbol{F}_i) = 0, \quad -F \times \frac{4}{5} \times 2 \text{ m} + P \times 0.5 \text{ m} = 0$$
解得

$$F = \frac{5}{16}P = 150 \text{ N}$$

由此可见，物体在 **F** 作用下将先绕点 A 倾倒；使物体保持平衡的 **F** 的最大值为

$$F_{\max} = 150 \text{ N}$$

【例 6-4】 如图 6-8a 所示，两个重量均为 100 N 的物块 A 和 B 用两根无重刚性杆连接。杆 AC 平行于倾角 $\theta = 30°$ 的斜面，杆 CB 平行于水平面。已知两物块与地面间的静摩擦因数 $f_s = 0.5$，试确定使系统保持静平衡的竖直力 **F** 的最大值。

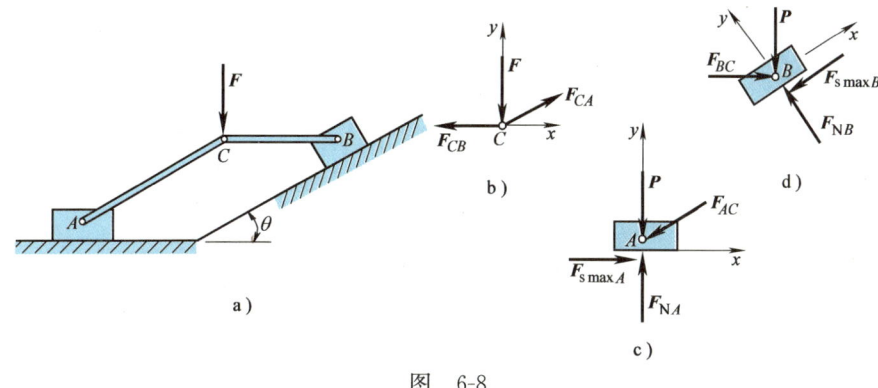

图 6-8

解：当竖直力 **F** 为最大值时，物块 A 处于即将向左滑动的临界平衡状态，或者物块 B 处于即将向上滑动的临界平衡状态。欲使系统保持静平衡，两个物块均应保持静平衡。因此，需分别根据两个物块的临界平衡状态来确定竖直力 **F** 的最大值。

1) 选取节点 C 为研究对象，其受力图如图 6-8b 所示。取图示坐标轴，列平衡方程

$$\sum F_{iy} = 0, \quad F_{CA}\sin\theta - F = 0 \tag{a}$$

$$\sum F_{ix} = 0, \quad -F_{CB} + F_{CA}\cos\theta = 0 \tag{b}$$

2) 根据物块 A 的临界平衡状态来确定竖直力 **F** 的最大值。选取物块 A 为研究对象，其受力图如图 6-8c 所示。取图示坐标轴，列平衡方程

$$\sum F_{ix} = 0, \quad -F_{AC}\cos\theta + F_{s\max A} = 0 \tag{c}$$

$$\sum F_{iy} = 0, \quad F_{NA} - F_{AC}\sin\theta - P = 0 \tag{d}$$

另有补充方程

$$F_{s\max A} = f_s F_{NA} \tag{e}$$

联立上述五式，并注意到杆 AC 为二力杆，$F_{AC} = F_{CA}$，即得

$$F = \frac{f_s \sin\theta}{\cos\theta - f_s \sin\theta} P = 40.6 \text{ N}$$

3) 根据物块 B 的临界平衡状态来确定竖直力 **F** 的最大值。再选取物块 B 为研究对象，其受力图如图 6-8d 所示。取图示坐标轴，列平衡方程

$$\sum F_{ix} = 0, \quad F_{BC}\cos\theta - P\sin\theta - F_{s\max B} = 0 \tag{f}$$

$$\sum F_{iy}=0, \quad -F_{BC}\sin\theta - P\cos\theta + F_{NB}=0 \tag{g}$$

另有补充方程

$$F_{s\,maxB} = f_s F_{NB} \tag{h}$$

将式（f）～式（h）与式（a）、式（b）联立，并注意到杆 CB 为二力杆，$F_{BC}=F_{CB}$，又得

$$F = \frac{\sin\theta + f_s\cos\theta}{\cos\theta - f_s\sin\theta}\tan\theta \cdot P = 87.4\ \text{N}$$

综上所述，使系统保持静平衡的竖直力 **F** 的最大值应为

$$F_{max} = 40.6\ \text{N}$$

第二节　平面桁架的内力计算

桁架是由杆件在两端用适当的方式连接而构成的一种承载结构。由于桁架中的各杆主要承受轴向拉力或轴向压力，可以充分发挥材料的强度潜能，起到节约材料、减轻重量的作用，因此桁架在工程中得到了广泛的应用，例如房屋的屋架、桥梁的拱架、起重机的机身和悬臂等（见图 6-9）。

桁架中，杆件的结合处称为**节点**。所有杆件的轴线在同一平面内的桁架称为**平面桁架**。本节主要研究平面桁架的内力计算。

为了简化计算，工程中通常对桁架做如下理想化假设：

1）桁架中的杆件都是直杆。
2）杆件均用光滑铰链连接。
3）桁架所受载荷都作用在节点上；且对于平面桁架，载荷位于桁架同一平面内。
4）杆件的重力忽略不计，或平均分配在杆件两端的节点上。

符合上述假设的桁架，称为**理想桁架**。由上述假设可知，理想桁架的各杆

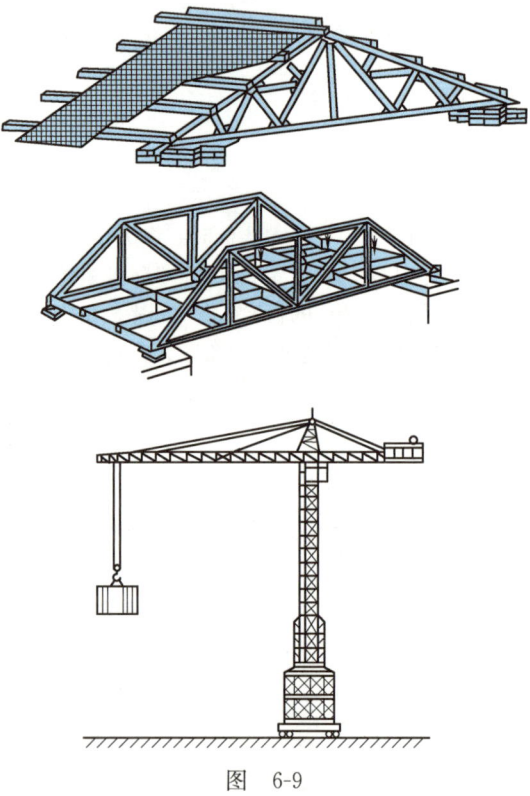

图 6-9

都是只在两端受力的二力杆,各杆所受的力必然沿着杆的轴线方向,即只承受轴向拉力或轴向压力。

工程中的实际桁架,当然不可能完全符合上述假设。但经验表明,根据上述假设简化计算所得的结果一般能够满足工程需要。

下面依次介绍计算桁架内力的两种基本方法:节点法与截面法。

一、节点法

由于桁架的外力和内力汇交于节点,因此平面桁架中的各个节点都受到一个平面汇交力系的作用。为了求出每个杆件的内力,可以依次选取各个节点为研究对象,用平面汇交力系的平衡方程求解。这种方法称为**节点法**。由于平面汇交力系只有两个独立的平衡方程,故运用节点法计算时,每次所选取的节点上的未知力一般不应超过两个。另外在画受力图时,应假设各杆内力均为拉力,即令其指向背离节点。这样,所求得的杆件内力若为正值即表明是拉力,若为负值则是压力。节点法的具体计算过程举例说明如下:

【**例 6-5**】 试用节点法求图 6-10a 所示平面桁架各杆内力。

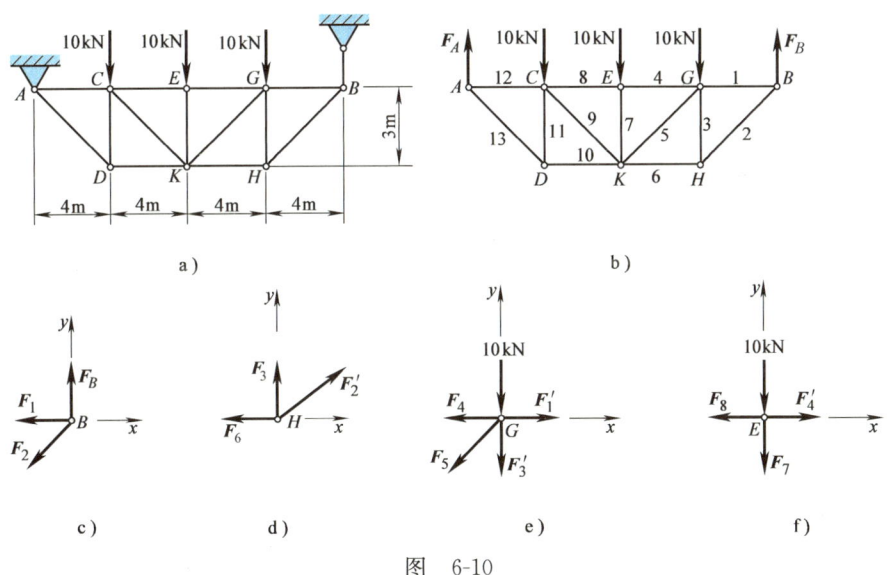

图 6-10

解:(1) 计算支座约束力

选取桁架整体为研究对象,作受力图如图 6-10b 所示。由对称性易得支座 A、B 处的约束力

$$F_A = F_B = 15 \text{ kN}$$

(2) 计算各杆内力

为了方便计算,对桁架各杆编号(见图 6-10b)。

先选取只作用有两个未知杆件内力的节点 B 为研究对象,作受力图如图 6-10c 所示。各杆内力均假设为拉力,即按背离节点方向画出。取图示坐标轴,列平衡方程

$$\sum F_{iy}=0, \quad F_B - F_2 \times \frac{3}{5} = 0$$

$$\sum F_{ix}=0, \quad -F_1 - F_2 \times \frac{4}{5} = 0$$

将 $F_B=15$ kN 代入,解得杆 1、杆 2 的内力为

$$F_1 = -20 \text{ kN}(压), \quad F_2 = 25 \text{ kN}(拉)$$

次选节点 H 为研究对象,作受力图如图 6-10d 所示。取图示坐标轴,列平衡方程

$$\sum F_{ix}=0, \quad F_2' \times \frac{4}{5} - F_6 = 0$$

$$\sum F_{iy}=0, \quad F_3 + F_2' \times \frac{3}{5} = 0$$

代入 $F_2'=F_2=25$ kN,解得杆 3、杆 6 的内力为

$$F_6 = 20 \text{ kN}(拉), \quad F_3 = -15 \text{ kN}(压)$$

再选节点 G 为研究对象,作受力图如图 6-10e 所示。取图示坐标轴,列平衡方程

$$\sum F_{iy}=0, \quad -10 \text{ kN} - F_5 \times \frac{3}{5} - F_3' = 0$$

$$\sum F_{ix}=0, \quad F_1' - F_4 - F_5 \times \frac{4}{5} = 0$$

代入 $F_1'=F_1=-20$ kN、$F_3'=F_3=-15$ kN,解得杆 5、杆 4 的内力分别为

$$F_5 = 8.33 \text{ kN}(拉), \quad F_4 = -26.67 \text{ kN}(压)$$

最后选节点 E 为研究对象,作受力图如图 6-10f 所示。取图示坐标轴,列平衡方程

$$\sum F_{iy}=0, \quad -10 \text{ kN} - F_7 = 0$$

解得杆 7 的内力为

$$F_7 = -10 \text{ kN}(压)$$

由于桁架结构及载荷均对称,故其他杆件内力无须再进行计算,可对称地得到,分别为

$$F_8 = F_4 = -26.67 \text{ kN}(压), \quad F_9 = F_5 = 8.33 \text{ kN}(拉)$$

$$F_{10} = F_6 = 20 \text{ kN}(拉), \quad F_{11} = F_3 = -15 \text{ kN}(压)$$

$$F_{12} = F_1 = -20 \text{ kN}(压), \quad F_{13} = F_2 = 25 \text{ kN}(拉)$$

【例 6-6】 试用节点法求图 6-11a 所示平面桁架各杆内力。

解:(1) 计算支座约束力

选取桁架整体为研究对象,作受力图如图 6-11a 所示。由对称性易得支座 A、B 处的约束力

$$F_A = F_B = \frac{F}{2}$$

(2) 计算各杆内力

先选节点 C 为研究对象,作受力图如图 6-11b 所示。取图示坐标轴,列平衡方程

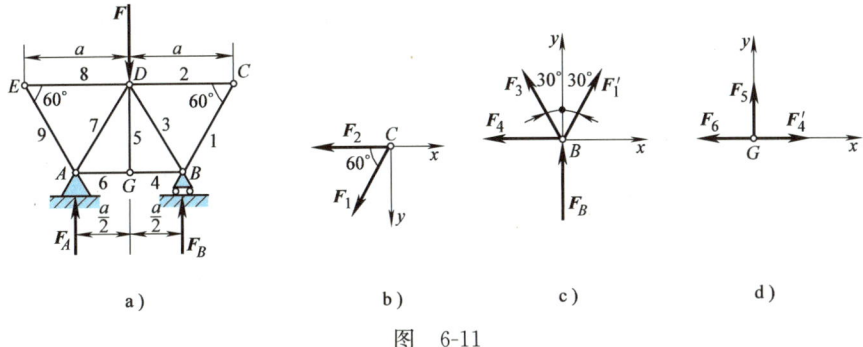

图 6-11

$$\sum F_{iy}=0, \quad F_1\sin 60°=0$$
$$\sum F_{ix}=0, \quad -F_1\cos 60°-F_2=0$$

解得杆1、杆2的内力
$$F_1=0, \quad F_2=0$$

显然，取节点 E 为研究对象，同样可得杆8、杆9的内力
$$F_8=F_9=0$$

再取节点 B 为研究对象，作受力图如图 6-11c 所示，其中 $F_1'=F_1=0$。取图示坐标轴，列平衡方程
$$\sum F_{iy}=0, \quad F_B+F_3\cos 30°=0$$
$$\sum F_{ix}=0, \quad -F_4-F_3\sin 30°=0$$

解得杆3、杆4的内力
$$F_3=-0.58F(压), \quad F_4=0.29F(拉)$$

由对称性，得杆6、杆7的内力
$$F_6=F_4=0.29F(拉), \quad F_7=F_3=-0.58F(压)$$

最后取节点 G 为研究对象，作受力图如图 6-11d 所示。由方程 $\sum F_{iy}=0$，得杆5的内力
$$F_5=0$$

在给定载荷作用下，桁架中内力为零的杆称为**零杆**。在本例中，杆1、2、5、8、9都是零杆。

通过分析和归纳，可以得出关于零杆的如下结论：

1) 二杆节点不受载荷作用且二杆不共线（如图 6-11a 所示桁架的节点 C、E），则此二杆为零杆；

2) 三杆节点不受载荷作用且其中两杆共线（如图 6-11a 所示桁架的节点 G），则第三杆为零杆；

3) 二杆节点上有一载荷作用，且载荷作用线沿其中一根杆的轴线，则另一杆为零杆。

根据上述规律，可以不经计算直接判断出桁架在给定载荷作用下的零杆，从而大大简化计算过程。

【例 6-7】 一屋架如图 6-12a 所示。已知 $F_1=15$ kN，$F_2=20$ kN，$l=4$ m，$h=3$ m。试求各杆内力。

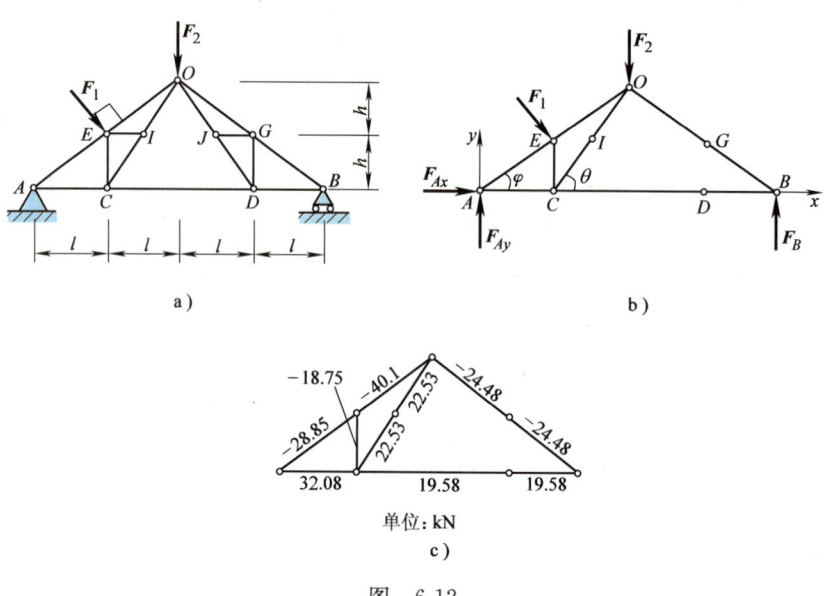

图 6-12

解：(1) 找出零杆

根据上述关于零杆的结论不难依次判断，杆 EI、JG、GD、DJ、JO 均为零杆。这样需要进行计算的杆件数大为减少（见图 6-12b）。

(2) 计算支座约束力

选取桁架整体为研究对象，作受力图如图 6-12b 所示。取图示坐标轴，列平衡方程

$$\Sigma F_{ix}=0, \quad F_{Ax}+F_1\sin\varphi=0$$

$$\Sigma F_{iy}=0, \quad F_{Ay}+F_B-F_1\cos\varphi-F_2=0$$

$$\Sigma M_A(\boldsymbol{F}_i)=0, \quad F_B\cdot 4l-F_1\sqrt{h^2+l^2}-F_2\cdot 2l=0$$

其中，$\sin\varphi=\dfrac{h}{\sqrt{h^2+l^2}}=\dfrac{3}{5}$，$\cos\varphi=\dfrac{l}{\sqrt{h^2+l^2}}=\dfrac{4}{5}$。代入已知数值，解得支座 A、B 处的约束力

$$F_{Ax}=-9 \text{ kN}, \quad F_{Ay}=17.31 \text{ kN}, \quad F_B=14.69 \text{ kN}$$

(3) 计算各杆内力

如图 6-12b 所示，I、G、D 节点均为二力平衡的节点，即有 $F_{CI}=F_{OI}$、$F_{BG}=F_{OG}$、$F_{CD}=F_{BD}$。因此，实际上只要研究 A、E、C、B 四个节点即可算出剩余所有杆件内力。现

列表 6-2 计算如下:

表 6-2 A、E、C、B 四个节点的受力情况

节点	受 力 图	平 衡 方 程	杆件内力/kN
A	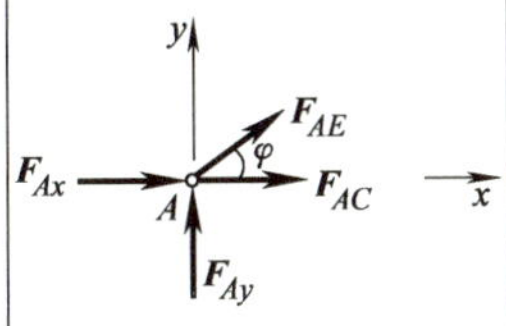	$\sum F_{ix}=0$，$F_{AE}\cos\varphi+F_{AC}+F_{Ax}=0$ $\sum F_{iy}=0$，$F_{AE}\sin\varphi+F_{Ay}=0$	$F_{AC}=32.08$ $F_{AE}=-28.85$
E	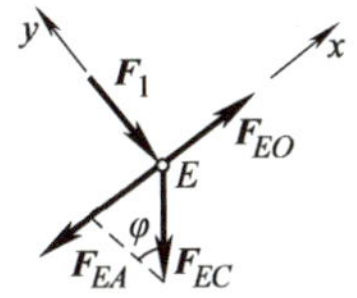	$\sum F_{ix}=0$，$F_{EO}-F_{EA}-F_{EC}\sin\varphi=0$ $\sum F_{iy}=0$，$-F_{EC}\cos\varphi-F_1=0$	$F_{EO}=-40.1$ $F_{EC}=-18.75$
C	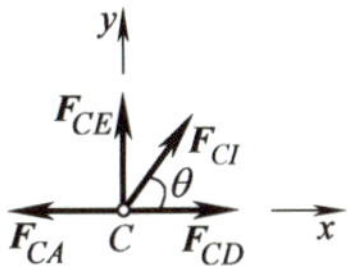	$\sum F_{ix}=0$，$F_{CI}\cos\theta+F_{CD}-F_{CA}=0$ $\sum F_{iy}=0$，$F_{CI}\sin\theta+F_{CE}=0$	$F_{CD}=19.58$ $F_{CI}=22.53$
B	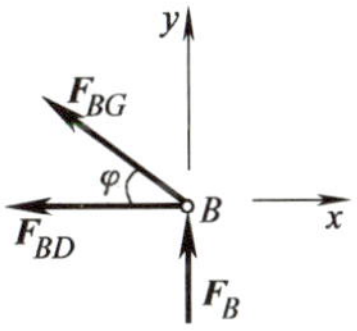	$\sum F_{iy}=0$，$F_{BG}\sin\varphi+F_B=0$	$F_{BG}=-24.48$

表中，$\cos\varphi=\dfrac{4}{5}$、$\sin\varphi=\dfrac{3}{5}$、$\cos\theta=\dfrac{2}{\sqrt{13}}$、$\sin\theta=\dfrac{3}{\sqrt{13}}$。

为直观起见，可将最终计算结果直接标示在桁架上，如图 6-12c 所示。

二、截面法

若只需计算桁架内某几根杆件所受的内力，用节点法逐点计算往往比较麻烦。此时，如适当地选取一截面，假想地把桁架截开，考虑其中任一部分的平衡，就可以直接求出这几根被截杆件的内力。这种方法称为**截面法**。由于平面桁架的一部分受到平面任意力系的作用，而平面任意力系独立的平衡方程有三个，故在运用截面法计算时，所截取的部分桁架上的未知力一般不应超过三个。截面法的具体计算过程举例说明如下:

【例 6-8】 试求图 6-13a 所示平面桁架中杆件 1、2、3 的内力。

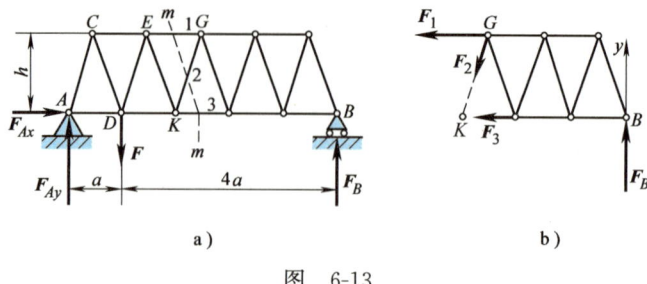

图 6-13

解：(1) 计算支座约束力

选取桁架整体为研究对象，作受力图如图 6-13a 所示。列平衡方程，求得支座 A、B 处的约束力分别为

$$F_{Ax}=0, \quad F_{Ay}=\frac{4}{5}F, \quad F_B=\frac{1}{5}F$$

(2) 计算指定杆件的内力

假想用截面 $m-m$ 将桁架分割成两部分。取右半部分为研究对象，作用于该部分的力有已知的约束力 F_B 和需求的杆件 1、2、3 的内力 F_1、F_2 和 F_3（见图 6-13b）。取图示坐标轴，列平衡方程

$$\sum F_{iy}=0, \quad -F_2\frac{h}{\sqrt{\left(\frac{a}{2}\right)^2+h^2}}+F_B=0$$

$$\sum M_K(\boldsymbol{F}_i)=0, \quad F_1 h+F_B\cdot 3a=0$$

$$\sum M_G(\boldsymbol{F}_i)=0, \quad -F_3 h+F_B\cdot\frac{5}{2}a=0$$

解得杆件 1、2、3 的内力分别为

$$F_1=-\frac{3a}{5h}F, \quad F_2=\frac{\sqrt{\left(\frac{a}{2}\right)^2+h^2}}{5h}F, \quad F_3=\frac{a}{2h}F$$

计算结果 F_1 为负值，说明杆 1 受压；F_2 与 F_3 为正值，说明杆 2、杆 3 受拉。

【例 6-9】 平面桁架如图 6-14a 所示，已知 $F_1=8$ kN，$F_2=12$ kN，$l=2$ m，$h_1=1$ m，$h_2=1.5$ m。试求杆件 GC 的内力。

解：先取节点 O 为研究对象，作受力图如图 6-14b 所示。取图示坐标轴，列平衡方程

$$\sum F_{iy}=0, \quad -F_{OC}\sin\varphi-F_1=0$$

再用 I—I 截面截开桁架，取上半部分为研究对象，作受力图如图 6-14c 所示。以点 E 为矩心，列平衡方程

$$\sum M_E(\boldsymbol{F}_i)=0, \quad F_1\cdot 2l+F_{OC}l\sin\varphi+F_2 l+F_{GC}l-2F_1 l=0$$

代入有关数据，联立求解上述两方程，即得杆件 GC 的内力

$$F_{GC}=-4 \text{ kN}(\text{压})$$

由本例可见，在求解桁架时，也可联合运用节点法与截面法，使求解更加简捷。

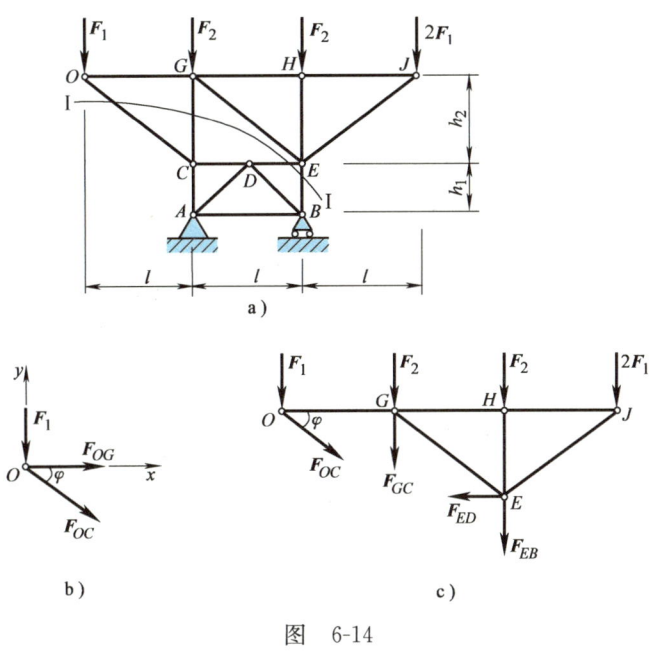

图 6-14

第三节 物体的重心

任何物体都可认为是由许多微小部分组成的。在地面表面附近的物体，它的各微小部分都将受到地心的吸引力，即重力的作用。这些重力的作用线汇交于地心，但因地球远远大于一般的物体，故物体上各点到地心的连线几乎平行，因此可以足够精确地认为，物体各微小部分的重力组成一个空间平行力系。这个空间平行力系的合力即为物体的重力。不论物体相对地球如何放置，其重力的作用线总通过一个确定的点，这个点称为物体的**重心**。

物体重心的位置在工程中具有重要意义。例如，起重机吊起重物时，吊钩必须位于被吊物体重心的正上方，才能在起吊过程中使物体保持平稳；机械设备中高速旋转的构件，如电动机转子、砂轮、飞轮等，都要求它们的重心位于转动轴线上，否则就会使机器产生剧烈的振动，甚至引起破坏，造成事故；飞机、轮船与车辆的运动稳定性也与重心的位置密切相关。因此，在工程中经常需要确定物体重心的位置。

· 思 政 导 读 ·

中国古代很早就认识到物体的重心以及重心的位置。早在商代时期，人们就掌握了利用物体的重心来保持平衡的原理，如商代的酒器斝（见图6-15）就是通过调整三足的位置来使重心落在三足点形成的等边三角形内，从而保持稳定平衡；在春秋战国时期，人们利用重心的原理制造欹器（见图6-16），这种器物可以在空、半空、满三种状态下自动调整重心，从而达到保持平衡的目的。这些奇妙的古代器具，彰显了中国古代文明的博大精深，是中国人民宝贵的精神财富和文化自信的源泉。

图 6-15

图 6-16

本节主要介绍利用物体的重心坐标计算公式来确定其重心位置。

一、重心坐标计算公式

如图 6-17 所示,取固连于物体的直角坐标系 $Oxyz$。设物体的重力为 $\boldsymbol{P}$,重心 C 的坐标为 (x_C, y_C, z_C)。将物体分成许多微小部分,设第 i 微小部分的重力为 $\Delta \boldsymbol{P}_i$,重心坐标为 (x_i, y_i, z_i)。分别对 x 轴、y 轴应用合力矩定理,有

$$-Py_C = -\sum \Delta P_i y_i, \quad Px_C = \sum \Delta P_i x_i$$

设想将物体连同坐标系一起绕 x 轴转过 $90°$,此时,$\boldsymbol{P}$ 与 $\Delta \boldsymbol{P}_i$ 平行于 y 轴,再对 x 轴取矩,则有

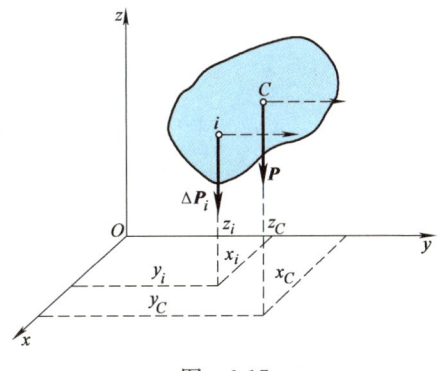

图 6-17

$$-Pz_C = -\sum \Delta P_i z_i$$

归纳以上三式,即得物体重心坐标的一般计算公式

$$x_C = \frac{\sum(x_i \Delta P_i)}{P}, \quad y_C = \frac{\sum(y_i \Delta P_i)}{P}, \quad z_C = \frac{\sum(z_i \Delta P_i)}{P} \quad (6\text{-}7)$$

若将物体无限分割,则上述公式成为积分形式

$$x_C = \frac{\int x \, dP}{P}, \quad y_C = \frac{\int y \, dP}{P}, \quad z_C = \frac{\int z \, dP}{P} \quad (6\text{-}8)$$

如果物体的质量是均匀分布的,即其质量密度 ρ 为常量,则有

$$\Delta P_i = \rho g \Delta V_i, \quad P = \rho g V$$

式中,V 为物体的体积;ΔV_i 为第 i 部分的体积。这时,式(6-7)和式(6-8)成为

$$x_C = \frac{\sum(x_i \Delta V_i)}{V}, \quad y_C = \frac{\sum(y_i \Delta V_i)}{V}, \quad z_C = \frac{\sum(z_i \Delta V_i)}{V} \quad (6\text{-}9)$$

$$x_C = \frac{\int x \, dV}{V}, \quad y_C = \frac{\int y \, dV}{V}, \quad z_C = \frac{\int z \, dV}{V} \quad (6\text{-}10)$$

由式(6-9)或式(6-10)确定的点只与物体的几何形状和尺寸有关,称为物体的**几何形状中心**,简称**形心**。故有结论:**对于匀质物体,物体的重心与形心位置相同**。

显然,若匀质物体具有几何对称轴或对称面,则其重心(形心)一定位于几何对称轴或对称面上。

由式（6-9）和式（6-10），不难导出匀质等厚薄壳（板）的重心（形心）坐标计算公式为

$$x_C = \frac{\sum(x_i \Delta A_i)}{A}, \quad y_C = \frac{\sum(y_i \Delta A_i)}{A}, \quad z_C = \frac{\sum(z_i \Delta A_i)}{A} \tag{6-11}$$

$$x_C = \frac{\int x \mathrm{d}A}{A}, \quad y_C = \frac{\int y \mathrm{d}A}{A}, \quad z_C = \frac{\int z \mathrm{d}A}{A} \tag{6-12}$$

式中，A 为薄壳（板）的面积；ΔA_i 为第 i 部分的面积。

同理可得匀质等截面细杆的重心（形心）坐标计算公式为

$$x_C = \frac{\sum(x_i \Delta l_i)}{l}, \quad y_C = \frac{\sum(y_i \Delta l_i)}{l}, \quad z_C = \frac{\sum(z_i \Delta l_i)}{l} \tag{6-13}$$

$$x_C = \frac{\int x \mathrm{d}l}{l}, \quad y_C = \frac{\int y \mathrm{d}l}{l}, \quad z_C = \frac{\int z \mathrm{d}l}{l} \tag{6-14}$$

式中，l 为细杆的长度；Δl_i 为第 i 部分的长度。

二、具有简单几何形状的匀质物体的重心

具有简单几何形状的匀质物体的重心（形心）可从有关工程手册上查到，表 6-3 列出了其中的几种常见情形。

表 6-3　具有简单几何形状的匀质物体的重心（形心）

图　形	重心位置	图　形	重心位置
三角形	在中线的交点 $y_C = \frac{1}{3}h$	梯形	$y_C = \frac{h(2a+b)}{3(a+b)}$
圆弧	$x_C = \frac{r\sin\alpha}{\alpha}$ 对于半圆弧 $x_C = \frac{2r}{\pi}$	弓形	$x_C = \frac{2}{3}\frac{r^3\sin^3\alpha}{A}$ 面积 $A = \frac{r^2(2\alpha - \sin 2\alpha)}{2}$

(续)

图 形	重心位置	图 形	重心位置
扇形	$x_C = \dfrac{2}{3}\dfrac{r\sin\alpha}{\alpha}$ 对于半圆 $x_C = \dfrac{4r}{3\pi}$	部分圆环	$x_C = \dfrac{2}{3}\dfrac{R^3 - r^3}{R^2 - r^2}\dfrac{\sin\alpha}{\alpha}$
抛物线面	$x_C = \dfrac{5}{8}a$ $y_C = \dfrac{2}{5}b$	抛物线面	$x_C = \dfrac{3}{4}a$ $y_C = \dfrac{3}{10}b$
半圆球	$z_C = \dfrac{3}{8}r$	正圆锥体	$z_C = \dfrac{1}{4}h$
正角锥体	$z_C = \dfrac{1}{4}h$	锥形筒体	$z_C = \dfrac{4R_1 + 2R_2 - 3t}{6(R_1 + R_2 - t)}L$

表 6-3 中列出的重心（形心）位置，均可由上述积分形式的重心（形心）坐标计算公式确定，现举例说明如下：

【例 6-10】 试求图 6-18 所示的一段匀质圆弧细杆的重心。设圆弧的半径为 r，圆弧所对的圆心角为 2α。

解：如图 6-18 所示，选圆弧的对称轴为 x 轴，并以圆心 O 为坐标原点，由对称性知

$$y_C = 0$$

以 $\mathrm{d}\theta$ 表示微元弧段 $\mathrm{d}l$ 所对圆心角，注意到 $\mathrm{d}l = r\mathrm{d}\theta$，$x = $

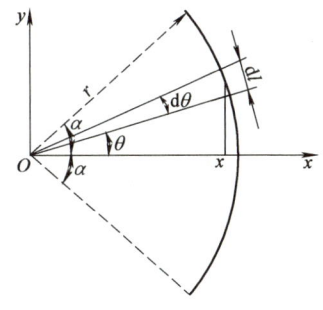

图 6-18

$r\cos\theta$,由式(6-14)即得

$$x_C = \frac{\int_l x\,dl}{l} = \frac{2\int_0^\alpha r\cos\theta \cdot r\,d\theta}{2\int_0^\alpha r\,d\theta} = \frac{r\sin\alpha}{\alpha}$$

对于半圆弧,$\alpha = \dfrac{\pi}{2}$,故有 $x_C = \dfrac{2r}{\pi}$。

三、组合形状物体的重心

1. 分割法

若物体由几个简单形状的物体组合而成,而这些简单形状的物体的重心(形心)都是已知的,则该物体的重心(形心)位置利用有限分割形式的重心(形心)坐标计算公式即可确定。这种方法称为**分割法**。现举例说明如下:

【例 6-11】 图 6-19 所示为某型号热轧不等边角钢的截面简化图,已知 $h=12$ cm,$b=8$ cm,$d=1.2$ cm,试确定该角钢截面的形心位置。

解:取坐标系 Oxy 如图所示。将该截面分割成两个矩形,其面积和形心坐标分别为

$\Delta A_1 = 1.2 \text{ cm} \times 12 \text{ cm} = 14.4 \text{ cm}^2$, $x_1 = 0.6$ cm, $y_1 = 6$ cm

$\Delta A_2 = 6.8 \text{ cm} \times 1.2 \text{ cm} = 8.16 \text{ cm}^2$, $x_2 = 4.6$ cm, $y_2 = 0.6$ cm

由式(6-11),得该角钢截面的形心坐标为

$$x_C = \frac{x_1 \Delta A_1 + x_2 \Delta A_2}{\Delta A_1 + \Delta A_2} = \frac{0.6 \times 14.4 + 4.6 \times 8.16}{14.4 + 8.16} \text{ cm} = 2.05 \text{ cm}$$

$$y_C = \frac{y_1 \Delta A_1 + y_2 \Delta A_2}{\Delta A_1 + \Delta A_2} = \frac{6 \times 14.4 + 0.6 \times 8.16}{14.4 + 8.16} \text{ cm} = 4.05 \text{ cm}$$

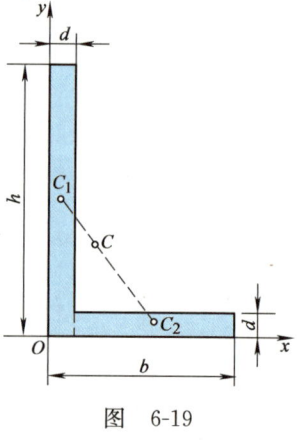

图 6-19

2. 负体积法(负面积法)

若物体被切去一部分,则其重心(形心)位置仍可用分割法来确定,只是切去部分的体积或面积应取负值,这种确定组合形状物体的重心(形心)的方法又称为**负体积法**或**负面积法**。现举例说明如下:

【例 6-12】 试确定图 6-20 所示平面图形的形心位置,已知大圆的半径为 R,小圆的半径为 r,两圆的中心距为 a。

解:取坐标系 Oxy 如图所示。因图形对称于 x 轴,其形心必在 x 轴上,故有

$$y_C = 0$$

图形可看成由两部分组成:半径为 R 的大圆与半径为 r 的小圆。由于小圆是切去的,其面积应取负值,即有

$\Delta A_1 = \pi R^2$, $x_1 = 0$

$\Delta A_2 = -\pi r^2$, $x_2 = a$

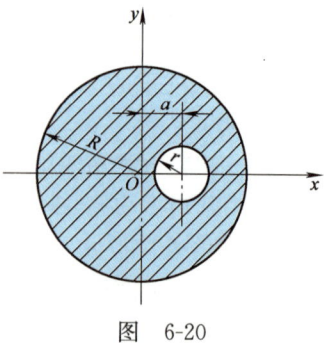

图 6-20

由式（6-11），得该图形的形心坐标

$$x_C = \frac{x_1 \Delta A_1 + x_2 \Delta A_2}{\Delta A_1 + \Delta A_2} = \frac{0 \times \pi R^2 + a \times (-\pi r^2)}{\pi R^2 + (-\pi r^2)} = -\frac{ar^2}{R^2 - r^2}.$$

第四节　虚位移原理

虚位移原理又称为虚功原理，它应用功的概念分析系统的平衡问题，为解决静力学平衡问题提供了另一途径。

一、约束、虚位移和虚功

1. 约束及其分类

在第一章中，将限制非自由体位移的周围物体称为约束。这里，为了引出虚位移原理，我们将**约束**重新定义为**限制质点或质点系运动的条件**。并称**描述这些限制条件的数学表达式**为**约束方程**。按此定义的约束有以下四种分类方式：

（1）几何约束和运动约束　**限制质点或质点系在空间几何位置的条件**称为**几何约束**。如图 6-21 所示单摆，质点 M 绕固定点 O 在 Oxy 平面内摆动，摆杆长为 l。此时，摆杆对质点 M 的限制条件为质点 M 必须在以点 O 为圆心、l 为半径的圆周上运动。若以 x、y 表示质点 M 的坐标，则其几何约束方程为 $x^2 + y^2 = l^2$。

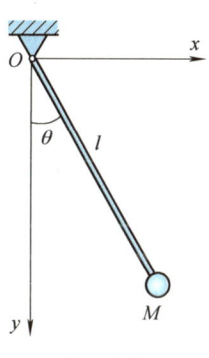

图　6-21

又如图 6-22 所示曲柄连杆机构，点 A 只能做以 O 为圆心、r 为半径的圆周运动，滑块 B 只能在水平滑道做直线运动，A、B 两点间的距离始终等于杆长 l。因此，此机构的几何约束方程可表示为

$$x_A^2 + y_A^2 = r^2$$
$$(x_B - x_A)^2 + (y_B - y_A)^2 = l^2$$
$$y_B = 0$$

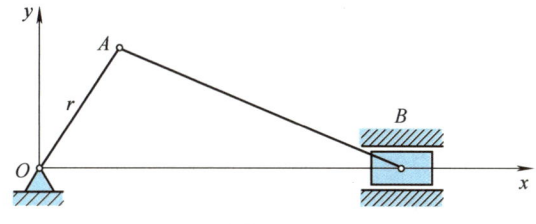

图　6-22

上述两例中各约束都只限制物体的几何位置，因此均为几何约束。

限制质点或质点系运动的运动学条件则称为**运动约束**。如图 6-23 所示，一个半径为 r 的滚轮沿水平直线轨道做纯滚动。该滚轮除了受到限制其轮心 O 始终与地面保持距离为 r 的几何约束 $y_O = r$ 外，还受到只滚不滑的运动学的限制，即轮缘与轨道接触点 P 的速度为零，对应的运动约束方程为 $v_O - r\omega = 0$。若用 x_O 和 φ 分别表示轮心 O 的坐标和滚轮转角，则上述运动约束方程可改写为 $\dot{x}_O - r\dot{\varphi} = 0$。

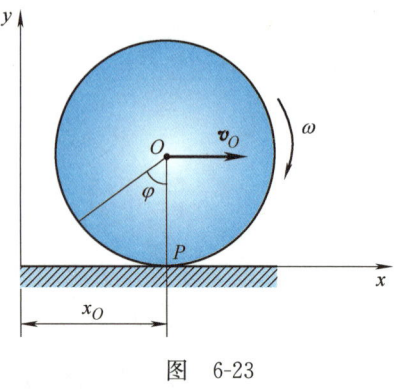

图 6-23

(2) 定常约束和非定常约束　约束方程中不显含时间 t，即不随时间变化的约束称为**定常约束**。图 6-21 所示单摆的约束即为定常约束。

约束方程中显含时间 t，即约束条件随时间变化的约束则称为**非定常约束**。例如，图 6-24 所示为一摆长 l 随时间变化的单摆，图中细绳穿过固定圆环 O，一端系以小球 M，另一端以大小不变的速度 v 拉动细绳，假设初始摆长为 l_0。则任意时刻此单摆的约束方程为

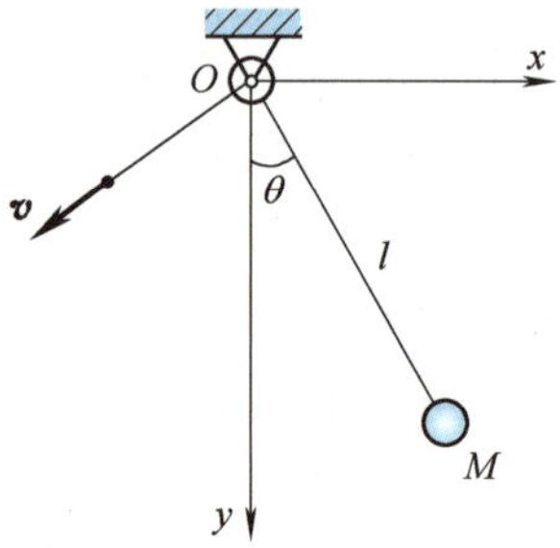

$$x^2 + y^2 = (l_0 - vt)^2$$

式中显含时间 t，故为非定常约束。

图 6-24

(3) 完整约束和非完整约束　约束方程中不包含坐标对时间的导数，或者虽然包含了坐标对时间的导数，但它可以积分为有限形式，这类约束称为**完整约束**。上述各例均为完整约束。需要指出，在图 6-23 所示滚轮沿直线轨道做纯滚动的例子中，其约束方程 $\dot{x}_O - r\dot{\varphi} = 0$ 虽然包含了坐标 x_O 和 φ 对时间的导数，但它可以积分为有限形式，所以仍是完整约束。

约束方程中包含坐标对时间的导数，而且方程不能积分为有限形式，这种约束则称为**非完整约束**。

(4) 双面约束和单面约束　约束既能限制物体沿某一方向运动，又能限制其沿相反方向运动，这类约束称为**双面约束**，如用长为 l 的刚性杆连接质点 M 的单摆（见图 6-21）。**约束只能限制物体沿某一方向运动，而不能限制其沿相反方向运动**，这类约束则称为**单面约束**。例如，将图 6-21 中的刚性杆改为不可伸长的细绳。因细绳只能限制质点沿其受拉方向的运动，而不能限制质点沿其受

压方向的运动,所以就成了单面约束,其约束方程为
$$x^2+y^2 \leqslant l^2$$
可见,双面约束方程是等式,而单面约束方程是不等式。

本章只讨论定常双面几何约束,其约束方程的一般形式为
$$f_j(x_1,y_1,z_1,\cdots,x_n,y_n,z_n)=0 \quad (j=1,2,\cdots,s) \tag{6-15}$$
式中,n 为质点系所包含的质点数;s 为约束方程数。

2. 虚位移

在某瞬时,质点系在约束允许的条件下,可能实现的任何无限小的位移称为虚位移。虚位移可以是线位移,也可以是角位移。虚位移通常用变分符号 δ 表示,例如 δr、δx、$\delta \varphi$ 等,以区别于无限小的实位移 $\mathrm{d}r$、$\mathrm{d}x$、$\mathrm{d}\varphi$ 等。在定常约束的情况下,变分的运算规则与微分一样,只需将微分符号 d 改为变分符号 δ 即可。

如图 6-25 所示,杠杆 AB 受铰链 O 约束,假设杆 AB 转过一个微小角度 $\delta\varphi$ 到 $A'B'$,则直杆上除点 O 外,其他各点均获得了相应的虚位移。杆端 A、B 两点的虚位移分别为 δr_A、δr_B。因为 $\delta\varphi$ 是无限小的,故可以认为 δr_A、δr_B 垂直于 AB,大小分别为
$$\delta r_A = OA \cdot \delta\varphi, \quad \delta r_B = OB \cdot \delta\varphi$$

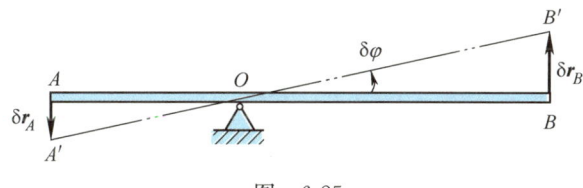

图 6-25

必须指出,虚位移和实位移是两个不同的概念。首先,虚位移仅与约束有关,是约束允许的假想位移,与时间无关;而实位移则是在一定时间内确实发生的位移,它不仅与约束有关,还与时间、主动力以及运动的初始条件有关。例如,一个静止质点可以在约束允许的情况下有虚位移,但肯定没有实位移。其次,虚位移是微小位移,而实位移可以是微小值,也可以是有限值。

3. 虚功

作用于质点上的力在该质点的虚位移中所做的功称为虚功,用 δW 表示。若用 $\boldsymbol{F}$ 和 $\delta \boldsymbol{r}$ 分别表示力和虚位移,则虚功的表达式为
$$\delta W = \boldsymbol{F} \cdot \delta \boldsymbol{r} \tag{6-16}$$

需要注意,虚位移是假想的,不是真实发生的,因此虚功也是假想的。虽然虚功的符号与实位移中的元功符号一样,但是它们一虚一实,有着本质区别。

若约束力在质点系的任何虚位移中所做虚功之和等于零，则这种约束称为**理想约束**。显然，不可伸长的柔索、光滑接触面、光滑铰链、链杆、固定端以及纯滚动等约束均为理想约束。

二、虚位移原理

可以证明，对于具有双面理想约束的质点系，在给定位置保持平衡的充分必要条件为：作用在质点系上所有主动力在任何虚位移中所做虚功之和等于零。该结论称为**虚位移原理**，又称**虚功原理**，其表达式为

$$\sum \delta W_{Fi} = \sum \boldsymbol{F}_i \cdot \delta \boldsymbol{r}_i = 0 \tag{6-17}$$

式中，$\boldsymbol{F}_i$ 表示作用在质点系中第 i 个质点上的主动力；$\delta \boldsymbol{r}_i$ 表示该质点的虚位移。

式 (6-17) 对应的解析表达式为

$$\sum \delta W_{Fi} = \sum (F_{xi} \delta x_i + F_{yi} \delta y_i + F_{zi} \delta z_i) = 0 \tag{6-18}$$

式中，F_{xi}、F_{yi}、F_{zi} 和 δx_i、δy_i、δz_i 分别为主动力 $\boldsymbol{F}_i$ 和虚位移 $\delta \boldsymbol{r}_i$ 在直角坐标轴 x、y、z 上的投影。

应该指出，虽然应用虚位移原理的条件是质点系具有理想约束，但也可用于有摩擦的情况，只要把摩擦力当作主动力，在虚功方程中计入摩擦力所做的虚功即可。类似地，也可将其他约束力作为主动力来运用虚位移原理。

三、运用虚位移原理求解平衡问题

下面通过若干实例来介绍如何运用虚位移原理求解静力学平衡问题。

【**例 6-13**】 如图 6-26 所示，在螺旋压榨机的手柄 AB 上作用一在水平面内的力偶 $(\boldsymbol{F}, \boldsymbol{F}')$，其力偶矩 $M = 2Fl$。设螺杆的螺距为 h，求平衡时作用于被压榨物体上的压力。

解：研究以手柄、螺杆和压板组成的系统，作用于系统上的主动力有力偶 $(\boldsymbol{F}, \boldsymbol{F}')$。忽略螺杆和螺母间的摩擦，并将被压物体对压板的阻力 F_N 视为主动力。

给系统以虚位移，将手柄按力偶 $(\boldsymbol{F}, \boldsymbol{F}')$ 的转向转过微小角 $\delta \varphi$，则螺杆和压板得到向下的微小位移 δs。由虚位移原理，可得虚功方程

$$\sum \delta W_{Fi} = 0, \quad -F_N \cdot \delta s + 2Fl \cdot \delta \varphi = 0$$

注意到，力偶 $(\boldsymbol{F}, \boldsymbol{F}')$ 与虚位移 $\delta \varphi$ 转向相同做正功，力 F_N 与对应的虚位移 δs 方向相反做负功。

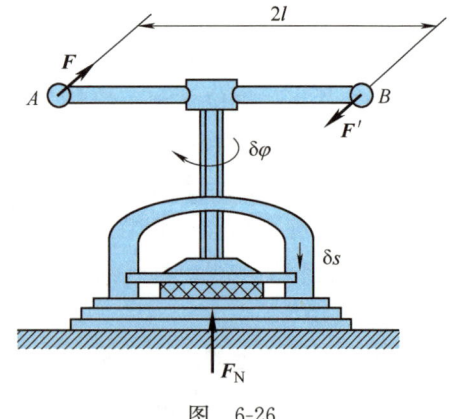

图 6-26

由机构的传动关系可知,对于单线螺纹,手柄 AB 转一周,螺杆上升或下降一个螺距,故有

$$\frac{\delta\varphi}{2\pi}=\frac{\delta s}{h}, \quad \delta s=\frac{h}{2\pi}\delta\varphi$$

将上述虚位移 δs 和 $\delta\varphi$ 的关系式代入虚功方程,得

$$\left(2Fl-\frac{F_N h}{2\pi}\right)\cdot\delta\varphi=0$$

由于 $\delta\varphi$ 是任意的,故有

$$2Fl-\frac{F_N h}{2\pi}=0$$

解得

$$F_N=\frac{4\pi l}{h}F$$

所求压力与 $\boldsymbol{F}_N$ 大小相等、方向相反。

【例 6-14】 如图 6-27a 所示顶重装置,已知 $OA=AB=l$,在点 A 作用一位于平面 OAB 内的水平力 $\boldsymbol{F}$。若不计各处摩擦及杆重,试求当 $\angle AOB=\theta$ 时所能顶起的重物重量 P。

解:研究整个机构,系统的约束为理想约束。

在运用虚位移原理来求解此题时,可以采用如下三种不同的方法:

方法一 设给点 A 一方向垂直于 OA 的虚位移 δr_A,则滑块 B 的虚位移 $\delta\boldsymbol{r}_B$ 必铅直向上,如图 6-27b 所示。由虚位移原理

$$\sum\delta W_{Fi}=0, \quad F\cos\theta\cdot\delta r_A-P\cdot\delta r_B=0 \quad (a)$$

为求得 P,需找出虚位移 δr_A 与 δr_B 的关系。由于 AB 杆为刚性杆,A、B 两点的虚位移在 AB 连线上的投影应该相等,故有

$$\delta r_A\cos\left(\frac{\pi}{2}-2\theta\right)=\delta r_B\cos\theta, \quad \delta r_B=2\delta r_A\sin\theta \quad (b)$$

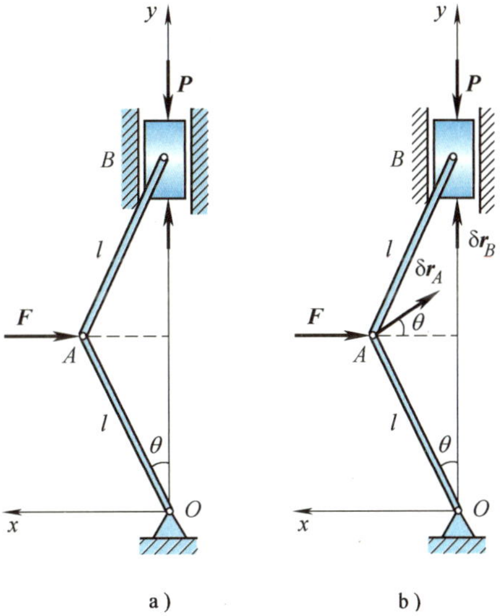

将式 (b) 代入式 (a),有

$$(F\cos\theta-2P\sin\theta)\delta r_A=0$$

因 δr_A 是任意的,故得当 $\angle AOB=\theta$ 时所能顶起的重物重量

$$P=\frac{F}{2}\cot\theta$$

图 6-27

方法二 建立图示坐标系,由虚位移原理的解析表达式,得

$$\sum\delta W_{Fi}=\sum(F_{xi}\delta x_i+F_{yi}\delta y_i+F_{zi}\delta z_i)=0, \quad -F\delta x_A-P\delta y_B=0 \quad (c)$$

其中,A、B 两点的坐标分别为

$$x_A=l\sin\theta, \quad y_B=2l\cos\theta$$

对上式两边进行变分运算，得

$$\delta x_A = l\cos\theta\delta\theta, \quad \delta y_B = -2l\sin\theta\delta\theta \quad (d)$$

将式（d）代入式（c），即得

$$P = \frac{F}{2}\cot\theta$$

方法三 我们可以假想虚位移 δr_A、δr_B 是在某个极短的时间 dt 内发生的，这时点 A 和点 B 的速度 $v_A = \frac{\delta r_A}{dt}$ 和 $v_B = \frac{\delta r_B}{dt}$ 称为**虚速度**。

将虚速度表达式与式（a）联立，得

$$F\cos\theta v_A - Pv_B = 0 \quad (e)$$

杆 AB 做平面运动，根据速度投影定理有

$$v_A\cos\left(\frac{\pi}{2}-2\theta\right) = v_B\cos\theta, \quad v_B = 2v_A\sin\theta \quad (f)$$

将式（f）代入式（e），即得

$$P = \frac{F}{2}\cot\theta$$

该法又称为**虚速度法**。

【**例 6-15**】 如图 6-28a 所示结构，各杆自重不计，在点 G 作用一铅直向上的力 $\boldsymbol{F}$，$AC = CE = CD = CB = DG = GE = l$。求支座 B 处的水平约束力。

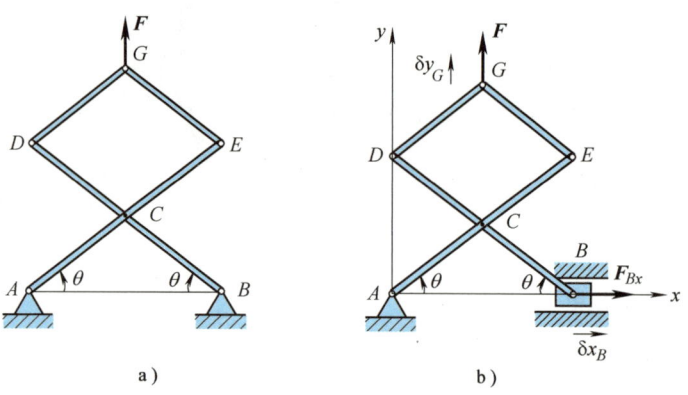

图 6-28

解：与上述机构不同，此题涉及的是结构，无论如何假想产生虚位移，结构都是不允许的。为能运用虚位移原理求出支座 B 处的水平约束力，可将 B 处水平约束解除，其作用代之以水平约束力 $\boldsymbol{F}_{Bx}$，并视其为主动力，则结构变成图 6-28b 所示的机构。

建立图示坐标系，由虚位移原理的解析表达式，有

$$\sum \delta W_{Fi} = 0, \quad F\delta y_G + F_{Bx}\delta x_B = 0 \quad (a)$$

其中，B、G 两点的坐标

$$x_B = 2l\cos\theta, \quad y_G = 3l\sin\theta$$

对上式两边进行变分运算,有

$$\delta x_B = -2l\sin\theta\delta\theta, \quad \delta y_G = 3l\cos\theta\delta\theta \tag{b}$$

将式(b)代入式(a),得

$$F \cdot 3l\cos\theta\delta\theta + F_{Bx}(-2l\sin\theta\delta\theta) = 0$$

由此解得支座 B 处的水平约束力

$$F_{Bx} = \frac{3}{2}F\cot\theta$$

此题如果在 C、G 两点之间连接一自重不计、刚度系数为 k 的弹簧,如图 6-29a 所示,已知在图示位置,弹簧的伸长量为 δ_0,其他条件不变,试求此时支座 B 处的水平约束力。

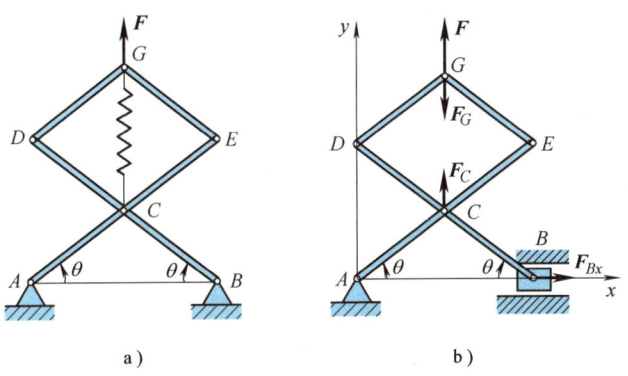

图 6-29

在这种情况下,需同时解除 B 处水平方向约束和弹簧,均以力代之作用,如图 6-29b 所示。因图示位置的弹簧伸长量为 δ_0,故弹性力 $F_C = F_G = k\delta_0$。

由虚位移原理的解析表达式,有

$$\sum\delta W_{Fi} = 0, \quad F\delta y_G - F_G\delta y_G + F_C\delta y_C + F_{Bx}\delta x_B = 0 \tag{c}$$

其中,点 B、C、G 的坐标

$$x_B = 2l\cos\theta, \quad y_C = l\sin\theta, \quad y_G = 3l\sin\theta$$

对上式进行变分运算,有

$$\delta x_B = -2l\sin\theta\delta\theta, \quad \delta y_C = l\cos\theta\delta\theta, \quad \delta y_G = 3l\cos\theta\delta\theta \tag{d}$$

将式(d)代入式(c),即可解得此时支座 B 处的水平约束力

$$F_{Bx} = \frac{3}{2}F\cot\theta - k\delta_0\cot\theta$$

【例 6-16】 组合梁如图 6-30a 所示,其载荷及尺寸均已知,试求支座 A、B、D 处的约束力。

解:本题应逐个解除约束,以相应的约束力代之作用,并视为主动力,运用虚位移原理逐个求出。

(1) 求支座 D 处的约束力

解除支座 D 的约束,以约束力 F_D 代之作用(见图 6-30b)。给系统以虚位移 $\delta\theta$,由虚位

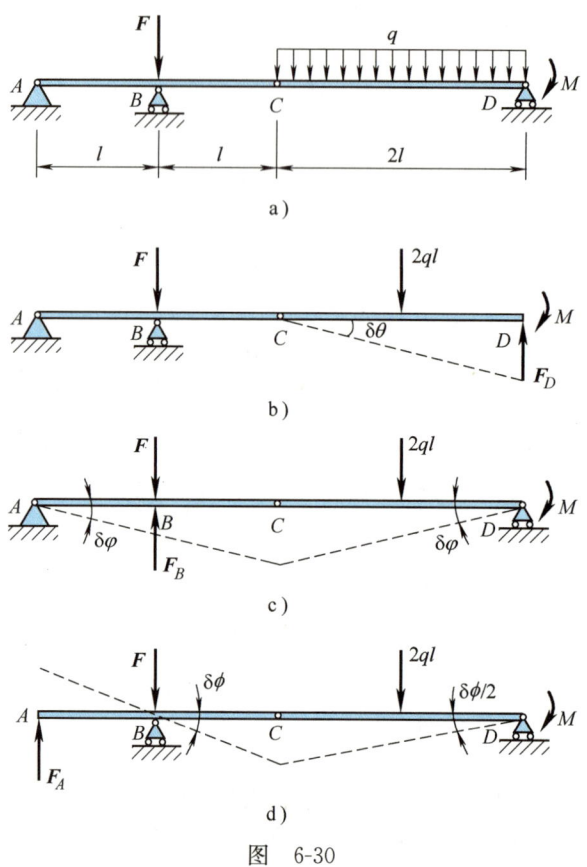

图 6-30

移原理,有

$$\sum \delta W_{Fi}=0, \quad 2ql \cdot l\delta\theta - F_D \cdot 2l\delta\theta + M\delta\theta = 0$$

解得支座 D 处的约束力

$$F_D = ql + \frac{M}{2l}(\uparrow)$$

(2) 求支座 B 处的约束力

解除支座 B 的约束,以约束力 $\boldsymbol{F}_B$ 代之作用(见图 6-30c)。给系统以虚位移 $\delta\varphi$,由虚位移原理,有

$$\sum \delta W_{Fi}=0, \quad F \cdot l\delta\varphi - F_B \cdot l\delta\varphi + 2ql \cdot l\delta\varphi - M\delta\varphi = 0$$

解得支座 B 处的约束力

$$F_B = F + 2ql - \frac{M}{l}(\uparrow)$$

(3) 求支座 A 处的约束力

解除支座 A 的约束，以约束力 F_A 代之作用（见图 6-30d）。给系统以虚位移 $\delta\phi$，由虚位移原理，有

$$\sum \delta W_{Fi}=0, \quad F_A \cdot l\delta\phi + 2ql \cdot l\frac{\delta\phi}{2} - M\frac{\delta\phi}{2} = 0$$

解得支座 A 处的约束力

$$F_A = \frac{M}{2l} - ql\ (\uparrow)$$

综合上述各例可知，用虚位移原理求解机构的平衡问题，大致有三种方法：

1) 假设机构某处产生虚位移，作图给出机构其他各处对应的虚位移，由几何关系确定各虚位移之间的关系，然后根据式 (6-17) 求解，如例 6-13、例 6-14、例 6-16。

2) 建立坐标系，写出各有关点的坐标与某变量的关系，对坐标进行变分运算，然后根据式 (6-18) 求解，如例 6-14、例 6-15。

3) 假设某处产生虚速度，然后利用运动学知识计算相关各点的虚速度，然后根据式 (6-17) 求解，如例 6-14。

用虚位移原理求解结构的平衡问题时，若要求支座的约束力，则应首先解除支座约束，以约束力代之作用，并视之为主动力，然后再利用虚位移原理求解，如例 6-15、例 6-16。

复习思考题

6-1 试分析自行车行驶时前、后轮的受力情况。

6-2 摩擦角是全约束力与接触面法线间的夹角，这种说法是否正确？为什么？

6-3 已知物块的重量为 P，摩擦角 $\varphi_f = 20°$，今在物体上另加一个力 F，且使 $F = P$，如思考题 6-3 图所示。试问当力 F 与铅垂线的夹角 α 分别等于 35°、40°、45°时，物块各处于什么状态？

6-4 不经计算，试判断在思考题 6-4 图 a、b、c、d 所示四个桁架中，哪些杆是零杆？

6-5 什么是物体的重心？什么是物体的形心？它们的位置是否相同？

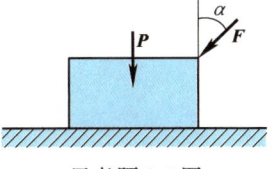

思考题 6-3 图

6-6 物体的重心位置是否一定在物体内部？为什么？试举例说明。

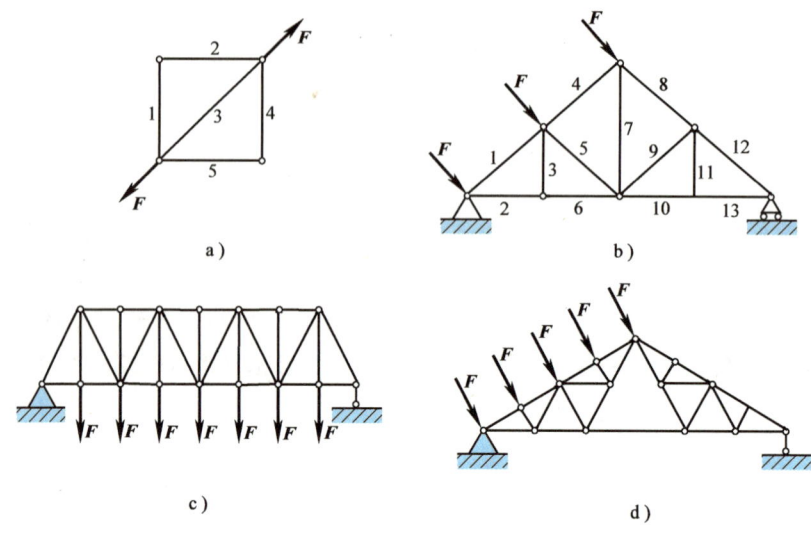

思考题 6-4 图

习题

6-1　如习题 6-1 图所示，一重 $P=980\text{ N}$ 的物体放在倾角 $\theta=30°$ 的斜面上。已知接触面间的静摩擦因数 $f_s=0.2$。现用 $F=588\text{ N}$ 的力沿斜面推物体，试问物体在斜面上处于静止还是滑动？此时摩擦力为多大？

6-2　如习题 6-2 图所示，已知某物块的质量 $m=300\text{ kg}$，被力 F 压在铅直墙面上，物块与墙面间的静摩擦因数 $f_s=0.25$，试求保持物块静止的力 F 的大小。

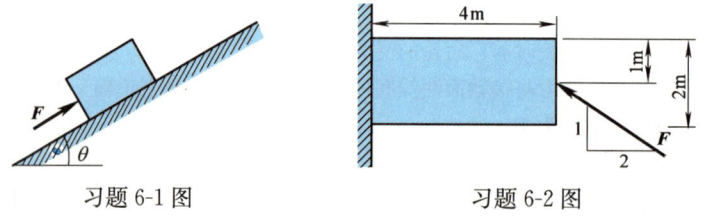

习题 6-1 图　　　　　　习题 6-2 图

6-3　如习题 6-3 图所示，两根相同的匀质杆 AB 和 BC 在端点 B 处用光滑铰链连接，A 端、C 端放在粗糙的水平面上。若当 ABC 成等边三角形时，系统在铅直面内处于临界平衡状态，试求杆端与水平面间的静摩擦因数。

6-4　平面机构如习题 6-4 图所示，曲柄 AO 长为 l，其上作用一矩为 M 的力偶；在图示位置，曲柄 AO 水平，连杆 AB 与铅垂线的夹角为 θ；滑块 B 与水平面之间的静摩擦因数为 f_s，且 $\tan\theta > f_s$。若不计构件自重，试求机构在图示位置保持静平衡时力 F 的大小，已知力 F 与水平线之间的夹角为 β。

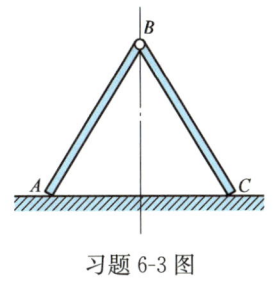
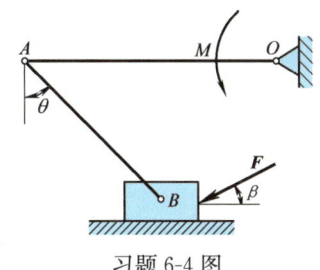

习题 6-3 图　　　　　　　习题 6-4 图

6-5　凸轮推杆机构如习题 6-5 图所示，已知推杆与滑道间的静摩擦因数为 f_s，滑道高度为 b。设凸轮与推杆之间为光滑接触面，并不计推杆自重，试问 a 为多大，推杆才不致被卡住？

6-6　砖夹的宽度为 250 mm，曲柄 AGB 与 $GCED$ 在点 G 铰接，尺寸如习题 6-6 图所示。已知砖重 $P = 120$ N，提起砖的力 F 作用在曲柄 AGB 上，其作用线与砖夹的中心线重合，砖夹与砖间的静摩擦因数 $f_s = 0.5$。试问距离 b 为多大时才能把砖夹起？

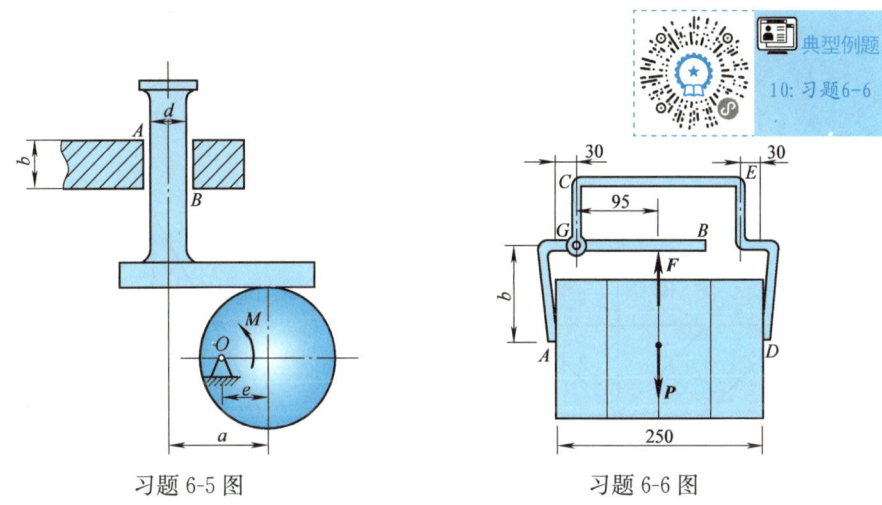

习题 6-5 图　　　　　　　习题 6-6 图

6-7　尖劈顶重装置如习题 6-7 图所示，尖劈 A 的顶角为 α，在 B 块上受重力为 P 的重物作用，尖劈 A 与 B 块间的静摩擦因数为 f_s，有滚珠处表示接触面光滑。若不计尖劈 A 与 B 块的自重，试求：(1) 顶起重物所需力 F 的值；(2) 去除 F 后能保证自锁的顶角 α 的值。

6-8　试用节点法计算习题 6-8 图所示平面桁架各杆内力。

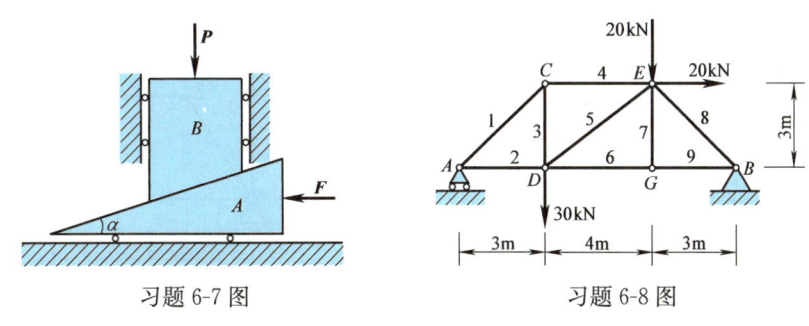

习题 6-7 图　　　　　　　习题 6-8 图

6-9　平面桁架如习题6-9图所示，已知 $l=2\,\mathrm{m}$，$h=3\,\mathrm{m}$，$F=10\,\mathrm{kN}$，试用节点法计算各杆内力。

6-10　平面桁架如习题6-10图所示，已知 $F=3\,\mathrm{kN}$，$l=3\,\mathrm{m}$，试用节点法计算各杆内力。

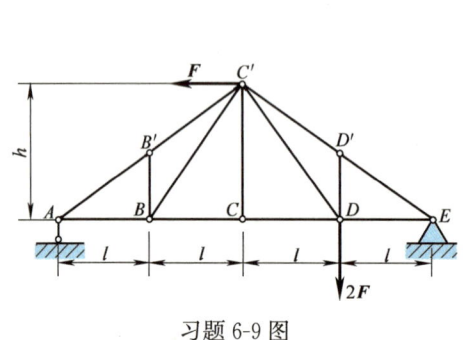

习题 6-9 图

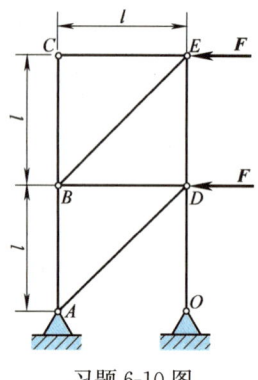

习题 6-10 图

6-11　平面桁架如习题6-11图所示，试用截面法计算其中杆1、2、3的内力。

6-12　平面桁架如习题6-12图所示，△ABC 为等边三角形，且 $AD=DB$。试求杆 CD 的内力。

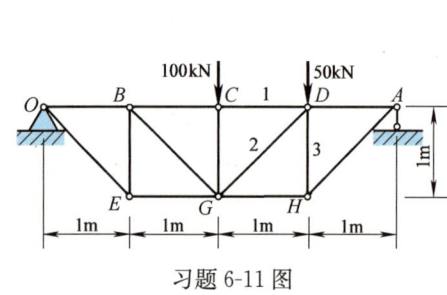

习题 6-11 图

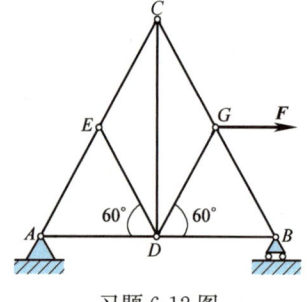

习题 6-12 图

6-13　平面桁架如习题6-13图所示，已知 F、l，试求杆1的内力。

6-14　平面桁架如习题6-14图所示，试求杆1、2、3的内力。

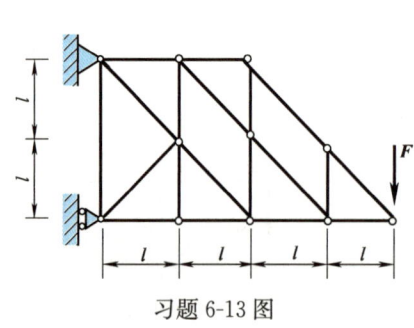

习题 6-13 图

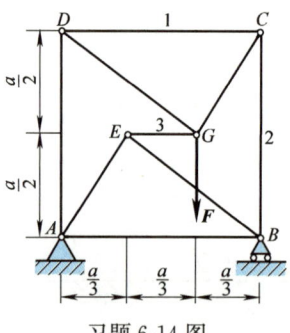

习题 6-14 图

6-15 试用积分公式计算习题 6-15 图所示匀质等厚薄板的重心位置。

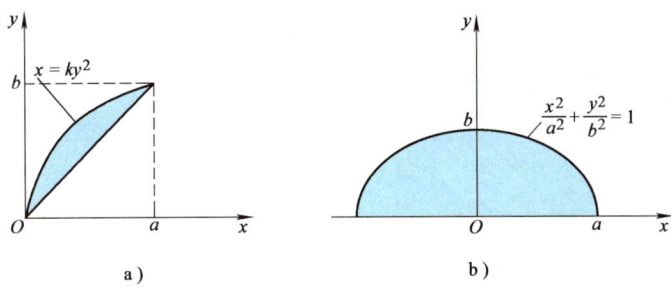

习题 6-15 图

6-16 试确定习题 6-16 图所示平面图形的形心位置。

6-17 试确定习题 6-17 图所示平面图形的形心位置。

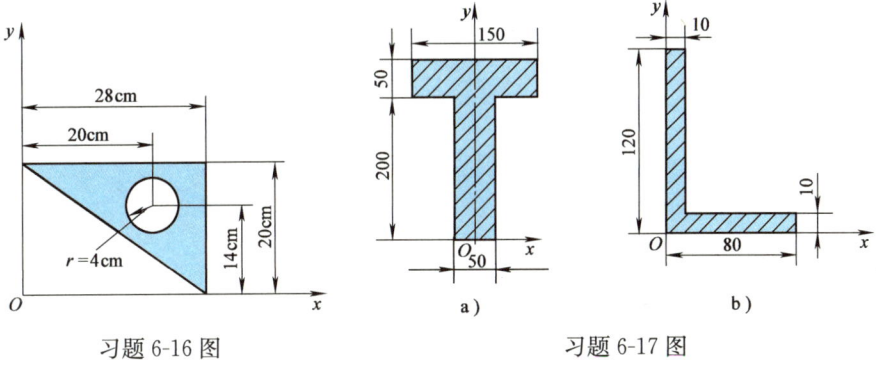

习题 6-16 图　　　　　　　　习题 6-17 图

6-18 试确定习题 6-18 图所示平面图形的形心位置。

6-19 试确定习题 6-19 图所示匀质折杆的重心位置。

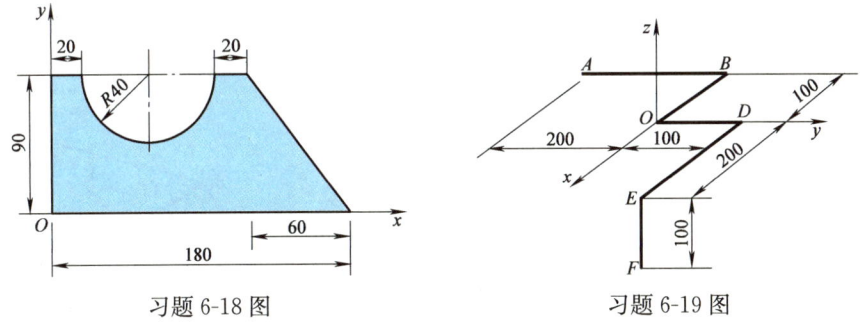

习题 6-18 图　　　　　　　　习题 6-19 图

6-20 试确定习题 6-20 图所示匀质混凝土基础的重心位置，图中尺寸单位为 m。

6-21 汽车地秤如习题 6-21 图所示，不计平台与杠杆自重，试运用虚位移原理确定砝码重量 P_1 与汽车重量 P_2 之间的关系。

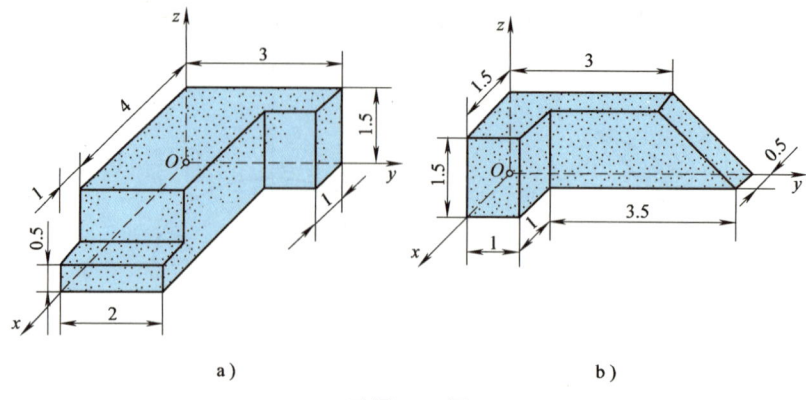

习题 6-20 图

6-22 压榨机的机构简图如习题 6-22 图所示,已知曲柄 OA 上作用一矩 $M=500$ N·m 的力偶,$OA=r=0.1$ m,$BD=DC=ED=a=0.3$ m,$\theta=30°$,机构在图示位置处于平衡状态。若不计构件自重,试运用虚位移原理求此时的水平压榨力 F。

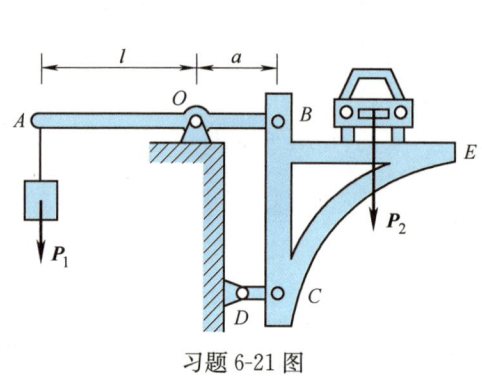

习题 6-21 图

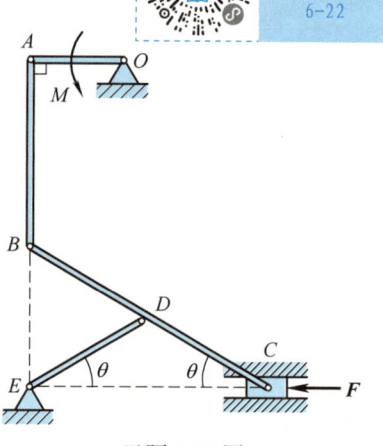

习题 6-22 图

6-23 四杆机构 $ABCD$ 如习题 6-23 图所示,在节点 B、C 上分别作用有力 F_1、F_2,在图示位置处于平衡状态。若不计各杆自重,试运用虚位移原理确定 F_1 和 F_2 之间的关系。

6-24 如习题 6-24 图所示,两等长杆 AB 与 BC 在点 B 用铰链连接,在杆的 D、E 两点连一水平弹簧。已知 $AB=CB=l$,$BD=b$,弹簧的刚度系数为 k,当距离 AC 等于 a 时,弹簧内拉力为零,点 C 作用一水平力 F。若杆重不计,试运用虚位移原理求系统平衡时的距离 AC。

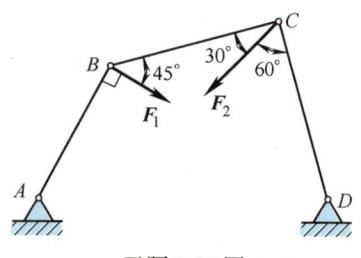

习题 6-23 图

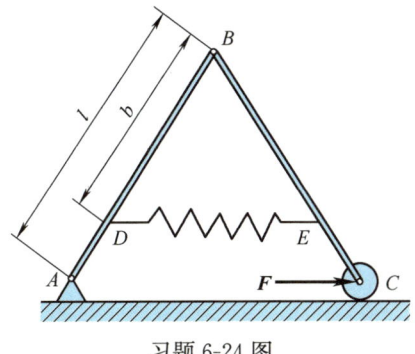

习题 6-24 图

6-25 组合梁如习题 6-25 图所示，试运用虚位移原理求支座 B、D 处的约束力。

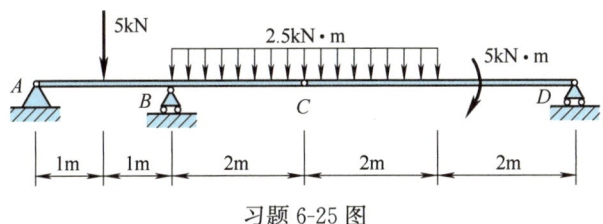

习题 6-25 图

第七章
材料力学绪论

第一节 材料力学的基本任务

当工程结构或机械工作时,组成结构或机械的构件将会受到外力的作用。构件通常由固体制成。在外力作用下,任何固体均会变形;当外力达到一定限度,构件就会被破坏。因此,为了保证工程结构或机械的正常可靠工作,对构件的设计有下述三个方面的基本要求:

1) 构件应具备足够的**强度**,即足够的抵抗破坏的能力;
2) 构件应具备足够的**刚度**,即足够的抵抗变形的能力;
3) 构件应具备足够的**稳定性**,即足够的保持原有平衡形态的能力。

材料力学的基本任务就是研究材料在外力作用下的变形和破坏规律,为合理设计构件提供强度、刚度和稳定性方面的基本理论和计算方法。

第二节 材料力学的基本假设

一、对变形固体的基本假设

为研究问题的方便,材料力学对变形固体做出下列假设:

1. 连续性假设

假设组成固体的物质毫无空隙地充满了固体所占有的整个几何空间。这样,在材料力学中,就可以将力学参量表示为固体上点的坐标的连续函数,并可以采用数学分析中的微积分方法。

2. 均匀性假设

假设固体的力学性能在固体内处处相同。这样，从构件的任何部位截取的任意大小的部分，都具有完全相同的力学性能。

3. 各向同性假设

假设固体在各个方向上的力学性能完全相同。

即在材料力学中，将制作构件的材料视为连续、均匀、各向同性的可变形固体。

二、对构件变形的基本假设

在材料力学中，假设构件受力产生的变形量远小于构件的原始尺寸。该假设称为**小变形假设**。小变形假设可以简化材料力学中的分析计算。

例如，在图 7-1 中，直梁在力 F[○] 的作用下弯曲变形，引起梁的形状、尺寸与外力位置发生变化。但由于变形量 δ 远小于梁的原始长度 l，故在计算梁的支座约束力和内力时，可以忽略 δ 的影响，依然采用梁变形前的原始几何尺寸和位置，从而使得计算过程大大简化。

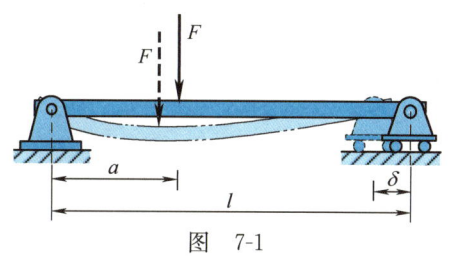

图 7-1

第三节 材料力学的研究对象

在工程结构或机械中，构件的形状各不相同，其中最常见、最基本的承载构件是杆件。

凡是纵向尺寸远大于横向尺寸的构件均称为**杆件**。

横截面和轴线是杆件的两个几何要素（见图 7-2）。**横截面**是指杆件的横向截面。**轴线**是指杆件横截面形心的连线，为杆件的纵向几何中心线。

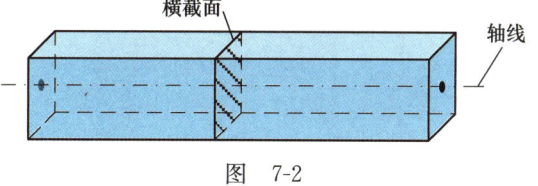

图 7-2

○ 材料力学中不强调矢量的方向性，从本章开始，无特别说明的情况下，不再用黑体字母表示矢量。

横截面尺寸相同的杆称为等截面杆；横截面尺寸不同的杆称为变截面杆。

轴线为直线的杆称为直杆；轴线为曲线的杆称为曲杆。

材料力学的主要研究对象是等截面直杆。

第四节　杆件的基本变形

杆件的受力情况不同，变形情况也就不同。杆件的变形可分为下列四种基本形式：

1. 轴向拉伸与压缩

在图 7-3 所示的三角支架中，杆 AC 所受的变形为轴向拉伸，杆 BC 所受的变形为轴向压缩。

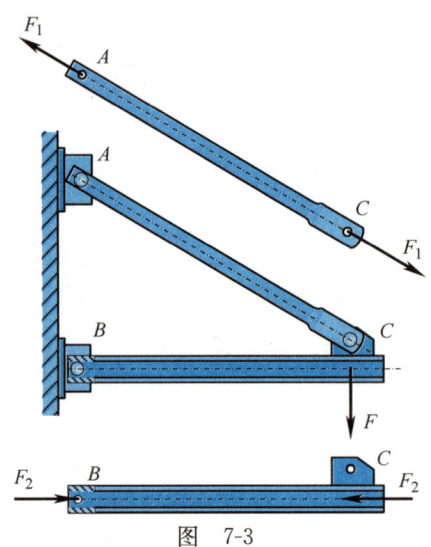

图　7-3

2. 剪切

在图 7-4 所示的连接件中，铆钉所受的变形为剪切变形。

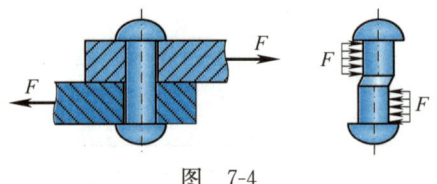

图　7-4

3. 扭转

在图 7-5 所示的机动车转向装置中，轴 AB 所受的变形为扭转变形。

第七章 材料力学绪论

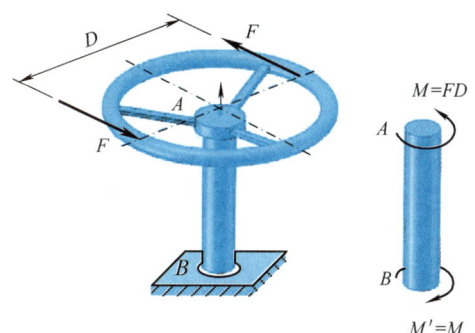

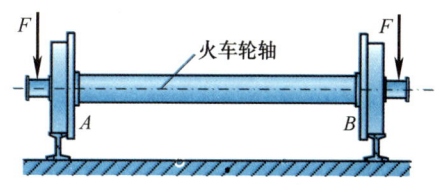

图 7-5

4. 弯曲

在图 7-6 所示的火车轮轴中，轴 AB 所受的变形为弯曲变形。

在工程实际中，有一些杆件同时发生两种或两种以上的基本变形，这种情况称为**组合变形**。

在本书中，将依次研究杆件的上述四种基本变形以及三种常见组合变形的强度问题、刚度问题和压杆的稳定性问题，并对疲劳问题和实验应力分析中的电测法做简要介绍。

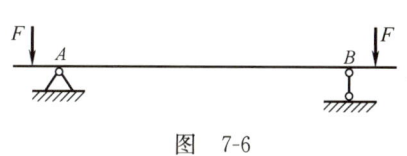

图 7-6

📝 **复习思考题**

7-1 何谓构件的强度、刚度和稳定性？材料力学的主要任务是什么？

7-2 强度与刚度有何区别？

7-3 材料力学中关于变形固体有何基本假设？

7-4 均匀性假设与各向同性假设有何区别？能否说"材料是均匀的就一定是各向同性的"？试举例说明。

7-5 什么是小变形假设？小变形假设有何意义？

7-6 哪一类构件称为杆件？

7-7 杆件有哪几个几何要素？杆件的轴线与横截面之间有何关系？

7-8 杆件有哪几种基本变形？

第七章
知识要点

第八章
轴向拉伸与压缩

第一节 引　　言

---·思 政 导 读·---

　　斜拉钢索桥能够满足现代交通的要求,在全球应用广泛。在斜拉钢索桥中,钢索受拉,钢筋混凝土立柱受压,充分发挥了材料的性能优势,降低了成本。全球十大斜拉钢索桥中,中国有多达 8 座大桥上榜,并包揽了前三名。第一为位于江苏省的苏通大桥,连接南通和苏州,主跨达 1088 m,同样位于江苏省的南京长江三桥和南京长江二桥(见图 8-1)则分别排在第六位和第七位。

图　8-1

轴向拉伸与压缩是工程中一种常见的杆件的基本变形。例如，图 8-2a 所示起吊装置中的吊杆 AB 承受轴向拉伸；图 8-3a 所示液压装置中的活塞杆承受轴向压缩；图 7-3 所示三角支架中的杆 AC、杆 BC 分别承受轴向拉伸、轴向压缩。

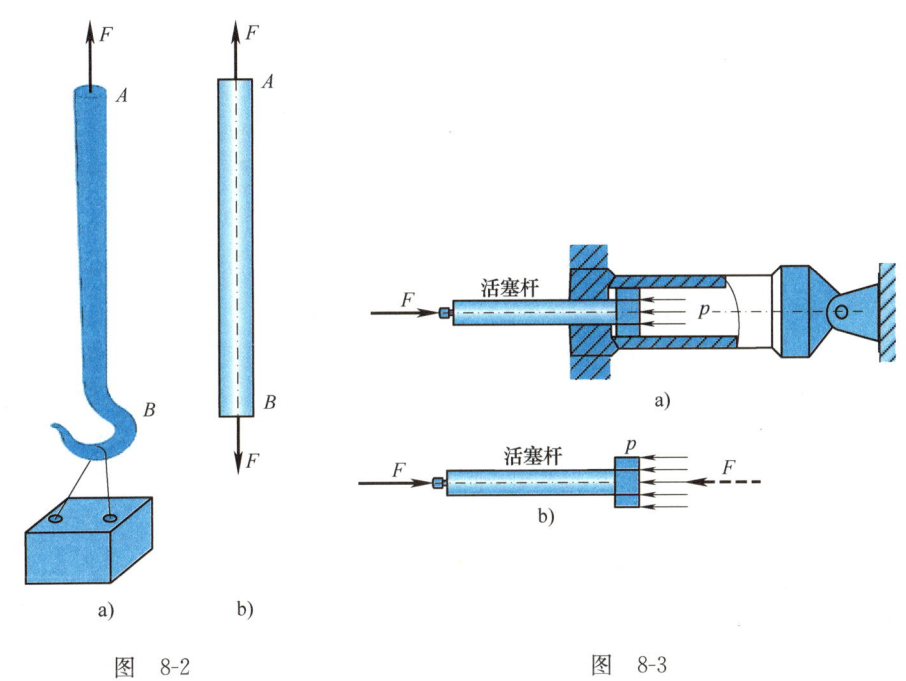

图 8-2　　　　　　图 8-3

轴向拉伸（压缩）的受力特点是：杆件所受外力或外力合力的作用线与杆的轴线重合，如图 8-2b、8-3b 所示。

轴向拉伸（压缩）的变形特点是：杆件沿着轴线方向伸长（缩短），如图 8-4 所示。

主要承受轴向拉伸（压缩）的杆件称为拉（压）杆。

本章主要研究拉（压）杆的强度问题和刚度问题；同时还将介绍材料在拉伸与压缩时的力学性能、应力集中概念以及简单拉伸（压缩）超静定问题的求解方法等相关问题。

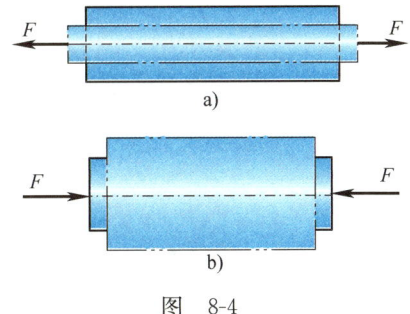

图 8-4

第二节 拉（压）杆的内力

一、内力与截面法

内力是指外力引起的构件内部相连部分之间的相互作用力。

构件的强度、刚度和稳定性，都与构件的内力密切相关。内力分析是解决强度问题、刚度问题和稳定性问题的基础。

截面法是材料力学中分析确定构件内力的基本方法。如图 8-5a 所示，杆件在外力系 F_i 的作用下平衡，为了分析横截面 $m—m$ 上的内力，假想沿该截面将杆件截开，研究其中任一部分。为了维持平衡，在被截开的截面上，一定存在着相连部分之间的相互作用力，即内力。根据材料的连续性假设，截面上的每一点都应受到内力的作用。因此，内力实际上是作用于整个截面上的连续分布力（见图 8-5b）。通常，内力被用来特指截面上的分布内力的合力或合力偶矩或向截面形心简化所得到的主矢和主矩。根据被截开的构件任一部分的平衡条件，即可确定内力的大小和方向。

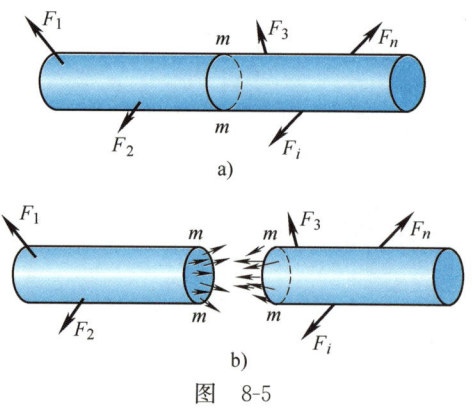

图 8-5

例如，为了确定图 8-6a 所示直角折杆在外力 F 作用下横截面 $m—m$ 上的内力，首先，假想沿该截面将杆截开，分成两部分，并取其中下半部分为研究对象；然后，对所取部分进行受力分析，根据平衡原理可以确定，横截面 $m—m$ 上的内力为一个过截面形心 C、与力 F 反向的轴向力 F_N 和一个逆时针转向的力偶矩 M（见图 8-6b）；最后，再根据平衡方程

$$\sum F_y = 0, \quad -F + F_N = 0$$
$$\sum M_C = 0, \quad -Fl + M = 0$$

得内力 F_N 和 M 的大小分别为

$$F_N = F, \quad M = Fl$$

由上述可知，截面法的实质是设法将构件的内力暴露出来，使之转化为外力，从而能够运用静力学的平衡理论求解。其具体步骤可归纳为：

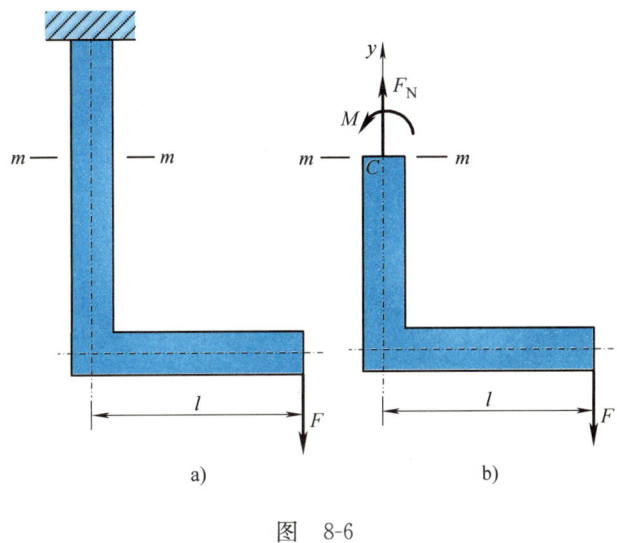

图 8-6

1) 沿待求内力的截面，假想地将构件截开，选取其中任一部分为研究对象；

2) 对所选取的部分进行受力分析，根据平衡原理确定，在暴露出来的截面上有哪些内力；

3) 建立平衡方程，求出未知内力。

二、轴力与轴力图

下面，以图 8-7a 所示拉杆为例，用截面法来确定拉（压）杆横截面上的内力。

假想沿横截面 m—m 将杆件截成两段，取左段或右段为研究对象（见图 8-7b 或图 8-7c），并对其进行受力分析，根据二力平衡原理可知，拉（压）杆横截面上内力的作用线一定与杆的轴线重合，故称为**轴力**，并记作 F_N。同时规定，**背向截面使杆件受拉伸的轴力为正**（见图 8-8a）；**指向截面使杆件受压缩的轴力为负**（见图 8-8b）。

若作用于杆件上的轴向外力多于两个，如图 8-9a 所示，则杆件各部分横截面上的轴力也将有所不同。为了直观表达出轴力随横截面位置的变化情况，经常需要作出拉（压）杆的**轴力图**，即轴力随横截面位置变化的图线，现举例说明如下：

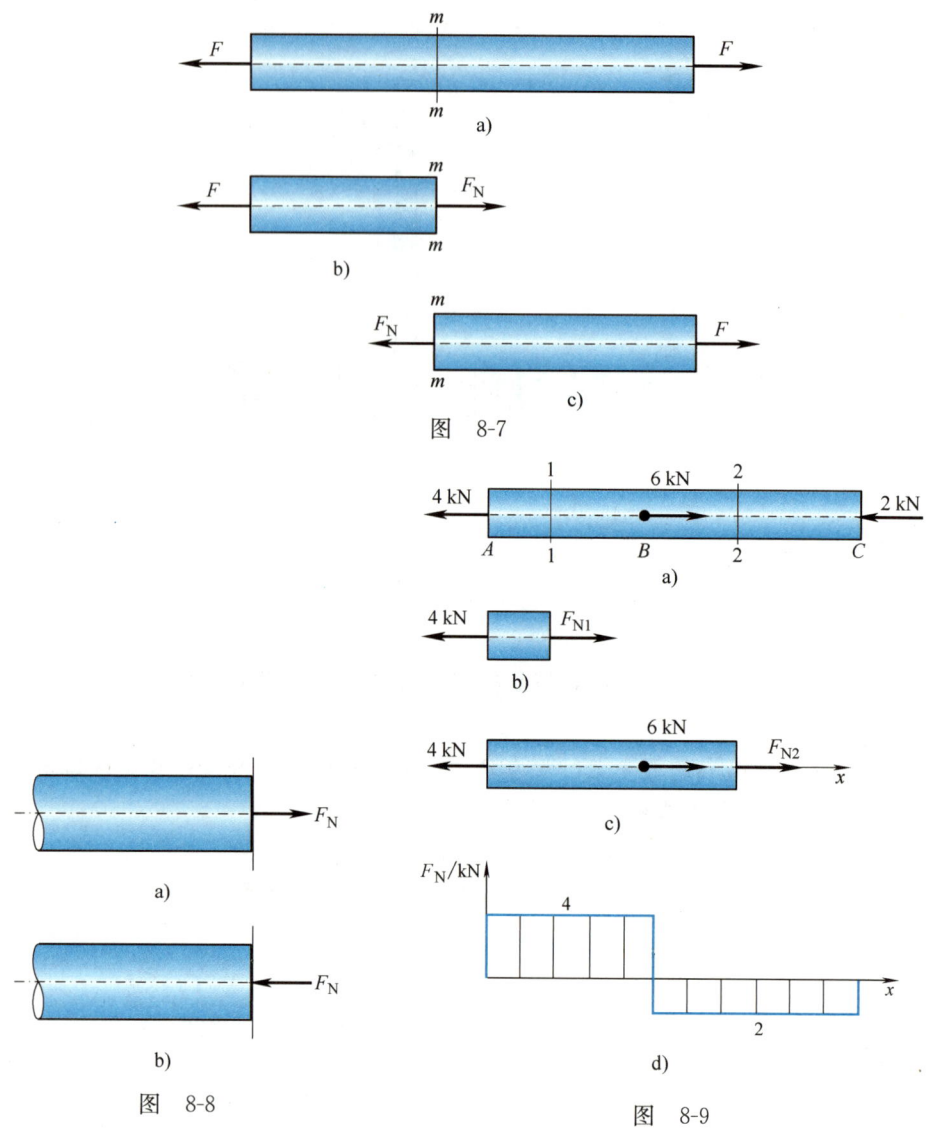

图 8-7

图 8-8

图 8-9

【例 8-1】 试作出图 8-9a 所示拉（压）杆的轴力图。

解：（1）分段计算轴力

根据外力的作用点位置将杆分为 AB 和 BC 两段，用截面法分别计算两段轴力。

在 AB 段内的任一截面处假想将杆截开，取其左段为研究对象（见图 8-9b），由平衡条件易知，该段轴力

$$F_{N1} = 4 \text{ kN}$$

为拉力，取正号。

在 BC 段内的任一截面处假想将杆截开，依然取其左段为研究对象（见图 8-9c）。由于此

时左段杆上作用了多个轴向外力，难以立刻看出该截面上的轴力是拉力还是压力，可以先假设其是拉力，如图 8-9c 所示，然后根据平衡方程

$$\sum F_x = 0, \quad -4\text{ kN} + 6\text{ kN} + F_{N2} = 0$$

即得

$$F_{N2} = -2\text{ kN}$$

结果是负值，说明该段轴力实际上是压力。

若取右段为研究对象，可以获得完全相同的结果，请读者自己分析。

(2) 绘制轴力图

建立 F_N-x 坐标轴系，其中，x 轴平行于杆的轴线，以表示横截面的位置；F_N 轴垂直于杆的轴线，以表示轴力的大小和正负，并规定正值轴力（拉力）绘制在 x 轴的上方，负值轴力（压力）绘制在 x 轴的下方。根据上述计算结果，即可作出该拉（压）杆的轴力图如图 8-9d 所示。

需要特别指出，在画轴力图时，一定要使轴力图的位置与拉（压）杆的位置相对应。

读者熟练之后，可以省略计算过程，直接绘制出拉（压）杆的轴力图。

【例 8-2】 试作图 8-10a 所示拉（压）杆的轴力图。

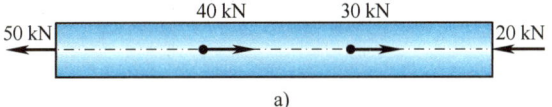

a)

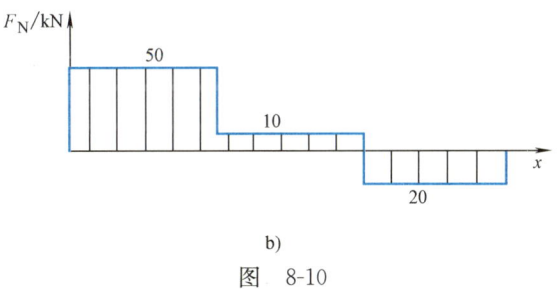

b)

图 8-10

解：省略计算过程，直接作出其轴力图如图 8-10b 所示。

第三节 拉（压）杆的应力

一、应力的概念

用截面法求出的内力实际上是截面上的分布内力的合成或简化结果。为了

能够真实反映截面上的分布内力在每一点处的强弱程度，需要引入应力的概念。

应力是指截面上分布内力的集度。如图 8-11a 所示，在某受力构件的 $m—m$ 截面上，围绕点 k 取一微元面积 ΔA，设作用于 ΔA 上的内力为 ΔF，则

$$p_m = \frac{\Delta F}{\Delta A}$$

代表了 ΔA 上的分布内力的平均集度，称为平均应力；当 ΔA 趋于零时平均应力 p_m 的极限

$$p = \lim_{\Delta A \to 0} \frac{\Delta F}{\Delta A}$$

则代表了分布内力在点 k 的集度，称为点 k 的应力。

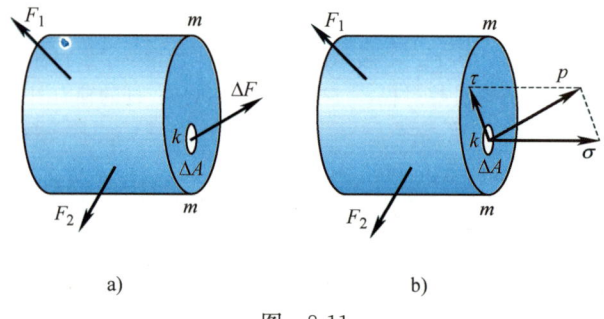

图 8-11

通常，将应力 p 分解为沿截面法向和切向的两个分量（见图 8-11b），其中法向应力分量称为**正应力**，记作 σ；切向应力分量称为**切应力**，记作 τ。

在国际单位制中，应力的单位为 Pa（帕），$1\text{ Pa}=1\text{ N/m}^2$。由于 Pa 这个单位太小，故常采用 MPa（兆帕），$1\text{ MPa}=10^6\text{ Pa}$；有时还采用 GPa（吉帕），$1\text{ GPa}=10^9\text{ Pa}$。

二、拉（压）杆横截面上的应力

现在来研究拉（压）杆横截面上的应力。

首先观察拉（压）杆的变形。如图 8-12 所示，变形前，在杆的侧面画两条垂直于杆轴线的横向线 ab 和 cd。拉伸变形后，发现 ab 和 cd 仍然保持为垂直于杆轴线的直线，但其间距增大，分别平移至 $a'b'$ 和 $c'd'$ 的位置。

据此，可以假设，拉（压）杆变形时，横截面保持为垂直于杆轴线的平面，沿着杆轴线方向做相对平移。该假设称为拉（压）杆的**平面假设**。

设想杆件是由无数根纵向"纤维"叠合而成的，由平面假设易知，拉（压）杆任意两个横截面间的所有纵向"纤维"均受到完全相同的拉伸（压缩）变形。再根据材料的均匀性假设，变形相同，受力也相同，即可推断：拉（压）杆横

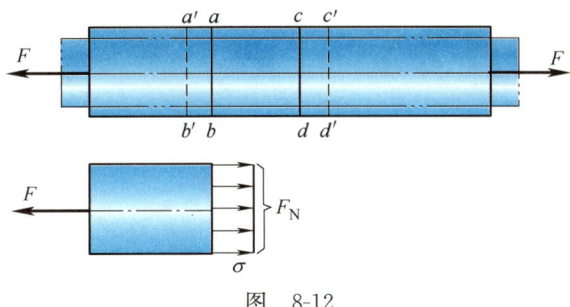

图 8-12

截面上存在着均匀分布的正应力，于是得拉（压）杆横截面上正应力的计算公式

$$\sigma = \frac{F_N}{A} \tag{8-1}$$

式中，F_N 为横截面上的轴力，由截面法确定；A 为横截面的面积。

正应力 σ 的正负号规定与轴力 F_N 保持一致，即**拉应力为正，压应力为负**。

应该指出，受作用于杆端的轴向外力作用方式的影响，在杆端附近的截面上，应力实际上并非是平均分布的。但**圣维南原理**指出，作用于杆端的轴向外力的分布方式，只会影响杆端局部区域的应力分布，影响区至杆端的距离大致等于杆的横向尺寸。该原理已被大量实验所证实。例如，两端承受集中力作用的拉杆的横向尺寸为 h（见图 8-13a），在距杆端分别为 $h/4$、$h/2$ 的横截面 1—1、2—2 上，应力非均匀分布（见图 8-13b、c），但在距杆端为 h 的横截面 3—3 上，应力分布已趋向均匀（见图 8-13d）。因此，工程中都采用式（8-1）来计算拉（压）杆横截面上的应力。

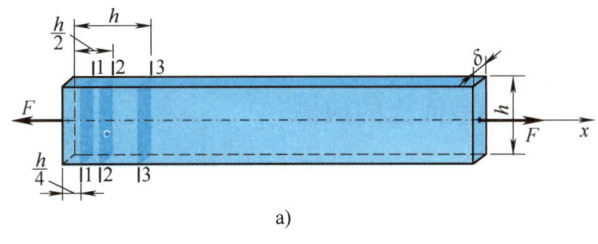

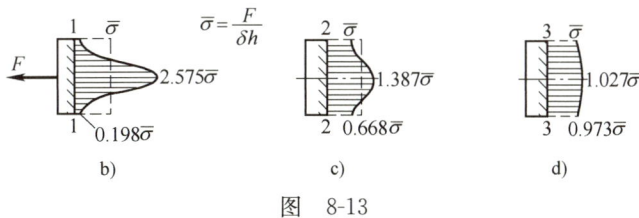

图 8-13

【例 8-3】 三角支架如图 8-14a 所示，已知 AB 为直径 $d=15$ mm 的圆截面杆，AC 为边长 $a=20$ mm 的正方形截面杆，$F=10$ kN，试计算两杆横截面上的应力。

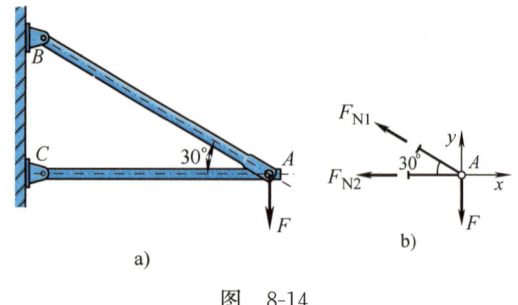

图 8-14

解：(1) 计算两杆轴力

利用截面法，截取节点 A 为研究对象并作受力图（见图 8-14b），假设两杆均受拉力，由平衡方程

$$\sum F_x = 0, \quad -F_{N1}\cos 30° - F_{N2} = 0$$
$$\sum F_y = 0, \quad F_{N1}\sin 30° - F = 0$$

解得

$$F_{N1} = 20 \text{ kN}(拉力), \quad F_{N2} = -17.3 \text{ kN}(压力)$$

(2) 计算两杆应力

根据式 (8-1)，得杆 AB 横截面上的应力

$$\sigma_1 = \frac{F_{N1}}{\frac{\pi d^2}{4}} = \frac{4 \times 20 \times 10^3 \text{ N}}{\pi \times 15^2 \times 10^{-6} \text{ m}^2} = 113.2 \times 10^6 \text{ Pa} = 113.2 \text{ MPa}(拉应力)$$

杆 AC 横截面上的应力

$$\sigma_2 = \frac{F_{N2}}{a^2} = \frac{-17.3 \times 10^3 \text{ N}}{20^2 \times 10^{-6} \text{ m}^2} = -43.3 \times 10^6 \text{ Pa} = -43.3 \text{ MPa}(压应力)$$

三、拉（压）杆斜截面上的应力

为了更加全面了解拉（压）杆内的应力状态，现在进一步研究其斜截面上的应力。

以图 8-15a 所示拉杆为例，采用截面法，沿任一斜截面 m—m 将其截开。该斜截面的方位可用其外法线 n 与 x 轴之间的夹角 α 来表示（见图 8-15b），并规定，以 x 轴为始边，逆时针转向的 α 角为正，反之为负。

用确定横截面上应力类似的方法可知，拉（压）杆斜截面上的应力 p_α 也是平均分布的，如图 8-15c 所示，于是有

$$p_\alpha = \frac{F_\alpha}{A_\alpha} = \frac{F\cos\alpha}{A} = \sigma\cos\alpha$$

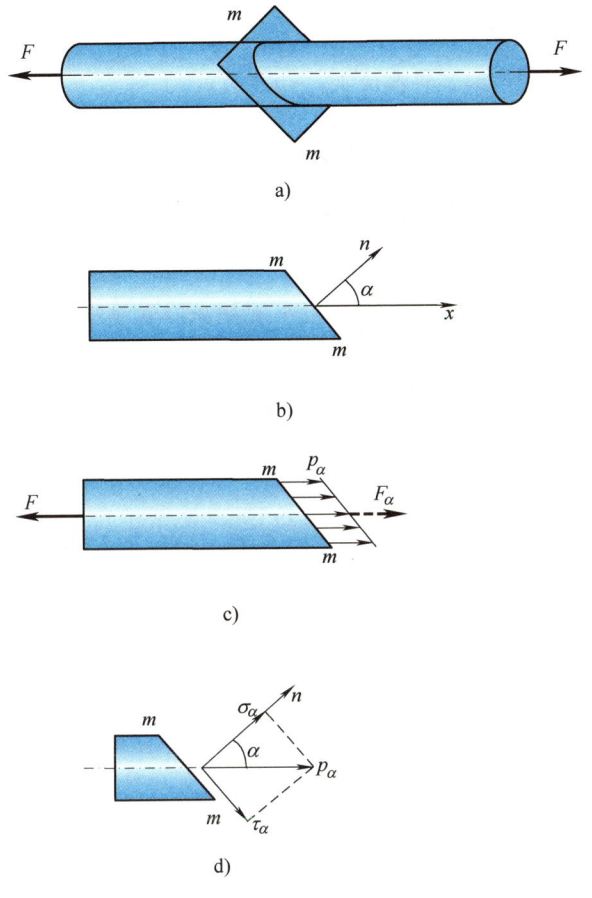

图 8-15

式中,F_α 为 α 斜截面上的内力;$A_\alpha = A/\cos\alpha$,为 α 斜截面的面积;A 为横截面的面积;σ 为横截面上的正应力。

再将 p_α 沿斜截面的法向和切向分解(见图 8-15d),即得 α 斜截面上的正应力 σ_α 和切应力 τ_α,分别为

$$\sigma_\alpha = \sigma\cos^2\alpha = \frac{1}{2}\sigma + \frac{1}{2}\sigma\cos2\alpha \tag{8-2}$$

$$\tau_\alpha = \sigma\cos\alpha\sin\alpha = \frac{\sigma}{2}\sin2\alpha \tag{8-3}$$

对切应力的正负号做如下规定:**围绕所取分离体顺时针转向的切应力为正,反之为负**。按此规定,图 8-15d 中的切应力 τ_α 为正。

由式(8-2)和式(8-3),易得下列结论:

1) 拉（压）杆在横截面上（$\alpha=0°$），正应力最大，$\sigma_{\max}=\sigma$；

2) 拉（压）杆在 45°斜截面上，切应力最大，$\tau_{\max}=\dfrac{\sigma}{2}$；

3) 拉（压）杆在平行于轴线的纵截面上没有任何应力；

4) $\tau_{\alpha+90°}=-\tau_\alpha$，即在任意两个相互垂直的截面上，切应力大小相等、转向相反，如图 8-16 所示（截面上的正应力在图中没有画出）。切应力之间的这种关系称为**切应力互等定理**。应该指出，尽管切应力互等定理是在拉（压）杆的特定场合得到的，但其具有普遍意义。在其他场合，也都可以证明它的存在。

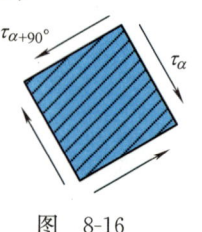

图 8-16

【**例 8-4**】 压杆如图 8-17a 所示，已知轴向载荷 $F=25\text{ kN}$，横截面面积 $A=200\text{ mm}^2$，试求斜截面 m—m 上的正应力与切应力。

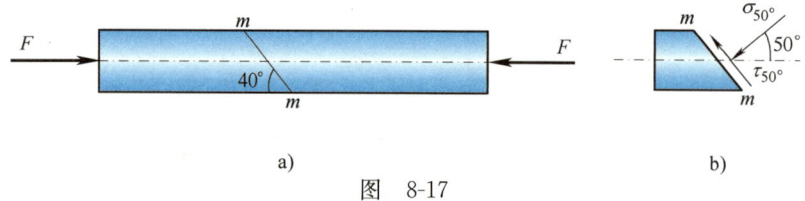

图 8-17

解：横截面上的正应力

$$\sigma=\frac{F_N}{A}=\frac{-25\times10^3\text{ N}}{200\times10^{-6}\text{ m}^2}=-125\times10^6\text{ Pa}=-125\text{ MPa}$$

注意到，斜截面 m—m 的方位角 $\alpha=50°$（见图 8-17b），由式（8-2）和式（8-3）即得该斜截面上的正应力与切应力分别为

$$\sigma_{50°}=\sigma\cos^2\alpha=-125\text{ MPa}\times\cos^2 50°=-51.6\text{ MPa}$$

$$\tau_{50°}=\frac{\sigma}{2}\sin 2\alpha=\frac{-125\text{ MPa}}{2}\times\sin 100°=-61.6\text{ MPa}$$

其方向如图 8-17b 所示。

第四节 拉（压）杆的变形

一、拉（压）杆的轴向变形与胡克定律

如图 8-18 所示，设杆件的原长为 l，在轴向外力 F 的作用下受轴向拉

伸（压缩），长度变为 l_1，定义

$$\Delta l = l_1 - l$$

为拉（压）杆的**轴向变形**。

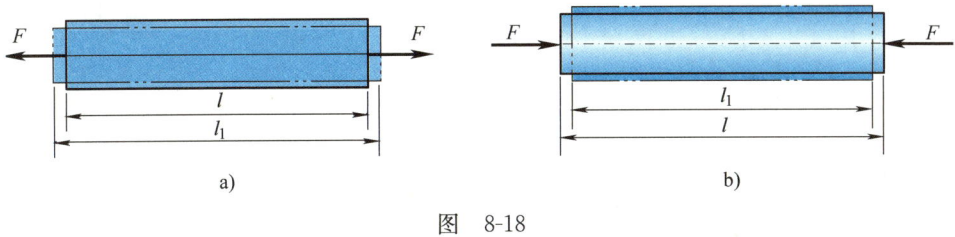

图 8-18

轴向变形 Δl 是拉（压）杆的总的轴向变形量，与其原始长度 l 有关，故无法表征杆件的变形程度。为此，引入**线应变**的定义

$$\varepsilon = \frac{\Delta l}{l} \tag{8-4}$$

显然，线应变 ε 反映了拉（压）杆的变形程度，具有可比性。当杆件伸长时，线应变 ε 为正值；当杆件缩短时，线应变 ε 为负值。反之亦真。

试验表明，对于工程中的多数材料，当杆内应力不大于材料的比例极限 σ_p（详见下节）时，拉（压）杆的轴向线应变 ε 与其横截面上的正应力 σ 成正比，即有

$$\varepsilon = \frac{\sigma}{E} \tag{8-5}$$

式中，E 为材料常数，称为**弹性模量**。弹性模量与应力具有同样量纲，因其数值较大，一般以 GPa 为单位。弹性模量 E 由试验测定。常用材料的 E 值可参见附录 A 中的表 A-1。对于钢材，弹性模量 E 约为 200 GPa。

式（8-5）又称为**胡克定律**。胡克定律建立了材料受力与变形之间的关系，在固体力学中具有十分重要的地位。

将式（8-4）和式（8-1）代入式（8-5），整理可得等截面常轴力拉（压）杆的轴向变形 Δl 的计算公式

$$\Delta l = \frac{F_N l}{EA} \tag{8-6}$$

注意到，式（8-6）中的乘积 EA 越大，杆件的轴向变形就越小，故称 EA 为杆件的**抗拉**（压）**刚度**。轴向变形 Δl 与轴力 F_N 具有相同的正负号，即伸长为正，缩短为负。

若拉（压）杆的轴力、横截面面积或弹性模量沿杆的轴线为分段常数，则可分段应用式（8-6），然后叠加，得此时拉（压）杆总的轴向变形为

$$\Delta l = \sum_{i=1}^{n} \Delta l_i = \sum_{i=1}^{n} \left(\frac{F_N l}{EA}\right)_i \qquad (8\text{-}7)$$

若拉（压）杆的轴力、横截面面积沿杆的轴线连续变化，则可根据数学中的微元法，化变为常，先在微段 $\mathrm{d}x$ 上应用式（8-6）（见图 8-19），然后积分，得此时拉（压）杆总的轴向变形为

$$\Delta l = \int_l \mathrm{d}\Delta l = \int_l \frac{F_N(x)}{EA(x)} \mathrm{d}x \qquad (8\text{-}8)$$

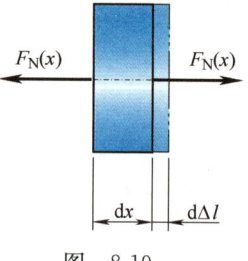

图 8-19

【例 8-5】 钢制阶梯杆如图 8-20a 所示，已知轴向载荷 $F_1 = 20\,\mathrm{kN}$，$F_2 = 50\,\mathrm{kN}$，AB 段横截面面积 $A_1 = 300\,\mathrm{mm}^2$，BC 段和 CD 段横截面面积 $A_2 = A_3 = 600\,\mathrm{mm}^2$，三段杆的长度 $l_1 = l_2 = l_3 = 100\,\mathrm{mm}$，材料的弹性模量 $E = 200\,\mathrm{GPa}$，试求该阶梯杆的轴向变形。

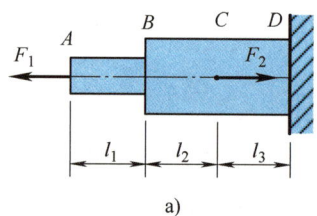

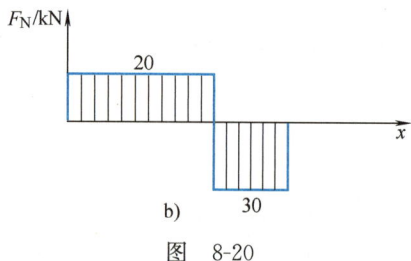

图 8-20

解：（1）作轴力图

首先，作出轴力图如图 8-20b 所示。

（2）计算轴向变形

杆的轴力、横截面面积为分段常数，显然应分三段计算。根据式（8-6），各段杆的轴向变形分别为

$$\Delta l_1 = \frac{F_{N1} l_1}{EA_1} = \frac{20 \times 10^3\,\mathrm{N} \times 100 \times 10^{-3}\,\mathrm{m}}{200 \times 10^9\,\mathrm{Pa} \times 300 \times 10^{-6}\,\mathrm{m}^2} = 0.033 \times 10^{-3}\,\mathrm{m}$$

$$\Delta l_2 = \frac{F_{N2} l_2}{EA_2} = \frac{20 \times 10^3\,\mathrm{N} \times 100 \times 10^{-3}\,\mathrm{m}}{200 \times 10^9\,\mathrm{Pa} \times 600 \times 10^{-6}\,\mathrm{m}^2} = 0.017 \times 10^{-3}\,\mathrm{m}$$

$$\Delta l_3 = \frac{F_{N3} l_3}{EA_3} = \frac{-30 \times 10^3\,\mathrm{N} \times 100 \times 10^{-3}\,\mathrm{m}}{200 \times 10^9\,\mathrm{Pa} \times 600 \times 10^{-6}\,\mathrm{m}^2} = -0.025 \times 10^{-3}\,\mathrm{m}$$

再由式（8-7），即得该阶梯杆的总轴向变形

$$\Delta l = \sum_{i=1}^{3} \Delta l_i = 0.033 \text{ mm} + 0.017 \text{ mm} - 0.025 \text{ mm} = 0.025 \text{ mm} (\text{伸长})$$

【例 8-6】 三角支架如图 8-21a 所示，已知杆 1 用钢制作，弹性模量 $E_1 = 200$ GPa，长度 $l_1 = 1$ m，横截面面积 $A_1 = 100$ mm²；杆 2 用硬铝制作，弹性模量 $E_2 = 70$ GPa，长度 $l_2 = 0.707$ m，横截面面积 $A_2 = 250$ mm²。若载荷 $F = 10$ kN，试求节点 B 的位移。

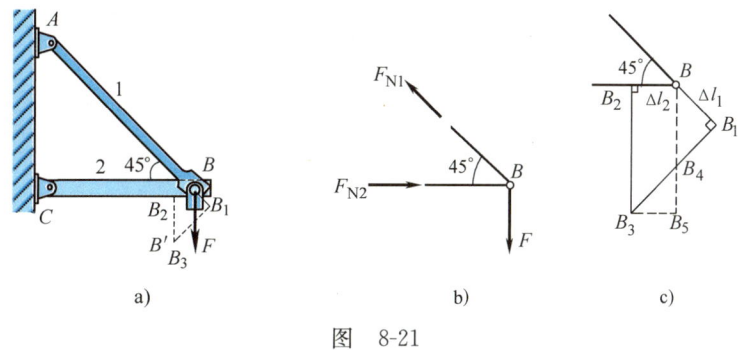

图 8-21

解：(1) 计算杆的轴力

用截面法，截取节点 B 为研究对象（见图 8-21b），作出受力图，由平衡方程得两杆轴力

$$F_{N1} = \sqrt{2} F = \sqrt{2} \times 10 \times 10^3 \text{ N} = 14.14 \text{ kN} (\text{拉力})$$

$$F_{N2} = -F = -10 \text{ kN} (\text{压力})$$

(2) 计算杆的轴向变形

由胡克定律得两杆轴向变形

$$\Delta l_1 = \frac{F_{N1} l_1}{E_1 A_1} = \frac{14.14 \times 10^3 \text{ N} \times 1 \text{ m}}{200 \times 10^9 \text{ Pa} \times 100 \times 10^{-6} \text{ m}^2} = 0.707 \times 10^{-3} \text{ m} (\text{伸长})$$

$$|\Delta l_2| = \left| \frac{F_{N2} l_2}{E_2 A_2} \right| = \frac{10 \times 10^3 \text{ N} \times 0.707 \text{ m}}{70 \times 10^9 \text{ Pa} \times 250 \times 10^{-6} \text{ m}^2} = 0.404 \times 10^{-3} \text{ m} (\text{缩短})$$

(3) 计算节点 B 的位移

为了求节点 B 的位移，可设想将两杆在点 B 处拆开，并在原位置上分别伸长 $\overline{BB_1} = \Delta l_1$ 和缩短 $\overline{BB_2} = |\Delta l_2|$，如图 8-21a 所示。由于变形后两杆在点 B 处仍应铰接在一起，故分别以 A、C 为圆心，以 $\overline{AB_1}$、$\overline{CB_2}$ 为半径作圆弧，其交点 B' 即为变形后节点 B 的新位置。

在小变形的情况下，弧线 $\overset{\frown}{B_1 B'}$ 与 $\overset{\frown}{B_2 B'}$ 可分别用其切线替代。于是，过 B_1、B_2 分别作 AB_1、CB_2 的垂线，其交点 B_3 即可替代 B'，作为变形后节点 B 的新位置。

由图 8-21c 易得，节点 B 的水平、铅垂位移分别为

$$\Delta_{BH} = \overline{BB_2} = |\Delta l_2| = 0.404 \text{ mm} (\leftarrow)$$

$$\Delta_{BV} = \overline{BB_4} + \overline{B_4 B_5} = \frac{\Delta l_1}{\sin 45°} + \frac{|\Delta l_2|}{\tan 45°} = 1.404 \text{ mm} (\downarrow)$$

在小变形的条件下，在确定支座约束力和内力时，一般可忽略杆件变形，按照结构的原始尺寸和位置来进行计算；在确定位移时，则可采用上述"以切线代弧线""以直代曲"的方法。这样，可使问题的分析计算大大简化而不致产生明显误差。

二、拉（压）杆的横向变形与泊松比

拉（压）杆在发生轴向变形的同时，还伴随着横向变形（见图 8-18）。设杆件变形前、后的横向尺寸分别为 b、b_1，如图 8-22 所示，则拉（压）杆的横向线应变

$$\varepsilon' = \frac{\Delta b}{b} = \frac{b_1 - b}{b}$$

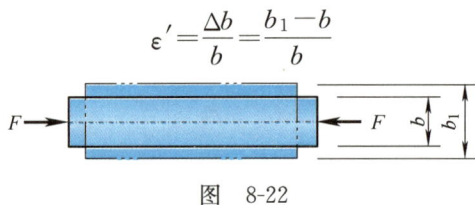

图 8-22

试验表明，当杆内应力不大于材料的比例极限 σ_p（详见下节）时，横向线应变 ε' 与轴向线应变 ε 之比的绝对值

$$\nu = \left| \frac{\varepsilon'}{\varepsilon} \right| \tag{8-9}$$

是一个材料常数，称为**横向变形因数**或**泊松比**。泊松比 ν 的量纲为一。常用材料的 ν 值参见附录 A 中的表 A-1。

由于杆件轴向伸长则横向变短，反之，轴向缩短则横向变长（见图 8-18），即横向线应变 ε' 与轴向线应变 ε 的正负号始终相反，因此，式（8-9）可改写为

$$\varepsilon' = -\nu\varepsilon \tag{8-10}$$

式（8-10）建立了拉（压）杆的横向线应变 ε' 与轴向线应变 ε 之间的关系。

【例 8-7】 钢制螺栓如图 8-23 所示，已知螺栓内径 $d = 10.1$ mm，拧紧后测得螺栓在长度 $l = 60$ mm 内的伸长 $\Delta l = 0.03$ mm；钢材的弹性模量 $E = 200$ GPa，泊松比 $\nu = 0.3$。试求螺栓的预紧力与螺栓的横向变形。

解： 拧紧后螺栓的轴向线应变

$$\varepsilon = \frac{\Delta l}{l} = \frac{0.03 \text{ mm}}{60 \text{ mm}} = 5 \times 10^{-4}$$

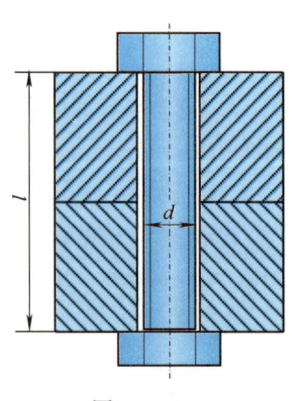

图 8-23

根据胡克定律，螺栓横截面上的正应力

$$\sigma = E\varepsilon = 200 \times 10^9 \text{ Pa} \times 5 \times 10^{-4} = 100 \times 10^6 \text{ Pa} = 100 \text{ MPa}$$

所以，螺栓的预紧力

$$F = \sigma A = 100 \times 10^6 \text{ Pa} \times \frac{\pi}{4} \times 10.1^2 \times 10^{-6} \text{ m}^2 = 8012 \text{ N}$$

根据式（8-10），螺栓的横向应变

$$\varepsilon' = -\nu\varepsilon = -0.3 \times 5 \times 10^{-4} = -1.5 \times 10^{-4}$$

所以，螺栓的横向变形

$$\Delta d = \varepsilon' d = -1.5 \times 10^{-4} \times 10.1 \text{ mm} = -1.515 \times 10^{-3} \text{ mm}（缩短）$$

第五节 材料在拉伸时的力学性能

影响构件的强度、刚度与稳定性的主要因素，除了构件的形状、尺寸与所受外力，还有材料的力学性能。材料的力学性能，是指材料在外力作用下所表现出的变形、破坏等方面的特性。材料的力学性能需要通过试验测定。本节主要介绍材料在常温、静载（缓慢平稳加载）下拉伸时的力学性能。

一、拉伸试验与 σ-ε 曲线

为了保证试验结果的可比性，国家标准⊖对拉伸试验中的试验设备、试验环境、加载方式以及试验方法等都有统一要求。对于拉伸试验中采用的试样，上述国家标准也做出了明确规定。

标准拉伸试样如图 8-24 所示，试样中间的 CB 段作为试验段，其原始长度 l 称为**标距**。对于试验段直径为 d 的圆截面试样（见图 8-24a），规定

$$l = 10d \quad 或 \quad l = 5d$$

对于试验段横截面面积为 A 的矩形截面试样（见图 8-24b），规定

$$l = 11.3\sqrt{A} \quad 或 \quad l = 5.65\sqrt{A}$$

试验时，装在试验机上的试样受到缓慢平稳增加的轴向拉力 F 的作用，长度逐渐增加，直至拉断。通过拉伸试验得到的轴向拉力 F 与试验段轴向变形 Δl 之间的关系曲线称为**拉伸图**或 **F-Δl 曲线**，如图 8-25 所示。

由于 F-Δl 曲线还与试样尺寸有关，不能表征材料固有的力学性能。因此，将拉伸图中的纵坐标 F 除以试验段横截面的原始面积 A，再将其横坐标 Δl 除以标距 l，得到试验段横截面上的正应力 σ 与试验段内线应变 ε 之间的关系曲

⊖ GB/T 228.1—2021《金属材料 拉伸试验 第 1 部分：室温试验方法》。

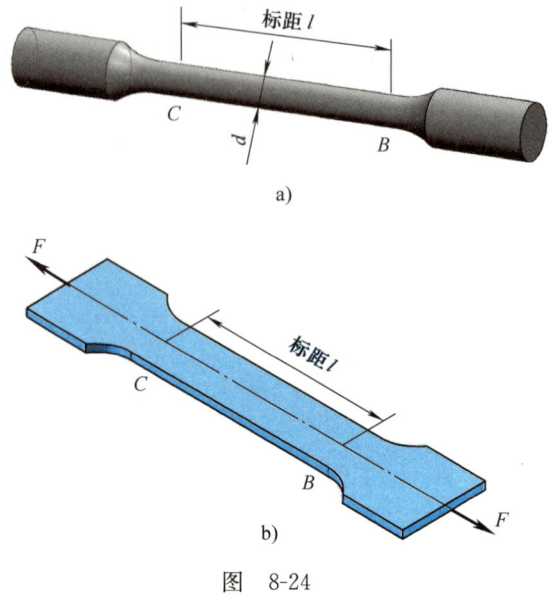

图 8-24

线（见图 8-26），该曲线图称为**应力-应变图**或 **σ-ε 曲线**。σ-ε 曲线是确定材料力学性能的主要依据。

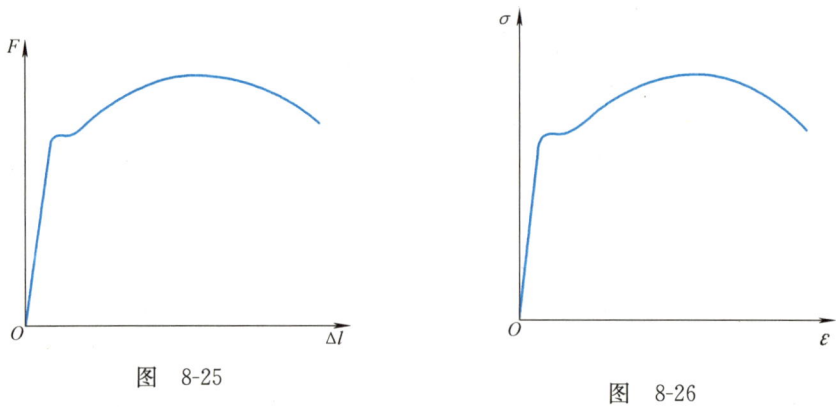

图 8-25　　　　　　　　　　　图 8-26

二、低碳钢拉伸时的力学性能

低碳钢是指碳的质量分数不大于 0.25% 的碳素钢。这类材料在工程中应用广泛，其拉伸 σ-ε 曲线如图 8-27 所示，具有典型意义。现以该曲线图为基础，并结合在试验过程中观察到的现象，介绍低碳钢拉伸时的力学性能。

1. 线弹性阶段

σ-ε 曲线的初始段 Oa 为直线段，说明在此阶段应力 σ 和应变 ε 成正比，即有

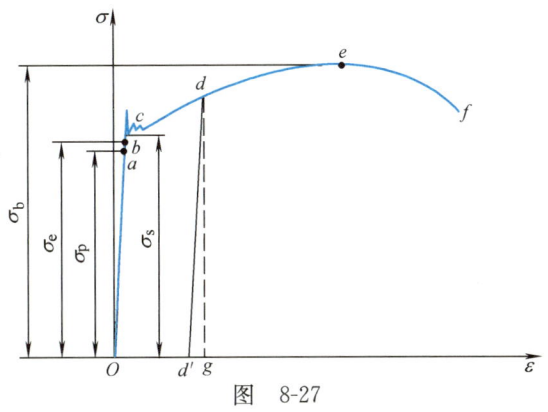

图 8-27

$$\sigma = E\varepsilon$$

这正是前面所介绍过的胡克定律。显然，弹性模量 E 就等于直线段 Oa 的斜率。直线段最高点 a 对应的应力是一材料常数，称为**比例极限**，记作 σ_p。由此可见，胡克定律的适用范围为 $\sigma \leqslant \sigma_p$。

试验表明，在这一阶段，卸载后变形将完全消失，这种变形称为**弹性变形**。因此，这一阶段称为**线弹性阶段**。

接着是 ab 段，这是一段很短的微弯曲线段，意味着此时应力 σ 和应变 ε 不再满足线性关系，但试验发现，这一阶段发生的变形依然是弹性变形，其最高点 b 对应的应力称为**弹性极限**，记作 σ_e。由于弹性极限 σ_e 与比例极限 σ_p 相差很小，故工程中对两者一般不做严格区分。

当应力超过弹性极限 σ_e 后再卸载，所产生的变形中有一部分将随之消失，这就是上述的弹性变形，但其中还有一部分变形不会消失，将永久地残留下来，这种卸载后不会消失的变形称为**塑性变形**或**残余变形**。

· 思 政 导 读 ·

多数工程结构的零构件在正常工作载荷下发生的变形主要是弹性变形。早在东汉时期，我国经学家和教育家郑玄（127—200）在《考工记·弓人》中为"量其力，有三钧"一句做注解时写到，"假令弓力胜三石，引之中三尺，驰其弦，以绳缓擐之，每加物一石，则张一尺。"揭示了弓的弹力与弓的弹性形变量成正比。这被认为是关于弹性定律的最早表述。而在1500多年后的公元1678年，英国学者胡克才在其论文《弹簧》中发表了关于弹性定律的表述。但由于当时信息交流不足，我国郑玄的表述较少为人知晓，导致在科学史上弹性定律往往被称为胡克定律。

2. 屈服阶段

超过点 b 后，σ-ε 曲线图上出现的是一段接近于水平线的小锯齿形曲线段，说明在该阶段，应力基本维持不变，而应变却在显著增加，好像材料暂时丧失了变形抗力，这种现象称为**屈服**。这一阶段也因此称为**屈服阶段**。

试验表明，屈服阶段中排除初始瞬时效应后的最低点（称为下屈服点）所对应的应力值比较稳定，能够反映材料特性，故称为**屈服极限**或**屈服强度**，并记作 σ_s。由于屈服阶段会产生明显的塑性变形，这将影响构件的正常工作，因此，屈服极限 σ_s 是衡量这类材料强度的最为重要的指标。

若将试样表面抛光，此时可见到一些与轴线大约成 45° 夹角的条纹（见图 8-28），这是因材料屈服时其内部晶格沿最大切应力面发生相对滑移而产生的，称为**滑移线**。

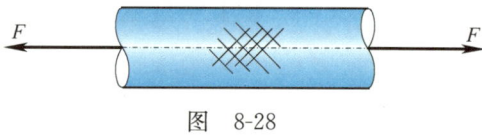

图 8-28

3. 强化阶段

过了屈服阶段，σ-ε 曲线又开始向上攀升，直至最高点 e。这表明，在屈服阶段之后，材料又恢复了变形抗力，要使其继续变形必须增加载荷，这种现象称为**强化**。这一阶段因此称为**强化阶段**。强化阶段的最高点 e 所对应的应力是材料拉断前所能承受的最大应力，称为**强度极限**或**抗拉强度**，记作 σ_b。

强化阶段发生的变形是**弹塑性变形**，其中弹性变形占较小部分，大部分是塑性变形。

4. 缩颈阶段

在前面三个阶段，试样的变形是均匀的。当过了最高点 e 之后，试样的变形突然集中至某一局部，使该处的横向尺寸急剧变小，出现图 8-29 所示的**缩颈**现象，从而导致试样的变形抗力急剧下降，对应的 σ-ε 曲线

图 8-29

呈现快速下降趋势，直至在缩颈处断裂。这一阶段也因此称为**缩颈阶段**。

5. 卸载规律与冷作硬化现象

将试样拉至超过线弹性阶段后的某点，例如强化阶段的点 d（见图 8-27），然后缓慢平稳卸载，则卸载过程中的应力-应变关系图线为图 8-27 中的直线段 dd'，该直线段近似平行于初始加载直线段 Oa。这表明，卸载时应力、应变之间始终保持线性关系。显然，图中的 $d'g$ 代表了卸载后消失的弹性变形，Od' 则代表了卸载后残留下来的塑性变形。

如果卸载后再重新加载，发现应力、应变大致沿卸载直线段 $d'd$ 变化，直到卸载点 d 后，再沿原加载曲线 def 变化。这意味着，对材料预加塑性变形后，

可以提高其比例极限或弹性极限，降低塑性变形。这种现象称为**冷作硬化**。工程中，常利用冷作硬化现象来提高某些构件（如弹簧、链条等）在弹性范围内的承载能力。

6. 塑性指标

材料产生塑性变形的能力各不相同。通过拉伸试验，可以引入下列两个指标来度量材料的塑性性能。

（1）伸长率　试样拉断后，由于塑性变形，其试验段的长度由原来的 l 增大为 l_1，定义以百分数表示的比值

$$\delta = \frac{l_1 - l}{l} \times 100\% \tag{8-11}$$

为材料的**伸长率**。显然，材料的伸长率越大，所能产生的塑性变形量也就越大。

工程中，通常按照伸长率的大小将材料分为两类，伸长率 $\delta > 5\%$ 的材料称为**塑性材料**；伸长率 $\delta < 5\%$ 的材料则称为**脆性材料**。低碳钢的伸长率一般可达 $20\% \sim 30\%$，是典型的塑性材料。

（2）断面收缩率　试样拉断后，由于塑性变形，其试验段原来的横截面面积 A 缩小为断口处的最小横截面面积 A_1，定义以百分数表示的比值

$$\psi = \frac{A - A_1}{A} \times 100\% \tag{8-12}$$

为材料的**断面收缩率**。断面收缩率 ψ 同样可以反映出材料的塑性性能。

三、其他塑性材料拉伸时的力学性能

塑性材料的种类很多，如中碳钢、合金钢、铜合金、铝合金等。图 8-30 给出了另外三种塑性材料的拉伸 σ-ε 曲线，发现其中有些塑性材料没有明显的屈服阶段。

对于不存在明显屈服阶段的塑性材料，工程中通常以产生 0.2% 的塑性应变所对应的应力作为其屈服强度指标，称为**名义屈服极限**或**条件屈服极限**，记作 $\sigma_{0.2}$（见图 8-31）。

四、铸铁拉伸时的力学性能

灰铸铁的拉伸 σ-ε 曲线如图 8-32 所示，是一段连续的微弯曲线，没有直线段，也不存在屈服阶段与缩颈阶段。灰铸铁在较低的拉应力作用下就会断裂，拉断前的变形很小，属于典型的脆性材料。

由于铸铁的 σ-ε 曲线没有明显的直线段，因此，通常以 σ-ε 曲线开始部分的割线的斜率作为其弹性模量（见图 8-33），称为**割线弹性模量**。这意味着，对于铸铁这类脆性材料，胡克定律是近似成立的。

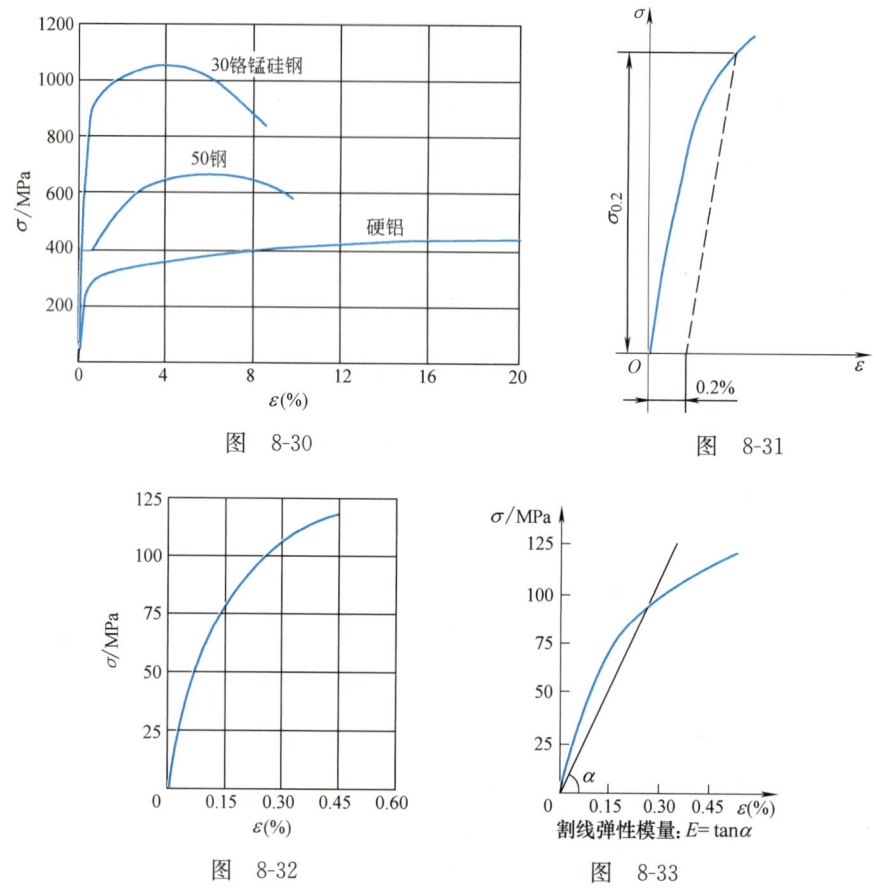

图 8-30

图 8-31

图 8-32

图 8-33

由于铸铁不存在屈服现象，而且变形很小，强度极限 σ_b 就成为衡量其强度的唯一指标。因其抗拉强度很低，所以铸铁这类脆性材料不适合用来制作承拉构件。

第六节　材料在压缩时的力学性能

材料在压缩时的力学性能同样需要根据有关国家标准⊖通过压缩试验确定。为了避免压弯，金属材料的压缩试样通常采用短圆柱体，圆柱体的高度一般为直径的 2.5～3.5 倍。混凝土、石料等建筑材料的压缩试验则通常采用立方体试块。

⊖ GB/T 7314—2017《金属材料 室温压缩试验方法》。

低碳钢压缩时的 σ-ε 曲线如图 8-34 所示，为方便比较，图中还给出了低碳钢拉伸时的 σ-ε 曲线。到屈服阶段为止，低碳钢的压缩曲线与拉伸曲线基本重合。这表明，低碳钢压缩与拉伸时的比例极限 σ_p、屈服极限 σ_s 和弹性模量 E 大致相同。但在屈服阶段之后，低碳钢试样只会越压越扁，而不会压断，即低碳钢不存在压缩强度极限。

灰铸铁压缩时的 σ-ε 曲线如图 8-35 所示。由图可见，铸铁的压缩 σ-ε 曲线与拉伸 σ-ε 曲线的形状相似，但其压缩强度极限 σ_{bc} 要明显高于拉伸强度极限 σ_b（3～4 倍）。其他脆性材料的抗压强度也都远高于抗拉强度。因此，脆性材料适宜制作承压构件。

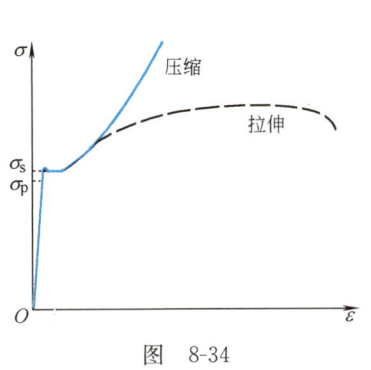
图 8-34

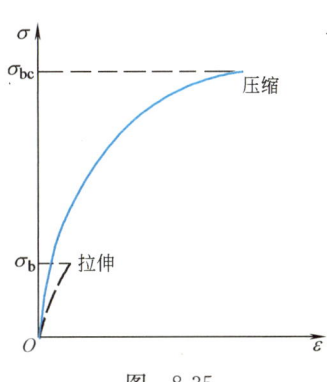
图 8-35

灰铸铁压缩破坏断口的方位角大致为 45°～55°（见图 8-36）。由于该斜截面上的切应力较大，从而表明，铸铁的压缩破坏主要是由切应力引起的。

综上所述，在常温静载条件下，材料的力学性能指标有比例极限 σ_p、弹性极限 σ_e、屈服极限 σ_s（名义屈服极限 $\sigma_{0.2}$）、强度极限 σ_b（σ_{bc}）、弹性模量 E、伸长率 δ 和断面收缩率 ψ 等。附录 A 中给出了部分常用材料的 σ_s、σ_b、δ、E、ν 等主要力学性能，供读者参考。

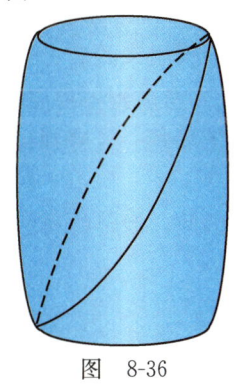
图 8-36

第七节　拉（压）杆的强度计算

一、极限应力、许用应力与安全因数

材料力学的主要任务之一是保证构件具备足够的强度，即足够的抵抗破坏

的能力,从而能够安全可靠地工作。为了解决强度问题,首先需要引入下面几个重要术语。

1. 极限应力

材料强度失效时所对应的应力称为材料的**极限应力**,记作 σ_u。

对于塑性材料,当其工作应力达到屈服极限 σ_s 或名义屈服极限 $\sigma_{0.2}$ 时,将发生屈服或出现显著塑性变形,从而导致构件不能正常工作。即塑性材料的强度失效形式为**塑性屈服**。因此,取屈服极限 σ_s 或名义屈服极限 $\sigma_{0.2}$ 作为塑性材料的极限应力 σ_u。

对于脆性材料,因其变形很小,**脆性断裂**是其唯一的强度失效形式。因此,取强度极限 σ_b(拉伸)或 σ_{bc}(压缩)作为脆性材料的极限应力 σ_u。

2. 许用应力与安全因数

材料安全工作所容许承受的最大应力称为材料的**许用应力**,记作 $[\sigma]$。

从理论上讲,只要构件的工作应力低于材料的极限应力 σ_u,就是安全的。但实际上,这是不可能的,主要原因有:

1)实际材料的成分、品质等难免存在差异,不能保证构件材料与试样材料具有完全相同的力学性能,即使构件材料与试样材料完全相同,通过试验测得的力学性能本身也会带有一定的分散性,特别是对于脆性材料;

2)作用在构件上的外力一般不可能估计得十分精确;

3)从实际承载构件到理想力学模型往往需要经过一些简化,因此根据力学模型计算出来的应力通常带有一定的近似性;

4)考虑到各种因素,为了确保安全,构件必须具备适当的强度储备,特别是对于那些一旦遭到破坏就将导致灾难性后果的重要构件,强度储备更需要足够充分。

因此,规定材料的许用应力

$$[\sigma]=\frac{\sigma_u}{n} \tag{8-13}$$

式中,n 为大于 1 的因数,称为**安全因数**。对于塑性材料,安全因数记作 n_s;对于脆性材料,安全因数则记作 n_b。

如上所述,安全因数的确定取决于多种因素。不同材料在不同工作条件下的安全因数可从有关设计规范中查到。在一般条件下的静强度设计中,塑性材料的安全因数 n_s 通常取为 $1.4 \sim 2.2$;脆性材料的安全因数 n_b 通常取为 $2.5 \sim 5.0$。

应该强调指出,对于塑性材料,拉伸与压缩时的极限应力或许用应力是基本相同的,无须区分;对于脆性材料,拉伸与压缩时的极限应力或许用应力则差异很大,必须严格区分。脆性材料的拉伸许用应力记作 $[\sigma_t]$,压缩许用应力

记作 $[\sigma_c]$。

二、拉（压）杆的强度条件

保证构件安全可靠工作、不发生强度失效的条件称为**强度条件**。

根据以上讨论，拉（压）杆的强度条件应为

$$\sigma = \frac{F_N}{A} \leqslant [\sigma] \tag{8-14}$$

式中，F_N 为拉（压）杆的轴力；A 为拉（压）杆的横截面面积；σ 为拉（压）杆横截面上的应力，若拉（压）杆各个横截面上的应力不等，则应取其中的最大值。

根据强度条件，可以解决以下三类强度问题：

1. 设计截面

已知杆件所受外力和材料的许用应力，根据强度条件设计杆件横截面尺寸。

2. 确定许可载荷

已知杆件横截面面积和材料的许用应力，根据强度条件确定杆件容许承受的载荷。

3. 校核强度

已知杆件所受外力、横截面面积和材料的许用应力，检验强度条件是否满足，从而确定在给定的外力作用下杆件是否安全。

工程中规定，在强度计算中，如果杆件的工作应力 σ 超出了材料的许用应力 $[\sigma]$，但只要超出量 $(\sigma-[\sigma])$ 不大于许用应力 $[\sigma]$ 的 5%，仍然是允许的。

【**例 8-8**】 起重吊环如图 8-37a 所示，已知最大吊重 $F=1000$ kN，两侧对称斜拉杆为圆截面钢杆，材料的许用应力 $[\sigma]=120$ MPa，$\alpha=20°$，试确定斜拉杆横截面的直径 d。

解：（1）计算斜拉杆轴力

用截面法，截取吊环的上半部分为研究对象（见图 8-37b），由于对称，两侧斜拉杆的轴力相等，由平衡方程

$$\sum F_y = 0, \quad F - 2F_N \cos\alpha = 0$$

得斜拉杆轴力

$$F_N = 532 \text{ kN}$$

（2）设计截面

根据拉（压）杆的强度条件

$$\sigma = \frac{F_N}{A} = \frac{4 \times 532 \times 10^3 \text{ N}}{\pi d^2} \leqslant [\sigma] = 120 \times 10^6 \text{ Pa}$$

解得

$$d \geqslant \sqrt{\frac{4 \times 532 \times 10^3 \text{ N}}{\pi \times 120 \times 10^6 \text{ Pa}}} = 0.075 \text{ m} = 75 \text{ mm}$$

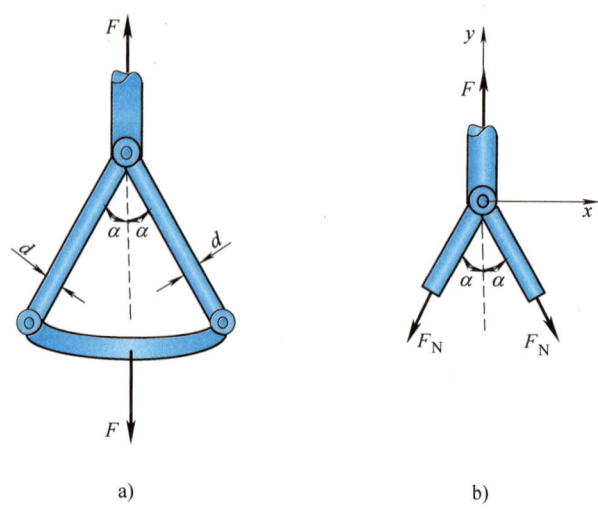

图 8-37

故取斜拉杆横截面的直径

$$d = 75 \text{ mm}$$

【例8-9】 三角支架如图8-38a所示,其中斜杆 AB 由两根 $80 \text{ mm} \times 80 \text{ mm} \times 7 \text{ mm}$ 的等边角钢构成,横杆 AC 由两根 No.10 槽钢构成,材料均为 Q235 钢,许用应力 $[\sigma] = 120 \text{ MPa}$。试确定该三角支架的许可载荷 $[F]$(暂不考虑横杆 AC 的稳定性问题)。

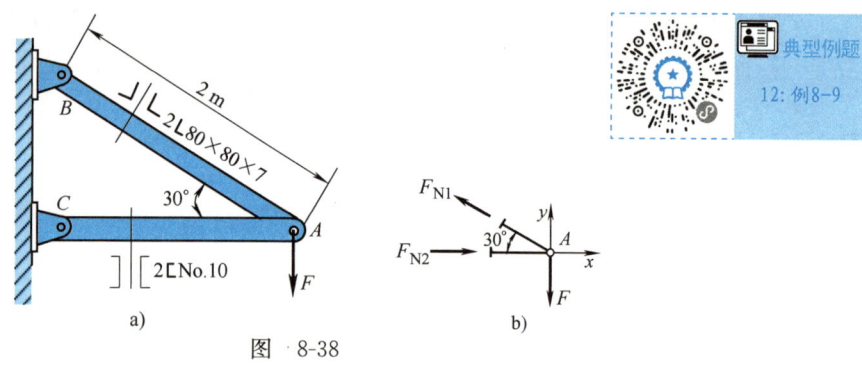

图 8-38

解:(1) 计算两杆轴力

用截面法,截取节点 A 为研究对象,作出受力图如图8-38b所示。由平衡方程

$$\sum F_x = 0, \quad -F_{N1} \cos 30° + F_{N2} = 0$$
$$\sum F_y = 0, \quad F_{N1} \sin 30° - F = 0$$

得两杆轴力分别为

$$F_{N1} = 2F(拉力), \quad F_{N2} = 1.732F(压力)$$

(2) 确定许可载荷

查型钢表（附录 B），得斜杆 AB 的横截面面积 $A_1=10.86\ \text{cm}^2\times 2=21.72\ \text{cm}^2$，横杆 AC 的横截面面积 $A_2=12.74\ \text{cm}^2\times 2=25.48\ \text{cm}^2$。

根据斜杆 AB 的强度条件

$$\sigma_1=\frac{F_{N1}}{A_1}=\frac{2F}{21.72\times 10^{-4}\ \text{m}^2}\leqslant[\sigma]=120\times 10^6\ \text{Pa}$$

解得

$$F\leqslant 130320\ \text{N}=130.3\ \text{kN}$$

根据横杆 AC 的强度条件

$$\sigma_2=\frac{F_{N2}}{A_2}=\frac{1.732F}{25.48\times 10^{-4}\ \text{m}^2}\leqslant[\sigma]=120\times 10^6\ \text{Pa}$$

解得

$$F\leqslant 176536\ \text{N}=176.5\ \text{kN}$$

所以，该三角支架的许可载荷为

$$[F]=130.3\ \text{kN}$$

【例 8-10】 图 8-39a 所示为一组合屋架，已知屋架的跨度 $l=8.4\ \text{m}$，高度 $h=1.4\ \text{m}$；所受均布载荷 $q=10\ \text{kN/m}$；圆截面钢拉杆 AB 的直径 $d=22\ \text{mm}$，许用应力 $[\sigma]=160\ \text{MPa}$。试校核钢拉杆 AB 的强度。

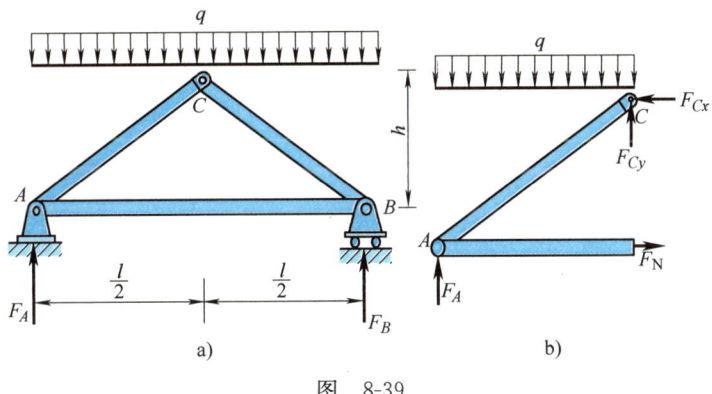

图 8-39

解：（1）计算钢拉杆 AB 的轴力

首先，由对称性得屋架的支座约束力

$$F_A=F_B=\frac{1}{2}ql=\frac{1}{2}\times 10\ \text{kN/m}\times 8.4\ \text{m}=42\ \text{kN}$$

然后，截取左半个屋架为研究对象，作受力图（见图 8-39b）。由平衡方程

$$\sum M_C=0,\quad -F_A\cdot\frac{l}{2}+q\cdot\frac{l}{2}\cdot\frac{l}{4}+F_N\cdot h=0$$

得钢拉杆 AB 的轴力

$$F_N = 63 \text{ kN}$$

(2) 校核钢拉杆 AB 的强度

钢拉杆 AB 横截面上的正应力

$$\sigma = \frac{F_N}{A} = \frac{63 \times 10^3 \text{ N}}{\frac{\pi}{4} \times 22^2 \times 10^{-6} \text{ m}^2} = 165.7 \times 10^6 \text{ Pa} = 165.7 \text{ MPa} > [\sigma] = 160 \text{ MPa}$$

但由于

$$\frac{\sigma - [\sigma]}{[\sigma]} = \frac{165.7 \text{ MPa} - 160 \text{ MPa}}{160 \text{ MPa}} = 3.6\% < 5\%$$

所以，钢拉杆 AB 的强度仍然符合要求。

第八节　应力集中概念

一、应力集中现象

如前所述，等截面直杆在承受轴向拉伸或压缩时，横截面上的应力是均匀分布的。但出于实际需要，许多构件带有沟槽、孔洞、轴肩等，致使这些部位上的截面尺寸发生突然变化。理论分析和试验结果均表明，在尺寸发生突变的截面上，应力不再均匀分布，在邻近沟槽、孔洞或轴肩的局部区域，应力会急剧增大，如图 8-40 所示。

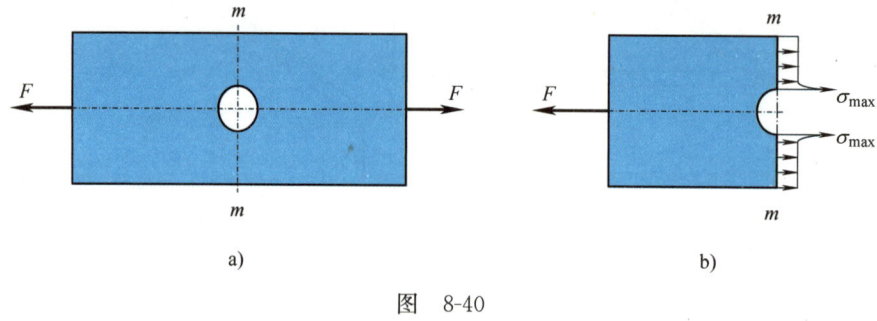

图 8-40

这种由于构件截面形状或尺寸突然变化而引起的局部应力急剧增大的现象称为**应力集中**。

二、理论应力集中因数

应力集中的程度一般用**理论应力集中因数** K 来表征。设应力集中处的最大应力为 $\sigma_{\max}$，同一截面上的名义平均应力为 σ，理论应力集中因数 K 定义为

$$K = \frac{\sigma_{\max}}{\sigma} \tag{8-15}$$

显然，理论应力集中因数越大，构件的应力集中程度就越大。某些带有沟槽、孔洞或轴肩的构件的理论应力集中因数可以从有关手册中查到。

研究还发现，构件的角越尖，孔越小，截面尺寸改变得越急剧，应力集中的程度就越大。因此，在设计制造构件时，应尽量避免带尖角的沟槽和孔洞，在阶梯轴的轴肩处要用圆弧过渡，倒角也要做成圆弧形的，以减缓应力集中。

三、应力集中对构件强度的影响

在静载荷作用下，应力集中对构件强度的影响与材料有关。

对于塑性材料制成的构件，在静强度计算时，可以不考虑应力集中的影响。因为塑性材料有屈服现象，当应力集中处的最大应力 $\sigma_{\max}$ 达到屈服极限 σ_s 时，应力就不再增大，继续增加的载荷将由截面上尚未屈服的部分来承担，以致屈服区域逐渐扩大，应力分布趋于均匀（见图8-41）。

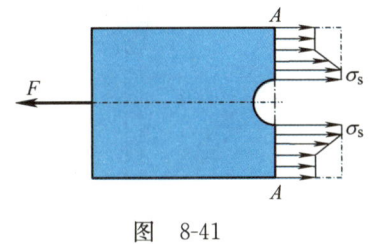

图 8-41

对于脆性材料制成的构件，在静强度计算时，一般需要考虑应力集中的影响。因为脆性材料不存在屈服现象，应力集中处的最大应力 $\sigma_{\max}$ 将持续增加，当其达到强度极限 σ_b 时，即在该处首先产生裂纹，进而导致构件断裂。但灰铸铁是个例外，因为构件截面尺寸的变化与其内部组织的不均匀和缺陷相比，反而成了产生应力集中的次要因素。所以铸铁构件对因外形改变引起的应力集中不敏感，在静强度计算时可以不予考虑。

在交变载荷作用下，无论是塑性材料还是脆性材料，应力集中都将成为构件破坏的根源，因此，都必须考虑应力集中对构件强度的影响。这一专题将在第十七章中详细讨论。

第九节　拉伸（压缩）超静定问题

在解决杆件的强度问题和刚度问题时，首先要用截面法由平衡方程计算出杆件内力。但对于图8-42所示的超静定结构，由静力学可知，单由平衡方程是不可能求出杆件内力的。本节将通过实例，介绍如何利用**变形比较法**来求解这类简单的拉（压）超静定问题。

【例 8-11】 如图 8-43a 所示，等截面直杆 AB 两端固定，在 C 截面处受一轴向外力 F 的作用，设其抗拉（压）刚度 EA 为常数，试作出杆 AB 的轴力图。

解：（1）列平衡方程

解除杆 AB 两端约束，作出受力图如图 8-43b 所示，两端支座约束力 F_A、F_B 与轴向外力 F 构成一共线力系，其有效平衡方程只有一个，为

$$F - F_A - F_B = 0 \tag{a}$$

显然，这是一次超静定问题，需要有一个补充方程才能获解。

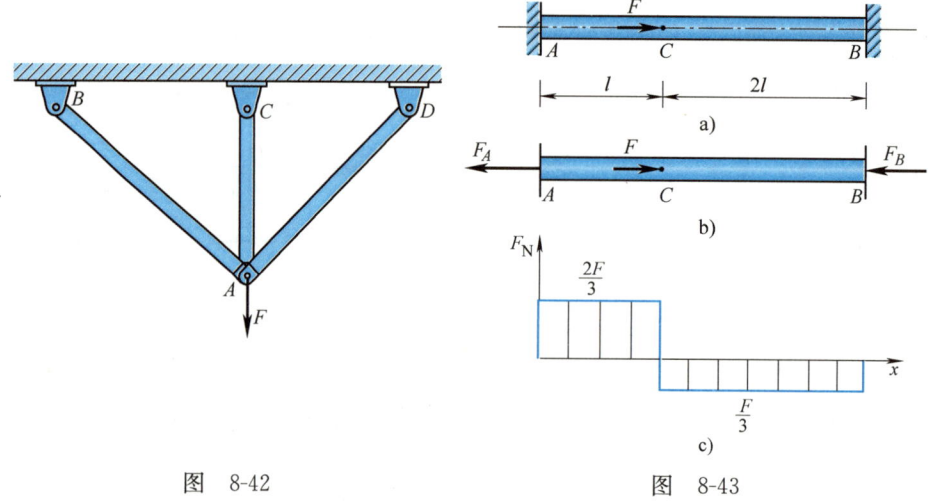

图 8-42　　　　　　　　　图 8-43

（2）列变形协调方程

在超静定结构中，由于受到多余约束的限制，杆件变形必须相互协调，满足一定的关系。表示超静定结构中杆件变形之间关系的方程称为**变形协调方程**。由变形协调方程即可得到求解超静定问题的补充方程。

在本例中，尽管各段杆受力后均要变形（伸长或缩短），但因两端固定约束的限制，杆件的总长将保持不变，由此得其变形协调方程

$$\Delta l = \Delta l_{AC} + \Delta l_{CB} = 0 \tag{b}$$

式中，Δl_{AC}、Δl_{CB} 分别为杆的 AC 段、CB 段的轴向变形。

（3）列补充方程

根据胡克定律，有

$$\Delta l_{AC} = \frac{F_{N1} l}{EA}, \quad \Delta l_{CB} = \frac{F_{N2} \cdot 2l}{EA}$$

式中，F_{N1}、F_{N2} 分别为 AC、CB 两段杆的轴力，由截面法易得

$$F_{N1} = F_A, \quad F_{N2} = -F_B$$

将上述四式依次代入式（b），整理即得补充方程

$$F_A - 2F_B = 0 \qquad (c)$$

(4) 解方程，计算支座约束力

联立求解式（a）和式（c），即得两端支座约束力

$$F_A = \frac{2F}{3}, \quad F_B = \frac{F}{3}$$

(5) 作轴力图

作出杆的轴力图如图 8-43c 所示。

由上例可见，用变形比较法来求解超静定问题，需要从平衡关系、变形协调关系、力与变形间的物理关系等三个方面来综合考虑。其中，变形协调关系是求解超静定问题的重点和难点。

【例 8-12】 在图 8-44a 所示结构中，已知杆 EC、HD 的抗拉（压）刚度分别为 E_1A_1、E_2A_2，横梁 AB 是刚性的，试求载荷 F 引起的 EC、HD 两杆的轴力。

解：(1) 列平衡方程

取横梁 AB 为研究对象，作出受力图如图 8-44b 所示，EC、HD 两杆轴力分别记作 F_{N1}、F_{N2}，求解 F_{N1}、F_{N2} 的有效平衡方程只有一个，为

$$\sum M_A = 0, \quad F_{N1} \cdot \frac{l}{3} + F_{N2} \cdot \frac{2l}{3} - Fl = 0 \qquad (a)$$

这是一次超静定问题。

(2) 列变形协调方程

作出结构的变形图，如图 8-44a 中双点画线所示。设 EC、HD 两杆的伸长量分别为 Δl_1、Δl_2，则有 $\Delta l_1 = CC'$、$\Delta l_2 = DD'$，根据变形图中的几何关系，易得变形协调方程

$$2\Delta l_1 = \Delta l_2 \qquad (b)$$

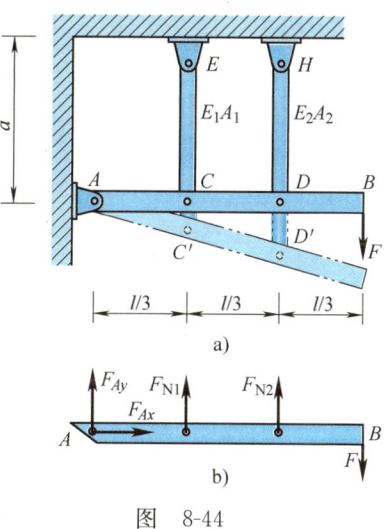

图 8-44

(3) 列补充方程

利用胡克定律，由式（b）即得补充方程

$$2\frac{F_{N1}}{E_1A_1} = \frac{F_{N2}}{E_2A_2} \qquad (c)$$

(4) 解方程，计算轴力

联立求解式（a）和式（c），即得两杆轴力

$$F_{N1} = \frac{3E_1A_1}{E_1A_1 + 4E_2A_2}F, \quad F_{N2} = \frac{6E_2A_2}{E_1A_1 + 4E_2A_2}F$$

结果显示，各杆内力的大小除了与外力有关，还与各杆的刚度有关，杆的刚度越大，其内力就越大。这个结论对于超静定结构具有普遍意义。

【例 8-13】 图 8-45a 所示阶梯钢杆，在温度 $T=15\ ℃$ 时，两端固定在刚性墙壁上，已知杆的 AC、CB 两段的横截面面积分别为 $A_1=200\ mm^2$、$A_2=100\ mm^2$，材料的弹性模量 $E=200\ GPa$、线膨胀系数 $\alpha=1.25\times10^{-5}\ ℃^{-1}$。试求当温度升高至 $55\ ℃$ 时，杆内的最大正应力。

解：（1）列平衡方程

当温度升高时，杆的两端受到刚性墙壁的约束，不能自由伸长，因此两端处受到轴向约束力 F_A、F_B 的作用（见图 8-45b），其有效平衡方程为

$$F_A - F_B = 0 \quad (a)$$

这是一次超静定问题。

（2）列变形协调方程

杆件总长维持不变，据此得变形协调方程

$$\Delta l_F + \Delta l_T = 0 \quad (b)$$

式中，Δl_F 为两端约束力引起的轴向变形；Δl_T 为温度升高引起的轴向伸长。

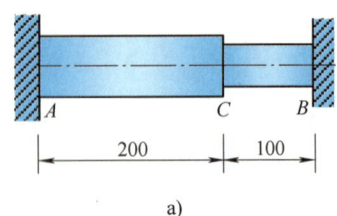

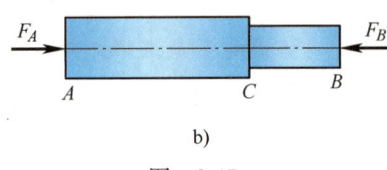

图 8-45

（3）列补充方程

利用胡克定律，并注意到杆的轴力 $F_N=-F_A=-F_B$，有

$$\Delta l_F=\frac{F_N l_1}{EA_1}+\frac{F_N l_2}{EA_2}=\frac{-F_A}{200\times10^9\ Pa}\times\left(\frac{200\times10^{-3}\ m}{200\times10^{-6}\ m^2}+\frac{100\times10^{-3}\ m}{100\times10^{-6}\ m^2}\right)=-F_A\times10^{-8}\ N^{-1}\cdot m$$

根据线膨胀系数的定义，有

$$\Delta l_T=\alpha l\Delta T=1.25\times10^{-5}\ ℃^{-1}\times(200+100)\times10^{-3}\ m\times(55-15)\ ℃=15\times10^{-5}\ m$$

将上述两式代入式（b），得补充方程

$$-F_A\times10^{-8}\ N^{-1}\cdot m+15\times10^{-5}\ m=0 \quad (c)$$

由式（c）可直接解得

$$F_A=15\times10^3\ N$$

（4）计算应力

显然，杆内的最大正应力位于 CB 段的横截面上，为

$$\sigma_{Tmax}=\frac{F_N}{A_2}=-\frac{F_A}{A_2}=-\frac{15\times10^3\ N}{100\times10^{-6}\ m^2}=-150\times10^6\ Pa=-150\ MPa（压应力）$$

对于超静定结构，由于多余约束的存在，当温度变化时，杆件不能自由伸缩，将在杆内引起应力。这种因温度变化而产生的应力称为**温度应力**。由上例可知，当温度变化比较大时，温度应力的数值便会相当大。为了避免出现过大的温度应力，工程中必须采取相应措施。例如，在铺设钢轨时在各段钢轨间留有空隙，在热力管道中加设伸缩节（见图 8-46）等。

图 8-46

【例 8-14】 图 8-47a 所示结构，已知杆 1、杆 2 的抗拉（压）刚度同为 E_1A_1，杆 3 的抗拉（压）刚度为 E_3A_3。若因加工误差，杆 3 的实际长度比设计长度 l 短了 δ（$\delta \ll l$），试求将其强行装配后各杆内产生的应力。

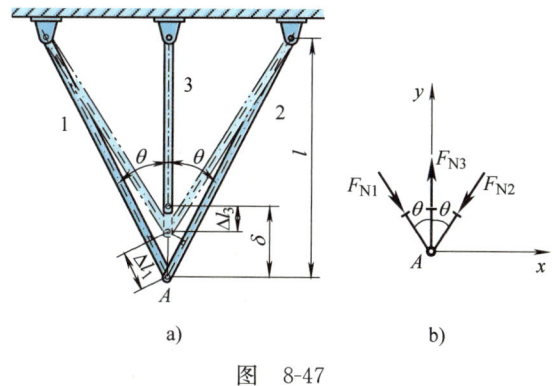

图 8-47

解：（1）列平衡方程

强行装配后，截取节点 A 为研究对象，作出受力图如图 8-47b 所示，杆 1、杆 2、杆 3 的轴力依次记作 F_{N1}、F_{N2}、F_{N3}，其平衡方程为

$$\sum F_x = 0, \quad F_{N1}\sin\theta - F_{N2}\sin\theta = 0 \tag{a}$$

$$\sum F_y = 0, \quad -F_{N1}\cos\theta - F_{N2}\cos\theta + F_{N3} = 0 \tag{b}$$

这是一次超静定问题。

（2）列变形协调方程

作出结构变形图，如图 8-47a 中双点画线所示。根据变形图中的几何关系，并注意到小变形，即可得其变形协调方程

$$\Delta l_3 + \frac{|\Delta l_1|}{\cos\theta} = \delta \tag{c}$$

式中，Δl_1、Δl_3 分别为杆 1、杆 3 的轴向变形。

（3）列补充方程

利用胡克定律，由变形协调方程得补充方程为

$$\frac{F_{N3}l}{E_3A_3} + \frac{F_{N1}l}{E_1A_1\cos^2\theta} = \delta \tag{d}$$

（4）解方程，计算轴力与应力

联立求解方程（a）、方程（b）和方程（d），得各杆轴力

$$F_{N1} = F_{N2} = \frac{\delta}{l} \frac{E_1A_1\cos^2\theta}{1 + \dfrac{2E_1A_1}{E_3A_3}\cos^3\theta} \quad (压力)$$

$$F_{N3} = \frac{\delta}{l} \frac{2E_1A_1\cos^3\theta}{1 + \dfrac{2E_1A_1}{E_3A_3}\cos^3\theta} \quad (拉力)$$

再除以横截面面积，即得各杆应力。假设三杆的抗拉（压）刚度均相同，材料的弹性模量 $E = 200$ GPa，$\theta = 30°$，$\delta/l = 1/1000$，计算出各杆横截面上的应力分别为

$\sigma_1 = \sigma_2 = 65.3 \text{ MPa}$(压应力)， $\sigma_3 = 112.9 \text{ MPa}$（拉应力）

这种因构件尺寸误差强行装配而产生的应力称为**装配应力**。由上例可见，虽然构件的尺寸误差很小，但所引起的装配应力仍然相当大。因此，制造构件时需要保证足够的加工精度，以尽量避免装配应力。但有时在工程中，人们又要利用装配应力来达到某种目的。例如，机械零件中的过盈配合，钢筋混凝土结构中的预应力构件等，都是利用装配应力的典型实例。

复习思考题

8-1 轴向拉伸（压缩）的受力特点、变形特点是什么？

8-2 在思考题 8-2 图中，哪些杆件属于轴向拉伸（压缩）？

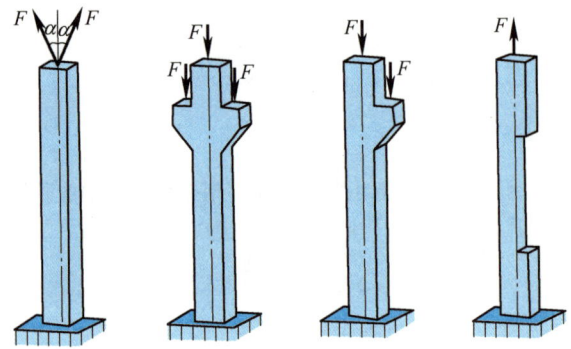

思考题 8-2 图

8-3 什么是内力？计算内力的方法是什么？

8-4 什么是轴力？如何确定轴力的正负号？

8-5 在对构件进行强度、刚度计算时，力的可传性原理是否仍可以运用？

8-6 何谓应力？何谓正应力与切应力？如何确定正应力与切应力的正负号？

8-7 应力与内力之间的关系是什么？

8-8 拉（压）杆内的最大正应力在哪个截面上取得？如何计算？

8-9 拉（压）杆内的最大切应力在哪个截面上取得？如何计算？

8-10 何谓线应变？它有何意义？它的量纲是什么？如何确定它的正负号？

8-11 何谓胡克定律？它有何意义？它的适用范围是什么？

8-12 什么是泊松比？如何计算拉（压）杆的横向变形？

8-13 低碳钢的拉伸 σ-ε 曲线可分为几个阶段？各个阶段有何主要特点？

8-14 何谓材料的比例极限、屈服极限、名义屈服极限与强度极限？
8-15 何谓材料的伸长率与断面收缩率？
8-16 工程中是如何划分塑性材料和脆性材料的？
8-17 塑性材料与脆性材料的主要力学性能特点是什么？它们之间有何主要差异？
8-18 在静载荷作用下，材料的强度失效形式是什么？
8-19 何谓材料的极限应力？如何确定材料的极限应力？
8-20 何谓材料的许用应力？如何确定材料的许用应力？
8-21 何谓应力集中现象？应力集中对构件强度有何影响？
8-22 运用变形比较法求解超静定问题应从哪几个方面考虑？其基本步骤是什么？
8-23 静定结构会不会产生温度应力与装配应力？为什么？

习题

8-1 试绘制习题 8-1 图所示各杆的轴力图。

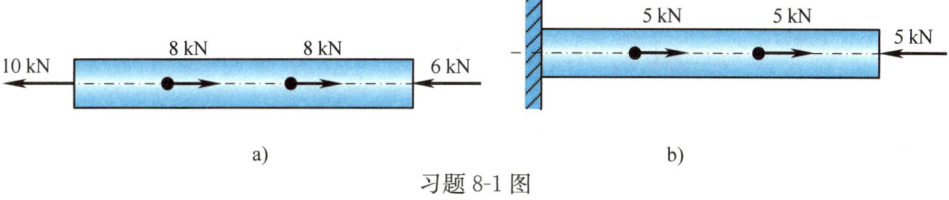

习题 8-1 图

8-2 如习题 8-2 图所示，杆 BC 为直径 $d=16$ mm 的圆截面杆，试计算杆 BC 横截面上的正应力。

8-3 如习题 8-3 图所示，杆 BC 由两根 20 mm×20 mm×4 mm 的等边角钢构成，试计算杆 BC 横截面上的正应力。

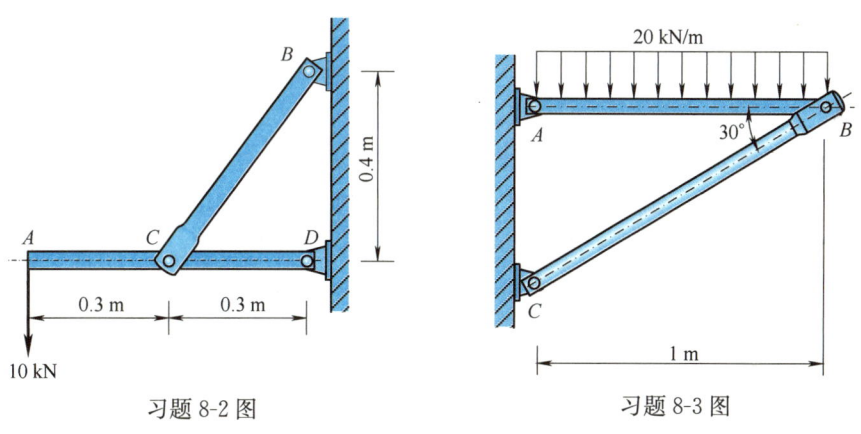

习题 8-2 图   习题 8-3 图

8-4 如习题 8-4 图所示，钢板受到 14 kN 的轴向拉力，板上有三个对称分布的铆钉圆孔，已知钢板厚度为 10 mm、宽度为 200 mm，铆钉孔的直径为 20 mm，试求钢板危险横截面上的正应力（不考虑铆钉孔引起的应力集中）。

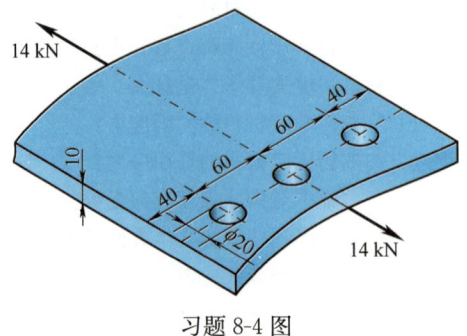

习题 8-4 图

8-5 如习题 8-5 图所示，木杆由两段粘接而成。已知杆的横截面面积 $A=1000$ mm^2，粘接面的方位角 $\theta=45°$，杆所承受的轴向拉力 $F=10$ kN。试计算粘接面上的正应力与切应力，并作图表示出应力的方向。

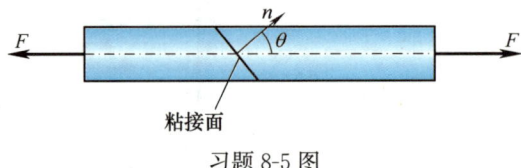

习题 8-5 图

8-6 如习题 8-6 图所示，等直杆的横截面面积 $A=40$ mm^2，弹性模量 $E=200$ GPa，所受轴向载荷 $F_1=1$ kN、$F_2=3$ kN。试计算杆内的最大正应力与杆的轴向变形。

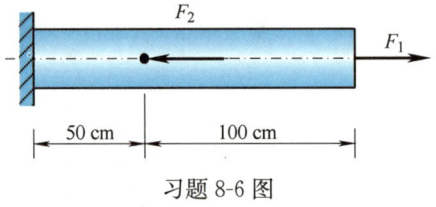

习题 8-6 图

8-7 阶梯杆如习题 8-7 图所示，已知 AC 段的横截面面积 $A_1=1000$ mm^2，CB 段的横截面面积 $A_2=500$ mm^2，材料的弹性模量 $E=200$ GPa，试计算该阶梯杆的轴向变形。

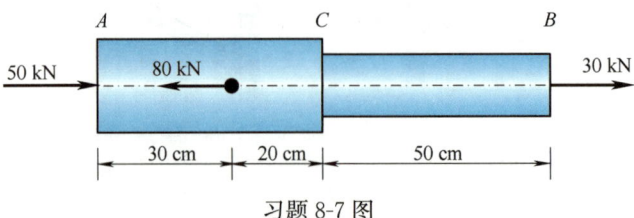

习题 8-7 图

8-8 如习题 8-8 图所示,刚性梁 AB 用两根弹性杆 AC 和 BD 悬挂在天花板上。已知 F、l、a、E_1A_1 和 E_2A_2。欲使刚性梁 AB 保持在水平位置,试确定力 F 的作用位置 x。

8-9 矩形截面的铝合金拉伸试样如习题 8-9 图所示,已知 $l=70$ mm、$b=20$ mm、$\delta=2$ mm,在轴向拉力 $F=6$ kN 的作用下试样处于线弹性阶段,若测得此时试验段的轴向伸长 $\Delta l=0.15$ mm、横向缩短 $\Delta b=0.014$ mm,试确定铝合金材料的弹性模量 E 和泊松比 ν。

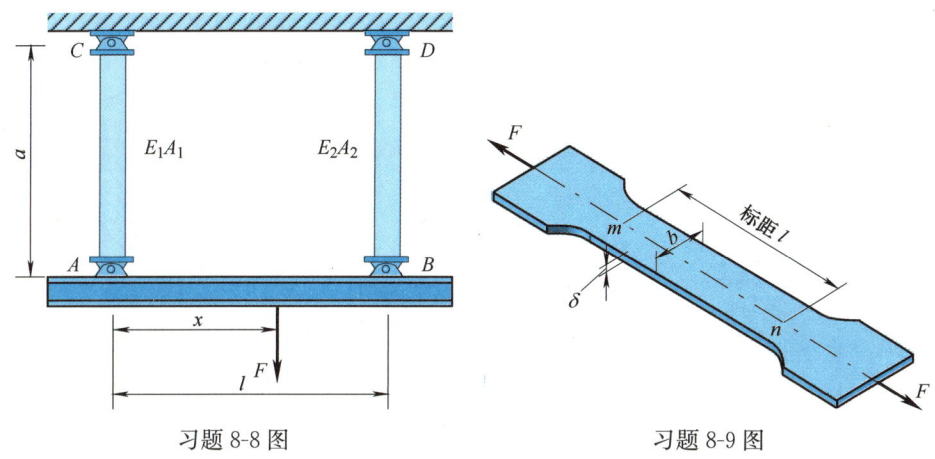

习题 8-8 图　　　　　　　　　　习题 8-9 图

8-10 一外径 $D=60$ mm、内径 $d=20$ mm 的空心圆截面杆,受到 $F=200$ kN 的轴向拉力的作用,已知材料的弹性模量 $E=80$ GPa,泊松比 $\nu=0.3$。试求该杆外径的改变量 ΔD。

8-11 一圆截面拉伸试样,已知其试验段的原始直径 $d=10$ mm,标距 $l=50$ mm;拉断后试验段的长度 $l_1=63.2$ mm,断口处的最小直径 $d_1=5.9$ mm。试确定材料的伸长率和断面收缩率,并判断其属于塑性材料还是脆性材料。

8-12 用 Q235 钢制作一圆截面杆,已知该杆承受 $F=100$ kN 的轴向拉力,材料的比例极限 $\sigma_p=200$ MPa、屈服极限 $\sigma_s=235$ MPa、强度极限 $\sigma_b=400$ MPa,并取安全因数 $n=2$。(1) 欲拉断圆杆,则其直径 d 最大可达多少?(2) 欲使该杆能够安全工作,则其直径 d 最小应取多少?(3) 欲使胡克定律适用,则其直径 d 最小应取多少?

8-13 习题 8-13 图所示为一液压装置的油缸。已知油缸内径 $D=560$ mm,油压 $p=2.5$ MPa;活塞杆由合金钢制作,许用应力 $[\sigma]=300$ MPa。试设计该活塞杆的直径 d。

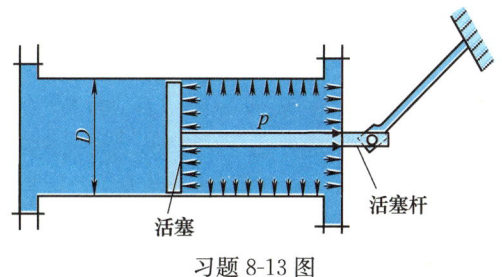

习题 8-13 图

8-14 一正方形截面的粗短阶梯形混凝土立柱如习题 8-14 图所示。已知混凝土的质量密度 $\rho=2.04\times10^3$ kg/m³，许用压应力 $[\sigma_c]=2$ MPa；载荷 $F=100$ kN。试根据强度条件确定截面尺寸 a 与 b。

8-15 如习题 8-15 图所示，用绳索匀速起吊重物。已知绳索的横截面面积 $A=15$ cm²，许用应力 $[\sigma]=10$ MPa。试确定绳索强度所容许的最大吊重 $[P]$。

8-16 习题 8-16 图所示为某矿井提升系统的简图，已知吊重 $P=45$ kN，钢丝绳的自重 $p=23.8$ N/m，横截面面积 $A=251$ mm²，许用应力 $[\sigma]=210$ MPa。试校核钢丝绳的强度。

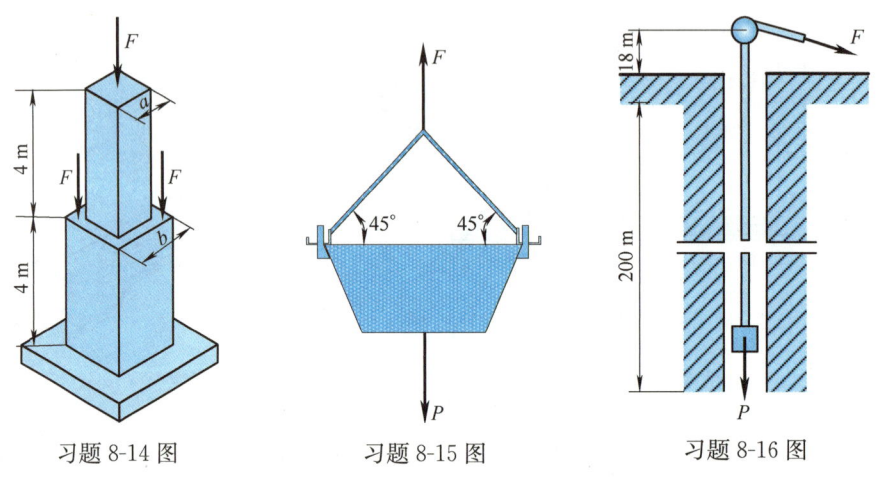

习题 8-14 图　　　习题 8-15 图　　　习题 8-16 图

8-17 如习题 8-17 图所示，油缸盖与缸体用 6 个对称分布的螺栓联接。已知油压 $p=1$ MPa，油缸内径 $D=350$ mm，螺栓材料的许用应力 $[\sigma]=40$ MPa。试设计螺栓直径 d。

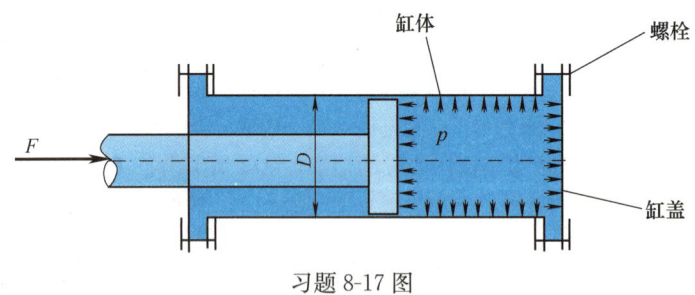

习题 8-17 图

8-18 汽车离合器踏板如习题 8-18 图所示，已知 $F_1=400$ N，$L=330$ mm，$l=56$ mm，圆截面拉杆 AB 的直径 $d=9$ mm，许用应力 $[\sigma]=50$ MPa。试校核拉杆 AB 的强度。

8-19 悬臂吊车如习题 8-19 图所示，已知最大起吊重量 $P=25$ kN，斜拉杆 BC 用两根等边角钢制成，其许用应力 $[\sigma]=140$ MPa。试确定等边角钢的型号。

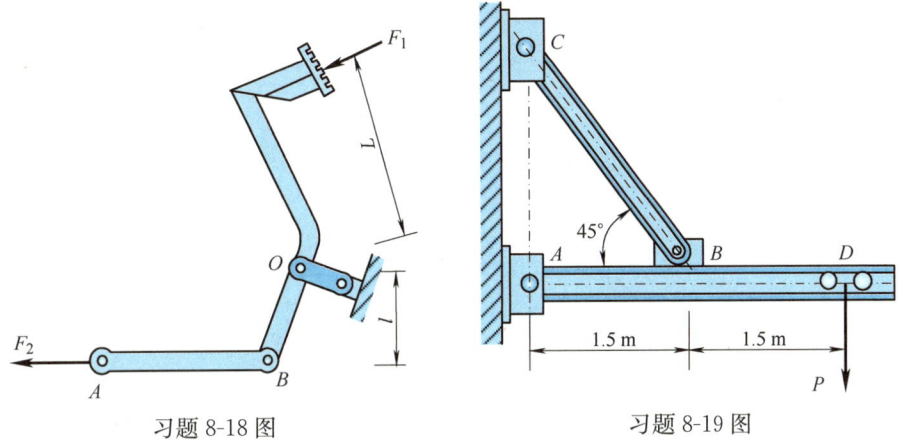

习题 8-18 图   习题 8-19 图

8-20 三角支架如习题 8-20 图所示,已知钢杆 AB 的横截面面积 $A=600$ mm^2,许用应力 $[\sigma]=140$ MPa。若杆 AC 足够坚固,试根据钢杆 AB 的强度确定许可载荷 $[F]$。

8-21 三角支架如习题 8-21 图所示,已知两杆的横截面面积均为 2 cm^2,杆 AC 的许用应力 $[\sigma_{AC}]=100$ MPa,杆 BC 的许用应力 $[\sigma_{BC}]=160$ MPa。试确定该支架的许可载荷 $[P]$。

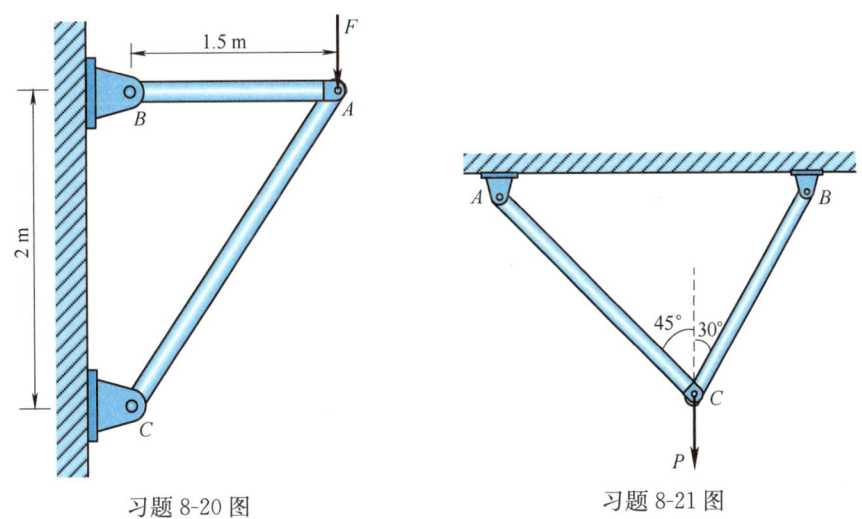

习题 8-20 图   习题 8-21 图

8-22 习题 8-22 图所示结构,拉杆 AB 和 AD 均由两根等边角钢构成,已知材料的许用应力 $[\sigma]=170$ MPa。试选择拉杆 AB 和 AD 的角钢型号。

8-23 两端固定的阶梯杆如习题 8-23 图所示,已知粗、细两段杆的横截面面积分别为 400 mm^2、200 mm^2,材料的弹性模量 $E=200$ GPa,试作轴力图并计算杆内的最大正应力。

8-24 如习题 8-24 图所示,铝合金杆芯与钢质套管构成一复合杆,承受轴向压力 F 的作用,若铝合金杆芯与钢质套管的抗拉(压)刚度分别为 E_1A_1 与 E_2A_2,试计算铝合金杆芯

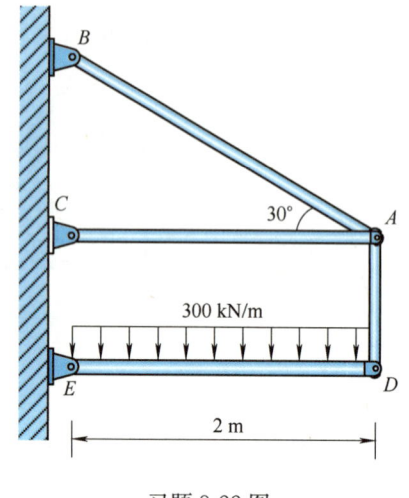

习题 8-22 图

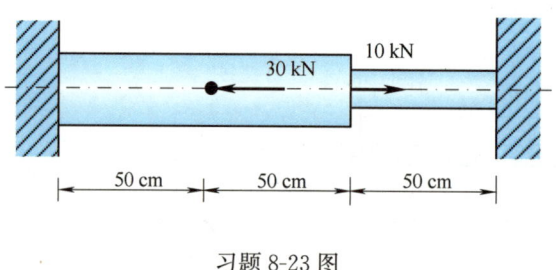

习题 8-23 图

与钢质套管横截面上的正应力。

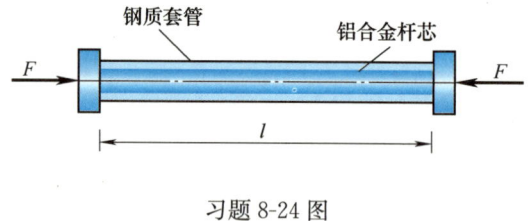

习题 8-24 图

8-25　在习题 8-25 图所示结构中，假设横梁 BD 是刚性的，两根弹性拉杆 1 与 2 完全相同。已知杆 1、杆 2 的长度为 l，弹性模量为 E，横截面面积 $A=300$ mm^2，许用应力 $[\sigma]=160$ MPa。若所受载荷 $F=50$ kN，试校核两杆强度。

8-26　在习题 8-26 图所示结构中，杆 1、2、3 的长度、横截面面积、材料均相同，若横

梁 AC 是刚性的,试求三杆轴力。

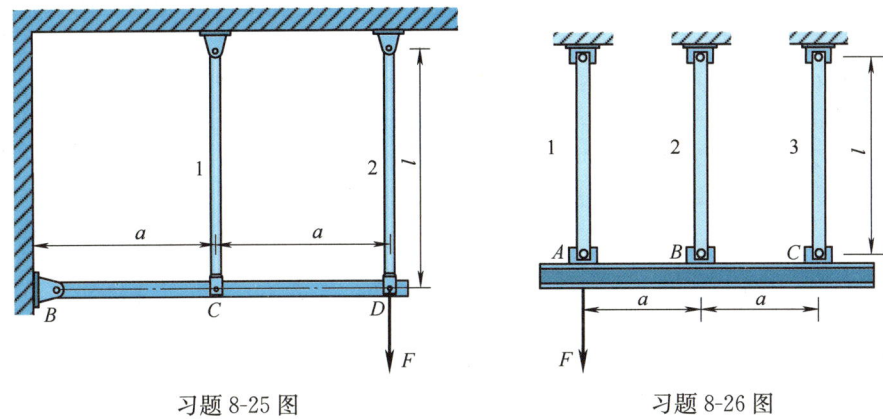

习题 8-25 图　　　　　　　习题 8-26 图

8-27　在习题 8-27 图所示结构中,杆 1、2 的横截面面积、材料均相同,若横梁 AB 是刚性的,试求两杆轴力。

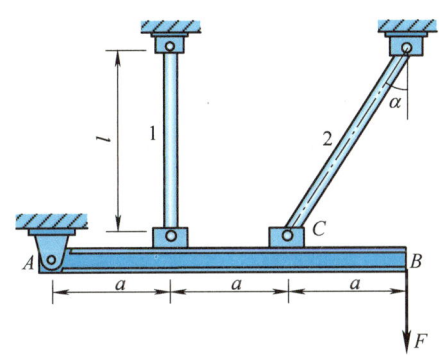

习题 8-27 图

8-28　习题 8-28 图所示阶梯钢杆,在温度 $T_1 = 5$ ℃时固定于两刚性平面之间。已知粗、细两段杆的横截面面积分别为 $A_1 = 1000 \text{ mm}^2$、$A_2 = 500 \text{ mm}^2$;材料的弹性模量 $E = 200$ GPa,线膨胀系数 $\alpha = 1.2 \times 10^{-5}$ ℃$^{-1}$。试求当温度升高至 $T_2 = 25$ ℃时,杆内的最大正应力。

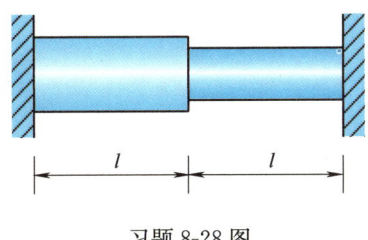

习题 8-28 图

8-29 如习题 8-29 图所示，等截面直杆在 A 端固定，另一端离刚性平面 B 有 $\delta = 1$ mm 的空隙。已知 $a = 1.5$ m，$b = 1$ m，杆件的横截面面积 $A = 200$ mm^2，材料的弹性模量 $E = 100$ GPa。试求当杆件在 C 截面处受到 $F = 50$ kN 的轴向载荷作用时杆的轴力。

8-30 习题 8-30 图所示结构，已知横梁 AB 是刚性的，杆 1 与杆 2 的长度、横截面面积、材料均相同，其抗拉（压）刚度为 EA，线膨胀系数为 α。试求当杆 1 温度升高 ΔT 时，杆 1 与杆 2 的轴力。

8-31 如习题 8-31 图所示，已知钢杆 1、2、3 的长度 $l = 1$ m，横截面面积 $A = 2$ cm^2，弹性模量 $E = 200$ GPa。若因制造误差，杆 3 短了 $\delta = 0.8$ mm，试计算强行安装后三根钢杆的轴力（假设横梁是刚性的）。

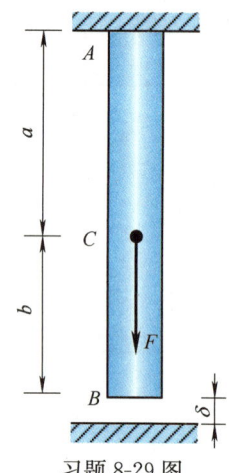

习题 8-29 图

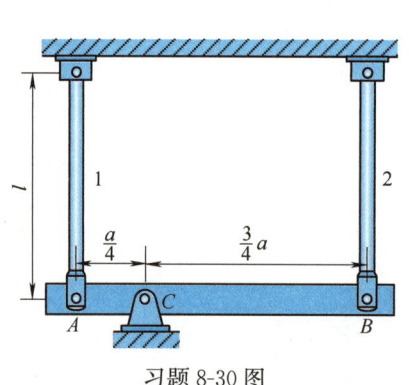

习题 8-30 图

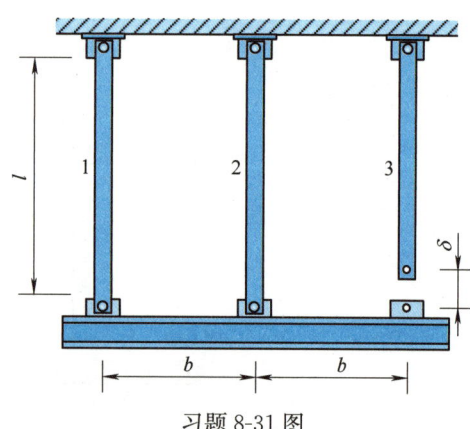

习题 8-31 图

第九章
剪切与挤压

第一节 引　　言

·思 政 导 读·

南京长江大桥（见图9-1）是长江上第一座由中国自行设计和建造的双层式公路、铁路两用桥梁，1960年以"世界最长的公铁两用桥"被载入《吉尼斯世界纪录大全》，在中国桥梁史和世界桥梁史上具有重要意义。南京长江大桥是新中国技术成就与现代化的象征，其建造过程充分展现了中国工程技术人员的工匠精神。南京长江大桥的主体结构是钢桁梁，当年的建造技术要靠铆钉将所有的钢构件连接牢固。整座大桥的铆钉数超过150万颗，而每1颗铆钉的铆接都需要5个人的默契配合才能完成，可见整座大桥的建成凝

图　9-1

聚了大量工程技术人员的智慧和汗水。2016—2018年,在对长期处于负荷状态的南京长江大桥进行的大规模的升级维修中,人们惊奇地发现,时隔将近半个世纪,钢桁梁上的绝大多数铆钉依然完好无损,每1000颗铆钉只有4颗需要更换。

铆钉是一种典型的连接件。在工程结构或机械中,构件之间通常通过铆钉(见图9-2a)、销钉(见图9-3a)、键(见图9-4a)、螺栓(见图9-5a)等连接件相连接。这类连接件的主要变形形式是**剪切**与**挤压**。

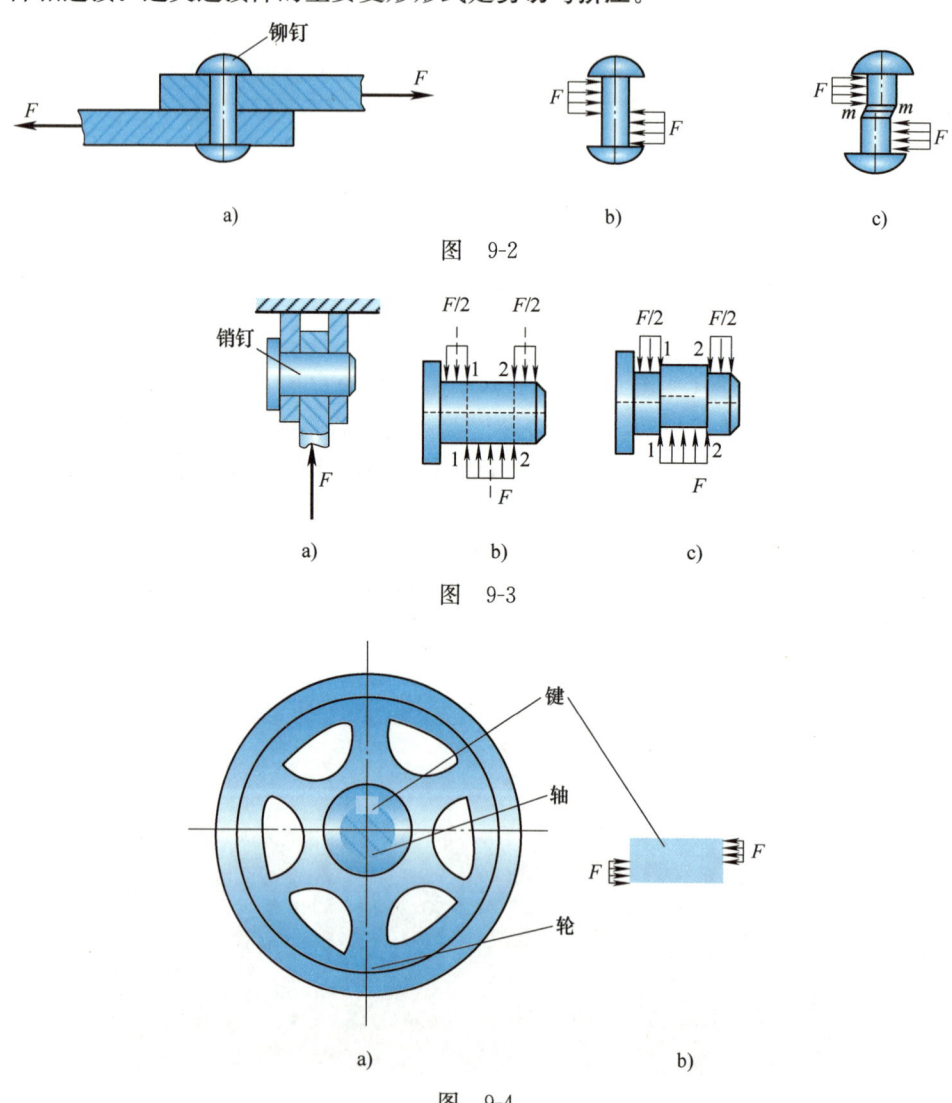

图 9-2

图 9-3

图 9-4

剪切的受力特点是：构件在两侧面受到大小相等、方向相反、作用线相距很近的外力（外力合力）的作用，如图 9-2b、图 9-3b、图 9-4b 和图 9-5b 所示。

剪切的变形特点是：构件沿位于两侧外力之间的截面发生相对错动，如图 9-2c 所示。发生错动的截面称为**剪切面**，如图 9-2c 中的 m—m 截面。当外力到达一定限度时，构件将在剪切面处被剪断。

图 9-3 中的销钉同时有两个剪切面 1—1 和 2—2，这种情况称为**双剪**。

构件在受到剪切变形的同时，往往还要受到挤压变形。在外力作用下，连接件与被连接构件之间在侧面互相压紧、传递压力。由于一般接触面较小而传递的压力较大，就有可能在接触面局部被压溃或发生塑性变形，如图 9-6 所示。这种变形破坏形式就称为**挤压**。传递压力的接触面称为**挤压面**。

本章主要介绍剪切与挤压的强度计算。由于剪切与挤压只发生在构件的局部区域，其受力与变形比较复杂，难以精确计算，因此，工程中均采用简化的实用计算方法。实践表明，这些实用计算方法是可靠的，可以满足工程需要。

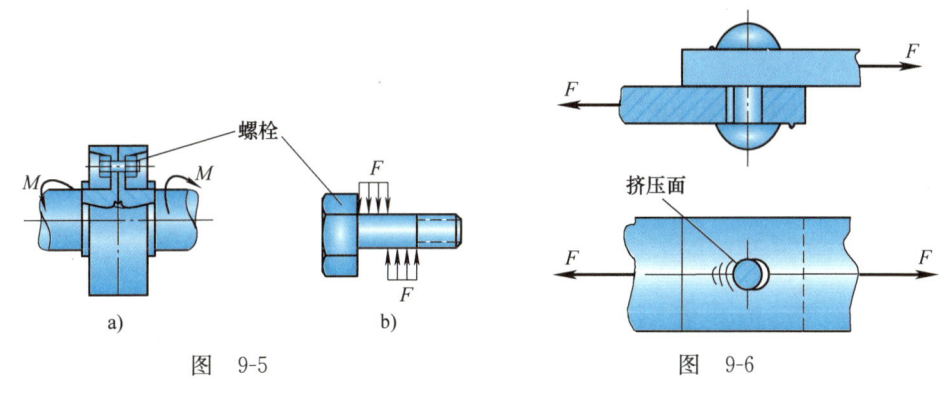

图 9-5　　　　　　　　　　图 9-6

第二节　剪切的实用计算

下面以图 9-2a 所示的铆钉为例，介绍剪切的实用计算方法。

一、剪切面上的内力

首先确定铆钉剪切面上的内力：利用截面法，沿剪切面 m—m 将铆钉假想截断，取其下部为研究对象（见图 9-7a）。由平衡条件易知，剪切面上的内力为一个切向内力，称为**剪力**，记作 F_S。显然，该铆钉剪切面上的剪力

$$F_S = F$$

二、剪切面上的应力

剪力 F_S 是以切应力 τ 的形式分布在剪切面上的，如图 9-7b 所示。在工程实用计算中，假设切应力 τ 在剪切面上均匀分布，即其计算公式为

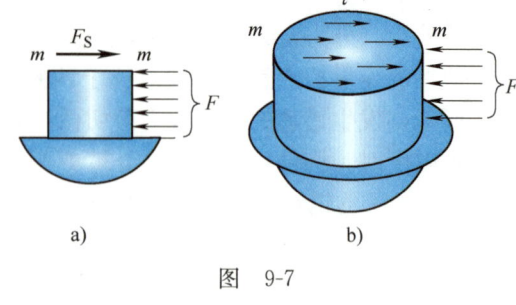

图 9-7

$$\tau = \frac{F_S}{A_S} \qquad (9\text{-}1)$$

式中，F_S 为剪切面上的剪力，用截面法由平衡方程确定；A_S 为剪切面的面积。

三、剪切强度条件

于是，剪切强度条件为

$$\tau = \frac{F_S}{A_S} \leqslant [\tau] \qquad (9\text{-}2)$$

式中，$[\tau]$ 为材料的许用切应力，等于材料的剪切强度极限 τ_b 除以安全因数 n。而剪切强度极限 τ_b 则需通过剪切试验测出剪切破坏载荷并按式（9-1）确定。常用材料的许用切应力可从有关设计手册中查到。

第三节　挤压的实用计算

一、挤压应力的实用计算

挤压面上传递的压力称为**挤压力**，记作 F_{bs}（见图 9-8a）。挤压力 F_{bs} 实际上是以法向应力的形式分布在挤压面上的，这种法向应力称为**挤压应力**，记作 σ_{bs}。挤压应力 σ_{bs} 的实际分布情况如图 9-8b 所示，较为复杂。在工程实用中，采用简化公式

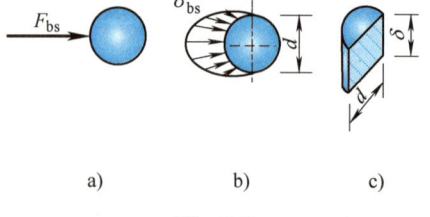

图 9-8

$$\sigma_{bs} = \frac{F_{bs}}{A_{bs}} \qquad (9\text{-}3)$$

来计算挤压应力 σ_{bs}。式中，F_{bs} 为挤压面上的挤压力，由平衡方程确定；A_{bs} 为挤压面的计算面积，取实际挤压面在垂直于挤压力的平面上投影的面积。

若挤压面为半圆柱面，如图 9-8 中的铆钉，A_{bs} 应取其直径平面面积（图 9-8c 中的阴影面积），即挤压面的计算面积

$$A_{bs} = d\delta$$

若挤压面为平面，如图 9-9a 中的键，A_{bs} 就取该平面的面积（见图 9-9b），即挤压面的计算面积

$$A_{bs} = l \cdot \frac{h}{2}$$

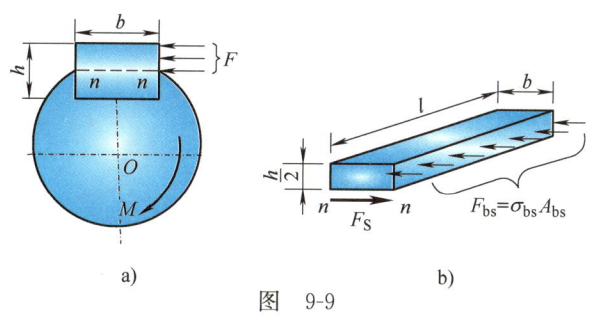

图 9-9

二、挤压强度条件

于是，挤压强度条件为

$$\sigma_{bs} = \frac{F_{bs}}{A_{bs}} \leqslant [\sigma_{bs}] \tag{9-4}$$

式中，$[\sigma_{bs}]$ 为材料的许用挤压应力，等于通过试验按式（9-3）确定的材料的挤压强度极限除以安全因数。常用材料的许用挤压应力可从有关设计手册中查到。

第四节　连接件的强度计算

连接件的主要变形形式是剪切与挤压，根据式（9-2）和式（9-4），即可进行连接件的强度计算，现举例说明如下：

【**例 9-1**】　某铆接件如图 9-10a 所示，已知铆钉直径 $d = 10$ mm，板的厚度 $\delta = 4$ mm、宽度 $b = 30$ mm，铆钉与板材料相同，其许用切应力 $[\tau] = 80$ MPa、许用挤压应力 $[\sigma_{bs}] = 250$ MPa、许用拉应力 $[\sigma] = 130$ MPa。若所受轴向载荷 $F = 6$ kN，试校核该铆接件的强度。

解：(1) 校核铆钉与板的挤压强度

由上（下）板的受力图（见图 9-10b）可见，铆钉与上（下）板孔壁之间的挤压力

$$F_{bs} = F = 6 \text{ kN}$$

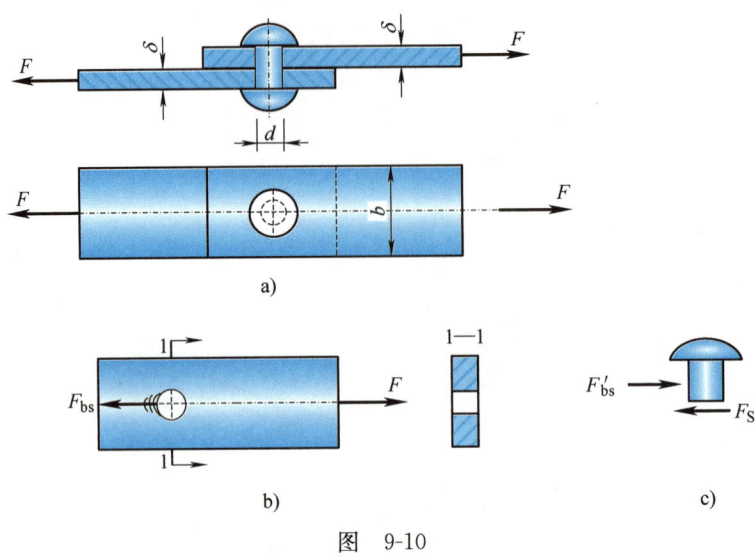

图 9-10

根据式（9-4），有

$$\sigma_{bs}=\frac{F_{bs}}{d\delta}=\frac{6000\ \text{N}}{10\times 4\times 10^{-6}\ \text{m}^2}=150\times 10^6\ \text{Pa}=150\ \text{MPa}<[\sigma_{bs}]$$

铆钉与板的挤压强度满足要求。

(2) 校核铆钉的剪切强度

截取上（下）半段铆钉为研究对象（见图 9-10c），得铆钉剪切面上的剪力

$$F_S=F'_{bs}=F_{bs}=6\ \text{kN}$$

根据式（9-2），有

$$\tau=\frac{4F_S}{\pi d^2}=\frac{4\times 6000\ \text{N}}{\pi\times 10^2\times 10^{-6}\ \text{m}^2}=76.4\times 10^6\ \text{Pa}=76.4\ \text{MPa}<[\tau]$$

铆钉的剪切强度满足要求。

(3) 校核板的拉伸强度

如图 9-10b 所示，板受到轴向拉伸，其最大拉应力位于铆钉孔所在的 1—1 截面上。

根据拉伸强度条件，有

$$\sigma_{\max}=\frac{F}{(b-d)\delta}=\frac{6000\ \text{N}}{(30-10)\times 4\times 10^{-6}\ \text{m}^2}=75\times 10^6\ \text{Pa}=75\ \text{MPa}<[\sigma]$$

板的拉伸强度满足要求。

综上所述，该铆接件的强度足够。

【例 9-2】某挂钩装置如图 9-11a 所示，已知厚度 $t_1=8$ mm、$t_2=5$ mm，销钉材料的许用切应力 $[\tau]=60$ MPa、许用挤压应力 $[\sigma_{bs}]=190$ MPa。若所受最大拉力 $F=20$ kN，试确定销钉直径 d。

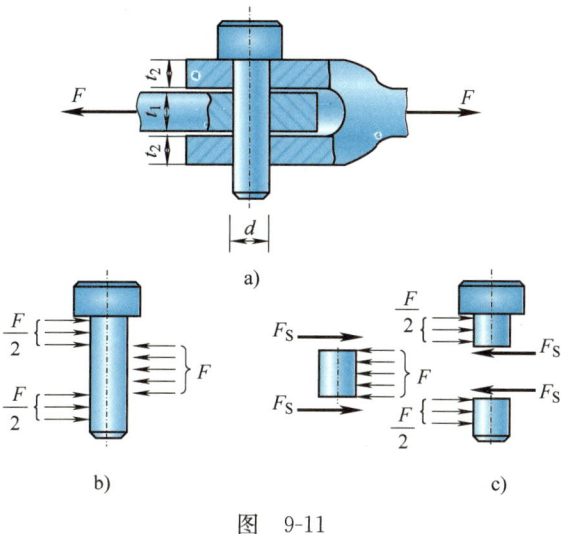

图 9-11

解:(1) 根据剪切强度确定销钉直径

销钉承受双剪,由截面法,可得任一剪切面上的剪力(见图 9-11c)

$$F_S = \frac{F}{2} = 10 \text{ kN}$$

根据剪切强度条件

$$\tau = \frac{F_S}{A_S} = \frac{10 \times 10^3 \text{ N}}{\frac{\pi}{4}d^2} \leqslant [\tau] = 60 \times 10^6 \text{ Pa}$$

得销钉直径

$$d \geqslant 0.0146 \text{ m} = 14.6 \text{ mm}$$

(2) 根据挤压强度确定销钉直径

由于 $t_1 < 2t_2$,故知最大挤压应力位于销钉的中间段,如图 9-11b 所示。

根据挤压强度条件

$$\sigma_{bs\max} = \left(\frac{F_{bs}}{A_{bs}}\right)_{\max} = \frac{F}{dt_1} = \frac{20 \times 10^3 \text{ N}}{d \times 8 \times 10^{-3} \text{ m}} \leqslant [\sigma_{bs}] = 190 \times 10^6 \text{ Pa}$$

得销钉直径

$$d \geqslant 0.0132 \text{ m} = 13.2 \text{ mm}$$

综合上述计算结果,可选取销钉的直径 $d = 15$ mm。

【例 9-3】 如图 9-12 所示,带轮通过键与轴连接,已知带轮传递的力偶矩 $M = 600$ N·m,轴的直径 $d = 40$ mm,键的尺寸 $b = 12$ mm、$h = 8$ mm、$l = 55$ mm;键材料的许用切应力 $[\tau] = 60$ MPa、许用挤压应力 $[\sigma_{bs}] = 180$ MPa,试校核键的强度。

解:(1) 计算键的受力

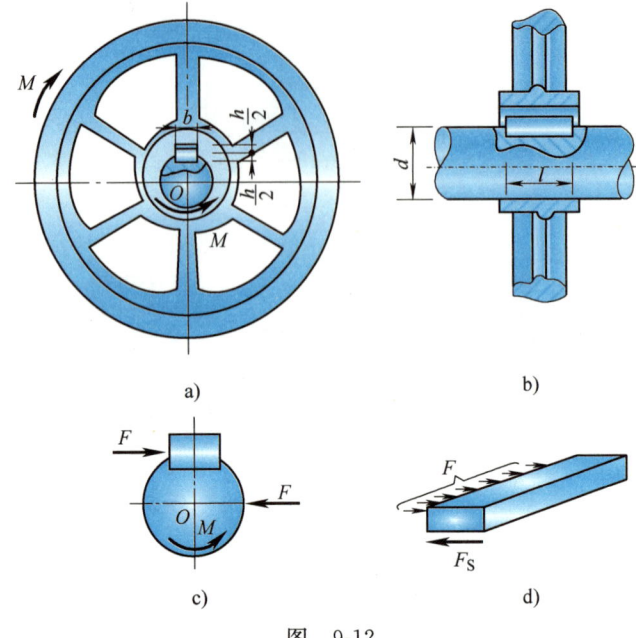

图 9-12

选取键和轴为研究对象,作出受力图(见图 9-12c),由平衡方程

$$\sum M_O = 0, \quad M - F \cdot \frac{d}{2} = 0$$

得

$$F = \frac{2M}{d} = \frac{2 \times 600 \text{ N} \cdot \text{m}}{40 \times 10^{-3} \text{ m}} = 30 \times 10^3 \text{ N}$$

(2) 校核键的剪切强度

由截面法(见图 9-12d),得剪力

$$F_S = F = 30 \times 10^3 \text{ N}$$

根据式 (9-2),有

$$\tau = \frac{F_S}{lb} = \frac{30 \times 10^3 \text{ N}}{55 \times 12 \times 10^{-6} \text{ m}^2} = 45.5 \times 10^6 \text{ Pa} = 45.5 \text{ MPa} < [\tau]$$

键满足剪切强度条件。

(3) 校核键的挤压强度

显然,键的挤压力

$$F_{bs} = F = 30 \times 10^3 \text{ N}$$

根据式 (9-4),有

$$\sigma_{bs} = \frac{F_{bs}}{l \cdot \frac{h}{2}} = \frac{2 \times 30 \times 10^3 \text{ N}}{55 \times 8 \times 10^{-6} \text{ m}^2} = 136.4 \times 10^6 \text{ Pa} = 136.4 \text{ MPa} < [\sigma_{bs}]$$

键满足挤压强度条件。

所以，键的强度符合要求。

【例 9-4】 如图 9-13a 所示，一螺栓刚好穿过圆孔，搁置在刚性平台上。已知端帽直径 $D=40$ mm、厚度 $h=12$ mm，螺杆直径 $d=28$ mm，螺栓材料的许用应力 $[\sigma]=100$ MPa、$[\tau]=70$ MPa、$[\sigma_{bs}]=180$ MPa。若螺杆所受轴向载荷 $F=60$ kN，试校核该螺栓的强度。

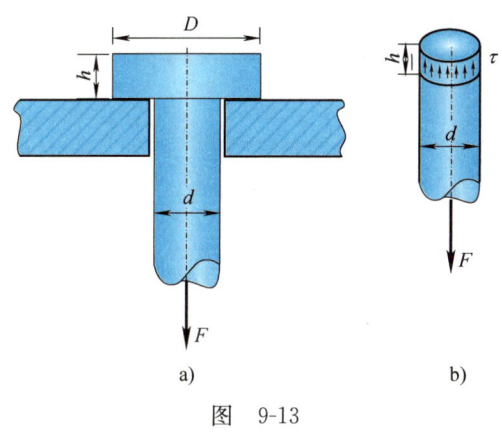

图 9-13

解：（1）校核螺杆的拉伸强度

显然，螺杆任一截面的轴力 $F_N=F=60$ kN。根据拉伸强度条件

$$\sigma=\frac{F_N}{A}=\frac{F}{\frac{\pi d^2}{4}}=\frac{4\times60\times10^3 \text{ N}}{\pi\times28^2\times10^{-6} \text{ m}^2}=97.4 \text{ MPa}<[\sigma]$$

可知，螺杆的拉伸强度符合要求。

（2）校核端帽的剪切强度

螺栓端帽的剪切面为直径为 d、厚度为 h 的圆柱侧表面（见图 9-13b）。根据剪切强度条件

$$\tau=\frac{F_S}{A_S}=\frac{F}{\pi dh}=\frac{60\times10^3 \text{ N}}{\pi\times28\times12\times10^{-6} \text{ m}^2}=56.8 \text{ MPa}<[\tau]$$

可知，端帽的剪切强度符合要求。

（3）校核端帽的挤压强度

螺栓端帽的挤压面为内径为 d、外径为 D 的圆环形平面。根据挤压强度条件

$$\sigma_{bs}=\frac{F_{bs}}{A_{bs}}=\frac{F}{\frac{\pi(D^2-d^2)}{4}}=\frac{4\times60\times10^3 \text{ N}}{\pi\times(40^2-28^2)\times10^{-6} \text{ m}^2}=93.6 \text{ MPa}<[\sigma_{bs}]$$

可知，端帽的挤压强度符合要求。

所以，该螺栓的强度符合要求。

【例 9-5】 图 9-14a 所示连接件由两块钢板用 4 个铆钉铆接而成。已知板宽 $b=80$ mm，

板厚 $\delta=10$ mm，铆钉直径 $d=16$ mm；板和铆钉材料相同，许用切应力 $[\tau]=100$ MPa，许用挤压应力 $[\sigma_{bs}]=280$ MPa，许用拉应力 $[\sigma]=160$ MPa。试确定该连接件所允许承受的轴向拉力 F。

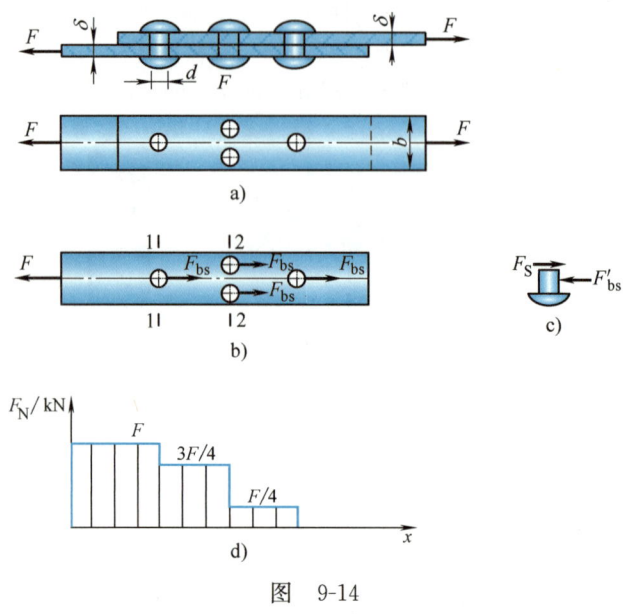

图 9-14

解：(1) 根据铆钉和钢板的挤压强度确定许可载荷

这是对称性问题，故可假设各铆钉受力相同。据此，作出下（上）板受力图如图 9-14b 所示。可见，铆钉与钢板孔壁之间的挤压力

$$F_{bs}=\frac{F}{4}$$

由挤压强度条件

$$\sigma_{bs}=\frac{F_{bs}}{A_{bs}}=\frac{\dfrac{F}{4}}{d\delta}=\frac{F}{4\times16\times10\times10^{-6}\ \text{m}^2}\leqslant[\sigma_{bs}]=280\times10^6\ \text{Pa}$$

得

$$F\leqslant179.2\times10^3\ \text{N}=179.2\ \text{kN}$$

(2) 根据铆钉的剪切强度确定许可载荷

截取任一铆钉的下（上）半段为研究对象（见图 9-14c），即得各铆钉剪切面上的剪力

$$F_S=F'_{bs}=F_{bs}=\frac{F}{4}$$

由剪切强度条件

$$\tau=\frac{F_S}{A_S}=\frac{\dfrac{F}{4}}{\dfrac{\pi}{4}d^2}=\frac{F}{\pi\times16^2\times10^{-6}\ \text{m}^2}\leqslant[\tau]=100\times10^6\ \text{Pa}$$

得
$$F \leqslant 80.4 \times 10^3 \text{ N} = 80.4 \text{ kN}$$

(3) 根据钢板的拉伸强度确定许可载荷

钢板的受力图、轴力图分别如图 9-14b、d 所示，可见截面 1—1 与截面 2—2 为可能的危险截面，应分别对其进行拉伸强度计算。

截面 1—1：由
$$\sigma_{1-1} = \frac{F_{N1-1}}{A_{1-1}} = \frac{F}{(b-d)\delta} = \frac{F}{(80-16)\times 10\times 10^{-6} \text{ m}^2} \leqslant [\sigma] = 160\times 10^6 \text{ Pa}$$

得
$$F \leqslant 102.4 \times 10^3 \text{ N} = 102.4 \text{ kN}$$

截面 2—2：由
$$\sigma_{2-2} = \frac{F_{N2-2}}{A_{2-2}} = \frac{3F}{4(b-2d)\delta} = \frac{3F}{4\times(80-2\times 16)\times 10\times 10^{-6} \text{ m}^2} \leqslant [\sigma] = 160\times 10^6 \text{ Pa}$$

得
$$F \leqslant 102.4 \times 10^3 \text{ N} = 102.4 \text{ kN}$$

综上所述，该连接件所允许承受的轴向载荷
$$[F] = 80.4 \text{ kN}$$

【例 9-6】 如图 9-15a 所示，两块矩形截面的构件嵌接在一起，已知 $b = 20$ cm，$h = 15$ cm，$l = 10$ cm，$t = 5$ cm，所受拉力 $F = 45$ kN，材料的许用挤压应力 $[\sigma_{bs}] = 10$ MPa、许用切应力 $[\tau] = 3$ MPa。试校核该结构件的连接强度。

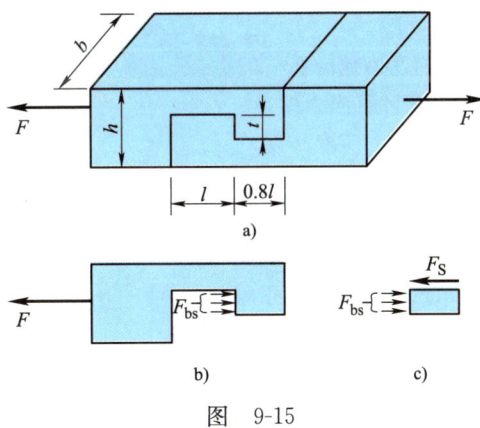

图 9-15

解：(1) 校核结构件的挤压强度

作上（下）构件的受力图如图 9-15b 所示。由图可知，上（下）构件之间的挤压力为
$$F_{bs} = F = 45 \text{ kN}$$

根据挤压强度条件

$$\sigma_{bs} = \frac{F_{bs}}{A_{bs}} = \frac{F}{bt} = \frac{45 \times 10^3 \text{ N}}{0.2 \times 0.05 \text{ m}^2} = 4.5 \times 10^6 \text{ Pa} = 4.5 \text{ MPa} < [\sigma_{bs}]$$

该结构件的挤压强度符合要求。

(2) 校核结构件的剪切强度

如图 9-15c 所示，由截面法，沿剪切面截开上（下）构件，可得上（下）构件剪切面上的剪力为

$$F_S = F_{bs} = 45 \text{ kN}$$

易知，上构件的剪切面面积小于下构件的剪切面面积，故上构件的剪切面是该结构的危险剪切面。

根据剪切强度条件

$$\tau_{max} = \frac{F_S}{A_S} = \frac{F_S}{0.8 lb} = \frac{45 \times 10^3 \text{ N}}{0.8 \times 0.1 \times 0.2 \text{ m}^2} = 2.8 \times 10^6 \text{ Pa} = 2.8 \text{ MPa} < [\tau]$$

该结构件的剪切强度符合要求。

综上所述，该结构件的连接强度满足要求。

复习思考题

9-1 剪切的受力特点与变形特点是什么？

9-2 何谓挤压？挤压与轴向压缩有何区别？

9-3 挤压应力与轴向压应力有何区别？

9-4 根据式（9-3）计算挤压应力时，若挤压面为半圆柱面，为什么 A_{bs} 应取其直径平面面积，而不能取半圆柱面面积？

9-5 在进行连接件的强度计算时，应如何确定剪切面和挤压面？

9-6 思考题 9-6 图所示拉杆与木板之间放置了一个金属垫圈，试解释垫圈的作用。

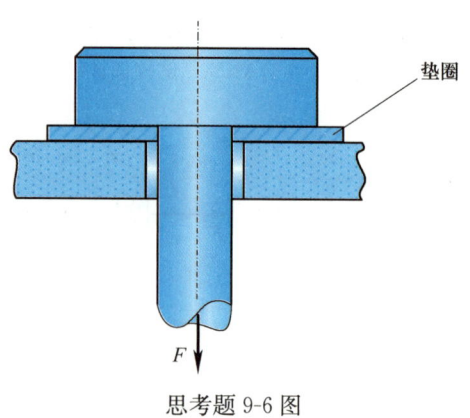

思考题 9-6 图

习题

9-1 木榫接头如习题 9-1 图所示，已知 $a = 10$ cm、$b = 12$ cm、$c = 4.5$ cm、$l = 35$ cm，$F = 40$ kN。试计算接头的切应力和挤压应力。

9-2 如习题 9-2 图所示，用冲床将钢板冲出直径 $d = 20$ mm 的圆孔，已知冲床的最大冲剪力为 100 kN，钢板的剪切强度极限 $\tau_b = 200$ MPa，试确定所能冲剪的钢板的最大厚度 t。

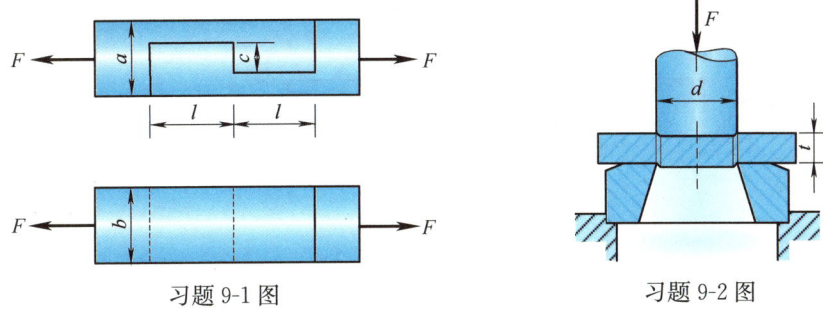

习题 9-1 图　　　　　　　　　习题 9-2 图

9-3　如习题 9-3 图所示，用一个螺栓将一根拉杆与两块相同的盖板相连接，承受 $F=120$ kN的拉力。已知拉杆厚度 $t=15$ mm，盖板厚度 $\delta=8$ mm，螺栓的许用切应力 $[\tau]=60$ MPa、许用挤压应力 $[\sigma_{bs}]=160$ MPa，拉杆的许用拉应力 $[\sigma]=80$ MPa，试确定拉杆宽度 b 和螺栓直径 d。

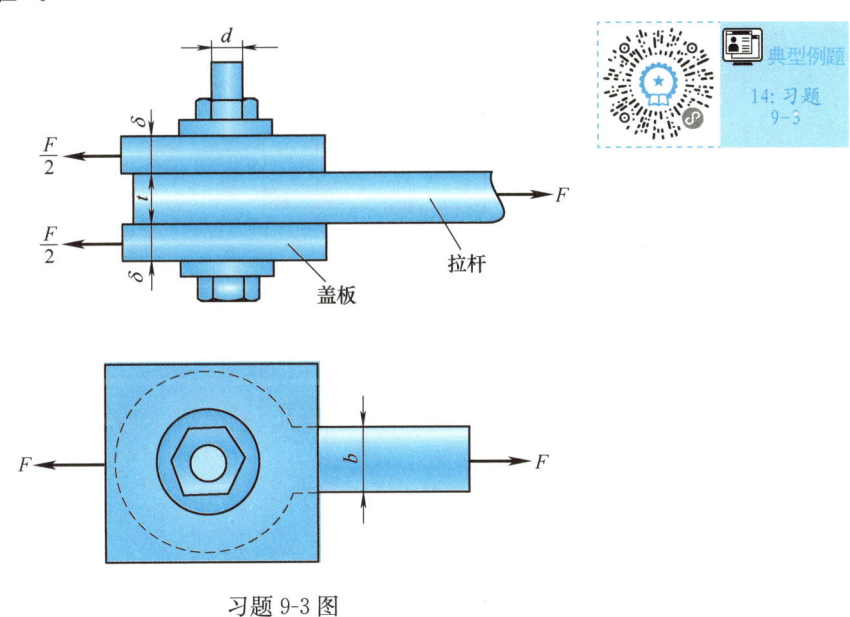

习题 9-3 图

9-4　如习题 9-4 图所示，两块厚度 $t=6$ mm 的相同钢板用三个铆钉铆接。已知材料的许用切应力 $[\tau]=100$ MPa、许用挤压应力 $[\sigma_{bs}]=280$ MPa。若 $F=50$ kN，试确定铆钉直径 d。

9-5　如习题 9-5 图所示，d 为拉杆直径，D、h 分别为拉杆端部的直径、厚度。已知轴向拉力 $F=11$ kN，材料的许用切应力 $[\tau]=90$ MPa、许用挤压应力 $[\sigma_{bs}]=200$ MPa、许用拉应力 $[\sigma]=120$ MPa。试确定 d、D 与 h。

9-6　如习题 9-6 图所示，拉杆用四个铆钉固定在格板上，已知轴向拉力 $F=80$ kN，拉杆的宽度 $b=80$ mm、厚度 $\delta=10$ mm，铆钉直径 $d=16$ mm，材料的许用切应力 $[\tau]=$

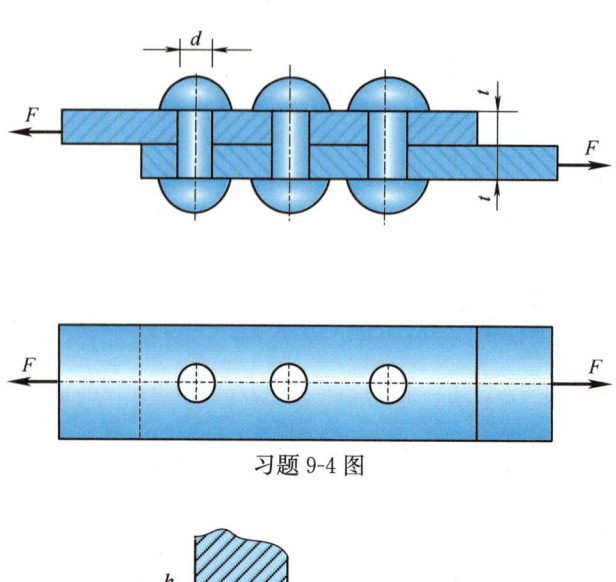

习题 9-4 图

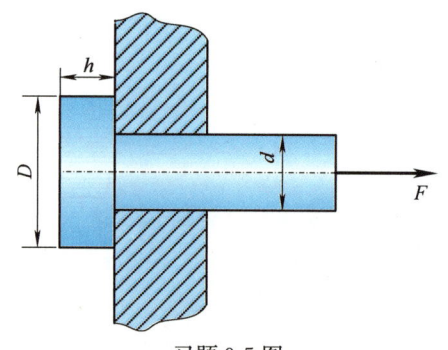

习题 9-5 图

100 MPa、许用挤压应力 $[\sigma_{bs}]=300$ MPa、许用拉应力 $[\sigma]=160$ MPa。试校核铆钉与拉杆的强度。

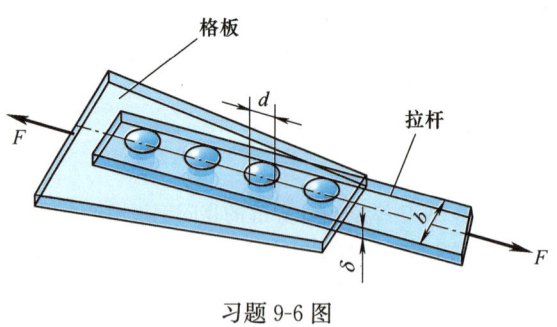

习题 9-6 图

9-7 如习题 9-7 图所示，两根矩形截面木杆用两块钢板相连接，已知轴向拉力 $F=45$ kN，木杆宽度 $b=250$ mm，木材的许用切应力 $[\tau]=1$ MPa、许用挤压应力 $[\sigma_{bs}]=10$ MPa、许用拉应力 $[\sigma]=6$ MPa。试确定钢板尺寸 δ 与 l，以及木杆厚度 h。

9-8 带肩杆件如习题9-8图所示，已知材料的许用切应力 $[\tau]=100$ MPa、许用挤压应力 $[\sigma_{bs}]=320$ MPa、许用拉应力 $[\sigma]=160$ MPa。试确定许可载荷。

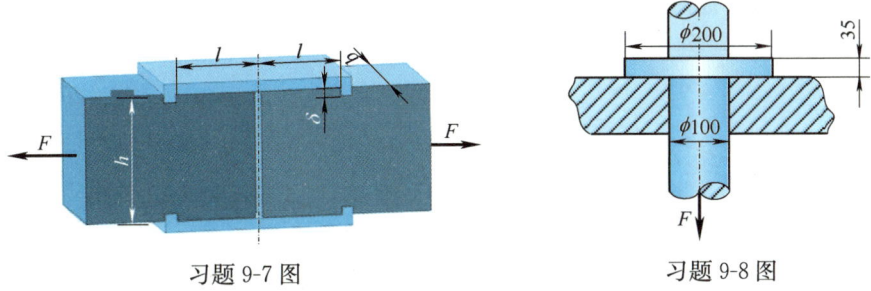

习题 9-7 图　　　　　习题 9-8 图

9-9 如习题9-9图所示，已知轴的直径 $d=80$ mm，键的尺寸 $b=24$ mm、$h=14$ mm，键的许用切应力 $[\tau]=40$ MPa、许用挤压应力 $[\sigma_{bs}]=90$ MPa。若由轴通过键传递的力偶矩 $M=3$ kN·m，请确定键的长度 l。

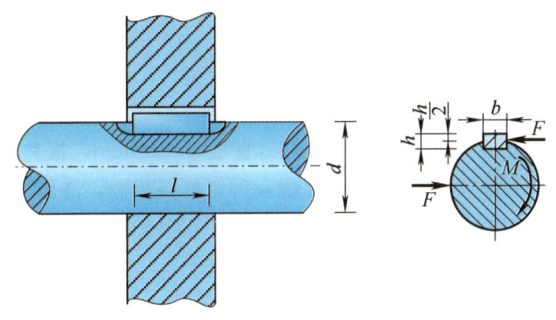

习题 9-9 图

9-10 铆接件如习题9-10图所示，已知铆钉直径 $d=25$ mm，板厚 $\delta=12$ mm，板宽 $b=150$ mm，板和铆钉材料相同，许用切应力 $[\tau]=60$ MPa、许用挤压应力 $[\sigma_{bs}]=160$ MPa、许用拉应力 $[\sigma]=100$ MPa。试确定许可载荷。

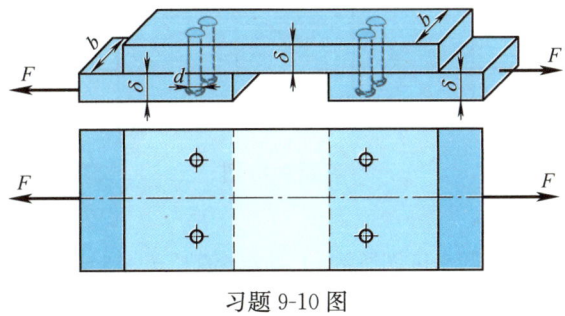

习题 9-10 图

9-11 如习题9-11图所示，用两个铆钉将 140 mm×140 mm×12 mm 的等边角钢铆接在立柱上，构成托架。已知托架中央承受的压力 $F=20$ kN，铆钉直径 $d=20$ mm，材料的许用

切应力 $[\tau]=40$ MPa、许用挤压应力 $[\sigma_{bs}]=120$ MPa。试校核铆钉强度。

9-12 习题 9-12 图所示联轴器用四个螺栓连接,螺栓对称地分布在直径 $D=480$ mm 的圆周上。已知联轴器传递的力偶矩 $M=24$ kN·m,螺栓材料的许用切应力 $[\tau]=80$ MPa。试根据螺栓的剪切强度确定螺栓的直径 d。

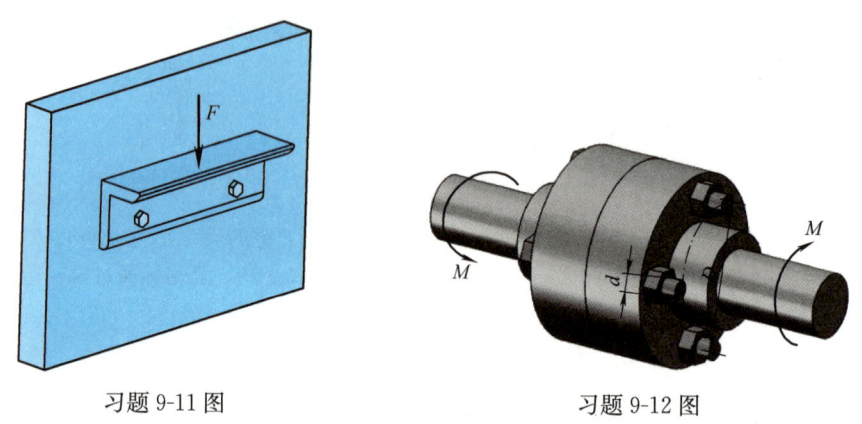

习题 9-11 图　　　　　　　　　　习题 9-12 图

9-13 连接件如习题 9-13 图所示,已知铆钉直径 $d=20$ mm,板宽 $b=100$ mm,中央主板厚 $\delta=15$ mm,上、下盖板厚 $t=10$ mm;板和铆钉材料相同,许用切应力 $[\tau]=80$ MPa,许用挤压应力 $[\sigma_{bs}]=220$ MPa,许用拉应力 $[\sigma]=100$ MPa。若所受轴向拉力 $F=80$ kN,试校核该连接件的强度。

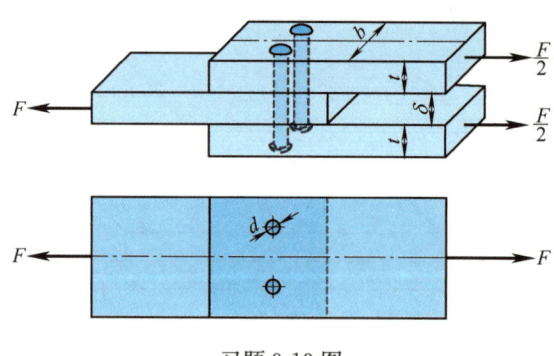

习题 9-13 图

9-14 钢螺栓接头如习题 9-14 图所示,已知螺栓直径 $d=18$ mm,钢板宽度 $b=200$ mm、厚度 $\delta=6$ mm,材料的许用切应力 $[\tau]=100$ MPa、许用挤压应力 $[\sigma_{bs}]=240$ MPa、许用拉应力 $[\sigma]=160$ MPa。试确定该连接件的许可载荷。

9-15 边长 $a=200$ mm 的正方形截面混凝土立柱如习题 9-15 图所示,已知立柱的基底为边长 $b=1$ m 的正方形混凝土板,立柱承受的轴向压力 $F=100$ kN,混凝土的许用切应力

$[\tau]=1.5$ MPa。假设地基对混凝土板基底的支座约束力均匀分布，试求为使混凝土板基底不被剪断其厚度 t 的最小值。

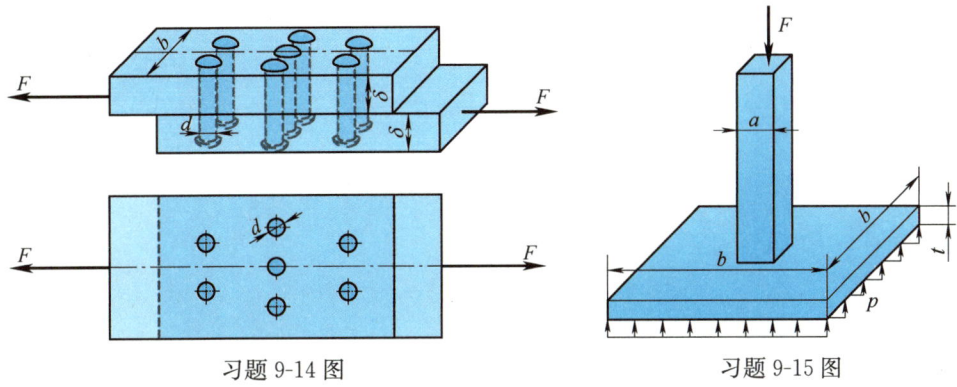

习题 9-14 图　　　　　　习题 9-15 图

9-16　某牙嵌离合器如习题 9-16 图所示，已知离合器外径 $D = 200$ mm，牙齿厚度 $b = 20$ mm、长度 $h = 10$ mm，牙齿的许用切应力 $[\tau] = 80$ MPa、许用挤压应力 $[\sigma_{bs}] = 200$ MPa。若其传递的转矩 $M_e = 16$ kN·m，试校核该牙嵌离合器的强度。

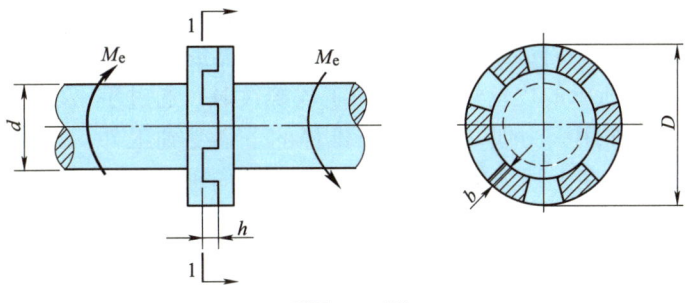

习题 9-16 图

第十章
扭 转

第一节 引 言

在工程实际中,有很多承受扭转变形的构件。例如,图 10-1 所示的汽车转向轴,当汽车转向时,驾驶员通过方向盘在转向轴的上端作用一力偶 (F,F'),转向轴的下端受到来自转向器的阻力偶的作用;图 10-2 所示的攻丝丝锥,当钳工攻螺纹时,通过手柄在锥杆的上端作用一力偶 (F,F'),锥杆的下端受到工件的反力偶的作用。在上述力偶的作用下,汽车转向轴、攻丝锥杆都将发生扭转变形,其力学模型如图 10-3 所示。可以看出,**扭转变形**的受力特点是:杆件受到作用面与其轴线垂直的外力偶的作用;变形特点是:杆件各横截面绕其轴线发生相对转动。主要承受扭转变形的杆件称为**轴**。

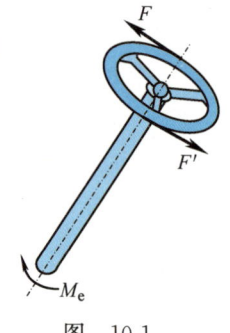

图 10-1

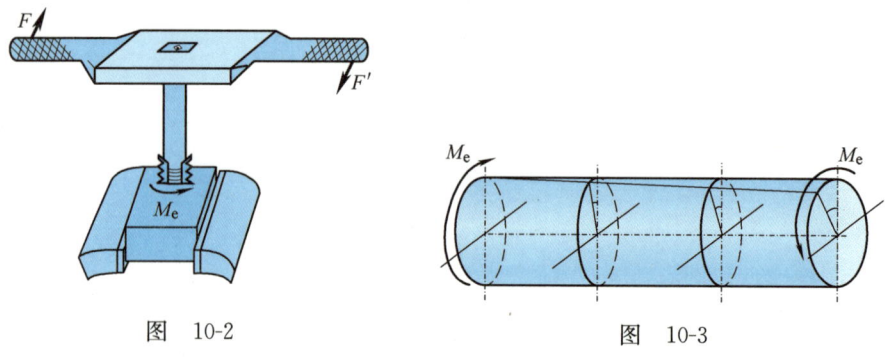

图 10-2   图 10-3

本章主要研究承受扭转变形的等截面圆轴的强度问题和刚度问题。

第二节　外力偶矩的计算·扭矩与扭矩图

一、外力偶矩的计算

研究扭转圆轴的强度和刚度问题，首先需要知道作用在轴上的外力偶矩的大小。但对于工程中广泛使用的传动轴，作用在轴上的外力偶矩往往并不直接给出，通常是已知轴的转速与所传递的功率。此时，需要根据转速与功率来求出作用于轴上的外力偶矩。

设传动轴所传递的功率为 P，转速为 n。根据动力学知识，作用于轴上的力偶的功率 P，等于该力偶的矩 M_e 与传动轴角速度 ω 的乘积，即

$$P = M_e \omega \tag{a}$$

若轴所传递功率 P 的单位为 kW；转速 n 的单位为 r/min，则式（a）成为

$$P \times 10^3 = M_e \times 2\pi \times \frac{n}{60} \tag{b}$$

由式（b）整理即得外力偶矩与功率、转速之间的换算关系式

$$\{M_e\}_{\text{N·m}} = 9549 \frac{\{P\}_{\text{kW}}}{\{n\}_{\text{r/min}}} \tag{10-1}$$

由式（10-1）可知，轴所承受的外力偶矩与所传递的功率成正比，与轴的转速成反比。这意味着，在传递同样功率时，低速轴所受的外力偶矩要比高速轴的大。因此在传动系统中，低速轴都要比高速轴粗一些。

二、扭矩

在求出外力偶矩后，即可用截面法来确定轴横截面上的内力。以图 10-4a 所示圆轴为例，假想在轴的任一截面 n—n 处将轴截开，分成两段，并取其中任一段（如左段）为研究对象，如图 10-4b 所示。因为整个轴是平衡的，所以截取的任意一段也应平衡。由平衡原理易知，在截面 n—n 上必然存在一个内力偶，这个内力偶的矩称为**扭矩**，以符号 T 表示。由平衡方程 $\sum M_x = 0$，即得扭矩

$$T = M_e$$

如取右段为研究对象（见图 10-4c），求

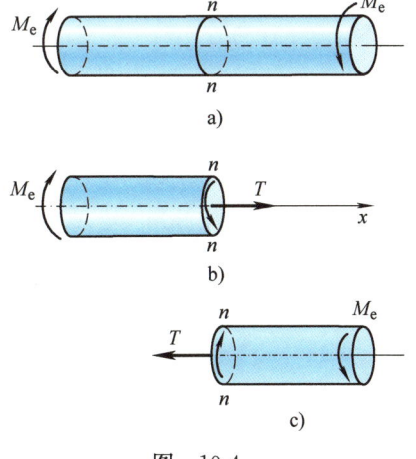

图 10-4

得的扭矩与上述从左段求得的扭矩大小相等,转向相反,它们之间是作用与反作用的关系。为了使分别从左、右两段求得的同一截面上的扭矩的正负号也相同,对扭矩的正负号做如下规定:**按右手螺旋法则将扭矩用矢量表示,若矢量方向与截面的外法线方向一致,扭矩为正,反之则为负。亦即,以右手四指握向表示扭矩转向,若大拇指指向与截面的外法线方向一致,扭矩为正,反之则为负。**按此规则,图 10-4 中截面 n—n 上的扭矩,不论取哪一部分来研究,都为正值。

三、扭矩图

当圆轴上同时受几个外力偶作用时,各段轴横截面上的扭矩将不相同。为了表明扭矩随截面位置的变化情况,确定最大扭矩及其所在截面的位置,通常需要绘制**扭矩图**。扭矩图的画法与轴力图类似,即以平行于轴线方向取坐标 x 表示横截面的位置,以垂直于轴线方向取坐标 T 表示相应截面上的扭矩,并将正值扭矩图线画在 x 轴的上方。

【**例 10-1**】 图 10-5a 所示传动轴,转速 $n=500$ r/min,轮 A 为主动轮,输入功率 $P_A=10$ kW;轮 B 与轮 C 均为从动轮,输出功率分别为 $P_B=4$ kW、$P_C=6$ kW。试计算轴的扭矩,并画出扭矩图。

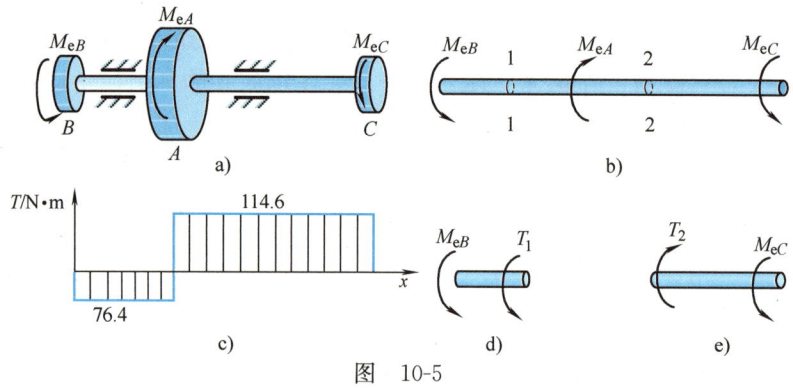

图 10-5

解:(1) 计算外力偶矩

根据式 (10-1),作用在轮 A、B、C 上的外力偶矩分别为

$$M_{eA}=9549\frac{P_A}{n}=9549\times\frac{10}{500}\text{ N}\cdot\text{m}=191.0\text{ N}\cdot\text{m}$$

$$M_{eB}=9549\frac{P_B}{n}=9549\times\frac{4}{500}\text{ N}\cdot\text{m}=76.4\text{ N}\cdot\text{m}$$

$$M_{eC}=9549\frac{P_C}{n}=9549\times\frac{6}{500}\text{ N}\cdot\text{m}=114.6\text{ N}\cdot\text{m}$$

传动轴的计算简图如图 10-5b 所示。

(2) 计算扭矩

从轴上的外力偶矩情况可知，AB 段与 AC 段的扭矩是不同的，应分段用截面法计算。假设 AB 段的扭矩 T_1、AC 段的扭矩 T_2 均为正值（分别见图 10-5d、e），由平衡方程

$$T_1 + M_{eB} = 0$$
$$-T_2 + M_{eC} = 0$$

得

$$T_1 = -M_{eB} = -76.4 \, \text{N} \cdot \text{m}$$
$$T_2 = M_{eC} = 114.6 \, \text{N} \cdot \text{m}$$

T_1 的计算结果为负，表明 AB 段扭矩的实际转向与图中假设转向相反，即为负值扭矩；T_2 的计算结果为正，则表明 AC 段扭矩的实际转向与图中假设转向相同，即为正值扭矩。

(3) 画扭矩图

根据上述计算结果，按照作图规则，作出该传动轴的扭矩图如图 10-5c 所示。由图可见，最大扭矩发生在 AC 段，为

$$T_{\max} = 114.6 \, \text{N} \cdot \text{m}$$

【例 10-2】 如图 10-6a 所示，钻探机的输入功率 $P = 12 \, \text{kW}$，转速 $n = 180 \, \text{r/min}$，钻杆钻入土层的深度 $l = 50 \, \text{m}$。如土壤对钻杆的阻力可看成沿杆轴均布的力偶，试作钻杆的扭矩图。

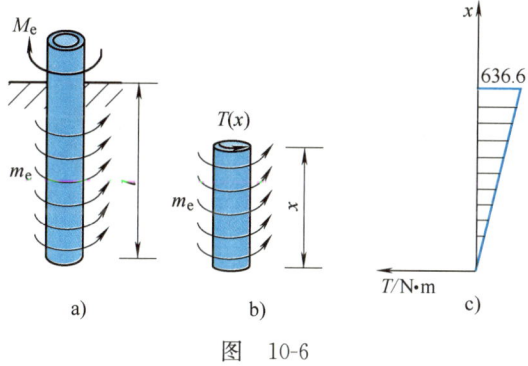

图 10-6

解：(1) 计算外力偶矩

根据式 (10-1)，钻杆顶部作用的外力偶矩

$$M_e = 9549 \frac{P}{n} = 9549 \times \frac{12}{180} \, \text{N} \cdot \text{m} = 636.6 \, \text{N} \cdot \text{m}$$

(2) 计算分布力偶矩集度

因为土壤对钻杆的阻力沿着杆轴均匀分布，故分布力偶矩集度（单位长度上的力偶矩）

$$m_e = \frac{M_e}{l} = \frac{636.6}{50} \, \text{N} \cdot \text{m/m} = 12.7 \, \text{N} \cdot \text{m/m}$$

(3) 作扭矩图

由截面法，易得距钻杆底端 x 处截面上的扭矩（见图 10-6b）

$$T(x) = -m_e x$$

即扭矩 T 与 x 为线性关系。由此，即可作出钻杆的扭矩图如图 10-6c 所示。由图可知，扭矩的最大值为

$$|T|_{max} = 636.6 \, \text{N} \cdot \text{m}$$

第三节　扭转圆轴横截面上的应力

一、薄壁圆管的扭转切应力

首先，研究一种较为简单的情况：薄壁圆管扭转时横截面上的应力。薄壁圆管系指壁厚 t 与平均半径 R 的比值 $t/R \leqslant 1/10$ 的空心圆轴（见图 10-7a）。

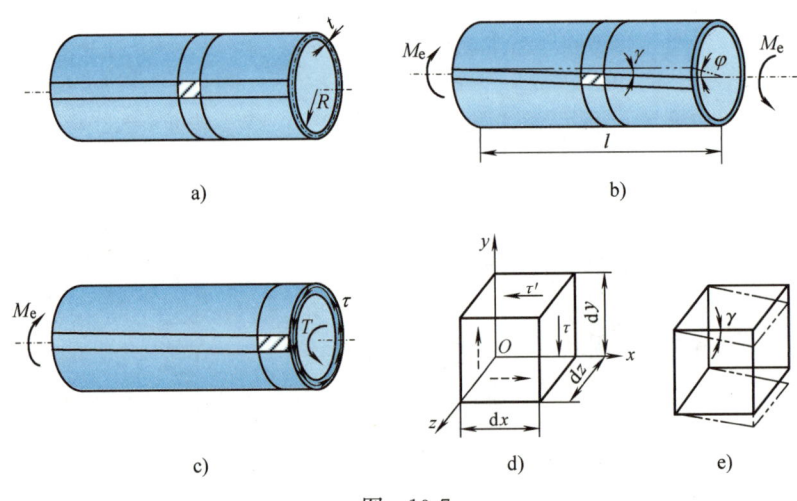

图 10-7

如图 10-7a 所示，等厚薄壁圆管受扭前，先在其表面画上圆周线和纵向线，然后在圆管两端施加一对大小相等、转向相反的矩为 M_e 的外力偶，使薄壁圆管产生扭转变形。观察发现：变形后，各圆周线保持形状不变，绕轴线做相对转动；各纵向线均倾斜一微小角度 γ，使得原先由圆周线和纵向线组成的矩形变成了平行四边形（见图 10-7b）；圆管沿轴线的长度不变。这表明，当薄壁圆管扭转时，其横截面上没有正应力 σ，而只有切应力 τ。因管壁的厚度 t 很小，可以假设切应力 τ 沿壁厚不变，又因在同一圆周上各点情况完全相同，故横截面上各点的切应力 τ 均相等。由图 10-7c 所示部分薄壁圆管的平衡方程

$$\sum M_x = 0, \quad -M_e + 2\pi R t \cdot \tau \cdot R = 0$$

得薄壁圆管横截面上各点的扭转切应力为

$$\tau = \frac{M_e}{2\pi R^2 t} \tag{10-2}$$

二、切应力互等定理

从薄壁圆管上取出一微元立方体（称为单元体），其中 x、y、z 轴分别沿其轴向、周向、径向，如图 10-7d 所示。当薄壁圆管扭转时，此单元体的左、右两侧面上的切应力 τ 的合力 $\tau \mathrm{d}y\mathrm{d}z$ 大小相等、方向相反，形成一个力偶，其力偶矩为 $(\tau \mathrm{d}y\mathrm{d}z)\mathrm{d}x$。为了平衡这一力偶，此单元体的上、下面上必然也存在着切应力 τ'，组成一个转向相反、矩为 $(\tau' \mathrm{d}z\mathrm{d}x)\mathrm{d}y$ 的力偶。由平衡方程

$$\sum M_z = 0, \quad -(\tau \mathrm{d}y\mathrm{d}z)\mathrm{d}x + (\tau' \mathrm{d}z\mathrm{d}x)\mathrm{d}y = 0$$

可知，τ' 与 τ 大小相等。

于是，有结论：**在单元体两个互相垂直的平面上，切应力必然成对出现，其大小相等，方向垂直于两平面的交线，指向相对或相悖**。这就是在第八章中曾介绍过的**切应力互等定理**。

三、切应变与剪切胡克定律

如图 10-7e 所示，在切应力作用下，单元体的相对两侧面发生微小的相对错动，使原来互相垂直的两个平面的夹角改变了一个微量 γ，这个直角的改变量 γ 称为**切应变**或**角应变**。由图 10-7b 可见，若 φ 为圆管两端面的相对扭转角，l 为圆筒的长度，则切应变 γ 为

$$\gamma = \frac{R\varphi}{l} \tag{10-3}$$

试验表明，当切应力 τ 不超过材料的剪切比例极限 τ_p 时，切应变 γ 与切应力 τ 成正比，即有

$$\gamma = \frac{\tau}{G} \tag{10-4}$$

式 (10-4) 称为**剪切胡克定律**。式中，比例因子 G 为材料常数，称为**切变模量**。切变模量与应力具有相同的量纲，因其数值较大，一般采用单位 GPa。

理论分析和试验结果都表明，材料的三个弹性常数，弹性模量 E、泊松比 ν 和切变模量 G 之间存在着下列关系式：

$$G = \frac{E}{2(1+\nu)} \tag{10-5}$$

四、圆轴扭转时的应力

下面讨论一般圆轴扭转变形时横截面上的应力。如图 10-8a 所示，当一般圆

轴发生扭转变形时,可以观察到与薄壁圆管扭转时相似的情况,即

1)各圆周线绕轴线相对转动一个角度,但大小、形状及相互间距不变;

2)各纵向线都倾斜同一角度 γ,使得原来的矩形变成平行四边形。

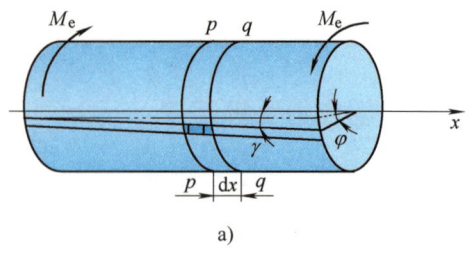

根据上述现象,对扭转圆轴的变形做出如下假设:圆轴扭转变形时,横截面仍保持为平面,形状、大小与间距均不变,各横截面如同刚性圆盘一样,绕轴线做相对转动。这称为圆轴扭转时的**平面假设**。

为了进一步了解圆轴扭转时截面上各点的变形情况,用相距 $\mathrm{d}x$ 的两个横截面以及夹角无限小的两个纵截面,从轴内切取一楔形体(见图10-8b)。根据平面假设,楔形体的变形如图中双点画线所示,轴表面的矩形 $ABCD$ 变为平行四边形 $ABC'D'$,距轴线 ρ 处的任一矩形 $abcd$ 变为平行四边形 $abc'd'$,即均在垂直于半径的平面内产生剪切变形。

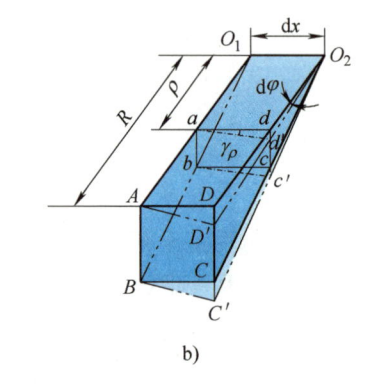

图 10-8

设上述楔形体左、右两横截面间的相对扭转角为 $\mathrm{d}\varphi$,矩形 $abcd$ 的切应变为 γ_ρ,由几何关系得切应变

$$\gamma_\rho = \tan\gamma_\rho = \frac{dd'}{ad} = \frac{\rho\,\mathrm{d}\varphi}{\mathrm{d}x} = \frac{\mathrm{d}\varphi}{\mathrm{d}x}\rho \tag{a}$$

在线弹性范围内,根据剪切胡克定律,即得横截面上相应点的切应力

$$\tau_\rho = G\gamma_\rho = G\frac{\mathrm{d}\varphi}{\mathrm{d}x}\rho \tag{b}$$

式中,ρ 为该点到圆心的距离。对于给定的截面,$G\dfrac{\mathrm{d}\varphi}{\mathrm{d}x}$ 为常量,故有结论:**扭转圆轴横截面上各点的切应力与点到圆心的距离成正比,方向垂直于该点的半径**(见图10-9)。实心轴与空心轴的扭转切应力分布情况分别如图10-10a、b所示,在截面边缘处,扭转切应力取得最大值。

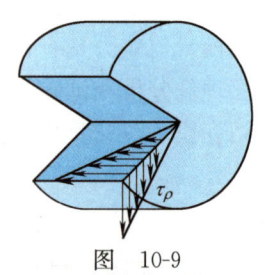

图 10-9

式(b)给出了扭转圆轴横截面上的切应力分布规律,但还无法用于实际计

算，因为圆轴的**单位长度扭转角** $\dfrac{d\varphi}{dx}$ 尚不知道。要解决此问题，还需从静力学方面加以分析。如图 10-11 所示，在距圆心 ρ 处的微元面积 dA 上，作用有微元剪力 $\tau_\rho dA$，其对圆心 O 的矩为 $\rho\tau_\rho dA$。整个横截面上所有微元剪力对圆心 O 的矩的和应等于该截面上的扭矩 T，即有

$$T = \int_A \rho\tau_\rho \, dA \tag{c}$$

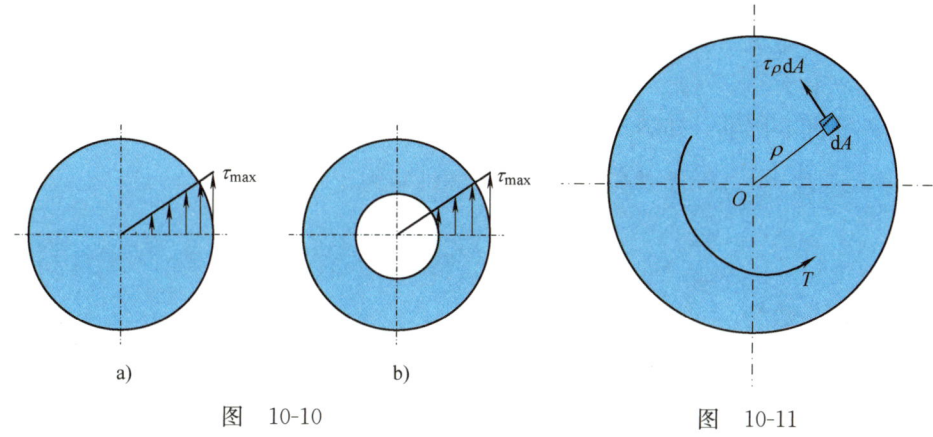

图 10-10   图 10-11

将式（b）代入式（c），有

$$T = \int_A G \dfrac{d\varphi}{dx} \rho^2 \, dA = G \dfrac{d\varphi}{dx} \int_A \rho^2 \, dA \tag{d}$$

令 $I_p = \int_A \rho^2 \, dA$，称为圆截面对圆心 O 的**极惯性矩**（第十二章将进一步介绍），在国际单位制中的单位为 m^4。则有

$$T = GI_p \dfrac{d\varphi}{dx} \tag{e}$$

由此，得扭转圆轴的单位长度扭转角

$$\dfrac{d\varphi}{dx} = \dfrac{T}{GI_p} \tag{10-6}$$

式（10-6）可用来计算扭转圆轴的变形，将在下一节中详细讨论。

最后将式（10-6）代入式（b），即得一般圆轴扭转时横截面上切应力的计算公式

$$\tau = \dfrac{T}{I_p} \rho \tag{10-7}$$

在式（10-7）中，取 $\rho = D/2$，可得扭转切应力的最大值

$$\tau_{\max} = \frac{T}{W_t} \tag{10-8}$$

式中，$W_t = \dfrac{I_p}{D/2}$，称为**抗扭截面系数**，在国际单位制中的单位为 m^3。

经验表明，扭转时的平面假设对于圆轴才成立。因此，式（10-6）～式（10-8）只适合于扭转圆轴，且材料服从于胡克定律。

五、极惯性矩和抗扭截面系数的计算

极惯性矩 I_p 和抗扭截面系数 W_t 都是截面图形的几何性质，它们取决于截面的形状和大小。

对于实心圆轴，如图 10-12a 所示，取微元面积 $dA = 2\pi\rho d\rho$，代入极惯性矩的定义式 $I_p = \int_A \rho^2 dA$ 并积分，得其极惯性矩为

$$I_p = \int_0^{D/2} \rho^2 (2\pi\rho d\rho) = \frac{\pi D^4}{32} \tag{10-9}$$

抗扭截面系数为

$$W_t = \frac{I_p}{D/2} = \frac{\pi D^3}{16} \tag{10-10}$$

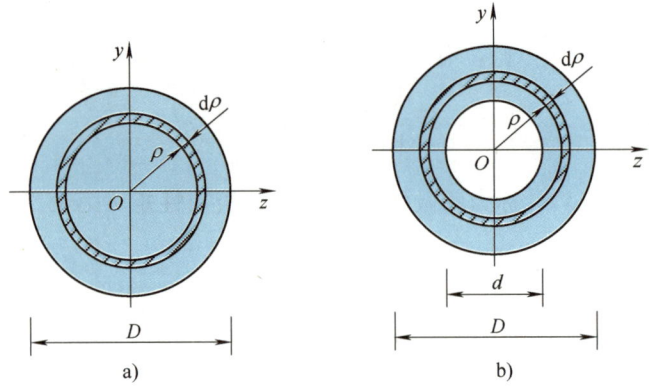

图 10-12

对于内径为 d、外径为 D 的空心圆轴（见图 10-12b），同理得其极惯性矩为

$$I_p = \int_{d/2}^{D/2} \rho^2 (2\pi\rho d\rho) = \frac{\pi(D^4 - d^4)}{32} = \frac{\pi D^4}{32}(1 - \alpha^4) \tag{10-11}$$

抗扭截面系数为

$$W_t = \frac{I_p}{D/2} = \frac{\pi D^3}{16}(1 - \alpha^4) \tag{10-12}$$

上面两式中，$\alpha = d/D$，为空心圆轴的内外径比。

【例 10-3】 某扭转实心圆轴,已知直径 $d=50$ mm,扭矩 $T=1$ kN·m。试求距圆心 12.5 mm 处点 A 的切应力 τ_A 以及横截面上的最大切应力 τ_{max}。

解:(1) 计算极惯性矩 I_p 与抗扭截面系数 W_t

$$I_p = \frac{\pi d^4}{32} = \frac{\pi}{32}(50 \times 10^{-3})^4 \text{ m}^4 = 61.3 \times 10^{-8} \text{ m}^4$$

$$W_t = \frac{I_p}{d/2} = \frac{61.3 \times 10^{-8}}{25 \times 10^{-3}} \text{ m}^3 = 24.5 \times 10^{-6} \text{ m}^3$$

(2) 求 τ_A 与 τ_{max}

由式(10-7)得点 A 的切应力

$$\tau_A = \frac{T}{I_p}\rho_A = \frac{1000 \times 12.5 \times 10^{-3}}{61.3 \times 10^{-8}} \text{ Pa} = 20.4 \times 10^6 \text{ Pa} = 20.4 \text{ MPa}$$

由式(10-8)得横截面上的最大切应力

$$\tau_{max} = \frac{T}{W_t} = \frac{1000}{24.5 \times 10^{-6}} \text{ Pa} = 40.8 \times 10^6 \text{ Pa} = 40.8 \text{ MPa}$$

第四节 扭转圆轴的强度计算

圆轴扭转时,为保证安全,轴内产生的最大扭转切应力 τ_{max} 不能大于材料的许用扭转切应力 $[\tau]$,故扭转圆轴的强度条件为

$$\tau_{max} = \frac{|T|_{max}}{W_t} \leqslant [\tau] \tag{10-13}$$

利用上述强度条件,即可解决工程中扭转圆轴的强度计算问题。举例说明如下:

【例 10-4】 如图 10-13a 所示,已知阶梯轴 AB 段的直径 $d_1=80$ mm、BC 段的直径 $d_2=50$ mm;外力偶矩 $M_1=5$ kN·m,$M_2=3.2$ kN·m,$M_3=1.8$ kN·m;材料的许用扭转切应力 $[\tau]=60$ MPa。试校核该轴强度。

解:(1) 作扭矩图

由截面法易得 AB 段、BC 段的扭矩分别为

$$T_1 = -M_1 = -5000 \text{ N·m},$$
$$T_2 = -M_3 = -1800 \text{ N·m}$$

作出扭矩图如图 10-13b 所示。

(2) 校核强度

因两段轴的扭矩、直径均不相同,故需

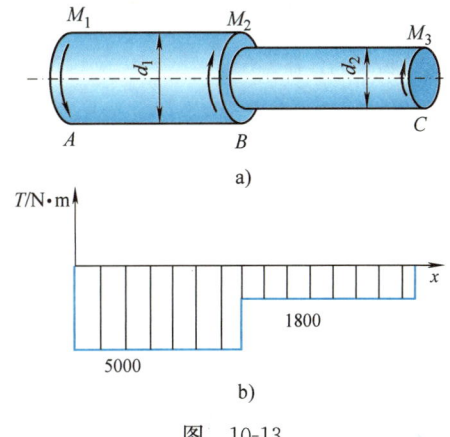

图 10-13

分别进行强度校核。

AB 段：$\tau_{\max}^{AB} = \dfrac{|T_1|}{W_{t1}} = \dfrac{5 \times 10^3}{\dfrac{\pi}{16} \times 0.08^3}$ Pa $= 49.7 \times 10^6$ Pa $= 49.7$ MPa $< [\tau]$

BC 段：$\tau_{\max}^{BC} = \dfrac{|T_2|}{W_{t2}} = \dfrac{1.8 \times 10^3}{\dfrac{\pi}{16} \times 0.05^3}$ Pa $= 73.4 \times 10^6$ Pa $= 73.4$ MPa $> [\tau]$

可见，轴内的最大切应力发生在 BC 段。由于 $\tau_{\max} = \tau_{\max}^{BC} = 73.4$ MPa $> [\tau]$，且

$$\dfrac{\tau_{\max} - [\tau]}{[\tau]} \times 100\% = 22.3\% > 5\%$$

所以该轴的强度不满足要求。

【例 10-5】 某汽车传动主轴为空心圆轴，已知该轴传递的最大扭转外力偶矩 $M_e = 1760$ N·m，材料的许用扭转切应力 $[\tau] = 60$ MPa。若规定空心轴的内外径比 $\alpha = 17/18$，试确定其内、外径。

解：(1) 计算扭矩

轴任意横截面上的扭矩均为

$$T = M_e = 1760 \text{ N·m}$$

(2) 确定截面尺寸

根据扭转圆轴的强度条件

$$\tau_{\max} = \dfrac{T}{W_t} = \dfrac{1760 \text{ N·m}}{\dfrac{\pi}{16} D^3 \left[1 - \left(\dfrac{17}{18}\right)^4\right]} \leqslant [\tau] = 60 \times 10^6 \text{ Pa}$$

得

$$D \geqslant \sqrt[3]{\dfrac{1760 \times 16 \times 18^4}{\pi \times (18^4 - 17^4) \times 60 \times 10^6}} \text{ m} = 90 \times 10^{-3} \text{ m} = 90 \text{ mm}$$

故可取该轴的外径为

$$D = 90 \text{ mm}$$

内径为

$$d = D\alpha = 90 \text{ mm} \times \dfrac{17}{18} = 85 \text{ mm}$$

【例 10-6】 如把上例中的传动轴改为实心轴，要求它与原来的空心轴强度相同，试确定其直径，并比较实心轴和空心轴的重量。

解：(1) 确定实心轴直径

由于扭矩 T 和材料的许用扭转切应力 $[\tau]$ 不变，故要求实心轴与空心轴强度相同，只需其抗扭截面系数 W_t 相等即可。设实心轴直径为 D_1，即有

$$\dfrac{\pi}{16} D_1^3 = \dfrac{\pi}{16} D^3 (1 - \alpha^4) = 29.4 \times 10^{-6} \text{ m}^3$$

由此解得

$$D_1 = 53.1 \times 10^{-3} \text{ m} = 53.1 \text{ mm}$$

(2) 比较实心轴与空心轴的重量

实心轴横截面面积为

$$A_1 = \frac{\pi D_1^2}{4} = \frac{\pi \times 0.0531^2}{4} \text{ m}^2 = 22.2 \times 10^{-4} \text{ m}^2$$

空心轴横截面面积为

$$A = \frac{\pi}{4}(D^2 - d^2) = \frac{\pi}{4} \times [(90 \times 10^{-3})^2 - (85 \times 10^{-3})^2] \text{ m}^2 = 6.87 \times 10^{-4} \text{ m}^2$$

在两轴长度相等、材料相同的情况下,两轴重量之比就等于横截面面积之比,得

$$\frac{A}{A_1} = \frac{6.87 \times 10^{-4} \text{ m}^2}{22.2 \times 10^{-4} \text{ m}^2} = 0.31 = 31\%$$

计算结果显示,在强度相同的情况下,空心轴的重量仅为实心轴的31%,其减轻重量、节约材料的效果非常明显。这是因为扭转圆轴横截面上的切应力沿半径呈线性分布,轴心附近的切应力很小,不能充分发挥材料的效能。改为空心轴后,相当于把轴心附近的材料向边缘转移,从而增大了截面的 I_p 和 W_t,提高了轴的扭转强度。因此,一些大型轴或对于减轻重量有较高要求的轴,通常做成空心的。但需注意,空心轴的壁厚也不能过薄,否则会发生局部皱折而降低其承载能力。

第五节 扭转圆轴的变形与刚度计算

一、扭转角

扭转圆轴的变形可用横截面间绕轴线相对转动的角度即**扭转角** φ 来描述。由式(10-6)知,圆轴扭转时的单位长度扭转角

$$\varphi' = \frac{\mathrm{d}\varphi}{\mathrm{d}x} = \frac{T}{GI_p}$$

由此得相距为 $\mathrm{d}x$ 的两截面间的相对扭转角

$$\mathrm{d}\varphi = \frac{T}{GI_p}\mathrm{d}x$$

对上式积分,即得相距为 l 的两截面间的相对扭转角

$$\varphi = \int_l \mathrm{d}\varphi = \int_l \frac{T}{GI_p}\mathrm{d}x \tag{10-14}$$

对于扭矩 T 为常量的等截面圆轴，由式（10-14）积分得相距为 l 的两截面间的相对扭转角

$$\varphi = \frac{Tl}{GI_p} \tag{10-15}$$

式（10-15）表明，扭转角 φ 与 GI_p 成反比，GI_p 越大，扭转角 φ 就越小。GI_p 反映了杆对扭转变形的抗力，故称为杆的**抗扭刚度**。

在国际单位制中，扭转角 φ 的单位为 rad（弧度），其正负号规定与扭矩 T 的相同。

在计算扭转角时，如果扭矩或轴的直径或材料分段不同，则应根据式（10-15）分段计算各段的扭转角，然后再求其代数和，即

$$\varphi = \sum_{i=1}^{n} \varphi_i = \sum_{i=1}^{n} \left(\frac{Tl}{GI_p} \right)_i \tag{10-16}$$

【**例 10-7**】 如图 10-14 所示，已知圆轴 AC 所受扭转外力偶矩 $M_{eA} = 180\ \mathrm{N \cdot m}$、$M_{eB} = 320\ \mathrm{N \cdot m}$、$M_{eC} = 140\ \mathrm{N \cdot m}$，半长 $l = 2\ \mathrm{m}$，极惯性矩 $I_p = 3.0 \times 10^5\ \mathrm{mm}^4$，材料的切变模量 $G = 80\ \mathrm{GPa}$。试计算该轴截面 C 相对于截面 A 的扭转角 φ_{AC}。

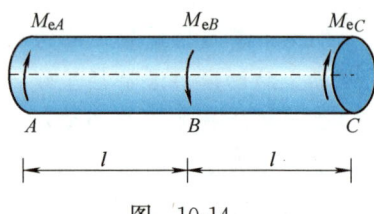

图 10-14

解：(1) 计算扭矩

用截面法，易得 AB 段与 BC 段的扭矩分别为

$$T_{AB} = 180\ \mathrm{N \cdot m}, \quad T_{BC} = -140\ \mathrm{N \cdot m}$$

(2) 计算扭转角

设 AB 段与 BC 段的扭转角分别为 φ_{AB} 与 φ_{BC}，由式（10-15）得

$$\varphi_{AB} = \frac{T_{AB}\, l}{GI_p} = \frac{180 \times 2}{80 \times 10^9 \times 3.0 \times 10^5 \times 10^{-12}}\ \mathrm{rad} = 1.50 \times 10^{-2}\ \mathrm{rad}$$

$$\varphi_{BC} = \frac{T_{BC}\, l}{GI_p} = \frac{-140 \times 2}{80 \times 10^9 \times 3.0 \times 10^5 \times 10^{-12}}\ \mathrm{rad} = -1.17 \times 10^{-2}\ \mathrm{rad}$$

所以，该轴截面 C 相对于截面 A 的扭转角为

$$\varphi_{AC} = \varphi_{AB} + \varphi_{BC} = 1.50 \times 10^{-2}\ \mathrm{rad} - 1.17 \times 10^{-2}\ \mathrm{rad} = 0.33 \times 10^{-2}\ \mathrm{rad}$$

【**例 10-8**】 如图 10-15a 所示，圆轴 AB 承受力偶矩集度 $m_e = 20\ \mathrm{N \cdot m/m}$ 的均布扭转外力偶作用。已知圆轴的直径 $d = 20\ \mathrm{mm}$，长度 $l = 2\ \mathrm{m}$，材料的切变模量 $G = 80\ \mathrm{GPa}$。试画出此轴的扭矩图，并计算其自由端 B 相对于固定端面 A 的扭转角。

解：(1) 作扭矩图

用截面法，在距 A 端 x 处将轴截开，如图 10-15b 所示，根据右段的平衡条件，得 x 处截面上的扭矩为

$$T(x) = m_e(l - x) = 20 \times (2 - x)\ \mathrm{N \cdot m}$$

可见，扭矩 T 是 x 的线性函数，由此作出轴的扭矩图如图 10-15c 所示，固定端面 A 处的扭矩值最大，为 $40\ \mathrm{N \cdot m}$。

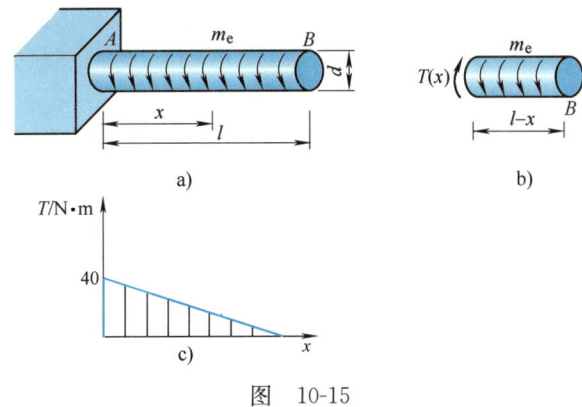

图 10-15

(2) 计算扭转角

由于扭矩 T 随 x 连续变化，因此自由端面 B 相对于固定端面 A 的扭转角须用积分公式（10-14）来计算，即

$$\varphi_{AB} = \int_0^l \frac{T(x)}{GI_p} dx = \int_0^l \frac{m_e(l-x)}{GI_p} dx = \frac{m_e l^2}{2GI_p}$$

将已知数据代入上式，得

$$\varphi_{AB} = \frac{20 \times 2^2}{2 \times 80 \times 10^9 \times \frac{\pi}{32} \times (0.02)^4} \text{ rad} = 3.18 \times 10^{-2} \text{ rad} = 1.82°$$

二、扭转圆轴的刚度条件

有的轴类零件在工作中如果扭转变形过大，会影响机器的加工精度或产生扭转振动。因此，为了保证正常工作，对该类轴除了有强度方面的要求外，还有刚度方面的要求，即要对轴的扭转变形加以限制。工程上通常规定，这类轴的单位长度扭转角的最大值 $|\varphi'|_{max}$ 不应超过某个规定的许用值 $[\varphi']$，故扭转圆轴的刚度条件为

$$|\varphi'|_{max} = \frac{|T|_{max}}{GI_p} \leqslant [\varphi'] \tag{10-17}$$

式中，$[\varphi']$ 为轴的许用单位长度扭转角。各种轴类零件的许用单位长度扭转角 $[\varphi']$ 可从有关设计规范中查到。

工程中，$[\varphi']$ 的单位习惯采用 °/m（度/米）；而在国际单位制中，单位长度扭转角 φ' 的单位为 rad/m（弧度/米）。因此，在应用式（10-17）进行扭转圆轴的刚度计算时，必须统一单位，即有

$$|\varphi'|_{max} = \frac{|T|_{max}}{GI_p} \times \frac{180°}{\pi} \leqslant [\varphi'] \text{ (°/m)} \tag{10-18}$$

【例 10-9】 某传动轴如图 10-16a 所示，已知轴的额定转速 $n = 300$ r/min；主动轮输入功

率 $P_C=30$ kW，从动轮输出功率 $P_A=5$ kW、$P_B=10$ kW、$P_D=15$ kW；材料的切变模量 $G=80$ GPa，许用扭转切应力 $[\tau]=40$ MPa；轴的许用单位长度扭转角 $[\varphi']=1°/\text{m}$。试按强度条件及刚度条件设计此轴直径。

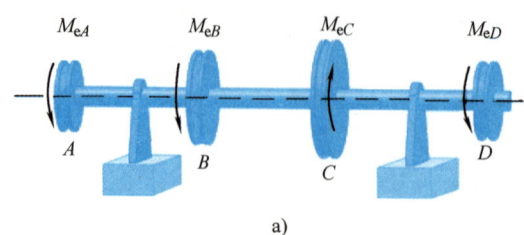

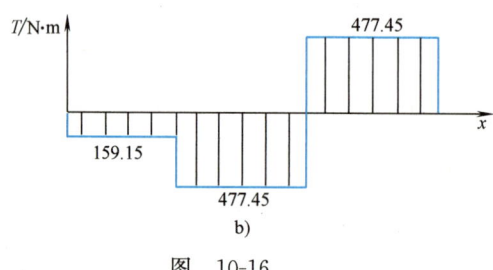

图 10-16

解：（1）计算外力偶矩

由式（10-1），得外力偶矩

$$M_{eA}=9549\times\frac{5}{300}\ \text{N}\cdot\text{m}=159.15\ \text{N}\cdot\text{m}$$

$$M_{eB}=9549\times\frac{10}{300}\ \text{N}\cdot\text{m}=318.3\ \text{N}\cdot\text{m}$$

$$M_{eC}=9549\times\frac{30}{300}\ \text{N}\cdot\text{m}=954.9\ \text{N}\cdot\text{m}$$

$$M_{eD}=9549\times\frac{15}{300}\ \text{N}\cdot\text{m}=477.45\ \text{N}\cdot\text{m}$$

（2）作扭矩图

用截面法，求得各段轴的扭矩分别为

AB 段：$\quad T_1=-M_{eA}=-159.15\ \text{N}\cdot\text{m}$

BC 段：$\quad T_2=-M_{eA}-M_{eB}=-477.45\ \text{N}\cdot\text{m}$

CD 段：$\quad T_3=M_{eD}=477.45\ \text{N}\cdot\text{m}$

从而作出扭矩图如图 10-16b 所示。由图可知，最大扭矩发生在 BC 段和 CD 段，为

$$|T|_{\max}=477.45\ \text{N}\cdot\text{m}$$

（3）按强度条件设计轴的直径

根据扭转圆轴的强度条件

$$\tau_{\max}=\frac{|T|_{\max}}{W_t}=\frac{16|T|_{\max}}{\pi d^3}\leqslant[\tau]$$

得轴的直径

$$d \geqslant \sqrt[3]{\frac{16|T|_{\max}}{\pi[\tau]}} = \sqrt[3]{\frac{16 \times 477.45}{\pi \times 40 \times 10^6}} \text{ m} = 39.3 \times 10^{-3} \text{ m} = 39.3 \text{ mm}$$

(4) 按刚度条件设计轴的直径

根据扭转圆轴的刚度条件

$$|\varphi'|_{\max} = \frac{|T|_{\max}}{GI_p} \times \frac{180°}{\pi} = \frac{32 \times |T|_{\max}}{G\pi d^4} \times \frac{180°}{\pi} \leqslant [\varphi'] \ (°/\text{m})$$

得轴的直径

$$d \geqslant \sqrt[4]{\frac{32|T|_{\max} \times 180°}{\pi^2 G[\varphi']}} = \sqrt[4]{\frac{32 \times 477.45 \times 180°}{\pi^2 \times 80 \times 10^9 \times 1°}} \text{ m} = 43.2 \times 10^{-3} \text{ m} = 43.2 \text{ mm}$$

为使轴同时满足强度条件和刚度条件，轴的直径应选取较大值，即可取 $d=44$ mm。

 复习思考题

10-1 轴的转速、传递的功率与外力偶矩之间有何关系？在该关系式中，各个量的单位分别是什么？

10-2 解释为什么在减速箱中，一般高速轴的直径较小，而低速轴的直径较大？

10-3 薄壁圆管扭转切应力公式是如何建立的？应用条件是什么？当切应力超过剪切比例极限时，该公式是否仍成立？

10-4 什么是切应力互等定理？当单元体的四个侧面上同时存在正应力时，该定理是否仍成立？

10-5 建立圆轴扭转切应力公式的基本假设是什么？它们在建立公式时起何作用？当切应力超过剪切比例极限时，该公式是否仍成立？

10-6 圆轴扭转时，横截面上的切应力是如何分布的？

10-7 什么是扭转圆轴的刚度条件？应用该条件时应注意什么？

10-8 直径和长度相同但材料不同的圆轴，在相同扭矩作用下，它们的最大切应力和扭转角是否相同？为什么？

10-9 一根内径为 d、外径为 D 的空心圆轴，试判断下列表达式是否正确：

(1) $I_p = \frac{\pi D^4}{32} - \frac{\pi d^4}{32}$

(2) $W_t = \frac{\pi D^3}{16} - \frac{\pi d^3}{16}$

10-10 试从力学角度分析，为什么空心圆轴比实心圆轴合理？空心圆轴的壁厚是否越薄越好？

习题

10-1 试作习题 10-1 图所示各轴的扭矩图，并确定最大扭矩。

10-2 如习题 10-2 图所示，已知某传动轴的额定转速 $n=200$ r/min，主动轮 B 的输入功率为 60 kW，从动轮 A、C、D、E 的输出功率依次为 18 kW、12 kW、22 kW、8 kW。试作出该传动轴的扭矩图，并确定最大扭矩。

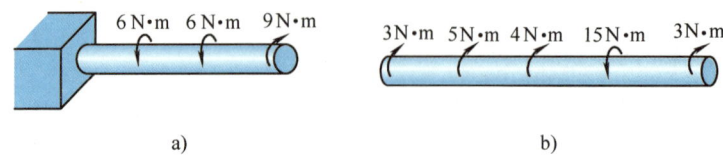

a) b)

习题 10-1 图

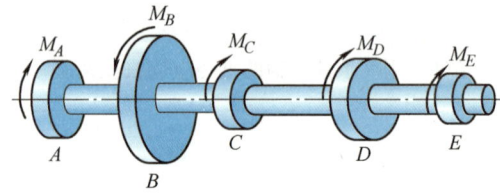

习题 10-2 图

10-3 某薄壁圆管，已知外径 $D=44$ mm，内径 $d=40$ mm，所传递扭矩 $T=750$ N·m，试计算管内最大扭转切应力。

10-4 如习题 10-4 图所示，空心圆轴的外径 $D=40$ mm，内径 $d=20$ mm，所受扭矩 $T=1$ kN·m，试计算横截面上 $\rho_A=15$ mm 的点 A 处的扭转切应力 τ_A，以及横截面上的最大与最小扭转切应力。

10-5 某空心圆轴，已知所传递的扭矩 $T=5$ kN·m，材料的许用扭转切应力 $[\tau]=80$ MPa。若轴的外径 $D=100$ mm，试确定其内径 d。

10-6 如习题 10-6 图所示，阶梯圆轴由两段平均半径同为 50 mm 的薄壁圆管焊接而成，受到沿轴长度均匀分布的外力偶作用，已知外力偶矩的分布集度 $m_e=3500$ N·m/m，轴的长度 $l=1$ m，左段管的壁厚 $\delta_1=5$ mm，右段管的壁厚 $\delta_2=4$ mm，材料的许用扭转切应力 $[\tau]=50$ MPa。试校核该阶梯圆轴的强度。

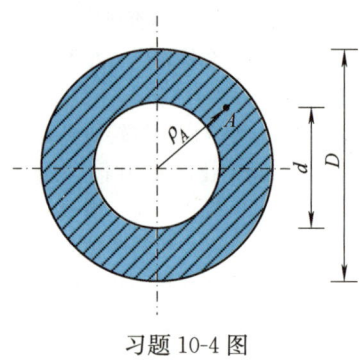

习题 10-4 图

10-7 现欲以一内外径比 $\alpha=0.6$ 的空心圆轴来代替一直径为 400 mm 的实心圆轴，使之具有相同的强度。试确定空心圆轴的内、外径，并比较两轴的重量。

10-8 如习题 10-8 图所示，已知阶梯轴的 AB 段直径 $d_1=120$ mm，BC 段直径 $d_2=100$ mm，所受外力偶矩 $M_{eA}=22$ kN·m，$M_{eB}=36$ kN·m，$M_{eC}=14$ kN·m，材料的许用扭转切应力 $[\tau]=80$ MPa。试校核该轴的强度。

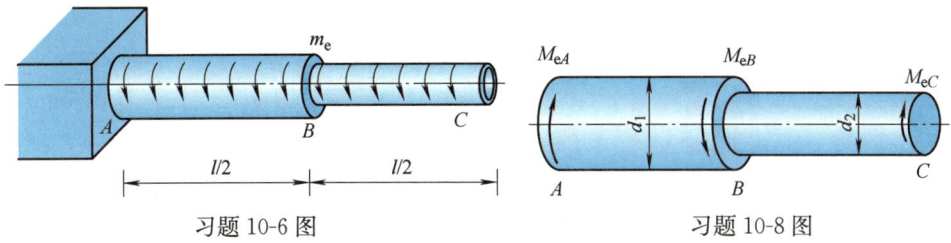

习题 10-6 图　　　　　　　　　习题 10-8 图

10-9　某传动轴如习题 10-9 图所示，已知额定转速 $n=300$ r/min，主动轮 A 输入功率 $P_A=36$ kW，从动轮 B、C、D 的输出功率分别为 $P_B=P_C=11$ kW，$P_D=14$ kW。(1) 作出轴的扭矩图，并确定轴的最大扭矩；(2) 若材料的许用扭转切应力 $[\tau]=80$ MPa，试确定轴的直径 d；(3) 若将轮 A 与轮 D 的位置对调，试问是否合理？为什么？

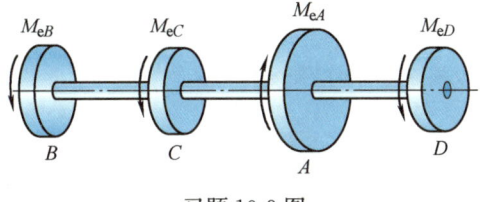

习题 10-9 图

10-10　如习题 10-10 图所示，已知圆轴的直径 $d=150$ mm，半长 $l=500$ mm，扭转外力偶矩 $M_{eB}=10$ kN·m、$M_{eC}=8$ kN·m，材料的切变模量 $G=80$ GPa。(1) 作出轴的扭矩图；(2) 求轴内的最大扭转切应力；(3) 计算 C、A 两截面间的相对扭转角 φ_{AC}。

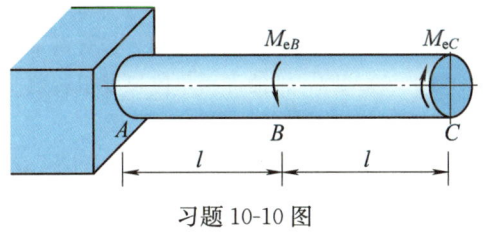

习题 10-10 图

10-11　如习题 10-11 图所示，实心轴和空心轴通过牙嵌离合器连接。已知轴的转速 $n=120$ r/min，传递功率 $P=8.5$ kW，材料的许用扭转切应力 $[\tau]=45$ MPa。试确定实心轴的直径 D_1 和内外径比 $\alpha=0.5$ 的空心轴的外径 D_2。

10-12　传动轴如习题 10-12 图所示，已知主动轮 A 的输入功率 $P_A=32$ kW，从动轮 B、C 的输出功率分别为 $P_B=18$ kW、$P_C=14$ kW，轴的额定转速 $n=300$ r/min，直径 $d=40$ mm，材料的许用扭转切应力 $[\tau]=60$ MPa、切变模量 $G=80$ GPa。(1) 作出轴的扭矩图；(2) 校核轴的强度；(3) 求轮 C 相对于轮 B 的扭转角。

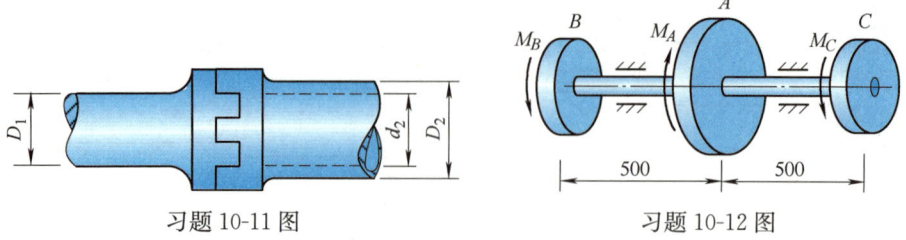

习题 10-11 图 习题 10-12 图

10-13 已知空心圆轴的外径 $D=100$ mm、内径 $d=50$ mm；材料的切变模量 $G=80$ GPa。若测得间距 $l=2.7$ m 的两截面间的相对扭转角 $\varphi=1.8°$，试求：(1) 轴内的最大扭转切应力；(2) 当轴以 $n=80$ r/min 的转速转动时所传递的功率。

10-14 习题 10-14 图所示传动轴的直径为 50 mm，额定转速为 300 r/min，电动机通过轮 A 输入 100 kW 的功率，由轮 B、C、D 分别输出 45 kW、25 kW、30 kW 的功率以带动其他部件。已知材料的许用扭转切应力 $[\tau]=80$ MPa、弹性模量 $G=80$ GPa，轴的许用单位长度扭转角 $[\varphi']=1°/\text{m}$。试校核该传动轴的强度和刚度。

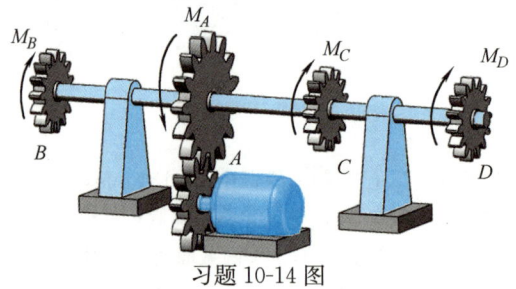

习题 10-14 图

10-15 某传动轴受习题 10-15 图所示外力偶矩作用。若材料采用 45 钢，切变模量 $G=80$ GPa，许用扭转切应力 $[\tau]=60$ MPa，轴的许用单位长度扭转角 $[\varphi']=1°/\text{m}$，试设计轴的直径。

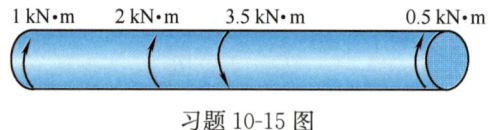

习题 10-15 图

10-16 直径 $d=25$ mm 的钢制圆杆，受轴向拉力 60 kN 作用时，在标距为 200 mm 的长度内伸长了 0.113 mm；受矩为 0.2 kN·m 的扭转外力偶作用时，在标距为 200 mm 的长度内相对转过了 0.732°。试确定钢材的弹性模量 E、切变模量 G 和泊松比 ν。

10-17 阶梯圆轴如习题 10-17 图所示，已知 AB 段为空心，BC 段与 CE 段为实心，$D=140$ mm，$d=100$ mm，扭转外力偶矩 $M_{eA}=18$ kN·m、$M_{eC}=32$ kN·m、$M_{eE}=14$ kN·m，材料的许用扭转切应力 $[\tau]=80$ MPa、切变模量 $G=80$ GPa，轴的许用单位长度扭转角 $[\varphi']=1.2°/\text{m}$。试校核该轴的强度和刚度。

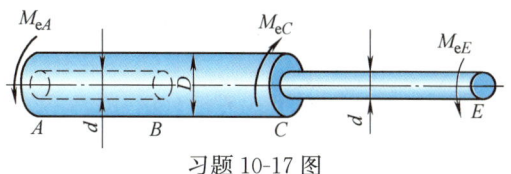

习题 10-17 图

10-18 如习题 10-18 图所示，阶梯圆轴上装有三个带轮。已知各段轴的直径分别为 $d_1=75$ mm、$d_2=38$ mm，主动轮 B 的输入功率 $P_B=32$ kW，从动轮 A、C 的输出功率分别为 $P_A=14$ kW、$P_C=18$ kW，轴的额定转速 $n=240$ r/min，材料的许用扭转切应力 $[\tau]=60$ MPa、切变模量 $G=80$ GPa，轴的许用单位长度扭转角 $[\varphi']=1.8°$/m。试校核该轴的强度和刚度。

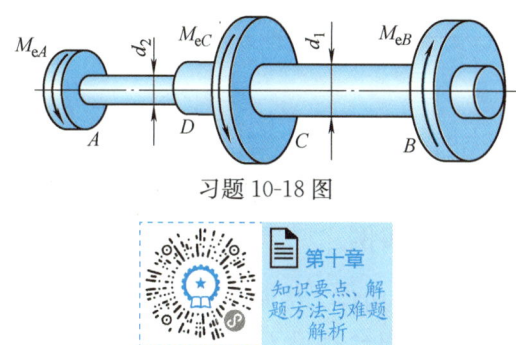

习题 10-18 图

第十一章 弯曲内力

第一节 引　言

一、弯曲概念与工程实例

工程中，存在大量的承弯构件。例如，图 11-1a 所示房屋建筑中的楼面梁，图 11-2a 所示房屋建筑中的阳台挑梁，图 11-3a 所示桥式吊车的主梁，以及图 11-4a 所示火车轮轴等。它们的共同特点是：所受外力垂直于杆轴线或外力偶作用在杆轴线所在平面内；变形时杆轴线由直线弯成曲线。杆件的这种变形形式称为**弯曲**。以弯曲为主要变形的杆件称为**梁**。

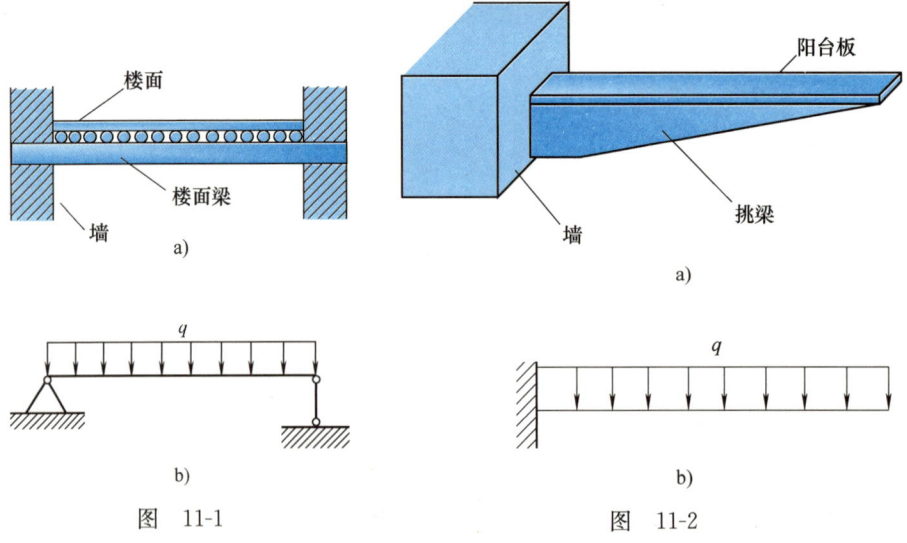

图 11-1　　　　　　　图 11-2

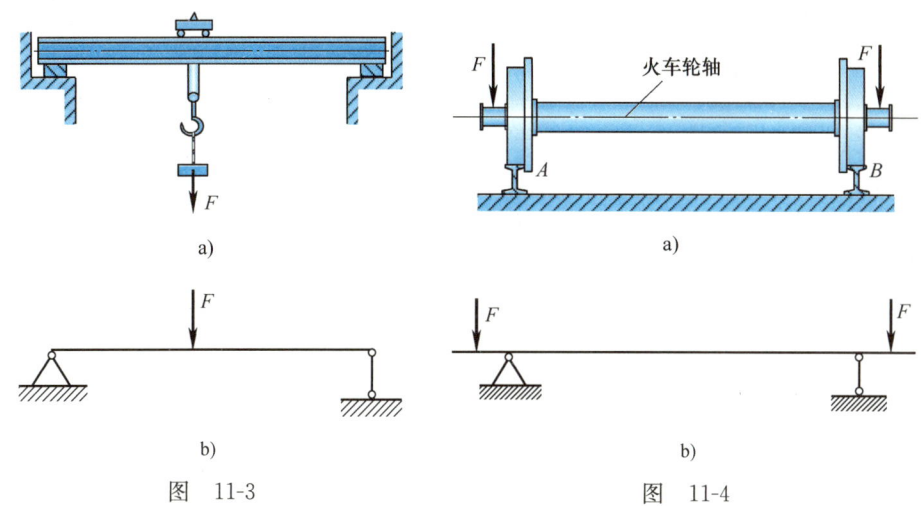

图 11-3

图 11-4

在工程实际中，梁的横截面一般具有一竖向对称轴（见图 11-5），该对称轴与梁的轴线一起构成梁的纵向对称面。当梁上所有的外力（外力偶）均作用在同一纵向对称面内时，变形后梁的轴线将弯成一条位于该纵向对称面内的平面曲线。这种弯曲变形称为**对称弯曲**或者**平面弯曲**。本章以及随后两章主要研究梁的对称弯曲。

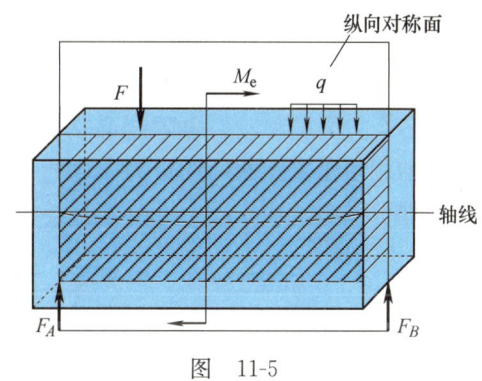

图 11-5

二、梁的计算简图

工程实际中，梁所受的外力及支座情况一般比较复杂。为便于计算，在分析计算梁的内力、应力以及变形时，应首先对梁进行合理的简化，得到梁的计算简图。在简化时，通常用梁的轴线来代表梁，并对作用于梁上的载荷和梁的支座做如下简化。

1. 载荷的基本类型

作用在梁上的实际载荷，通常可以简化为以下三种基本类型：

（1）集中力　当载荷作用于梁上的区域很小时，可简化为**集中力**。例如，图 11-3 所示桥式吊车主梁所受的力、图 11-4 所示火车车厢通过轴承作用在轮轴上的力，都可以简化为集中力。集中力通常用 F 表示。

（2）分布载荷　连续作用在梁的一段或整个长度上的载荷应简化为**分布载荷**（见图 11-1 和图 11-2）。工程中建筑结构所承受的风压、水压与梁的自重就是常见的分布载荷。分布载荷的强弱通常用**载荷集度** q，即单位长度上的载荷大小来衡量。载荷集度 q 为常数的分布载荷称为**均布载荷**。

（3）集中力偶　工程中的某些梁有时会受到大小相等、方向相反但不在一条直线上的一对外力的作用，如图 11-5 所示。这一对外力构成作用在梁纵向对称面内的外力偶。由于该外力偶作用在承力构件与梁连接处的很小区域上，故可简化为**集中力偶**。集中外力偶通常用其矩 M_e 来表示。

2. 支座的基本类型

梁的支座，一般简化为下列三种基本类型：

（1）固定铰支座　图 11-6a 所示是**固定铰支座**的简图。该支座限制梁在载荷平面内沿各个方向的移动。其约束力一般用一对正交分力来表达，即相切于支承面的约束力和垂直于支承面的约束力。

（2）活动铰支座　图 11-6b 所示是**活动铰支座**的简图。该支座只能限制梁在载荷平面内沿垂直于支承面方向的移动。因此，活动铰支座只有一个约束力，即垂直于支承面的约束力。桥梁的滚轴支承、传动轴的向心轴承等，一般均可简化为活动铰支座。

（3）固定端　图 11-6c 所示是**固定端支座**的简图。该支座限制梁在载荷平面内沿各个方向的移动，也限制梁在载荷平面内的转动。固定端支座有三个约束力，即相切于支承面的约束力、垂直于支承面的约束力和位于载荷平面内的约束力偶。

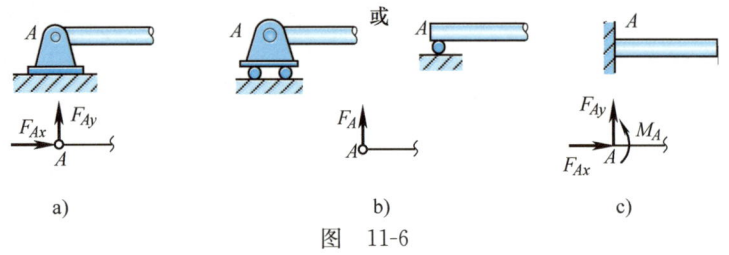

图　11-6

三、静定梁的基本形式

在对梁的载荷和支座进行简化以后，即可得到梁的计算简图。根据梁的支座简化情况，可将工程中的梁分为下列三种基本形式：

1. 简支梁

如图 11-1b、图 11-3b 所示，梁的一端是固定铰支座，另一端是活动铰支座，这种梁称为简支梁。

2. 外伸梁

梁的支承约束情况与简支梁类似，但其具有外伸部分，如图 11-4b 所示，这种梁称为外伸梁。

3. 悬臂梁

如图 11-2b 所示，梁的一端固定，一端自由，这种梁称为悬臂梁。

以上三种梁，支座的约束力均可通过静力平衡方程求出，故称为**静定梁**。

本章主要讨论梁弯曲变形时横截面上的内力，其强度问题和刚度问题将在随后的两章中依次研究。

第二节 梁的支座约束力

一般情况下，要计算弯曲内力，首先需要根据静力平衡方程求出梁的支座约束力。本节通过下列两个例子，来简要说明静定梁支座约束力的计算过程。

【例 11-1】 试求图 11-7a 所示外伸梁 AC 的支座约束力。

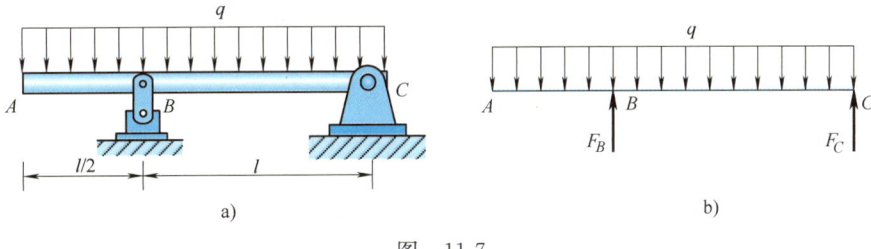

图 11-7

解：选取外伸梁 AC 为研究对象，其受力如图 11-7b 所示，其中固定铰支座 C 处的水平约束力显然为零，故在受力图中没有画出。由平衡方程

$$\sum F_y = 0, \quad F_B + F_C - \frac{3}{2}ql = 0$$

$$\sum M_C = 0, \quad q\frac{3}{2}l \cdot \frac{3}{4}l - F_B l = 0$$

得外伸梁 AC 的支座约束力

$$F_B = \frac{9}{8}ql, \quad F_C = \frac{3}{8}ql$$

【例 11-2】 试求图 11-8a 所示静定组合梁 AC 的支座约束力。

解：如图 11-8a 所示，组合梁 AC 由 AB 和 BC 两根梁用铰链 B 连接而成。第四章例 4-9 曾介绍过，AB 梁可以独立承载，是组合梁的基本部分；而 BC 梁则必须依赖于基本部分 AB 梁才能够承受载荷，是组合梁的附属部分。在计算这类静定组合梁的支座约束力时，应将其从连接铰链处拆开，按照"先附属，后基本"的顺序，依次求出各个支座约束力。现计算如下：

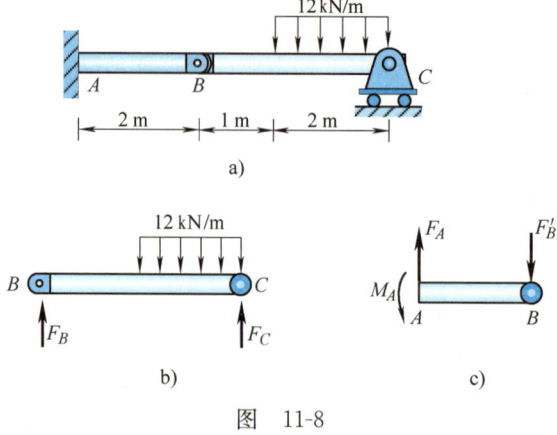

图 11-8

1) 首先选取附属部分，即 BC 梁为研究对象，其受力如图 11-8b 所示。由平衡方程

$$\Sigma M_B = 0, \quad F_C \times 3\text{ m} - 12\text{ kN/m} \times 2\text{ m} \times 2\text{ m} = 0$$
$$\Sigma F_y = 0, \quad F_B + F_C - 12\text{ kN/m} \times 2\text{ m} = 0$$

得

$$F_C = 16\text{ kN}, \quad F_B = 8\text{ kN}$$

2) 再选取基本部分，即 AB 梁为研究对象，其受力如图 11-8c 所示。列平衡方程

$$\Sigma M_A = 0, \quad -F'_B \times 2\text{ m} + M_A = 0$$
$$\Sigma F_y = 0, \quad -F'_B + F_A = 0$$

式中，$F'_B = F_B = 8$ kN。解得

$$F_A = 8\text{ kN}, \quad M_A = 16\text{ kN} \cdot \text{m}$$

第三节　剪力和弯矩

一、梁横截面上的内力·剪力和弯矩

在求得梁在已知载荷作用下的支座约束力后，梁上所有的外力就都已知，即可进一步用截面法来分析计算梁横截面上的内力。

如图 11-9a 所示，简支梁 AB 受到载荷 F_1、F_2 和 F_3 以及支座约束力 F_A 和 F_B 的作用。为了分析距 A 端为 x 的 n—n 横截面上的内力，假想用一截面将此梁从 n—n 处截开，将其分为两段，并取其中左段梁为研究对象（见图 11-9b）。由于作用于梁左段梁上的外力和内力应使其处于平衡状态，故由平衡原理容易判断，$n—n$ 横截面上存在的内力有：

1. 与横截面相切的内力 F_S

将作用于左段梁上的所有外力和内力向 y 轴上投影，由平衡方程 $\sum F_y = 0$ 可得

$$F_S = F_A - F_1 \tag{a}$$

切向内力 F_S 即为剪力，它是 $n—n$ 横截面上切向分布内力的合力。

2. 位于纵向对称面内的内力偶矩 M

将作用于左段梁上的所有外力和内力对 $n—n$ 截面的形心 C 取矩，由平衡方程 $\sum M_C = 0$ 可得

$$M = F_A x - F_1(x-a) \tag{b}$$

位于纵向对称面内的内力偶矩 M 称为**弯矩**，它是 $n—n$ 横截面上法向分布内力的合力偶矩。

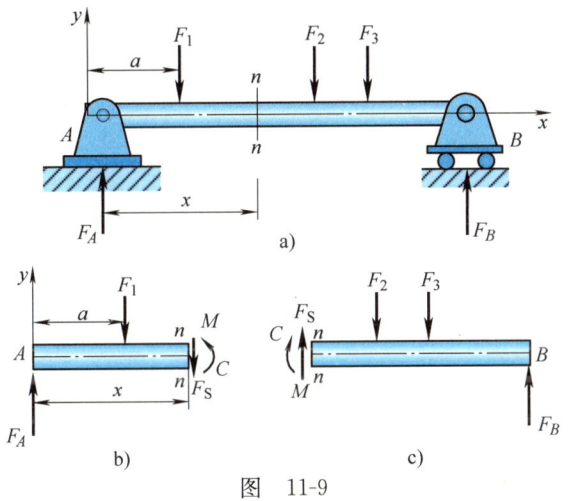

图 11-9

如取右段梁为研究对象（见图 11-9c），用同样的方法可以求出 $n—n$ 截面的剪力 F_S 和弯矩 M。剪力和弯矩是梁的左段和右段在 $n—n$ 横截面上相互作用的内力，所以由左段梁所求得的梁的右段对左段作用的剪力（弯矩），必然和由右段梁所求得的梁的左段对右段作用的剪力（弯矩）大小相等，方向（转向）相反。

为使无论取左段梁还是右段梁，对同一个横截面所求得的剪力和弯矩，不仅在数值上相等，而且正负号也保持一致，则需要对剪力和弯矩的正负号加以统一规定。

剪力的正负号规定为：**剪力以使其对所作用的微段梁内任意一点的矩顺时针转向为正**（见图 11-10a）；**反之为负**（见图 11-10b）。

剪力的正负号也可以通过梁的变形来确定：n—n 截面的左段相对于右段向上错动时，n—n 截面上的剪力规定为正（见图 11-10a）；**反之为负**（见图 11-10b）。

弯矩的正负号规定为：**弯矩以使其作用的微段梁产生凹变形为正**（见图 11-10c）；**反之为负**（见图 11-10d）。

弯矩的正负号也可以规定为：**使横截面上部受压、下部受拉的弯矩为正，反之为负**。如图 11-10e 所示，微段梁在正弯矩 M 的作用下产生凹变形，如果将梁设想成由无数根纵向"纤维"构成，这种凹变形将导致梁上部的"纤维"缩短、下部的"纤维"伸长，这也就意味着，正弯矩使梁横截面的上部受压、下部受拉（见图 11-10f）。

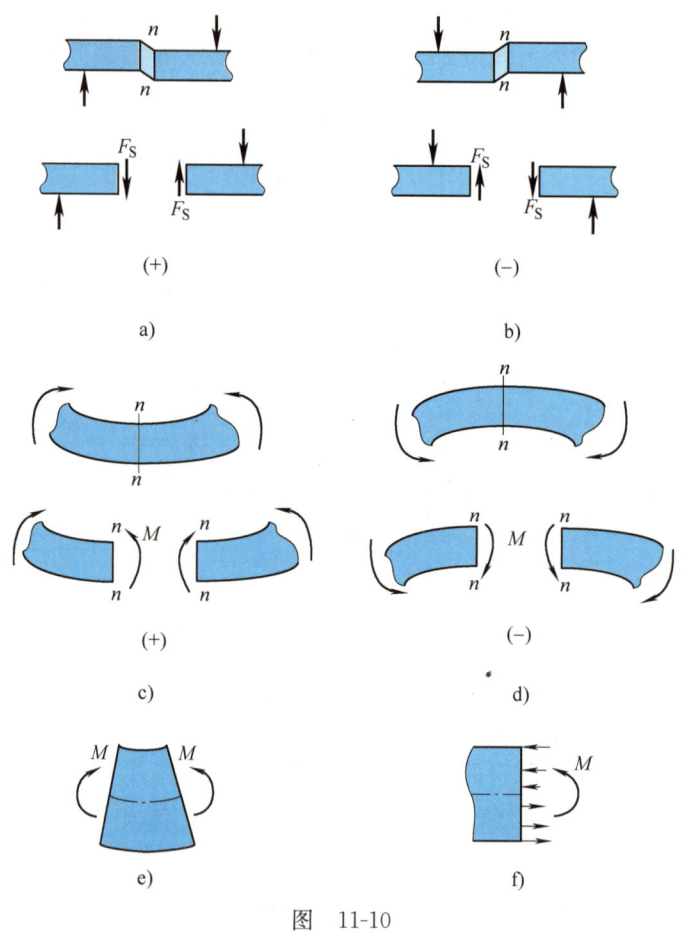

图 11-10

二、用截面法计算梁指定截面的剪力和弯矩

在用截面法计算梁指定截面的剪力和弯矩时，一般可按下列 5 个步骤进行：

1) 计算梁的支座约束力；

2) 在指定截面处假想地将梁截开，取其中的任一段为研究对象；

3) 画出所选梁段的受力图，受力图中的剪力 F_S 和弯矩 M 应假设为正；

4) 由平衡方程 $\sum F_y = 0$ 求出剪力 F_S；

5) 由平衡方程 $\sum M_C = 0$ 求出弯矩 M，其中 C 为指定截面的形心。

【例 11-3】 图 11-11a 所示悬臂梁 AC，受集中力 F 和集中力偶矩 $M_e = Fl$ 的作用，试计算截面 1—1、2—2、3—3 上的剪力与弯矩。其中截面 1—1 无限接近于截面 A、截面 2—2 无限接近于截面 B、截面 3—3 无限接近于截面 C。

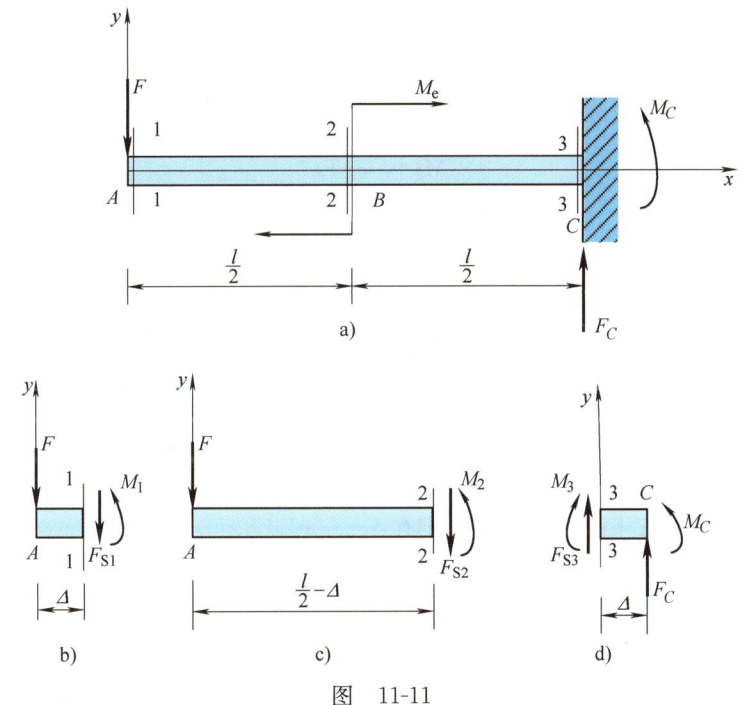

图 11-11

解：(1) 计算支座约束力

选取梁 AC 为研究对象，其受力如图 11-11a 所示，由平衡方程易得支座约束力

$$F_C = F, \quad M_C = 0$$

(2) 计算截面 1—1 上的剪力和弯矩

在截面 1—1 处假想将梁截开，并选取左段为研究对象，如图 11-11b 所示，设该截面上的剪力 F_{S1} 和弯矩 M_1 均为正值，由平衡方程

$$\sum F_y = 0, \quad -F - F_{S1} = 0$$

得剪力
$$F_{S1} = -F$$

再由平衡方程
$$\sum M_{1-1}=0, \quad M_1 + F\Delta = 0$$

并注意到截面 1—1 无限接近于截面 A，即有 $\Delta \to 0$，即得弯矩
$$M_1 = -F\Delta = 0$$

(3) 计算截面 2—2 上的剪力和弯矩

在截面 2—2 处假想将梁截开，并选取左段为研究对象，如图 11-11c 所示，设该截面上的剪力 F_{S2} 和弯矩 M_2 均为正值，由平衡方程
$$\sum F_y = 0, \quad -F - F_{S2} = 0$$

得剪力
$$F_{S2} = -F$$

再由平衡方程
$$\sum M_{2-2} = 0, \quad M_2 + F\left(\frac{l}{2} - \Delta\right) = 0$$

并注意到截面 2—2 无限接近于截面 B，即有 $\Delta \to 0$，即得弯矩
$$M_2 = -\frac{1}{2}Fl$$

(4) 计算截面 3—3 上的剪力和弯矩

在截面 3—3 处假想地将梁截开，并选取右段为研究对象，如图 11-11d 所示，设该截面上的剪力 F_{S3} 和弯矩 M_3 均为正值，由平衡方程
$$\sum F_y = 0, \quad F_{S3} + F_C = 0$$

得剪力
$$F_{S3} = -F_C = -F$$

再由平衡方程
$$\sum M_{3-3} = 0, \quad M_C + F_C\Delta - M_3 = 0$$

并注意到截面 3—3 无限接近于 C 截面，即有 $\Delta \to 0$，即得弯矩
$$M_3 = M_C = 0$$

【例 11-4】 如图 11-12a 所示，外伸梁 AC 承受 10 kN 的集中力和 20 kN·m 的集中力偶矩的作用，试求横截面 A_+、D_- 与 D_+ 上的剪力和弯矩。其中截面 A_+ 代表距 A 无限近并位于其右侧的截面、D_- 则代表距 D 无限近并位于其左侧的截面，以此类推。

解：(1) 计算支座约束力

选取梁 AC 为研究对象，其受力如图 11-12a 所示，由平衡方程得支座约束力
$$F_C = 15 \text{ kN}, \quad F_B = 5 \text{ kN}$$

(2) 计算截面 A_+ 上的剪力和弯矩

沿截面 A_+ 假想地将梁截开，并选取左段为研究对象，如图 11-12b 所示，由平衡方程
$$\sum F_y = 0, \quad -F_{SA_+} = 0$$

得剪力

第十一章 弯曲内力

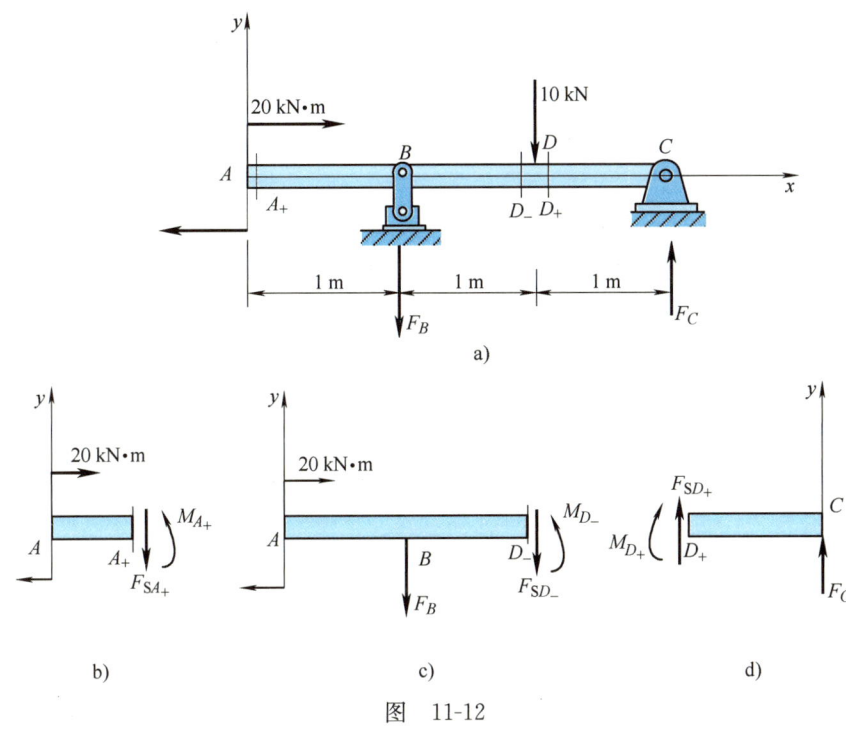

图 11-12

$$F_{SA+}=0$$

再由平衡方程

$$\sum M_A=0, \quad M_{A+}-20\ \text{kN}\cdot\text{m}=0$$

得弯矩

$$M_{A+}=20\ \text{kN}\cdot\text{m}$$

(3) 计算截面 D_- 上的剪力和弯矩

沿截面 D_- 假想地将梁截开，并选取左段为研究对象，如图 11-12c 所示，由平衡方程

$$\sum F_y=0, \quad -F_{SD-}-F_B=0$$

得剪力

$$F_{SD-}=-F_B=-5\ \text{kN}$$

再由平衡方程

$$\sum M_D=0, \quad M_{D-}+F_B\times 1\ \text{m}-20\ \text{kN}\cdot\text{m}=0$$

得弯矩

$$M_{D-}=15\ \text{kN}\cdot\text{m}$$

(4) 计算截面 D_+ 上的剪力和弯矩

沿截面 D_+ 假想地将梁截开，并选取右段为研究对象，如图 11-12d 所示，由平衡方程

$$\sum F_y=0, \quad F_{SD+}+F_C=0$$

得剪力

$$F_{SD+} = -F_C = -15 \text{ kN}$$

再由平衡方程

$$\sum M_D = 0, \quad -M_{D+} + F_C \times 1 \text{ m} = 0$$

得弯矩

$$M_{D+} = 15 \text{ kN} \cdot \text{m}$$

三、计算剪力与弯矩的简便方法

通过对上述算例的观察、总结，可以得到下列计算剪力与弯矩的简便方法：

1) 剪力 F_S 等于截面一侧与截面平行的所有外力的代数和。其中若对截面左侧所有外力求和，则外力以向上为正；若是对截面右侧所有外力求和，外力则以向下为正。

2) 弯矩 M 等于截面一侧所有外力对该截面形心的矩的代数和。对于外力，无论是位于截面左侧还是右侧，只要向上，对截面形心的矩都取正值，向下则取负值。至于外力偶，若位于截面左侧，则以顺时针为正；若在右侧，则以逆时针为正。

利用上述规律求梁指定截面的内力时，不必将梁假想截开作受力图，也无须列平衡方程，因此可以大大简化计算过程。现举例说明如下：

【例 11-5】 一简支梁，在 CD 段内受均布载荷 $q = 12.5 \text{ kN/m}$ 作用，如图 11-13 所示。试求跨中截面 E 的弯矩和截面 C 的剪力。

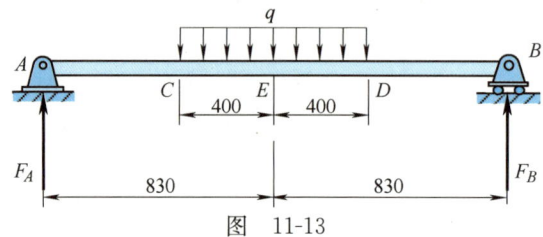

图 11-13

解：(1) 计算支座约束力

由对称性易得支座约束力

$$F_A = F_B = 5 \text{ kN}$$

(2) 计算指定截面的剪力和弯矩

截面 C 左侧只有外力 F_A，故根据计算剪力的简便方法得截面 C 的剪力

$$F_{SC} = F_A = 5 \text{ kN}$$

截面 E 左侧外力有 F_A 和均布载荷 q，根据计算弯矩的简便方法得截面 E 的弯矩

$$M_E = F_A \times 0.83 \text{ m} - q \times 0.4 \text{ m} \times \frac{0.4 \text{ m}}{2} = 3.15 \text{ kN} \cdot \text{m}$$

【例 11-6】 一悬臂梁，在一半长度上受均布载荷 $q = 2 \text{ kN/m}$ 作用，如图 11-14 所示。试

求截面 1—1、2—2 和 3—3 的内力。

解：(1) 计算支座约束力

选取梁 AB 为研究对象，其受力如图 11-14 所示，由平衡方程得支座约束力
$$F_A = 4 \text{ kN}, \quad M_A = 12 \text{ kN} \cdot \text{m}$$

(2) 计算指定截面的剪力和弯矩

截面 1—1：根据简便方法，由截面左侧的外力，求得剪力、弯矩分别为
$$F_{S1} = F_A = 4 \text{ kN}, \quad M_1 = -M_A = -12 \text{ kN} \cdot \text{m}$$

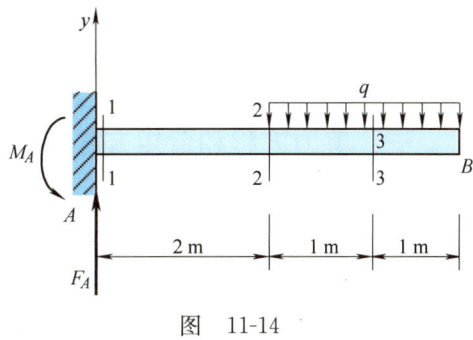

图 11-14

截面 2—2：根据简便方法，由截面左侧的外力，求得剪力、弯矩分别为
$$F_{S2} = F_A = 4 \text{ kN}, \quad M_2 = F_A \times 2 \text{ m} - M_A = -4 \text{ kN} \cdot \text{m}$$

截面 3—3：根据简便方法，由截面右侧的外力，求得剪力、弯矩分别为
$$F_{S3} = q \times 1 \text{ m} = 2 \text{ kN}, \quad M_3 = -q \times 1 \text{ m} \times 0.5 \text{ m} = -1 \text{ kN} \cdot \text{m}$$

此题也可以不求支座约束力，各截面的内力都由截面右侧的外力进行计算。

【例 11-7】 一外伸梁如图 11-15 所示，已知 $M_e = 8 \text{ kN} \cdot \text{m}$，$q = 2 \text{ kN/m}$，$F = 2 \text{ kN}$，试求截面 C、截面 B_- 和截面 B_+ 的剪力和弯矩。

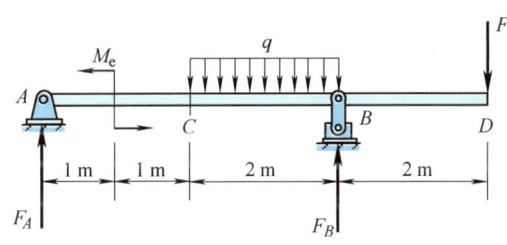

图 11-15

解：(1) 计算支座约束力

选取梁 AD 为研究对象，其受力如图 11-15 所示，由平衡方程得支座约束力
$$F_A = 2 \text{ kN}, \quad F_B = 4 \text{ kN}$$

(2) 计算指定截面的剪力和弯矩

截面 C：根据简便方法，由截面 C 左侧的外力，求得剪力、弯矩分别为
$$F_{SC} = F_A = 2 \text{ kN}, \quad M_C = F_A \times 2 \text{ m} - M_e = -4 \text{ kN} \cdot \text{m}$$

截面 B_-：根据简便方法，由截面 B_- 右侧的外力，求得剪力、弯矩分别为
$$F_{SB_-} = F - F_B = -2 \text{ kN}, \quad M_{B_-} = -F \times 2 \text{ m} = -4 \text{ kN} \cdot \text{m}$$

截面 B_+：根据简便方法，由截面 B_+ 右侧的外力，求得剪力、弯矩分别为
$$F_{SB_+} = F = 2 \text{ kN}, \quad M_{B_+} = -F \times 2 \text{ m} = -4 \text{ kN} \cdot \text{m}$$

第四节　剪力方程和弯矩方程·剪力图和弯矩图

一、剪力方程和弯矩方程

一般来说，对于梁上不同的横截面，其剪力和弯矩都是不同的。为了对梁进行强度计算和刚度计算，需要知道剪力和弯矩随横截面变化的规律。若以沿梁轴线的横坐标 x 表示横截面的位置，则横截面上的剪力 F_S 和弯矩 M 可以表示为 x 的函数，即

$$F_S = F_S(x) \quad (11\text{-}1)$$

$$M = M(x) \quad (11\text{-}2)$$

这两个数学表达式分别称为梁的**剪力方程**和**弯矩方程**。

二、剪力图和弯矩图

在得到剪力方程和弯矩方程后，根据剪力方程，以 x 为横坐标，以剪力 F_S 为纵坐标，绘制所得的图形称为**剪力图**；根据弯矩方程，以 x 为横坐标，以弯矩 M 为纵坐标，绘制所得的图形称为**弯矩图**。

在绘制剪力图时，规定正值剪力图线画在水平横轴的上方。在绘制弯矩图时，机械行业规定正值弯矩图线画在水平横轴的上方；而土木行业则规定正值弯矩图线画在水平横轴的下方。本书采用的是机械行业的规定，即将正值弯矩图线画在水平横轴的上方。

与轴力图和扭矩图类似，剪力图和弯矩图直观表达了剪力和弯矩随横截面的变化规律，是梁的强度计算和刚度计算的基础。

下面举例说明根据剪力方程和弯矩方程绘制剪力图和弯矩图的方法和过程。

【例 11-8】 如图 11-16a 所示，简支梁 AB 在截面 C 处受到集中载荷 F 作用。试建立梁的剪力方程和弯矩方程，并作剪力图和弯矩图。

解：(1) 计算支座约束力

选取梁 AB 为研究对象，其受力如图 11-16a 所示，由平衡方程易得其支座约束力

$$F_A = \frac{b}{l}F, \quad F_B = \frac{a}{l}F$$

(2) 列剪力方程和弯矩方程

梁在 C 处有集中力作用，故 AC 段和 CB 段的剪力方程、弯矩方程不同，必须分段列出。以梁的左端点 A 为坐标原点，沿梁轴线建立 x 轴（见图 11-16a）。分别在 AC 段和 CB 段距梁 A 端为 x 处任取一横截面，利用计算指定截面剪力和弯矩的简便方法，分段列出其剪力方程和弯矩方程为

$$F_S(x) = F_A = \frac{Fb}{l} \quad (0 < x < a) \tag{a}$$

$$F_S(x)=F_A-F=-\frac{Fa}{l} \quad (a<x<l) \tag{b}$$

$$M(x)=F_Ax=\frac{Fb}{l}x \quad (0\leqslant x\leqslant a) \tag{c}$$

$$M(x)=F_Ax-F(x-a)=\frac{Fa}{l}(l-x) \quad (a\leqslant x\leqslant l) \tag{d}$$

(3) 作剪力图和弯矩图

由式（a）知，AC 段内的剪力为正值常数，故在 AC 段内（$0<x<a$），剪力图为平行于 x 轴、且在 x 轴上方的水平直线；由式（b）知，CB 段内的剪力为负值常数，故在 CB 段内（$a<x<l$），剪力图为平行于 x 轴，且在 x 轴下方的水平直线。据此作出的剪力图如图 11-16b 所示。

由式（c）和式（d）知，AC 段和 CB 段的弯矩方程均为 x 的一次函数，故两段梁的弯矩图均为斜直线。根据弯矩方程作出的弯矩图如图 11-16c 所示。

由剪力图可见，在集中力 F 所作用的 C 截面处，剪力发生突变，其左侧截面的剪力 $F_{SC-}=\frac{Fb}{l}$，右侧截面的剪力 $F_{SC+}=-\frac{Fa}{l}$，突变值为 $|F_{SC+}-F_{SC-}|=\left|-\frac{Fa}{l}-\frac{Fb}{l}\right|=F$。故有结论，**在集中力作用的截面处，剪力图有突变，其突变值就等于该集中力值。**

另由弯矩图可见，集中力 F 作用的 C 截面处的弯矩值没有变化，但弯矩图在此发生转折。

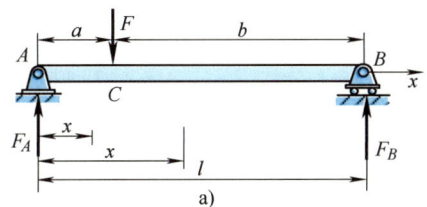

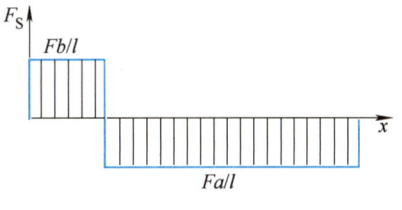

图 11-16

【**例 11-9**】 图 11-17a 所示简支梁，承受载荷集度为 q 的均布载荷作用，试建立梁的剪力方程和弯矩方程，并作剪力图和弯矩图。

解：(1) 计算支座约束力
由对称性易得梁的支座约束力
$$F_A=F_B=\frac{ql}{2}$$

(2) 列剪力方程和弯矩方程

以梁的左端点 A 为坐标原点，沿梁轴线建立 x 轴（见图 11-17a）。距梁 A 端为 x 处任取一横截面，利用计算指定截面剪力和弯矩的简便方法，列出其剪力方程和弯矩方程分别为

$$F_S(x)=F_A-qx=\frac{ql}{2}-qx \quad (0<x<l) \tag{a}$$

$$M(x)=F_Ax-\frac{1}{2}qx^2=\frac{ql}{2}x-\frac{1}{2}qx^2 \quad (0\leqslant x\leqslant l) \tag{b}$$

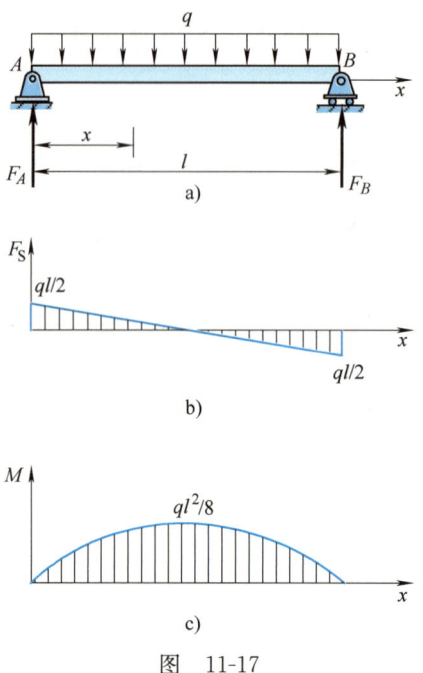

图 11-17

(3) 作剪力图和弯矩图

由式（a）知，剪力 $F_S(x)$ 是 x 的一次函数，故剪力图为一条斜直线。只需确定其上两点即可。当 $x=0$ 时，A_+ 截面处 $F_{SA+}=\dfrac{ql}{2}$；当 $x=l$ 时，B_- 截面处 $F_{SB-}=-\dfrac{ql}{2}$。连接两点即得梁的剪力图如图 11-17b 所示。

由式（b）知，弯矩 $M(x)$ 是 x 的二次函数，弯矩图为一条抛物线。根据式（b）求出 x 与 M 的若干对应值如下：

x	0	$l/4$	$l/2$	$3l/4$	l
M	0	$3ql^2/32$	$ql^2/8$	$3ql^2/32$	0

根据上述数据，定点连线，即得梁的弯矩图如图 11-17c 所示。

由剪力图和弯矩图可知，剪力与弯矩的最大值分别为

$$|F_S|_{\max}=\frac{ql}{2}, \quad |M|_{\max}=\frac{ql^2}{8}$$

【例 11-10】 图 11-18a 所示简支梁，在截面 C 处承受矩为 M_e 的集中力偶作用，试建立梁的剪力方程和弯矩方程，并作剪力图和弯矩图。

解：(1) 计算支座约束力

选取梁 AB 为研究对象，受力如图 11-18a 所示，由平面力偶系的平衡方程易得梁的支座

约束力

$$F_B = F_A = \frac{M_e}{l}$$

(2) 列剪力方程和弯矩方程

梁在 C 处有集中力偶作用，故弯矩方程需分段列出。以梁的左端点 A 为坐标原点，沿梁轴线建立 x 轴（见图 11-18a）。距梁 A 端为 x 处任取一横截面，列出梁的剪力方程和弯矩方程分别为

$$F_S(x) = -F_A = -\frac{M_e}{l} \quad (0 < x < l) \quad \text{(a)}$$

$$M(x) = -F_A x = -\frac{M_e}{l} x \quad (0 \leqslant x < a) \quad \text{(b)}$$

$$M(x) = F_B(l-x) = \frac{M_e}{l}(l-x) \quad (a < x \leqslant l) \quad \text{(c)}$$

(3) 作剪力图和弯矩图

根据式（a），作出梁的剪力图如图 11-18b 所示；根据式（b）和式（c），作出梁的弯矩图如图 11-18c 所示。

由该例的弯矩图可以引出结论：**在集中力偶作用处，弯矩图有突变，其突变值就等于该集中力偶矩值。**

另由剪力图注意到，在集中力偶作用处，其左、右两侧截面的剪力没有变化。

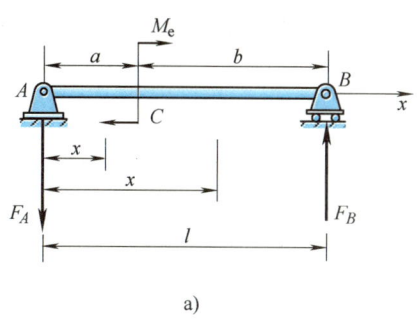
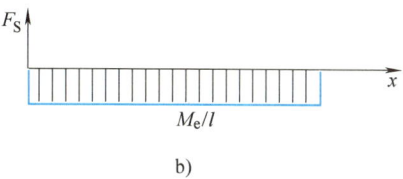
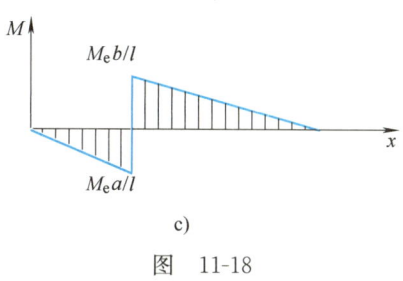

图 11-18

第五节　剪力、弯矩与载荷集度间的关系

由前面各例注意到，在剪力为常数的梁段内，弯矩图必为斜直线；在剪力图为斜直线的梁段内，弯矩图则一定是二次抛物线。这表明，剪力和弯矩之间存在着某种关系。本节就来具体研究剪力、弯矩和载荷集度间的关系，并介绍如何利用这些关系来快速绘制梁的剪力图和弯矩图。

假设直梁上作用的分布载荷集度 $q(x)$ 是 x 的函数（见图 11-19a），且规定 $q(x)$ 以向上为正。从梁中取出长度为 $\mathrm{d}x$ 的微段梁，如图 11-19b 所示，假设 $\mathrm{d}x$ 微段梁上只作用着分布载荷 $q(x)$，而无集中力和集中力偶。当 x 有增量 $\mathrm{d}x$ 时，

其对应的剪力 $F_S(x)$ 有增量 $dF_S(x)$、弯矩 $M(x)$ 有增量 $dM(x)$。因此，dx 微段梁右侧的剪力为 $F_S(x)+dF_S(x)$、弯矩为 $M(x)+dM(x)$。由平衡方程

$$\sum F_y = 0, \quad F_S(x)+q(x)dx-[F_S(x)+dF_S(x)]=0$$

$$\sum M_C = 0, \quad -M(x)-F_S(x)dx-q(x)dx\frac{dx}{2}+[M(x)+dM(x)]=0$$

并略去第二式中的高阶微量，整理后可得

$$\frac{dF_S(x)}{dx}=q(x) \tag{11-3}$$

$$\frac{dM(x)}{dx}=F_S(x) \tag{11-4}$$

由上面两式又得

$$\frac{d^2M(x)}{dx^2}=q(x) \tag{11-5}$$

以上三式建立了直梁的剪力 $F_S(x)$、弯矩 $M(x)$ 和分布载荷集度 $q(x)$ 间的微分关系。

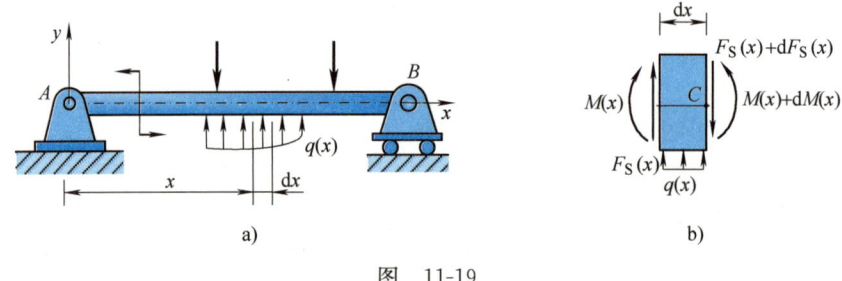

图 11-19

根据上述微分关系，可以得出如下关于剪力图和弯矩图的重要结论：

1) 若在梁的某一段内无分布载荷作用，即 $q(x)=0$，由式 (11-3) 可知，此段梁的剪力 $F_S(x)$ 为常数 F_S，剪力图为一平行于梁轴线的水平直线；再由式 (11-4) 知，弯矩 $M(x)$ 为 x 的一次函数，弯矩图为一斜率为 F_S 的斜直线。

2) 若在梁的某一段内作用有均布载荷，即分布载荷集度 $q(x)$ 为常数 q，则由式 (11-3) 知，此段内的剪力 $F_S(x)$ 为 x 的一次函数，剪力图为一斜率为 q 的斜直线；再由式 (11-4) 知，弯矩 $M(x)$ 为 x 的二次函数，即弯矩图为二次抛物线。

3) 若在梁的某一段内，分布载荷集度 $q(x)$ 的方向向上，即 $q(x)>0$，则由式 (11-5) 知，弯矩图的开口向上，为凹曲线；反之，当 $q(x)$ 的方向向下，即 $q(x)<0$，则弯矩图的开口向下，为凸曲线。

4) 若在梁的某一截面处，剪力 $F_S=0$，则由式 (11-4) 知，弯矩 $M(x)$ 在该截面取得极值（极大值或者极小值）。

5) 在集中力作用的左、右两侧截面，剪力图有突变，其突变值就等于该集中力值；弯矩值没有变化，但是弯矩图的斜率会有突变，即弯矩图将发生转折。

6) 在集中力偶作用的左、右两侧截面，剪力没有变化，但是弯矩图有突变，其突变值就等于该集中力偶矩值。

上述这些结论，对于剪力图和弯矩图的快速绘制或快速校核，很有帮助。现举例说明如下：

【例 11-11】 图 11-20a 所示悬臂梁，已知均布载荷集度为 q，集中力偶矩 $M_e=qa^2$。试利用剪力、弯矩与载荷集度间的微分关系绘制梁的剪力图和弯矩图。

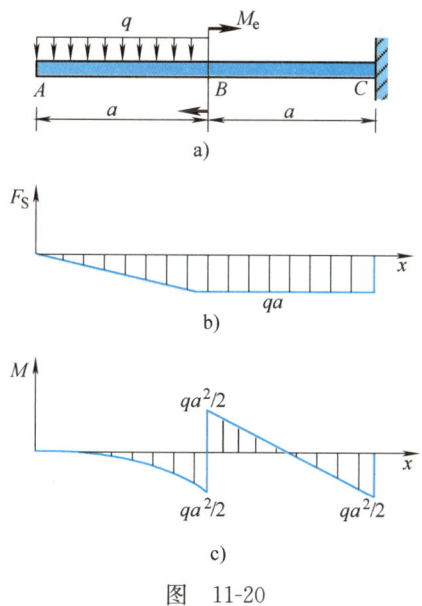

图 11-20

解： 因该梁为悬臂梁，其 A 端为自由端，故可以不求支座约束力，直接计算剪力和弯矩。

(1) 计算控制截面的剪力和弯矩

根据载荷情况，将梁划分为 AB、BC 两段，利用简便方法，求得各段梁的始点和终点截

面的剪力和弯矩分别为

　　A 右侧截面：　　　　　$F_{SA+}=0$，　$M_{A+}=0$

　　B 左、右两侧截面：　$F_{SB-}=F_{SB+}=-qa$，　$M_{B-}=-\dfrac{1}{2}qa^2$，　$M_{B+}=\dfrac{1}{2}qa^2$

　　C 左侧截面：　　　　　$F_{SC-}=-qa$，　$M_{C-}=-\dfrac{1}{2}qa^2$

（2）判断剪力图和弯矩图形状

由于 BC 梁段上无分布载荷作用，故此段梁的剪力图为水平直线，弯矩图为斜直线。由于 AB 段梁上有向下的均布载荷作用，故此段梁的剪力图为斜直线，弯矩图为开口向下的凸抛物线。

（3）画剪力图和弯矩图

根据上述结论，分段作出剪力图、弯矩图，分别如图 11-20b、c 所示。

【例 11-12】 图 11-21a 所示简支梁，在横截面 C 和 D 处各作用一集中载荷 F。试利用剪力、弯矩与载荷集度间的微分关系绘制梁的剪力图和弯矩图。

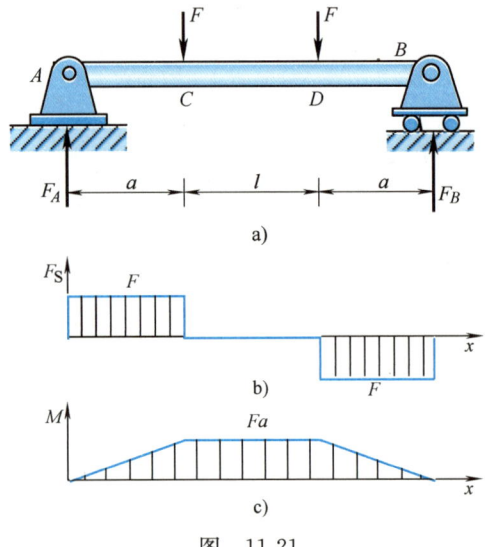

图　11-21

解：(1) 计算支座约束力

如图 11-21a 所示，由对称性可知，梁的支座约束力
$$F_A=F_B=F$$

(2) 计算控制截面的剪力和弯矩

根据载荷情况，将梁划分为 AC、CD、DB 三段，利用简便方法，求得各段梁的始点和终点截面的剪力和弯矩分别为

　　A 右侧截面：　　　　　$F_{SA+}=F$，　$M_{A+}=0$

　　C 左、右两侧截面：　$F_{SC-}=F$，　$F_{SC+}=0$，　$M_{C-}=M_{C+}=Fa$

D 左、右两侧截面： $F_{SD-}=0$， $F_{SD+}=-F$， $M_{D-}=M_{D+}=Fa$
B 左侧截面： $F_{SB-}=-F$， $M_{B-}=0$

(3) 判断剪力图和弯矩图形状

由于梁上无分布载荷作用，故各段梁的剪力图均为水平直线。在 CD 段，由于剪力 F_S 恒为零，由式 (11-4) 知，该段的弯矩 M 为常数，即对应弯矩图应为水平直线；其他两段的弯矩图则均为斜直线。

(4) 画剪力图和弯矩图

根据上述结论，分段作出剪力图、弯矩图，分别如图 11-21b、c 所示。

注意到，CD 段梁的剪力为零、弯矩为常数，这种特殊的弯曲情况称为**纯弯曲**。

【例 11-13】 图 11-22a 所示外伸梁，在 C 处作用一矩 $M_e=12\ \text{kN}\cdot\text{m}$ 的集中力偶，在 BD 段作用均布载荷 $q=4\ \text{kN/m}$。试利用剪力、弯矩与载荷集度间的微分关系绘制梁的剪力图和弯矩图。

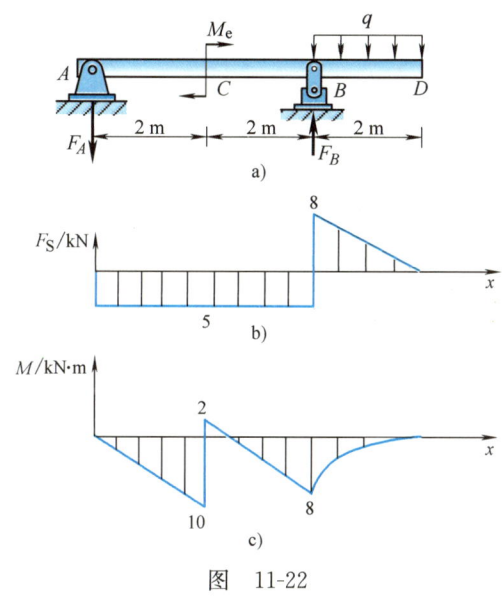

图 11-22

解：(1) 计算支座约束力

如图 11-22a 所示，由平衡方程得梁的支座约束力
$$F_A=5\ \text{kN}, \quad F_B=13\ \text{kN}$$

(2) 计算控制截面的剪力和弯矩

根据载荷情况，将梁划分为 AC、CB、BD 三段，利用简便方法，求得各段梁的始点和终点截面的剪力和弯矩分别为

A 右侧截面： $F_{SA+}=-5\ \text{kN}$， $M_{A+}=0$
C 左、右两侧截面： $F_{SC-}=F_{SC+}=-5\ \text{kN}$， $M_{C-}=-10\ \text{kN}\cdot\text{m}$， $M_{C+}=2\ \text{kN}\cdot\text{m}$
B 左、右两侧截面： $F_{SB-}=-5\ \text{kN}$， $F_{SB+}=8\ \text{kN}$， $M_{B-}=M_{B+}=-8\ \text{kN}\cdot\text{m}$

D 左侧截面：　　　　　$F_{SD-}=0$,　$M_{D-}=0$

(3) 判断剪力图和弯矩图形状

由于 AC、CB 段梁上无分布载荷作用，故这两段梁的剪力图为水平直线，弯矩图则均为斜直线。BD 段梁上有向下的均布载荷，故此段梁的剪力图为斜直线，弯矩图为开口向下的凸二次抛物线。

(4) 画剪力图和弯矩图

根据上述结论，分段作出剪力图、弯矩图，分别如图 11-22b、c 所示。

【例 11-14】 图 11-23a 所示外伸梁，在 C 处作用一集中载荷 $F=3$ kN，在 AB 段作用均布载荷 $q=2$ kN/m。试利用剪力、弯矩与载荷集度间的微分关系绘制梁的剪力图和弯矩图。

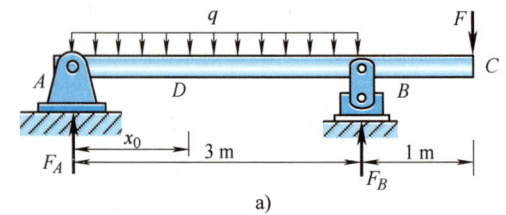

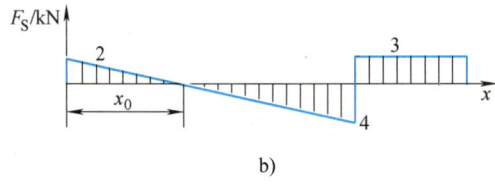
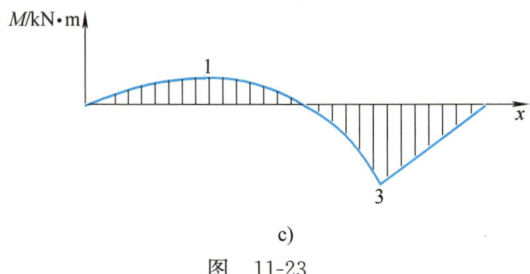

图 11-23

解：(1) 计算支座约束力

如图 11-23a 所示，由平衡方程得梁的支座约束力

$$F_A=2 \text{ kN},\quad F_B=7 \text{ kN}$$

(2) 计算控制截面的剪力和弯矩

根据载荷情况，将梁划分为 AB、BC 两段，利用简便方法，求得各段梁的始点和终点截面的剪力和弯矩分别为

A 右侧截面：　　　　　$F_{SA+}=2$ kN,　$M_{A+}=0$

B 左、右两侧截面：　　$F_{SB-}=-4$ kN,　$F_{SB+}=3$ kN,　$M_{B-}=M_{B+}=-3$ kN·m

C 左侧截面： $F_{SC-}=3$ kN, $M_{C-}=0$

(3) 判断剪力图和弯矩图形状

由于 BC 段梁上无分布载荷作用，故此段梁的剪力图为水平直线，弯矩图为斜直线。AB 段梁上有向下的均布载荷，故此段梁的剪力图为斜直线，弯矩图为开口向下的凸二次抛物线。

(4) 确定弯矩图的极值点

由剪力图知，在 AB 段梁的 D 截面处，剪力 $F_S=0$，由此可以确定，AB 段的弯矩在该截面处存在极值。设该截面位置坐标为 x_0，由剪力图（见图 11-23b），根据比例关系易得

$$x_0 = 1 \text{ m}$$

由简便方法，求得该截面的极值弯矩为

$$M_D = 1 \text{ kN} \cdot \text{m}$$

(5) 画剪力图和弯矩图

根据上述结论，分段作出剪力图、弯矩图，分别如图 11-23b、c 所示。

【**例 11-15**】 静定组合梁如图 11-24a 所示，试利用剪力、弯矩与载荷集度间的微分关系绘制梁的剪力图和弯矩图。

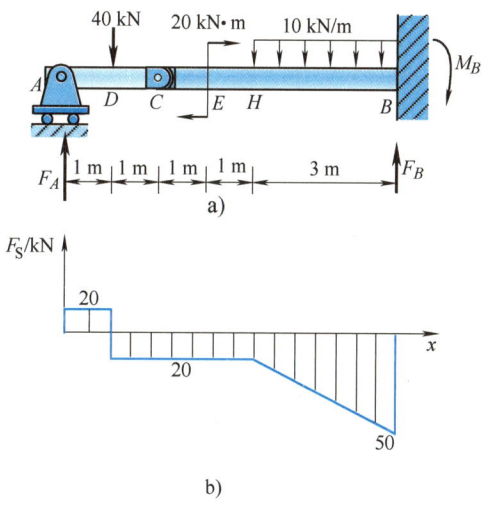

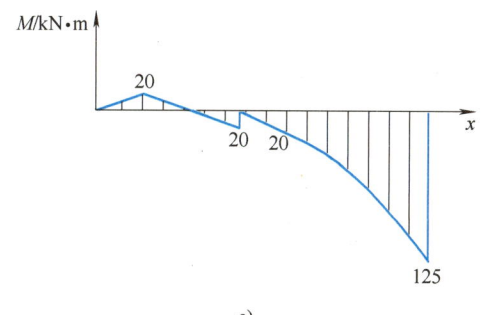

图 11-24

解：（1）计算支座约束力

对于图 11-24a 所示静定组合梁，不难判断，CB 梁为基本部分，AC 梁为附属部分，根据"先附属后基本"的原则，首先研究 AC 梁、然后再研究 CB 梁，由平衡方程依次可得其支座约束力为

$$F_A = 20 \text{ kN}, \quad F_B = 50 \text{ kN}, \quad M_B = 125 \text{ kN} \cdot \text{m}$$

（2）计算控制截面的剪力和弯矩

根据载荷情况，将梁划分为 AD、DE、EH 和 HB 四段，利用简便方法，求得各段梁的始点和终点截面的剪力和弯矩分别为

A 右侧截面：$\quad F_{SA+} = 20 \text{ kN}, \quad M_{A+} = 0$

D 左、右两侧截面：$\quad F_{SD-} = 20 \text{ kN}, \quad F_{SD+} = -20 \text{ kN}, \quad M_{D-} = M_{D+} = 20 \text{ kN} \cdot \text{m}$

E 左、右两侧截面：$\quad F_{SE-} = F_{SE+} = -20 \text{ kN}, \quad M_{E-} = -20 \text{ kN} \cdot \text{m}, \quad M_{E+} = 0$

H 左、右两侧截面：$\quad F_{SH-} = F_{SH+} = -20 \text{ kN}, \quad M_{H-} = M_{H+} = -20 \text{ kN} \cdot \text{m}$

B 左侧截面：$\quad F_{SB-} = -50 \text{ kN}, \quad M_{B-} = -125 \text{ kN} \cdot \text{m}$

（3）判断剪力图和弯矩图形状

由于 AD、DE、EH 段梁上无分布载荷作用，故这三段梁的剪力图均为水平直线，弯矩图则均为斜直线。HB 段梁上有向下的均布载荷，故此段梁的剪力图为斜直线，弯矩图为开口向下的凸二次抛物线。

（4）画剪力图和弯矩图

根据上述结论，分段作出剪力图、弯矩图，分别如图 11-24b、c 所示。

讨论：根据铰链的特性可以推断，在铰链 C 处，弯矩应为零。该结论有助于组合梁的弯矩图的绘制。但显然，铰链 C 的存在不会对组合梁的剪力图产生影响。

复习思考题

11-1　什么是对称弯曲？对称弯曲时梁的受力特点和变形特点是什么？

11-2　梁的支座有哪几种基本形式？梁上的载荷有哪几种基本形式？静定梁有哪几种基本类型？

11-3　什么是剪力？什么是弯矩？剪力和弯矩的正负号如何确定？该符号规则与坐标系的选取是否有关？

11-4　如何用简便方法计算梁的剪力和弯矩？计算时应注意什么问题？

11-5　试写出剪力、弯矩和载荷集度间的微分关系表达式，并说明各式的力学意义和数学意义。

11-6　在集中力和集中力偶作用处，上述各微分关系表达式是否依然适用？

11-7　如何确定最大弯矩？最大弯矩是否一定发生在剪力为零的横截面上？

11-8　在集中力与集中力偶作用的截面处，剪力值和弯矩值各有何变化？如何利用这些特点来绘制剪力图和弯矩图？

11-9　对思考题 11-9 图所示简支梁的 $m—m$ 截面，如用截面左侧的外力计算剪力和弯矩，则剪力 F_S 和弯矩 M 便与均布载荷 q 无关；如用截面右侧的外力计算，则剪力 F_S 和弯

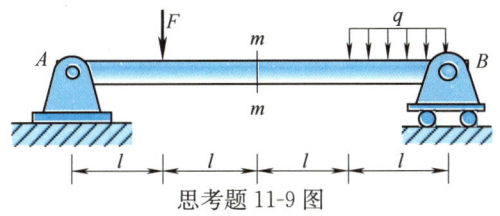

思考题 11-9 图

矩 M 又与集中力 F 无关。这样的论断正确吗？为什么？

习题

11-1　试求习题 11-1 图所示各梁指定截面（标有细线）的剪力和弯矩。

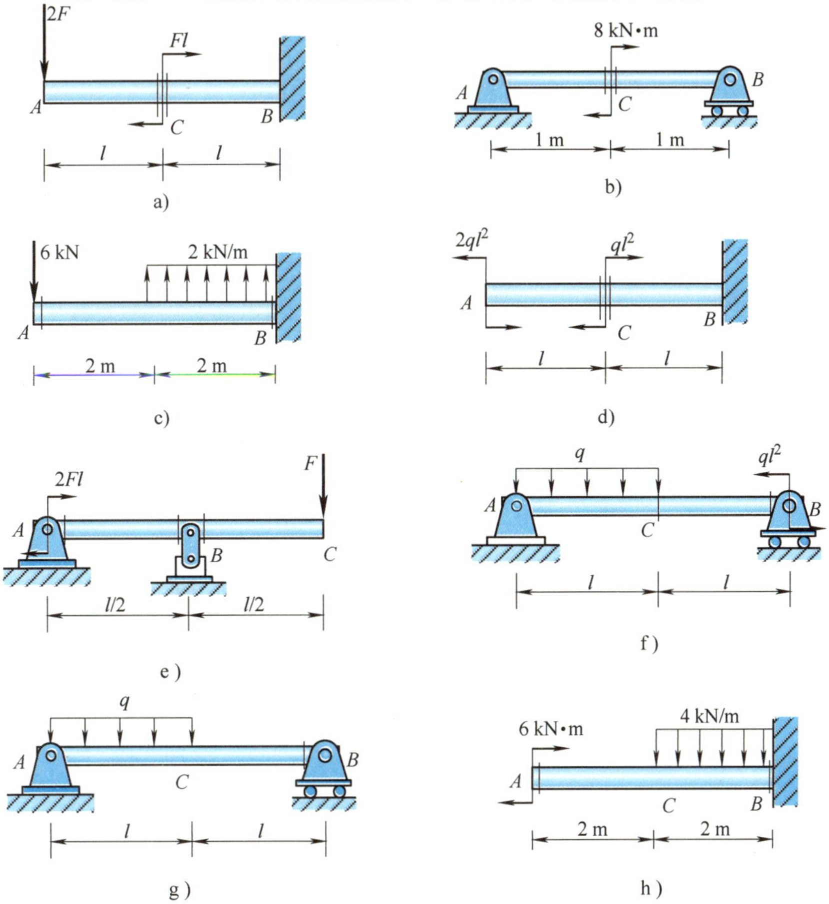

习题 11-1 图

11-2 试建立习题 11-2 图所示各梁的剪力方程和弯矩方程，并绘制剪力图和弯矩图。

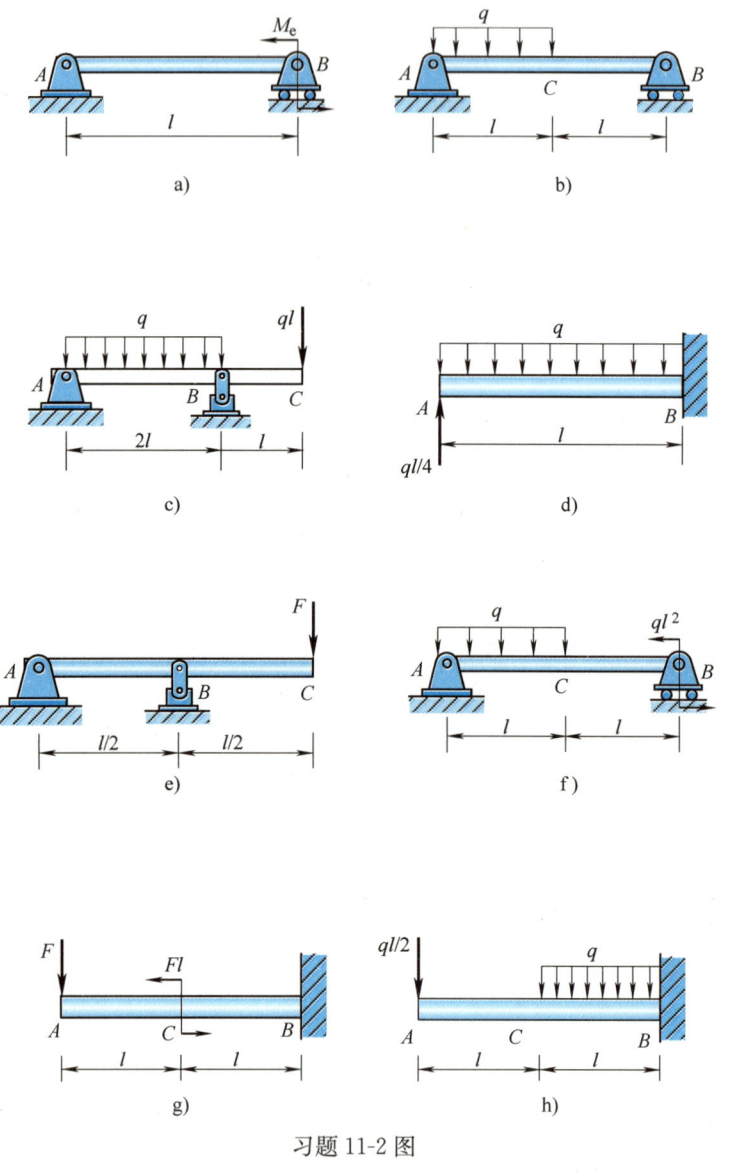

习题 11-2 图

11-3 试利用剪力、弯矩与载荷集度间的关系，绘制习题 11-3 图所示各梁的剪力图和弯矩图。

11-4 习题 11-4 图所示外伸梁，承受集度为 q 的均布载荷作用。试问当 a 为何值时梁内的最大弯矩 $|M|_{\max}$ 最小？

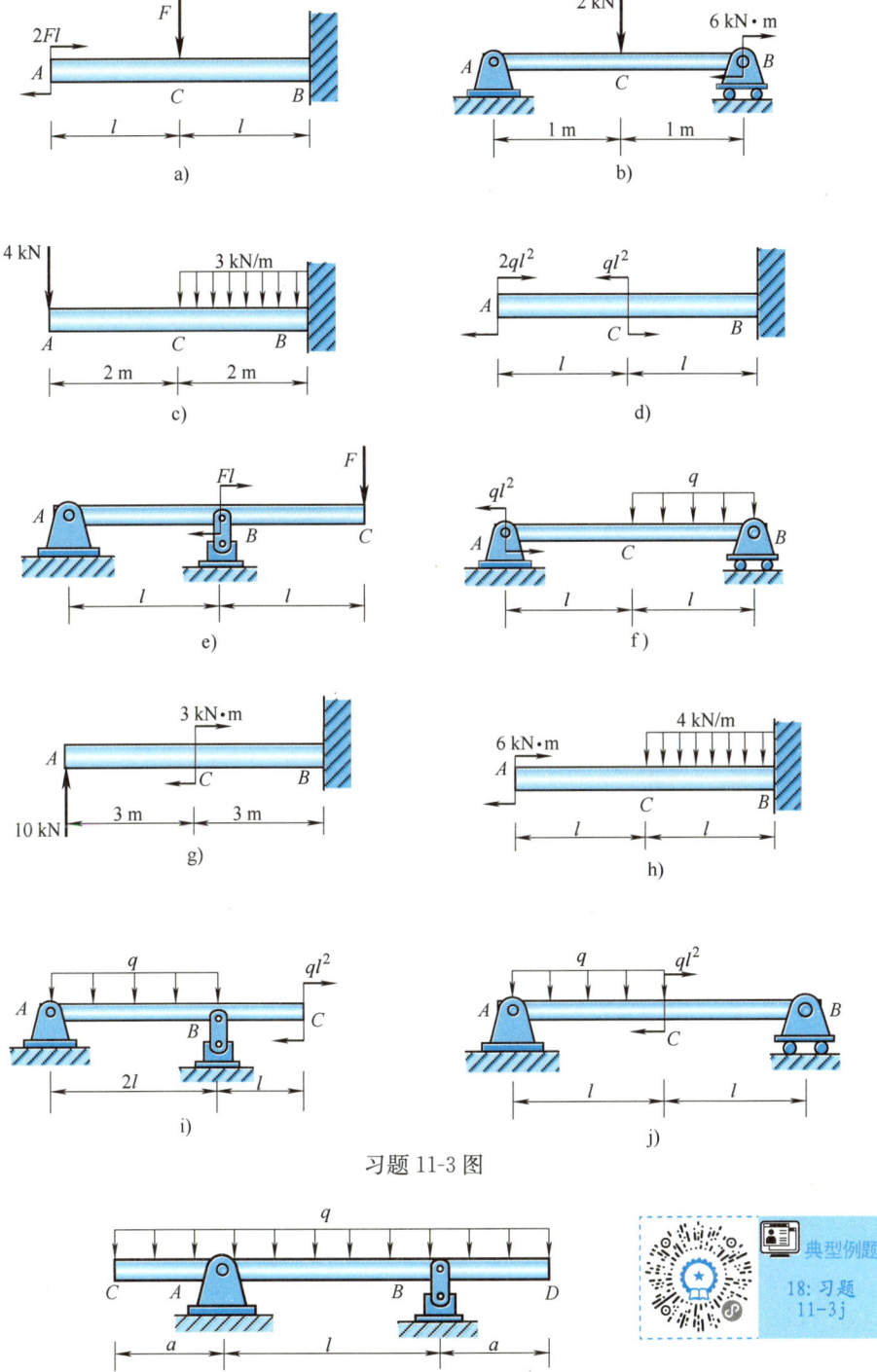

习题 11-3 图

习题 11-4 图

11-5 试选择合适的方法,作出简支梁在习题 11-5 图所示四种载荷作用下的剪力图和弯矩图,并比较其最大弯矩。试问由此可以引出哪些结论?

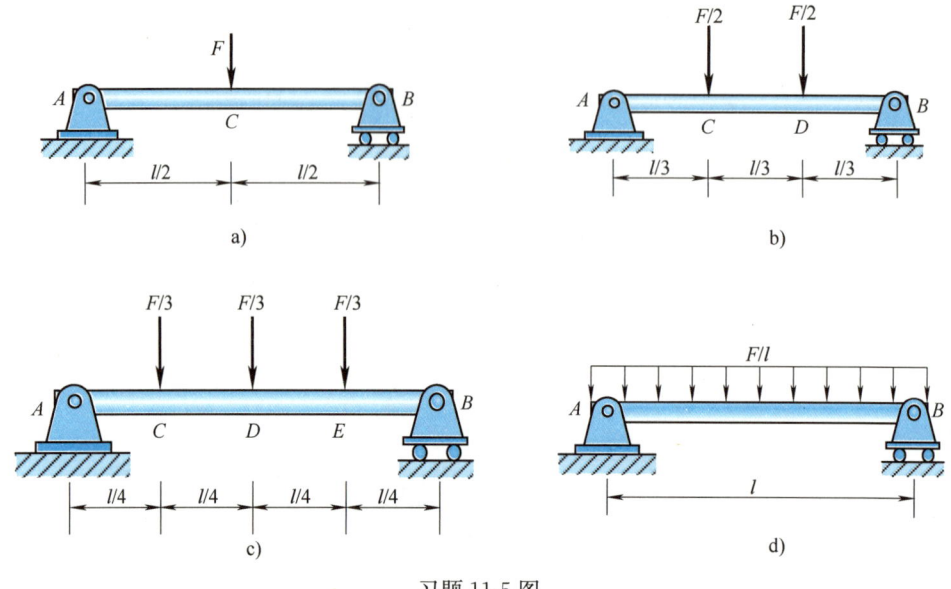

习题 11-5 图

11-6 试选择合适的方法,作出习题 11-6 图所示各静定组合梁的剪力图和弯矩图。

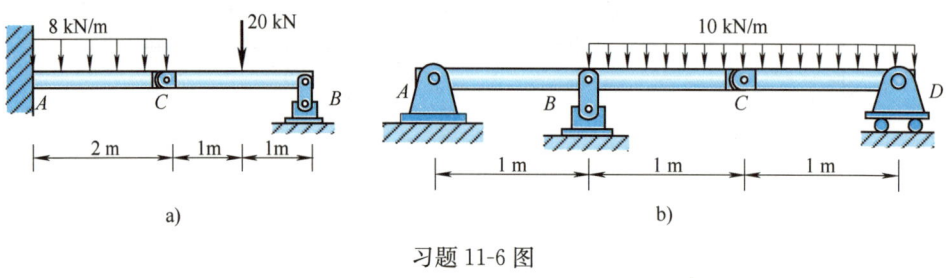

习题 11-6 图

第十一章 知识要点、解题方法与难题解析

第十二章
弯 曲 应 力

第一节 引 言

为了解决梁的强度问题,需要在弯曲内力的基础之上进一步研究弯曲应力。

由上一章可知,一般情况下,梁的横截面上同时存在着剪力和弯矩。因为剪力是与截面相切的内力,故其只可能由切向内力微元 $\tau \mathrm{d}A$ 合成;而弯矩则显然是由法向内力微元 $\sigma \mathrm{d}A$ 合成的(见图12-1)。这意味着,在一般情况下,梁的横截面上将同时存在着切应力 τ 和正应力 σ。其中,弯曲切应力 τ 只与剪力 F_S 相关;弯曲正应力 σ 只与弯矩 M 相关。

由于弯曲应力还与梁截面的几何性质有关,因此,本章首先介绍截面的几何性质,然后再讨论弯曲应力及其强度计算。

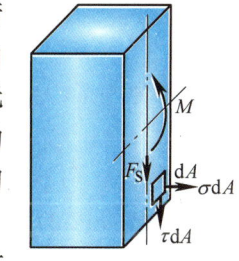

图 12-1

第二节 截面的几何性质

在计算杆件的应力和变形时,需要用到杆件横截面的几何性质。例如,在对拉(压)杆计算时要用到面积 A,在对扭转圆轴计算时要用到极惯性矩 I_p。同样,在计算梁的应力和变形时,将用到静矩 S_z、惯性矩 I_z 等截面的几何性质,依次介绍如下:

一、静矩与形心

任意截面图形如图12-2所示,其面积为 A,Ozy 为图形所在平面内的任意直角坐标系。围绕点 (z, y)，取微元面积 $\mathrm{d}A$，则 $y\mathrm{d}A$、$z\mathrm{d}A$ 分别称为微元面积 $\mathrm{d}A$ 对 z 轴、y 轴的静矩，其遍及整个截面图形面积 A 的积分

$$S_z = \int_A y\mathrm{d}A, \quad S_y = \int_A z\mathrm{d}A \tag{12-1}$$

分别定义为截面图形对 z 轴、y 轴的**静矩**。

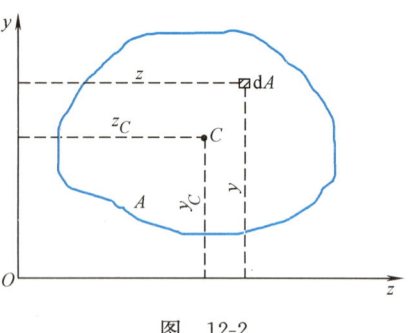

图 12-2

显然，截面图形的静矩是对某轴而言的，坐标轴不同，静矩就不同。由于式 (12-1) 中的坐标 z、y 可能为正也可能为负，因此静矩值可能为正，可能为负，也可能为零。静矩的量纲为长度的三次方，在国际单位制中，其单位为 m^3。

截面图形的静矩也可以通过截面图形的形心坐标来计算。

根据理论力学中介绍的平面图形的形心坐标计算公式

$$y_C = \frac{\int_A y\mathrm{d}A}{A}, \quad z_C = \frac{\int_A z\mathrm{d}A}{A} \tag{12-2}$$

可得静矩与形心坐标的关系式

$$S_z = Ay_C, \quad S_y = Az_C \tag{12-3}$$

利用式 (12-3) 来计算截面图形的静矩往往比较方便。

由式 (12-3)，易得如下推论：

若某坐标轴通过截面图形的形心，则截面图形对该轴的静矩必为零；反之，若截面图形对某坐标轴的静矩为零，则该坐标轴必通过截面图形的形心。

【例 12-1】 矩形截面如图 12-3 所示，试求阴影部分面积对 z 轴、y 轴的静矩。

解：(1) 计算静矩 S_z

阴影部分图形的面积与形心坐标分别为

$$A = b \cdot \frac{h}{4}, \quad y_{C1} = \frac{h}{4} + \frac{h}{8} = \frac{3h}{8}$$

根据式 (12-3) 即得阴影部分面积对 z 轴的静矩

$$S_z = Ay_{C1} = b \cdot \frac{h}{4} \cdot \frac{3h}{8} = \frac{3bh^2}{32}$$

(2) 计算静矩 S_y

因为 y 轴通过阴影部分图形的形心 C_1，故由上述推论得阴影部分面积对 y 轴的静矩

$$S_y = 0$$

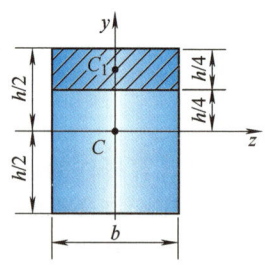

图 12-3

若截面图形是由几个简单图形组合而成的,则利用理论力学中的组合图形的形心坐标计算公式,可得其静矩

$$S_z = \sum_{i=1}^n A_i y_{Ci}, \quad S_y = \sum_{i=1}^n A_i z_{Ci} \quad (12\text{-}4)$$

即截面图形对某轴的静矩就等于其各组成部分图形对同一轴静矩的代数和。式中,A_i、(z_{Ci}, y_{Ci}) 分别为其中第 i 个组成部分图形的面积、形心坐标。由于每一个组成部分都是简单图形,其面积和形心坐标很容易确定,因此,利用式(12-4)来计算组合截面图形的静矩往往比较方便。

【例 12-2】 某梁的截面图形如图 12-4 所示,试求该截面图形对图示 z 轴、y 轴的静矩。

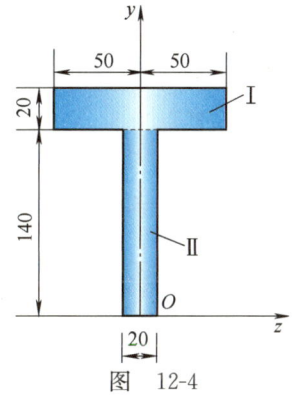

图 12-4

解:因为 y 轴为对称轴,通过截面图形的形心,故有 $S_y = 0$,只需计算 S_z 即可。

如图 12-4 所示,此截面可以看作由两个矩形 Ⅰ、Ⅱ 组成,由式(12-4)即得

$$S_z = A_1 y_{C1} + A_2 y_{C2} = (0.1 \times 0.02 \times 0.15)\ \mathrm{m^3} + (0.14 \times 0.02 \times 0.07)\ \mathrm{m^3} = 4.96 \times 10^{-4}\ \mathrm{m^3}$$

二、惯性矩与惯性半径

任意截面图形如图 12-5 所示,其面积为 A,Ozy 为图形所在平面内的任意直角坐标系。围绕点 (z, y),取微元面积 $\mathrm{d}A$,则 $y^2\mathrm{d}A$、$z^2\mathrm{d}A$ 分别称为微元面积 $\mathrm{d}A$ 对 z 轴、y 轴的惯性矩,其遍及整个截面图形面积 A 的积分

$$I_z = \int_A y^2 \mathrm{d}A, \quad I_y = \int_A z^2 \mathrm{d}A \quad (12\text{-}5)$$

分别定义为截面图形对 z 轴、y 轴的**惯性矩**。

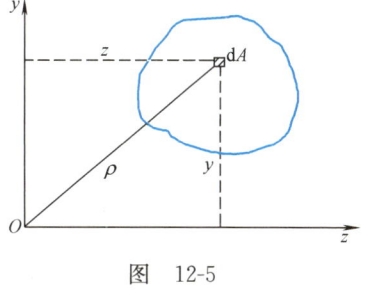

图 12-5

以 ρ 表示微元面积 dA 到坐标原点 O 的距离（见图 12-5），则 $\rho^2 dA$ 称为微元面积 dA 对点 O 的极惯性矩，其遍及整个截面图形面积 A 的积分

$$I_p = \int_A \rho^2 dA \tag{12-6}$$

定义为截面图形对坐标原点 O 的**极惯性矩**。由于 $\rho^2 = y^2 + z^2$，故有

$$I_p = I_z + I_y \tag{12-7}$$

即，**截面图形对任意一对正交坐标轴的惯性矩的和等于截面图形对两轴交点的极惯性矩**。

由上述定义式可见：截面图形的惯性矩是对某轴而言的，轴不同，惯性矩就不同；惯性矩值恒为正；惯性矩的量纲为长度的四次方，在国际单位制中，其单位为 m^4。

将截面图形的惯性矩 I_z、I_y 分别写成其面积 A 与某长度 i_z、i_y 平方的乘积，即

$$I_z = A i_z^2, \quad I_y = A i_y^2 \tag{12-8a}$$

式中，

$$i_z = \sqrt{\frac{I_z}{A}}, \quad i_y = \sqrt{\frac{I_y}{A}} \tag{12-8b}$$

分别称为截面图形对 z 轴、y 轴的**惯性半径**或**回转半径**，在国际单位制中，其单位为 m。

【**例 12-3**】 试计算图 12-6 所示矩形截面对其对称轴 z 轴和 y 轴的惯性矩。

解：先求对 z 轴的惯性矩。如图 12-6 所示，微元取平行于 z 轴、高度为 dy 的狭长矩形，则微元面积 $dA = b\,dy$，代入定义式积分，即得矩形截面对 z 轴的惯性矩

$$I_z = \int_A y^2 dA = \int_{-h/2}^{h/2} b y^2 dy = \frac{1}{12} b h^3$$

用同样的方法可以求得矩形截面对 y 轴的惯性矩

$$I_y = \frac{1}{12} h b^3$$

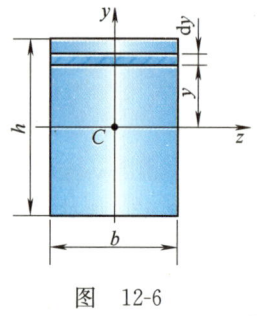

图 12-6

【**例 12-4**】 计算图 12-7 所示圆形截面对其形心轴的惯性矩。

解：已知圆形截面对圆心的极惯性矩（见第十章第三节）

$$I_p = \frac{1}{32} \pi D^4$$

由于圆形是中心对称图形，应有 $I_z = I_y$，再根据式（12-7）即得

$$I_z = I_y = \frac{1}{2} I_p = \frac{1}{64} \pi D^4$$

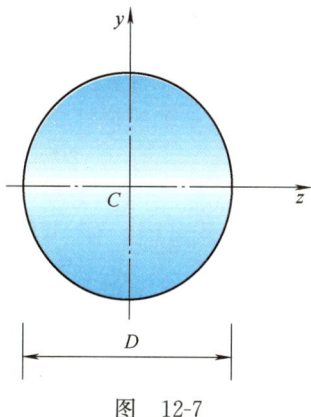

图 12-7

【例 12-5】 计算图 12-8 所示圆环形截面对其形心轴的惯性矩。

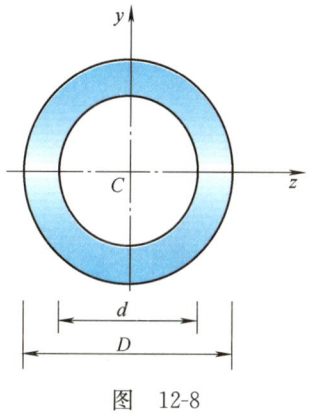

图 12-8

解：与例 12-4 同理，得

$$I_z = I_y = \frac{1}{2} I_p = \frac{\pi}{64} D^4 (1-\alpha^4)$$

式中，$\alpha = \dfrac{d}{D}$，为圆环的内外径比。

三、惯性矩的平行移轴公式

图 12-9 所示截面图形，其中，z_C 轴和 y_C 轴为通过图形形心 C 的一对直角坐标轴，简称形心轴。图形对形心轴 z_C、y_C 的惯性矩分别为

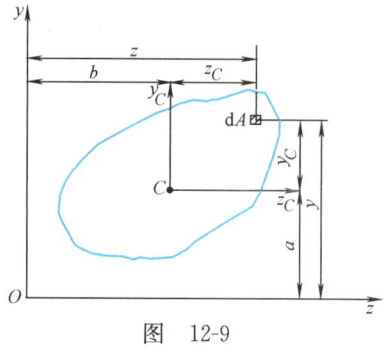

图 12-9

$$I_{y_C} = \int_A z_C^2 \, \mathrm{d}A, \quad I_{z_C} = \int_A y_C^2 \, \mathrm{d}A \tag{a}$$

设任意 z 轴平行于 z_C 轴，两轴间的距离为 a；任意 y 轴平行于 y_C 轴，两轴间的距离为 b。截面图形对 z 轴、y 轴的惯性矩分别为

$$I_z = \int_A y^2 \, \mathrm{d}A, \quad I_y = \int_A z^2 \, \mathrm{d}A \tag{b}$$

将 $y = y_C + a$、$z = z_C + b$ 代入式（b），有

$$I_z = \int_A (y_C + a)^2 \, \mathrm{d}A = \int_A y_C^2 \, \mathrm{d}A + 2a \int_A y_C \, \mathrm{d}A + a^2 \int_A \mathrm{d}A = I_{z_C} + 2aS_{z_C} + a^2 A$$

$$I_y = \int_A (z_C + b)^2 \, \mathrm{d}A = \int_A z_C^2 \, \mathrm{d}A + 2b \int_A z_C \, \mathrm{d}A + b^2 \int_A \mathrm{d}A = I_{y_C} + 2bS_{y_C} + b^2 A$$

由于 z_C 轴、y_C 轴为形心轴，故有 $S_{z_C} = 0$、$S_{y_C} = 0$，从而得到

$$I_z = I_{z_C} + a^2 A, \quad I_y = I_{y_C} + b^2 A \tag{12-9}$$

式（12-9）称为惯性矩的**平行移轴公式**。它对于计算组合截面图形的惯性矩十分有用。现举例说明如下：

【**例 12-6**】 计算图 12-10 所示 T 形截面对其形心轴 z_C 的惯性矩 I_{z_C}。

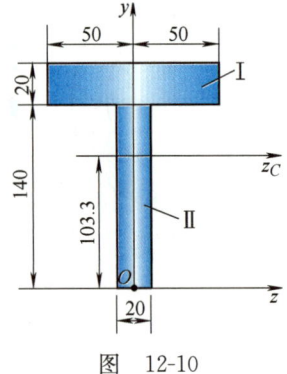

图 12-10

解：该截面图形可视为由矩形 Ⅰ、Ⅱ 组合而成。利用惯性矩的平行移轴公式，先分别计算矩形 Ⅰ、Ⅱ 对 z_C 轴的惯性矩

$$I_{z_C}^{\mathrm{I}} = I_{z_{C1}}^{\mathrm{I}} + a_1^2 A_1 = \left(\frac{1}{12} \times 100 \times 20^3 \times 10^{-12}\right) \mathrm{m}^4 + [(150 - 103.3)^2 \times 100 \times 20 \times 10^{-12}] \mathrm{m}^4$$
$$= 4.423 \times 10^{-6} \, \mathrm{m}^4$$

$$I_{z_C}^{\mathrm{II}} = I_{z_{C2}}^{\mathrm{II}} + a_2^2 A_2 = \left(\frac{1}{12} \times 20 \times 140^3 \times 10^{-12}\right) \mathrm{m}^4 + [(103.3 - 70)^2 \times 140 \times 20 \times 10^{-12}] \mathrm{m}^4$$
$$= 7.678 \times 10^{-6} \, \mathrm{m}^4$$

整个截面图形对 z_C 轴的惯性矩则为

$$I_{z_C} = I_{z_C}^{\mathrm{I}} + I_{z_C}^{\mathrm{II}} = 4.423 \times 10^{-6} \, \mathrm{m}^4 + 7.678 \times 10^{-6} \, \mathrm{m}^4 = 12.101 \times 10^{-6} \, \mathrm{m}^4$$

四、惯性积及其平行移轴公式

任意截面图形如图 12-5 所示，其面积为 A，Ozy 为图形所在平面内的任意直角坐标系。围绕点 (z,y)，取微元面积 dA，则 $zy\,dA$ 称为微元面积 dA 对坐标轴 z、y 的惯性积，其遍及整个截面图形面积 A 的积分

$$I_{zy}=\int_A zy\,dA \tag{12-10}$$

定义为截面图形对坐标轴 z、y 的**惯性积**。

截面图形的惯性积是对坐标轴而言的，坐标轴不同，惯性积就不同；惯性积值可能为正，可能为负，也可能为零；惯性积的量纲为长度的四次方，在国际单位制中，其单位为 m^4。

如图 12-11 所示，若直角坐标轴 z、y 中有一个是截面图形的对称轴，则由定义式易知，该图形对该坐标轴的惯性积必为零。

不难证明，惯性积的平行移轴公式为

$$I_{zy}=I_{z_C y_C}+abA \tag{12-11}$$

式中，z_C 轴、y_C 轴为形心坐标轴；任意 z 轴、y 轴分别平行于 z_C 轴、y_C 轴；(a,b) 为图形形心在坐标系 Ozy 中的坐标（见图 12-9），应注意其正负号。

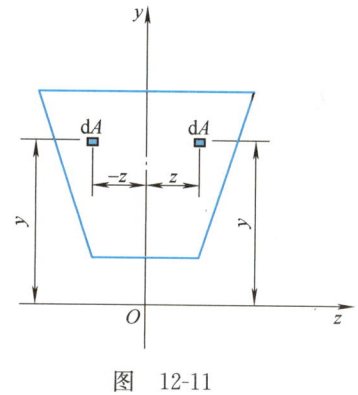

图 12-11

五、转轴公式与主惯性矩

如图 12-12 所示，设截面图形对直角坐标轴 z、y 的惯性矩与惯性积为 I_z、I_y 与 I_{zy}，若将直角坐标轴 z、y 绕坐标原点 O 旋转 α 角，得到新的直角坐标轴 z_1、y_1，并规定 α 角以逆时针转向为正，则可证明，该截面图形对直角坐标轴 z_1、y_1 的惯性矩与惯性积分别为

$$I_{z_1}=\frac{I_z+I_y}{2}+\frac{I_z-I_y}{2}\cos 2\alpha - I_{zy}\sin 2\alpha \tag{12-12}$$

$$I_{y_1}=\frac{I_z+I_y}{2}-\frac{I_z-I_y}{2}\cos 2\alpha + I_{zy}\sin 2\alpha \tag{12-13}$$

$$I_{z_1 y_1}=\frac{I_z-I_y}{2}\sin 2\alpha + I_{zy}\cos 2\alpha \tag{12-14}$$

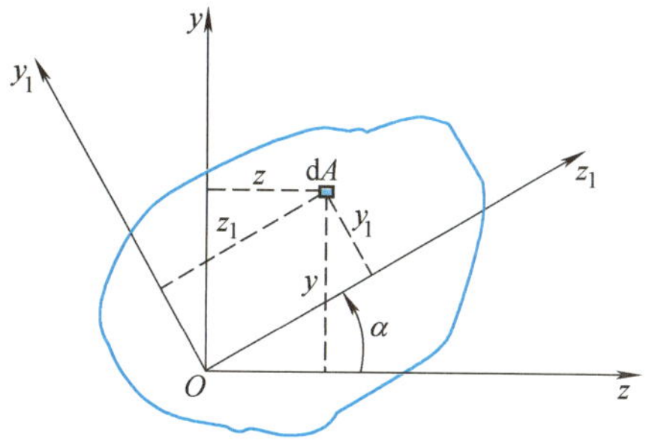

图 12-12

以上三式分别称为惯性矩与惯性积的转轴

公式。

令式（12-14）等于零，得对应转角

$$\tan 2\alpha_0 = -\frac{2I_{zy}}{I_z - I_y} \tag{12-15}$$

由于反正切函数的定义域是 $(-\infty, +\infty)$，因此，在以点 O 为坐标原点的所有直角坐标轴中，一定存在着一对特殊的坐标轴 z_0、y_0，截面图形对该直角坐标轴 z_0、y_0 的惯性积 $I_{z_0 y_0}$ 等于零。这一对直角坐标轴 z_0、y_0 称为**主惯性轴**，简称**主轴**。截面图形对主轴的惯性矩称为**主惯性矩**。如果坐标原点位于截面图形的形心，则对应的主惯性轴与主惯性矩分别称为**形心主惯性轴**（简称**形心主轴**）与**形心主惯性矩**。

如前所述，只要直角坐标轴中有一个是图形的对称轴，则图形对该直角坐标轴的惯性积必为零，故有结论：**其中有一个轴为图形对称轴的直角坐标轴就是主惯性轴**。在图形没有对称轴的情况下，主惯性轴 z_0、y_0 的位置则可由式（12-15）确定。在确定了主惯性轴的方位角 α_0 后，将其代入式（12-12）和式（12-13），即可求得主惯性矩。主惯性矩也可直接根据下式计算：

$$\left. \begin{array}{l} I_{z_0} = \dfrac{I_z + I_y}{2} + \sqrt{\left(\dfrac{I_z - I_y}{2}\right)^2 + I_{zy}^2} \\[2mm] I_{y_0} = \dfrac{I_z + I_y}{2} - \sqrt{\left(\dfrac{I_z - I_y}{2}\right)^2 + I_{zy}^2} \end{array} \right\} \tag{12-16}$$

还可以证明，在对以点 O 为坐标原点的所有坐标轴的惯性矩中，对主轴 z_0、y_0 的两个主惯性矩 I_{z_0}、I_{y_0}，一个是最大值，另一个则是最小值。

第三节　弯曲正应力

在某一梁段上，剪力恒为零，弯矩为常值，如图 12-13a 所示简支梁的 CD 段，这种情况称为**纯弯曲**；而剪力与弯矩同时存在的一般情形，则可称为**横力弯曲**。

在纯弯曲的情形下，梁的横截面上只有弯曲正应力。为方便起见，现以纯弯曲梁为研究对象，来确定弯曲正应力的分布规律。与确定扭转切应力类似，需依次从变形几何条件、物理条件以及静力平衡条件三个方面进行分析。

如图 12-14 所示，设在梁的纵向对称面内，作用一对大小相等、转向相反、矩为 M_e 的外力偶，使梁产生纯弯曲。此时，梁任一横截面上的弯矩 M 均等于外力偶矩 M_e。

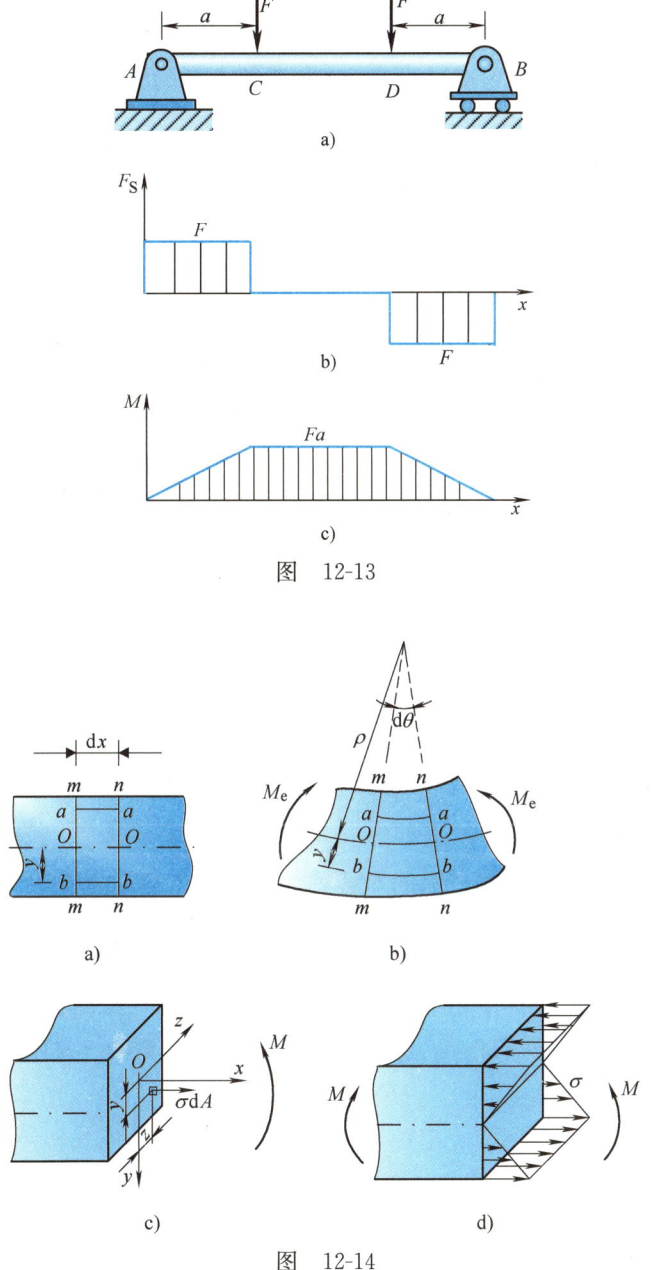

图 12-13

图 12-14

1. 几何方面

梁弯曲变形前、后的几何形状分别如图 12-14a、b 所示。通过对纯弯曲梁的变形进行观察，可以发现如下现象：

1)横向线 mm(nn)在变形后依然为直线,只是旋转了一个角度,并仍然与弯曲后的纵向线 aa(bb)正交;

2)纵向线 aa(bb)弯成弧线,其中位于梁上部的纵向线缩短,位于梁下部的纵向线伸长。

根据上述现象,可以给出下列两个假设:

1)梁的横截面在变形后仍保持为平面,并和弯曲后的纵向线正交。这称为弯曲变形的**平面假设**。

2)梁内各纵向"纤维"受到单向拉伸或压缩,彼此间互不挤压、互不牵拉。这称为**单向受力假设**。

根据平面假设,梁上部的纵向"纤维"缩短,下部的纵向"纤维"伸长,由变形的连续性可以推断,其中间部位必然有一层既不伸长也不缩短、长度保持不变的纵向"纤维",这一纵向"纤维"层称为**中性层**,中性层与横截面的交线称为**中性轴**,如图12-15所示。

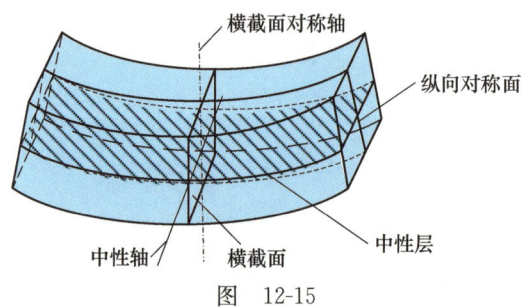

图 12-15

以中性轴为 z 轴、以横截面的对称轴为 y 轴,在横截面内建立直角坐标系 Ozy,并规定 y 轴以向下为正(见图12-14c)。此时,中性轴 z 的位置尚待确定。

根据平面假设,变形前相距 dx 的两横截面,变形后各自绕中性轴相对转过 $d\theta$ 角,则距中性层为 y 的纵向"纤维"bb 变形后的长度为(见图12-14b)

$$\widehat{bb}=(\rho+y)d\theta$$

其中,ρ 为中性层的曲率半径。由于纵向"纤维"bb 的原长 $\overline{bb}=dx$,又 $\widehat{OO}=dx=\rho d\theta$,所以纵向"纤维"$bb$ 的线应变

$$\varepsilon=\frac{\widehat{bb}-\overline{bb}}{\overline{bb}}=\frac{(\rho+y)d\theta-\rho d\theta}{\rho d\theta}=\frac{y}{\rho} \quad (a)$$

对于同一横截面,中性层的曲率半径 ρ 为定值,故式(a)表明:**梁横截面上任意点处的纵向线应变与该点到中性层的距离成正比**。

2. 物理关系

根据单向受力假设,当应力 σ 小于比例极限 σ_p 时,利用胡克定律由

式 (a) 得

$$\sigma = E\frac{y}{\rho} \tag{b}$$

式 (b) 表明：**梁横截面上任意点的正应力 σ 与该点的纵坐标 y 成正比，即弯曲正应力沿截面高度方向呈线性分布**，如图 12-14d 所示。

3. 静力学关系

如图 12-14c 所示，横截面上各点的法向内力微元 σdA 构成一平行于轴线（x 轴）的空间平行力系。由于纯弯曲梁的横截面上没有轴力 F_N，只存在一个位于纵向对称面 xy 内的弯矩 M，故有如下静力学关系：

$$\int_A \sigma dA = F_N = 0 \tag{c}$$

$$\int_A y\sigma dA = M \tag{d}$$

将式 (b) 代入式 (c)，并注意到对于同一截面，$\dfrac{E}{\rho}$ 为常数，即得截面对中性轴 z 的静矩

$$S_z = \int_A y dA = 0$$

这表明，**中性轴 z 一定通过截面形心**。

再将式 (b) 代入式 (d)，有

$$\frac{E}{\rho}\int_A y^2 dA = \frac{E}{\rho}I_z = M \tag{e}$$

由此得中性层的曲率

$$\frac{1}{\rho} = \frac{M}{EI_z} \tag{12-17}$$

式 (12-17) 表明，梁弯曲变形后的曲率与弯矩 M 成正比、与 EI_z 成反比。故称 EI_z 为梁的**抗弯刚度**，它反映了梁对弯曲变形的抗力。在同样的载荷作用下，梁的抗弯刚度 EI_z 越大，其弯曲曲率就越小，即弯曲变形就越小。式 (12-17) 是计算梁弯曲变形的基本公式，将在下一章中深入讨论。

将式 (12-17) 回代式 (b)，即得弯曲正应力计算公式

$$\sigma = \frac{My}{I_z} \tag{12-18}$$

式中，M 为横截面上的弯矩；I_z 为横截面对中性轴 z 的惯性矩；y 为点的纵坐标，亦即点到中性轴 z 的距离。

由式 (12-18) 可见，梁弯曲时，横截面在中性轴上各点处的正应力为零。以中性轴为界，横截面被分为两个区域。其中，一个区域受拉，其上各点产生拉应力；另一个区域受压，其上各点产生压应力。某点的应力是拉是压，通过

式（12-18）中弯矩 M 与点的纵坐标 y 的正负号就可以确定。但更为便捷的方法是根据弯曲变形直接判断：梁弯曲后，以中性轴为界，靠近凸边一侧受拉，靠近凹边一侧受压。这样，在计算时就可以不用考虑式（12-18）中 M 与 y 的正负号了。

应该指出，尽管式（12-18）是在纯弯曲的前提下建立的，但进一步的理论研究表明，对于一般的横力弯曲，只要梁的长度与截面高度之比 $l/h>5$，它同样可以适用。

【**例 12-7**】 如图 12-16 所示，试求矩形截面梁 A 端右侧截面上 a、b、c、d 这四个点的弯曲正应力。

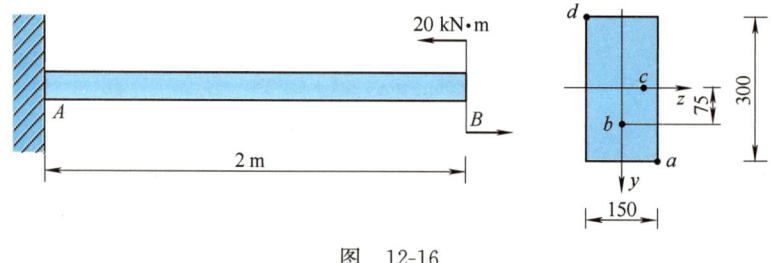

图 12-16

解：（1）确定弯矩

该梁为纯弯曲，其任一截面上的弯矩均相等，为
$$M = 20 \text{ kN} \cdot \text{m}$$

（2）计算横截面的形心主惯性矩
$$I_z = \frac{1}{12}bh^3 = \frac{150 \times 10^{-3} \text{ m} \times (300 \times 10^{-3} \text{ m})^3}{12} = 3.375 \times 10^{-4} \text{ m}^4$$

（3）计算各点的弯曲正应力

根据式（12-18），算得梁 A 端右侧截面上 a、b 两点的弯曲正应力分别为

$$\sigma_a = \frac{My_a}{I_z} = \frac{20 \times 10^3 \text{ N} \cdot \text{m} \times 150 \times 10^{-3} \text{ m}}{3.375 \times 10^{-4} \text{ m}^4} = 8.89 \times 10^6 \text{ Pa} = 8.89 \text{ MPa}$$

$$\sigma_b = \frac{My_b}{I_z} = \frac{20 \times 10^3 \text{ N} \cdot \text{m} \times 75 \times 10^{-3} \text{ m}}{3.375 \times 10^{-4} \text{ m}^4} = 4.44 \times 10^6 \text{ Pa} = 4.44 \text{ MPa}$$

点 c 在中性轴上，故点 c 的弯曲正应力为
$$\sigma_c = 0$$

点 d 与点 a 位于中性轴的两侧，且关于中性轴对称，故点 d 的弯曲正应力
$$\sigma_d = -\sigma_a = -8.89 \text{ MPa}$$

正号表示 a、b 两点为拉应力；负号则表示点 d 为压应力。

【**例 12-8**】 T 形截面梁如图 12-17a 所示，试求其横截面上的最大拉应力和最大压应力。已知形心主惯性矩 $I_z = 7.64 \times 10^6 \text{ mm}^4$，$y_1 = 52 \text{ mm}$。

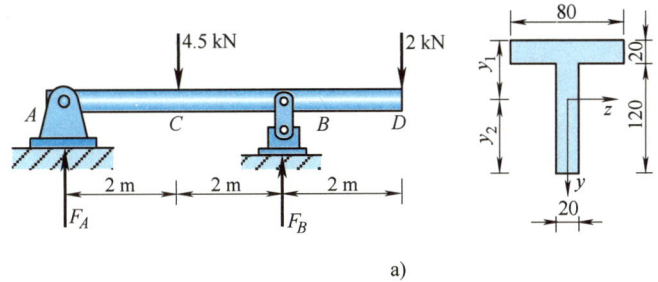

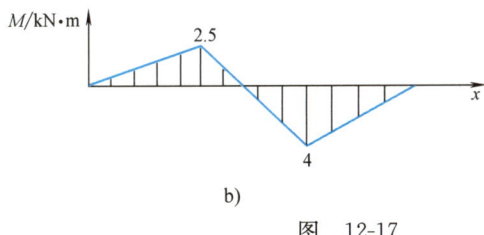

图 12-17

解：(1) 确定梁的最大弯矩及其所在截面

由平衡方程易得梁的支座约束力（见图12-17a）

$$F_A = 1.25 \text{ kN}, \quad F_B = 5.25 \text{ kN}$$

作出梁的弯矩图如图 12-17b 所示。由弯矩图知，梁的最大正弯矩发生于截面 C，最大负弯矩发生于截面 B，其大小分别为

$$M_C = 2.5 \text{ kN} \cdot \text{m}, \quad M_B = 4 \text{ kN} \cdot \text{m}$$

(2) 计算截面 C 的最大拉应力和最大压应力

根据式 (12-18)，得截面 C 的最大拉应力和最大压应力分别为

$$\sigma_{t\max}^C = \frac{M_C y_2}{I_z} = \frac{(2.5 \times 10^3 \text{ N} \cdot \text{m}) \times (8.8 \times 10^{-2} \text{ m})}{7.64 \times 10^{-6} \text{ m}^4} = 28.8 \times 10^6 \text{ Pa} = 28.8 \text{ MPa}$$

$$\sigma_{c\max}^C = \frac{M_C y_1}{I_z} = \frac{(2.5 \times 10^3 \text{ N} \cdot \text{m}) \times (5.2 \times 10^{-2} \text{ m})}{7.64 \times 10^{-6} \text{ m}^4} = 17.0 \times 10^6 \text{ Pa} = 17.0 \text{ MPa}$$

(3) 计算截面 B 的最大拉应力和最大压应力

根据式 (12-18)，得截面 B 的最大拉应力和最大压应力分别为

$$\sigma_{t\max}^B = \frac{M_B y_1}{I_z} = \frac{(4 \times 10^3 \text{ N} \cdot \text{m}) \times (5.2 \times 10^{-2} \text{ m})}{7.64 \times 10^{-6} \text{ m}^4} = 27.2 \times 10^6 \text{ Pa} = 27.2 \text{ MPa}$$

$$\sigma_{c\max}^B = \frac{M_B y_2}{I_z} = \frac{(4 \times 10^3 \text{ N} \cdot \text{m}) \times (8.8 \times 10^{-2} \text{ m})}{7.64 \times 10^{-6} \text{ m}^4} = 46.1 \times 10^6 \text{ Pa} = 46.1 \text{ MPa}$$

由上述计算结果可知，梁横截面上的最大拉应力发生在截面 C 的下边缘处，最大压应力发生在截面 B 的下边缘处，大小分别为

$$\sigma_{t\max} = \sigma_{t\max}^C = 28.8 \text{ MPa}, \quad \sigma_{c\max} = \sigma_{c\max}^B = 46.1 \text{ MPa}$$

第四节　弯曲正应力强度计算

由式（12-18）知，当 $y = y_{max}$，即在横截面上距离中性轴 z 最远的上（下）边缘各点处，弯曲正应力有最大值，为

$$\sigma_{max} = \frac{My_{max}}{I_z} \quad (12\text{-}19)$$

令

$$W_z = \frac{I_z}{y_{max}} \quad (12\text{-}20)$$

则式（12-19）可改写为

$$\sigma_{max} = \frac{M}{W_z} \quad (12\text{-}21)$$

式中，W_z 称为**抗弯截面系数**，它取决于截面的几何形状与尺寸。在国际单位制中，抗弯截面系数 W_z 的单位为 m^3。

对于宽为 b、高为 h 的矩形截面，抗弯截面系数

$$W_z = \frac{I_z}{h/2} = \frac{bh^3/12}{h/2} = \frac{1}{6}bh^2$$

对于直径为 d 的圆形截面，抗弯截面系数

$$W_z = \frac{I_z}{d/2} = \frac{\pi d^4/64}{d/2} = \frac{1}{32}\pi d^3$$

对于内径为 d、外径为 D 的圆环形截面，抗弯截面系数

$$W_z = \frac{I_z}{D/2} = \frac{\pi(D^4 - d^4)/64}{D/2} = \frac{1}{32}\pi D^3(1 - \alpha^4)$$

式中，$\alpha = \dfrac{d}{D}$，为内外径比。

在确定弯曲正应力的最大值后，即得弯曲正应力强度条件

$$\sigma_{max} = \frac{|M|_{max}}{W_z} \leqslant [\sigma] \quad (12\text{-}22)$$

上式适用于许用拉应力和许用压应力相等的塑性材料。

对于许用拉应力 $[\sigma_t]$ 和许用压应力 $[\sigma_c]$ 不相等的脆性材料，则应如例 12-8 所示，分别计算出梁的最大拉应力 $\sigma_{t\,max}$ 和最大压应力 $\sigma_{c\,max}$，然后再分别进行强度计算。即对于脆性材料，弯曲正应力强度条件应为

$$\left.\begin{array}{l}\sigma_{t\,max} \leqslant [\sigma_t]\\ \sigma_{c\,max} \leqslant [\sigma_c]\end{array}\right\} \tag{12-23}$$

【例 12-9】 图 12-18a 所示悬臂梁用工字钢制作。已知 $F=45$ kN,$l=4$ m,材料的许用应力 $[\sigma]=140$ MPa。若不计梁的自重,试根据弯曲正应力强度条件确定工字钢型号。

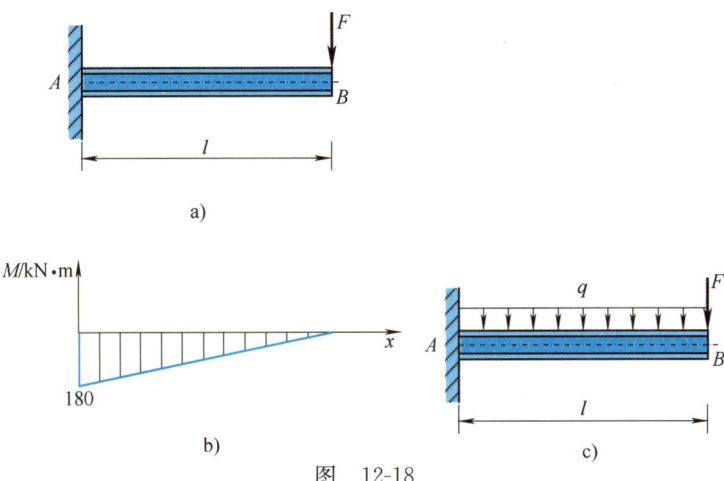

图 12-18

解:(1) 确定最大弯矩

作出梁的弯矩图如图 12-18b 所示,可见,此梁的最大弯矩发生在固定端 A 处,大小为

$$|M|_{max}=Fl=45\text{ kN}\times 4\text{ m}=180\text{ kN}\cdot\text{m}$$

(2) 强度计算

根据梁的弯曲正应力强度条件,得梁所需的抗弯截面系数

$$W_z \geqslant \frac{|M|_{max}}{[\sigma]} = \frac{180\times 10^3\text{ N}\cdot\text{m}}{140\times 10^6\text{ Pa}} = 1.286\times 10^{-3}\text{ m}^3 = 1286\text{ cm}^3$$

由附录 B 中工字钢型钢表查得,可选用 No.45a 工字钢,其抗弯截面系数 $W_z=1430$ cm^3,满足强度要求。

讨论: 若考虑梁的自重,则梁的自重应作为均布载荷(见图 12-18c)。由型钢表查得,No.45a 工字钢的自重集度 $q=80.42$ kg/m$\times 9.8$ m/s$^2=788$ N/m。此时不难验算,不计梁的自重所引起的计算误差为 3.5%,这在工程中是允许的。

【例 12-10】 钢制等截面简支梁受均布载荷 q 作用,横截面为 $h=2b$ 的矩形,如图 12-19 所示。已知均布载荷 $q=50$ kN/m,梁的跨度 $l=2$ m,许用应力 $[\sigma]=120$ MPa。试求:(1) 梁按图 12-19b 放置时的截面尺寸;(2) 梁按图 12-19c 放置时的截面尺寸。

解:(1) 确定最大弯矩

作出梁的弯矩图如图 12-19d 所示。可见,危险截面在梁的跨中,该处的最大弯矩

$$|M|_{max}=\frac{1}{8}ql^2$$

(2) 强度计算

按图 12-19b 放置时，根据梁的弯曲正应力强度条件

$$\sigma_{\max} = \frac{|M|_{\max}}{W_z} = \frac{\frac{1}{8}ql^2}{\frac{1}{6}b_1 h_1^2} = \frac{3ql^2}{4b_1 h_1^2} \leqslant [\sigma]$$

将 $h_1 = 2b_1$ 代入得

$$b_1 \geqslant \sqrt[3]{\frac{3ql^2}{16[\sigma]}} = \sqrt[3]{\frac{3 \times 50 \times 10^3 \times 2^2}{16 \times 120 \times 10^6}} \text{ m}$$
$$= 67.9 \text{ mm}$$

故取

$$b_1 = 68 \text{ mm}, \quad h_1 = 136 \text{ mm}$$

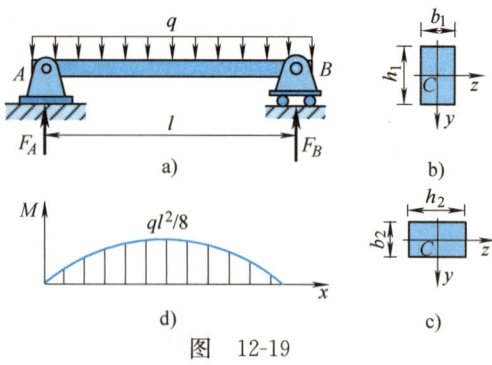

图 12-19

按图 12-19c 放置时，最大弯矩不变，但抗弯截面系数变为 $W_z = \frac{1}{6} h_2 b_2^2$，由梁的弯曲正应力强度条件得

$$b_2 \geqslant \sqrt[3]{\frac{3ql^2}{8[\sigma]}} = \sqrt[3]{\frac{3 \times 50 \times 10^3 \times 2^2}{8 \times 120 \times 10^6}} \text{ m} = 85.5 \text{ mm}$$

故取

$$b_2 = 86 \text{ mm}, \quad h_2 = 172 \text{ mm}$$

讨论：由计算结果可知，两梁的横截面面积之比 $A_2/A_1 = (b_2/b_1)^2 = 1.59$，即图 12-19c 梁所用材料是图 12-19b 梁所用材料的 1.59 倍。这表明，矩形截面按图 12-19b 放置时的承载能力要明显高于按照图 12-19c 放置时的承载能力。这是因为梁弯曲时中性轴附近的正应力很小，而将矩形截面按照图 12-19c 放置，将较多材料放在中性轴附近，使得这部分材料未得到充分利用。

【**例 12-11**】 槽形截面铸铁梁如图 12-20a 所示，已知截面的形心主惯性矩 $I_z = 5260 \times 10^4 \text{ mm}^4$、$y_1 = 77 \text{ mm}$、$y_2 = 120 \text{ mm}$，材料的许用拉应力 $[\sigma_t] = 30$ MPa、许用压应力 $[\sigma_c] = 90$ MPa。试确定此梁的许可载荷 $[F]$。

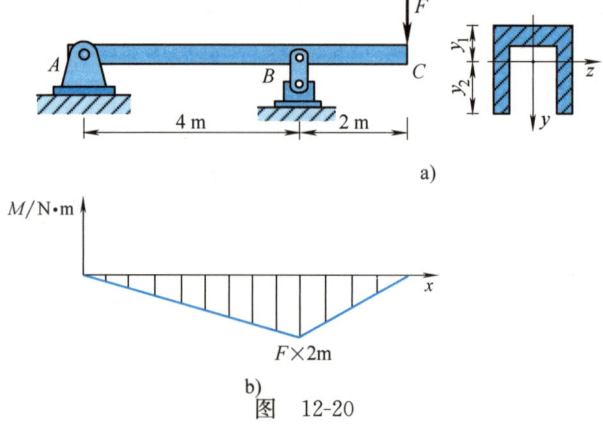

图 12-20

解:(1) 确定最大弯矩

作出梁的弯矩图如图 12-20b 所示,其最大弯矩发生于截面 B,大小为

$$M_B = F \times 2 \text{ m}$$

(2) 强度计算

截面 B 处的最大弯矩为负值,由梁上侧受拉、下侧受压的变形情况可以知道,最大拉应力和最大压应力分别发生在该截面的上边缘和下边缘各点处,应根据式(12-23)分别进行强度计算。由拉应力强度条件

$$\sigma_{t\,max} = \frac{M_B y_1}{I_z} = \frac{F \times 2 \text{ m} \times 77 \times 10^{-3} \text{ m}}{5260 \times 10^4 \times 10^{-12} \text{ m}^4} \leqslant 30 \times 10^6 \text{ Pa}$$

得

$$F \leqslant 10.25 \times 10^3 \text{ N} = 10.25 \text{ kN}$$

由压应力强度条件

$$\sigma_{c\,max} = \frac{M_B y_2}{I_z} = \frac{F \times 2 \text{ m} \times 120 \times 10^{-3} \text{ m}}{5260 \times 10^4 \times 10^{-12} \text{ m}^4} \leqslant 90 \times 10^6 \text{ Pa}$$

得

$$F \leqslant 19.72 \times 10^3 \text{ N} = 19.72 \text{ kN}$$

所以此梁的许可载荷

$$[F] = 10.25 \text{ kN}$$

【**例 12-12**】 T 形截面铸铁梁所受载荷和截面尺寸分别如图 12-21a、b 所示。材料的许用拉应力 $[\sigma_t] = 40$ MPa、许用压应力 $[\sigma_c] = 100$ MPa,试校核此梁的弯曲正应力强度。

解:(1) 确定最大弯矩

作出梁的弯矩图如图 12-21c 所示,由图可见,截面 B 处有最大负弯矩,其大小 $M_B = 20$ kN·m;截面 E 处最大正弯矩,其大小 $M_E = 10$ kN·m。

(2) 确定截面的几何性质

根据平面图形的形心坐标计算公式,得横截面形心 C 到截面下边缘的距离(见图 12-21b)

$$y_C = \frac{A_1 y_{C1} + A_2 y_{C2}}{A_1 + A_2} = \frac{200 \times 30 \times 185 \text{ mm}^3 + 30 \times 170 \times 85 \text{ mm}^3}{200 \times 30 \text{ mm}^2 + 30 \times 170 \text{ mm}^2} = 139 \text{ mm}$$

即中性轴 z 距下边缘的距离为 139 mm。

截面对中性轴 z 的惯性矩

$$I_z = \sum_{i=1}^{2}(I_{zCi} + a_i^2 A_i) = \frac{(200 \text{ mm}) \times (30 \text{ mm})^3}{12} + (46 \text{ mm})^2 \times (200 \times 30 \text{ mm}^2) +$$

$$\frac{(30 \text{ mm}) \times (170 \text{ mm})^3}{12} + (54 \text{ mm})^2 \times (30 \times 170 \text{ mm}^2)$$

$$= 40.3 \times 10^6 \text{ mm}^4 = 40.3 \times 10^{-6} \text{ m}^4$$

(3) 强度校核

由于梁的截面关于中性轴不对称,且材料的许用拉、压应力不等,故截面 B 和截面 E 都

是可能的危险截面，需分别对这两个截面进行强度计算。

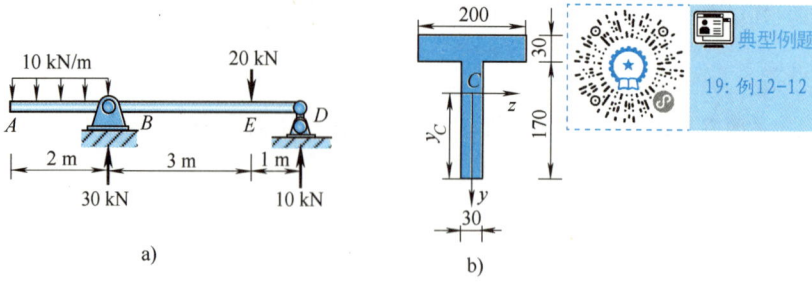

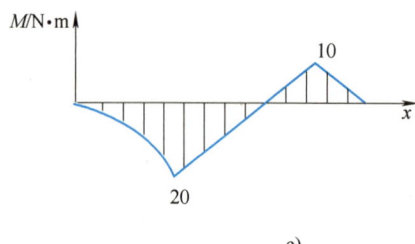

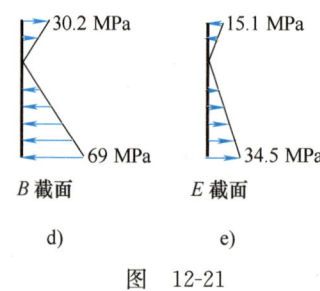

图 12-21

截面 B：由于弯矩 M_B 为负值，故截面 B 上的最大拉、压应力分别发生在截面的上、下边缘处（见图 12-21d），大小分别为

$$\sigma_{t\,max}^{B}=\frac{M_B y_1}{I_z}=\frac{(20\times10^3\text{ N}\cdot\text{m})\times(61\times10^{-3}\text{ m})}{40.3\times10^{-6}\text{ m}^4}=30.2\times10^6\text{ Pa}=30.2\text{ MPa}$$

$$\sigma_{c\,max}^{B}=\frac{M_B y_2}{I_z}=\frac{(20\times10^3\text{ N}\cdot\text{m})\times(139\times10^{-3}\text{ m})}{40.3\times10^{-6}\text{ m}^4}=69\times10^6\text{ Pa}=69\text{ MPa}$$

截面 E：由于弯矩 M_E 为正值，故截面 E 上的最大拉、压应力分别发生在截面的下、上边缘处（见图 12-21e），大小分别为

$$\sigma_{t\,max}^{E}=\frac{M_E y_2}{I_z}=\frac{(10\times10^3\text{ N}\cdot\text{m})\times(139\times10^{-3}\text{ m})}{40.3\times10^{-6}\text{ m}^4}=34.5\times10^6\text{ Pa}=34.5\text{ MPa}$$

$$\sigma_{c\,max}^{E}=\frac{M_E y_1}{I_z}=\frac{(10\times10^3\text{ N}\cdot\text{m})\times(61\times10^{-3}\text{ m})}{40.3\times10^{-6}\text{ m}^4}=15.1\times10^6\text{ Pa}=15.1\text{ MPa}$$

比较上述计算结果，可知梁的最大拉应力发生在截面 E 下边缘各点处；最大压应力发生

在截面 B 下边缘各点处，作强度校核：

$$\sigma_{\text{t max}} = \sigma_{\text{t max}}^E = 34.5 \text{ MPa} < [\sigma_\text{t}] = 40 \text{ MPa}$$

$$\sigma_{\text{c max}} = \sigma_{\text{c max}}^B = 69 \text{ MPa} < [\sigma_\text{c}] = 100 \text{ MPa}$$

所以，该梁的强度满足要求。

注意：如本题所示，在对拉压强度不等、截面关于中性轴又不对称的梁进行强度计算时，一般需同时考虑最大正弯矩和最大负弯矩所在的两个横截面，只有当这两个截面上危险点的应力都满足强度条件时，整根梁才是安全的。

第五节　弯曲切应力及其强度计算

横力弯曲时，梁的横截面上既有弯矩又有剪力，因此梁的横截面上除了有弯曲正应力还有弯曲切应力。弯曲切应力的分布规律要比弯曲正应力复杂。横截面形状不同，弯曲切应力分布情况也随之不同。对形状简单的截面，可以就弯曲切应力的分布规律做出合理的假设，然后利用静力学关系建立起相应的计算公式。但对于形状复杂的截面，要对弯曲切应力的分布规律做出合理的假设是困难的，此时，需借助弹性力学理论或实验比拟方法来进行研究。

本节介绍几种常见的简单形状截面梁弯曲切应力的分布规律，并直接给出相应的计算公式。读者若对其具体推导过程感兴趣，可参阅其他有关资料。

这里，坐标系的选取与弯曲正应力分析时相同，即取 x 轴沿梁的轴线、y 轴沿横截面的竖向对称轴、z 轴沿横截面的中性轴。假设外力均作用在梁的纵向对称面内。

一、矩形截面梁

1. 关于矩形截面梁弯曲切应力分布规律的假设

1) 横截面上各点切应力 τ 的方向与该截面上剪力 F_S 的方向一致（见图 12-22a）；

2) 切应力 τ 沿横截面宽度均匀分布，即距中性轴等远处各点的切应力相等。

2. 弯曲切应力计算公式

根据上述假设，可得矩形截面梁横截面上纵坐标为 y 的任意一点的弯曲切应力计算公式

$$\tau = \frac{F_\text{S} S_z^*}{I_z b} \tag{12-24}$$

式中，F_S 为横截面上的剪力；S_z^* 为横截面上过该点的水平横线以外部分面积 A^*（图 12-22a 中的深色阴影区域）对中性轴 z 的静矩；b 为横截面的宽度；I_z

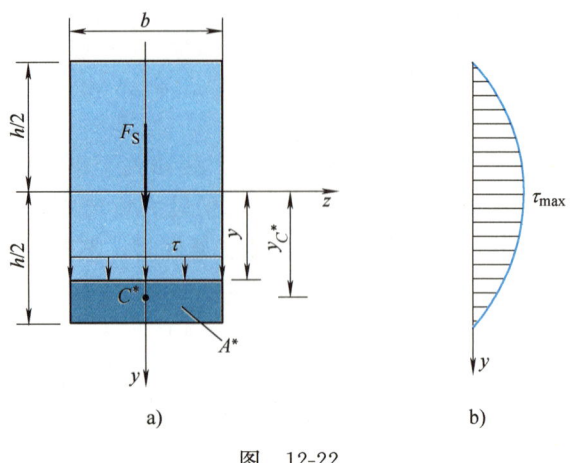

图 12-22

为整个横截面对中性轴 z 的惯性矩。

将

$$S_z^* = A^* y_{C^*} = b\left(\frac{h}{2} - y\right)\left[y + \frac{\frac{h}{2} - y}{2}\right] = \frac{b}{2}\left(\frac{h^2}{4} - y^2\right)$$

代入，式（12-24）成为

$$\tau = \frac{F_S}{2I_z}\left(\frac{h^2}{4} - y^2\right) \tag{12-25}$$

式（12-25）表明：沿截面高度，弯曲切应力的大小按照图 12-22b 所示的二次抛物线的规律变化；在上、下边缘各点处（$y = \pm h/2$），弯曲切应力为零；在中性轴上的各点处（$y = 0$），弯曲切应力最大，最大弯曲切应力为

$$\tau_{\max} = \frac{3F_S}{2A} \tag{12-26}$$

式中，$A = bh$ 为横截面的面积。可见，矩形截面梁的最大弯曲切应力为横截面上名义平均切应力的 1.5 倍。

二、工字形截面梁

图 12-23a 所示工字形截面，由上、下翼缘和中间腹板组成。由于腹板为狭长矩形，关于矩形截面梁弯曲切应力分布规律的假设对腹板同样适用，所以腹板上弯曲切应力的计算公式与式（12-24）完全相同，为

$$\tau = \frac{F_S S_z^*}{I_z d} \tag{12-27}$$

式中，d 为腹板厚度；S_z^* 为图 12-23a 所示深色阴影区域面积 A^* 对中性轴 z 的

静矩。

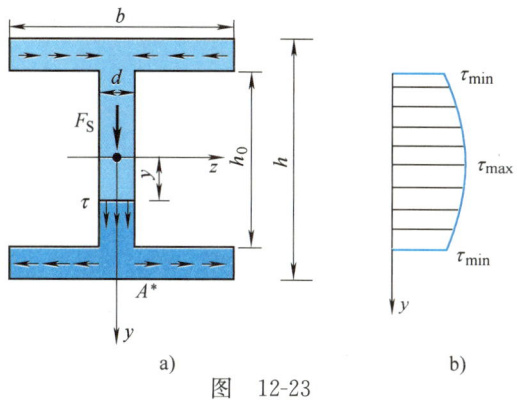

图 12-23

将

$$S_z^* = \frac{b}{8}(h^2 - h_0^2) + \frac{d}{2}\left(\frac{h_0^2}{4} - y^2\right)$$

代入，式（12-27）成为

$$\tau = \frac{F_S}{I_z d}\left[\frac{b}{8}(h^2 - h_0^2) + \frac{d}{2}\left(\frac{h_0^2}{4} - y^2\right)\right] \tag{12-28}$$

式（12-28）表明：沿腹板高度，弯曲切应力按照二次抛物线规律变化（见图 12-23b）；在腹板与上、下翼缘交界的各点处（$y = \pm h_0/2$），弯曲切应力最小，为

$$\tau_{\min} = \frac{F_S}{8I_z d}(bh^2 - bh_0^2) \tag{12-29}$$

在中性轴上的各点处（$y = 0$），弯曲切应力最大，为

$$\tau_{\max} = \frac{F_S}{8I_z d}[bh^2 - (b-d)h_0^2] \tag{12-30}$$

比较上述两式可知，当腹板厚度 d 远小于翼缘宽度 b 时，$\tau_{\max} \approx \tau_{\min}$。由于工字钢一般都满足 $d \ll b$ 的条件，故可近似认为，工字钢腹板上的弯曲切应力是均匀分布的，即有

$$\tau = \frac{F_S}{dh_0} \tag{12-31}$$

对于工字钢梁，根据下式来计算其最大弯曲切应力往往更为方便：

$$\tau_{\max} = \frac{F_S}{d(I_z : S_z^*)} \tag{12-32}$$

因为式中的 $I_z : S_z^*$ 可直接从工字钢型钢表（见附录 B 中的表 B-4）中查到。应该指出，这里的 S_z^* 实际上是其最大值 $S_{z\,\max}^*$。

工字形截面翼缘上的弯曲切应力的分布情况如图 12-23a 所示，因其值远小于腹板上的弯曲切应力，故一般可忽略不计。

三、圆形截面梁

圆形截面梁弯曲切应力的最大值发生在中性轴上各点处（见图 12-24），为

$$\tau_{max} = \frac{4F_S}{3A} \tag{12-33}$$

式中，A 为圆形截面的面积。即圆形截面梁的最大弯曲切应力约为横截面上名义平均切应力的 1.3 倍。

四、薄壁圆环形截面梁

壁厚 t 远小于平均半径 R（$t < R/10$）的圆环称为薄壁圆环（见图 12-25）。

薄壁圆环形截面梁弯曲切应力的最大值发生在中性轴上各点处，约为

$$\tau_{max} = 2\frac{F_S}{A} \tag{12-34}$$

式中，A 为薄壁圆环形截面的面积。即薄壁圆环形截面梁的最大弯曲切应力为横截面上名义平均切应力的 2 倍。

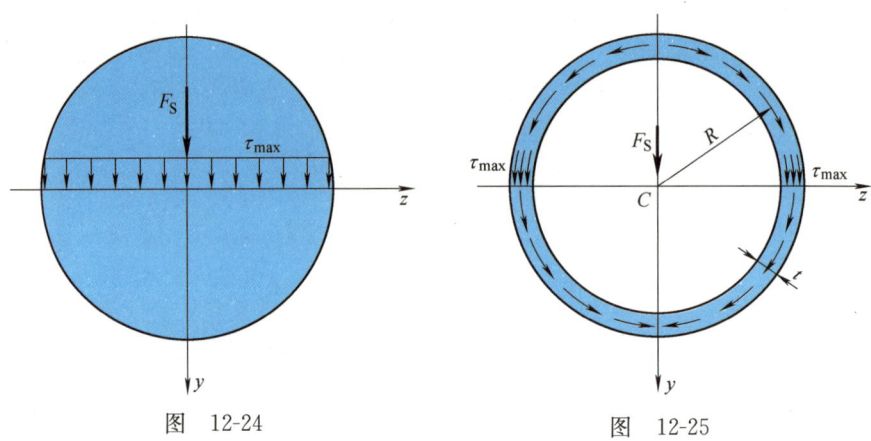

图 12-24　　　　　　　　图 12-25

五、弯曲切应力强度条件

由上述讨论知，梁的弯曲切应力的最大值均发生在截面的中性轴上各点处。由于中性轴上各点的弯曲正应力为零，因此中性轴上的各点受到纯剪切，弯曲切应力的强度条件即为

$$\tau_{max} \leqslant [\tau] \tag{12-35}$$

【例 12-13】 图 12-26a 所示矩形截面简支梁受均布载荷作用，试求梁的最大弯曲正应力和最大弯曲切应力，并比较其大小。

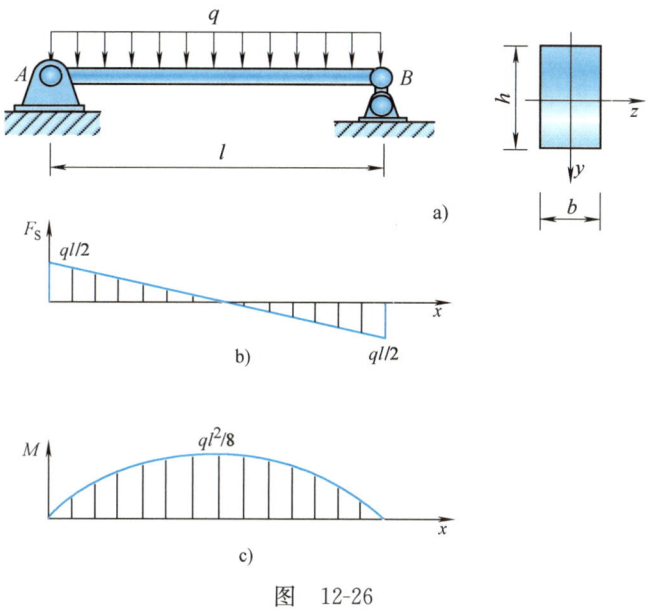

图 12-26

解：（1）确定最大弯矩和最大剪力

作出梁的剪力图、弯矩图分别如图 12-26b、c 所示，可见其最大剪力、最大弯矩分别为

$$|F_S|_{\max}=\frac{1}{2}ql, \quad |M|_{\max}=\frac{1}{8}ql^2$$

（2）计算最大弯曲正应力和最大弯曲切应力

由式（12-21）和式（12-26），分别得最大弯曲正应力和最大弯曲切应力为

$$\sigma_{\max}=\frac{|M|_{\max}}{W_z}=\frac{\frac{1}{8}ql^2}{\frac{1}{6}bh^2}=\frac{3ql^2}{4bh^2}$$

$$\tau_{\max}=\frac{3|F_S|_{\max}}{2A}=\frac{3\times\frac{1}{2}ql}{2bh}=\frac{3ql}{4bh}$$

（3）比较最大弯曲正应力和最大弯曲切应力的大小

$$\frac{\sigma_{\max}}{\tau_{\max}}=\frac{\frac{3ql^2}{4bh^2}}{\frac{3ql}{4bh}}=\frac{l}{h}$$

即，此梁的最大弯曲正应力和最大弯曲切应力之比就等于梁的跨度 l 与截面高度 h 之比。对于细长梁，其跨度 l 要远大于截面高度 h，故有结论：**在对非薄壁截面的细长梁进行强度计算时，一般应以弯曲正应力强度条件为主。**

【例 12-14】 图 12-27a 所示矩形截面钢梁，已知 $F=10\text{ kN}$、$q=5\text{ kN/m}$；$l=1\text{ m}$；材料的许用正应力 $[\sigma]=160\text{ MPa}$、许用切应力 $[\tau]=80\text{ MPa}$。若规定梁横截面的高宽比 $h/b=2$，试确定梁的截面尺寸。

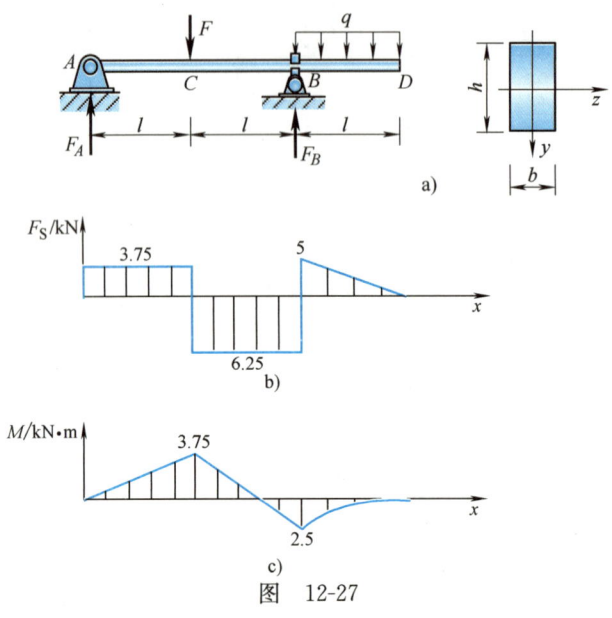

图 12-27

解：(1) 确定最大弯矩和最大剪力

由平衡方程得梁的支座约束力（见图 12-27a）

$$F_A=3.75\text{ kN},\quad F_B=11.25\text{ kN}$$

作出梁的剪力图、弯矩图分别如图 12-27b、c 所示。由图可见，其最大剪力、最大弯矩分别为

$$|F_S|_{max}=6.25\text{ kN},\quad |M|_{max}=3.75\text{ kN}\cdot\text{m}$$

(2) 根据弯曲正应力强度条件确定截面尺寸

根据梁的弯曲正应力强度条件，有

$$W_z\geqslant\frac{|M|_{max}}{[\sigma]}$$

将 $W_z=\dfrac{bh^2}{6}$、$\dfrac{h}{b}=2$ 代入上式，计算得

$$b\geqslant\sqrt[3]{\frac{3|M|_{max}}{2[\sigma]}}=\sqrt[3]{\frac{3\times3.75\times10^3}{2\times160\times10^6}}\text{ m}=0.03276\text{ m}=32.76\text{ mm}$$

故取截面尺寸

$$b=33\text{ mm},\quad h=66\text{ mm}$$

(3) 对弯曲切应力进行强度校核

将 $|F_S|_{max}=6.25\text{ kN}$、$b=33\text{ mm}$、$h=66\text{ mm}$ 代入式（12-26），得该梁的最大弯曲切应力

$$\tau_{\max} = \frac{3|F_S|_{\max}}{2A} = \frac{3 \times 6.25 \times 10^3}{2 \times 33 \times 66 \times 10^{-6}} \text{Pa} = 4.3 \times 10^6 \text{ Pa} = 4.3 \text{ MPa} < [\tau] = 80 \text{ MPa}$$

因此，根据弯曲正应力强度条件选取的梁的截面尺寸符合要求。

【例 12-15】 某工作平台的横梁是由 No.18 工字钢制成的，受力如图 12-28a 所示。已知材料的许用正应力 $[\sigma] = 170$ MPa、许用切应力 $[\tau] = 100$ MPa。试校核此梁强度。

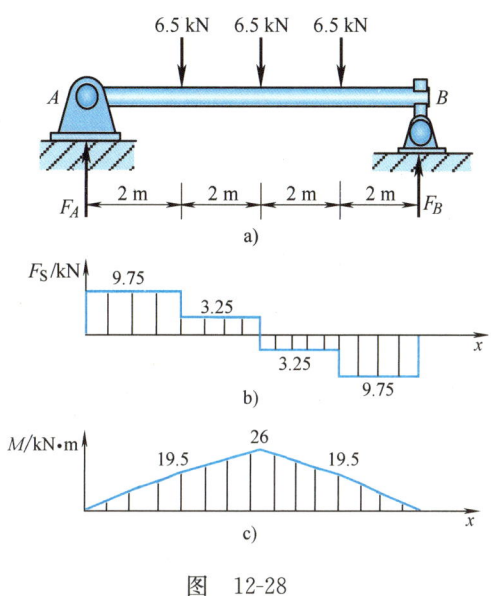

图 12-28

解：(1) 确定最大弯矩和最大剪力

由对称性，得梁的支座约束力（见图 12-28a）

$$F_A = F_B = 9.75 \text{ kN}$$

作出梁的剪力图、弯矩图分别如图 12-28b、c 所示。可见其最大剪力、最大弯矩分别为

$$|F_S|_{\max} = 9.75 \text{ kN}, \quad |M|_{\max} = 26 \text{ kN} \cdot \text{m}$$

(2) 校核弯曲正应力强度

在型钢表中查得 No.18 工字钢的有关截面几何参数为

$$W_z = 185 \text{ cm}^3, \quad d = 6.5 \text{ mm}, \quad I_z : S_z^* = 15.4 \text{ cm}$$

根据梁的弯曲正应力强度条件

$$\sigma_{\max} = \frac{|M|_{\max}}{W_z} = \frac{26 \times 10^3}{185 \times 10^{-6}} \text{Pa} = 140.6 \times 10^6 \text{ Pa} = 140.6 \text{ MPa} < [\sigma] = 170 \text{ MPa}$$

可见，梁的弯曲正应力强度符合要求。

(3) 校核弯曲切应力强度

根据式 (12-32)，得该梁的最大弯曲切应力

$$\tau_{\max} = \frac{|F_S|_{\max}}{d(I_z : S_z^*)} = \frac{9.75 \times 10^3}{6.5 \times 10^{-3} \times 15.4 \times 10^{-2}} \text{Pa} = 9.75 \text{ MPa} < [\tau] = 100 \text{ MPa}$$

可见，梁的弯曲切应力强度足够。

故有结论：此梁的强度符合要求。

第六节　梁的合理强度设计

根据上节讨论，一般情况下，在对梁进行强度设计时，应以弯曲正应力强度条件

$$\sigma_{\max}=\frac{|M|_{\max}}{W_z}\leqslant[\sigma]$$

为主要依据。由此可见，梁的强度主要与外力引起的最大弯矩、截面形状与尺寸以及材料有关。所以，可采取下列措施来合理地进行梁的强度设计：

一、合理安排梁的支座和加载方式

合理安排梁的支座和加载方式，可以显著减小最大弯矩，提高梁的承载能力，以达到提高梁的强度的目的。

1. 合理安排梁的支座

例如，若将图 12-29a 所示的简支梁的两端支座各向里侧移动 $0.2l$，如

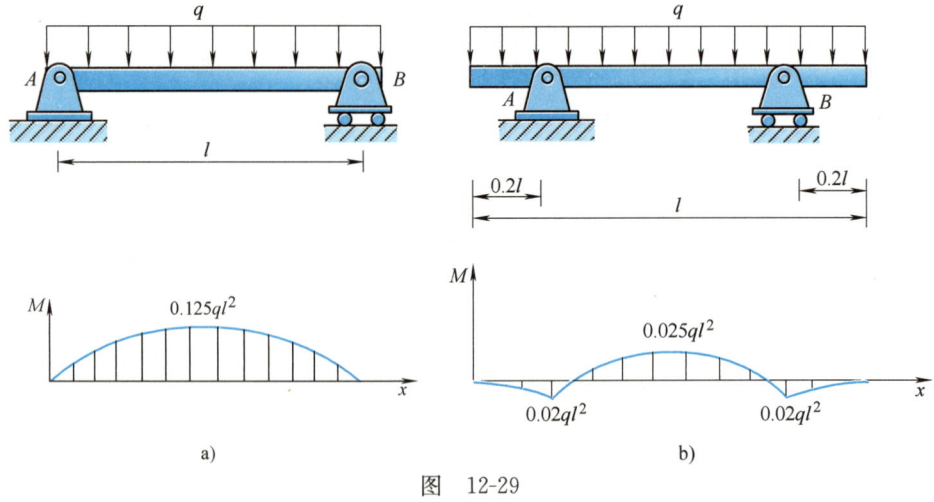

图 12-29

图 12-29b 所示，则其最大弯矩将由原来的 $ql^2/8$ 减小至 $ql^2/40$。相当于梁的强度提高为原来的 5 倍。

另外，对静定梁增加支座，使其成为超静定梁，对缓和受力、减小最大弯矩也相当有效。

2. 改变载荷的作用方式

例如，图 12-30a 所示长为 l 的简支梁，在跨中受一集中载荷 F 的作用，其最大弯矩为 $Fl/4$。若在主梁的中部设置一长为 $l/2$ 的辅梁（见图 12-30b），以改变主梁上载荷的作用方式，则主梁内的最大弯矩将减至 $Fl/8$，为原来的一半。

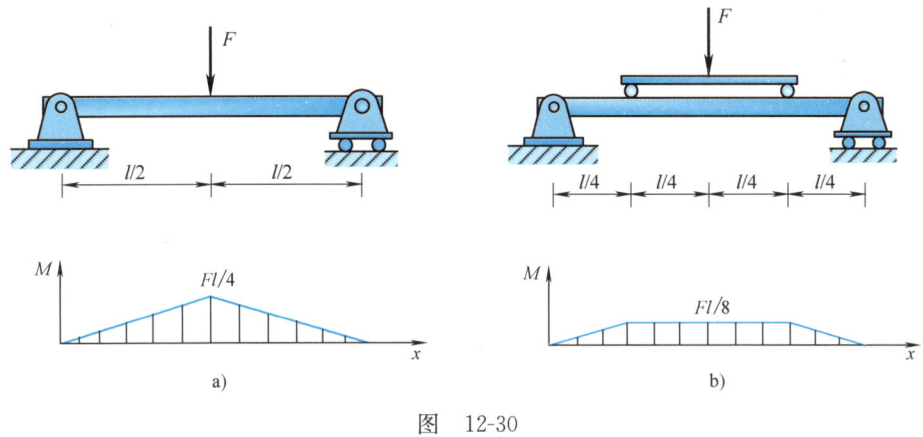

图　12-30

二、合理设计梁的截面形状

1. 合理选择截面形状，增大单位面积的抗弯截面系数 W_z/A

当弯矩一定时，最大弯曲正应力与抗弯截面系数成反比。为了节约材料，减轻结构自重，合理的截面形状应该使其单位面积的抗弯截面系数 W_z/A 尽可能大。

梁的几种常见截面如图 12-31 所示，其对应的 W_z/A 值列于表 12-1 中。

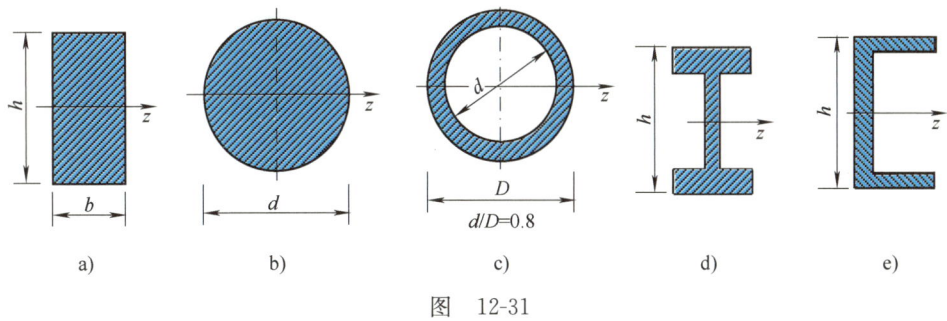

图　12-31

表 12-1　几种常见截面的 W_z/A 值

截面形状	矩形	圆形	圆环形	工字钢	槽钢
W_z/A	$0.167h$	$0.125d$	$0.205D$	$(0.27—0.31)h$	$(0.27—0.31)h$

表 12-1 表明，实心圆截面最不经济，工字钢和槽钢截面较为合理。这可从弯曲正应力的分布规律得到解释。由于弯曲正应力沿截面高度方向呈线性分布，在中性轴附近弯曲正应力很小，而在截面的上、下边缘处弯曲正应力最大。因此，应尽可能将材料配置在距离中性轴较远处，以充分发挥材料的强度潜能。工程中的钢梁，大多采用工字形、槽形或者箱形截面就是这个道理。而圆形截面因在中性轴附近聚集了较多材料，不能做到材尽其用，故不合理。对于需做成圆形截面的承弯轴类构件，则宜采用圆环形截面。

・思 政 导 读・

图 12-32 所示为公路高架桥，桥身采用中空设计，材料主要分布在远离中性轴的上下两侧，符合弯曲设计原理，省料且安全。新中国成立以来，我国的公路建设事业突飞猛进，截至 2022 年底，高速公路通车里程已达 17.7 万公里，在全球遥遥领先，为推动中国现代化进程做出了巨大贡献。

图 12-32

2. 根据材料性质，合理确定截面形状

合理确定梁的截面形状，还应结合材料特性，使处于拉、压不同区域材料的强度潜能都能得以充分利用。

对于许用拉应力和许用压应力相等的塑性材料梁（如钢梁），显然宜采用关于中性轴对称的截面，如矩形、工字形和箱形等截面。这样可使截面上的最大拉应力和最大压应力相等，并同步达到材料的许用应力。而对于许用拉应力小于许用压应力的脆性材料梁，则宜采用中性轴偏于受拉一侧的截面，如 T 形与槽形截面，从而使得截面上的最大拉应力和最大压应力同时接近材料的许用应力，如图 12-33 所示。

三、采用变截面梁

为了节省材料，减轻结构自重，在工程实际中，可以根据梁的载荷情况，采用变截面梁。

一般情况下，梁的弯矩是随截面位置而变化的，若采用等截面梁，除了最大弯矩所在截面，其他截面处的材料都未能得到充分

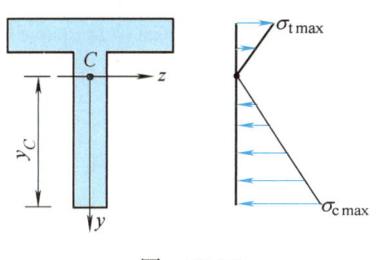

图 12-33

利用。因此，可以考虑在弯矩较大处采用较大截面，而在弯矩较小处采用较小截面。这种截面随轴线变化的梁，称为**变截面梁**。

理想的变截面梁是使梁每一截面处的最大弯曲正应力都相等，且都等于材料的许用应力，即

$$\sigma_{\max}(x) = \frac{M(x)}{W_z(x)} = [\sigma] \qquad (*)$$

这样设计出的梁称为**等强度梁**。

由式（*）得

$$W_z(x) = \frac{M(x)}{[\sigma]}$$

这是等强度梁的抗弯截面系数 $W_z(x)$ 沿梁轴线的变化规律。

等强度梁是一种理想状态的变截面梁。但考虑到加工与结构的需要，工程实际中的变截面梁大都只能设计成近似等强度的，如图 12-34a 所示的"鱼腹梁"、图 12-34b 所示的阶梯梁等。

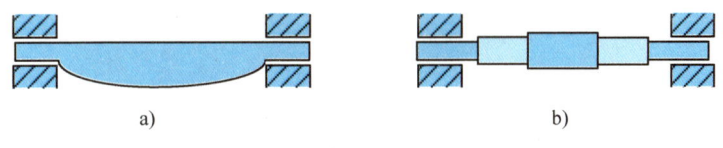

图 12-34

· 思 政 导 读 ·

在中国古代的斗拱结构中可以找到大量类似等强度梁的应用。图 12-35 所示为珍藏于成都香米园汉陶艺术博物馆的一件展品，从图中可以看出，在其一斗三升结构中，拱的造型即有鱼腹梁的外形。这或许说明，早在汉代中

国人已经认识到梁构件破坏的特征,并针对性地进行增强,具有了"等强度梁"的朴素概念。建于明代万历元年(1573 年)的广西玉林经略台真武阁(见图 12-36),在其二、三层的出檐部分,则采用了类似三角形的悬臂等强度梁设计。作为中华瑰宝的古建筑无不体现了中华民族的勤劳和智慧。

具有鱼腹梁
外形的拱

图　12-35

图　12-36

复习思考题

12-1　静矩与形心有何关联?

12-2　惯性矩与极惯性矩有何区别？

12-3　何谓主惯性轴？何谓形心主惯性轴？如何确定截面的主惯性轴？

12-4　何谓主惯性矩？何谓形心主惯性矩？如何求截面的主惯性矩？

12-5　在推导弯曲正应力公式时做了哪些假设？在什么条件下这些假设才成立？

12-6　如何确定中性轴的位置？

12-7　弯曲正应力的分布规律与截面形状是否有关？弯曲切应力呢？

12-8　如何确定梁截面上某点的弯曲正应力是拉还是压？

12-9　中性轴上各点的弯曲正应力是否一定为零？

12-10　弯曲正应力的最大值发生在截面的哪个位置上？

12-11　弯曲切应力的最大值发生在截面的哪个位置上？

12-12　梁的合理强度设计有哪些主要措施？

12-13　梁采用工字形截面是否一定是最合理的？

12-14　何谓变截面梁？何谓等强度梁？等强度梁的设计原则是什么？

习题

12-1　T形截面如习题 12-1 图所示，已知 $b_1=0.3$ m、$b_2=0.6$ m、$h_1=0.5$ m、$h_2=0.14$ m。(1) 求阴影部分面积对水平形心轴 z_0 的静矩；(2) 问 z_0 轴以上部分面积对 z_0 轴的静矩与阴影部分面积对 z_0 轴的静矩有何关系？

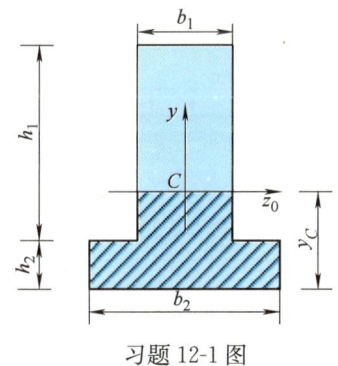

习题 12-1 图

12-2　试求习题 12-2 图所示各组合截面对水平形心轴 z_0 的惯性矩：a) No.40a 工字钢与钢板组成的组合截面，已知钢板厚度 $\delta=20$ mm；b) T形截面；c) 上下不对称的工字形截面。

12-3　如习题 12-3 图所示，简支梁承受均布载荷作用。若分别采用截面面积相等的实心和空心圆截面，且 $D_1=40$ mm，$\dfrac{d_2}{D_2}=\dfrac{3}{5}$，试分别计算它们的最大弯曲正应力并比较其大小。

12-4　如习题 12-4 图所示，矩形截面简支梁 AB 受均布载荷作用。试计算：(1) 截面 1—1 上点 K 处的弯曲正应力；(2) 截面 1—1 上的最大弯曲正应力，并指出其所在位置；

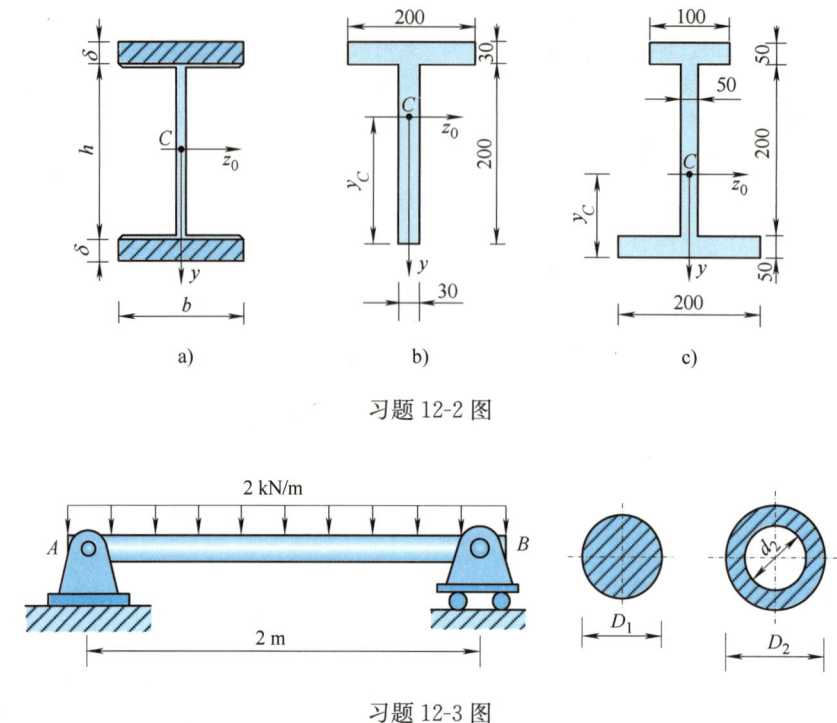

习题 12-2 图

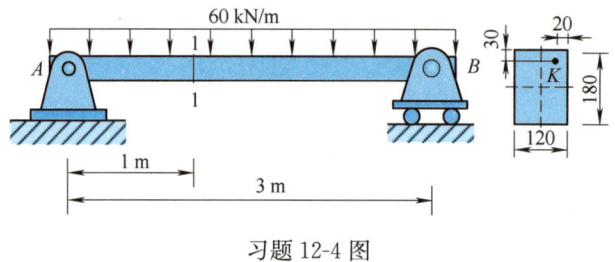

习题 12-3 图

(3) 全梁的最大弯曲正应力，并指出其所在截面和在该截面上的位置。

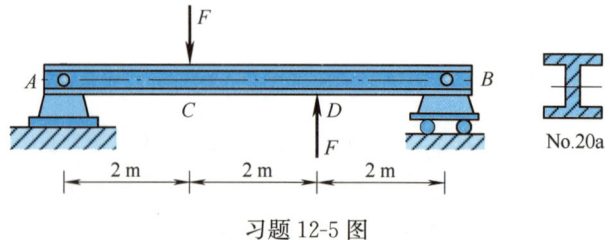

习题 12-4 图

12-5 No.20a 工字钢梁的支承和受力情况如习题 12-5 图所示。已知材料的许用应力 $[\sigma]=160$ MPa，试按弯曲正应力强度条件确定许可载荷 $[F]$。

习题 12-5 图

12-6 圆截面外伸梁如习题 12-6 图所示。已知材料的许用应力 $[\sigma]=100$ MPa，试按弯曲正应力强度条件确定梁横截面的直径。

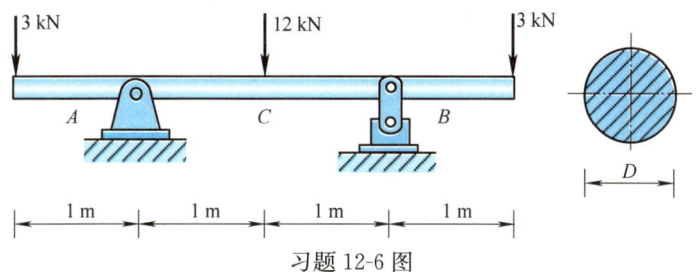

习题 12-6 图

12-7 习题 12-7 图所示简易吊车梁 AB 为一根 No.45a 工字钢，梁自重 $q=804$ N/m，最大起吊重量 $F=68$ kN，材料的许用应力 $[\sigma]=140$ MPa，试校核该梁的弯曲正应力强度。

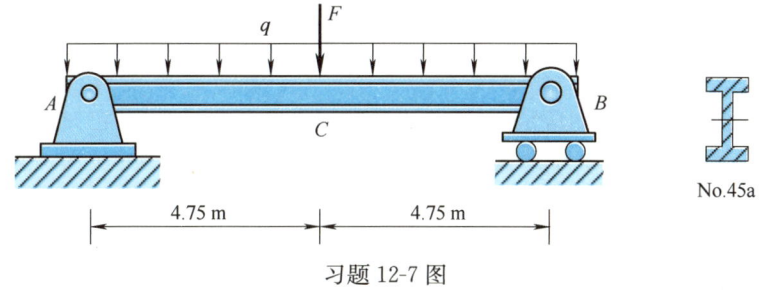

习题 12-7 图

12-8 槽形截面铸铁梁受习题 12-8 图所示载荷作用，已知槽形截面的形心主惯性矩 $I_z=4000$ cm^4，材料的许用拉应力 $[\sigma_t]=50$ MPa、许用压应力 $[\sigma_c]=150$ MPa。试校核梁的弯曲正应力强度。

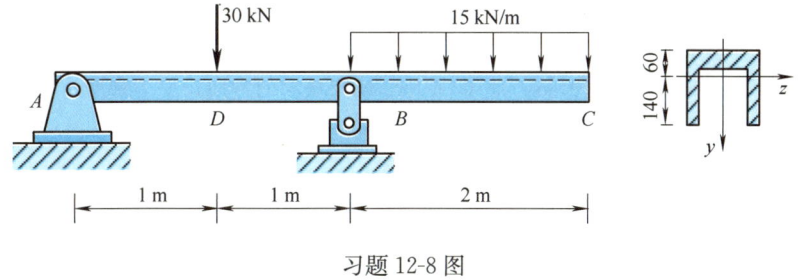

习题 12-8 图

12-9 T形截面悬臂梁，长度、横截面尺寸以及载荷如习题 12-9 图所示。已知截面的形心主惯性矩 $I_z=10180$ cm^4，$h_2=96.4$ mm；材料的许用拉应力 $[\sigma_t]=40$ MPa、许用压应力 $[\sigma_c]=160$ MPa。试按弯曲正应力强度条件确定梁的许可载荷 $[F]$。

12-10 习题 12-10 图所示简支梁由 No.36a 工字钢制作。已知载荷 $F=40$ kN、$M_e=150$ kN·m，许用应力 $[\sigma]=160$ MPa。试校核梁的弯曲正应力强度。

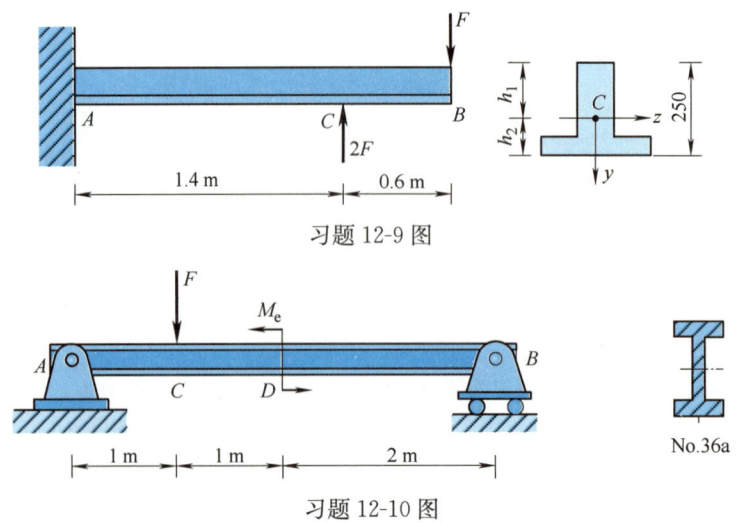

习题 12-9 图

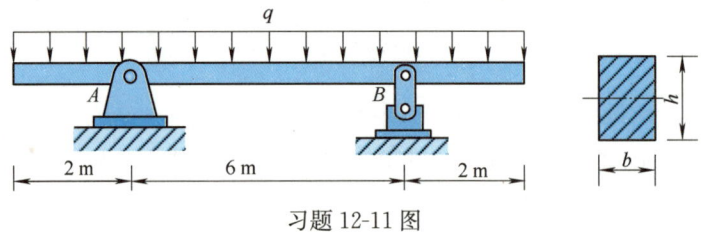

习题 12-10 图

12-11　如习题 12-11 图所示，一矩形截面钢梁受均布载荷作用，已知载荷集度 $q=12\text{ kN/m}$，材料的许用应力 $[\sigma]=160\text{ MPa}$。若规定矩形截面的高宽比 $h/b=2$，试按弯曲正应力强度条件确定截面尺寸。

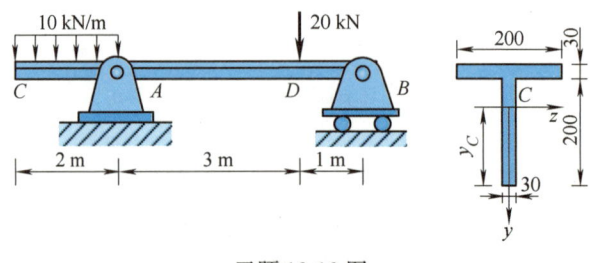

习题 12-11 图

12-12　T 形截面铸铁梁的载荷和尺寸如习题 12-12 图所示。已知材料的许用拉应力 $[\sigma_t]=40\text{ MPa}$、许用压应力为 $[\sigma_c]=160\text{ MPa}$，试校核梁的弯曲正应力强度。若载荷不变，但将 T 形截面倒置，试问是否合理？何故？

习题 12-12 图

12-13　习题 12-13 图所示简支梁是由三块截面为 $40\text{ mm}\times 90\text{ mm}$ 的木板胶合而成的，已

知胶缝的许用切应力 $[\tau]=0.5$ MPa，试按胶缝的切应力强度确定梁的许可载荷 $[F]$。

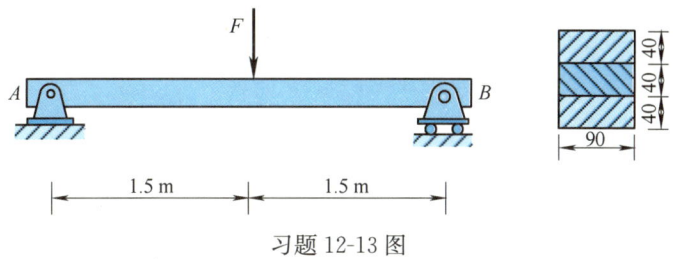

习题 12-13 图

12-14 圆形截面梁如习题 12-14 图所示，已知材料的许用正应力 $[\sigma]=160$ MPa、许用切应力 $[\tau]=100$ MPa。试确定该梁横截面直径 d。

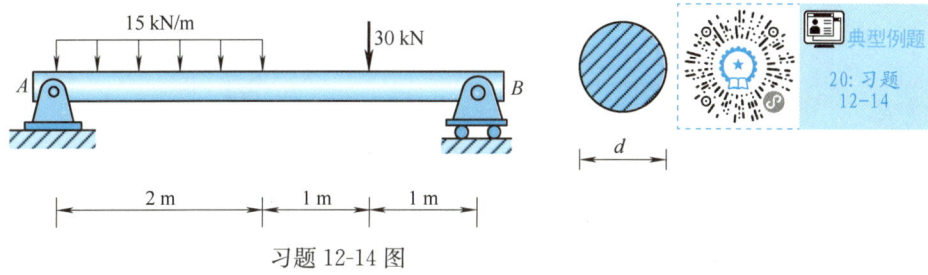

习题 12-14 图

12-15 习题 12-15 图所示简支梁用工字钢制作，已知载荷 $q=6$ kN/m、$F=20$ kN，许用应力 $[\sigma]=180$ MPa、$[\tau]=100$ MPa，试选择工字钢的型号。

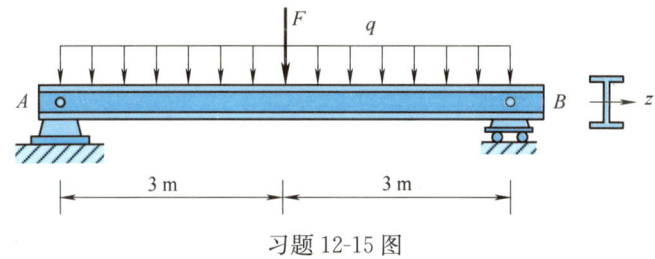

习题 12-15 图

12-16 矩形截面外伸梁如习题 12-16 图所示，已知载荷 $q=20$ kN/m、$M_e=40$ kN·m，许用应力 $[\sigma]=170$ MPa、$[\tau]=100$ MPa。若规定 $h/b=1.5$，试确定该梁的截面尺寸。

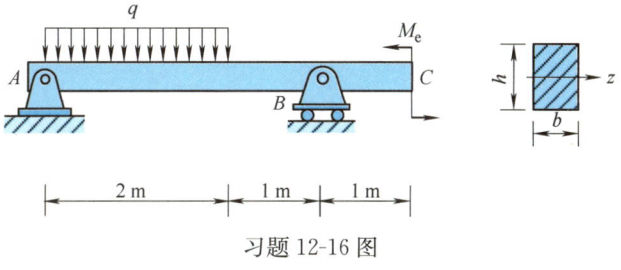

习题 12-16 图

12-17 简支梁 AB 如习题 12-17 图所示,若集中载荷 F 作用在中间截面处(见习题 12-17 图 a),则梁内最大弯曲正应力将为许用应力的 130%。为使该梁符合强度要求,在梁和载荷不变的情况下,可在集中载荷 F 与梁 AB 间加一辅梁 CD(见习题 12-17 图 b),试确定辅梁 CD 的最小长度 a。假设辅梁 CD 的强度足够。

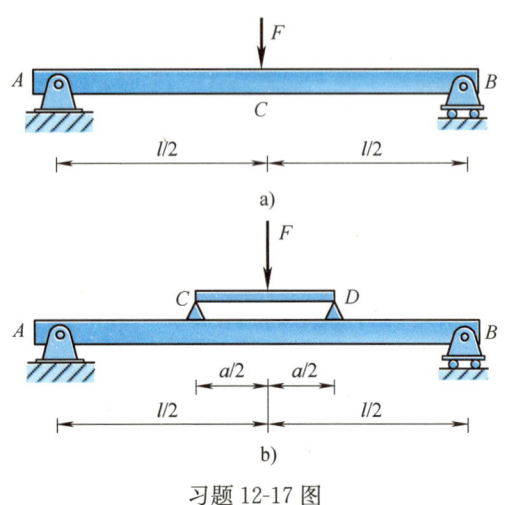

习题 12-17 图

12-18 如习题 12-18 图所示,两根梁长度均为 l,宽度均为 b,厚度 $h_1/h_2 = 1/2$,材料不同,弹性模量 $E_1/E_2 = 2/3$,将两根梁组成一简支梁,承受均布载荷 q。(1)若两根梁只互相叠置在一起,并忽略接触面的摩擦,试求此时两根梁内的最大正应力之比;(2)若两根梁胶合在一起,无相互滑动,则此时叠梁的最大正应力较前一种情况减少了多少?

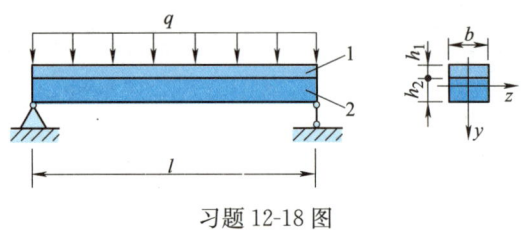

习题 12-18 图

第十三章
弯 曲 变 形

第一节 引　　言

对于工程中承受弯曲变形的构件，设计时除了应使其工作应力不超过材料的许用应力之外，还必须考虑由于变形过大可能出现的问题。例如，楼盖中梁的变形过大，会引起平顶开裂，抹灰层脱落；齿轮变速箱传动轴的弯曲变形过大，则会引起轴颈与轴承的磨损，影响齿轮的啮合状况，使得齿轮轴不能正常工作；车床主轴的弯曲变形过大，会影响工件的加工精度；吊车主梁的弯曲变形过大，会妨碍吊车的正常运行，甚至发生安全事故。为了解决这些问题，必须研究梁的弯曲变形。

此外，在求解超静定梁以及研究压杆稳定时，也都需要用到弯曲变形的知识。

在第十一章中已经介绍过，弯曲变形的主要特点是梁的轴线由直线弯成曲线，这条曲线称为梁的**挠曲线**。对于对称弯曲，挠曲线是一条位于梁纵向对称面内的光滑连续曲线（见图 13-1）。

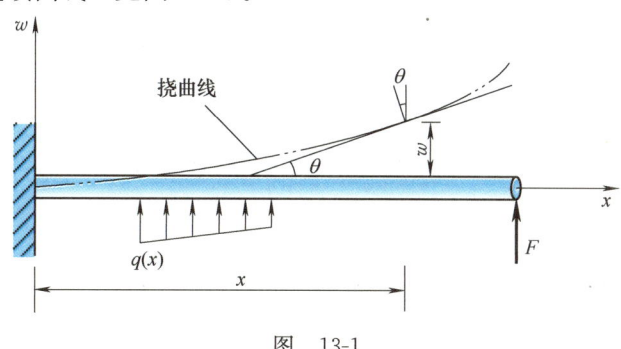

图　13-1

如图 13-1 所示，以变形前梁的轴线为 x 轴，垂直向上的轴为 w 轴。在 x-w 坐标系中，**挠曲线方程**可以写成

$$w=f(x) \tag{13-1}$$

挠曲线上横坐标为 x 的点的纵坐标 w，代表了坐标为 x 的横截面的形心在垂直于梁轴线方向的线位移，称为横截面的**挠度**。在所取坐标系中，**向上的挠度为正，反之为负**。显然，只要将横截面的坐标 x 代入挠曲线方程，即可得该截面的挠度值。

由于弯曲变形，梁的横截面还会相对其原来位置转过一个角度，即产生角位移。梁横截面的角位移称为横截面的**转角**，用 θ 表示。根据梁弯曲的平面假设，变形前垂直于轴线（x 轴）的横截面，变形后依然与挠曲线正交。因此，截面转角就等于挠曲线在该截面处的切线与 x 轴间的夹角，即有

$$\tan\theta = \frac{\mathrm{d}w}{\mathrm{d}x}$$

在工程实际中，转角 θ 的值一般很小，$\tan\theta \approx \theta$，故有

$$\theta = \frac{\mathrm{d}w}{\mathrm{d}x} \tag{13-2}$$

即梁的横截面的转角 θ 等于挠度 w 对坐标 x 的一阶导数，亦即等于挠曲线的切线的斜率。在所取坐标系中，**逆时针的转角为正，反之为负**。

第二节　挠曲线近似微分方程

在第十二章研究纯弯曲梁的正应力时，曾得到梁的中性层，即挠曲线的曲率公式（12-17）

$$\frac{1}{\rho} = \frac{M}{EI_z}$$

为方便起见，今后在研究梁的变形时，将梁的抗弯刚度 EI_z 略写为 EI。

如果忽略剪力对变形的影响，上式也可用于一般的横力弯曲。但此时，弯矩 M 与挠曲线曲率 $\dfrac{1}{\rho}$ 都是横截面位置坐标 x 的函数，即式（12-17）变为

$$\frac{1}{\rho(x)} = \frac{M(x)}{EI} \tag{a}$$

根据高等数学知识，平面曲线 $w = f(x)$ 上任一点处的曲率为

$$\frac{1}{\rho(x)} = \pm \frac{\dfrac{\mathrm{d}^2 w}{\mathrm{d}x^2}}{\left[1+\left(\dfrac{\mathrm{d}w}{\mathrm{d}x}\right)^2\right]^{\frac{3}{2}}} \tag{b}$$

联立式（a）和式（b），得

$$\frac{\dfrac{d^2w}{dx^2}}{\left[1+\left(\dfrac{dw}{dx}\right)^2\right]^{\frac{3}{2}}}=\pm\frac{M(x)}{EI}$$

由于梁的转角 $\theta=\dfrac{dw}{dx}$ 很小，$\left(\dfrac{dw}{dx}\right)^2\ll 1$，故上式近似为

$$\frac{d^2w}{dx^2}=\pm\frac{M(x)}{EI} \tag{c}$$

根据高等数学知识，在所选坐标系中，当 $\dfrac{d^2w}{dx^2}>0$ 时，挠曲线为凹曲线；当 $\dfrac{d^2w}{dx^2}<0$ 时，挠曲线为凸曲线，分别如图 13-2a、b 所示。另根据弯矩正负号规定，图 13-2a、b 所示弯曲变形所对应的弯矩 $M(x)$ 的正负号恰好与 $\dfrac{d^2w}{dx^2}$ 的正负号一致。故式（c）成为

$$\frac{d^2w}{dx^2}=\frac{M(x)}{EI} \tag{13-3}$$

式（13-3）称为梁的**挠曲线近似微分方程**。

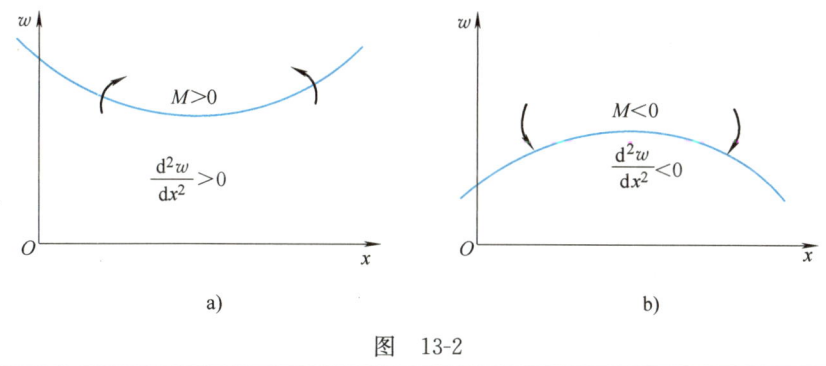

图 13-2

第三节　计算弯曲变形的积分法

将式（13-3）的两边乘以 dx，对 x 积分一次，得到梁的转角方程

$$\theta=\frac{dw}{dx}=\int\frac{M(x)}{EI}dx+C \tag{13-4}$$

将式（13-4）两边乘以 dx，再积分一次，即得梁的挠曲线方程

$$w = \int\left[\int \frac{M(x)}{EI}\mathrm{d}x\right]\mathrm{d}x + Cx + D \tag{13-5}$$

式中，C、D 为积分常数，可根据梁的位移边界条件和位移连续条件确定。

梁弯曲变形时，其支座约束对梁位移所施加的限制条件，称为梁的**位移边界条件**。例如，图 13-3a 所示的悬臂梁，在固定端处，梁的挠度和转角均等于零；图 13-3b 所示的简支梁，在两端的铰支座处，梁的挠度分别等于零。

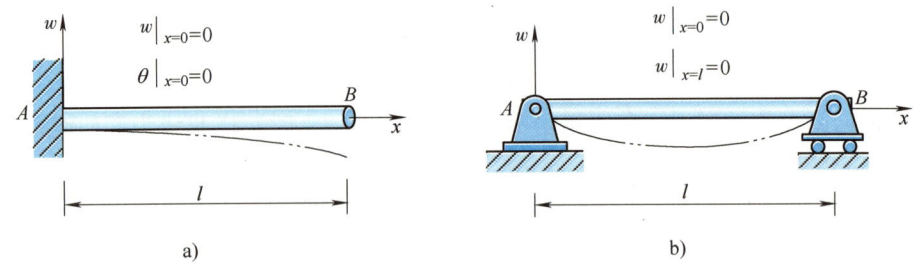

图 13-3

在用积分法计算梁的变形时，式（13-4）和式（13-5）的积分应该遍及全梁。若弯矩方程 $M(x)$ 为分段函数，或者各段梁的抗弯刚度 EI 不同，积分则要相应地分段进行。此时，积分常数会相应增加。要确定这些积分常数，除了利用梁的位移边界条件外，还需利用梁的位移连续条件。由于挠曲线是一条光滑连续曲线，在挠曲线的任意一点处，有唯一确定的挠度和转角，这称为梁的**位移连续条件**。根据位移连续条件，分别根据左、右两边的弯矩方程积分得出的挠度和转角，在分段的交界点处应该相等。

由此可见，梁的变形不仅与弯矩和抗弯刚度有关，还与梁的位移边界条件和位移连续条件有关。

下面通过例题说明积分法的具体应用。

【**例 13-1**】 受均布载荷作用的简支梁如图 13-4 所示，已知抗弯刚度 EI 为常数，试求此梁的最大挠度 $w_{\max}$ 以及截面 A 的转角 θ_A。

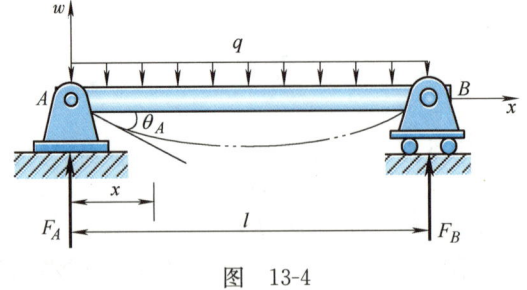

图 13-4

解：（1）列出弯矩方程

如图 13-4 所示，由对称性得梁的支座约束力

$$F_A = F_B = \frac{1}{2}ql$$

列出梁的弯矩方程为

$$M(x) = \frac{1}{2}qlx - \frac{1}{2}qx^2$$

（2）建立转角方程和挠曲线方程

将所得弯矩方程代入式（13-4），积分一次，得转角方程

$$\theta = \frac{dw}{dx} = \frac{1}{EI}\left(\frac{1}{4}qlx^2 - \frac{1}{6}qx^3\right) + C \qquad (a)$$

对式（a）再积分一次，得挠曲线方程

$$w = \frac{1}{EI}\left(\frac{1}{12}qlx^3 - \frac{1}{24}qx^4\right) + Cx + D \qquad (b)$$

（3）确定积分常数

位移边界条件：在两端铰支座处，挠度为零，即

$$\left.\begin{array}{l} w_A = w|_{x=0} = 0 \\ w_B = w|_{x=l} = 0 \end{array}\right\}$$

将上述位移边界条件分别代入式（b），解得积分常数

$$D = 0, \quad C = -\frac{1}{24EI}ql^3$$

将所得积分常数代入式（a）、式（b），最终得梁的转角方程和挠曲线方程分别为

$$\theta = \frac{1}{EI}\left(\frac{1}{4}qlx^2 - \frac{1}{6}qx^3 - \frac{1}{24}ql^3\right) \qquad (c)$$

$$w = \frac{1}{EI}\left(\frac{1}{12}qlx^3 - \frac{1}{24}qx^4 - \frac{1}{24}ql^3x\right) \qquad (d)$$

（4）计算最大挠度与截面 A 的转角

这是对称性问题，不难判断，梁的挠曲线是一条关于中间截面对称的凹曲线，其大致形状如图 13-4 中双点画线所示。在中间截面，即 $x = l/2$ 处，挠度 w 有最大值。于是，将 $x = l/2$ 代入式（d），即得梁的最大挠度

$$w_{\max} = w\Big|_{x=\frac{l}{2}} = -\frac{5ql^4}{384EI}$$

$w_{\max}$ 为负，说明其方向向下。

再将 $x = 0$ 代入式（c），得截面 A 的转角为

$$\theta_A = \theta\Big|_{x=0} = -\frac{ql^3}{24EI}$$

θ_A 为负，说明截面 A 的转角为顺时针转向。

【**例 13-2**】 图 13-5 所示简支梁，在截面 C 处受集中力 F 的作用，试计算梁的最大转角和最大挠度。设抗弯刚度 EI 为常数。

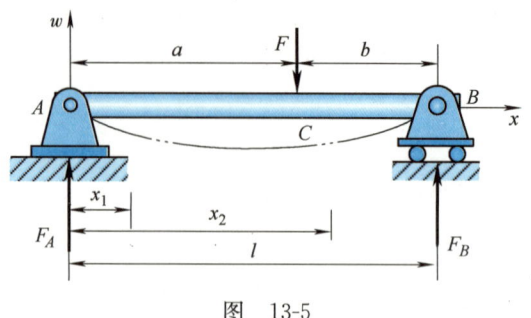

图 13-5

解：(1) 列出弯矩方程

如图 13-5 所示，由平衡方程得梁的支座约束力

$$F_A = \frac{b}{l}F, \quad F_B = \frac{a}{l}F$$

分段列出梁的弯矩方程为

AC 段 ($0 \leq x_1 \leq a$)： $\quad M(x_1) = F_A x_1 = \frac{Fb}{l}x_1$

CB 段 ($a \leq x_2 \leq l$)： $\quad M(x_2) = F_A x_2 - F(x_2 - a) = \frac{Fb}{l}x_2 - F(x_2 - a)$

(2) 建立转角方程和挠曲线方程

由于 AC 段和 CB 段的弯矩方程不同，故应分段积分，建立转角方程和挠曲线方程。

AC 段 ($0 \leq x_1 \leq a$)：

将 AC 段的弯矩方程代入式 (13-4)，积分一次，得 AC 段的转角方程

$$\theta_1 = \frac{dw_1}{dx_1} = \frac{Fb}{2EIl}x_1^2 + C_1 \tag{a}$$

对式 (a) 再积分一次，得 AC 段的挠曲线方程

$$w_1 = \frac{Fb}{6EIl}x_1^3 + C_1 x_1 + D_1 \tag{b}$$

CB 段 ($a \leq x_2 \leq l$)：

将 CB 段的弯矩方程代入式 (13-4)，积分一次，得 CB 段的转角方程

$$\theta_2 = \frac{dw_2}{dx_2} = \frac{Fb}{2EIl}x_2^2 - \frac{F}{2EI}(x_2-a)^2 + C_2 \tag{c}$$

对式 (c) 再积分一次，得 CB 段的挠曲线方程

$$w_2 = \frac{Fb}{6EIl}x_2^3 - \frac{F}{6EI}(x_2-a)^3 + C_2 x_2 + D_2 \tag{d}$$

(3) 确定积分常数

位移边界条件：在两端铰支座处，挠度为零，即

$$\left. \begin{array}{l} w_A = w_1 \big|_{x_1=0} = 0 \\ w_B = w_2 \big|_{x_2=l} = 0 \end{array} \right\}$$

由于梁的挠曲线是一条光滑连续的曲线（见图 13-5），故 AC 段和 CB 段在 C 截面处具有相同的挠度和转角，即有位移连续条件

$$\left.\begin{array}{l}\theta_1\big|_{x_1=a}=\theta_2\big|_{x_2=a}\\ w_1\big|_{x_1=a}=w_2\big|_{x_2=a}\end{array}\right\}$$

将上述位移边界条件和位移连续条件分别代入式（a）～式（d），解得 4 个积分常数分别为

$$D_1=D_2=0,\quad C_1=C_2=\frac{Fb}{6EIl}(b^2-l^2)$$

将所得积分常数代入式（a）～式（d），最终得梁的转角方程和挠曲线方程分别为

AC 段（$0\leqslant x_1\leqslant a$）：

$$\theta_1=\frac{Fb}{6EIl}(3x_1^2+b^2-l^2) \tag{e}$$

$$w_1=\frac{Fb}{6EIl}[x_1^3+(b^2-l^2)x_1] \tag{f}$$

CB 段（$a\leqslant x_2\leqslant l$）：

$$\theta_2=\frac{Fb}{2EIl}x_2^2-\frac{F}{2EI}(x_2-a)^2+\frac{Fb}{6EIl}(b^2-l^2) \tag{g}$$

$$w_2=\frac{Fb}{6EIl}x_2^3-\frac{F}{6EI}(x_2-a)^3+\frac{Fb}{6EIl}(b^2-l^2)x_2 \tag{h}$$

(4) 计算最大转角和最大挠度

显然，梁的最大转角在两端铰支座处取得，将 $x_1=0$ 和 $x_2=l$ 分别代入式（e）、式（g），得梁在 A、B 两铰支座处的转角分别为

$$\theta_A=\theta_1\big|_{x_1=0}=-\frac{Fab(l+b)}{6EIl}$$

$$\theta_B=\theta_2\big|_{x_2=l}=\frac{Fab(l+a)}{6EIl}$$

假设 $a>b$，则 $\theta_B>|\theta_A|$，故最大转角

$$\theta_{\max}=\theta_B=\frac{Fab(l+a)}{6EIl}$$

由梁的挠曲线形状可以判定，最大挠度处的转角为零。注意到 $a>b$，当 $x_1=0$ 时，$\theta<0$；当 $x_1=a$ 时，$\theta>0$。故可判定，$\theta=0$ 的位置必定在 AC 段内。于是，令式（e）等于零，即

$$\theta_1=\frac{Fb}{6EIl}(3x_1^2+b^2-l^2)=0$$

解得最大挠度所在截面坐标为

$$x_0=\sqrt{\frac{l^2-b^2}{3}}$$

将上述 x_0 值代入式（f），得梁的最大挠度为

$$w_{\max}=w_1\bigg|_{x_1=x_0=\sqrt{\frac{l^2-b^2}{3}}}=-\frac{Fb\sqrt{(l^2-b^2)^3}}{9\sqrt{3}EIl}$$

结果为负，说明 $w_{\max}$ 的方向向下。

当集中力 F 作用在梁的中点时，即 $a=b=l/2$，易知梁的最大挠度发生在梁的中点，其值为

$$w_{\max}=-\frac{Fl^3}{48EI}$$

此时的最大转角

$$\theta_{\max}=\theta_B=|\theta_A|=\frac{Fl^2}{16EI}$$

> 由以上例题可以看出，积分法的优点是可以建立梁的转角和挠曲线的普遍方程，从而能够方便获得任意指定截面处的转角和挠度。缺点是计算烦琐，不适合求解梁上载荷比较复杂的情形。

第四节 计算弯曲变形的叠加法

当梁上载荷较为复杂，且只需求某一指定截面的挠度和转角时，采用积分法就显得很烦琐。而此时用叠加法则较为方便。

根据上节例题可以看出，在小变形且材料服从胡克定律的情况下，梁任一截面处的挠度和转角是梁所受载荷的线性函数。所以，当梁上有几种载荷同时作用时，可以先分别计算出每一种载荷单独作用时梁所产生的变形，然后再将其代数相加，即可得梁在几种载荷共同作用下的实际变形。这种方法称为计算弯曲变形的**叠加法**。

为了便于应用叠加法计算梁的挠度和转角，表 13-1 列出了几种常见梁在简单载荷作用下的挠度和转角公式，以备查用。

下面举例说明叠加法的具体应用。

【**例 13-3**】 某起重机大梁的自重为均布载荷，集度为 q；作用在梁跨度中点的吊重为集中力 F，如图 13-6 所示。设梁的抗弯刚度为 EI，试求大梁跨度中点 C 的挠度 w_C。

解：在均布载荷 q 单独作用下，大梁跨度中点 C 的挠度由表 13-1 第 6 栏查出为

$$(w_C)_q=-\frac{5ql^4}{384EI}$$

在集中力 F 单独作用下，大梁跨度中点 C 的挠度由表 13-1 第 5 栏查出为

$$(w_C)_F=-\frac{Fl^3}{48EI}$$

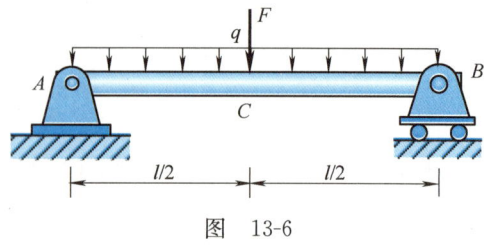

图 13-6

将以上结果代数相加，即得在均布载荷 q 和集中力 F 的共同作用下，大梁跨度中点 C 的挠度

$$w_C=(w_C)_q+(w_C)_F=-\frac{5ql^4}{384EI}-\frac{Fl^3}{48EI}$$

表 13-1 梁在简单载荷作用下的变形

序号	梁的计算简图	挠曲线方程	端截面转角	最 大 挠 度
1		$w=-\dfrac{M_e x^2}{2EI}$	$\theta_B=-\dfrac{M_e l}{EI}$	$w_B=-\dfrac{M_e l^2}{2EI}$
2		$w=-\dfrac{Fx^2}{6EI}(3l-x)$	$\theta_B=-\dfrac{Fl^2}{2EI}$	$w_B=-\dfrac{Fl^3}{3EI}$
3		$w=-\dfrac{qx^2}{24EI}(x^2-4lx+6l^2)$	$\theta_B=-\dfrac{ql^3}{6EI}$	$w_B=-\dfrac{ql^4}{8EI}$
4		$w=-\dfrac{M_e x}{6EIl}(l^2-x^2)$	$\theta_A=-\dfrac{M_e l}{6EI}$ $\theta_B=\dfrac{M_e l}{3EI}$	$x=\dfrac{l}{\sqrt{3}}$：$w_{\max}=-\dfrac{M_e l^2}{9\sqrt{3}EI}$ $w_C=-\dfrac{M_e l^2}{16EI}$ （C 为跨中截面，下同）
5		$w=-\dfrac{Fx}{48EI}(3l^2-4x^2)$ $\left(0\leqslant x\leqslant\dfrac{l}{2}\right)$	$\theta_A=-\dfrac{Fl^2}{16EI}$ $\theta_B=\dfrac{Fl^2}{16EI}$	$w_{\max}=w_C=-\dfrac{Fl^3}{48EI}$
6		$w=-\dfrac{qx}{24EI}\cdot(l^3-2lx^2+x^3)$	$\theta_A=-\dfrac{ql^3}{24EI}$ $\theta_B=\dfrac{ql^3}{24EI}$	$w_{\max}=w_C=-\dfrac{5ql^4}{384EI}$
7		$w=-\dfrac{M_e x}{6EIl}(l-x)(2l-x)$	$\theta_A=-\dfrac{M_e l}{3EI}$ $\theta_B=\dfrac{M_e l}{6EI}$	$x=\left(1-\dfrac{1}{\sqrt{3}}\right)l$：$w_{\max}$ $=-\dfrac{M_e l^2}{9\sqrt{3}EI}$ $w_C=-\dfrac{M_e l^2}{16EI}$

(续)

序号	梁的计算简图	挠曲线方程	端截面转角	最大挠度
8		$w=-\dfrac{Fx^2}{6EI}(3a-x)$ $(0\leqslant x\leqslant a)$ $w=-\dfrac{Fa^2}{6EI}(3x-a)$ $(a\leqslant x\leqslant l)$	$\theta_B=-\dfrac{Fa^2}{2EI}$	$w_B=-\dfrac{Fa^2}{6EI}(3l-a)$
9		$w=\dfrac{M_e x}{6EIl}(l^2-3b^2-x^2)$ $(0\leqslant x\leqslant a)$ $w=\dfrac{M_e}{6EIl}[-x^3+$ $3l(x-a)^2+(l^2-3b^2)x]$ $(a\leqslant x\leqslant l)$	$\theta_A=\dfrac{M_e}{6EIl}\cdot$ (l^2-3b^2) $\theta_B=\dfrac{M_e}{6EIl}\cdot$ (l^2-3a^2)	
10		$w=-\dfrac{Fbx}{6EIl}(l^2-x^2-b^2)$ $(0\leqslant x\leqslant a)$ $w=-\dfrac{Fb}{6EIl}\Big[\dfrac{l}{b}(x-a)^3+$ $(l^2-b^2)x-x^3\Big]$ $(a\leqslant x\leqslant l)$	$\theta_A=-\dfrac{Fab(l+b)}{6EIl}$ $\theta_B=\dfrac{Fab(l+a)}{6EIl}$	设 $a>b$, 在 $x=\sqrt{\dfrac{l^2-b^2}{3}}$ 处, $w_{\max}=-\dfrac{Fb(l^2-b^2)^{3/2}}{9\sqrt{3}EIl}$ $w_C=-\dfrac{Fb(3l^2-4b^2)}{48EI}$

【例 13-4】 图 13-7a 所示悬臂梁，同时承受集中力 F_1 和 F_2 的作用。设梁的抗弯刚度为 EI，试用叠加法计算自由端 C 的挠度 w_C。

解：在载荷 F_1 单独作用下，横截面 B 处的转角和挠度由表 13-1 查出，分别为

$$(\theta_B)_{F_1}=-\frac{F_1 a^2}{2EI}, \quad (w_B)_{F_1}=-\frac{F_1 a^3}{3EI}$$

由其变形图（见图 13-7b）可得，在载荷 F_1 单独作用下，自由端 C 的挠度

$$(w_C)_{F_1}=(w_B)_{F_1}+(\theta_B)_{F_1}\cdot a=-\frac{F_1 a^3}{3EI}-\frac{F_1 a^2}{2EI}\cdot a=-\frac{5F_1 a^3}{6EI}$$

在载荷 F_2 单独作用下（见图 13-7c），自由端 C 的挠度可以由表 13-1 直接查得，为

$$(w_C)_{F_2}=\frac{F_2(2a)^3}{3EI}=\frac{8F_2 a^3}{3EI}$$

将以上结果代数相加，即得在 F_1 和 F_2 共同作用下，自由端 C 的挠度

$$w_C=(w_C)_{F_1}+(w_C)_{F_2}=-\frac{5F_1 a^3}{6EI}+\frac{8F_2 a^3}{3EI}$$

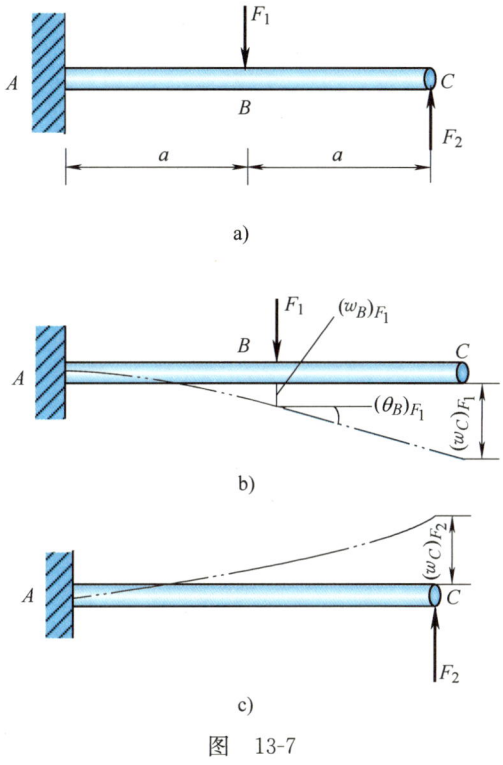

图 13-7

【例 13-5】 阶梯悬臂梁如图 13-8a 所示，试求自由端 C 的挠度 w_C。已知 BC 段梁的抗弯刚度为 EI，AB 段梁的抗弯刚度为 $2EI$。

解：该梁可以看成由悬臂梁 AB 和固定在横截面 B 上的悬臂梁 BC 组成。

先令 AB 段不变形，只考虑 BC 段的变形。这相当于将 B 端视为固定端，BC 段为悬臂梁，如图 13-8b 所示。因 BC 段变形引起的自由端 C 的挠度可由表 13-1 直接查得，为

$$w_{C1} = -\frac{F(l/2)^3}{3EI} = -\frac{Fl^3}{24EI}$$

再令 BC 段不变形，只考虑 AB 段的变形。这相当于将 BC 段视为刚体，故可将原作用在 C 处的集中力 F 向 B 处平移，得一力 F 和一力偶矩 $M_e = \dfrac{Fl}{2}$，如图 13-8c 所示。当悬臂梁 AB 段在 F 和 M_e 作用下变形时，截面 B 的挠度 w_B 和转角 θ_B 可利用表 13-1 用叠加法求得，分别为

$$w_B = -\frac{Fl^3}{48EI} - \frac{Fl^3}{32EI} = -\frac{5Fl^3}{96EI}$$

$$\theta_B = -\frac{Fl^2}{16EI} - \frac{Fl^2}{8EI} = -\frac{3Fl^2}{16EI}$$

由其变形图（见图 13-8c）可得，因悬臂梁 AB 变形而引起的自由端 C 的挠度为

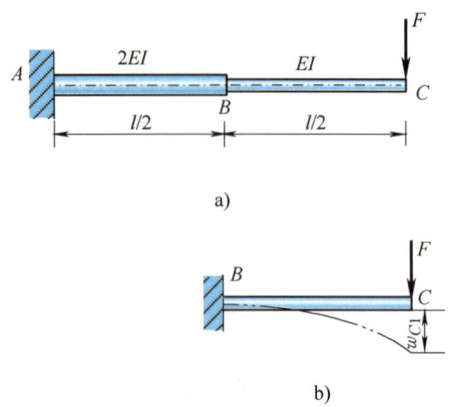

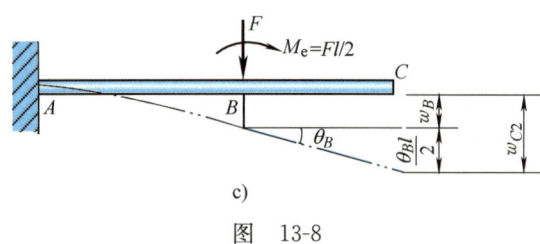

图 13-8

$$w_{C2} = w_B + \theta_B \cdot \frac{l}{2} = -\frac{5Fl^3}{96EI} - \frac{3Fl^2}{16EI} \cdot \frac{l}{2} = -\frac{7Fl^3}{48EI}$$

将所求得的 w_{C1} 和 w_{C2} 代数相加，即得阶梯悬臂梁自由端 C 的挠度

$$w_C = w_{C1} + w_{C2} = -\frac{Fl^3}{24EI} - \frac{7Fl^3}{48EI} = -\frac{3Fl^3}{16EI}$$

【例 13-6】 图 13-9a 所示外伸梁，在 C 处受一集中力 F 的作用，梁的 EI、l、a 均为已知。试用叠加法计算截面 C 的挠度 w_C 和转角 θ_C。

解：该梁由 AB 段和 BC 段组成，梁在任一截面处的挠度或转角，等于梁的各段发生变形时在该截面处引起的挠度或转角的代数和。

先令 AB 段不变形，只考虑 BC 段的变形。这相当于将 B 端视为固定端，BC 段为悬臂梁，如图 13-9b 所示。因 BC 段变形引起截面 C 的挠度与转角可由表 13-1 直接查得，分别为

$$w_{C1} = -\frac{Fa^3}{3EI}, \quad \theta_{C1} = -\frac{Fa^2}{2EI}$$

再令 BC 段不变形，只考虑 AB 段的变形。这相当于将 BC 段视为刚体，故可以将原作用在 C 处的集中力 F 向 B 处平移，得一力 F 和一力偶矩 $M_e = Fa$，如图 13-9c 所示。其中作用于支座 B 上的力 F 不会使梁的 AB 段产生变形，故只需考虑力偶 M_e 的作用。在力偶 M_e 作用下，截面 B 的转角可由表 13-1 查得为

$$\theta_B = -\frac{Fal}{3EI}$$

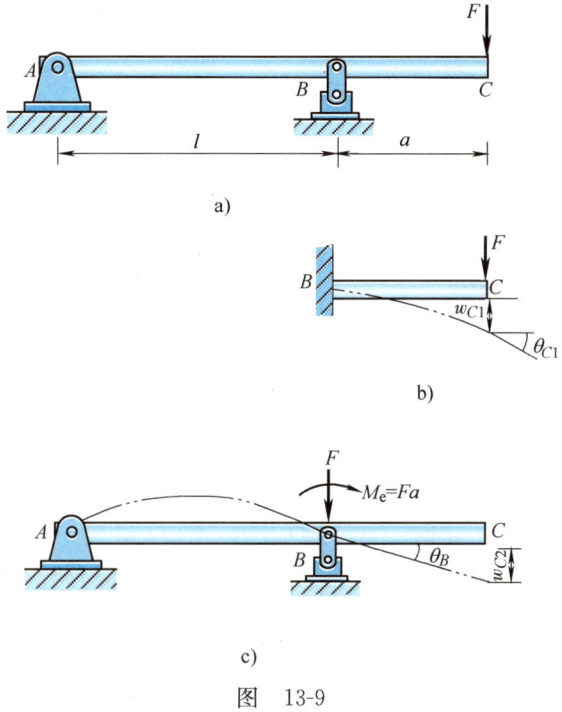

图 13-9

AB 段发生变形的同时，BC 段作为刚体随之转动，转动角度即为 θ_B（见图 13-9c）。故得因 AB 段变形引起的截面 C 的挠度与转角分别为

$$w_{C2} = \theta_B a = -\frac{Fa^2 l}{3EI}$$

$$\theta_{C2} = \theta_B = -\frac{Fal}{3EI}$$

将上述所得结果代数相加，即得外伸梁截面 C 的挠度和转角分别为

$$w_C = w_{C1} + w_{C2} = -\frac{Fa^3}{3EI} - \frac{Fa^2 l}{3EI} = -\frac{Fa^2(a+l)}{3EI}$$

$$\theta_C = \theta_{C1} + \theta_{C2} = -\frac{Fa^2}{2EI} - \frac{Fal}{3EI} = -\frac{Fa^2}{6EI}\left(3 + 2\frac{l}{a}\right)$$

第五节 梁的刚度计算

一、梁的刚度条件

在工程实际中，为保证梁能够正常工作，除了要求满足强度条件外，还需

对梁的变形加以限制。通常是规定梁的最大挠度不能超过某一特定的许用值,即梁的刚度条件为

$$|w|_{\max} \leqslant [w] \tag{13-6}$$

式中,$[w]$ 为梁的许用挠度。

【例 13-7】 图 13-10a 所示简支梁由 No.18 工字钢制成,长度 $l=3$ m,受 $q=24$ kN/m 的均布载荷作用。材料的弹性模量 $E=206$ GPa,许用应力 $[\sigma]=150$ MPa,梁的许用挠度 $[w]=\dfrac{l}{400}$。试校核梁的强度和刚度。

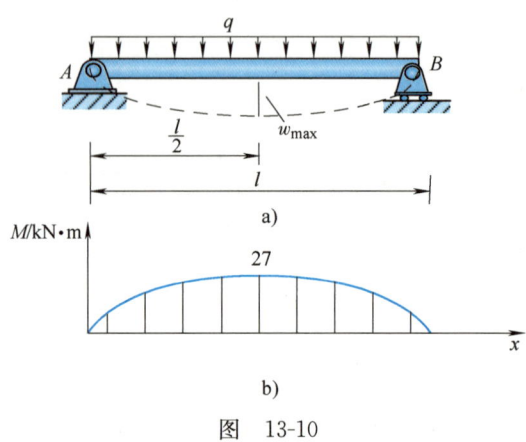

图 13-10

解:(1)强度校核

作出梁的弯矩图如图 13-10b 所示。可见,梁的最大弯矩

$$M_{\max} = \frac{ql^2}{8} = \frac{(24\times 10^3 \text{ N/m})\times (3 \text{ m})^2}{8} = 27\times 10^3 \text{ N} \cdot \text{m}$$

由附录 B 中的工字钢型钢表查得,No.18 工字钢的 $W_z=185$ cm³。代入梁的弯曲正应力强度条件

$$\sigma_{\max} = \frac{M_{\max}}{W_z} = \frac{27\times 10^3 \text{ N}\cdot\text{m}}{185\times 10^{-6} \text{ m}^3} = 146\times 10^6 \text{ Pa} = 146 \text{ MPa} < [\sigma] = 150 \text{ MPa}$$

故梁的强度满足要求。

(2)刚度校核

由附录 B 中的工字钢型钢表查得,No.18 工字钢的 $I_z=1660$ cm⁴。梁的最大挠度发生在跨中截面,由表 13-1 查得

$$|w|_{\max} = \frac{5ql^4}{384EI_z} = \frac{5\times (24\times 10^3 \text{ N/m})\times (3 \text{ m})^4}{384\times (210\times 10^9 \text{ Pa})\times (1660\times 10^{-8} \text{ m}^4)} = 7.26\times 10^{-3} \text{ m} = 7.26 \text{ mm}$$

由梁的刚度条件

$$|w|_{\max}=7.26\text{ mm}<[w]=\frac{l}{400}=7.5\text{ mm}$$

可知,梁的刚度已满足要求。

二、梁的合理刚度设计

梁的弯曲变形与梁的受力、抗弯刚度、长度以及支座情况有关。因此,提高梁的刚度的措施大致有:

1. 合理选择截面形状

影响梁的刚度的截面几何性质是惯性矩 I_z。因此,从提高梁的刚度考虑,应选用较小面积可以获得较大惯性矩的截面。显然,工字形截面较为合理。

2. 合理选择材料

影响梁的刚度的材料力学性能是弹性模量 E。因此,从提高梁的刚度考虑,应选用弹性模量较大的材料。注意到,各种钢材的弹性模量十分接近,故改变钢材的品种对提高梁的刚度是没有意义的。

3. 减小梁的跨度

由表 13-1 可见,梁的挠度与跨度的平方或者三次方或者四次方成正比。因此,减小梁的跨度对提高梁的刚度效果显著。如果条件允许,应尽量减小梁的跨度。

【例 13-8】 我国宋朝土木建筑家李诫所著《营造法式》中,规定木梁矩形截面的高宽比 $h/b=3/2$,如图 13-11 所示。试从梁的弯曲强度及弯曲刚度的观点,证明该规定接近于由直径为 D 的圆木中锯出矩形截面梁的合理比值。

解:设高宽比为 $k=\dfrac{h}{b}$,由 $h^2+b^2=D^2$,易得

$$b=\frac{D}{\sqrt{1+k^2}},\quad h=\frac{kD}{\sqrt{1+k^2}}$$

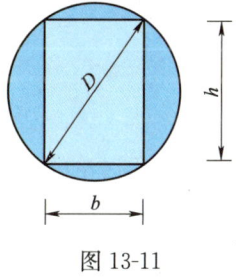

图 13-11

(1) 从梁的弯曲强度考虑

矩形截面的抗弯截面系数

$$W_z=\frac{bh^2}{6}=\frac{k^2D^3}{6(1+k^2)^{\frac{3}{2}}}$$

为使梁的弯曲强度达到最大,其抗弯截面系数应取最大值。令 $\dfrac{\mathrm{d}W_z}{\mathrm{d}k}=0$,有

$$\frac{D^3}{6}\left(\frac{2k}{(1+k^2)^{\frac{3}{2}}}+k^2\left(-\frac{3}{2}\right)(1+k^2)^{-\frac{5}{2}}\cdot 2k\right)=0$$

解得

$$k = \sqrt{2} \approx 1.414$$

即当矩形截面的高宽比约为 1.414 时，梁的弯曲强度最大。

(2) 从梁的弯曲刚度考虑

矩形截面梁的形心主惯性矩

$$I_z = \frac{bh^3}{12} = \frac{k^3 D^4}{12(1+k^2)^2}$$

为使梁的弯曲刚度达到最大，其形心主惯性矩应取最大值。令 $\dfrac{\mathrm{d}I_z}{\mathrm{d}k} = 0$，有

$$\frac{D^4}{12}\left(\frac{3k^2}{(1+k^2)^2} + k^3(-2)(1+k^2)^{-3} \cdot 2k\right) = 0$$

解得

$$k = \sqrt{3} \approx 1.732$$

即当矩形截面的高宽比约为 1.732 时，梁的弯曲刚度最大。

故有结论：为使矩形截面梁的弯曲强度和弯曲刚度都尽可能的大，应选择高宽比 $k = h/b$ 介于 1.414 与 1.732 之间。显然，宋朝土木建筑家李诫提出的 $k = h/b = 1.5$ 与这个合理比值非常接近。这个正确论断的提出要比英国人托马斯·杨在著作《自然科学与机械技术讲义》中给出的相应结论早了 700 年。

第六节 简单超静定梁

前面所讨论的梁都是静定梁，约束力由静力平衡方程即可完全确定。但在工程实际中，有时为了提高梁的强度和刚度，或由于构造上的需要，往往会给静定梁增加约束。这样，梁上未知约束力的数目就超出了独立平衡方程的数目，其约束力就不能完全由平衡方程求出，这就是**超静定梁**。

在超静定梁中，在维持平衡所需约束的基础上额外增加的约束称为**多余约束**，解除多余约束所代之作用的约束力称为**多余未知力**。未知约束力数目与独立平衡方程数目之差，也即多余约束或多余未知力的数目，称为**超静定次数**。

与求解轴向拉伸（压缩）超静定问题类似，为了求解超静定梁，除应建立静力平衡方程外，还应利用变形协调关系和物理关系找到补充方程。

对于超静定梁，每个多余约束，都限制了梁的某一截面的某个位移（挠度或转角），即都提供了一个**变形限制条件**，或称为**变形协调条件**。根据这个条件，再结合物理关系，即可获得一个补充方程。因此，补充方程的数目将等于

多余约束或多余未知力的数目,即超静定的次数,从而使得问题可以获解。

现以图 13-12a 所示梁为例,说明简单超静定梁的具体解法。为了寻求变形协调条件,设想 B 处活动铰支座为多余约束,将其解除,并以相应的多余未知力 F_B 代替它的作用。这样,就把原来的超静定梁在形式上转变成在载荷 F 和多余未知力 F_B 共同作用下的静定悬臂梁,如图 13-12b 所示,称为原超静定梁的**相当系统**。

为了使相当系统和原超静定梁等效,要求相当系统在多余约束处必须符合超静定梁的变形协调条件。在本例中,B 处活动铰支座的变形协调条件是 B 截面的挠度为零,即

$$w_B = 0$$

据此,由叠加法(见图 13-12c、d),利用表 13-1,即得补充方程

$$w_B = (w_B)_F + (w_B)_{F_B} = -\frac{Fa^2}{6EI}(3l-a) + \frac{F_B l^3}{3EI} = 0$$

由上述补充方程,解得多余未知力

$$F_B = \frac{F}{2}\left(3\frac{a^2}{l^2} - \frac{a^3}{l^3}\right)$$

求出 F_B 后,原来的超静定梁即等效于在 F 和 F_B 共同作用下的静定悬臂梁(见图 13-12b),进一步的计算就与静定梁的计算完全相同。例如,截面 A、截面 C 的弯矩分别为

$$M_A = -Fa + F_B l = -\frac{Fl}{2}\left(2\frac{a}{l} - 3\frac{a^2}{l^2} + \frac{a^3}{l^3}\right)$$

$$M_C = F_B(l-a) = \frac{F}{2}\left(3\frac{a^2}{l} - 4\frac{a^3}{l^2} + \frac{a^4}{l^3}\right)$$

作出梁的弯矩图如图 13-12e 所示。

应该指出,多余约束的选取并不是唯一的,只要是维持平衡额外的约束,都可视为多余约束,也就是说相当系统可以有不同的选择。例如在本例中,也可以取固定端 A 处的转动约束为多余约束,解除 A 处的转动约束,并以相应的约束力偶 M_A 代替它的作用,则得到在原有载荷 F 和多余未知力偶 M_A 共同作用下的简支梁,如图 13-12f 所示。此时的变形协调条件为截面 A 的转角为零,即

$$\theta_A = 0$$

由此求解获得的结果与上述解答完全一致,请读者自行验证。

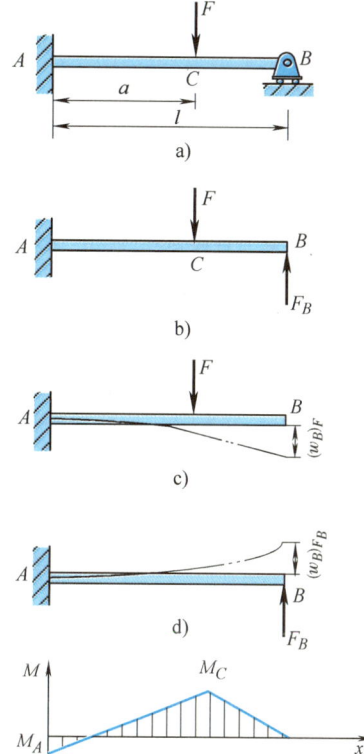
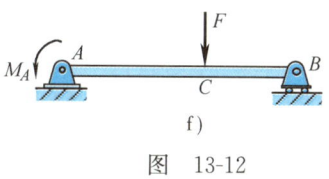

图 13-12

上述求解超静定梁的方法称为**变形比较法**。用变形比较法求解简单超静定梁的步骤可以归纳为：

1) 解除多余约束，以相应的多余未知力代之作用，得到原超静定梁的相当系统；

2) 根据多余约束的性质，建立变形协调方程；

3) 计算相当系统在多余约束处的相应位移，由变形协调方程得到补充方程；

4) 由补充方程求出多余未知力。

【例 13-9】 图 13-13a 所示圆形截面梁，承受集中力 F 作用。已知 $F=20$ kN，跨度 $l=500$ mm，截面直径 $d=60$ mm，许用应力 $[\sigma]=100$ MPa，试校核该梁的强度。

解：(1) 解除多余约束

这是一次超静定梁。将 B 处活动铰支座视为多余约束，解除之，代之以多余未知力 F_B，得到原超静定梁的相当系统，如图 13-13b 所示，它是在已知集中力 F 和未知约束力 F_B 共同作用下的简支梁。

(2) 建立变形协调方程

变形协调条件为支座 B 处的挠度等于零，即有变形协调方程

$$w_B = 0$$

(3) 建立补充方程

用叠加法并借助表 13-1，由变形协调方程得补充方程

$$w_B = (w_B)_F + (w_B)_{F_B} = -\frac{11Fl^3}{96EI} + \frac{F_B l^3}{6EI} = 0$$

(4) 求解多余未知力

由上述补充方程，解得多余约束力

$$F_B = \frac{11F}{16} = \frac{11 \times 20 \text{ kN}}{16} = 13.75 \text{ kN}$$

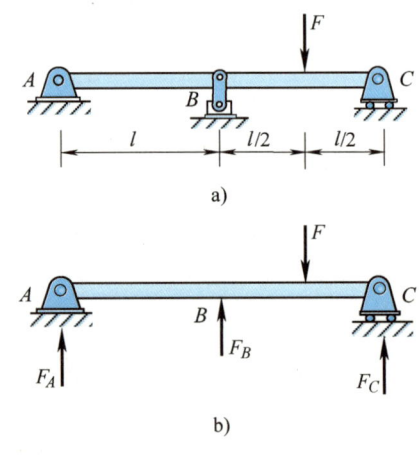

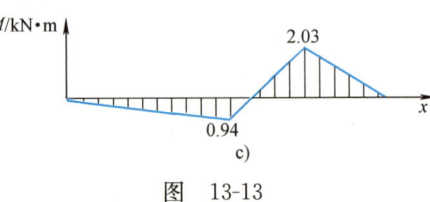

图 13-13

(5) 校核强度

根据相当系统（见图 13-13b），由平衡方程易得支座 A、C 处的约束力

$$F_A = -1.875 \text{ kN}, \quad F_C = 8.125 \text{ kN}$$

作出梁的弯矩图如图 13-13c 所示，可见梁的最大弯矩为

$$M_{\max} = 2.03 \text{ kN} \cdot \text{m}$$

根据梁的弯曲正应力强度条件

$$\sigma_{\max} = \frac{M_{\max}}{W_z} = \frac{2.03 \times 10^3 \text{ N} \cdot \text{m}}{\frac{\pi}{32} \times (60 \times 10^{-3} \text{ m})^3} = 9.57 \times 10^7 \text{ Pa} = 95.7 \text{ MPa} < [\sigma] = 100 \text{ MPa}$$

可知,该梁的强度符合要求。

 复习思考题

13-1 什么是梁的挠曲线?什么是梁的挠度和转角?它们之间有何关联?
13-2 挠度与转角的正负号是如何规定的?该规定与坐标系的选择是否有关?
13-3 何谓位移边界条件?试写出铰支座和固定端支座处的位移边界条件表达式。
13-4 何谓位移连续条件?试写出单跨梁任一截面处的位移连续条件表达式。
13-5 叠加法的应用条件是什么?如何利用叠加法计算梁在指定截面处的挠度和转角?
13-6 什么是梁的刚度条件?如何进行梁的刚度计算?
13-7 什么是超静定梁?与静定梁相比,超静定梁有哪些优点?
13-8 什么是多余约束?什么是原超静定梁的相当系统?
13-9 解除多余约束的原则是什么?对于给定的超静定梁,其相当系统是否唯一?

习题

13-1 试写出习题13-1图所示各梁的位移边界条件。

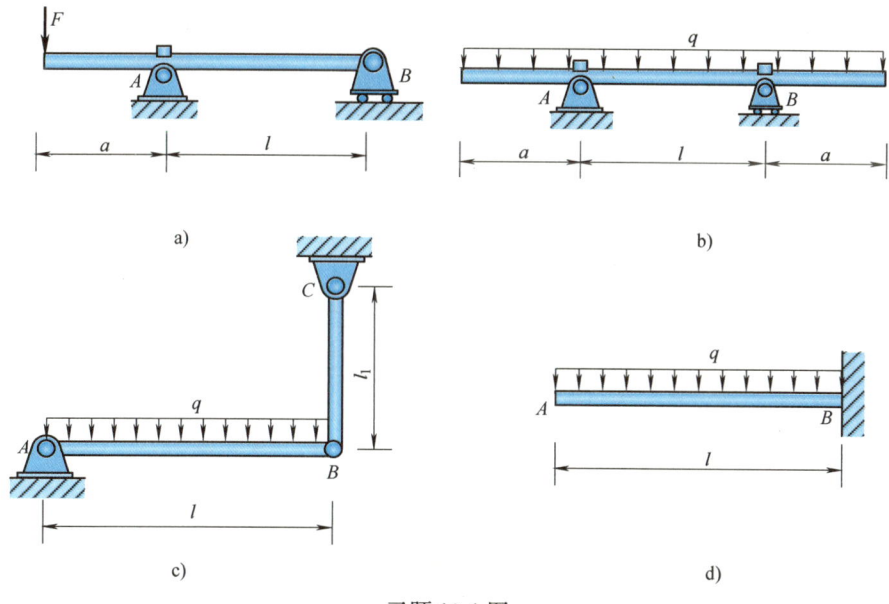

习题13-1图

13-2 试用积分法建立习题13-2图所示简支梁的转角方程和挠曲线方程。设梁的抗弯刚度 EI 为常量。

13-3 试用积分法建立习题 13-3 图所示悬臂梁的转角方程和挠曲线方程，并计算梁的最大挠度 $|w|_{\max}$ 和最大转角 $|\theta|_{\max}$。设梁的抗弯刚度 EI 为常量。

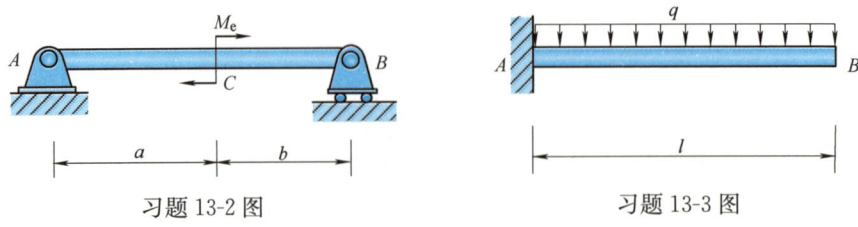

习题 13-2 图   习题 13-3 图

13-4 试用积分法建立习题 13-4 图所示外伸梁的转角方程和挠曲线方程，并求 A、B 两截面的转角和截面 A 的挠度。已知梁的抗弯刚度为 EI。

13-5 试用叠加法计算习题 13-5 图所示悬臂梁截面 B 的挠度 w_B 和转角 θ_B。设梁的抗弯刚度 EI 为常量。

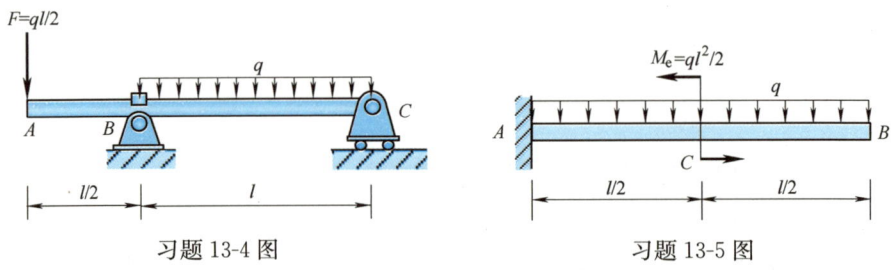

习题 13-4 图   习题 13-5 图

13-6 试用叠加法计算习题 13-6 图所示简支梁截面 C 的挠度 w_C 和截面 B 的转角 θ_B。设梁的抗弯刚度 EI 为常量。

13-7 试用叠加法计算习题 13-7 图所示悬臂梁截面 C 的转角 θ_C 与截面 B 的挠度 w_B。设梁的抗弯刚度 EI 为常量。

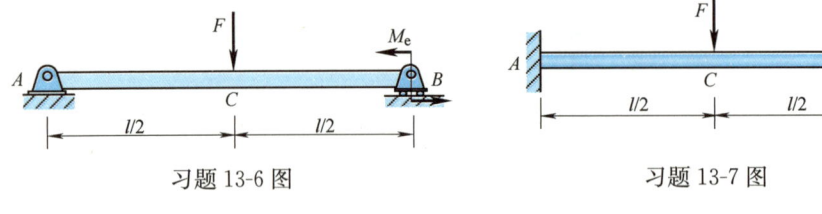

习题 13-6 图   习题 13-7 图

13-8 试用叠加法计算习题 13-8 图所示外伸梁截面 A、B 的转角 θ_A、θ_B 与截面 C 的挠度 w_C。设梁的抗弯刚度 EI 为常量。

13-9 如习题 13-9 图所示，在简支梁的一半跨度内作用均布载荷 q，试用叠加法计算跨中截面 C 的挠度 w_C。设梁的抗弯刚度

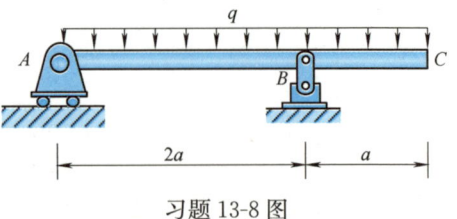

习题 13-8 图

EI 为常量。

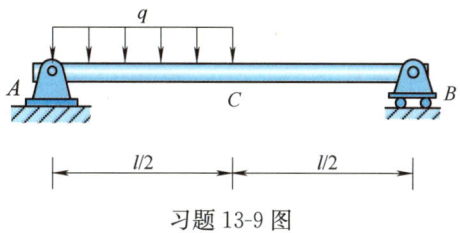

习题 13-9 图

13-10 试用叠加法计算习题 13-10 图所示外伸梁的外伸端 C 的挠度 w_C 和转角 θ_C。设梁的抗弯刚度 EI 为常量。

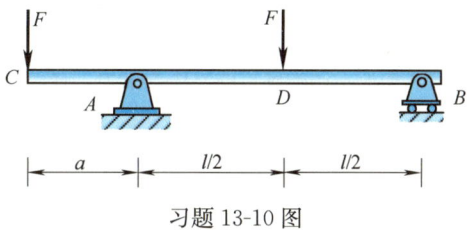

习题 13-10 图

13-11 如习题 13-11 图所示，桥式起重机的最大起吊载荷 $F=20$ kN。起重机大梁为 No.32a 工字钢，材料的弹性模量 $E=206$ GPa，大梁的跨度 $l=8.76$ m，若规定许用挠度 $[w]=l/500$，试校核大梁刚度。

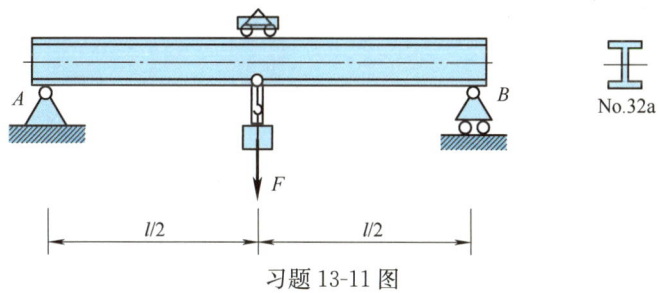

习题 13-11 图

13-12 一简支房梁受力如习题 13-12 图所示，为了避免梁下天花板上的灰泥可能开裂，

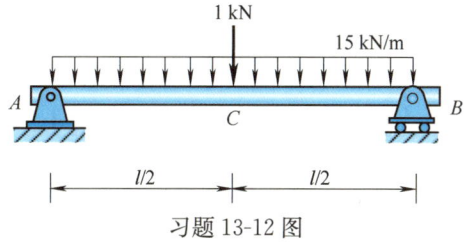

习题 13-12 图

要求梁的最大挠度不超过 5.6 mm。已知材料的弹性模量 $E=6.9$ GPa，试确定此房梁截面惯性矩的最小值。

13-13　习题 13-13 图所示工字钢简支梁，已知跨度 $l=5$ m，力偶矩 $M_{e1}=5$ kN·m、$M_{e2}=10$ kN·m，材料的弹性模量 $E=206$ GPa、许用应力 $[\sigma]=160$ MPa，梁的许用挠度 $[w]=l/500$。试选择工字钢型号。

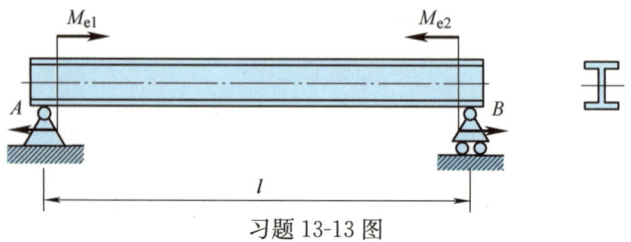

习题 13-13 图

13-14　试计算习题 13-14 图所示超静定梁的支座约束力，并作出梁的弯矩图。设梁的抗弯刚度 EI 为常量。

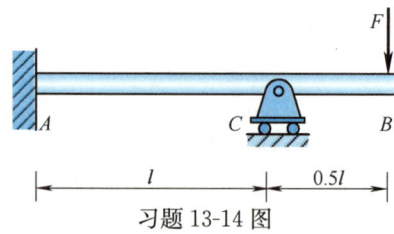

习题 13-14 图

13-15　试计算习题 13-15 图所示超静定梁的支座约束力，并作出梁的弯矩图。设梁的抗弯刚度 EI 为常量。

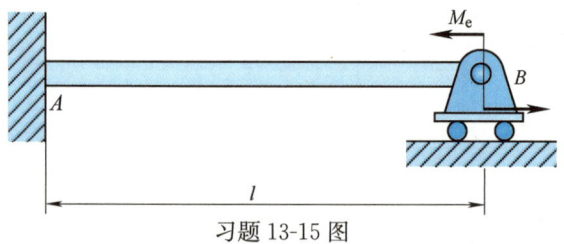

习题 13-15 图

13-16　某房屋建筑中的一等截面梁可简化为受均布载荷作用的双跨梁，如习题 13-16 图所示，试作出梁的弯矩图。设梁的抗弯刚度 EI 为常量。

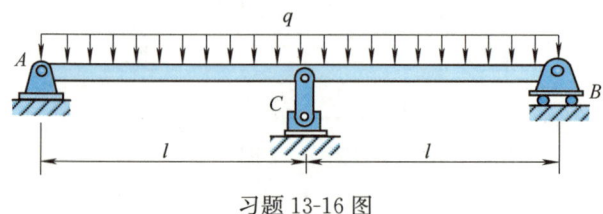

习题 13-16 图

13-17　如习题 13-17 图所示，受有均布载荷 q 作用的钢梁 AB 一端固定，另一端用钢拉杆 BC 系住。钢梁的抗弯刚度为 EI，钢拉杆的抗拉刚度为 EA，尺寸 h、l 均为已知，试求钢拉杆 BC 的轴力。

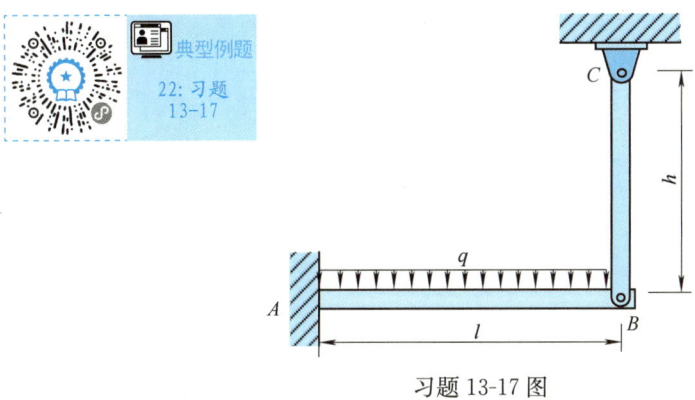

习题 13-17 图

13-18　静定组合梁如习题 13-18 图所示，试求集中力 F 的作用点 O 的挠度。设梁的抗弯刚度 EI 为常量。

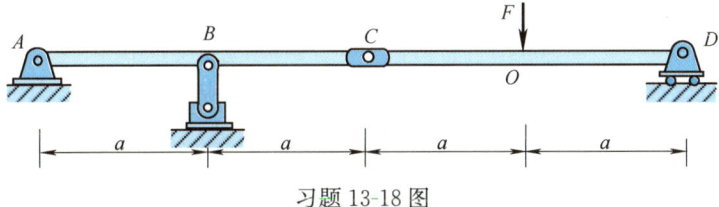

习题 13-18 图

第十四章
应力状态分析与强度理论

第一节 应力状态概念

一、点的应力状态与单元体法

前述有关章节的研究表明，杆件内同一横截面上不同位置的点，具有不同的应力；而杆件内的同一点，在不同截面上的应力也是不同的。构件内点的应力的大小和方向不仅与该点的位置有关，而且还与通过该点的截面的方位有关。**受力构件内的点在不同方位截面上应力的集合，称为点的应力状态。**

研究点的应力状态，可使人们了解点的应力随截面方位变化的情况，加深人们对材料失效或破坏现象的认识，有助于揭示在复杂受力情况下构件失效或破坏的一般规律，为解决组合变形杆件的强度问题奠定基础。

为了研究某点的应力状态，可以围绕该点截取一个微小的立方体，称为**单元体**。假设单元体三个方向上的尺寸均无穷小，以致可以认为：

1) 单元体内的各个截面均通过该点；
2) 单元体内某截面上的应力，就代表了该点在该截面上的应力；
3) 在单元体内任意两个平行截面上，应力相同。

这样，单元体的应力状态就代表了相应点的应力状态。这种通过单元体来研究点的应力状态的方法称为**单元体法**。

例如，对于图 14-1a 所示的矩形截面简支梁，若要了解其上点 A 的应力状态，可围绕点 A 截取单元体，如图 14-1b 所示。由第十二章知识可知，在该单元体的左右两侧面上，有弯曲正应力 σ 和弯曲切应力 τ；再由切应力互等定理知，在上下两侧面上，有与左右两侧面大小相等、转向相反的切应力；而前后两个面上则均无应力作用。由于该单元体的前后两个面上没有应力，故可将其用平面图来表达（见图 14-1c）。同理，围绕位于上边缘的点 B、中性轴上的点 C 截取出来的单元体分别如图 14-1d、e 所示。若单元体六个侧面上的应力全部已知，即可对其应力状态进行深入分析，这将在随后几节中陆续介绍。

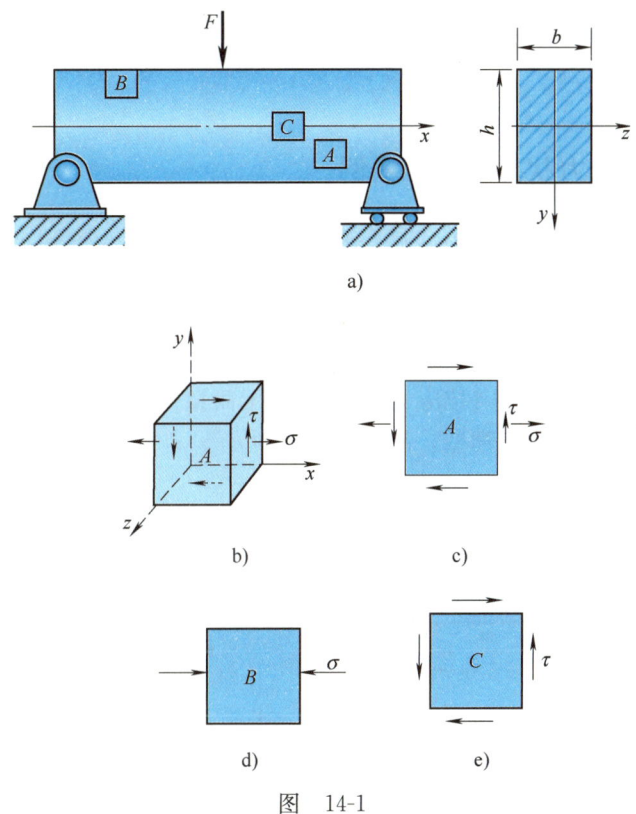

图 14-1

二、主平面与主应力

在图 14-1d 中，单元体的三个相互垂直的面上均无切应力，这种切应力为零的平面称为**主平面**。主平面上的正应力则称为**主应力**。可以证明，通过受力构件的任意点皆可找到三个相互垂直的主平面，因而受力构件的任意点都一定存在着三个主应力。在今后的研究中，规定将三个主应力按照代数值由大到小的顺序排列，分别记作 σ_1、σ_2、σ_3，即有 $\sigma_1 \geqslant \sigma_2 \geqslant \sigma_3$。

三、应力状态的分类

若某点的三个主应力中只有一个不等于零，则称该点的应力状态为**单向应力状态**；若三个主应力中有两个不等于零，则称为**二向应力状态**或**平面应力状**

态；若三个主应力都不等于零，则称为**三向应力状态**或**空间应力状态**。单向应力状态也称为**简单应力状态**；二向和三向应力状态则统称为**复杂应力状态**。

第二节　复杂应力状态的工程实例

一、二向应力状态的工程实例

作为二向应力状态的实例，首先研究锅炉、高压罐等承受内压的封闭薄壁圆筒。

薄壁圆筒是指壁厚 t 远小于内径 D（$t<D/20$）的封闭圆筒形容器。

图 14-2a 所示薄壁圆筒承受内压 p 的作用。不难看出，作用于筒底两端的压力，将在横截面上引起轴向拉应力 σ_x；作用于筒壁侧面的压力，则在纵截面上引起周向拉应力 σ_t。由于薄壁，故可近似认为 σ_x、σ_t 沿壁厚均匀分布。

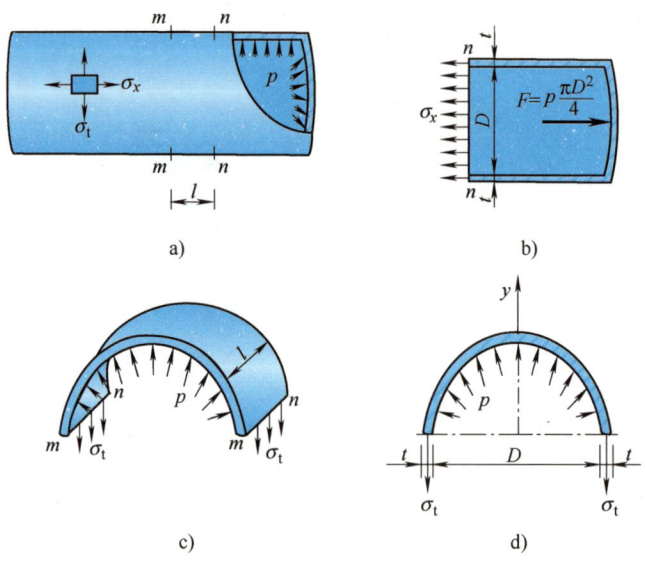

图 14-2

用横截面 n—n 截开圆筒，其右半部分的受力如图 14-2b 所示，由沿 x 轴方向的平衡方程

$$\sum F_x = 0, \quad p\frac{\pi D^2}{4} - \sigma_x(\pi D t) = 0$$

得轴向拉应力

$$\sigma_x = \frac{pD}{4t} \tag{14-1}$$

用相距为 l 的两个横截面和一个通过圆筒轴线的纵截面截取圆筒的上部分为研究对象（见图 14-2c），由沿 y 轴方向的平衡方程（见图 14-2d）

$$\sum F_y = 0, \quad plD - 2\sigma_t lt = 0$$

得周向拉应力

$$\sigma_t = \frac{pD}{2t} \tag{14-2}$$

可见，周向拉应力 σ_t 是轴向拉应力 σ_x 的两倍。

由于横截面与纵截面上都没有切应力，故这两个面均为主平面，σ_x 和 σ_t 即为主应力。此外，在单元体的第三个方向上，有作用于内壁的压力 p，但因其远小于 σ_x 和 σ_t，故可忽略不计。因此，薄壁圆筒内的各点均处于二向应力状态。其单元体如图 14-2a 所示。

图 14-1 所示简支梁上的 A、C 两点也属于二向应力状态，其主应力的计算将在下节讨论。

二、三向应力状态的工程实例

钢轨与火车车轮接触处的点的应力状态，可以作为三向应力状态的实例。钢轨与车轮接触处（见图 14-3a），在车轮的压力下，钢轨受压部分的材料有向四处扩张的趋势，而周围的材料阻止其扩张，故受到周围材料的压力。因此，在钢轨受压区域的点 A，以垂直和平行于压力 F 的截面取出的单元体上有三个主应力作用，如图 14-3b 所示，点 A 为三向压应力状态。与此类似，滚珠轴承的滚珠与外圈接触处的点，也处于三向应力状态，如图 14-4 所示。

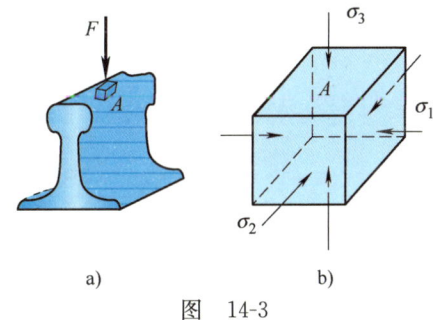

图 14-3

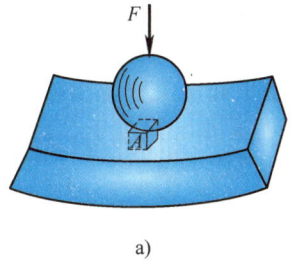

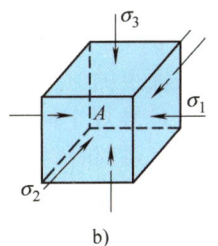

图 14-4

第三节 二向应力状态分析的解析法

图 14-5a 所示单元体为二向应力状态的一般情形。其中，单元体上与 x 轴垂直的截面上作用有正应力 σ_x 和切应力 τ_{xy}；与 y 轴垂直的截面上作用有正应力 σ_y 和切应力 τ_{yx}；在前后两个截面上，正应力与切应力均为零。根据切应力互等定理，τ_{xy} 与 τ_{yx} 的大小相等。因此，这里独立的应力分量只有三个：σ_x、σ_y 与 τ_{xy}。

知识点
11：二向应力状态分析解析法之斜截面上的应力（含主应力）

对于二向应力状态下的单元体（见图 14-5a），因其前后两个截面上没有任何应力，故可用图 14-5b 所示的平面图来表示。

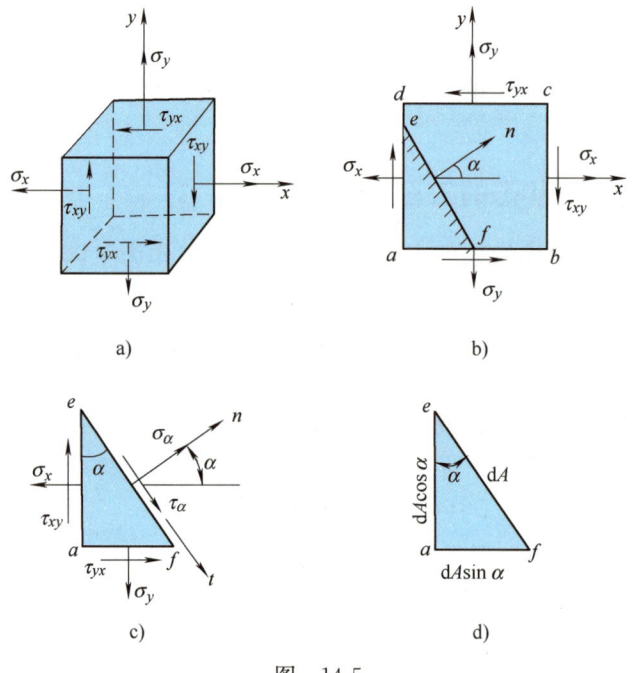

图 14-5

本节研究在 σ_x、σ_y 与 τ_{xy} 均已知的情况下，如何用解析法来确定二向应力状态单元体任一斜截面上的应力，以及主平面、主应力和切应力极值。

这里，应力的正负号规定同前，即正应力 σ 拉为正、压为负；切应力 τ 对单元体内任一点取矩，顺时针转向为正、反之为负。

一、任意斜截面上的应力

考虑与 xy 平面垂直的任一斜截面 ef（见图 14-5b），设其外法线 n 与 x 轴的夹角为α，并规定：以 x 轴为始边、外法线 n 为终边，α 角的转向为逆时针时为正，反之为负。利用截面法，以截面 ef 把单元体分成两部分，研究其中 aef 部分的平衡（见图 14-5c）。σ_α 和 τ_α 分别表示斜截面 ef 上的正应力和切应力。若 ef 面的面积为 $\mathrm{d}A$，则 ea 面、af 面的面积分别为 $\mathrm{d}A\cos\alpha$、$\mathrm{d}A\sin\alpha$（见图 14-5d）。将各个面上的应力合成后分别向 ef 面的外法线 n 和切线 t 上投影，得平衡方程

$$\sigma_\alpha \mathrm{d}A+(\tau_{xy}\mathrm{d}A\cos\alpha)\sin\alpha-(\sigma_x\mathrm{d}A\cos\alpha)\cos\alpha+(\tau_{yx}\mathrm{d}A\sin\alpha)\cos\alpha-(\sigma_y\mathrm{d}A\sin\alpha)\sin\alpha=0$$

$$\tau_\alpha \mathrm{d}A-(\tau_{xy}\mathrm{d}A\cos\alpha)\cos\alpha-(\sigma_x\mathrm{d}A\cos\alpha)\sin\alpha+(\sigma_y\mathrm{d}A\sin\alpha)\cos\alpha+(\tau_{yx}\mathrm{d}A\sin\alpha)\sin\alpha=0$$

注意到 τ_{xy} 和 τ_{yx} 在数值上相等，由上述平衡方程即得 α 斜截面上的应力计算公式

$$\sigma_\alpha=\frac{\sigma_x+\sigma_y}{2}+\frac{\sigma_x-\sigma_y}{2}\cos2\alpha-\tau_{xy}\sin2\alpha \tag{14-3}$$

$$\tau_\alpha=\frac{\sigma_x-\sigma_y}{2}\sin2\alpha+\tau_{xy}\cos2\alpha \tag{14-4}$$

由式（14-3）可以得到

$$\sigma_\alpha+\sigma_{\alpha+90°}=\sigma_x+\sigma_y \tag{14-5}$$

故有结论：**单元体任两个互相垂直截面上的正应力的代数和为常值。**

二、主平面与主应力

由式（14-3）知，正应力 σ_α 为 α 角的函数，首先来确定 σ_α 的极值及其所在平面。根据求函数极值的数学方法，令

$$\frac{\mathrm{d}\sigma_\alpha}{\mathrm{d}\alpha}=-2\left(\frac{\sigma_x-\sigma_y}{2}\sin2\alpha+\tau_{xy}\cos2\alpha\right)=0$$

可得，正应力 σ_α 的极值所在平面的方位角 α_0 满足

$$\tan2\alpha_0=\frac{-2\tau_{xy}}{\sigma_x-\sigma_y} \tag{14-6a}$$

由于正切函数的周期为 π，故由式（14-6a）可以得到两个互相垂直的平面

$$\left.\begin{aligned}\alpha_0&=\frac{1}{2}\arctan\left(\frac{-2\tau_{xy}}{\sigma_x-\sigma_y}\right)\\ \alpha_0'&=\alpha_0+\frac{\pi}{2}\end{aligned}\right\} \tag{14-6b}$$

一个为 $\sigma_{\max}$ 所在平面，另一个则为 $\sigma_{\min}$ 所在平面。

将 α_0 代入式（14-3），即得正应力的极大值和极小值为

$$\left.\begin{aligned}\sigma_{\max}\\ \sigma_{\min}\end{aligned}\right\}=\frac{\sigma_x+\sigma_y}{2}\pm\sqrt{\left(\frac{\sigma_x-\sigma_y}{2}\right)^2+\tau_{xy}^2} \tag{14-7}$$

这里还有一个问题，即到底是 α_0 对应 $\sigma_{\max}$，还是 α_0' 对应 $\sigma_{\max}$？显然，只要将 α_0、α_0' 分别代入式（14-3）即可确定。另外，还可采用下列方法来判断：如约定 $\sigma_x \geqslant \sigma_y$，则由式（14-6b）确定的 α_0 与 α_0' 中，绝对值较小的一个对应 $\sigma_{\max}$ 所在平面。

现在，再来确定主平面和主应力。根据主平面的定义，令式（14-4）等于零，发现主平面方位角应满足的方程与式（14-6a）完全相同。这表明，主平面就是正应力极值所在平面；主应力就是正应力极值。

根据主应力 $\sigma_1 \geqslant \sigma_2 \geqslant \sigma_3$ 的规定，对于二向应力状态单元体，若由式（14-7）求出的 $\sigma_{max} > 0$、$\sigma_{min} > 0$，则其三个主应力分别为 $\sigma_1 = \sigma_{max}$、$\sigma_2 = \sigma_{min}$、$\sigma_3 = 0$；若 $\sigma_{max} < 0$、$\sigma_{min} < 0$，则主应力为 $\sigma_1 = 0$、$\sigma_2 = \sigma_{max}$、$\sigma_3 = \sigma_{min}$；若 $\sigma_{max} > 0$、$\sigma_{min} < 0$，则主应力为 $\sigma_1 = \sigma_{max}$、$\sigma_2 = 0$、$\sigma_3 = \sigma_{min}$。

三、切应力极值及其所在平面

同理，令 $\dfrac{d\tau_\alpha}{d\alpha} = 0$，可得切应力极值所在平面的方位角 α_1 满足

$$\tan 2\alpha_1 = \frac{\sigma_x - \sigma_y}{2\tau_{xy}} \tag{14-8}$$

将 α_1 代入式（14-4），即得切应力的极大值和极小值为

$$\left.\begin{array}{c}\tau_{max}\\ \tau_{min}\end{array}\right\} = \pm\sqrt{\left(\frac{\sigma_x - \sigma_y}{2}\right)^2 + \tau_{xy}^2} \tag{14-9}$$

比较式（14-6a）与式（14-8）可知，$2\alpha_0$ 与 $2\alpha_1$ 互余，即 $\alpha_1 = \alpha_0 \pm \dfrac{\pi}{4}$，即切应力极值所在平面与主平面相交45°角。

另需指出，由式（14-9）确定的切应力极大值 τ_{max} 不一定就是单元体内的最大切应力。单元体内的最大切应力应如何确定？这一问题将在随后的第五节中得到解答。

【例 14-1】 试求图 14-6 所示单元体指定斜截面上的应力（图中应力单位为 MPa）。

解： 对于图 14-6 所示单元体，有 $\sigma_x = 30$ MPa、$\sigma_y = 50$ MPa、$\tau_{xy} = -20$ MPa，指定斜截面的方位角 $\alpha = 30°$。将其代入式（14-3）与式（14-4），即得

$$\sigma_{30°} = \frac{\sigma_x + \sigma_y}{2} + \frac{\sigma_x - \sigma_y}{2}\cos 2\alpha - \tau_{xy}\sin 2\alpha$$

$$= \left[\frac{30+50}{2} + \frac{30-50}{2}\cos 60° - (-20)\sin 60°\right] \text{MPa}$$

$$= 52.3 \text{ MPa}$$

$$\tau_{30°} = \frac{\sigma_x - \sigma_y}{2}\sin 2\alpha + \tau_{xy}\cos 2\alpha$$

$$= \left[\frac{30-50}{2}\sin 60° + (-20)\cos 60°\right] \text{MPa}$$

$$= -18.66 \text{ MPa}$$

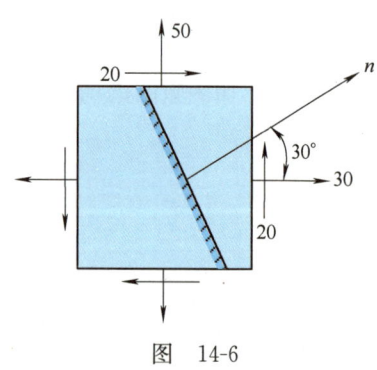

图 14-6

【例 14-2】 已知点的应力状态如图 14-7 所示，试求主应力并确定主平面的位置。

解：对于图 14-7 所示单元体，有 $\sigma_x = 25 \text{ MPa}$，$\sigma_y = -75 \text{ MPa}$，$\tau_{xy} = -40 \text{ MPa}$。将其代入式（14-7），得面内正应力极值

$$\left.\begin{array}{c}\sigma_{\max}\\ \sigma_{\min}\end{array}\right\} = \frac{\sigma_x + \sigma_y}{2} \pm \sqrt{\left(\frac{\sigma_x - \sigma_y}{2}\right)^2 + \tau_{xy}^2}$$

$$= \left\{\frac{25 + (-75)}{2} \pm \sqrt{\left[\frac{25 - (-75)}{2}\right]^2 + (-40)^2}\right\} \text{MPa} = \begin{cases} 39 \text{ MPa} \\ -89 \text{ MPa} \end{cases}$$

所以，三个主应力分别为

$$\sigma_1 = 39 \text{ MPa}, \quad \sigma_2 = 0, \quad \sigma_3 = -89 \text{ MPa}$$

再由式（14-6b），得主平面的方位角

$$\alpha_0 = \frac{1}{2}\arctan\left(\frac{-2\tau_{xy}}{\sigma_x - \sigma_y}\right)$$

$$= \frac{1}{2}\arctan\left[\frac{-2 \times (-40 \text{ MPa})}{25 \text{ MPa} - (-75 \text{ MPa})}\right]$$

$$= 19.3°$$

$$\alpha_0' = \alpha_0 + 90° = 109.3°$$

其与 σ_1、σ_3 的对应关系如图 14-7 所示。

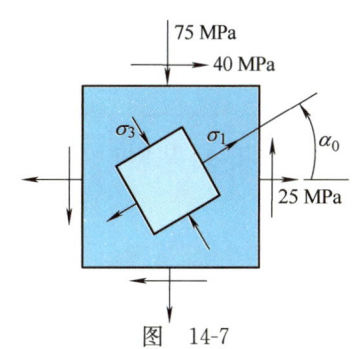

图 14-7

【例 14-3】 讨论圆轴扭转时的应力状态，并分析铸铁试样受扭时的破坏现象。

解：圆轴扭转时，在横截面的边缘处切应力最大，其值 $\tau = T/W_t$。

在扭转圆轴的表层，按图 14-8a 所示方式取出单元体，单元体各面上的应力如图 14-8b 所示，有 $\sigma_x = 0$，$\sigma_y = 0$，$\tau_{xy} = \tau$。将其代入式（14-7），得正应力极值

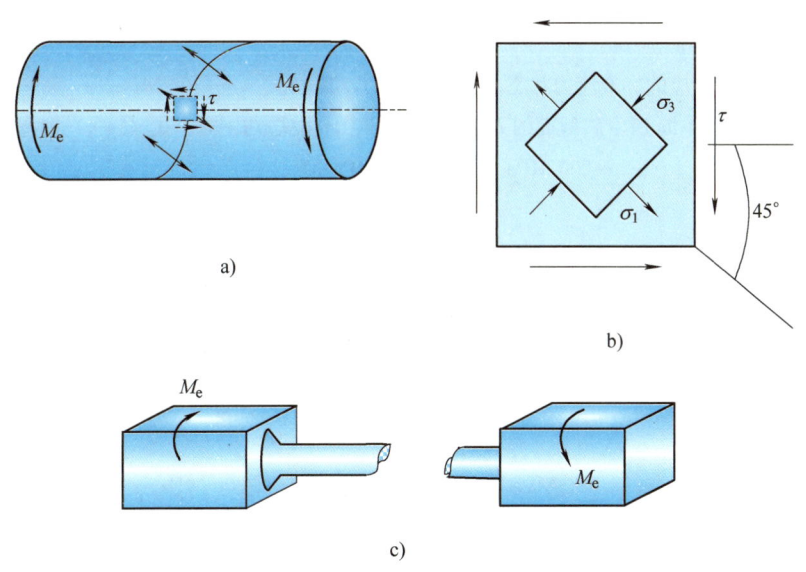

图 14-8

$$\left.\begin{matrix}\sigma_{\max}\\ \sigma_{\min}\end{matrix}\right\} = \frac{\sigma_x + \sigma_y}{2} \pm \sqrt{\left(\frac{\sigma_x - \sigma_y}{2}\right)^2 + \tau_{xy}^2} = \pm \tau$$

故根据主应力 $\sigma_1 \geqslant \sigma_2 \geqslant \sigma_3$ 的规定，有

$$\sigma_1 = \tau, \quad \sigma_2 = 0, \quad \sigma_3 = -\tau$$

再由式（14-6）或者直接根据主平面和切应力极值所在平面间的关系可知，主平面为45°斜截面，如图 14-8b 所示。

由此可知，圆轴试样扭转时，其表面各点的最大拉应力 σ_1 所在的主平面连成倾角为45°的螺旋面（见图 14-8a）。由于铸铁抗拉强度较低，因此试样将沿这一螺旋面因最大拉应力 σ_1 而发生断裂破坏，如图 14-8c 所示。

【例 14-4】 某点应力状态如图 14-9a 所示，试求该点的主应力（图中应力单位为 MPa）。

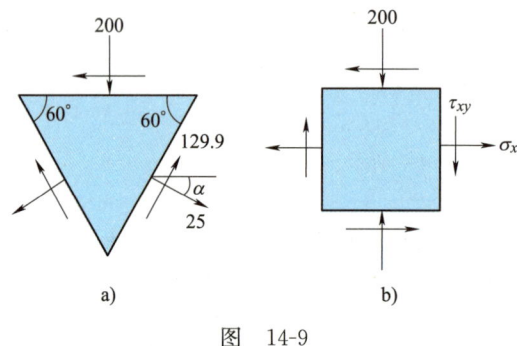

图 14-9

解：(1) 求标准应力状态

先确定该点对应的标准应力状态（见图 14-9b），其中 $\sigma_y = -200\,\text{MPa}$，$\sigma_x$ 和 τ_{xy} 未知。注意到，图 14-9a 所示斜截面的方位角 $\alpha = -30°$，由式（14-3）、式（14-4）即有

$$25\,\text{MPa} = \frac{\sigma_x - 200\,\text{MPa}}{2} + \frac{\sigma_x + 200\,\text{MPa}}{2}\cos(-60°) - \tau_{xy}\sin(-60°)$$

$$-129.9\,\text{MPa} = \frac{\sigma_x + 200\,\text{MPa}}{2}\sin(-60°) + \tau_{xy}\cos(-60°)$$

解得

$$\sigma_x = 100\,\text{MPa}, \quad \tau_x = 0$$

(2) 确定主应力

显然，主应力

$$\sigma_1 = 100\,\text{MPa}, \quad \sigma_2 = 0, \quad \sigma_3 = -200\,\text{MPa}$$

在确定主应力时，如果已知条件是非标准单元体应力状态，一般应首先借助所给条件将非标准单元体应力状态转化为标准单元体应力状态，再进一步求解。

第四节　二向应力状态分析的图解法

将式（14-3）、式（14-4）改写成

$$\sigma_\alpha - \frac{\sigma_x+\sigma_y}{2} = \frac{\sigma_x-\sigma_y}{2}\cos2\alpha - \tau_{xy}\sin2\alpha$$

$$\tau_\alpha = \frac{\sigma_x-\sigma_y}{2}\sin2\alpha + \tau_{xy}\cos2\alpha$$

将以上两式的等号两边分别平方，然后相加并化简可得

$$\left(\sigma_\alpha - \frac{\sigma_x+\sigma_y}{2}\right)^2 + \tau_\alpha^2 = \left(\frac{\sigma_x-\sigma_y}{2}\right)^2 + \tau_{xy}^2 \tag{14-10}$$

在 σ_x、σ_y 和 τ_{xy} 为已知的条件下，若以 σ_α 为横坐标轴、τ_α 为纵坐标轴，则上式是一个以 $\left(\frac{\sigma_x+\sigma_y}{2}, 0\right)$ 为圆心、$\sqrt{\left(\frac{\sigma_x-\sigma_y}{2}\right)^2 + \tau_{xy}^2}$ 为半径的圆的方程，这个圆称为**应力圆**。该圆周上任一点的横坐标和纵坐标，分别代表了相应单元体内方位角为 α 的斜截面上的正应力 σ_α 和切应力 τ_α。

现以图 14-10a 所示的二向应力状态单元体为例，说明应力圆的作法（见图 14-10b）：

1) 建立 $\sigma\text{-}\tau$ 坐标系；
2) 按一定比例尺量取横坐标 $OA=\sigma_x$、纵坐标 $AD=\tau_{xy}$，得到与 x 截面对应的点 D；
3) 再按同一比例尺量取横坐标 $OB=\sigma_y$、纵坐标 $BD'=\tau_{yx}=-\tau_{xy}$，得到与 y 截面对应的点 D'；
4) 连接 DD'，交 σ 轴于点 C；
5) 以点 C 为圆心、CD 为半径作圆。

不难验证，按上述方法作出的圆的圆心为 $\left(\frac{\sigma_x+\sigma_y}{2}, 0\right)$，半径为 $\sqrt{\left(\frac{\sigma_x-\sigma_y}{2}\right)^2 + \tau_{xy}^2}$。所以，该圆就是应力圆。

利用应力圆，即可方便确定单元体内 α 斜截面上的应力：若由 x 轴转向该斜截面外法线 n 的方位角 α 是逆时针的（见图 14-10a），则将半径 CD 也按逆时针转向转过 2α 角至 CE（见图 14-10b），点 E 的横坐标即代表了 α 斜截面上的正应力 σ_α、纵坐标则代表了切应力 τ_α。证明如下：

设 $\angle DCA=2\alpha_0$，则

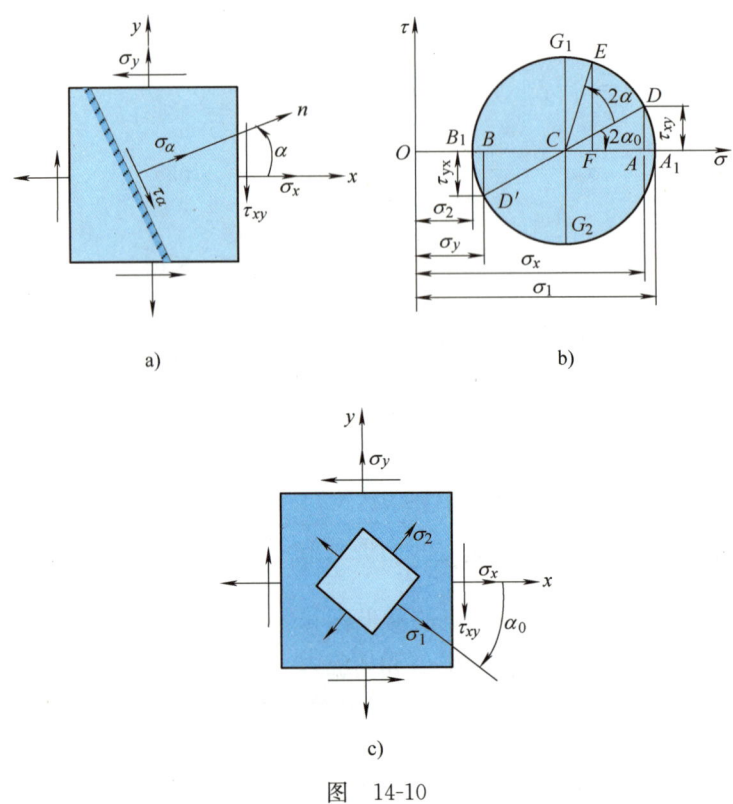

图 14-10

$$\sigma_E = \overline{OC} + \overline{CE}\cos(2\alpha_0 + 2\alpha) = \overline{OC} + \overline{CD}\cos(2\alpha_0 + 2\alpha)$$

$$= \overline{OC} + \overline{CD}\cos2\alpha_0\cos2\alpha - \overline{CD}\sin2\alpha_0\sin2\alpha$$

$$= \frac{\sigma_x + \sigma_y}{2} + \frac{\sigma_x - \sigma_y}{2}\cos2\alpha - \tau_{xy}\sin2\alpha = \sigma_\alpha$$

同理可证

$$\tau_E = \tau_\alpha$$

应力圆上的点与单元体内的面的对应关系可总结为：**点面对应，基准一致，转向相同，倍角关系。**

利用应力圆，同样可以方便确定主应力与主平面。如图 14-10b 所示，应力圆上的 A_1 和 B_1 两点的横坐标分别为极大值和极小值，而纵坐标都为零。故这两点的横坐标即代表了主应力，即有

$$\sigma_1 = \overline{OC} + \overline{CA_1} = \overline{OC} + \overline{CD} = \frac{\sigma_x + \sigma_y}{2} + \sqrt{\left(\frac{\sigma_x - \sigma_y}{2}\right)^2 + \tau_{xy}^2}$$

$$\sigma_2 = \overline{OC} - \overline{CB_1} = \overline{OC} - \overline{CD} = \frac{\sigma_x + \sigma_y}{2} - \sqrt{\left(\frac{\sigma_x - \sigma_y}{2}\right)^2 + \tau_{xy}^2}$$

与式 (14-7) 完全吻合。而主平面的方位角 α_0，也可从应力圆中得出。若在应力圆上，由点 D 到点 A_1 所对应的圆心角为顺时针的 $2\alpha_0$，则由点面对应关系，在单元体上，由 x 轴按顺时针转向量取角 α_0，即得 σ_1 所在主平面的位置（见图 14-10c）。

从图 14-10b 中还可看出，应力圆上还存在另外两个极值点 G_1 和 G_2，它们的纵坐标分别代表切应力极大值 τ_{max} 和切应力极小值 τ_{min}。因为 $\overline{CG_1}$ 是应力圆的半径，所以得切应力极大值和极小值为

$$\left.\begin{array}{c}\tau_{max}\\\tau_{min}\end{array}\right\} = \pm\sqrt{\left(\frac{\sigma_x - \sigma_y}{2}\right)^2 + \tau_{xy}^2}$$

这与式 (14-9) 完全一致。

由应力圆还可以直观得到下列两个结论：

1) 主平面与切应力极值所在平面相交 $45°$；

2) 切应力极大值和极小值所在平面上的正应力相等，都等于 $\frac{\sigma_x + \sigma_y}{2}$。

【例 14-5】 已知图 14-11a 所示单元体的 $\sigma_x = 80$ MPa、$\sigma_y = -40$ MPa、$\tau_{xy} = -60$ MPa。试用图解法求主应力，并确定主平面位置。

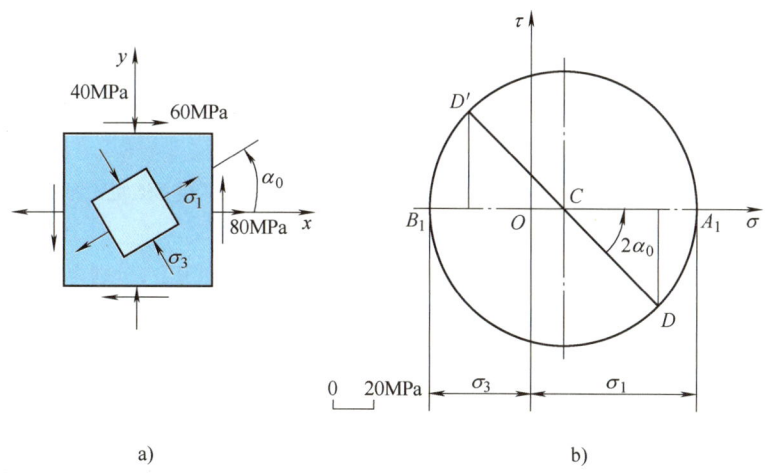

图 14-11

解： 如图 14-11b 所示，按选定的比例尺，以 $\sigma_x = 80$ MPa 为横坐标、$\tau_{xy} = -60$ MPa 为纵坐标确定点 D；再以 $\sigma_y = -40$ MPa 为横坐标、$\tau_{yx} = 60$ MPa 为纵坐标确定点 D'；连接 DD'，交 σ 轴于点 C；以点 C 为圆心、$\overline{CD}$ 为半径作出应力圆。

根据应力圆，按所选比例尺量得

$$\sigma_1 = \overline{OA_1} = 105 \text{ MPa}, \quad \sigma_3 = \overline{OB_1} = -65 \text{ MPa}$$

另一个主应力 $\sigma_2 = 0$。

在应力圆上由 D 到 A_1 为逆时针转向，并量得 $\angle DCA_1 = 2\alpha_0 = 45°$。所以，在单元体上由 x 轴以逆时针转向量取 $\alpha_0 = 22.5°$，即得 σ_1 所在主平面（见图 14-11a）。

【例 14-6】 已知点的应力状态如图 14-12a 所示，试用图解法求斜截面 m—m 上的应力。

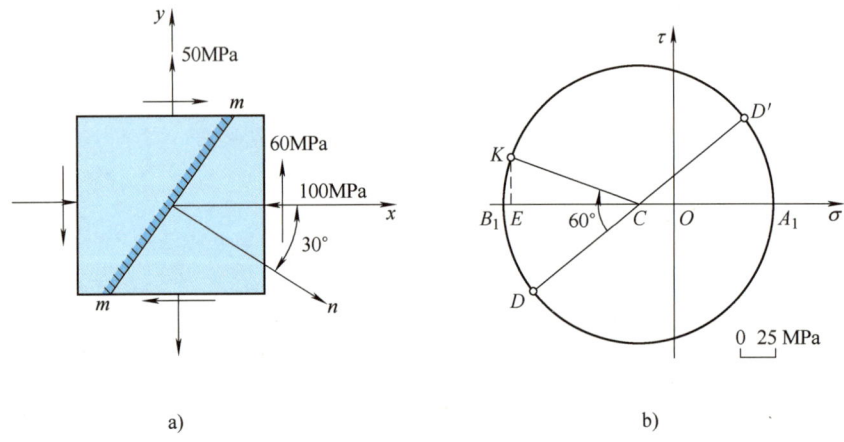

图 14-12

解： 如图 14-12b 所示，按选定的比例尺，以 $\sigma_x = -100$ MPa 为横坐标、$\tau_{xy} = -60$ MPa 为纵坐标确定点 D；再以 $\sigma_y = 50$ MPa 为横坐标、$\tau_{yx} = 60$ MPa 为纵坐标确定点 D'；连接 DD'，交 σ 轴于点 C；以点 C 为圆心、$\overline{CD}$ 为半径作出应力圆。

截面 m—m 的方位角 $\alpha = -30°$，故将半径 CD 顺时针旋转 60° 至 CK 处，所得应力圆上的点 K 即为单元体内截面 m—m 的对应点。

根据应力圆，按所选比例尺，量得截面 m—m 上的正应力、切应力分别为

$$\sigma_{-30°} = \overline{OE} = -115 \text{ MPa}, \quad \tau_{-30°} = \overline{KE} = 35 \text{ MPa}$$

第五节　三向应力状态简介

三向应力状态的主应力单元体如图 14-13a 所示，先求与 σ_3 平行的任意斜截

面上的应力。因截面与 σ_3 平行，σ_3 不会在该截面上引起任何应力，故该截面上的应力只取决于 σ_1 和 σ_2（见图 14-13b）。于是，可像二向应力状态那样，用 σ_1 和 σ_2 所决定的应力圆来确定该斜截面上的应力。

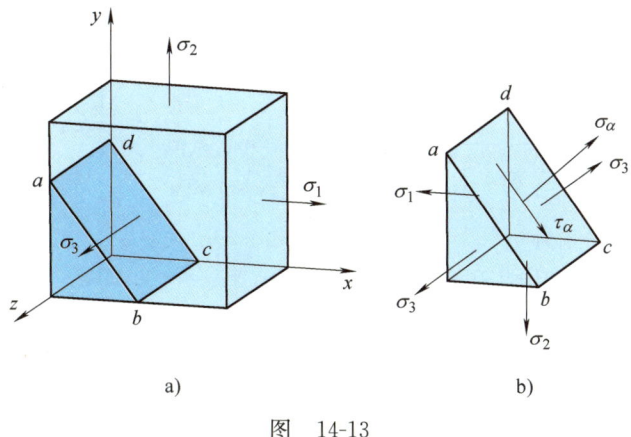

图 14-13

同理，与 σ_1 平行的斜截面上的应力，则与 σ_1 无关，只取决于 σ_2 和 σ_3，可由 σ_2 和 σ_3 所决定的应力圆确定；与 σ_2 平行的斜截面上的应力，则与 σ_2 无关，只取决于 σ_3 和 σ_1，可由 σ_3 和 σ_1 所决定的应力圆确定。

这样，就得到三个两两相切的应力圆，称为**三向应力圆**，如图 14-14 所示。可以进一步证明，与 σ_1、σ_2、σ_3 三个主应力方向均不平行的任意截面所对应的点，均在三个应力圆所包围的阴影区域内（见图 14-14）。

从三向应力圆可以得出如下两个重要结论：

1) 单元体内的最大和最小正应力分别为最大和最小主应力，即

$$\left.\begin{array}{l}\sigma_{\max}=\sigma_1\\ \sigma_{\min}=\sigma_3\end{array}\right\} \qquad (14\text{-}11)$$

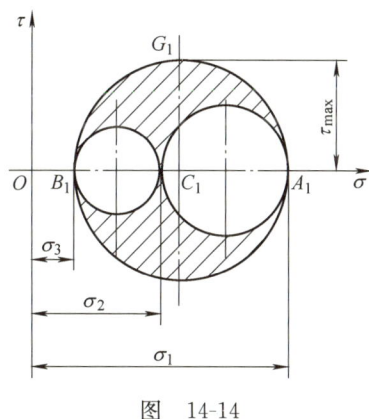

图 14-14

2) 单元体内的最大切应力为

$$\tau_{\max}=\frac{\sigma_1-\sigma_3}{2} \qquad (14\text{-}12)$$

其作用面与 σ_2 平行，与 σ_1、σ_3 成 45°夹角。

【例 14-7】 已知某点的应力状态如图 14-15 所示，图中应力单位为 MPa，试求主应力和最大切应力。

解:(1) 求主应力

图示为三向应力状态单元体,已知 $\sigma_x = 120$ MPa、$\sigma_y = 40$ MPa、$\sigma_z = -30$ MPa、$\tau_{xy} = -30$ MPa;z 面为主平面,其上正应力 σ_z 为主应力之一。另两个主应力则可通过 σ_x、σ_y、τ_{xy},用式(14-7)求出,即

$$\left.\begin{array}{c}\sigma_{\max}\\ \sigma_{\min}\end{array}\right\} = \frac{\sigma_x + \sigma_y}{2} \pm \sqrt{\left(\frac{\sigma_x - \sigma_y}{2}\right)^2 + \tau_{xy}^2}$$

$$= \left[\frac{120+40}{2} \pm \sqrt{\left(\frac{120-40}{2}\right)^2 + (-30)^2}\right] \text{MPa} = \begin{cases}130 \text{ MPa}\\ 30 \text{ MPa}\end{cases}$$

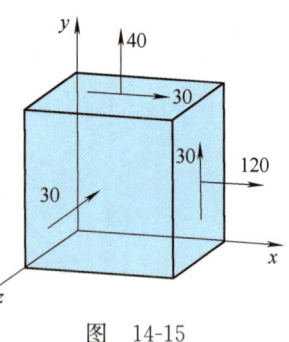

图 14-15

故三个主应力分别为

$$\sigma_1 = 130 \text{ MPa},\quad \sigma_2 = 30 \text{ MPa},\quad \sigma_3 = -30 \text{ MPa}$$

(2) 求最大切应力

借助上述结果,最大切应力根据式(14-12)求得

$$\tau_{\max} = \frac{\sigma_1 - \sigma_3}{2} = \frac{130 - (-30)}{2} \text{ MPa} = 80 \text{ MPa}$$

第六节 广义胡克定律

第八章曾介绍过,在单向拉伸(压缩)即单向应力状态下,当 $\sigma \leqslant \sigma_p$ 时,有胡克定律

$$\varepsilon = \frac{\sigma}{E} \quad \text{(a)}$$

同时,因轴向线应变 ε 而引起的横向线应变 ε' 可表示为

$$\varepsilon' = -\nu\varepsilon = -\nu\frac{\sigma}{E} \quad \text{(b)}$$

对于图 14-16 所示的一般三向应力状态,当变形很小且在线弹性范围内时,沿正应力方向的线应变只与正应力有关,而与切应力无关。这样,我们可利用上述两式分别求出各正应力分量在各个方向上所引起的线应变,然后再进行叠加。

例如,由于 σ_x 单独作用,在 x 方向

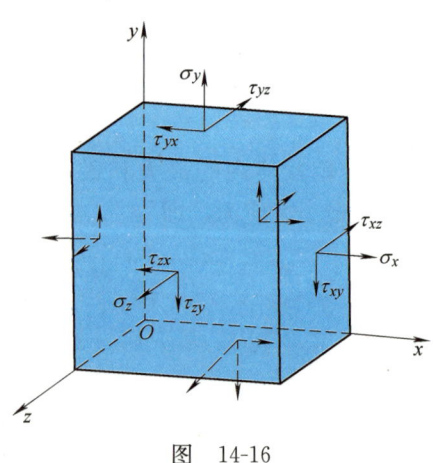

图 14-16

引起的线应变为 $\dfrac{\sigma_x}{E}$；由于 σ_y、σ_z 单独作用，在 x 方向引起的线应变分别为 $-\nu\dfrac{\sigma_y}{E}$、$-\nu\dfrac{\sigma_z}{E}$；而三个切应力分量皆与 x 方向的线应变无关。叠加以上结果，得到

$$\varepsilon_x = \frac{\sigma_x}{E} - \nu\frac{\sigma_y}{E} - \nu\frac{\sigma_z}{E} = \frac{1}{E}[\sigma_x - \nu(\sigma_y + \sigma_z)]$$

同理，可求得沿 y 和 z 方向的线应变 ε_y 和 ε_z，最终有

$$\left. \begin{aligned} \varepsilon_x &= \frac{1}{E}[\sigma_x - \nu(\sigma_y + \sigma_z)] \\ \varepsilon_y &= \frac{1}{E}[\sigma_y - \nu(\sigma_z + \sigma_x)] \\ \varepsilon_z &= \frac{1}{E}[\sigma_z - \nu(\sigma_x + \sigma_y)] \end{aligned} \right\} \tag{14-13}$$

另一方面，当切应力不超过材料的剪切比例极限时，同一平面内的切应力与切应变依然服从纯剪切条件下的剪切胡克定律（见第十章第三节），即有

$$\left. \begin{aligned} \gamma_{xy} &= \frac{\tau_{xy}}{G} \\ \gamma_{yz} &= \frac{\tau_{yz}}{G} \\ \gamma_{zx} &= \frac{\tau_{zx}}{G} \end{aligned} \right\} \tag{14-14}$$

式（14-13）和式（14-14）统称为**广义胡克定律**。

可以证明，对于同一种各向同性材料，广义胡克定律中的三个弹性常数有如下关系：

$$G = \frac{E}{2(1+\nu)} \tag{14-15}$$

当单元体的六个侧面皆为主平面时，式（14-13）则可改写为

$$\left. \begin{aligned} \varepsilon_1 &= \frac{1}{E}[\sigma_1 - \nu(\sigma_2 + \sigma_3)] \\ \varepsilon_2 &= \frac{1}{E}[\sigma_2 - \nu(\sigma_3 + \sigma_1)] \\ \varepsilon_3 &= \frac{1}{E}[\sigma_3 - \nu(\sigma_1 + \sigma_2)] \end{aligned} \right\} \tag{14-16}$$

广义胡克定律建立了复杂应力状态下应力与应变之间的关系，在工程中有着广泛的应用。

【例 14-8】 如图 14-17 所示，钢块上开有宽度和深度均为 10 mm 的槽，槽内嵌入边长为

10 mm 的立方体铝块，受 $F=6$ kN 的压力作用。已知铝材的弹性模量 $E=70$ GPa、泊松比 $\nu=0.33$。若不计钢块变形，试求铝块的三个主应力和相应的主应变。

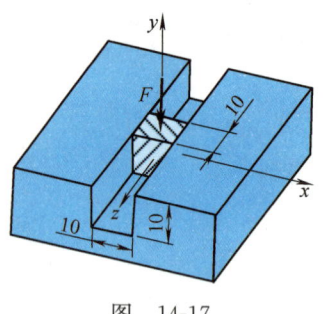

解：(1) 计算主应力

选取坐标系如图 14-17 所示，显然有
$$\sigma_z=0$$
$$\sigma_y=-\frac{F}{A}=-\frac{6\times 10^3\ \text{N}}{10\times 10\times 10^{-6}\ \text{m}^2}=-60\times 10^6\ \text{Pa}=-60\ \text{MPa}$$

由于钢块变形不计，所以铝块沿 x 方向的线应变等于零。由式 (14-13)
$$\varepsilon_x=\frac{1}{E}[\sigma_x-\nu(\sigma_y+\sigma_z)]=\frac{1}{70\times 10^9\ \text{Pa}}[\sigma_x-0.33\times(-60\times 10^6\ \text{Pa})]=0$$

图 14-17

解得
$$\sigma_x=-19.8\times 10^6\ \text{Pa}=-19.8\ \text{MPa}$$

因为铝块三个坐标平面上不存在切应力，故 σ_x、σ_y 和 σ_z 就是主应力，即得
$$\sigma_1=\sigma_z=0,\quad \sigma_2=\sigma_x=-19.8\ \text{MPa},\quad \sigma_3=\sigma_y=-60\ \text{MPa}$$

(2) 计算主应变

由式 (14-16)，得主应变
$$\varepsilon_1=\frac{1}{E}[\sigma_1-\nu(\sigma_2+\sigma_3)]=\frac{1}{70\times 10^9\ \text{Pa}}[0-0.33\times(-19.8-60)]\times 10^6\ \text{Pa}=376\times 10^{-6}$$
$$\varepsilon_2=0$$
$$\varepsilon_3=\frac{1}{E}[\sigma_3-\nu(\sigma_1+\sigma_2)]=\frac{1}{70\times 10^9\ \text{Pa}}[-60-0.33\times(0-19.8)]\times 10^6\ \text{Pa}=-764\times 10^{-6}$$

由本例可见，在复杂应力状态下，有正应力的方向上不一定有线应变；有线应变的方向也不一定有正应力。

【**例 14-9**】 如图 14-18a 所示，直径 $d=50$ mm 的圆轴的两端受扭转外力偶矩 M_e 的作用。已知材料的弹性模量 $E=210$ GPa、泊松比 $\nu=0.28$。若测得圆轴表面点 K 沿与母线成 $45°$方向的线应变 $\varepsilon_{-45°}=300\times 10^{-6}$，试求该扭转外力偶矩 M_e。

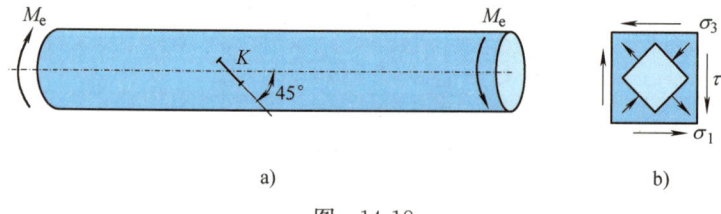

图 14-18

解：(1) 点 K 应力状态分析

点 K 应力状态如图 14-18b 所示，为纯剪切应力状态。与母线成 $45°$方向为主方向，其主应力

$$\sigma_1 = \tau, \quad \sigma_2 = 0, \quad \sigma_3 = -\tau$$

(2) 建立应力-应变关系

由式（14-16）

$$\varepsilon_{-45°} = \varepsilon_1 = \frac{1}{E}[\sigma_1 - \nu(\sigma_2 + \sigma_3)] = \frac{1}{E}(\tau + \nu\tau) = \frac{1+\nu}{E}\tau$$

得

$$\tau = \frac{E}{1+\nu}\varepsilon_{-45°}$$

(3) 计算扭转外力偶矩 M_e

根据最大扭转切应力公式 $\tau = T/W_t$，即得扭转外力偶矩

$$M_e = T = W_t\tau = \frac{\pi d^3 E \varepsilon_{-45°}}{16(1+\nu)}$$

$$= \frac{\pi \times (50 \times 10^{-3} \text{ m})^3 \times 210 \times 10^9 \text{ Pa} \times (300 \times 10^{-6})}{16 \times (1+0.28)} = 1210 \text{ N} \cdot \text{m}$$

第七节 强度理论

简单应力状态下的强度条件是通过试验来建立的。如杆件受轴向拉伸时，其强度条件为

$$\sigma = \frac{F_N}{A} \leqslant [\sigma] = \frac{\sigma_u}{n}$$

式中，极限应力 σ_u 由轴向拉伸试验测得。但在工程实际中，很多构件的危险点处于复杂应力状态。此时，由于应力组合方式有多种可能性，如果仍用类似的试验方法来建立强度条件，显然就不可行了。因此，需要研究材料在复杂应力状态下失效或破坏的规律。

尽管材料失效的现象比较复杂，但因强度不足而引起失效的方式主要有塑性屈服和脆性断裂两种类型。例如，低碳钢试样承受拉伸、扭转时，其失效是以塑性屈服为标志的；铸铁试样承受拉伸、扭转时，其破坏则是以脆性断裂为标志的。同一类失效方式应当是由某种相同的破坏因素引起的。长期以来，人们综合了材料失效或破坏的各种现象，经过分析研究，针对导致材料失效或破坏的主要因素，提出了各种不同的假说。这些经过实践检验、证明在一定范围内成立的关于材料失效或破坏因素的假说，统称为**强度理论**。有了强度理论，便可利用简单应力状态的试验结果，来建立复杂应力状态下的强度条件。

下面介绍几种常用的强度理论。

一、最大拉应力理论（第一强度理论）

这一理论认为，引起材料脆性断裂的主要因素是最大拉应力。无论材料处于何种应力状态，只要构件内的最大拉应力 σ_1 达到材料单向拉伸时的极限拉应力 σ_b 时，就会发生脆性断裂。由这一理论建立的破坏条件是

$$\sigma_1 = \sigma_b$$

为使构件不发生破坏，相应的强度条件则为

$$\sigma_1 \leqslant [\sigma_t] \tag{14-17}$$

式中，$[\sigma_t] = \dfrac{\sigma_b}{n}$ 为材料的许用拉应力，n 为安全因数。

最大拉应力理论很好地解释了铸铁等脆性材料在拉伸或扭转时的破坏现象，但它没有考虑其他两个主应力 σ_2、σ_3 对材料强度的影响，且不能用于单向压缩等没有拉应力的场合。

二、最大伸长线应变理论（第二强度理论）

这一理论认为，引起材料脆性断裂的主要因素是最大伸长线应变 ε_1。无论材料处于何种应力状态，只要构件内的最大伸长线应变 ε_1 达到材料单向拉伸时的极限伸长线应变 ε_u 时，就会发生脆性断裂。由这一理论建立的破坏条件是

$$\varepsilon_1 = \varepsilon_u$$

假设一直到 ε_u，材料都服从胡克定律，即有

$$\varepsilon_1 = \frac{1}{E}[\sigma_1 - \nu(\sigma_2 + \sigma_3)]$$

$$\varepsilon_u = \frac{\sigma_b}{E}$$

则上述破坏条件可改写为

$$\sigma_1 - \nu(\sigma_2 + \sigma_3) = \sigma_b$$

为使构件不发生破坏，相应的强度条件则为

$$\sigma_1 - \nu(\sigma_2 + \sigma_3) \leqslant [\sigma_t] \tag{14-18}$$

最大伸长线应变理论能够很好地解释石料、混凝土等脆性材料轴向压缩时沿纵截面开裂的破坏现象，但在二向拉伸或三向拉伸情况下，并不符合实际结果。

一般说来，最大拉应力理论主要适用于脆性材料且以拉应力为主的场合；最大伸长线应变理论则主要适用于脆性材料且以压应力为主的场合。

三、最大切应力理论（第三强度理论）

这一理论认为，引起材料塑性屈服的主要因素是最大切应力。无论材料处于何种应力状态，只要构件内的最大切应力 τ_{max} 达到材料单向拉伸塑性屈服时的极限切应力 τ_u 时，就会发生塑性屈服。由这一理论建立的失效条件是

$$\tau_{max} = \tau_u$$

因为复杂应力状态下，最大切应力

$$\tau_{max} = \frac{\sigma_1 - \sigma_3}{2}$$

单向拉伸塑性屈服时的极限切应力

$$\tau_u = \frac{\sigma_s}{2}$$

故上述失效条件可改写为

$$\sigma_1 - \sigma_3 = \sigma_s$$

为使构件不发生破坏，相应的强度条件则为

$$\sigma_1 - \sigma_3 \leqslant [\sigma] \tag{14-19}$$

最大切应力理论较好地解释了塑性材料的塑性屈服现象，但这一理论没有考虑中间主应力 σ_2 的影响，计算结果一般偏于安全。

四、畸变能密度理论（第四强度理论）

这一理论用能量观点解释了材料塑性屈服的原因。

弹性体因受力变形而储存的能量称为应变能，单位体积内储存的应变能则称为应变能密度。研究表明，应变能由体积改变应变能与形状改变应变能（简称畸变能）两部分构成。这一理论认为，引起材料塑性屈服的主要因素是畸变能密度。无论材料处于何种应力状态，只要构件内的最大畸变能密度达到材料单向拉伸塑性屈服时的极限畸变能密度时，就会发生塑性屈服。根据这一理论，最终建立的强度条件为

$$\sqrt{\frac{1}{2}[(\sigma_1-\sigma_2)^2 + (\sigma_2-\sigma_3)^2 + (\sigma_3-\sigma_1)^2]} \leqslant [\sigma] \tag{14-20}$$

试验表明，在二向应力状态下，畸变能密度理论一般要比最大切应力理论更接近于试验结果。

五、强度理论的统一形式

上述四个强度理论所建立的强度条件，可以统一写成如下形式：

$$\sigma_r \leqslant [\sigma] \tag{14-21}$$

式中，σ_r 称为**相当应力**，它是三个主应力的函数。不同的强度理论，σ_r 具有不同的形式，分别为

$$\left.\begin{aligned}\sigma_{r1} &= \sigma_1 \\ \sigma_{r2} &= \sigma_1 - \nu(\sigma_1 + \sigma_3) \\ \sigma_{r3} &= \sigma_1 - \sigma_3 \\ \sigma_{r4} &= \sqrt{\frac{1}{2}[(\sigma_1-\sigma_2)^2 + (\sigma_2-\sigma_3)^2 + (\sigma_3-\sigma_1)^2]}\end{aligned}\right\} \quad (14\text{-}22)$$

· 思 政 导 读 ·

综上所述，单一强度理论都有其特定适用的材料和场合。能否建立一种统一的、适用于各种工程材料的强度理论，曾被国内外学者认为是不可能的。但这一困扰学界百年之久的难题终被中国学者攻克。西安交通大学俞茂宏教授历经 30 年的潜心研究，于 1991 年正式发表了统一强度理论。该理论具有统一的力学模型、统一的数学建模方式和统一的数学表达式，可以适用于各种不同的材料。俞茂宏统一强度理论被写入了《工程力学手册》等 300 多种学术著作和教科书中，在土木、水利、机械、航空等工程结构研究中得到了较为广泛的应用，对诸多国家重大工程项目的设计和建设做出了巨大贡献，曾先后荣获国家自然科学奖二等奖和香港何梁何利基金数学力学奖。这个由中国人创立并命名的强度理论业已得到了国际力学界的公认，影响深远。

[例 14-10] 工字形截面钢梁如图 14-19a 所示，已知载荷 $F=210$ kN，材料的许用应力 $[\sigma]=160$ MPa、$[\tau]=90$ MPa，截面尺寸 $h=250$ mm、$b=113$ mm、$t=10$ mm、$\delta=13$ mm，截面的形心主惯性矩 $I_z=5.25\times10^{-5}$ m^4，试按第三强度理论校核梁的强度。

解：作出梁的剪力图、弯矩图如图 14-19b、c 所示，可见 C 右侧截面为危险截面，其最大剪力和最大弯矩分别为

$$|F_S|_{max}=140 \text{ kN}, \quad M_{max}=56 \text{ kN·m}$$

(1) 校核弯曲正应力强度

$$\sigma_{max} = \frac{M_{max}}{I_z}\frac{h}{2} = \frac{56\times10^3 \text{ N·m}}{5.25\times10^{-5} \text{ m}^4}\times\frac{0.25 \text{ m}}{2} = 133\times10^6 \text{ Pa} = 133 \text{ MPa} < [\sigma]$$

(2) 校核弯曲切应力强度

$$\tau_{max} = \frac{|F_S|_{max}}{8I_z t}[bh^2 - (b-t)(h-2\delta)^2]$$

$$= \frac{140\times10^3 \times [0.113\times0.25^2 - (0.113-0.01)\times(0.25-2\times0.013)^2]}{8\times5.25\times10^{-5}\times0.01} \text{ Pa}$$

$$= 6.31\times10^7 \text{ Pa} = 63.1 \text{ MPa} < [\tau]$$

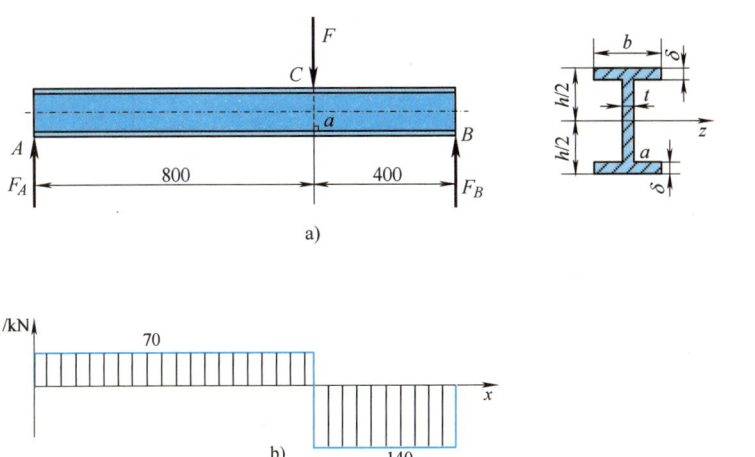

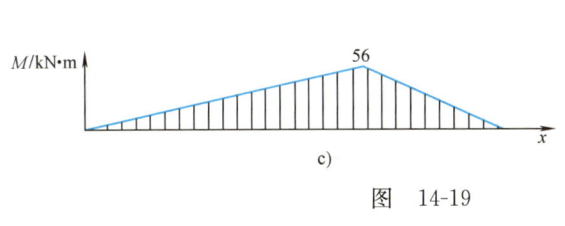

图 14-19

(3) 校核腹板与翼缘交界处点的强度

危险截面上腹板与翼缘交界处的点 a（见图 14-19a）处于二向应力状态，其对应单元体如图 14-19d 所示，其中

$$\sigma_a = \frac{M_{\max}}{I_z}\left(\frac{h}{2}-\delta\right) = \frac{56\times 10^3\ \text{N}\cdot\text{m}}{5.25\times 10^{-5}\ \text{m}^4}\times\left(\frac{0.25}{2}-0.013\right)\ \text{m} = 119.5\ \text{MPa}$$

$$\tau_a = \frac{|F_S|_{\max}}{I_z t}b\delta\left(\frac{h}{2}-\frac{\delta}{2}\right)$$

$$= \frac{140\times 10^3\ \text{N}\times 0.113\ \text{m}\times 0.013\ \text{m}}{5.25\times 10^{-5}\ \text{m}^4\times 0.01\ \text{m}}\times\left(\frac{0.25}{2}-\frac{0.013}{2}\right)\ \text{m} = 46.4\ \text{MPa}$$

由解析法，求出点 a 的主应力为

$$\sigma_1 = \frac{\sigma_a}{2}+\sqrt{\left(\frac{\sigma_a}{2}\right)^2+\tau_a^2},\quad \sigma_2 = 0,\quad \sigma_3 = \frac{\sigma_a}{2}-\sqrt{\left(\frac{\sigma_a}{2}\right)^2+\tau_a^2}$$

根据第三强度理论

$$\sigma_{r3} = \sigma_1-\sigma_3 = \sqrt{\sigma_a^2+4\tau_a^2} = \sqrt{119.5^2+4\times 46.4^2}\ \text{MPa} = 151\ \text{MPa} < [\sigma]$$

所以，该梁的强度符合要求。

注意到，梁在点 a 处的相当应力要明显大于其最大弯曲正应力。这意味着，对于该梁，仅按最大弯曲正应力做强度计算是不够的，因为最大弯曲正应力发生在梁的上下边缘处，为单向应力状态，而点 a 则处于二向应力状态。但同时需要指出，在工程实际中，工字形截面梁大都是用工字钢制作的，这种情况一般不会出现，可以如第十二章所述，直接根据最大弯曲正应力和最大弯曲切应力进行强度计算。

【例 14-11】 一钢制构件，其危险点的应力状态如图 14-20 所示。已知材料的许用应力 $[\sigma]=120$ MPa，试校核此构件的强度。

解：由于构件为钢制（塑性材料），且危险点处于二向应力状态，故应采用第三或第四强度理论进行强度计算。

(1) 计算主应力

由解析法，将 $\sigma_x=-40$ MPa、$\sigma_y=-20$ MPa、$\tau_{xy}=-40$ MPa 代入式（14-7），有

$$\left.\begin{array}{l}\sigma_{\max}\\ \sigma_{\min}\end{array}\right\}=\frac{\sigma_x+\sigma_y}{2}\pm\sqrt{\left(\frac{\sigma_x-\sigma_y}{2}\right)^2+\tau_{xy}^2}$$

$$=\left[\frac{-40-20}{2}\pm\sqrt{\left(\frac{-40+20}{2}\right)^2+(-40)^2}\right]\text{MPa}=\begin{cases}11.2\text{ MPa}\\ -71.2\text{ MPa}\end{cases}$$

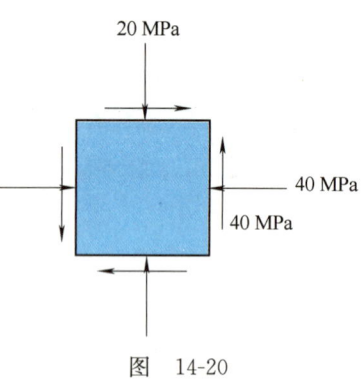

图 14-20

故得三个主应力分别为

$$\sigma_1=11.2\text{ MPa},\quad \sigma_2=0,\quad \sigma_3=-71.2\text{ MPa}$$

(2) 强度计算

按照第三强度理论，则有

$$\sigma_{r3}=\sigma_1-\sigma_3=11.2\text{ MPa}-(-71.2\text{ MPa})=82.4\text{ MPa}<[\sigma]$$

按照第四强度理论，则有

$$\sigma_{r4}=\sqrt{\frac{1}{2}[(\sigma_1-\sigma_2)^2+(\sigma_2-\sigma_3)^2+(\sigma_3-\sigma_1)^2]}$$

$$=\sqrt{\frac{1}{2}\{(11.2\text{ MPa}-0)^2+[0-(-71.2\text{ MPa})]^2+(-71.2\text{ MPa}-11.2\text{ MPa})^2\}}$$

$$=77.4\text{ MPa}$$

所以，此构件的强度符合要求。

由此例可以看出，第三强度理论较第四强度理论更偏向于安全一面。

复习思考题

14-1 什么是点的应力状态？什么是二向应力状态？试列举二向应力状态的实例。

14-2 什么是主平面和主应力？如何确定主应力的大小和方位？

14-3 最大切应力所在平面上有无正应力？应如何计算单元体的最大切应力？

14-4 应力圆与单元体的对应关系是什么？

14-5 若受力构件内某点沿某一方向有线应变，则该点沿此方向一定有正应力吗？

14-6 在静载与常温条件下，材料的破坏或失效主要有哪几种形式？

14-7 什么是强度理论？强度理论可分为几类？

14-8 石料、混凝土等脆性材料在轴向压缩时，会沿纵截面开裂，为什么？

14-9 塑性材料处在三向等拉应力状态时，为什么发生脆性断裂而不发生塑性屈服？

14-10 脆性材料圆轴扭转时总是沿与轴线成45°的螺旋面断裂，而塑性材料圆轴扭转时则沿横截面断裂，为什么？

14-11 水管在冬天因结冰而胀裂，而管内的冰却没有破坏，试解释其原因。

14-12 将沸水倒入厚玻璃杯中，如玻璃杯发生破裂，试问是从壁厚的内部开始，还是从壁厚的外部开始？为什么？

习题

14-1 如习题 14-1 图所示，已知矩形截面梁某截面上的弯矩、剪力分别为 $M=10\ \text{kN}\cdot\text{m}$、$F_S=120\ \text{kN}$，试绘制出该截面上 1、2、3、4 各点的单元体，并求出各点的主应力。

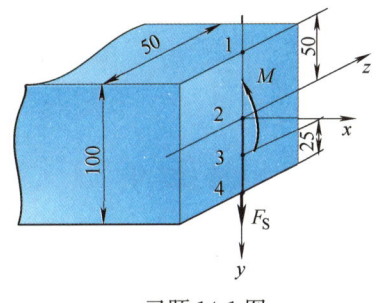

习题 14-1 图

14-2 悬臂梁如习题 14-2 图所示，已知载荷 $F=10\ \text{kN}$，试绘制点 A 的单元体，并确定其主应力的大小及方位。

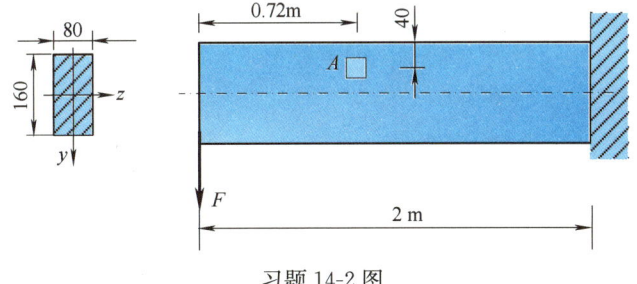

习题 14-2 图

14-3 已知点的应力状态如习题 14-3 图所示（图中应力单位为 MPa），试用解析法计算图中指定截面的正应力与切应力。

14-4 已知点的应力状态如习题 14-4 图所示（图中应力单位为 MPa），试用解析法（1）确定主应力和主方向，并在单元体上绘出主平面的位置以及主应力的方向；（2）计算切应力的极值。

14-5 试用图解法求解习题 14-3。

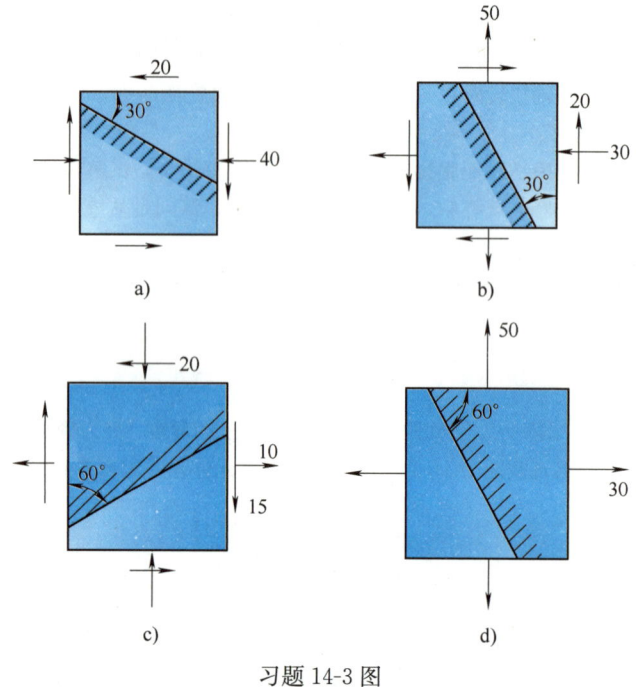

习题 14-3 图

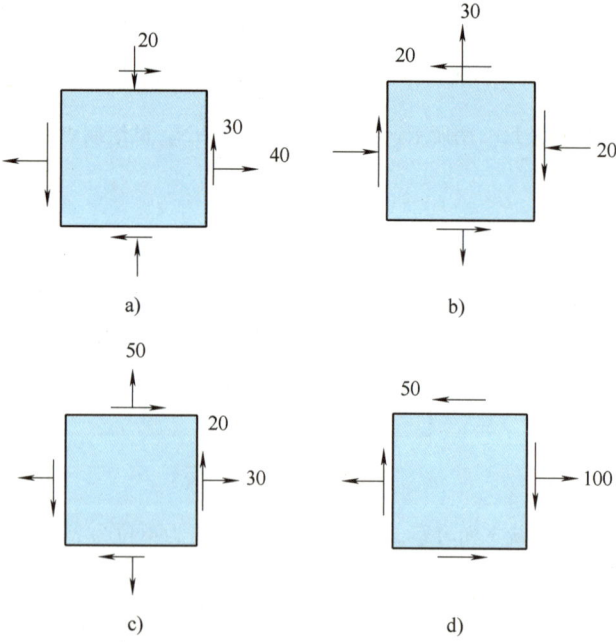

习题 14-4 图

14-6 试用图解法求解习题 14-4。

14-7 如习题 14-7 图所示，已知圆筒形锅炉内径 $D=1$ m、壁厚 $t=10$ mm；内受蒸汽压 $p=3$ MPa。试求：(1) 筒壁上任一点的主应力与最大切应力；(2) ab 斜截面上的应力。

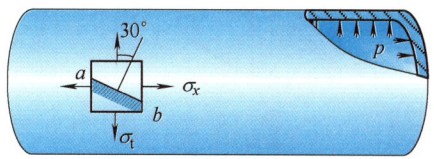

习题 14-7 图

14-8 习题 14-8 图所示薄壁圆管，已知轴向载荷 $F=20$ kN，扭转外力偶矩 $M_e=600$ N·m，内径 $d=50$ mm，壁厚 $t=2$ mm。试求：(1) 管壁上的点 A 在指定斜截面上的应力；(2) 点 A 的主应力大小及方向（用主应力单元体表示）。

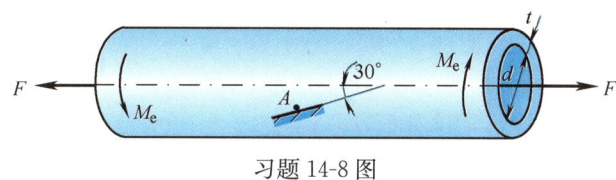

习题 14-8 图

14-9 习题 14-9 图所示棱柱形单元体，已知 $\sigma_y=40$ MPa，斜截面 ab 上无任何应力作用。试求 σ_x 与 τ_{xy}。

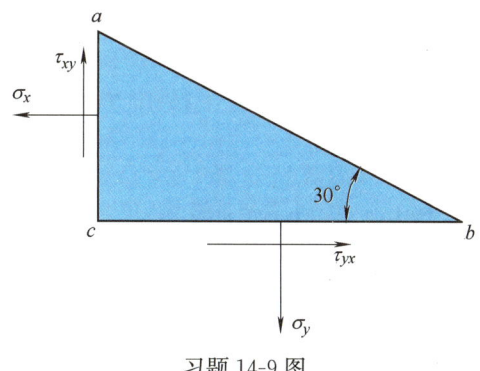

习题 14-9 图

14-10 已知三向应力状态单元体如习题 14-10 图所示（图中应力单位为 MPa），试求主应力和最大切应力。

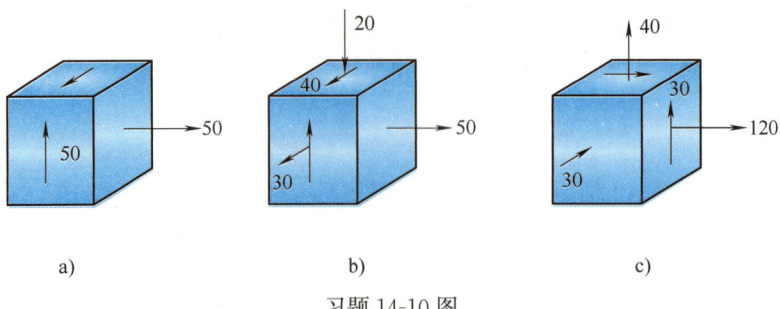

习题 14-10 图

14-11 习题 14-11 图所示二向应力状态单元体,已知 $\sigma_x=100$ MPa、$\sigma_y=80$ MPa、$\tau_{xy}=50$ MPa,材料的弹性模量 $E=200$ GPa、泊松比 $\nu=0.3$。试求线应变 ε_x、ε_y,切应变 γ_{xy},以及沿 $\alpha=30°$ 方向的线应变 $\varepsilon_{30°}$。

14-12 如习题 14-12 图所示,列车通过钢桥时,在钢桥横梁的点 A 用变形仪测得 $\varepsilon_x=0.0004$、$\varepsilon_y=-0.00012$。若材料的弹性模量 $E=200$ GPa、泊松比 $\nu=0.3$,试求点 A 沿 x 方向、y 方向的正应力。

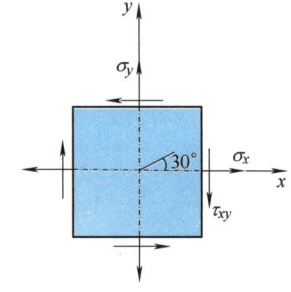

习题 14-11 图

习题 14-12 图

14-13 如习题 14-13 图所示,边长为 1 cm 的钢质立方体放置在边长为 1.0001 cm 的刚性方槽内。已知立方体顶上承受的总压力 $F=15$ kN,材料的弹性模量 $E=200$ GPa、泊松比 $\nu=0.3$。试求钢质立方体内的三个主应力。

14-14 No.28a 工字钢梁受力如习题 14-14 图所示,已知钢材的弹性模量 $E=200$ GPa,泊松比 $\nu=0.3$。若测得梁中性层上点 K 处沿与轴线成 $45°$ 方向的线应变 $\varepsilon_{45°}=-2.6\times10^{-4}$,试求梁承受的载荷 F。

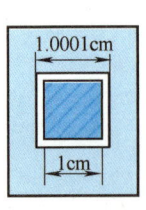

习题 14-13 图

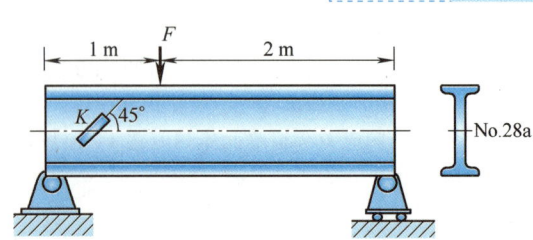

习题 14-14 图

14-15 习题 14-15 图所示一钢制圆轴，已知直径 $d=60$ mm，材料的弹性模量 $E=210$ GPa、泊松比 $\nu=0.28$。若测得其表面点 A 沿与轴线成 45°方向的线应变 $\varepsilon_{45°}=431\times10^{-6}$，试求该轴受到的扭矩 T。

14-16 在习题 14-16 图中，已知 $\sigma=30$ MPa、$\tau=15$ MPa，材料的弹性模量 $E=200$ GPa、泊松比 $\nu=0.3$。试求对角线 AC 长度的改变量 Δl。

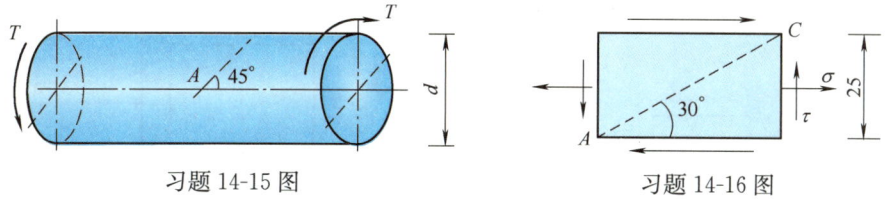

习题 14-15 图　　　　　　　　习题 14-16 图

14-17 如习题 14-17 图所示，内径为 500 mm、壁厚为 10 mm 的薄壁容器承受内压 p。现用电测法测得其周向线应变 $\varepsilon_A=3.5\times10^{-4}$，轴向线应变 $\varepsilon_B=1\times10^{-4}$。已知材料的弹性模量 $E=200$ GPa、泊松比 $\nu=0.25$。试求：（1）筒壁的轴向应力、周向应力以及内压 p；（2）若材料的许用应力 $[\sigma]=80$ MPa，试用第四强度理论校核该容器的强度。

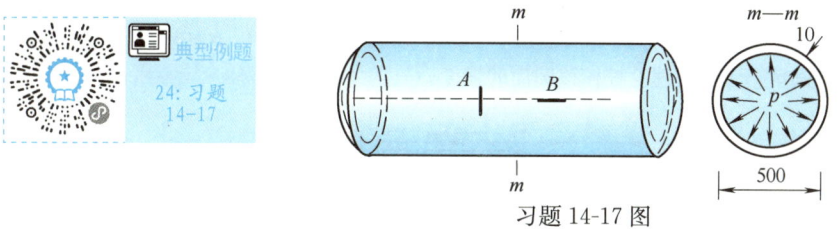

习题 14-17 图

14-18 已知点的应力状态如习题 14-18 图所示（图中应力单位为 MPa），试写出第一、三、四强度理论的相当应力。

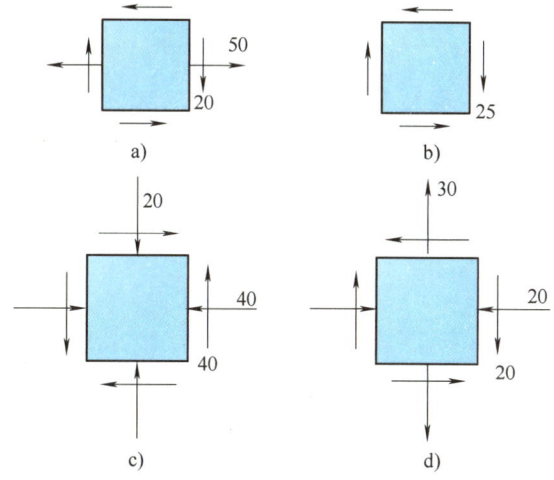

习题 14-18 图

14-19 杆件弯曲与扭转组合变形时危险点的应力状态如习题 14-19 图所示。已知 $\sigma=70$ MPa、$\tau=50$ MPa，试按第三、第四强度理论计算其相当应力。

14-20 有一铸铁构件，其危险点的应力状态如习题 14-20 图所示。已知材料的许用拉应力 $[\sigma_t]=35$ MPa、许用压应力 $[\sigma_c]=120$ MPa、泊松比 $\nu=0.3$。试校核此构件的强度。

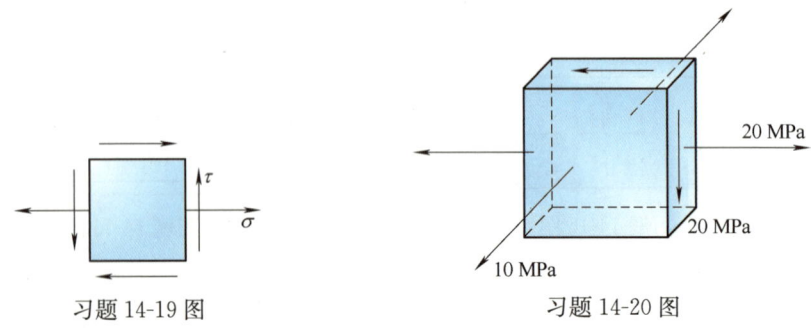

习题 14-19 图 　　　　　　　　习题 14-20 图

14-21 已知承受内压的钢制薄壁圆筒形容器的内径 $D=800$ mm、壁厚 $t=4$ mm，材料的许用应力 $[\sigma]=120$ MPa。试按第四强度理论确定内压 p 的许可值。

14-22 铸铁薄壁圆筒如习题 14-22 图所示。已知圆筒的外径 $D=200$ mm、壁厚 $t=15$ mm，材料的许用拉应力 $[\sigma_t]=30$ MPa、泊松比 $\nu=0.25$。若圆筒所受内压 $p=4$ MPa、轴向载荷 $F=200$ kN，试用第二强度理论校核该圆筒的强度。

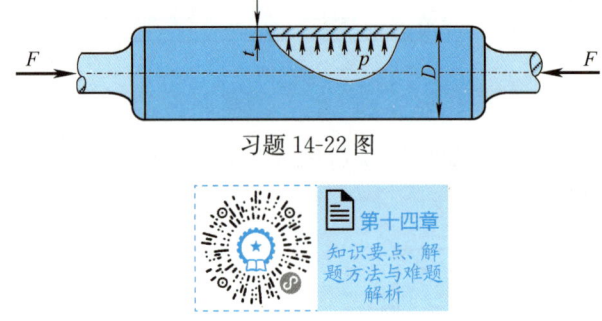

习题 14-22 图

第十五章 组合变形

第一节 引　言

前面几章主要讨论杆件在承受轴向拉伸（压缩）、剪切、扭转、弯曲等基本变形时的强度与刚度计算。在工程实际中，构件的承载往往比较复杂，会同时发生两种或两种以上的基本变形。例如，图 15-1a 所示的摇臂钻床的立柱在工件约束力 F 的作用下将同时产生弯曲和拉伸变形；图 15-1b 所示单臂起重机的横梁在起吊重物 P 时将同时产生弯曲与压缩变形；图 15-1c 所示的齿轮轴在齿轮啮合力 F_y、F_z 和转矩 M_e 的作用下将同时产生弯曲与扭转变形。构件在外力作用下同时产生两种或两种以上基本变形的情况称为**组合变形**。

在线弹性、小变形条件下，可以认为组合变形中的每一种基本变形彼此独立、互不影响，

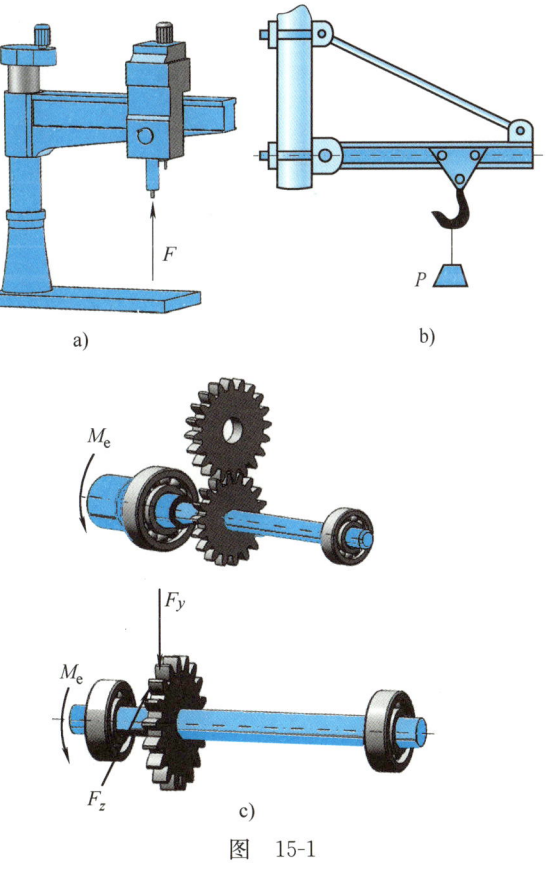

图 15-1

因而可应用叠加原理来研究组合变形。

根据叠加原理，在进行组合变形的强度计算时，首先将构件所受的载荷进行适当分解或简化，将组合变形分解为几种基本变形，分别计算每种基本变形的内力、应力；然后进行叠加，确定构件的危险截面、危险点以及危险点的应力状态；最后根据危险点的应力状态，选择适当的强度理论进行强度计算。

本章主要讨论弯曲与拉伸（压缩）、弯曲与扭转等工程中常见的组合变形的强度计算。

第二节　弯曲与拉伸（压缩）的组合

弯曲与拉伸（压缩）组合变形在工程中十分常见。例如，如图 15-1a 所示台钻的立柱为弯曲与拉伸组合；如图 15-1b 所示起重机的横梁为弯曲与压缩组合。

一、弯曲与拉伸组合

图 15-2a 所示矩形截面杆，A 端固定，B 端自由，在自由端的截面形心处受

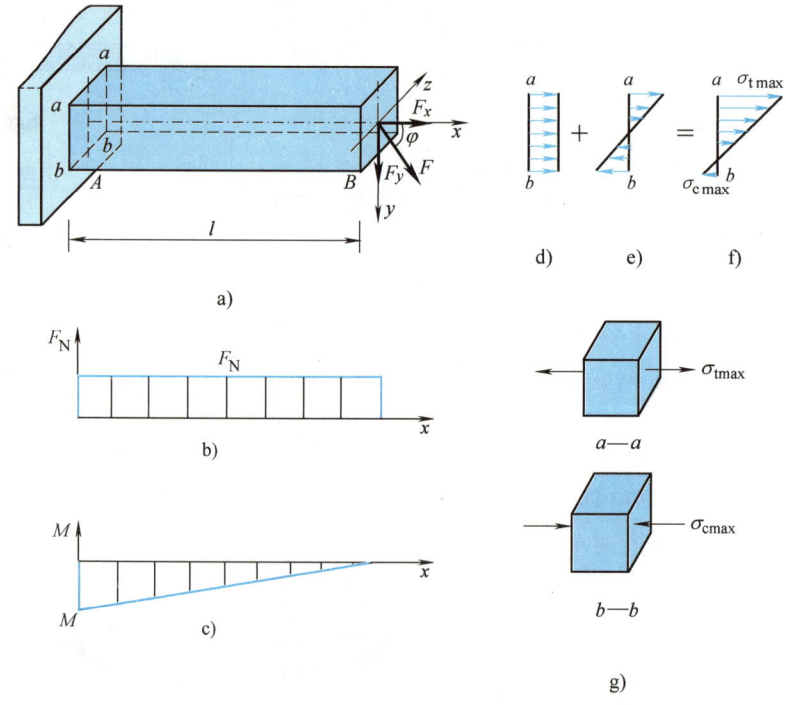

图 15-2

位于杆的纵向对称面内的集中力 F 的作用,力 F 的作用线与杆轴 x 的夹角为 φ。为分析杆的变形,将力 F 分解为轴向分力 F_x 和横向分力 F_y,其大小分别为

$$F_x = F\cos\varphi, \quad F_y = F\sin\varphi$$

显然,轴向力 F_x 使杆发生轴向拉伸,横向力 F_y 使杆发生对称弯曲。因此,杆在力 F 作用下将发生弯曲与拉伸组合变形。

作出杆的轴力图、弯矩图分别如图 15-2b、c 所示,可知固定端 A 的右侧截面为危险截面,危险截面上轴力、弯矩的大小分别为

$$F_N = F_x = F\cos\varphi, \quad |M| = F_y l = Fl\sin\varphi$$

与轴力 F_N、弯矩 M 对应的正应力分布分别如图 15-2d、e 所示。危险截面上总的正应力由二者叠加而得,其分布规律如图 15-2f 所示。可见,危险截面上边缘 $a\text{-}a$ 各点处有最大拉应力 $\sigma_{t\max}$、下边缘 $b\text{-}b$ 各点处有最大压应力 $\sigma_{c\max}$,其大小分别为

$$\left.\begin{aligned}\sigma_{t\max} &= \frac{|M|}{W_z} + \frac{F_N}{A} \\ \sigma_{c\max} &= \frac{|M|}{W_z} - \frac{F_N}{A}\end{aligned}\right\} \quad (15\text{-}1)$$

由于 $\sigma_{t\max} > \sigma_{c\max}$,故上边缘 $a\text{-}a$ 各点为危险点。注意到危险点处于单向应力状态(见图 15-2g),故得弯曲与拉伸组合变形的强度条件为

$$\sigma_{t\max} = \frac{|M|}{W_z} + \frac{F_N}{A} \leqslant [\sigma_t] \quad (15\text{-}2)$$

二、弯曲与压缩组合

上述计算方法同样适用于弯曲与压缩组合变形。所不同的是轴力引起的是压应力,而不是拉应力,故其最大拉、压应力分别为

$$\left.\begin{aligned}\sigma_{t\max} &= \frac{|M|}{W_z} - \frac{|F_N|}{A} \\ \sigma_{c\max} &= \frac{|M|}{W_z} + \frac{|F_N|}{A}\end{aligned}\right\} \quad (15\text{-}3)$$

对于许用拉应力和许用压应力相等的塑性材料,其强度条件即为

$$\sigma_{\max} = \frac{|M|}{W_z} + \frac{|F_N|}{A} \leqslant [\sigma] \quad (15\text{-}4)$$

对于许用拉应力和许用压应力不同的脆性材料,则应分别对最大拉应力和最大压应力进行强度计算,故其强度条件应为

$$\left.\begin{aligned}\sigma_{t\max} &= \frac{|M|}{W_z} - \frac{|F_N|}{A} \leqslant [\sigma_t] \\ \sigma_{c\max} &= \frac{|M|}{W_z} + \frac{|F_N|}{A} \leqslant [\sigma_c]\end{aligned}\right\} \quad (15\text{-}5)$$

【例 15-1】 简易摇臂吊车受力如图 15-3a 所示,横梁 AB 为工字钢。若最大吊重 $P=10$ kN,材料的许用应力 $[\sigma]=100$ MPa,试选择工字钢型号。

解:(1) 分析计算外力

取横梁 AB 为研究对象,其所受外力如图 15-3b 所示,AC 段为弯曲与压缩组合变形。由平衡方程 $\sum M_A=0$ 得
$$F_C=3P=30 \text{ kN}$$

(2) 确定危险截面及其上内力

作出横梁 AB 的弯矩图、轴力图分别如图 15-3c、d 所示,可知危险截面为 C 的左侧截面,该截面上的弯矩、轴力的大小分别为
$$|M|=10 \text{ kN} \cdot \text{m}, \quad |F_N|=26 \text{ kN}$$

(3) 强度计算

这是塑性材料,其强度条件按式 (15-4),即
$$\sigma_{\max}=\frac{|M|}{W_z}+\frac{|F_N|}{A} \leqslant [\sigma]$$

在确定工字钢型号时,可先不考虑轴力的影响,故得其抗弯截面系数为

$$W_z \geqslant \frac{M}{[\sigma]}=\frac{10 \times 10^3 \text{ N} \cdot \text{m}}{100 \times 10^6 \text{ Pa}}=0.1 \times 10^{-3} \text{ m}^3=100 \text{ cm}^3$$

查工字钢型钢表,初选 No.14 工字钢,其抗弯截面系数 $W_z=102 \text{ cm}^3$、截面面积 $A=21.5 \text{ cm}^2$。代入强度条件进行校核

$$\sigma_{\max}=\frac{|M|}{W_z}+\frac{|F_N|}{A}=\frac{10 \times 10^3 \text{ N} \cdot \text{m}}{102 \times 10^{-6} \text{ m}^3}+\frac{26 \times 10^3 \text{ N}}{21.5 \times 10^{-4} \text{ m}^2}$$
$$=110 \text{ MPa}>[\sigma]$$

发现强度不够。

重选 No.16 工字钢,其 $W_z=141 \text{ cm}^3$、$A=26.1 \text{ cm}^2$,再代入强度条件

$$\sigma_{\max}=\frac{|M|}{W_z}+\frac{|F_N|}{A}=\frac{10 \times 10^3 \text{ N} \cdot \text{m}}{141 \times 10^{-6} \text{ m}^3}+\frac{26 \times 10^3 \text{ N}}{26.1 \times 10^{-4} \text{ m}^2}=80.9 \text{ MPa}<[\sigma]$$

所以,应选 No.16 工字钢。

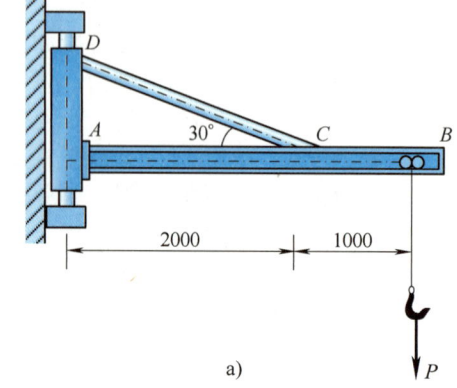

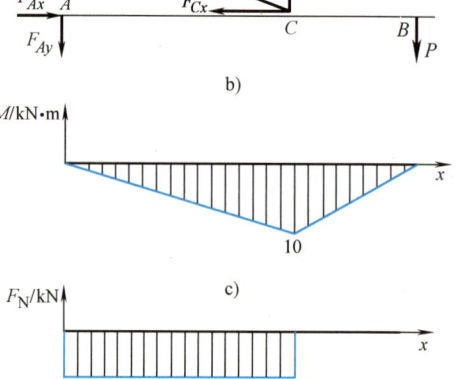

图 15-3

【例 15-2】 如图 15-4 所示,一缺口平板受拉力 $F=80$ kN 的作用。已知截面尺寸 $h=80$ mm、$a=b=10$ mm,试计算平板内的最大拉应力。

解:缺口处截面受偏心拉伸,为弯曲与拉伸组合变形,其弯矩、轴力分别为
$$M_z=-Fe, \quad F_N=F$$

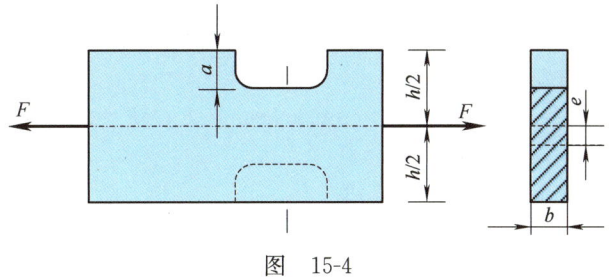

图 15-4

式中，偏心距 $e=\dfrac{a}{2}=5$ mm。

代入式（15-1），即得最大拉应力

$$\sigma_{t\max}=\dfrac{|M_z|}{W_z}+\dfrac{|F_N|}{A}=\dfrac{6\times 80\times 10^3\text{ N}\times 5\times 10^{-3}\text{ m}}{10\times(80-10)^2\times 10^{-9}\text{ m}^3}+\dfrac{80\times 10^3\text{ N}}{10\times(80-10)\times 10^{-6}\text{ m}^2}$$
$$=49\text{ MPa}+114.3\text{ MPa}=163.3\text{ MPa}$$

讨论：若在平板的另一侧切除同样的缺口，如图 15-4 中的虚线所示，此时缺口处截面受轴向拉伸，其拉应力为

$$\sigma=\dfrac{F_N}{A}=\dfrac{80\times 10^3\text{ N}}{10\times(80-2\times 10)\times 10^{-6}\text{ m}^2}=133.3\text{ MPa}<\sigma_{t\max}$$

可见，两侧缺口的杆虽然截面面积减小，但应力却比一侧缺口的杆小。这表明载荷偏心引起的附加弯矩对拉（压）杆的强度影响很大，故在工程设计中应尽量使用对称结构。

【例 15-3】 图 15-5a 所示钻床的立柱用铸铁制作，已知 $F=15$ kN，$e=0.4$ m，材料的许用拉应力 $[\sigma_t]=35$ MPa、许用压应力 $[\sigma_c]=100$ MPa，试计算立柱所需直径 d。

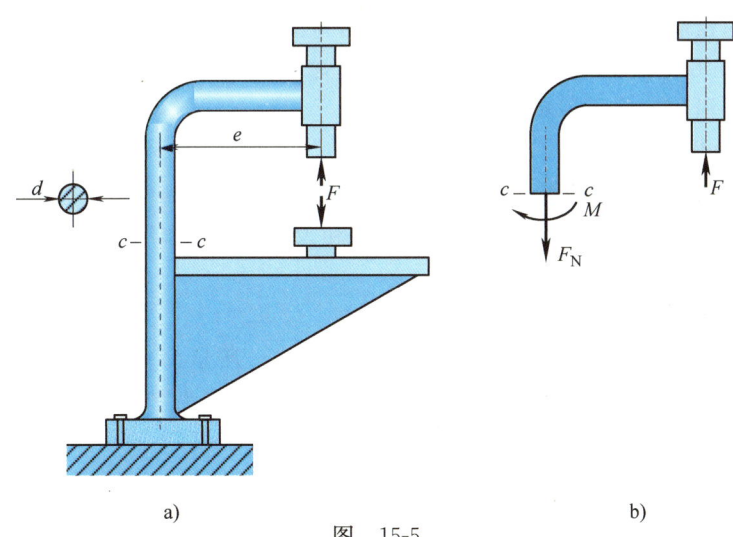

a)   b)

图 15-5

解：(1) 内力分析

铸铁立柱承受偏心拉伸，为弯曲与拉伸组合变形。如图 15-5b 所示，由截面法得其任一截面上的弯矩、轴力分别为

$$M = Fe = 15 \text{ kN} \times 0.4 \text{ m} = 6 \text{ kN} \cdot \text{m}, \quad F_N = F = 15 \text{ kN}$$

(2) 强度计算

在强度设计时可先不考虑轴力影响，由

$$\sigma_{t\max} = \frac{M}{W_z} \leqslant [\sigma_t]$$

得

$$d \geqslant \sqrt[3]{\frac{32M}{\pi[\sigma_t]}} = \sqrt[3]{\frac{32 \times 6 \times 10^3 \text{ N} \cdot \text{m}}{\pi \times 35 \times 10^6 \text{ Pa}}} = 120.4 \times 10^{-3} \text{ m} = 120.4 \text{ mm}$$

初选 $d = 121$ mm。

再按照实际弯曲与拉伸组合进行强度校核

$$\sigma_{t\max} = \frac{M}{W_z} + \frac{F_N}{A} = \frac{6 \times 10^3 \text{ N} \cdot \text{m}}{\frac{\pi}{32} \times 121^3 \times 10^{-9} \text{ m}^3} + \frac{15 \times 10^3 \text{ N}}{\frac{\pi}{4} \times 121^2 \times 10^{-6} \text{ m}^2} = 35.8 \text{ MPa} > [\sigma_t]$$

但 $\frac{\sigma_{t\max} - [\sigma_t]}{[\sigma_t]} = 2.3\% < 5\%$，依然符合强度要求，故可取立柱直径为 121 mm。

第三节　弯曲与扭转的组合

知识点 12: 弯扭组合变形之强度计算

机械中的传动轴一般都是承受弯曲与扭转组合变形。下面主要讨论塑性材料制作的圆轴发生弯曲与扭转组合变形时的强度计算。

如图 15-6a 所示，悬臂圆轴 AB 的自由端 B 处安装有一直径为 D 的圆轮，并于轮缘处沿切向作用一集中力 F。

1. 外力分析

将力 F 向 B 端面的形心平移，得到一横向力 $F_y = F$ 和一扭转外力偶矩 $M_e = FD/2$，如图 15-6b 所示。圆轴在 F_y 和 M_e 的共同作用下发生弯曲与扭转组合变形。

2. 内力分析

作出圆轴的弯矩图、扭矩图分别如图 15-6c、d 所示。其危险截面为固定端 A 的右侧截面，该危险截面上的弯矩、扭矩的大小分别为

$$M = Fl, \quad T = M_e = FD/2$$

3. 应力分析

由弯曲正应力和扭转切应力的分布规律知，危险点为上边缘点 a 或下边缘点 b（见图 15-6e）。危险点处于二向应力状态，其对应单元体如图 15-6f 所示，

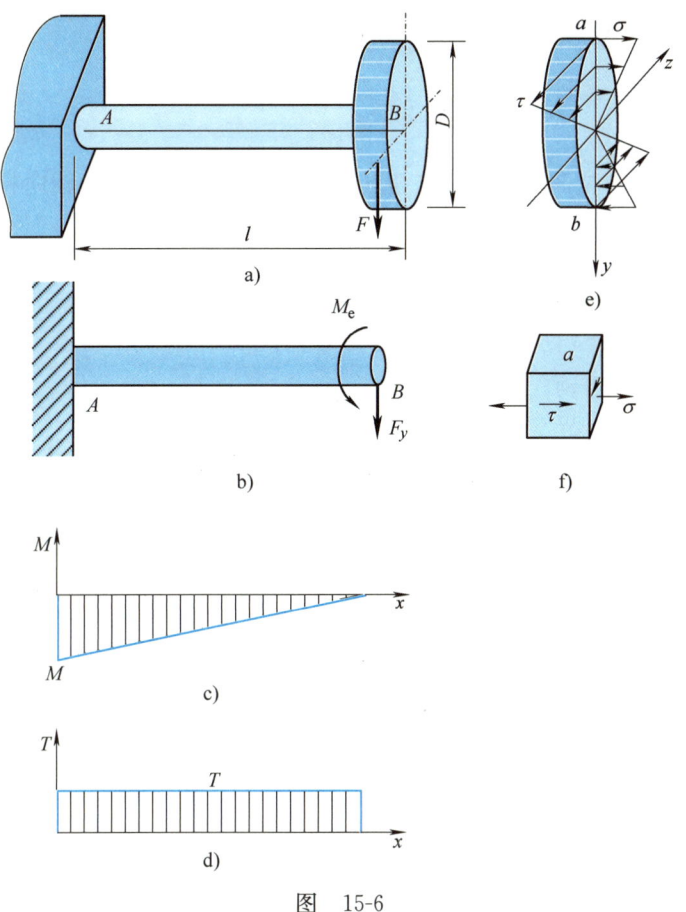

图 15-6

其中

$$\sigma = \frac{M}{W_z}, \quad \tau = \frac{T}{W_t} \qquad (*)$$

由解析法求得主应力

$$\sigma_1 = \frac{\sigma}{2} + \sqrt{\left(\frac{\sigma}{2}\right)^2 + \tau^2}, \quad \sigma_2 = 0, \quad \sigma_3 = \frac{\sigma}{2} - \sqrt{\left(\frac{\sigma}{2}\right)^2 + \tau^2}$$

4. 强度条件

应用第三、第四强度理论，分别得

$$\sigma_{r3} = \sqrt{\sigma^2 + 4\tau^2} \leqslant [\sigma] \qquad (15\text{-}6)$$

$$\sigma_{r4} = \sqrt{\sigma^2 + 3\tau^2} \leqslant [\sigma] \qquad (15\text{-}7)$$

将式（*）代入上述两式，并注意到圆截面的 $W_t = 2W_z$，即得塑性材料圆轴弯曲与扭转组合变形的强度条件

$$\sigma_{r3} = \frac{\sqrt{M^2+T^2}}{W_z} \leqslant [\sigma] \tag{15-8}$$

$$\sigma_{r4} = \frac{\sqrt{M^2+0.75T^2}}{W_z} \leqslant [\sigma] \tag{15-9}$$

对于承受轴向拉伸（压缩）与扭转组合变形，或者弯曲、轴向拉伸（压缩）与扭转组合变形的塑性材料圆截面杆，其危险点的应力状态与图 15-6f 相同，故仍可采用式（15-6）和式（15-7）进行强度计算，只是其中正应力 σ 应为危险点处的轴向拉（压）应力，或者弯曲正应力与轴向拉（压）应力的和。

【例 15-4】 如图 15-7a 所示，传动轴 AB 由电动机带动。已知电动机的输出功率为 8 kW、转速为 800 r/min、带轮直径 $D=200$ mm、紧边拉力为松边拉力的 2 倍，轴的直径 $d=40$ mm、长度 $l=180$ mm，材料的许用应力 $[\sigma]=100$ MPa。若不计带轮重量，试用第三强度理论校核该传动轴的强度。

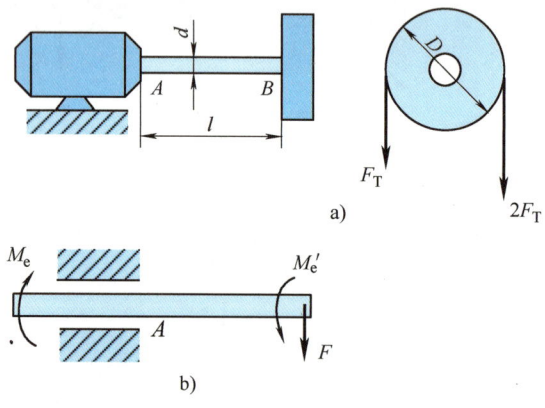

图 15-7

解：（1）外力分析

作出传动轴的受力简图如图 15-7b 所示，其承受弯曲与扭转组合变形。其中，电动机输入的转矩

$$M_e = 9549 \times \frac{8 \text{ kW}}{800 \text{ r/min}} = 95.49 \text{ N·m}$$

将两边带的拉力向轮轴中心简化得到的力偶矩 M'_e 和横向力 F 分别为

$$M'_e = (2F_T - F_T)\frac{D}{2} = M_e = 95.49 \text{ N·m}$$

$$F = 3F_T = 3 \times \frac{2M'_e}{D} = 3 \times \frac{2 \times 95.49 \text{ N·m}}{200 \times 10^{-3} \text{ m}} = 2865 \text{ N}$$

（2）内力分析

显然，轴与电动机的连接端面 A 为危险截面，该危险截面上的弯矩、扭矩分别为

$$M = Fl = 2865 \text{ N} \times 18 \times 10^{-2} \text{ m} = 515.7 \text{ N·m}$$

$$T = M_e = 95.49 \text{ N·m}$$

（3）强度校核

按第三强度理论，由式（15-8）得

$$\sigma_{r3} = \frac{1}{W_z}\sqrt{M^2+T^2} = \frac{32}{\pi \times (40 \times 10^{-3} \text{ m})^3}\sqrt{(515.7 \text{ N·m})^2 + (95.49 \text{ N·m})^2}$$

$$= 83.5 \text{ MPa} < [\sigma] = 100 \text{ MPa}$$

所以，该传动轴的强度符合要求。

【例 15-5】 图 15-8 所示传动轴 AB 由电动机带动。已知电动机通过联轴器作用在 A 端的转矩 $M_1 = 1\ \text{kN} \cdot \text{m}$，带紧边拉力 F_T 是松边拉力 F'_T 的 2 倍，即 $F_T = 2F'_T$，轴承 C 与 B 之间的距离 $l = 200\ \text{mm}$，带轮直径 $D = 300\ \text{mm}$，材料的许用应力 $[\sigma] = 160\ \text{MPa}$。若不计带轮自重，试按第四强度理论确定传动轴 AB 的直径。

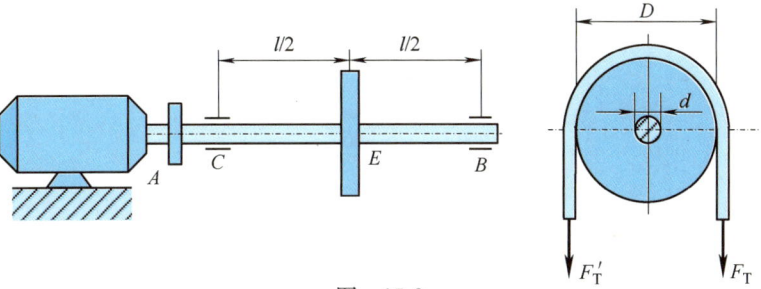

图 15-8

解：(1) 外力分析

将两边带的拉力 F_T 与 F'_T 向传动轴中心简化，得到作用于跨中 E 处的转矩 M_2 与横向力 F（见图 15-9a），其大小分别为

$$M_2 = (F_T - F'_T)\frac{D}{2}$$

$$= \frac{F'_T D}{2} = M_1 = 1\ \text{kN} \cdot \text{m}$$

$$F = F_T + F'_T = 3F'_T = 3 \times \frac{2M_1}{D}$$

$$= \frac{3 \times 2 \times 1 \times 10^3\ \text{N} \cdot \text{m}}{0.3\ \text{m}} = 20 \times 10^3\ \text{N}$$

(2) 内力分析

传动轴 AB 承受弯曲与扭转组合变形，作出其弯矩图、扭矩图分别如图 15-9b、c 所示。可见，跨中 E 的左侧截面为危险截面，该危险截面上的弯矩、扭矩分别为

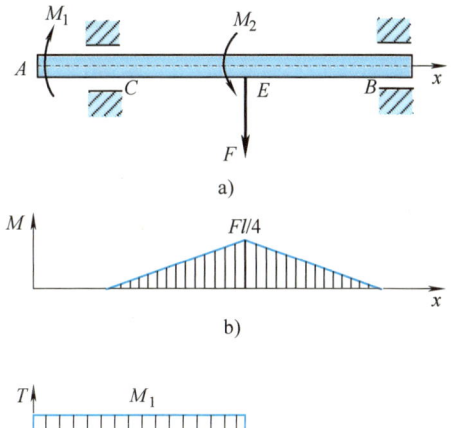
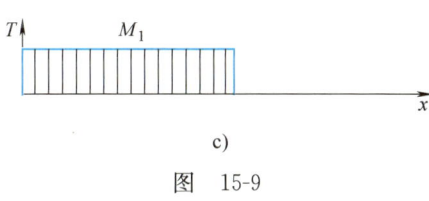

图 15-9

$$M = \frac{Fl}{4} = \frac{20 \times 10^3\ \text{N} \times 0.2\ \text{m}}{4} = 1000\ \text{N} \cdot \text{m}$$

$$T = M_1 = 1000\ \text{N} \cdot \text{m}$$

(3) 强度计算

按第四强度理论，由式（15-9）得

$$d \geqslant \sqrt[3]{\frac{32\sqrt{M^2 + 0.75T^2}}{\pi[\sigma]}} = \sqrt[3]{\frac{32\sqrt{(1 \times 10^3\ \text{N} \cdot \text{m})^2 + 0.75(1 \times 10^3\ \text{N} \cdot \text{m})^2}}{\pi \times 160 \times 10^6\ \text{Pa}}} = 0.0438\ \text{m}$$

故取该传动轴的直径 $d = 44\ \text{mm}$。

【例 15-6】 图 15-10a 所示为一钢制齿轮传动轴,已知齿轮 C 上作用有铅垂切向力 5 kN、水平径向力 1.82 kN,齿轮 D 上作用有水平切向力 10 kN、铅垂径向力 3.64 kN;齿轮 C 的节

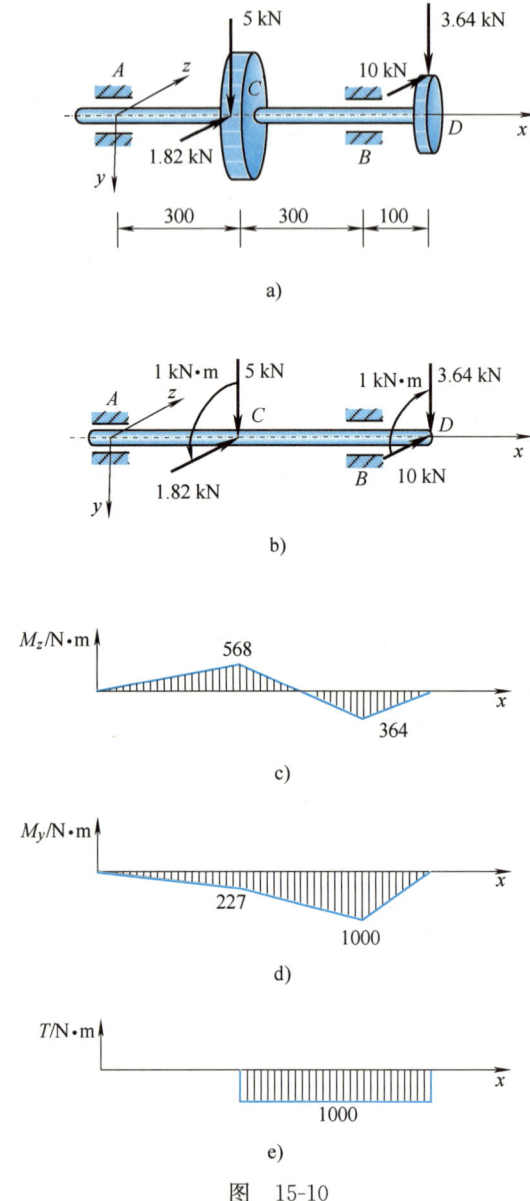

图 15-10

圆直径 $d_C = 400$ mm,齿轮 D 的节圆直径 $d_D = 200$ mm;材料的许用应力 $[\sigma] = 100$ MPa。试按第四强度理论确定该转动轴的直径。

解:(1) 外力分析

作出轴的受力简图如图 15-10b 所示，其受弯曲与扭转组合变形。其中，将齿轮 C 上的铅垂切向力与齿轮 D 上的水平切向力向轴线平移，得到的附加转矩

$$M_e = 5 \times 10^3 \text{ N} \times \frac{400 \times 10^{-3} \text{ m}}{2} = 1000 \text{ N} \cdot \text{m}$$

(2) 内力分析

作出轴的铅垂弯矩图、水平弯矩图和扭矩图分别如图 15-10c、d 和 e 所示。由图可见，截面 B 为危险截面，该截面上的合成弯矩、扭矩分别为

$$M_B = \sqrt{M_{Bz}^2 + M_{By}^2} = \sqrt{(364 \text{ N} \cdot \text{m})^2 + (1000 \text{ N} \cdot \text{m})^2} = 1064 \text{ N} \cdot \text{m}$$

$$T_B = 1000 \text{ N} \cdot \text{m}$$

(3) 强度计算

按第四强度理论，即由式（15-9），有

$$\sigma_{r4} = \frac{1}{W_z}\sqrt{(1064 \text{ N} \cdot \text{m})^2 + 0.75 \times (1000 \text{ N} \cdot \text{m})^2} = \frac{32 \times 1372 \text{ N} \cdot \text{m}}{\pi d^3} \leqslant [\sigma]$$

解得

$$d \geqslant \sqrt[3]{\frac{32 \times 1372 \text{ N} \cdot \text{m}}{\pi \times 100 \times 10^6 \text{ Pa}}} = 51.9 \times 10^{-3} \text{ m} = 51.9 \text{ mm}$$

故可取轴的直径 $d = 52$ mm。

应该指出，上述传动轴的强度计算是按静载情况考虑的，这主要用于传动轴的初步设计和估算。实际上，由于转动轴是在交变应力下工作的，因此，还需进一步校核其在交变应力作用下的疲劳强度。关于交变应力概念和疲劳强度计算，将在第十七章中介绍。

复习思考题

15-1 用叠加法计算组合变形杆件的内力和应力时，其限制条件是什么？为什么必须满足这些条件？

15-2 偏心压缩时，是否可使横截面上的应力都成为压应力？

15-3 为什么弯曲与扭转组合变形的强度计算不能用代数叠加？

15-4 当杆件处于弯曲与拉伸（压缩）组合变形时，杆件横截面上的正应力是如何分布的？如何计算最大正应力？

15-5 圆轴发生弯曲与扭转组合变形时，横截面上存在哪些内力？危险点处于何种应力状态？

15-6 如果用铸铁制作的圆轴发生弯曲与扭转组合变形时，是否仍可用式（15-6）～式（15-9）进行强度计算？

15-7 某工厂在修理机器时，发现一矩形截面拉杆在一侧有一小裂纹。为了防止裂纹扩展，有人建议在裂纹尖端钻一光滑小圆孔即可；还有人建议除在上述位置钻孔外，还应当在其对称位置再钻一个同样大小的圆孔。试问哪一种做法好？为什么？

15-8 由第三强度理论得到的弯曲与扭转组合变形的两个强度条件表达式，即

与
$$\sigma_{r3} = \sqrt{\sigma^2 + 4\tau^2} \leqslant [\sigma]$$

$$\sigma_{r3} = \frac{\sqrt{M^2 + T^2}}{W_z} \leqslant [\sigma]$$

其适用范围有何区别？

习题

15-1 如习题 15-1 图所示，矩形截面直角折杆 ABC 在自由端 C 处受位于纵向对称面内的力 F 的作用。已知 $\alpha = \arctan 4/3$，$a = l/4$，$l = 12h$。试求杆内的最大拉应力和最大压应力，并作出危险截面上的正应力分布图。

15-2 如习题 15-2 图所示，插刀刀杆的主切削力 $F = 1$ kN，偏心距 $a = 2.5$ cm，刀杆直径 $d = 2.5$ cm。试求刀杆内的最大拉应力和最大压应力。

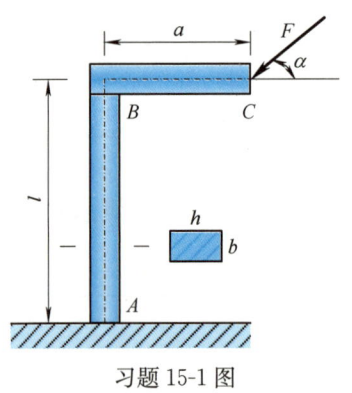

习题 15-1 图

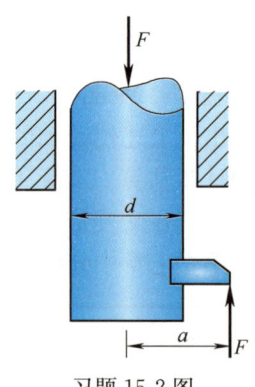

习题 15-2 图

15-3 一拉杆如习题 15-3 图所示，截面原为边长为 a 的正方形，拉力 F 与杆轴线重合，后因使用上的需要，开一深 $a/2$ 的切口。试求杆内的最大拉应力和最大压应力，并问最大拉应力是截面削弱前拉应力的几倍？

15-4 习题 15-4 图所示起重架的最大起吊重量（包括行走小车等）$P = 40$ kN，横梁 AC 由两根 No.18 槽钢组成，材料为 Q235 钢，许用应力 $[\sigma] = 120$ MPa。试校核横梁的强度。

15-5 螺旋夹紧器如习题 15-5 图所示，已知该夹紧器工作时承受的最大夹紧力 $F = 16$ kN，材料的许用应力 $[\sigma] = 160$ MPa，立臂厚度 $a = 20$ mm，偏心距 $e = 140$ mm。试求立臂宽度 b。

15-6 习题 15-6 图所示钻床的圆截面立柱为铸铁制成，已知立柱直径 $d = 50$ mm，材料的许用拉应力 $[\sigma_t] = 45$ MPa。试确定许可载荷 $[F]$。

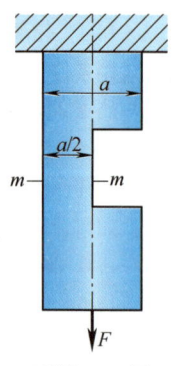

习题 15-3 图

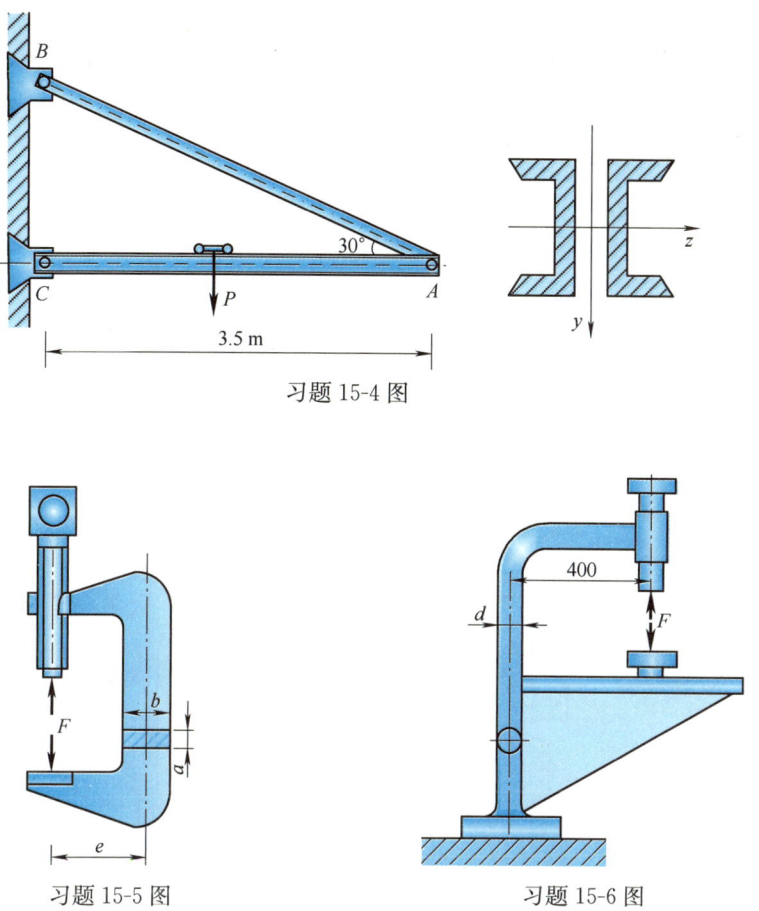

习题 15-4 图

习题 15-5 图　　　　习题 15-6 图

15-7　单臂液压机机架及其立柱的横截面尺寸如习题 15-7 图所示。已知 $F=1600$ kN，材料的许用应力 $[\sigma]=160$ MPa。试校核该机架立柱的强度。

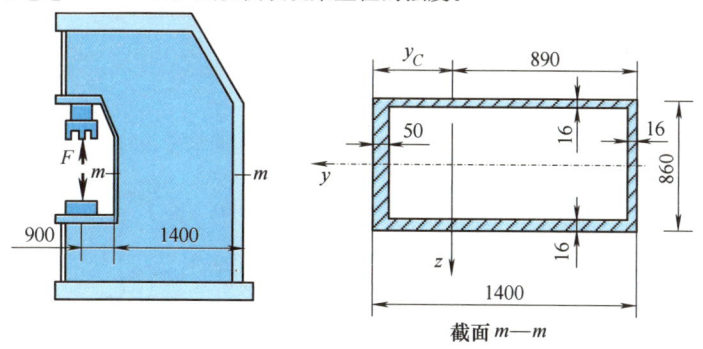

习题 15-7 图

15-8 习题 15-8 图所示三角支架，已知所受载荷 $F=200$ N，AC 为直径 $d=20$ mm 的圆截面钢杆，材料的屈服极限 $\sigma_s=235$ MPa，取安全因数 $n_s=1.6$。若杆 BD 足够坚固，试校核杆 AC 的强度。

15-9 一手摇绞车如习题 15-9 图所示，已知轴的直径 $d=30$ mm，材料的许用应力 $[\sigma]=80$ MPa。试按第三强度理论，确定绞车的最大起吊重量 P。

15-10 如习题 15-10 图所示，已知电动机的功率 $P=9$ kW、转速 $n=715$ r/min，带轮直径 $D=250$ mm，带的紧边拉力为松边拉力的 2 倍，主轴的外伸部分长度 $l=120$ mm、直径 $d=40$ mm，材料的许用应力 $[\sigma]=60$ MPa。若不计带轮自重，试用第三强度理论校核主轴强度。

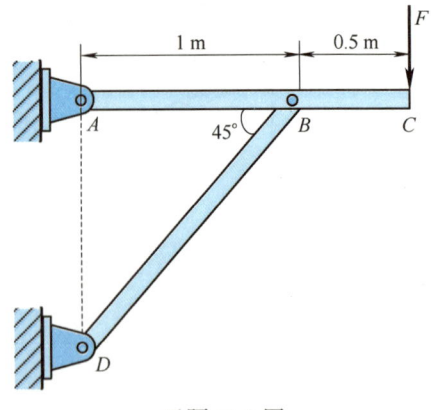

习题 15-8 图

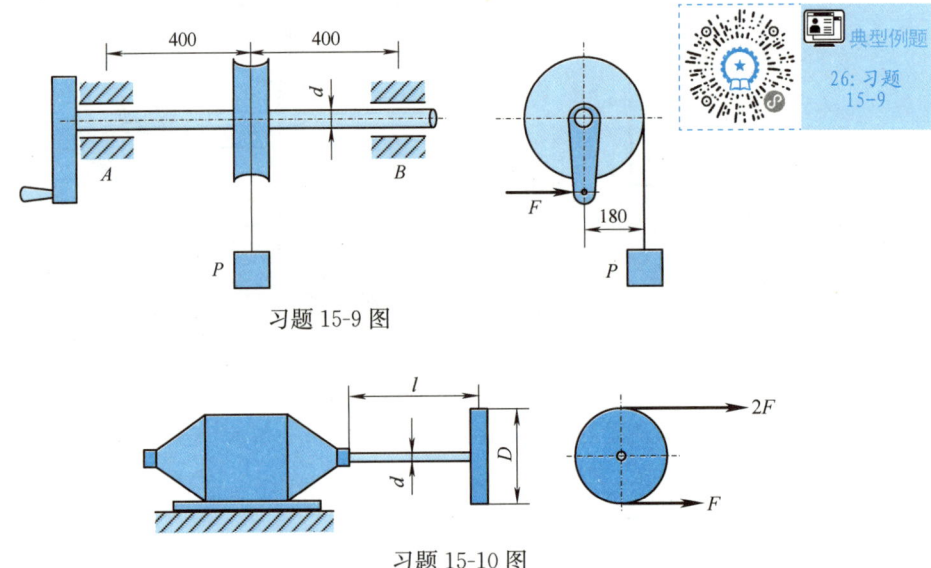

习题 15-9 图

习题 15-10 图

15-11 如习题 15-11 图所示，直径为 60 cm 的两个相同带轮，转速 $n=100$ r/min 时传递

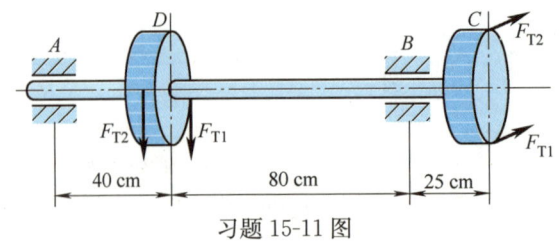

习题 15-11 图

功率 $P=7.36$ kW。轮 C 上的传动带沿水平方向，轮 D 上的传动带沿铅垂方向。已知带的松边拉力 $F_{T2}=1.5$ kN（$F_{T2}<F_{T1}$），材料的许用应力 $[\sigma]=80$ MPa。若不计带轮自重，试按第三强度理论选择轴的直径。

15-12 如习题 15-12 图所示，已知带轮的直径 $D=1.2$ m，重 $W=5$ kN，紧边拉力为松边拉力的两倍，即 $F_{T1}=2F_{T2}$，电动机的输入功率 $P=18$ kW，额定转速 $n=960$ r/min，传动轴跨度 $l=1.2$ m，材料的许用应力 $[\sigma]=50$ MPa。试按第三强度理论确定传动轴的直径。

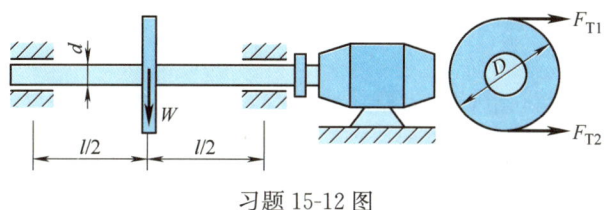

习题 15-12 图

15-13 习题 15-13 图所示为某精密磨床砂轮。已知电动机的输入功率 $P=3$ kW，转子转速 $n=1400$ r/min，重量 $W_1=101$ N；砂轮直径 $D=250$ mm，重量 $W_2=275$ N，所受磨削力 $F_y:F_z=3:1$；轴的直径 $d=50$ mm，许用应力 $[\sigma]=60$ MPa。试按第三强度理论校核轴的强度。

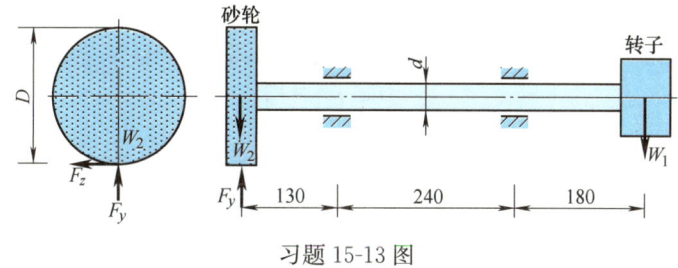

习题 15-13 图

15-14 如习题 15-14 图所示，水平钢制拐轴受铅垂载荷 F 的作用。已知 $F=1$ kN，材料的许用应力 $[\sigma]=160$ MPa。试按第三强度理论确定轴 AB 的直径。

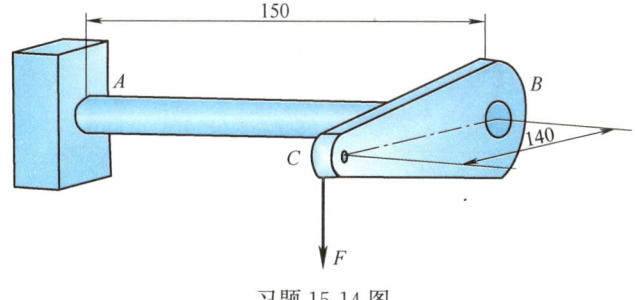

习题 15-14 图

15-15 习题 15-15 图所示圆截面钢杆，承受横向载荷 F_1、轴向载荷 F_2 与转矩 M_e 的作用。已知 $F_1=500$ N，$F_2=15$ kN，$M_e=1.2$ kN·m，材料的许用应力 $[\sigma]=160$ MPa。试按第三强度理论校核杆的强度。

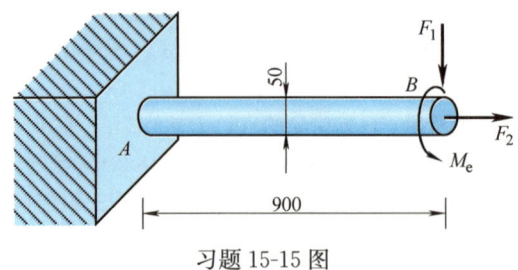

习题 15-15 图

15-16 如习题 15-16 图所示，直径为 20 mm 的圆轴受到弯矩 M 与扭矩 T 的作用。由试验测得轴表面上点 A 沿轴线方向的线应变 $\varepsilon_{0°}=6\times10^{-4}$，点 B 沿与轴线成 45° 方向的线应变 $\varepsilon_{-45°}=4\times10^{-4}$。已知材料的弹性模量 $E=200$ GPa、泊松比 $\nu=0.25$、许用应力 $[\sigma]=160$ MPa。试确定弯矩 M 与扭矩 T，并按第四强度理论校核轴的强度。

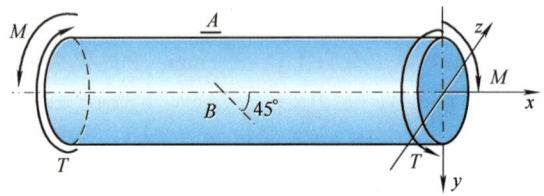

习题 15-16 图

15-17 如习题 15-17 图所示，飞机起落架的折轴为空心圆管。已知圆管内径 $d=70$ mm、外径 $D=80$ mm，材料的许用应力 $[\sigma]=100$ MPa，所受载荷 $F_1=1$ kN、$F_2=4$ kN。试按第三强度理论校核该折轴的强度。

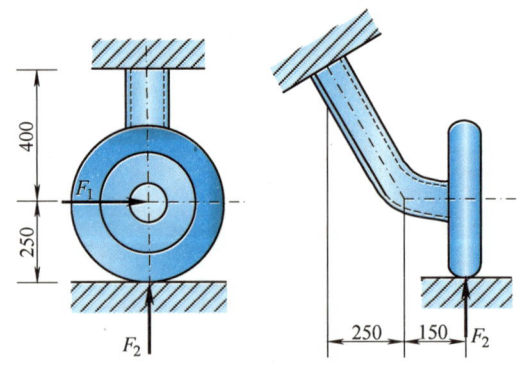

习题 15-17 图

第十六章 压杆稳定

第一节 引 言

在第八章中曾指出，只要轴向拉（压）杆横截面上的正应力不大于材料的许用应力，就能保证杆件正常工作。这个结论对于拉杆和粗短压杆是正确的。试验表明，对于较为细长的压杆，即使满足强度条件，但只要所承受的轴向压力达到一定限度，就有可能突然变弯，甚至折断。

例如，一根长为 300 mm 的钢板尺，其矩形横截面尺寸为 20 mm×1 mm，许用应力 $[\sigma]=196$ MPa，按强度条件算出钢板尺所允许承受的轴向压力 $[F]=A[\sigma]=3.92$ kN。但实际上，若将此钢板尺竖立在桌面上，用手压其上端，则当压力不到 40 N 时，钢板尺就被明显压弯，如图 16-1 所示。这个压力比 3.92 kN 小了两个数量级。当钢板尺被明显压弯时，就不可能再承担更大的压力。

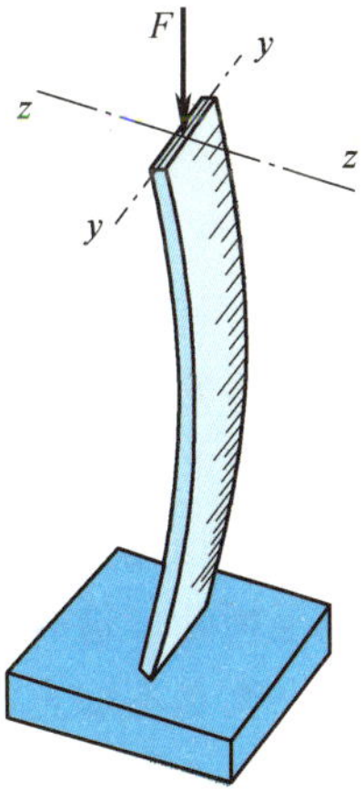

在工程中，压杆是很常见的，比如图 16-2a 所示内燃机气门阀的挺杆、图 16-2b 所示千斤顶的螺杆、图 16-2c 所示磨床液压装置的活塞杆、桁架中的受压杆件等。对于压杆的设计，必须考虑稳定性问题。

以图 16-3a 所示的两端铰支细长压杆为例，设其所承受的压力 F 与杆轴线重合。当轴向压力 F 较小时，杆在力 F 作用下能够稳定地保持其原有的直线形式的平衡，即使在微小的侧向干扰力作用下使其微弯（见图 16-3a），但当干扰力撤除后，压杆又将回复到原来的直线平衡位置（见图 16-3b）。这表明压杆原有的直线形式的平衡是稳定的，这种现象

图 16-1

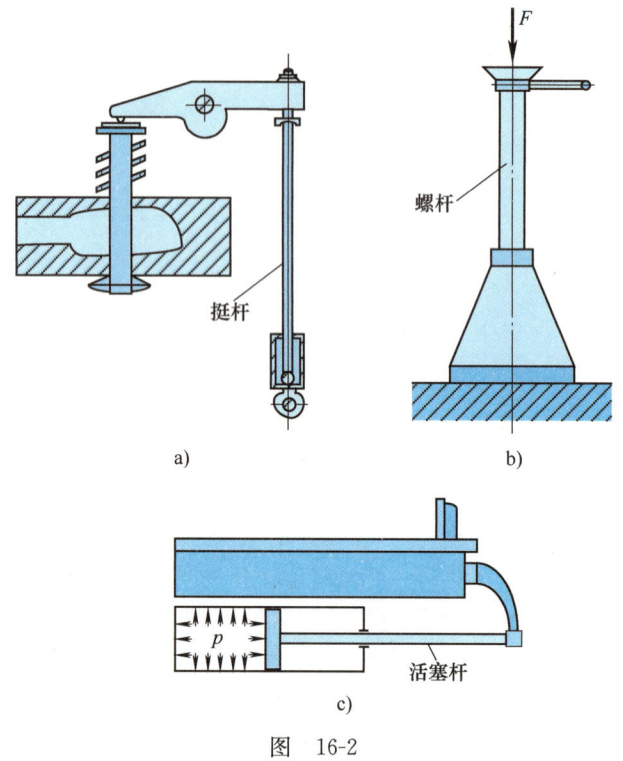

图 16-2

称为**压杆稳定**。当轴向压力 F 逐渐增加到某一特定数值 F_{cr} 时,压杆在外界干扰下一旦偏离了其直线平衡位置,即使去除干扰后压杆也不能再回复到原来的直线平衡位置,而是在某个微弯形态下维持平衡(见图 16-3c)。此时,如进一步增加压力,杆件必然被进一步压弯,直至折断。这表明压杆原有的直线形式的平衡是不稳定的,压杆丧失其原有的直线形式平衡的现象称为**压杆失稳**。

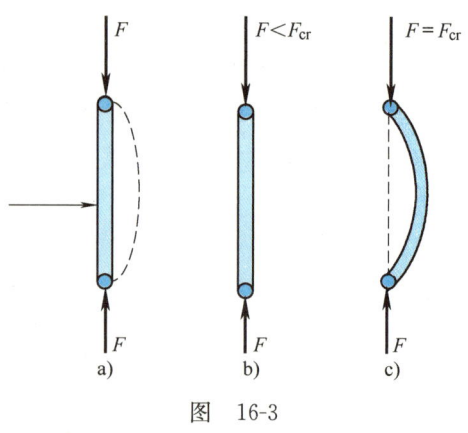

图 16-3

某一特定压杆的平衡稳定与否,取决于轴向压力 F 的大小。压杆从稳定平衡过渡到不稳定平衡所对应的轴向压力的临界值称为压杆的**临界压力**或**临界力**,用 F_{cr} 表示。即当 $F < F_{cr}$,压杆将保持稳定;当 $F \geqslant F_{cr}$,压杆将发生失稳。

工程结构中的压杆失稳具有突发性,往往会引起严重的事故。例如,1907 年,加拿大长达 548 m 的魁北克大桥在施工时由于两根压杆失稳而引起坍塌,造成数十人死亡；2010年1月3日，通往昆明新机场的一座在建桥梁施工时因支撑结构中的压杆失稳而坍塌，共导致40余人死伤；等等。压杆失稳是有别于强度和刚度失效的另一种具有极大破坏性的失效方式。因此，工程中必须对压杆进行稳定性计算。

除压杆外，某些其他构件也存在着稳定性问题。例如，图 16-4a 所示承受外压的薄壁圆筒，当外压 q 达到或超过一定数值时，圆形截面将突然变为椭圆形；图 16-4b 所示狭长矩形截面梁，当作用在自由端的载荷 F 达到或超过一定数值时，梁将突然发生侧向失稳。这些也都是在工程设计中需要注意的问题。

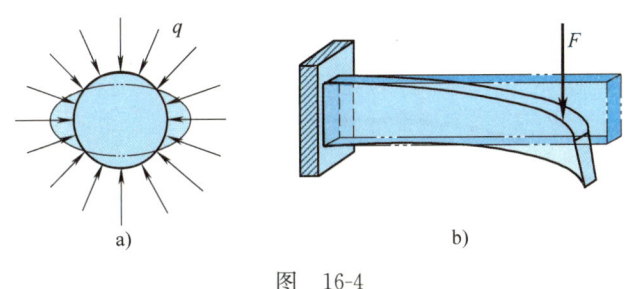

图 16-4

本章主要介绍中心受压直杆的稳定性问题。

第二节 临界力的欧拉公式

一、两端铰支细长压杆临界力的计算公式

图 16-5a 所示为两端球形铰支的细长中心受压直杆。如前所述，当轴向压力 F 达到临界力 F_{cr} 时，压杆将由直线形式平衡转变为微弯的曲线形式平衡。可以认为，临界力 F_{cr} 是使压杆保持微弯平衡的最小轴向压力。

在图 16-5a 中，设 $F \geqslant F_{cr}$，压杆处于微弯的曲线平衡状态。建立图示坐标系，利用截面法，由平衡方程得压杆任一 x 截面上的弯矩（见图 16-5b）

$$M(x) = -Fw \tag{a}$$

假定 $\sigma \leqslant \sigma_p$，材料在线弹性范围内，将式（a）代入梁的挠曲线近似微分方程，有

$$\frac{d^2 w}{dx^2} = -\frac{F}{EI} w \tag{b}$$

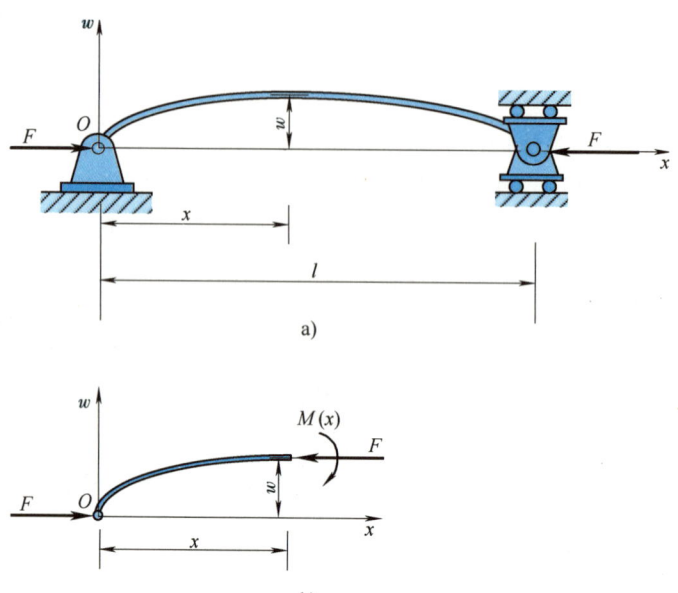

图 16-5

令

$$k^2 = \frac{F}{EI} \qquad \text{(c)}$$

由式 (b) 得微分方程

$$\frac{d^2w}{dx^2} + k^2 w = 0 \qquad \text{(d)}$$

方程 (d) 的通解为

$$w = A\sin kx + B\cos kx \qquad \text{(e)}$$

式中，积分常数 A、B 由压杆的位移边界条件决定。

在 $x=0$ 处，$w=0$，代入式 (e) 得 $B=0$。于是式 (e) 成为

$$w = A\sin kx \qquad \text{(f)}$$

在 $x=l$ 处，$w=0$，代入式 (f) 得

$$A\sin kl = 0 \qquad \text{(g)}$$

考虑到压杆处于微弯状态，$A \neq 0$，故一定有

$$\sin kl = 0$$

满足此条件的 kl 值为

$$kl = n\pi \quad (n = 0, 1, 2, \cdots) \tag{h}$$

联立式（c）和式（h），得

$$F = \frac{n^2\pi^2 EI}{l^2} \tag{i}$$

压杆的临界力 F_{cr} 是使压杆在微弯状态下保持平衡的最小轴向压力，故在式（i）中取 $n=1$，即得两端铰支细长压杆的临界力计算公式

$$F_{cr} = \frac{\pi^2 EI}{l^2} \tag{16-1}$$

在两端为球形铰支的情况下，若杆件在不同平面内的抗弯刚度 EI 不同，则压杆总是在抗弯刚度最小的平面内发生弯曲。因此，式（16-1）中截面的惯性矩 I 应取最小值 I_{min}。

由式（16-1）可见，细长压杆的临界力与压杆的抗弯刚度 EI 成正比，与杆长 l 的平方成反比。

【例 16-1】 如图 16-6 所示，矩形截面的钢制细长压杆两端为球形铰支。已知杆长 $l = 2$ m，截面尺寸 $b = 40$ mm、$h = 90$ mm，材料的弹性模量 $E = 200$ GPa。试确定此压杆的临界力。

解：显然 $I_y < I_z$，故应按 I_y 计算临界力：

$$I_y = \frac{1}{12} \times 90 \text{ mm} \times 40^3 \text{ mm}^3 = 48 \times 10^{-8} \text{ m}^4$$

将其代入式（16-1）即得该压杆的临界力

$$F_{cr} = \frac{\pi^2 EI_y}{l^2} = \frac{\pi^2 \times 200 \times 10^9 \text{ Pa} \times 48 \times 10^{-8} \text{ m}^4}{(2 \text{ m})^2}$$

$$= 236.8 \times 10^3 \text{ N} = 236.8 \text{ kN}$$

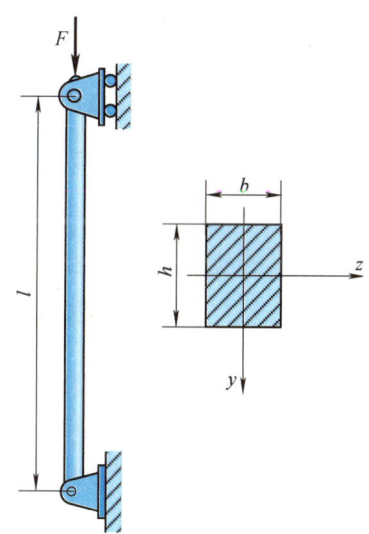

图 16-6

二、其他杆端约束条件下细长压杆的临界力

由前面分析可知，压杆的临界力与杆端约束条件有关。对于其他杆端约束条件下的细长压杆，可采用类似方法推出其临界力计算公式。表 16-1 给出了相应结果。

表 16-1 各种杆端约束条件下等截面细长压杆临界力的计算公式

支承情况	两端铰支	一端固定另一端铰支	两端固定但可沿轴向相对移动	一端固定另一端自由	两端固定但可沿横向相对移动
失稳时挠曲线形状	(长为 l)	(长为 $0.7l$，C—挠曲线拐点)	(长为 $0.5l$，C、D—挠曲线拐点)	(长为 $2l$)	(长为 $0.5l$，C—挠曲线拐点)
临界力 F_{cr} 欧拉公式	$F_{cr}=\dfrac{\pi^2 EI}{l^2}$	$F_{cr}\approx\dfrac{\pi^2 EI}{(0.7l)^2}$	$F_{cr}=\dfrac{\pi^2 EI}{(0.5l)^2}$	$F_{cr}=\dfrac{\pi^2 EI}{(2l)^2}$	$F_{cr}=\dfrac{\pi^2 EI}{l^2}$
长度因数 μ	$\mu=1$	$\mu\approx 0.7$	$\mu=0.5$	$\mu=2$	$\mu=1$

表 16-1 给出的在其他杆端约束条件下细长压杆临界力的计算公式，实际上可以利用两端铰支细长压杆临界力的计算公式，通过比较失稳时的挠曲线形状，用类比法得出。注意到，对于两端铰支压杆，因两端截面的弯矩为零，故由挠曲线曲率计算公式 $\dfrac{1}{\rho}=\dfrac{M}{EI}$ 可知，两端点为挠曲线的两个拐点，也即其挠曲线的形状为一个半波正弦曲线。观察表 16-1 中各种杆端约束条件下细长压杆的挠曲线形状，若在挠曲线上能找到两个拐点（即弯矩为零的截面），则可把两拐点截面之间的一段杆看成是两端铰支压杆，其临界力与具有相同长度的两端铰支细长压杆的临界力相同。

以两端固定但可沿轴向相对移动的细长压杆为例，由于挠曲线在距离两端点 $l/4$ 处各有一个拐点，中间长为 $l/2$ 的一段成为一个"半波正弦曲线"，因此可将其视为长为 $l/2$ 的两端铰支压杆，其临界力即为

$$F_{cr}=\frac{\pi^2 EI}{(0.5l)^2} \tag{16-2}$$

对于一端固定、一端自由的压杆，其挠曲线为半个"半波正弦曲线"，若将挠曲线对称地向下延伸，则需要两倍的长度才能完成一个"半波正弦曲线"。因此其临界力与长为 $2l$ 的两端铰支压杆相同，即为

$$F_{cr}=\frac{\pi^2 EI}{(2l)^2} \tag{16-3}$$

上述各种杆端约束条件下细长压杆临界力的计算公式可统一写成下列形式：

$$F_{cr} = \frac{\pi^2 EI}{(\mu l)^2} \tag{16-4}$$

式中，μ 称为压杆的**长度因数**，它反映了不同杆端约束条件对压杆临界力的影响；μl 称为压杆的**相当长度**，可理解为把不同杆端约束条件的压杆折算成两端铰支压杆后的长度。

必须指出，表 16-1 中的 μ 值是在理想的杆端约束条件下得出的。工程实际中压杆的杆端约束情况往往较为复杂，其长度因数 μ 应根据杆端实际受到的约束程度，以表 16-1 作为参考来加以选取。在有关设计规范中，对各种压杆的 μ 值多有具体规定。

· 思 政 导 读 ·

为了纪念细长压杆临界力计算公式的创建者莱昂哈德·欧拉（Leonhard Euler），式（16-1）～式（16-4）又被称为细长压杆的欧拉公式。欧拉是一位与牛顿齐名的伟大的科学家，1707 年生于瑞士，1783 年在俄国逝世。欧拉将自己的一生完全奉献给了人类的科学研究事业，甚至在晚年右眼几乎失明的情况下都没有停止科研的脚步。他在数学、物理学、建筑学、弹道学、航海学等领域都做出了大量卓越的贡献。曾有人这样评价：没有欧拉的众多科学发现，人类将过着完全不一样的生活。欧拉的一生，是为人类科学事业奋斗的一生，他那杰出的智慧，顽强的毅力，孜孜不倦的奋斗精神和高尚的科学道德，永远值得我们学习。

【例 16-2】 一端固定、一端自由的中心受压细长直杆，已知杆长 $l=1$ m，弹性模量 $E=200$ GPa。当分别采用图 16-7 所示三种截面形状时，试计算其临界力。

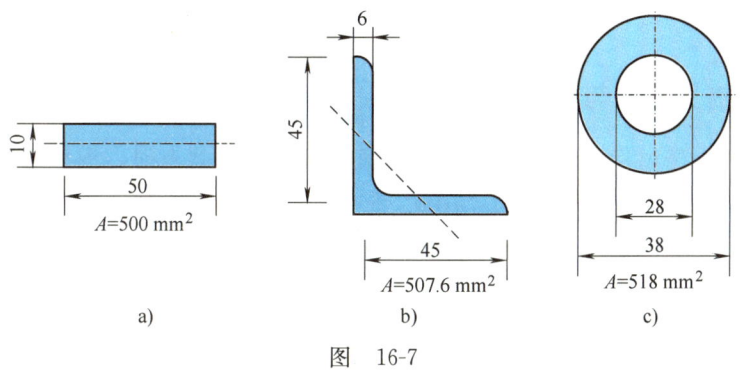

图 16-7

解：一端固定、一端自由细长压杆的长度因数 $\mu=2$。
(1) 矩形截面

截面的最小惯性矩

$$I_{\min} = \frac{1}{12} \times (50 \times 10^{-3} \text{ m}) \times (10 \times 10^{-3} \text{ m})^3 = 0.42 \times 10^{-8} \text{ m}^4$$

代入欧拉公式,得压杆临界力

$$F_{cr} = \frac{\pi^2 E I_{\min}}{(\mu l)^2} = \frac{\pi^2 \times 200 \times 10^9 \text{ Pa} \times 0.42 \times 10^{-8} \text{ m}^4}{(2 \times 1 \text{ m})^2} = 2073 \text{ N}$$

(2) 45×45×6 等边角钢

由型钢表查得截面的最小惯性矩

$$I_{\min} = 3.89 \times 10^{-8} \text{ m}^4$$

代入欧拉公式,得压杆临界力

$$F_{cr} = \frac{\pi^2 E I_{\min}}{(\mu l)^2} = \frac{\pi^2 \times 200 \times 10^9 \text{ Pa} \times 3.89 \times 10^{-8} \text{ m}^4}{(2 \times 1 \text{ m})^2} = 19200 \text{ N}$$

(3) 圆环形截面

圆环形截面在各个方向上的惯性矩相等,为

$$I = \frac{\pi}{64} \times (38^4 - 28^4) \times 10^{-12} \text{ m}^4 = 7.22 \times 10^{-8} \text{ m}^4$$

代入欧拉公式,得压杆临界力

$$F_{cr} = \frac{\pi^2 E I}{(\mu l)^2} = \frac{\pi^2 \times 200 \times 10^9 \text{ Pa} \times 7.22 \times 10^{-8} \text{ m}^4}{(2 \times 1 \text{ m})^2} = 35630 \text{ N}$$

注意到,虽然本例中三种截面的面积基本相等,但因其形状不同,$I_{\min}$ 不同,致使临界力相差很大。其中,以空心圆截面杆的临界力为最大。

第三节 临界应力的欧拉公式

一、临界应力与压杆柔度

当压杆处于由稳定平衡向不稳定平衡过渡的临界状态时,横截面上的名义平均应力称为压杆**临界应力**,用 σ_{cr} 表示。根据式(16-4),细长压杆的临界应力

$$\sigma_{cr} = \frac{F_{cr}}{A} = \frac{\pi^2 E I}{A(\mu l)^2} = \frac{\pi^2 E}{\left(\frac{\mu l}{i}\right)^2} \tag{a}$$

式中,

$$i = \sqrt{\frac{I}{A}} \tag{b}$$

为截面的惯性半径（见第十二章第二节）。令

$$\lambda = \frac{\mu l}{i} \quad (16\text{-}5)$$

则式（a）成为

$$\sigma_{cr} = \frac{\pi^2 E}{\lambda^2} \quad (16\text{-}6)$$

式（16-6）称为**临界应力的欧拉公式**。式中，$\lambda = \frac{\mu l}{i}$ 称为压杆的**柔度**或**长细比**。压杆柔度 λ 的量纲为一。它综合反映了压杆的长度、截面和杆端约束条件对临界应力 σ_{cr} 的影响。当材料一定时，压杆的柔度越大，其临界应力就越小，压杆也就越容易失稳。

一般情况下，压杆在不同的纵向平面内具有不同的柔度。显然，压杆失稳必然首先发生在柔度最大的纵向平面内。因此，压杆的临界应力应按柔度的最大值 λ_{max} 来计算。

二、欧拉公式的适用范围

欧拉公式是在线弹性的条件下推导出来的，因此，它的适用范围为

$$\sigma_{cr} = \frac{\pi^2 E}{\lambda^2} \leqslant \sigma_p \quad (c)$$

或者

$$\lambda \geqslant \lambda_p \quad (16\text{-}7)$$

式中，

$$\lambda_p = \sqrt{\frac{\pi^2 E}{\sigma_p}} \quad (16\text{-}8)$$

为决定欧拉公式能否适用的压杆柔度的界限值，与材料的力学性能有关。当 $\lambda \geqslant \lambda_p$ 时，欧拉公式适用；反之，欧拉公式就不适用。满足 $\lambda \geqslant \lambda_p$ 的压杆称为**大柔度杆**，也称为**细长杆**。

例如，Q235 钢的弹性模量 $E = 206$ GPa、比例极限 $\sigma_p = 200$ MPa，代入式（16-8）得

$$\lambda_p = \sqrt{\frac{\pi^2 E}{\sigma_p}} = \sqrt{\frac{\pi^2 \times 206 \times 10^9 \text{ Pa}}{200 \times 10^6 \text{ Pa}}} \approx 100$$

这意味着，用 Q235 钢制成的压杆，只有当其柔度 $\lambda \geqslant 100$ 时欧拉公式才适用。

第四节 经验公式与临界应力总图

一、临界应力的经验公式

若压杆的柔度 λ 小于 λ_p,欧拉公式就不能使用。对这类压杆的稳定性计算,工程中一般采用以试验结果为依据的经验公式。常用的经验公式有**直线公式**与**抛物线公式**。

1. 直线公式

直线公式将压杆的临界应力 σ_{cr} 与柔度 λ 表达为下述的线性关系:

$$\sigma_{cr} = a - b\lambda \tag{16-9}$$

式中,a、b 为与材料的力学性能有关的常数,单位都是 MPa。

对于塑性材料压杆,按式(16-9)计算出的临界应力 σ_{cr} 应低于材料的屈服极限 σ_s,即应有

$$\sigma_{cr} = a - b\lambda < \sigma_s$$

或者

$$\lambda > \lambda_s \tag{16-10}$$

式中,

$$\lambda_s = \frac{a - \sigma_s}{b} \tag{16-11}$$

为直线公式能够适用的压杆柔度的最小界限值,与材料的力学性能有关。

综上所述,直线公式(16-9)的适用范围为 $\lambda_s < \lambda < \lambda_p$。这类压杆称为**中柔度杆**或**中长杆**。表16-2 中给出了一些常用材料的 a、b、λ_p 和 λ_s 的数值。

表16-2 几种常用材料的 a、b、λ_p 和 λ_s

材 料		a/MPa	b/MPa	λ_p	λ_s
Q235 钢	$\sigma_b \geq 373$ MPa $\sigma_s = 235$ MPa	304	1.12	100	61.4
优质碳钢	$\sigma_b \geq 471$ MPa $\sigma_s = 306$ MPa	461	2.568	100	60
硅钢	$\sigma_b \geq 510$ MPa $\sigma_s = 353$ MPa	578	3.744	100	60
铬钼钢		981	5.296	55	—
硬铝		373	2.15	50	—
灰口铸铁		332	1.454	80	—
松木		28.7	0.199	59	—

对于 $\lambda \leqslant \lambda_s$ 的压杆，一般不会失稳，只会出现强度失效（塑性屈服或脆性断裂），这类压杆称为**小柔度杆**或**粗短杆**。

2. 抛物线公式

在工程中，有时采用抛物线公式来计算中、小柔度压杆的临界应力，即将临界应力 σ_{cr} 表达为柔度 λ 的二次函数

$$\sigma_{cr} = a_1 - b_1 \lambda^2 \tag{16-12}$$

式中，a_1、b_1 是与材料的力学性能有关的常数。

二、临界应力总图

压杆的临界应力与柔度之间的关系曲线称为压杆的**临界应力总图**。图 16-8a、b 分别为对应于直线公式、抛物线公式的压杆的临界应力总图，该图直观地表达了压杆的临界应力 σ_{cr} 随柔度 λ 的变化规律。由图可见，压杆的柔度 λ 越大，临界应力 σ_{cr} 就越小。

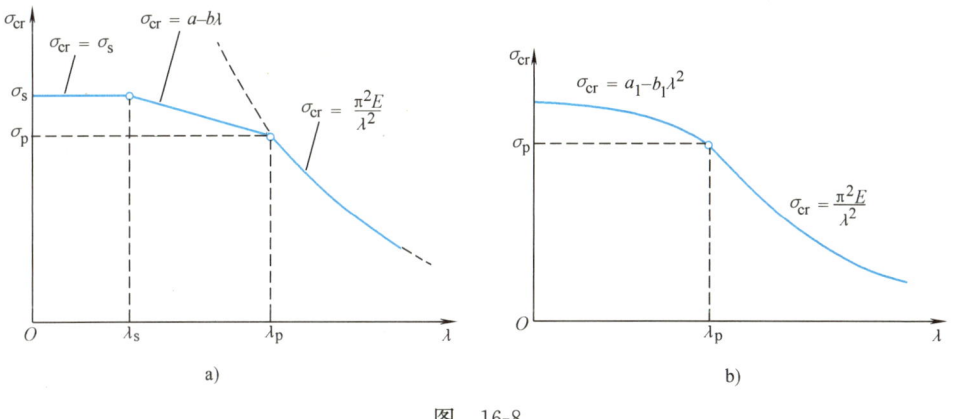

图 16-8

设压杆的柔度为 λ、工作应力为 σ，显然，若点 (λ, σ) 位于临界应力总图的下方，压杆的平衡状态是稳定的；位于临界应力总图的上方，压杆的平衡状态是不稳定的；正好位于临界应力总图之上，压杆则处于临界状态。

应该指出，压杆稳定与否，是由压杆的整体变形决定的，个别截面处的局部削弱（如孔、槽等）对压杆的整体变形影响很小。因此，在计算压杆的临界应力时，可采用未经削弱的截面的几何性质。

【例 16-3】 如图 16-9 所示，一端固定、一端铰支的立柱由一根 No.25a 工字钢制成，材料为 Q235 钢。已知立柱长 $l = 3.6$ m，弹性模量 $E = 206$ GPa。求此立柱的临界力。若将约束条件分别改为两端铰支、两端固定但可沿轴向相对移动，则问立柱的临界力有何变化？

解：由表 16-2 查得 $\lambda_p = 100$、$\lambda_s = 61.4$。

(1) 一端固定、一端铰支

长度因数 $\mu = 0.7$。由型钢表查得 No.25a 工字钢的截面几何性质 $A = 48.541 \text{ cm}^2$、$i_{\min} = 2.4 \text{ cm}$、$I_{\min} = 280 \text{ cm}^4$。立柱柔度

$$\lambda = \frac{\mu l}{i_{\min}} = \frac{0.7 \times 3600 \text{ mm}}{24 \text{ mm}} = 105 > \lambda_p$$

属于细长杆，故由欧拉公式得临界力

$$F_{\text{cr}} = \frac{\pi^2 E I_{\min}}{(0.7l)^2} = \frac{\pi^2 \times 206 \times 10^9 \text{ Pa} \times 280 \times 10^{-8} \text{ m}^4}{(0.7 \times 3.6 \text{ m})^2}$$
$$= 896.4 \times 10^3 \text{ N} = 896.4 \text{ kN}$$

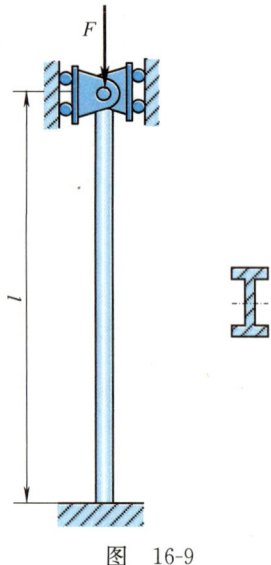

图 16-9

(2) 两端铰支

长度因数 $\mu = 1$，立柱柔度

$$\lambda = \frac{\mu l}{i} = \frac{1.0 \times 3600 \text{ mm}}{24 \text{ mm}} = 150 > \lambda_p$$

仍为细长杆，由欧拉公式得临界力

$$F_{\text{cr}} = \frac{\pi^2 E I_{\min}}{l^2} = \frac{\pi^2 \times 206 \times 10^9 \text{ Pa} \times 280 \times 10^{-8} \text{ m}^4}{(3.6 \text{ m})^2} = 439.3 \times 10^3 \text{ N} = 439.3 \text{ kN}$$

临界力降低。

(3) 两端固定但可沿轴向相对移动

长度因数 $\mu = 0.5$，立柱柔度

$$\lambda_s < \lambda = \frac{\mu l}{i} = \frac{0.5 \times 3600 \text{ mm}}{24 \text{ mm}} = 75 < \lambda_p$$

属于中柔度杆，故采用直线公式计算临界应力。由表 16-2 查得 Q235 钢的 $a = 304 \text{ MPa}$、$b = 1.12 \text{ MPa}$。由式（16-9）得临界应力

$$\sigma_{\text{cr}} = a - b\lambda = 304 \text{ MPa} - 1.12 \text{ MPa} \times 75 = 220 \text{ MPa}$$

故得临界力

$$F_{\text{cr}} = \sigma_{\text{cr}} A = 220 \text{ MPa} \times 48.541 \text{ mm}^2 = 1068 \times 10^3 \text{ N} = 1068 \text{ kN}$$

明显高于前两种情况。

【例 16-4】 某机器连杆如图 16-10 所示。已知材料为碳钢，弹性模量 $E = 210 \text{ GPa}$、屈服极限 $\sigma_s = 306 \text{ MPa}$。试确定该连杆的临界力，并说明横截面的设计是否合理。

解：(1) 计算柔度

由于连杆在 x-y、x-z 两个平面内的杆端约束情况和抗弯刚度均不相同，因此，必须首先算出连杆在两个平面内的柔度，以确定失稳平面。

在 x-y 平面内，连杆的两端可视为铰支（见图 16-10），长度因数 $\mu_z = 1$，长度 $l_1 = 750 \text{ mm}$，截面几何参数

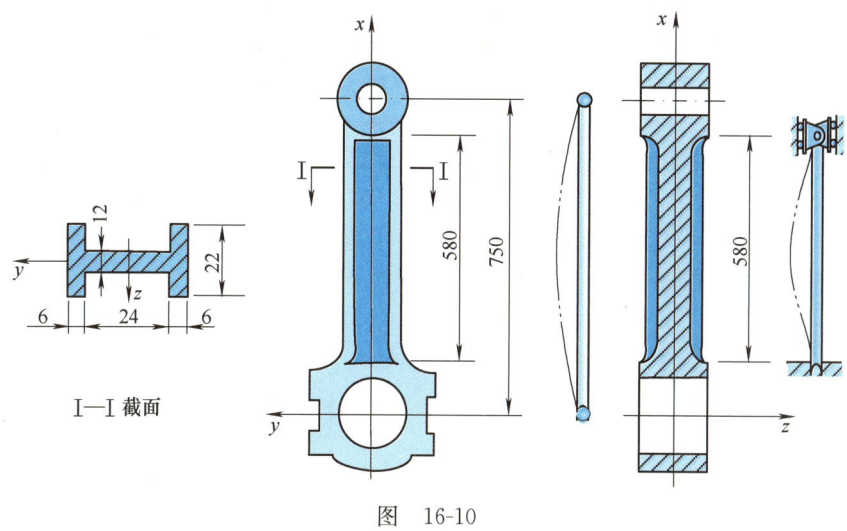

图 16-10

$$A = 24 \text{ mm} \times 12 \text{ mm} + 2 \times 6 \text{ mm} \times 22 \text{ mm} = 552 \text{ mm}^2$$

$$I_z = \frac{12 \times 24^3}{12} \text{ mm}^4 + 2 \times \left(\frac{22 \times 6^3}{12} + 22 \times 6 \times 15^2\right) \text{ mm}^4 = 74200 \text{ mm}^4$$

$$i_z = \sqrt{\frac{I_z}{A}} = \sqrt{\frac{74200 \text{ mm}^4}{552 \text{ mm}^2}} = 11.6 \text{ mm}$$

$$\lambda_z = \frac{\mu_z l_1}{i_z} = \frac{1 \times 750 \text{ mm}}{11.6 \text{ mm}} = 64.7$$

在 x-z 平面内，连杆的两端可视为固定但可沿轴向相对移动（见图 16-10），长度因数 $\mu_y = 0.5$，长度 $l_2 = 580$ mm，截面几何参数

$$I_y = \frac{24 \times 12^3}{12} \text{ mm}^4 + 2 \times \frac{6 \times 22^3}{12} \text{ mm}^4 = 14100 \text{ mm}^4$$

$$i_y = \sqrt{\frac{I_y}{A}} = \sqrt{\frac{14100 \text{ mm}^4}{552 \text{ mm}^2}} = 5.05 \text{ mm}$$

$$\lambda_y = \frac{\mu_y l_2}{i_y} = \frac{0.5 \times 580 \text{ mm}}{11.6 \text{ mm}} = 57.4$$

因为 $\lambda_z > \lambda_y$，故连杆将在 x-y 平面内失稳，应根据 λ_z 来计算临界力。

(2) 计算临界力

由碳钢的 $\sigma_s = 306$ MPa，查表 16-2 得 $\lambda_p = 100$、$\lambda_s = 60$。因为 $\lambda_s < \lambda_z < \lambda_p$，故连杆属于中长杆，用直线公式计算临界应力。查表 16-2 得 $a = 461$ MPa、$b = 2.568$ MPa，代入式（16-9），得临界应力

$$\sigma_{cr} = a - b\lambda_z = 461 \text{ MPa} - 2.568 \text{ MPa} \times 64.7 = 294.9 \text{ MPa}$$

故连杆的临界力

$$F_{cr} = \sigma_{cr} A = 294.9 \text{ MPa} \times 552 \text{ mm}^2 = 162.7 \times 10^3 \text{ N} = 162.7 \text{ kN}$$

由于连杆在 x-y、x-z 两个平面内的柔度 $\lambda_z = 64.7$ 与 $\lambda_y = 57.4$ 较为接近，说明该连杆横

截面的设计比较合理。

说明：当压杆在两个纵向平面内的杆端约束条件和抗弯刚度均不相同时，一般需要分别计算压杆在两个纵向平面内的柔度，柔度较大的纵向平面则为失稳平面。

【**例 16-5**】 如图 16-11a 所示，一长度 $l = 4$ m、两端球形铰支的立柱由 No. 10 槽钢制作而成，承受轴向压力 F 的作用。槽钢材料为 Q235 钢，其弹性模量 $E = 206$ GPa、$\lambda_p = 100$。(1) 求出立柱的临界力；(2) 若改用两根 No. 10 槽钢组合成立柱（见图 16-11b），试确定两槽钢的间距 b 和连接板的间距 h，并求出该组合立柱的临界力。

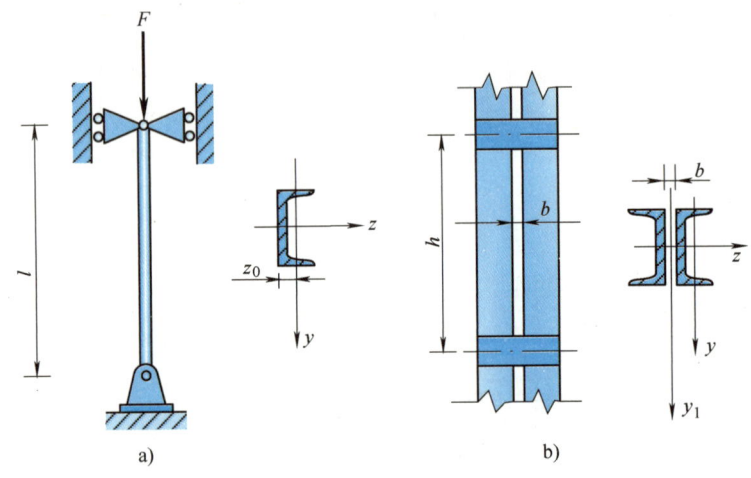

图 16-11

解：(1) 单根槽钢的临界力

由型钢表查得 No. 10 槽钢的截面几何性质 $A = 12.74$ cm^2、$I_y = 25.6$ cm^4、$I_z = 198.3$ cm^4、$z_0 = 1.52$ cm、$i_y = 1.41$ cm、$i_z = 3.95$ cm。立柱柔度

$$\lambda_{\max} = \lambda_y = \frac{\mu l}{i_y} = \frac{1 \times 4 \text{ m}}{1.41 \times 10^{-2} \text{ m}} = 284 > \lambda_p = 100$$

属于细长杆。故由欧拉公式得临界力

$$F_{cr} = \frac{\pi^2 E I_y}{(\mu l)^2} = \frac{\pi^2 \times 206 \times 10^9 \text{ Pa} \times 25.6 \times 10^{-8} \text{ m}^4}{(1 \times 4 \text{ m})^2} = 32.53 \times 10^3 \text{ N} = 32.53 \text{ kN}$$

(2) 组合柱的几何尺寸

为合理利用材料，两槽钢的间距应使组合截面对两根形心主惯性轴的惯性矩相等，即有

$$2\left[I_y + \left(z_0 + \frac{b}{2}\right)^2 A\right] = 2I_z$$

解得两槽钢间距

$$b = 2\left(\sqrt{\frac{I_z - I_y}{A}} - z_0\right) = 4.32 \text{ cm}$$

为防止单根槽钢绕 y 轴失稳（见图 16-11b），应使单根槽钢的柔度 λ_y 不大于组合柱的柔度 λ_z（$\lambda_z = \lambda_{y1}$），即应有

$$\lambda_y = \frac{\mu h}{i_y} \leqslant \lambda_z = \frac{\mu l}{i_z}$$

将连接板对槽钢的约束视为铰支，由上式即得连接板间距

$$h \leqslant i_y \frac{l}{i_z} = \frac{1.41 \times 10^{-2} \text{ m} \times 4 \text{ m}}{3.95 \times 10^{-2} \text{ m}} = 1.43 \text{ m}$$

(3) 组合柱的临界力

组合柱的柔度

$$\lambda_z = \frac{\mu l}{i_z} = \frac{1 \times 4 \text{ m}}{3.95 \times 10^{-2} \text{ m}} = 101.3 > \lambda_p = 100$$

属于细长杆，由欧拉公式得其临界力

$$F_{cr} = \frac{\pi^2 E(2I_z)}{(\mu l)^2} = \frac{\pi^2 \times (206 \times 10^9 \text{ Pa}) \times (2 \times 198.3 \times 10^{-8} \text{ m}^4)}{(1 \times 4 \text{ m})^2} = 503.96 \text{ kN}$$

讨论：组合柱与单根槽钢的临界力之比

$$\frac{503.96 \text{ kN}}{32.53 \text{ kN}} = 15.5$$

即，两根槽钢构成的组合柱的承载能力为单根槽钢的 15.5 倍。因此，在工程中，对于用型钢制作的重型钢立柱，大都采用组合柱的形式。请读者证明，上述组合柱的承载能力实际为单根槽钢的 $2I_z/I_y$ 倍。

第五节　压杆的稳定计算

为了保证压杆不发生失稳，必须使其实际承受的轴向压力 F 小于压杆的临界力 F_{cr}。考虑到一定的安全储备，压杆的稳定条件可表为

$$n = \frac{F_{cr}}{F} \geqslant n_{st} \tag{16-13}$$

式中，n 为压杆的**工作安全因数**；n_{st} 为规定的**稳定安全因数**。规定的稳定安全因数一般要高于强度安全因数。这是因为一些难以避免的因素，例如杆件的初弯曲、载荷偏心、材料不均匀和支座缺陷等，将严重影响压杆的稳定，明显降低其临界力。而同样这些因素，对强度的影响则不像对稳定的影响那么显著。稳定安全因数 n_{st} 可从有关设计规范中查到。表 16-3 给出了几种常见零构件的稳定安全因数，仅供参考。

表 16-3　几种压杆的稳定安全因数

压杆	n_{st}	压杆	n_{st}
金属结构中的压杆	1.8～3.0	磨床油缸活塞杆	2～5
矿山、冶金设备中的压杆	4～8	低速发动机挺杆	4～6
机床丝杠	2.5～4	高速发动机挺杆	2～5
水平长丝杠或精密丝杠	>4	拖拉机转向纵横推杆	5

应再次指出，由于压杆的稳定性取决于杆件整体的抗弯刚度，因此在进行压杆的稳定计算时，可以不必考虑杆件的局部削弱（如铆钉孔或螺钉孔等），而采用未削弱截面的几何性质。但对于削弱截面，则应补充进行强度校核。

根据式（16-13），即可进行压杆的稳定计算，现举例说明如下：

【例 16-6】 千斤顶如图 16-12a 所示。已知丝杠长度 $l=375$ mm、有效直径 $d=40$ mm，材料为 45 钢，所受最大轴向压力 $F=80$ kN，规定的稳定安全因数 $n_{st}=4$。试校核丝杠的稳定性。

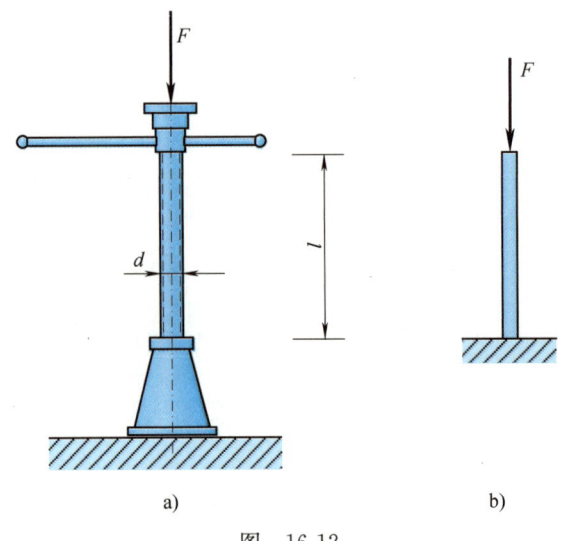

图 16-12

解：(1) 计算丝杠柔度

丝杠可简化为一端固定、一端自由的压杆（见图 16-12b），长度因数 $\mu=2$。惯性半径

$$i=\sqrt{\frac{I}{A}}=\frac{d}{4}=\frac{40 \text{ mm}}{4}=10 \text{ mm}$$

由表 16-2 查得 45 钢（优质碳钢）的柔度界限值 $\lambda_p=100$、$\lambda_s=60$。丝杠柔度

$$\lambda_s<\lambda=\frac{\mu l}{i}=\frac{2\times 375 \text{ mm}}{10 \text{ mm}}=75<\lambda_p$$

属于中柔度杆。

(2) 计算临界力

查表 16-2 知 45 钢（优质碳钢）的 $a=461$ MPa、$b=2.568$ MPa。由直线公式得丝杠临界力

$$F_{cr}=\sigma_{cr}A=(a-b\lambda)A$$

$$=(461\times 10^6 \text{ Pa}-2.568\times 10^6 \text{ Pa}\times 75)\times \frac{\pi\times 40^2\times 10^{-6} \text{ m}^2}{4}=337.1 \text{ kN}$$

(3) 稳定校核

丝杠的工作安全因数

$$n=\frac{F_{cr}}{F}=\frac{337.1\times 10^3 \text{ N}}{80\times 10^3 \text{ N}}=4.21>n_{st}=4$$

故丝杠稳定性满足要求。

[例 16-7] 磨床液压装置的活塞杆如图 16-13 所示。已知液压缸内径 $D=65$ mm，活塞杆长度 $l=1250$ mm，液压 $p=1.2$ MPa，材料为 35 钢，比例极限 $\sigma_p=220$ MPa，弹性模量 $E=210$ GPa，规定的稳定安全因数 $n_{st}=6$。试确定活塞杆的直径。

解： 活塞杆承受的轴向压力

$$F=\frac{\pi}{4}D^2 p=\frac{\pi}{4}\times(65\times 10^{-3} \text{ m})^2\times(1.2\times 10^6 \text{ Pa})$$

$$=3980 \text{ N}$$

由稳定性条件得活塞杆临界力

$$F_{cr}\geqslant n_{st}F=6\times 3980 \text{ N}=23.9 \text{ kN} \quad (a)$$

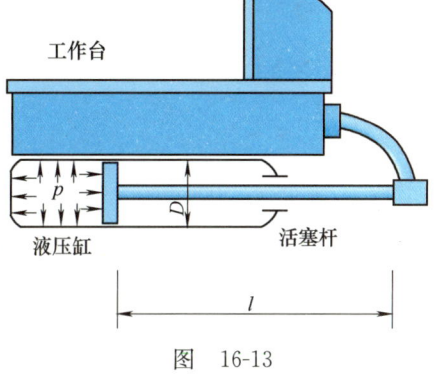

图 16-13

因活塞杆直径 d 未知，柔度 λ 无法计算，故尚不能确定应用欧拉公式还是经验公式来计算其临界力。为此，可先假设活塞杆为大柔度杆，用欧拉公式进行试算。

活塞杆可视为两端铰支，长度因数 $\mu=1$，由欧拉公式

$$F_{cr}=\frac{\pi^2 EI}{(\mu l)^2}=\frac{\pi^2\times(210\times 10^9 \text{ Pa})\times \frac{\pi}{64}d^4}{(1\times 1.25 \text{ m})^2} \quad (b)$$

联立式 (a)、式 (b) 解得

$$d\geqslant 0.0246 \text{ m}=24.6 \text{ mm}$$

故取 $d=25$ mm。再用所取 d 值计算活塞杆的柔度

$$\lambda=\frac{\mu l}{i}=\frac{1\times 1250 \text{ mm}}{\frac{25 \text{ mm}}{4}}=200$$

由式 (16-8)，得 35 钢的柔度界限值

$$\lambda_p=\sqrt{\frac{\pi^2 E}{\sigma_p}}=\sqrt{\frac{\pi^2\times 210\times 10^9 \text{ Pa}}{220\times 10^6 \text{ Pa}}}=97$$

由于 $\lambda>\lambda_p$，故原先假设为大柔度杆是正确的，可取活塞杆的直径 $d=25$ mm。

【例 16-8】 图 16-14a 所示结构由立杆 AB 和横梁 CB 构成。已知杆和梁的材料均为 Q235 钢，弹性模量 $E=206$ GPa、许用应力 $[\sigma]=160$ MPa；杆 AB 的直径 $d=80$ mm，两端可视为球铰；梁 CB 用 No.22a 工字钢制作。若规定的稳定安全因数 $n_{st}=5$，试确定许可载荷 $[q]$。

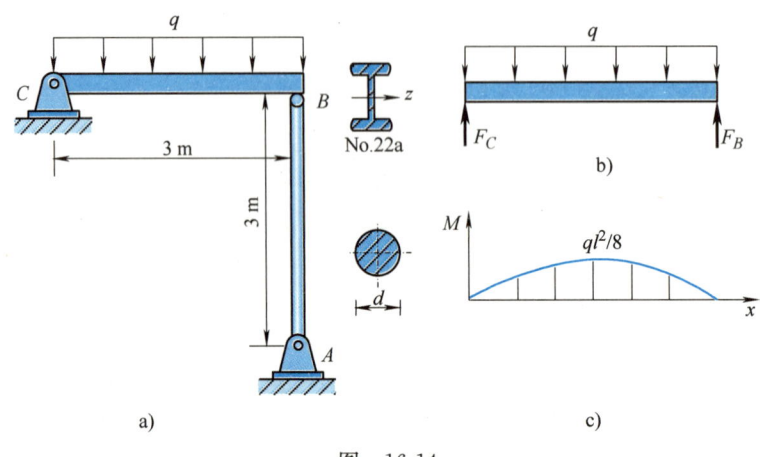

图 16-14

解：(1) 由梁 CB 的强度条件确定载荷 q

作出梁的弯矩图如图 16-14b 所示，其最大弯矩 $M_{max}=\dfrac{ql^2}{8}$。从型钢表查得 No.22a 工字钢的抗弯截面系数 $W_z=309$ cm^3。由梁的弯曲正应力强度条件

$$\sigma_{max}=\frac{M_{max}}{W_z}=\frac{ql^2}{8W_z}\leqslant[\sigma]$$

得载荷

$$q\leqslant\frac{8W_z[\sigma]}{l^2}=\frac{8\times309\times10^{-6}\text{ m}^3\times160\times10^6\text{ Pa}}{(3\text{ m})^2}=43.9\text{ kN/m}$$

(2) 由杆 AB 的稳定条件确定载荷 q

杆 AB 两端铰支，长度因数 $\mu=1$，惯性半径

$$i=\sqrt{\frac{I}{A}}=\frac{d}{4}=\frac{80\text{ mm}}{4}=20\text{ mm}$$

柔度

$$\lambda=\frac{\mu l}{i}=\frac{1\times3000\text{ mm}}{20\text{ mm}}=150>\lambda_p=100$$

属于大柔度杆。故采用欧拉公式得其临界应力

$$\sigma_{cr}=\frac{\pi^2 E}{\lambda^2}=\frac{\pi^2\times206\times10^9\text{ Pa}}{150^2}=90.4\times10^6\text{ Pa}=90.4\text{ MPa}$$

临界力

$$F_{cr}=\sigma_{cr}A=\sigma_{cr}\cdot\frac{\pi d^2}{4}=90.4\times10^6\text{ Pa}\times\frac{\pi\times(80\times10^{-3}\text{ m})^2}{4}=454.4\text{ kN}$$

杆 AB 所受压力 $F_{AB}=F_B=\dfrac{ql}{2}$（见图 16-14b），由压杆的稳定条件

$$n=\frac{F_{\text{cr}}}{F_{AB}}=\frac{2F_{\text{cr}}}{ql}\geqslant n_{\text{st}}$$

得

$$q\leqslant\frac{2F_{\text{cr}}}{n_{\text{st}}l}=\frac{2\times454.4\times10^3\text{ N}}{5\times3\text{ m}}=60.6\text{ kN/m}$$

综合以上计算结果，得此结构的许可载荷为

$$[q]=43.9\text{ kN/m}$$

上面所介绍的利用安全因数形式的稳定条件进行压杆稳定计算的方法称为**安全因数法**，该法主要用于机械行业。在土木行业中，则通常采用折减系数法。关于压杆稳定计算的折减系数法，本书不再讨论，读者若有兴趣可参见其他相关资料。

第六节　提高压杆稳定性的措施

由压杆的临界应力公式

$$\sigma_{\text{cr}}=\frac{\pi^2 E}{\lambda^2}\quad\text{与}\quad\sigma_{\text{cr}}=a-b\lambda$$

可知，压杆的承载能力与压杆柔度和材料的力学性能有关。而压杆柔度

$$\lambda=\frac{\mu l}{i}=\frac{\mu l}{\sqrt{I/A}}$$

又与压杆的长度、杆端约束条件、截面形状和尺寸有关。因此，可以采用下列措施来提高压杆的稳定性。

1. 合理选择截面形状

无论对于大柔度杆还是中柔度杆，压杆的柔度 λ 越小，其临界应力就越大，稳定性也就越好。由柔度计算公式可见，在面积 A 不变的情况下，惯性矩 I 越大，柔度 λ 则越小。因此，应选择惯性矩较大的截面形状。在面积相同的条件下，空心圆截面杆就比实心圆截面杆的临界力高。当然，空心圆截面杆的壁厚也不能过小，过小则易发生局部折皱失稳。

选择截面形状时还应结合考虑杆端的约束条件。如压杆两端为球形铰支或固端，则宜选择 $I_y=I_z$ 的截面形状；若两端为柱形铰支，则应选择 $I_y\neq I_z$ 的截面形状，并使两个方向上的柔度大致相等，经适当设计的工字形截面，以及由角钢或槽钢等组成的组合截面，均可以满足该要求。

2. 增大杆端的约束刚度

杆端约束的刚性越大，压杆的长度因数 μ 就越小，临界力也就越大。例如，若将一端固定、一端自由的细长压杆改为一端固定、一端铰支，则由欧拉公式知，其临界力可增至原来的 8.16 倍。可见，增大杆端约束刚度可以有效地提高压杆的稳定性。

3. 减小压杆的长度

对于细长压杆，其临界力与杆长平方成反比。故当结构允许时，应尽量减小压杆长度或者增加中间支承，以提高其稳定性。例如，在图 16-15a 所示的两端铰支细长压杆的中间增加支承（见图 16-15b），则压杆的临界力将增大为原来的 4 倍。无缝钢管厂在轧制钢管时，在顶杆中部增加抱辊装置（见图 16-16），就出自这个原因。

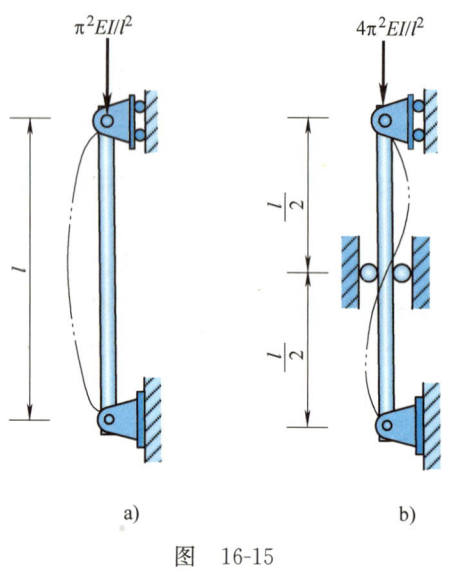

图 16-15

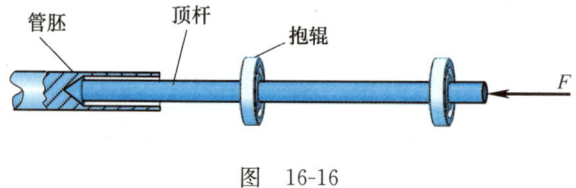

图 16-16

4. 合理选择材料

对于大柔度杆，选用弹性模量 E 较大的材料可以提高压杆的稳定性。然而，就钢材而言，因各种钢材的 E 值大致相同，故如果仅从稳定性考虑，用优质钢材替换普通钢材来制造细长压杆是完全没有意义的。

对于中柔度杆，临界应力则与材料的强度有关，由图 16-8 a 所示的临界应力总图可知，中柔度杆的临界应力 σ_{cr} 随着屈服极限 σ_s 和比例极限 σ_p 的提高而增大。因此，选用优质钢材可以提高中柔度杆的稳定性。

复习思考题

16-1 什么是压杆失稳？什么是压杆的临界力？

16-2 什么是长度因数？什么是相当长度？

16-3 什么是压杆柔度？压杆柔度与哪些因素有关？

16-4 如何判定大柔度杆、中柔度杆和小柔度杆？如何求它们的临界力？

16-5 计算中小柔度压杆的临界力时，若误用了欧拉公式，其后果如何？

16-6 由四根等边角钢组成一压杆，其组合截面的形状分别如思考题 16-6 图 a、b 所示。试问哪种组合截面压杆的承载能力强？为什么？

16-7 思考题 16-7 图所示三根细长压杆，除约束情况不同外，其他条件完全相同。试问哪根压杆的稳定性最好？哪根压杆的稳定性最差？

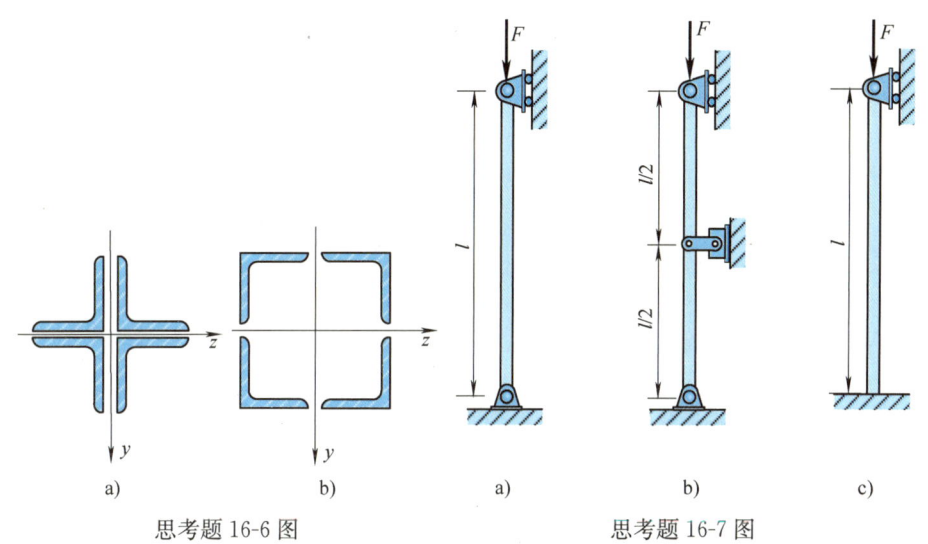

思考题 16-6 图　　　　　　　　　　思考题 16-7 图

16-8 对于圆截面细长压杆，若直径增加一倍，其临界力将如何变化？若杆的长度增加一倍，其临界力又将如何变化？

16-9 如何提高压杆的稳定性？

16-10 满足强度条件的等截面压杆是否满足稳定条件？满足稳定条件的等截面压杆是否满足强度条件？为什么？

习题

16-1 材料相同、直径相等的圆截面细长压杆如习题 16-1 图所示，已知材料的弹性模量 $E=200\,\text{GPa}$，杆的直径 $d=160\,\text{mm}$，试求各杆的临界力。

16-2 习题 16-2 图所示细长压杆的两端为球形铰支，弹性模量 $E=200\,\text{GPa}$，试计算在如下三种情况下其临界力的大小。(1) 圆形截面：$d=25\,\text{mm}$，$l=1\,\text{m}$；(2) 矩形截面：$b=2h=40\,\text{mm}$，$l=2\,\text{m}$；(3) No.16 工字钢，$l=2\,\text{m}$。

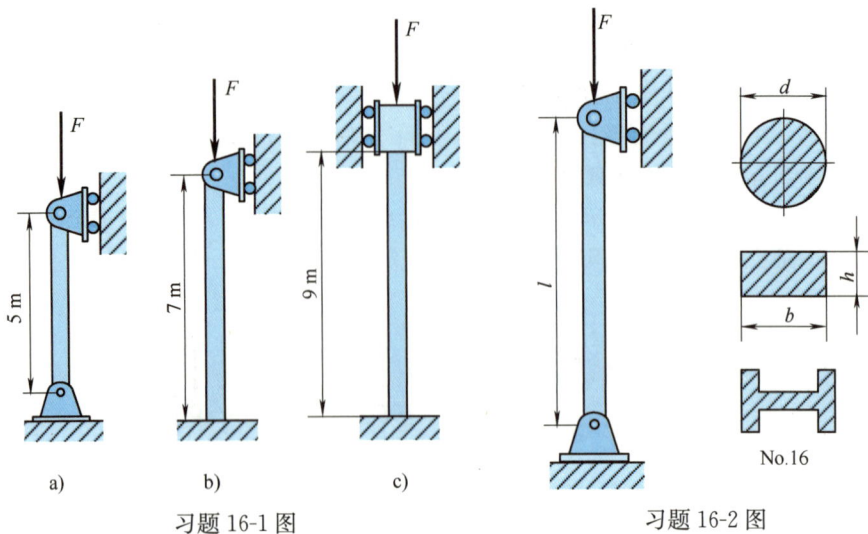

习题 16-1 图   习题 16-2 图

16-3 一木柱两端为球形铰支,其横截面为 120 mm×200 mm 的矩形,长度为 4 m。木材的弹性模量 $E=10$ GPa、比例极限 $\sigma_p=20$ MPa,直线公式中的常数 $a=28.7$ MPa、$b=0.19$ MPa。试求该木柱的临界应力。

16-4 习题 16-4 图所示压杆的截面为 125×125×8 的等边角钢,材料为 Q235 钢,弹性模量 $E=206$ GPa。试分别求出当其长度 $l=2$ m 和 $l=1$ m 时的临界力。

16-5 习题 16-5 图所示为某飞机起落架中承受轴向压力的斜撑杆。已知斜撑杆两端铰支,用空心钢管制作,其外径 $D=52$ mm、内径 $d=44$ mm、长度 $l=950$ mm,材料的比例极限 $\sigma_p=1200$ MPa、强度极限 $\sigma_b=1600$ MPa、弹性模量 $E=210$ GPa。试求斜撑杆的临界力和临界应力。

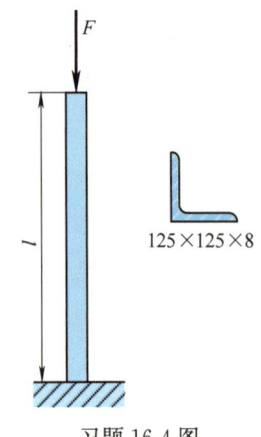

习题 16-4 图

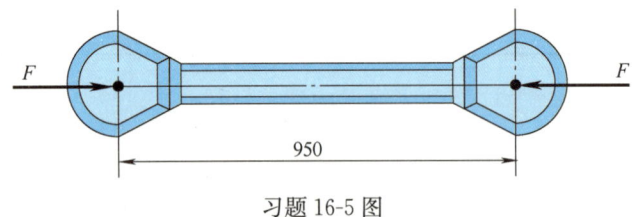

习题 16-5 图

16-6 钢制矩形截面压杆如习题 16-6 图所示。已知 $l=2.3$ m、$b=40$ mm、$h=60$ mm,材料的弹性模量 $E=206$ GPa、比例极限 $\sigma_p=200$ MPa,在 x-y 平面内两端铰支,在 x-z 平面内为长度因数 $\mu=0.7$ 的弹性固支。试求该压杆的临界力。

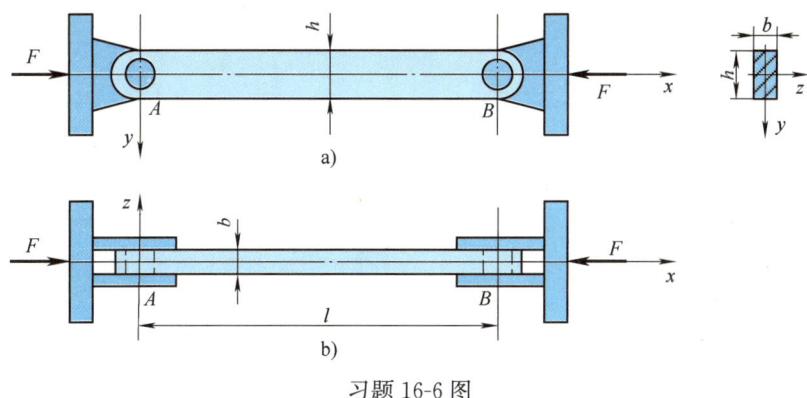

习题 16-6 图

16-7 在习题 16-7 图所示结构中，已知圆形截面杆 AB 的直径 $d=80$ mm，A 端固定、B 端与方形截面杆 BC 用球铰连接；方形截面杆 BC 的截面边长 $a=70$ mm，C 端也是球铰；$l=3$ m。若两杆材料均为 Q235 钢，弹性模量 $E=206$ GPa，试求该结构的临界载荷。

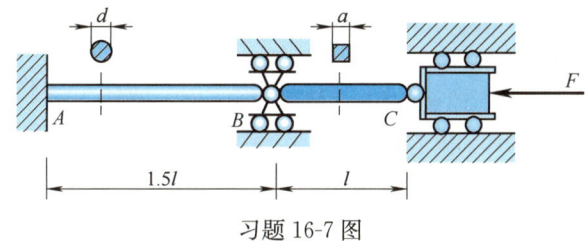

习题 16-7 图

16-8 已知某钢材的比例极限 $\sigma_p=230$ MPa、屈服极限 $\sigma_s=275$ MPa、弹性模量 $E=200$ GPa，直线公式 $\sigma_{cr}=(338-1.22\lambda)$ MPa。试计算其压杆柔度的界限值 λ_p 和 λ_s，并绘制临界应力总图（$0\leqslant\lambda\leqslant150$）。

16-9 由三根相同钢管铰接而成的支架如习题 16-9 图所示。已知钢管的外径 $D=30$ mm、内径 $d=22$ mm、长度 $l=2.5$ m，材料的弹性模量 $E=210$ GPa。若取稳定安全因数 $n_{st}=3$，试求许可载荷 $[F]$。

16-10 已知习题 16-10 图所示千斤顶的最大起重量 $P=120$ kN，丝杠根径 $d=52$ mm、总长 $l=600$ mm，衬套高度 $h=100$ mm；丝杠用 Q235 钢制成，弹性模量 $E=206$ GPa。若规定的稳定安全因数 $n_{st}=4$，试校核该千斤顶的稳定性。

16-11 自制简易起重机如习题 16-11 图所示，已知压杆 BD 用 No. 20 槽钢制作，两端为球铰支承，材料为 Q235 钢，弹性模量 $E=206$ GPa，起重机的最大起重量 $P=40$ kN。若规定的稳定安全系数 $n_{st}=5$，试校核压杆 BD 的稳定性。

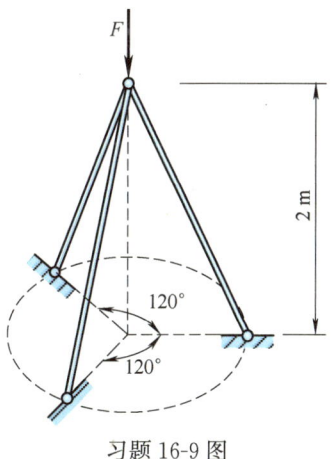

习题 16-9 图

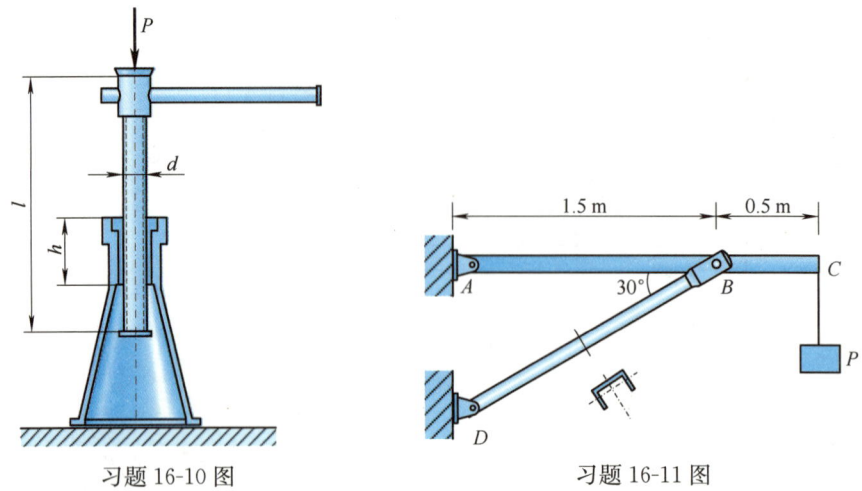

习题 16-10 图   习题 16-11 图

16-12 托架如习题 16-12 图所示，已知压杆 AB 的直径 $d=40$ mm，长度 $l=800$ mm，两端为球铰支承，材料为 Q235 钢，弹性模量 $E=206$ GPa，规定的稳定安全因数 $n_{st}=2.0$。(1) 试按压杆 AB 的稳定条件求出托架所能承受的最大载荷 F_{max}；(2) 若已知工作载荷 $F=70$ kN，问此托架是否安全？(3) 若横梁 CD 为 No.18 普通热轧工字钢，许用应力 $[\sigma]=160$ MPa，试问托架所能承受的最大载荷 F_{max} 有否变化？

16-13 如习题 16-13 图所示，Q235 钢管在 $t=20$ ℃时安装，安装时钢管不受力。已知钢材的线膨胀系数 $\alpha=12.5\times10^{-6}$ ℃$^{-1}$、弹性模量 $E=206$ GPa。试问当温度升高到多少摄氏度时，钢管将失稳？

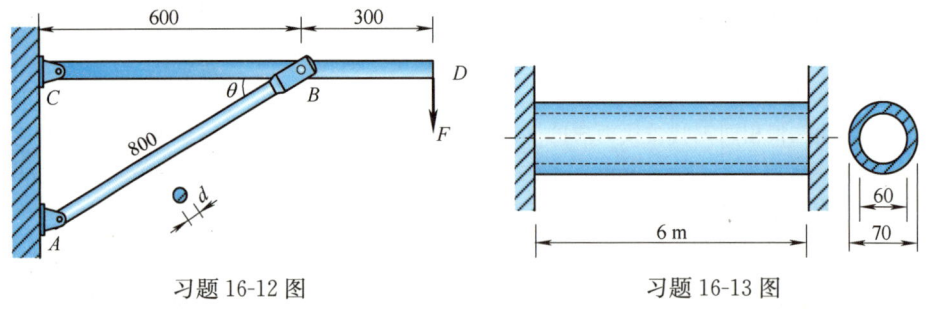

习题 16-12 图   习题 16-13 图

16-14 习题 16-14 图所示立柱长 $l=6$ m，由两根 No.10 槽钢组成，立柱顶部为球形铰支，根部为固定端。已知材料的弹性模量 $E=206$ GPa，比例极限 $\sigma_p=200$ MPa。试问两根槽钢的间距 a 为多大时立柱的临界力取得最大值？该最大值是多少？

16-15 万能试验机的结构图如习题 16-15 图 a 所示。已知四根立柱的长度 $l=3$ m，钢材的弹性模量 $E=210$ GPa，压杆柔度界限值 $\lambda_p=100$。立柱失稳后的弯曲变形曲线如习题 16-15 图 b 所示。若力 F 的最大值为 1000 kN，规定的稳定安全因数 $n_{st}=4$，试按稳定条件设计立柱的直径。

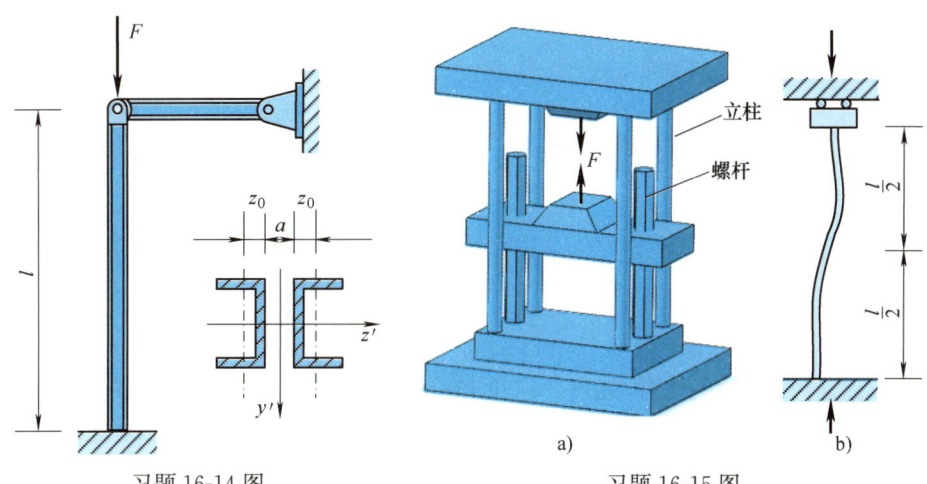

习题 16-14 图   习题 16-15 图

16-16 如习题 16-16 图所示，已知某立柱由四根 $45 \times 45 \times 4$ 的角钢构成，柱长 $l=8$ m，立柱两端为球形铰支，材料为 Q235 钢，弹性模量 $E=206$ GPa，柔度界限值 $\lambda_p=100$，规定的稳定安全因数 $n_{st}=1.6$。当立柱所受轴向压力 $F=40$ kN 时，试校核其稳定性。

16-17 如习题 16-17 图所示，一刚性杆 AB 由两根抗弯刚度均为 EI 的细长杆 CE 和 DG 支撑，试求当结构失稳时对应的载荷 F。

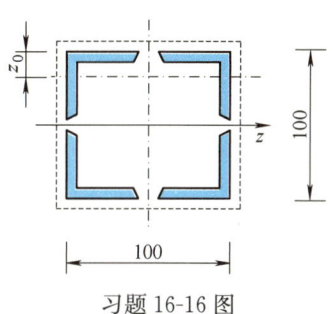

习题 16-16 图

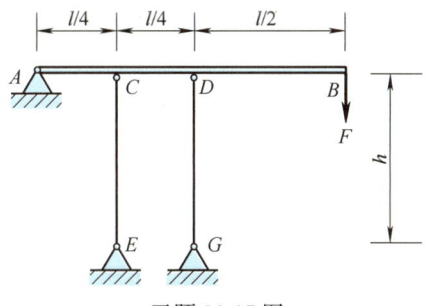

习题 16-17 图

第十七章
疲劳问题简介

前面讨论的关于构件强度、刚度与稳定性计算的所有内容，都是以静载荷为前提的。即认为，作用于构件上的所有载荷，都是由零开始，缓慢平稳地增至一定数值后维持不变。因此，外力所引起的杆件的应力、应变、位移等，也都是始终不变的常量。但在工程实际中，大量机械零件工作时所承受的载荷（应力）随时间呈周期性交替变化。本章将对这种交变应力及其引起的疲劳破坏问题做简要介绍。

第一节 交变应力与疲劳破坏

一、交变应力与疲劳破坏简介

在工程中，许多构件工作时受到随时间呈周期性交替变化的应力，即**交变应力**的作用。

例如，齿轮每旋转一周，其上的每个轮齿均啮合一次。自开始啮合至脱开的过程中，轮齿所受的啮合力 F 迅速地由零增至某一最大值，然后再减为零（见图 17-1a），轮齿齿根内的应力 σ 随之也迅速地由零增至某一最大值 $\sigma_{\max}$，再降至零。齿轮不停地转动，σ 也就随时间 t 不停地呈周期性交替变化，其关系曲线如图 17-1b 所示。

再如火车轮轴，尽管所承受的载荷 F 保持不变，但由于轮轴随车轮以角速度 ω 不停地旋转，其横截面上某一固定点 A（见图 17-2a）的弯曲正应力

$$\sigma = \frac{M}{I_z} y_A = \frac{M}{I_z} R \sin\omega t$$

同样在随时间呈周期性交替变化，σ 与 t 之间的函数曲线如图 17-2b 所示。

经验表明，在交变应力作用下，即使构件内的最大工作应力远小于材料在

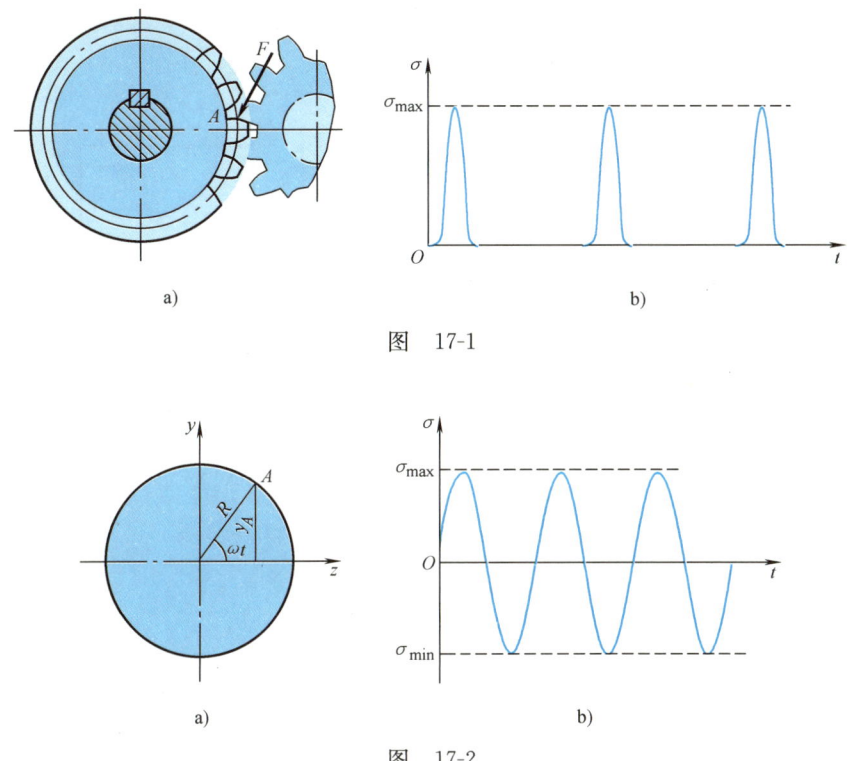

图 17-1

图 17-2

静载荷下的极限应力，但在经历一定时间后，构件仍然会发生突然断裂；而且，即使是塑性材料，在断裂前，也不会产生明显的塑性变形。这种因交变应力的长期作用而引发的低应力脆性断裂现象称为**疲劳破坏**。

通过大量的试验和研究，人们对疲劳破坏的机理和过程，业已形成了一个统一的认识：在交变应力作用下，首先会在构件表面的应力集中处或内部的材质缺陷处，产生细微裂纹，形成裂纹源；这种细微裂纹随着交变应力循环次数的增加将不断扩展，在扩展过程中，由于交变应力的拉压交替变化，裂纹的两表面时而压紧，时而张开，从而形成断口表面的光滑区；当裂纹扩展到某一临界尺寸时，即发生脆性断裂，相应断口区域呈现出粗糙颗粒状（见图 17-3）。

统计表明，在机械与航空等领域中，构件的破坏大都是由疲劳引起的，而且疲劳破坏带有突发性，往往会造成灾难性的后果，因此，在工程设计中，必须高度重视构件的疲劳强度问题。

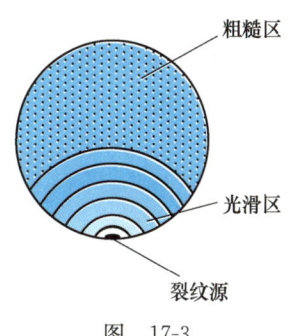

图 17-3

二、交变应力的特征参数

典型的交变应力如图 17-4 所示，应力在两个极值之间做周期性交替变化。应力每重复变化一次，称为一个**应力循环**。

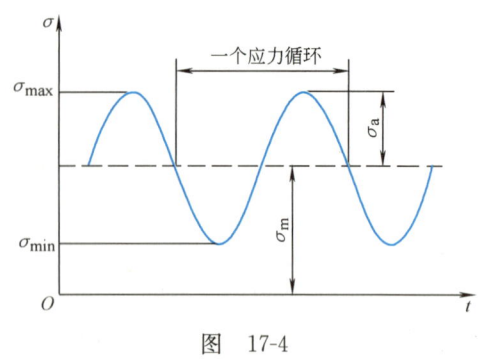

在一个应力循环中，最大应力 σ_{max} 和最小应力 σ_{min} 的代数平均值

$$\sigma_m = \frac{\sigma_{max} + \sigma_{min}}{2} \quad (17\text{-}1)$$

称为**平均应力**；最大应力 σ_{max} 和最小应力 σ_{min} 的代数差的一半

$$\sigma_a = \frac{\sigma_{max} - \sigma_{min}}{2} \quad (17\text{-}2)$$

图 17-4

称为**应力幅**；最小应力 σ_{min} 与最大应力 σ_{max} 的比值

$$r = \frac{\sigma_{min}}{\sigma_{max}} \quad (17\text{-}3)$$

称为**应力比**或**循环特性**。

若交变应力的最大应力 σ_{max} 与最小应力 σ_{min} 的数值相等、正负号相反，即应力比 $r = -1$，称为**对称循环**（见图 17-5a）；除此之外的其余情况，统称为**非对称循环**。非对称循环交变应力中的一种特殊情况，$\sigma_{min} = 0$，即 $r = 0$，则称为**脉动循环**（见图 17-5b）。

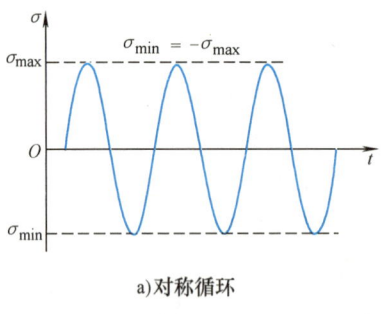

a) 对称循环

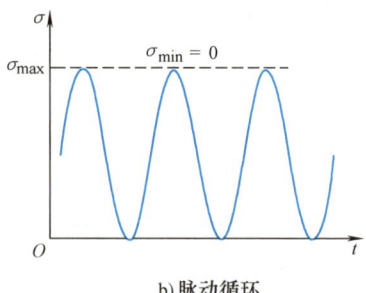

b) 脉动循环

图 17-5

由图 17-4 可见，任何非对称循环交变应力，都可以看成是在平均应力 σ_m 上叠加了一个应力幅为 σ_a 的对称循环交变应力。

显然，静应力也可视为交变应力当应力比 $r = 1$ 时的一个特例。

注意到，在交变应力的 5 个特征参数（σ_{max}、σ_{min}、σ_m、σ_a 与 r）中，只有

2个是独立的，即只要知道其中任意2个，其余3个均可由其求出。

需要指出，本节关于交变应力的概念以及下节关于疲劳强度计算的内容，尽管都是通过正应力来表述的，但实际上对于交变切应力同样适用，只要将其中的正应力符号 σ 改为切应力符号 τ 即可。

第二节　对称循环下构件的疲劳强度计算

一、材料的疲劳极限

材料在交变应力作用下的疲劳强度，应根据相应的国家标准[⊖]，通过专门的疲劳试验来确定。

在疲劳试验中，分别测定出一组相同试样，在具有同一应力比 r 但不同最大应力 $\sigma_{\max}$ 的交变应力作用下的**疲劳寿命** N（即疲劳破坏时所经历的应力循环次数）。显然，试样所承受的交变应力的最大应力 $\sigma_{\max}$ 越高，其对应的疲劳寿命 N 就越低；反之亦然。以疲劳寿命 N 为横坐标，以最大应力 $\sigma_{\max}$ 为纵坐标，依据试验数据描绘出 $\sigma_{\max}$ 与 N 之间的关系曲线。这种曲线称为材料的**应力-疲劳寿命曲线**或 **S-N 曲线**。例如，图 17-6、图 17-7 分别为 45 钢、硬铝的 S-N 曲线。

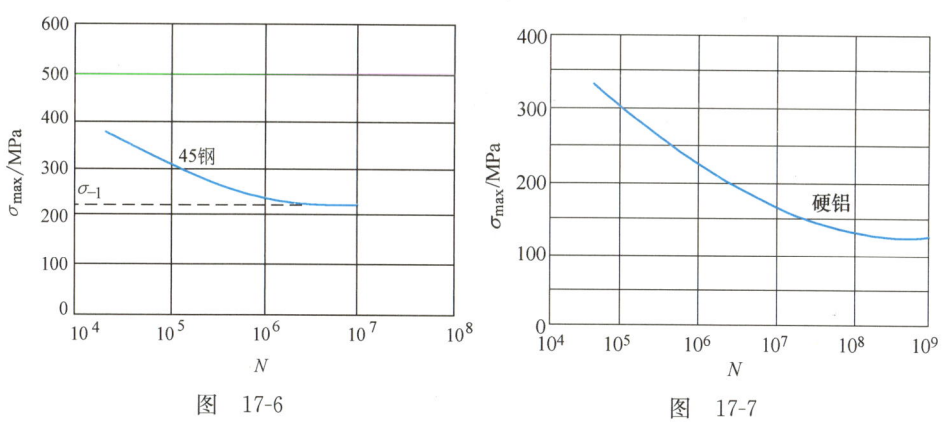

图 17-6　　　　　　　　　　　图 17-7

大量试验数据表明，对于钢和铸铁等黑色金属，其 S-N 曲线一般都具有水平渐近线（见图 17-6），即当交变应力的最大应力 $\sigma_{\max}$ 趋向于某一数值 σ_r 时，

⊖　如 GB/T 4337—2015《金属材料 疲劳试验 旋转弯曲试验方法》，GB/T 3075—2021《金属材料 疲劳试验 轴向力控制方法》。

试样的疲劳寿命 N 将趋向于无穷大。这一可使材料经历无数次应力循环而不发生疲劳破坏的交变应力的最大应力 σ_r 称为材料的**疲劳极限**或**持久极限**,其中下标 r 代表应力比。例如,图 17-6 中的 σ_{-1} 即代表材料在对称循环($r=-1$)下的疲劳极限。

对于铝合金等有色金属,其 S-N 曲线通常不存在水平渐近线(见图 17-7),即不存在疲劳极限。此时规定,以对应某一指定寿命 N_0(一般取 $N_0=10^7 \sim 10^8$)的交变应力的最大应力作为疲劳强度指标,并称为**条件疲劳极限**。

二、影响构件疲劳极限的因素

材料的疲劳极限,一般是用光滑小试样测定的。实践表明,实际构件的疲劳极限,除了与材料有关,还与构件的外形、尺寸、表面状况以及工作环境等因素相关。下面,就影响构件在对称循环下疲劳极限的主要因素逐一加以介绍。

1. 构件外形的影响

构件外形的突变将引起应力集中,而应力集中将促使疲劳裂纹的形成,从而显著降低构件的疲劳极限。

若在对称循环下,材料的疲劳极限为 σ_{-1},有应力集中但无其他因素影响的构件的疲劳极限为 $(\sigma_{-1})_k$,定义其比值

$$K_\sigma = \frac{\sigma_{-1}}{(\sigma_{-1})_k} \tag{17-4}$$

为**有效应力集中因数**。其值越大,构件外形对疲劳极限的影响就越大。

常用的有效应力集中因数 K_σ 可从有关机械设计手册中查到,图 17-8 给出了阶梯形圆轴纯弯曲时的有效应力集中因数。从中可见,有效应力集中因数 K_σ 非但与构件外形有关,还与材料的静载强度极限 σ_b 有关。一般来说,静载强度极限 σ_b 越高,有效应力集中因数 K_σ 就越大。

2. 构件尺寸的影响

材料的疲劳极限是采用直径为 $7 \sim 10$ mm 的标准小试样测定的。经验表明,在其他条件均相同的情况下,试样的尺寸越大,其疲劳极限就越低。

若在对称循环下,标准小试样的疲劳极限为 σ_{-1},直径为 d 的大尺寸试样的疲劳极限为 $(\sigma_{-1})_d$,定义其比值

$$\varepsilon_\sigma = \frac{(\sigma_{-1})_d}{\sigma_{-1}} \tag{17-5}$$

为**尺寸因数**。其值越小,构件尺寸对疲劳极限的影响就越大。

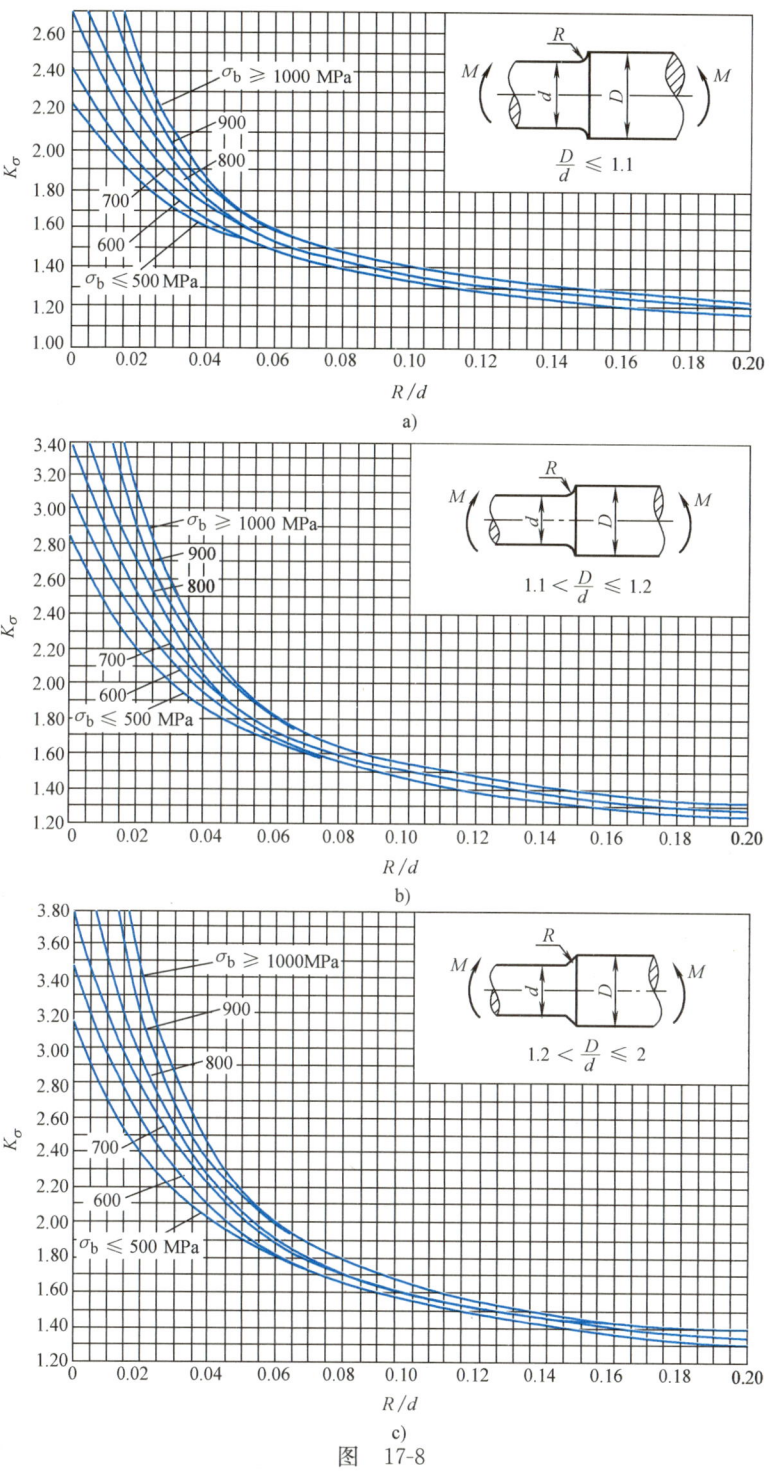

图 17-8

图 17-9 给出了圆截面钢轴的尺寸因数。

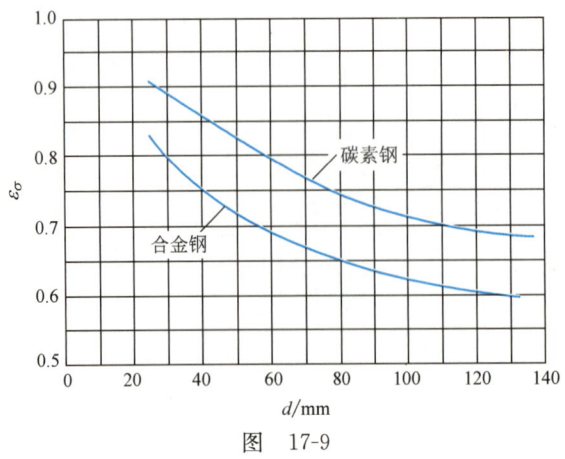

图 17-9

3. 构件表面状况的影响

试验表明，构件的表面状况也将对疲劳极限产生明显影响。

构件表面越粗糙，其疲劳极限就越低。这是因为在粗糙的表面，加工刀痕与擦伤较多，更容易引起应力集中，从而降低疲劳极限。

另一方面，如果构件表面经过渗碳、喷丸等强化处理，则会提高疲劳极限。

构件表面状况对疲劳极限的影响，可用**表面质量因数** β 来表示。在对称循环下，材料的疲劳极限为 σ_{-1}，表面状况不同的构件的疲劳极限为 $(\sigma_{-1})_\beta$，表面质量因数 β 定义为

$$\beta = \frac{(\sigma_{-1})_\beta}{\sigma_{-1}} \tag{17-6}$$

表面质量因数越小，构件表面状况对疲劳极限的影响就越大。

图 17-10 给出了对应不同表面粗糙度的表面质量因数 β。

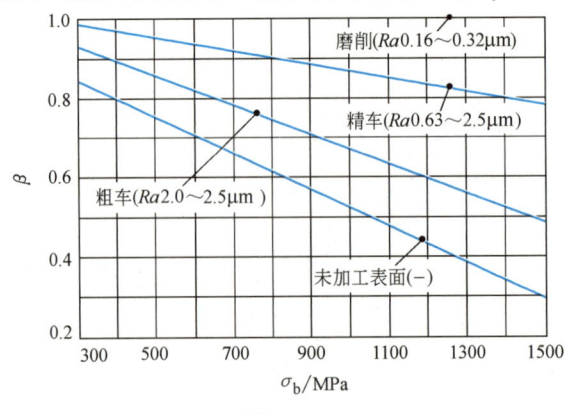

图 17-10

三、构件的疲劳极限

综合考虑上述三种影响疲劳极限的主要因素,构件在对称循环下的疲劳极限可表达为

$$\sigma_{-1}^0 = \frac{\varepsilon_\sigma \beta}{K_\sigma} \sigma_{-1} \tag{17-7}$$

四、对称循环下构件的疲劳强度条件

在对称循环交变应力作用下,构件的许用应力为

$$[\sigma_{-1}] = \frac{\sigma_{-1}^0}{n_f} = \frac{\varepsilon_\sigma \beta}{n_f K_\sigma} \sigma_{-1} \tag{17-8}$$

式中,$n_f > 1$,为规定的**疲劳安全因数**(其值可查阅有关设计规范)。由此得对称循环下构件的疲劳强度条件为

$$\sigma_{\max} \leqslant [\sigma_{-1}] = \frac{\varepsilon_\sigma \beta}{n_f K_\sigma} \sigma_{-1} \tag{17-9}$$

或者改写为

$$n_\sigma = \frac{\varepsilon_\sigma \beta \sigma_{-1}}{K_\sigma \sigma_{\max}} \geqslant n_f \tag{17-10}$$

式中,n_σ 为构件的**工作安全因数**。

根据式(17-9)或式(17-10),即可进行对称循环下构件的疲劳强度计算。关于非对称循环下构件的疲劳强度计算,本书不再介绍,读者可参阅其他有关资料。

【例 17-1】 图 17-11 所示的阶梯形圆轴,受弯曲对称循环交变应力的作用。已知 $M = 400$ N·m,$D = 50$ mm,$d = 40$ mm,$R = 2$ mm;材料为高强度合金钢,强度极限 $\sigma_b = 1200$ MPa,疲劳极限 $\sigma_{-1} = 450$ MPa;轴的表面经过精车加工。若规定的疲劳安全因数 $n_f = 1.6$,试校核其疲劳强度。

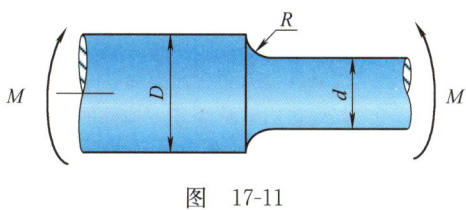

图 17-11

解:(1) 确定构件疲劳极限的影响因数

根据 $\sigma_b = 1200$ MPa、$D/d = 1.25$、$R/d = 0.05$,由图 17-8c 查得,其有效应力集中因数约为

$$K_\sigma = 2.17$$

根据 $d=40$ mm，由图 17-9 查得，其尺寸因数约为

$$\varepsilon_\sigma = 0.755$$

根据精车加工的表面状况，由图 17-10 查得，其表面质量因数约为

$$\beta = 0.84$$

(2) 计算交变应力的最大应力

交变应力的最大应力 σ_{max} 位于较细一段轴的横截面上，由弯曲正应力计算公式得

$$\sigma_{max} = \frac{M}{W_z} = \frac{400\ \text{N} \cdot \text{m} \times 32}{\pi \times 40^3 \times 10^{-9}\ \text{m}^3} = 63.7 \times 10^6\ \text{Pa} = 63.7\ \text{MPa}$$

(3) 疲劳强度校核

由式 (17-8)，得交变应力作用下的许用应力

$$[\sigma_{-1}] = \frac{\varepsilon_\sigma \beta}{n_f K_\sigma} \sigma_{-1} = \frac{0.755 \times 0.84}{1.6 \times 2.17} \times 450\ \text{MPa} = 82.2\ \text{MPa}$$

由于

$$\sigma_{max} = 63.7\ \text{MPa} < [\sigma_{-1}] = 82.2\ \text{MPa}$$

所以，该阶梯形圆轴的疲劳强度符合要求。

复习思考题

17-1 何谓交变应力？

17-2 交变应力有哪几个特征参数？这些参数之间的关系是什么？

17-3 疲劳破坏有哪些主要特点？

17-4 疲劳破坏过程可分为几个阶段？

17-5 何谓材料的 S-N 曲线？

17-6 何谓材料的疲劳极限？何谓材料的条件疲劳极限？

17-7 影响构件疲劳极限的主要因素有哪些？

17-8 提高构件疲劳极限有哪些主要措施？

17-9 如何进行对称循环下构件的疲劳强度计算？

17-10 试计算思考题 17-10 图所示各交变应力的应力比、平均应力与应力幅。

17-11 思考题 17-11 图所示一阶梯形圆轴，受弯曲对称循环交变应力的作用。已知 $M = 1.5$ kN·m，$D = 60$ mm，$d = 50$ mm，$R = 5$ mm；材料为高强度合金钢，强度极限 $\sigma_b = 1000$ MPa，疲劳极限 $\sigma_{-1} = 550$ MPa；轴的表面经过精车加工。若规定的疲劳安全因数 $n_f = 1.7$，试校核其疲劳强度。

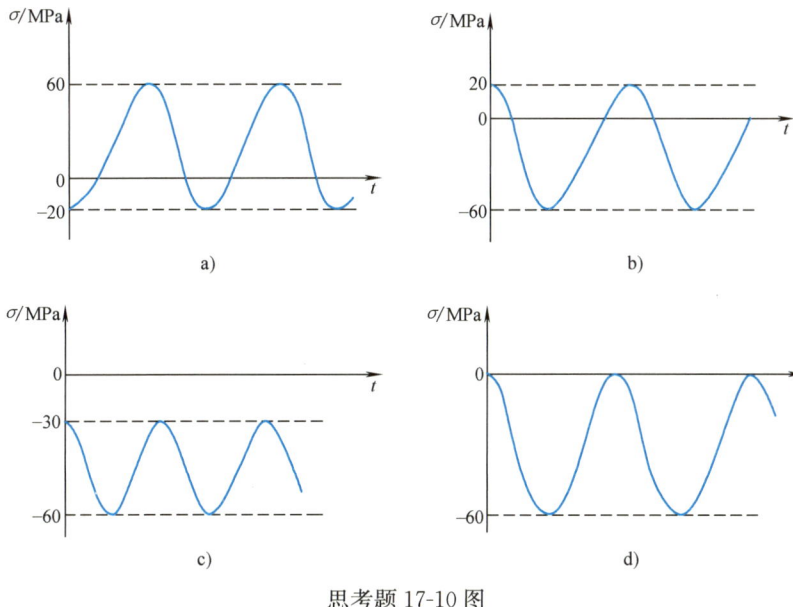

思考题 17-10 图

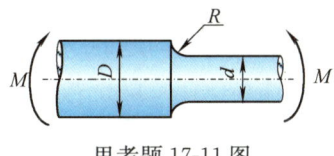

思考题 17-11 图

第十八章
电测法简介

第一节 引 言

要解决构件设计中的强度问题，就必须了解构件的应力状态。但在工程实际中，有些构件由于外形或受力状况比较复杂，难以甚至无法从理论上对其应力状态进行准确的分析计算。解决这类问题的一个有效途径是通过实验的方法来测定应力。另一方面，理论计算往往是以一些简化假设为基础的，其结果是否符合实际情况也需经实验验证。通过实验的方法来确定构件的应力，称为**实验应力分析**。

实验应力分析的方法有多种，例如电测法、光弹性法、全息光测法、云纹法和脆性涂层法等。其中，应用最为广泛的是电测法。电测法的优点是精度高、适应性强，可以进行现场实测、遥测，还可以用于高温、高压、腐蚀性介质等特殊工作环境。电测法的主要缺点是只能测量构件表面的应力。

本章将简要介绍电测法的基本原理和基本应用。

第二节 电测法的基本原理

一、电阻应变片及其工作原理

电阻应变片，简称**应变片**，是电测法的传感元件。实际测量时，将应变片粘贴在被测构件的表面，使其随同构件变形，将构件测点处的应变转换为应变片的电阻变化；然后，通过与应变片连接在一起的专用测量仪器，即电阻应变仪,测出构件测点处的实际应变;最后再由胡克定律,得到构件测点处的实际应力。

常用的电阻应变片有丝绕式(见图18-1a)和箔式(见图18-1b)两种。丝绕式应变片是用直径为 0.02~0.05 mm 的康铜(铜镍合金 Ni45Cu55)丝或镍铬合金(Cr20Ni80)丝绕成栅状,粘贴在两层绝缘薄膜中制作而成;箔式应变片则是用厚度为 0.003~0.01 mm 的康铜箔或镍铬合金箔腐蚀成栅状,粘贴在两层绝缘薄膜中制作而成。应变片中的栅状金属丝或金属箔称为**敏感栅**。

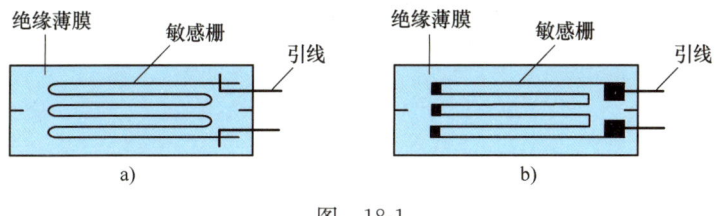

图 18-1

试验表明,在一定条件下,应变片敏感栅的电阻变化率 $\Delta R/R$ 与敏感栅沿长度方向的线应变 ε 成正比,即有

$$\frac{\Delta R}{R} = K\varepsilon \tag{18-1}$$

式中,比例系数 K 称为应变片的**灵敏系数**。灵敏系数的大小与敏感栅材料以及应变片构造有关,可通过试验测定。常用应变片的灵敏系数 K 约为 1.7~3.6。

由式(18-1)知,只要测出应变片的电阻变化率 $\Delta R/R$,即可确定相应的线应变 ε。

二、电阻应变仪及其测试原理

用来测量电阻应变片应变的专用电子仪器称为**电阻应变仪**,其基本测试电路为一惠斯通电桥(见图18-2)。

如图18-2所示,电桥四个桥臂的电阻分别为 R_1、R_2、R_3 与 R_4;A 与 C 为电桥的输入端,接电源,其输入电压为 U;B 与 D 为电桥的输出端,不难证明,其输出电压

$$\Delta U = \frac{R_1 R_4 - R_2 R_3}{(R_1 + R_2)(R_3 + R_4)} U \tag{18-2}$$

当桥臂电阻满足

$$R_1 R_4 = R_2 R_3 \tag{18-3}$$

时,则电桥的输出电压 $\Delta U = 0$,称为电桥平衡。

在进行电测实验时,若将粘贴在构件上的

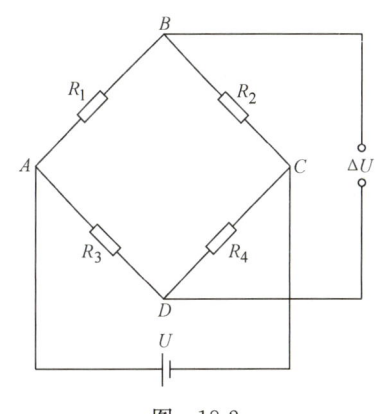

图 18-2

初始电阻完全相同的四个应变片组成电桥的四个桥臂，则在构件受力变形前，电桥平衡，没有输出。当构件受力变形后，设四个应变片感受的应变分别为 ε_1、ε_2、ε_3 和 ε_4，相应的电阻改变量分别为 ΔR_1、ΔR_2、ΔR_3 和 ΔR_4，则由式（18-2）可得，此时电桥的输出电压为

$$\Delta U = \frac{U}{4}\left(\frac{\Delta R_1}{R} - \frac{\Delta R_2}{R} - \frac{\Delta R_3}{R} + \frac{\Delta R_4}{R}\right) \tag{18-4}$$

式中，R 为应变片的初始电阻。

将式（18-1）代入式（18-4），即得电桥输出电压 ΔU 与应变片感受应变 ε_i 之间的关系为

$$\Delta U = \frac{KU}{4}(\varepsilon_1 - \varepsilon_2 - \varepsilon_3 + \varepsilon_4) \tag{18-5}$$

由于 $KU/4$ 为常数，故可以将应变仪的输出按照应变来标定，从而直接得到应变读数为

$$\varepsilon_R = \varepsilon_1 - \varepsilon_2 - \varepsilon_3 + \varepsilon_4 = \frac{4\Delta U}{KU} \tag{18-6}$$

式（18-6）表明，**应变仪的读数应变 ε_R 为各应变片感受应变 ε_i 的线性叠加，其中，相邻桥臂的应变异号，相对桥臂的应变同号**。这一特性十分重要，利用该特性，通过适当的组桥接线，可以解决电测实验中的许多实际问题。

还可以证明，若将 n 个电阻值相同的应变片串联在同一桥臂 k 上，则该桥臂的输出应变等于这 n 个应变片的感受应变的算术平均值，即

$$\varepsilon_k = \frac{1}{n}\sum_{i=1}^{n}\varepsilon_i \tag{18-7}$$

式中，ε_k 为该桥臂的输出应变；ε_i 为串联在该桥臂上的第 i 个应变片的感受应变。

第三节　电测法的简单应用

在用电测法进行实际测量时，需根据被测构件的受力变形情况、温度变化情况以及具体测试要求，来确定测点位置、贴片方位与组桥接线方案。组桥接线一般有两种方式。一种是**全桥接线**，即将测量电桥的四个桥臂都接上应变片；另一种是**半桥接线**，即将其中的两个桥臂接上应变片、另两个桥臂接上电阻应变仪内部的固定电阻。下面通过实例，说明电测法的简单应用。

【例 18-1】 试用电测法测定图 18-3 所示轴向拉杆横截面上的正应力 σ。试确定测试方案，并给出应力 σ 与应变仪读数应变 ε_R 之间的关系。已知材料的弹性模量为 E、泊松比为 ν。

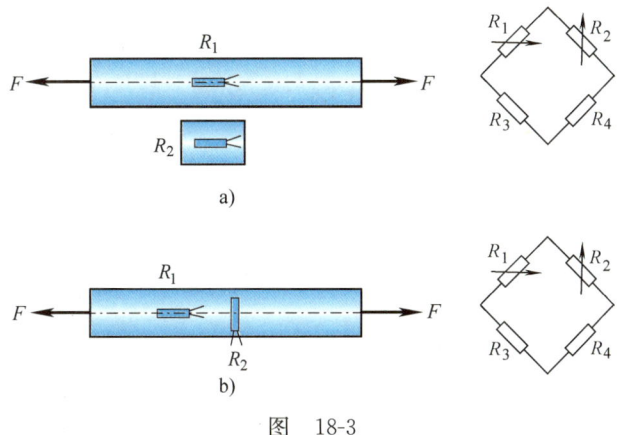

图 18-3

解：在测量过程中，被测构件环境温度的变化，将会影响应变片的读数应变，因此，必须设法在测试结果中消除温度的影响。

(1) **方案一**

采用半桥接线：如图 18-3a 所示，R_1 为用于实际测量的应变片，简称**工作片**，沿轴向粘贴在杆件上；R_2 为用于消除温度影响的应变片，简称**温度补偿片**，粘贴在不受载荷作用的温度补偿块上；R_3 与 R_4 为应变仪内部的固定电阻。R_1、R_2 与 R_3、R_4 的电阻值相同。温度补偿块与杆件的材料相同，并处同一温度环境中。

用 ε_F 表示由载荷引起的轴向应变，ε_T 表示由温度变化引起的应变，则四个桥臂的实际感受应变分别为

$$\varepsilon_1 = \varepsilon_F + \varepsilon_T, \quad \varepsilon_2 = \varepsilon_T, \quad \varepsilon_3 = \varepsilon_4 = 0$$

代入式 (18-6)，得应变仪的读数应变

$$\varepsilon_R = \varepsilon_1 - \varepsilon_2 - \varepsilon_3 + \varepsilon_4 = \varepsilon_F$$

再根据胡克定律，即得横截面上的正应力

$$\sigma = E\varepsilon_R$$

(2) **方案二**

采用半桥接线：如图 18-3b 所示，R_1、R_2 分别沿杆件的轴向、横向粘贴；R_3 与 R_4 为应变仪内部的固定电阻。R_1、R_2 与 R_3、R_4 的电阻值相同。

此时，四个桥臂的实际感受应变分别为

$$\varepsilon_1 = \varepsilon_F + \varepsilon_T, \quad \varepsilon_2 = -\nu\varepsilon_F + \varepsilon_T, \quad \varepsilon_3 = \varepsilon_4 = 0$$

代入式 (18-6)，得应变仪的读数应变

$$\varepsilon_R = \varepsilon_1 - \varepsilon_2 - \varepsilon_3 + \varepsilon_4 = (1+\nu)\varepsilon_F$$

再根据胡克定律，即得应力 σ 与读数应变 ε_R 之间的关系为

$$\sigma = \frac{E}{1+\nu}\varepsilon_R$$

注意到，在方案二中，尽管没有专门布置温度补偿片，但温度的影响已自动消除；同时，

方案二的读数应变是实际应变的 $(1+\nu)$ 倍，从而提高了测量的灵敏度。

【例 18-2】 试用电测法测定图 18-4 所示纯弯曲梁所受弯矩 M。试确定测试方案，并给出弯矩 M 与应变仪读数应变 ε_R 之间的关系。已知材料的弹性模量为 E，梁的抗弯截面系数为 W。

解：（1）方案一

布片方案如图 18-4a 所示，采用半桥接线，R_3 与 R_4 为应变仪内部的固定电阻。

用 ε 表示梁上表层的真实应变，ε_T 表示由温度变化引起的应变，则四个桥臂的实际感受应变分别为

$$\varepsilon_1 = \varepsilon + \varepsilon_T, \quad \varepsilon_2 = -\varepsilon + \varepsilon_T, \quad \varepsilon_3 = \varepsilon_4 = 0$$

代入式 (18-6)，得应变仪的读数应变

$$\varepsilon_R = \varepsilon_1 - \varepsilon_2 - \varepsilon_3 + \varepsilon_4 = 2\varepsilon \quad (a)$$

根据胡克定律与梁的弯曲正应力计算公式，有

$$\varepsilon = \frac{\sigma}{E} = \frac{M}{EW} \quad (b)$$

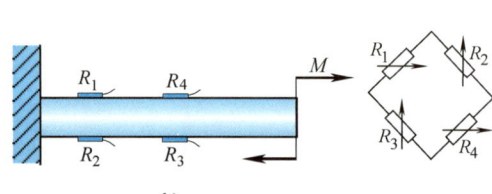

图 18-4

将式 (b) 代入式 (a)，即得弯矩 M 与应变仪读数应变 ε_R 之间的关系为

$$M = \frac{EW}{2}\varepsilon_R$$

（2）方案二

布片方案如图 18-4b 所示，采用全桥接线。请读者自行证明，此时灵敏度增加 1 倍，弯矩 M 与应变仪读数应变 ε_R 之间的关系为

$$M = \frac{EW}{4}\varepsilon_R$$

【例 18-3】 图 18-5a 所示立柱承受偏心拉伸，试用电测法测定载荷 F 和偏心距 e。要求提供测试方案，并分别给出载荷 F、偏心距 e 与应变仪读数应变 ε_R 之间的关系。已知材料的弹性模量为 E，立柱的横截面面积为 A、抗弯截面系数为 W。

解：（1）测定载荷 F

立柱为弯曲与拉伸组合变形，其中轴力 $F_N = F$、弯矩 $M = Fe$。

布片方案如图 18-5a 所示。采用全桥接线，其中 R_2、R_3 为温度补偿片（见图 18-5b）。

若用 ε_F 表示由轴力引起的应变，ε_M 表示由弯矩引起的应变，ε_T 表示由温度变化引起的应变，则四个桥臂的实际感受应变分别为

$$\varepsilon_1 = \varepsilon_F + \varepsilon_M + \varepsilon_T, \quad \varepsilon_2 = \varepsilon_3 = \varepsilon_T, \quad \varepsilon_4 = \varepsilon_F - \varepsilon_M + \varepsilon_T$$

代入式 (18-6)，得应变仪的读数应变

$$\varepsilon_R = \varepsilon_1 - \varepsilon_2 - \varepsilon_3 + \varepsilon_4 = 2\varepsilon_F \quad (c)$$

根据胡克定律，有

$$\varepsilon_F = \frac{\sigma_F}{E} = \frac{F}{EA} \qquad (d)$$

联立式（c）和式（d），得载荷 F 与应变仪读数应变 ε_R 之间的关系为

$$F = \frac{EA}{2}\varepsilon_R$$

(2) 测定偏心距 e

布片方案不变（见图 18-5a）。采用半桥接线，其中 R_3、R_4 为应变仪内部的固定电阻（见图 18-5c）。此时，四个桥臂的实际感受应变分别为

$$\varepsilon_1 = \varepsilon_F + \varepsilon_M + \varepsilon_T, \quad \varepsilon_2 = \varepsilon_F - \varepsilon_M + \varepsilon_T, \quad \varepsilon_3 = \varepsilon_4 = 0$$

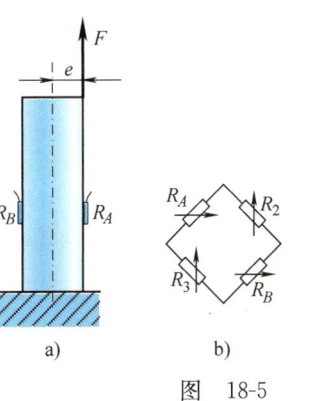

图 18-5

代入式（18-6），得应变仪的读数应变

$$\varepsilon_R = \varepsilon_1 - \varepsilon_2 - \varepsilon_3 + \varepsilon_4 = 2\varepsilon_M$$

根据胡克定律和弯曲正应力计算公式，有

$$\varepsilon_M = \frac{\sigma_M}{E} = \frac{Fe}{EW}$$

从而得偏心距 e 与应变仪读数应变 ε_R 之间的关系为

$$e = \frac{EW}{2F}\varepsilon_R$$

〖例 18-4〗 试用电测法测定图 18-6a 所示扭转圆轴的最大扭转切应力 τ_{max}。要求提供测试方案，并给出最大扭转切应力 τ_{max} 与应变仪读数应变 ε_R 之间的关系。已知材料的弹性模量为 E、泊松比为 ν。

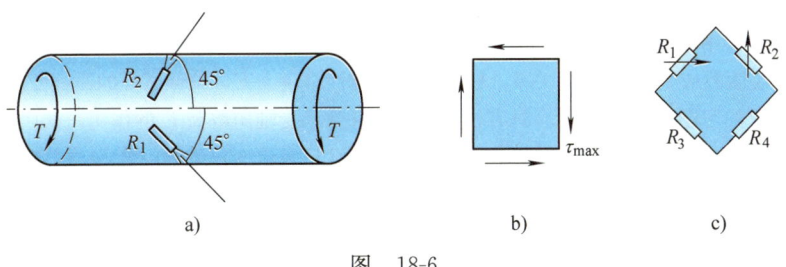

图 18-6

解： 圆轴扭转时，外表面任一点处于纯剪切应力状态，对应单元体如图 18-6b 所示，其主方向为 $\pm 45°$ 方向，主应力 $\sigma_1 = -\sigma_3 = \tau_{max}$，主应变 $\varepsilon_1 = -\varepsilon_3$。

布片方案如图 18-6a 所示。采用半桥接线（见图 18-6c），其中 R_3 与 R_4 为应变仪内部的固定电阻。此时，四个桥臂的实际感受应变分别为

$$\varepsilon_1^* = \varepsilon_1 + \varepsilon_T, \quad \varepsilon_2^* = \varepsilon_3 + \varepsilon_T = -\varepsilon_1 + \varepsilon_T, \quad \varepsilon_3^* = \varepsilon_4^* = 0$$

于是，应变仪的读数应变

$$\varepsilon_R = \varepsilon_1^* - \varepsilon_2^* - \varepsilon_3^* + \varepsilon_4^* = 2\varepsilon_1 \tag{e}$$

根据广义胡克定律,可得主应变

$$\varepsilon_1 = \frac{1+\nu}{E}\sigma_1 = \frac{1+\nu}{E}\tau_{max} \tag{f}$$

联立式(e)和式(f),得最大扭转切应力 τ_{max} 与应变仪读数应变 ε_R 之间的关系为

$$\tau_{max} = \frac{E}{2(1+\nu)}\varepsilon_R$$

若再粘贴两个应变片,采用全桥接线,则其测量灵敏度可提高一倍,请读者自行证明。

复习思考题

18-1 试说明电阻应变片的工作原理。

18-2 试说明电阻应变仪的工作原理。

18-3 何谓半桥接线?何谓全桥接线?

18-4 在电测实验中,若电阻应变片的灵敏系数与电阻应变仪的灵敏系数不一致,则应如何修正应变仪的读数应变?

18-5 应变仪的读数应变与四个桥臂上应变片的实际感受应变之间有何种关系?

18-6 在电测实验中,为什么要进行温度补偿?应如何实现温度补偿?

习题

18-1 试用电测法通过拉伸实验测量材料的弹性模量 E,要求给出测试方案,并建立弹性模量 E 与应变仪读数应变 ε_R 之间的关系。已知拉伸试样的横截面面积为 A。

18-2 试用电测法通过拉伸实验测量材料的泊松比 ν,要求给出测试方案,并建立泊松比 ν 与应变仪读数应变 ε_R 之间的关系。已知材料的弹性模量为 E,拉伸试样的横截面面积为 A。

18-3 如习题 18-3 图所示,具有初始曲率的杆件承受轴向载荷 F 的作用,试用电测法测定轴向载荷 F。要求给出测试方案,并建立轴向载荷 F 与应变仪读数应变 ε_R 之间的关系。已知材料的弹性模量为 E,杆件的横截面面积为 A。

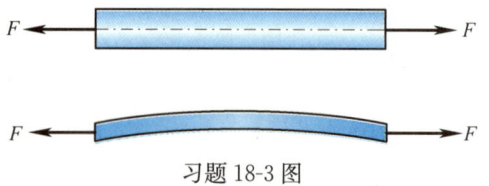

习题 18-3 图

18-4 习题 18-4 图所示悬臂梁,同时承受轴向载荷 F_1 和横向载荷 F_2 的作用,试用电测法分别测出轴向载荷 F_1 和横向载荷 F_2。要求给出测试方案,并分别建立轴向载荷 F_1、横向载荷 F_2 与应变仪读数应变 ε_R 之间的关系。已知材料的弹性模量为 E,悬臂梁的横截面面积

为 A、抗弯截面系数为 W。

18-5 习题 18-5 图所示悬臂梁，同时承受横向载荷 F 和弯矩 M 的作用，试用电测法测出横向载荷 F。要求给出测试方案，并建立横向载荷 F 与应变仪读数应变 ε_R 之间的关系。已知材料的弹性常数和悬臂梁的截面尺寸。

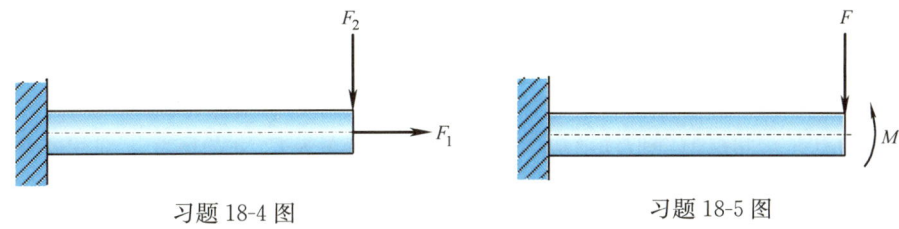

习题 18-4 图　　　　　　习题 18-5 图

18-6 习题 18-6 图所示为用等截面杆制作的平面刚架，试用电测法分别测出载荷 F_1 和 F_2。要求给出测试方案，并分别建立载荷 F_1、F_2 与应变仪读数应变 ε_R 之间的关系。已知材料的弹性常数和杆件的截面尺寸。

18-7 习题 18-7 图所示等截面圆杆，同时承受轴力 F_N、扭矩 T 和弯矩 M 的作用，试用电测法分别测定轴力 F_N、扭矩 T 和弯矩 M。要求给出测试方案，并分别建立轴力 F_N、扭矩 T 和弯矩 M 与应变仪读数应变 ε_R 之间的关系。已知材料的弹性常数和杆件的截面尺寸。

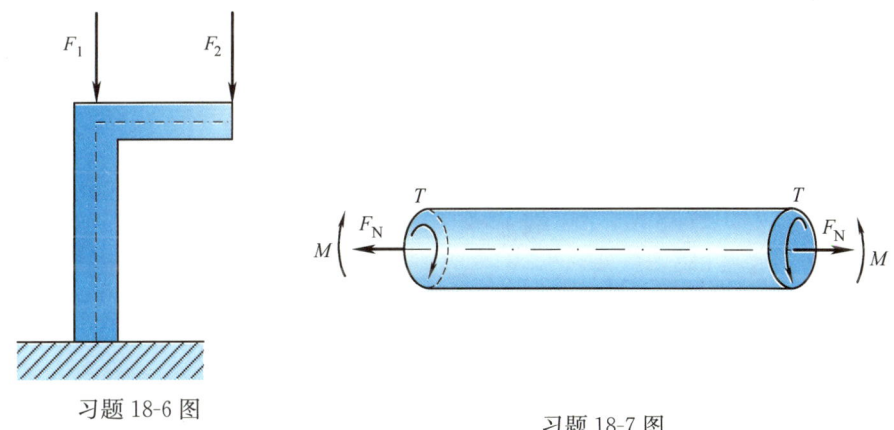

习题 18-6 图　　　　　　习题 18-7 图

18-8 习题 18-8 图所示简支梁，所承受的活载 F 在 L 范围内移动，试用电测法测定活载 F。要求给出测试方案，并建立活载 F 与应变仪读数应变 ε_R 之间的关系。已知材料的弹性常数和梁的截面尺寸。

18-9 如习题 18-9 图所示薄壁圆筒，同时承受内压 p 和扭转外力偶矩 M_e 的作用。已知圆筒截面的平均半径为 R、壁厚为 δ；材料的弹性模量为 E、泊松比为 ν。试用电测法测出内压 p 和扭转外力偶矩 M_e。要求给出测试方案，并分别建立内压 p、扭转外力偶矩 M_e 与应变仪读数应变 ε_R 之间的关系。

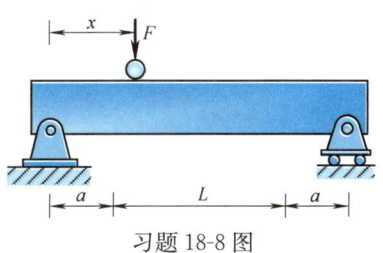

习题 18-8 图

18-10 如习题 18-10 图所示，某工字钢结构承受复杂载荷，在其横截面上同时存在着轴

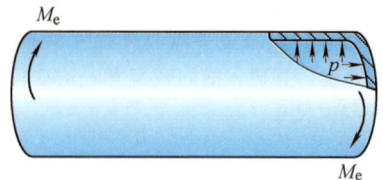

习题 18-9 图

力 F_x、剪力 F_y、扭矩 M_x 和弯矩 M_z。已知材料的弹性模量为 E、泊松比为 ν，试用电测法分别测出这四个内力分量各自引起的最大应力（不计扭矩 M_x 引起的约束扭转正应力）。要求给出测试方案，并建立各个应力分量与应变仪读数应变 ε_R 之间的关系。

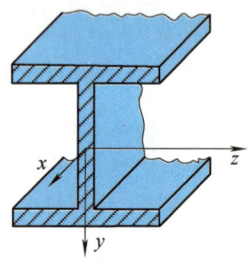

习题 18-10 图

附 录

附录 A 常用材料的力学性能

表 A-1 常用材料的弹性常数

材料名称	E/GPa	ν
碳素钢	196～216	0.24～0.28
合金钢	186～206	0.25～0.30
灰铸铁	78.5～157	0.23～0.27
铜及铜合金	72.6～128	0.31～0.42
铝合金	70～72	0.26～0.34
混凝土	15.2～36	0.16～0.18
木材（顺纹）	9～12	—

表 A-2 常用材料的主要力学性能

材料名称	牌号	σ_s/MPa	σ_b/MPa[①]	δ_5(%)[②]
普通碳素钢	Q215	215	335～450	26～31
	Q235	235	375～500	21～26
	Q255	255	410～550	19～24
	Q275	275	490～630	15～20
优质碳素钢	25	275	450	23
	35	315	530	20
	45	355	600	16
	55	380	645	13
低合金钢	Q390	390	530～680	18
	Q355	345	510～660	22
合金钢	20Cr	540	835	10
	40Cr	785	980	9
	30CrMnSi	885	1080	10
铸钢	ZG200-400	200	400	25
	ZG270-500	270	500	18
灰铸铁	HT150	—	150	—
	HT250	—	250	—
铝合金	LY12 (2A12)	274	412	19

① σ_b 为拉伸强度极限。
② δ_5 表示标距 $l=5d$ 的标准试样的伸长率。

附录 B 型 钢 表

表 B-1 等边角钢截面尺寸、截面面积、理论质量及截面特性（GB/T 706—2016）

符号意义：
b——边宽度
d——边厚度
r——内圆弧半径
r_1——边端圆弧半径
Z_0——重心距离

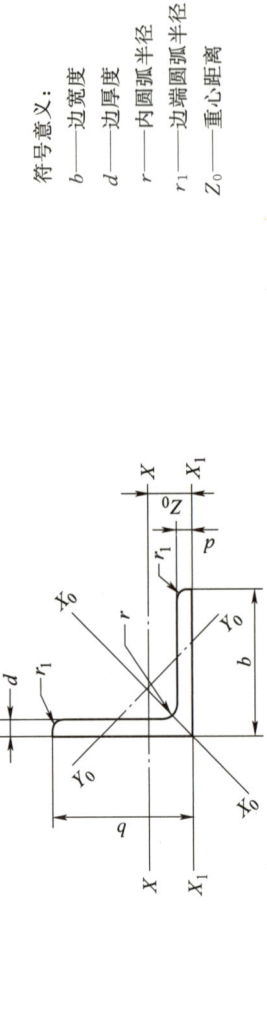

型号	截面尺寸/mm			截面面积/cm²	理论质量/(kg/m)	外表面积/(m²/m)	惯性矩/cm⁴				惯性半径/cm			截面系数/cm³			重心距离/cm
	b	d	r				I_x	I_{x1}	I_{x0}	I_{y0}	i_x	i_{x0}	i_{y0}	W_x	W_{x0}	W_{y0}	Z_0
2	20	3	3.5	1.132	0.89	0.078	0.40	0.81	0.63	0.17	0.59	0.75	0.39	0.29	0.45	0.20	0.60
		4		1.459	1.15	0.077	0.50	1.09	0.78	0.22	0.58	0.73	0.38	0.36	0.55	0.24	0.64
2.5	25	3		1.432	1.12	0.098	0.82	1.57	1.29	0.34	0.76	0.95	0.49	0.46	0.73	0.33	0.73
		4		1.859	1.46	0.097	1.03	2.11	1.62	0.43	0.74	0.93	0.48	0.59	0.92	0.40	0.76
3.0	30	3		1.749	1.37	0.117	1.46	2.71	2.31	0.61	0.91	1.15	0.59	0.68	1.09	0.51	0.85
		4		2.276	1.79	0.117	1.84	3.63	2.92	0.77	0.90	1.13	0.58	0.87	1.37	0.62	0.89
3.6	36	3	4.5	2.109	1.66	0.141	2.58	4.68	4.09	1.07	1.11	1.39	0.71	0.99	1.61	0.76	1.00
		4		2.756	2.16	0.141	3.29	6.25	5.22	1.37	1.09	1.38	0.70	1.28	2.05	0.93	1.04
		5		3.382	2.65	0.141	3.95	7.84	6.24	1.65	1.08	1.36	0.7	1.56	2.45	1.00	1.07

(续)

型号	截面尺寸/mm			截面面积/cm²	理论质量/(kg/m)	外表面积/(m²/m)	惯性矩/cm⁴				惯性半径/cm			截面系数/cm³			重心距离/cm
	b	d	r				I_x	I_{x1}	I_{x0}	I_{y0}	i_x	i_{x0}	i_{y0}	W_x	W_{x0}	W_{y0}	Z_0
4	40	3	5	2.359	1.85	0.157	3.59	6.41	5.69	1.49	1.23	1.55	0.79	1.23	2.01	0.96	1.09
		4		3.086	2.42	0.157	4.60	8.56	7.29	1.91	1.22	1.54	0.79	1.60	2.58	1.19	1.13
		5		3.792	2.98	0.156	5.53	10.7	8.76	2.30	1.21	1.52	0.78	1.96	3.10	1.39	1.17
4.5	45	3	5	2.659	2.09	0.177	5.17	9.12	8.20	2.14	1.40	1.76	0.89	1.58	2.58	1.24	1.22
		4		3.486	2.74	0.177	6.65	12.2	10.6	2.75	1.38	1.74	0.89	2.05	3.32	1.54	1.26
		5		4.292	3.37	0.176	8.04	15.2	12.7	3.33	1.37	1.72	0.88	2.51	4.00	1.81	1.30
		6		5.077	3.99	0.176	9.33	18.4	14.8	3.89	1.36	1.70	0.80	2.95	4.64	2.06	1.33
5	50	3	5.5	2.971	2.33	0.197	7.18	12.5	11.4	2.98	1.55	1.96	1.00	1.96	3.22	1.57	1.34
		4		3.897	3.06	0.197	9.26	16.7	14.7	3.82	1.54	1.94	0.99	2.56	4.16	1.96	1.38
		5		4.803	3.77	0.196	11.2	20.9	17.8	4.64	1.53	1.92	0.98	3.13	5.03	2.31	1.42
		6		5.688	4.46	0.196	13.1	25.1	20.7	5.42	1.52	1.91	0.98	3.68	5.85	2.63	1.46
5.6	56	3	6	3.343	2.62	0.221	10.2	17.6	16.1	4.24	1.75	2.20	1.13	2.48	4.08	2.02	1.48
		4		4.39	3.45	0.220	13.2	23.4	20.9	5.46	1.73	2.18	1.11	3.24	5.28	2.52	1.53
		5		5.415	4.25	0.220	16.0	29.3	25.4	6.61	1.72	2.17	1.10	3.97	6.42	2.98	1.57
		6		6.42	5.04	0.220	18.7	35.3	29.7	7.73	1.71	2.15	1.10	4.68	7.49	3.40	1.61
		7		7.404	5.81	0.219	21.2	41.2	33.6	8.82	1.69	2.13	1.09	5.36	8.49	3.80	1.64
		8		8.367	6.57	0.219	23.6	47.2	37.4	9.89	1.68	2.11	1.09	6.03	9.44	4.16	1.68
6	60	5	6.5	5.829	4.58	0.236	19.9	36.1	31.6	8.21	1.85	2.33	1.19	4.59	7.44	3.48	1.67
		6		6.914	5.43	0.235	23.4	43.3	36.9	9.60	1.83	2.31	1.18	5.41	8.70	3.98	1.70

(续)

型号	截面尺寸/mm				截面面积/cm²	理论质量/(kg/m)	外表面积/(m²/m)	惯性矩/cm⁴				惯性半径/cm			截面系数/cm³			重心距离/cm
	b	d		r				I_x	I_{x1}	I_{x0}	I_{y0}	i_x	i_{x0}	i_{y0}	W_x	W_{x0}	W_{y0}	Z_0
6	60	7		6.5	7.977	6.26	0.235	26.4	50.7	41.9	11.0	1.82	2.29	1.17	6.21	9.88	4.45	1.74
		8			9.02	7.08	0.235	29.5	58.0	46.7	12.3	1.81	2.27	1.17	6.98	11.0	4.88	1.78
6.3	63	4		7	4.978	3.91	0.248	19.0	33.4	30.2	7.89	1.96	2.46	1.26	4.13	6.78	3.29	1.70
		5			6.143	4.82	0.248	23.2	41.7	36.8	9.57	1.94	2.45	1.25	5.08	8.25	3.90	1.74
		6			7.288	5.72	0.247	27.1	50.1	43.0	11.2	1.93	2.43	1.24	6.00	9.66	4.46	1.78
		7			8.412	6.60	0.247	30.9	58.6	49.0	12.8	1.92	2.41	1.23	6.88	11.0	4.98	1.82
		8			9.515	7.47	0.247	34.5	67.1	54.6	14.3	1.90	2.40	1.23	7.75	12.3	5.47	1.85
		10			11.66	9.15	0.246	41.1	84.3	64.9	17.3	1.88	2.36	1.22	9.39	14.6	6.36	1.93
7	70	4		8	5.570	4.37	0.275	26.4	45.7	41.8	11.0	2.18	2.74	1.40	5.14	8.44	4.17	1.86
		5			6.876	5.40	0.275	32.2	57.2	51.1	13.3	2.16	2.73	1.39	6.32	10.3	4.95	1.91
		6			8.160	6.41	0.275	37.8	68.7	59.9	15.6	2.15	2.71	1.38	7.48	12.1	5.67	1.95
		7			9.424	7.40	0.275	43.1	80.3	68.4	17.8	2.14	2.69	1.38	8.59	13.8	6.34	1.99
		8			10.67	8.37	0.274	48.2	91.9	76.4	20.0	2.12	2.68	1.37	9.68	15.4	6.98	2.03
7.5	75	5		9	7.412	5.82	0.295	40.0	70.6	63.3	16.6	2.33	2.92	1.50	7.32	11.9	5.77	2.04
		6			8.797	6.91	0.294	47.0	84.6	74.4	19.5	2.31	2.90	1.49	8.64	14.0	6.67	2.07
		7			10.16	7.98	0.294	53.6	98.7	85.0	22.2	2.30	2.89	1.48	9.93	16.0	7.44	2.11
		8			11.50	9.03	0.294	60.0	113	95.1	24.9	2.28	2.88	1.47	11.2	17.9	8.19	2.15
		9			12.83	10.1	0.294	66.1	127	105	27.5	2.27	2.86	1.46	12.4	19.8	8.89	2.18
		10			14.13	11.1	0.293	72.0	142	114	30.1	2.26	2.84	1.46	13.6	21.5	9.56	2.22

（续）

型号	截面尺寸/mm			截面面积/cm²	理论质量/(kg/m)	外表面积/(m²/m)	惯性矩/cm⁴				惯性半径/cm			截面系数/cm³			重心距离/cm
	b	d	r				I_x	I_{x1}	I_{x0}	I_{y0}	i_x	i_{x0}	i_{y0}	W_x	W_{x0}	W_{y0}	Z_0
8	80	5	9	7.912	6.21	0.315	48.8	85.4	77.3	20.3	2.48	3.13	1.60	8.34	13.7	6.66	2.15
		6		9.397	7.38	0.314	57.4	103	91.0	23.7	2.47	3.11	1.59	9.87	16.1	7.65	2.19
		7		10.86	8.53	0.314	65.6	120	104	27.1	2.46	3.10	1.58	11.4	18.4	8.58	2.23
		8		12.30	9.66	0.314	73.5	137	117	30.4	2.44	3.08	1.57	12.8	20.6	9.46	2.27
		9		13.73	10.8	0.314	81.1	154	129	33.6	2.43	3.06	1.56	14.3	22.7	10.3	2.31
		10		15.13	11.9	0.313	88.4	172	140	36.8	2.42	3.04	1.56	15.6	24.8	11.1	2.35
9	90	6	10	10.64	8.35	0.354	82.8	146	131	34.3	2.79	3.51	1.80	12.6	20.6	9.95	2.44
		7		12.30	9.66	0.354	94.8	170	150	39.2	2.78	3.50	1.78	14.5	23.6	11.2	2.48
		8		13.94	10.9	0.353	106	195	169	44.0	2.76	3.48	1.78	16.4	26.6	12.4	2.52
		9		15.57	12.2	0.353	118	219	187	48.7	2.75	3.46	1.77	18.3	29.4	13.5	2.56
		10		17.17	13.5	0.353	129	244	204	53.3	2.74	3.45	1.76	20.1	32.0	14.5	2.59
		12		20.31	15.9	0.352	149	294	236	62.2	2.71	3.41	1.75	23.6	37.1	16.5	2.67
10	100	6	12	11.93	9.37	0.393	115	200	182	47.9	3.10	3.90	2.00	15.7	25.7	12.7	2.67
		7		13.80	10.8	0.393	132	234	209	54.7	3.09	3.89	1.99	18.1	29.6	14.3	2.71
		8		15.64	12.3	0.393	148	267	235	61.4	3.08	3.88	1.98	20.5	33.2	15.8	2.76
		9		17.46	13.7	0.392	164	300	260	68.0	3.07	3.86	1.97	22.8	36.8	17.2	2.80
		10		19.26	15.1	0.392	180	334	285	74.4	3.05	3.84	1.96	25.1	40.3	18.5	2.84
		12		22.80	17.9	0.391	209	402	331	86.8	3.03	3.81	1.95	29.5	46.8	21.1	2.91
		14		26.26	20.6	0.391	237	471	374	99.0	3.00	3.77	1.94	33.7	52.9	23.4	2.99
		16		29.63	23.3	0.390	263	540	414	111	2.98	3.74	1.94	37.8	58.6	25.6	3.06

(续)

型号	截面尺寸/mm				截面面积/cm²	理论质量/(kg/m)	外表面积/(m²/m)	惯性矩/cm⁴					惯性半径/cm				截面系数/cm³			重心距离/cm
	b	d		r				I_x	I_{x1}	I_{x0}	I_{y0}		i_x	i_{x0}	i_{y0}		W_x	W_{x0}	W_{y0}	Z_0
11	110	7		12	15.20	11.9	0.433	177	311	281	73.4		3.41	4.30	2.20		22.1	36.1	17.5	2.96
		8			17.24	13.5	0.433	199	355	316	82.4		3.40	4.28	2.19		25.0	40.7	19.4	3.01
		10			21.26	16.7	0.432	242	445	384	100		3.38	4.25	2.17		30.6	49.4	22.9	3.09
		12			25.20	19.8	0.431	283	535	448	117		3.35	4.22	2.15		36.1	57.6	26.2	3.16
		14			29.06	22.8	0.431	321	625	508	133		3.32	4.18	2.14		41.3	65.3	29.1	3.24
12.5	125	8		14	19.75	15.5	0.492	297	521	471	123		3.88	4.88	2.50		32.5	53.3	25.9	3.37
		10			24.37	19.1	0.491	362	652	574	149		3.85	4.85	2.48		40.0	64.9	30.6	3.45
		12			28.91	22.7	0.491	423	783	671	175		3.83	4.82	2.46		41.2	76.0	35.0	3.53
		14			33.37	26.2	0.490	482	916	764	200		3.80	4.78	2.45		54.2	86.4	39.1	3.61
		16			37.74	29.6	0.489	537	1050	851	224		3.77	4.75	2.43		60.9	96.3	43.0	3.68
14	140	10		14	27.37	21.5	0.551	515	915	817	212		4.34	5.46	2.78		50.6	82.6	39.2	3.82
		12			32.51	25.5	0.551	604	1100	959	249		4.31	5.43	2.76		59.8	96.9	45.0	3.90
		14			37.57	29.5	0.550	689	1280	1090	284		4.28	5.40	2.75		68.8	110	50.5	3.98
		16			42.54	33.4	0.549	770	1470	1220	319		4.26	5.36	2.74		77.5	123	55.6	4.06

(续)

型号	截面尺寸/mm			截面面积/cm²	理论质量/(kg/m)	外表面积/(m²/m)	惯性矩/cm⁴				惯性半径/cm				截面系数/cm³			重心距离/cm
	b	d	r				I_x	I_{x1}	I_{x0}	I_{y0}	i_x	i_{x0}	i_{y0}	W_x	W_{x0}	W_{y0}	Z_0
15	150	8	14	23.75	18.6	0.592	521	900	827	215	4.69	5.90	3.01	47.4	78.0	38.1	3.99
		10		29.37	23.1	0.591	638	1130	1010	262	4.66	5.87	2.99	58.4	95.5	45.5	4.08
		12		34.91	27.4	0.591	749	1350	1190	308	4.63	5.84	2.97	69.0	112	52.4	4.15
		14		40.37	31.7	0.590	856	1580	1360	352	4.60	5.80	2.95	79.5	128	58.8	4.23
		15		43.06	33.8	0.590	907	1690	1440	374	4.59	5.78	2.95	84.6	136	61.9	4.27
		16		45.74	35.9	0.589	958	1810	1520	395	4.58	5.77	2.94	89.6	143	64.9	4.31
16	160	10	16	31.50	24.7	0.630	780	1370	1240	322	4.98	6.27	3.20	66.7	109	52.8	4.31
		12		37.44	29.4	0.630	917	1640	1460	377	4.95	6.24	3.18	79.0	129	60.7	4.39
		14		43.30	34.0	0.629	1050	1910	1670	432	4.92	6.20	3.16	91.0	147	68.2	4.47
		16		49.07	38.5	0.629	1180	2190	1870	485	4.89	6.17	3.14	103	165	75.3	4.55
18	180	12	16	42.24	33.2	0.710	1320	2330	2100	543	5.59	7.05	3.58	101	165	78.4	4.89
		14		48.90	38.4	0.709	1510	2720	2410	622	5.56	7.02	3.56	116	189	88.4	4.97
		16		55.47	43.5	0.709	1700	3120	2700	699	5.54	6.98	3.55	131	212	97.8	5.05
		18		61.96	48.6	0.708	1880	3500	2990	762	5.50	6.94	3.51	146	235	105	5.13
20	200	14	18	54.64	42.9	0.788	2100	3730	3340	864	6.20	7.82	3.98	146	236	112	5.46
		16		62.01	48.7	0.788	2370	4270	3760	971	6.18	7.79	3.96	164	266	124	5.54
		18		69.30	54.4	0.787	2620	4810	4160	1080	6.15	7.75	3.94	182	294	136	5.62
		20		76.51	60.1	0.787	2870	5350	4550	1180	6.12	7.72	3.93	200	322	147	5.69
		24		90.66	71.2	0.785	3340	6460	5290	1380	6.07	7.64	3.90	236	374	167	5.87

(续)

型号	截面尺寸/mm			截面面积/cm^2	理论质量/(kg/m)	外表面积/(m^2/m)	惯性矩/cm^4				惯性半径/cm			截面系数/cm^3			重心距离/cm
	b	d	r				I_x	I_{x1}	I_{x0}	I_{y0}	i_x	i_{x0}	i_{y0}	W_x	W_{x0}	W_{y0}	Z_0
22	220	16	21	68.67	53.9	0.866	3190	5680	5060	1310	6.81	8.59	4.37	200	326	154	6.03
		18		76.75	60.3	0.866	3540	6400	5620	1450	6.79	8.55	4.35	223	361	168	6.11
		20		84.76	66.5	0.865	3870	7110	6150	1590	6.76	8.52	4.34	245	395	182	6.18
		22		92.68	72.8	0.865	4200	7830	6670	1730	6.73	8.48	4.32	267	429	195	6.26
		24		100.5	78.9	0.864	4520	8550	7170	1870	6.71	8.45	4.31	289	461	208	6.33
		26		108.3	85.0	0.864	4830	9280	7690	2000	6.68	8.41	4.30	310	492	221	6.41
25	250	18	24	87.84	69.0	0.985	5270	9380	8370	2170	7.75	9.76	4.97	290	473	224	6.84
		20		97.05	76.2	0.984	5780	10400	9180	2380	7.72	9.73	4.95	320	519	243	6.92
		22		106.2	83.3	0.983	6280	11500	9970	2580	7.69	9.69	4.93	349	564	261	7.00
		24		115.2	90.4	0.983	6.770	12500	10700	2790	7.67	9.66	4.92	378	608	278	7.07
		26		124.2	97.5	0.982	7240	13600	11500	2980	7.64	9.62	4.90	406	650	295	7.15
		28		133.0	104	0.982	7700	14600	12200	3180	7.61	9.58	4.89	433	691	311	7.22
		30		141.8	111	0.981	8160	15700	12900	3380	7.58	9.55	4.88	461	731	327	7.30
		32		150.5	118	0.981	8600	16800	13600	3570	7.56	9.51	4.87	488	770	342	7.37
		35		163.4	128	0.980	9240	18400	14600	3850	7.52	9.46	4.86	527	827	364	7.48

注：截面图中的 $r_1 = 1/3d$ 及表中 r 的数据用于孔型设计，不做交货条件。

表 B-2 不等角钢截面尺寸、截面面积、理论质量及截面特性（GB/T 706—2016）

符号意义：
B——长边宽度
b——短边宽度
d——边厚度
r——内圆弧半径
r_1——边端圆弧半径
X_0——重心距离
Y_0——重心距离

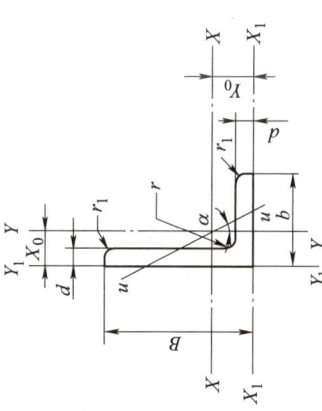

型号	截面尺寸/mm				截面面积/cm²	理论质量/(kg/m)	外表面积/(m²/m)	惯性矩/cm⁴				惯性半径/cm			截面系数/cm³			$\tan\alpha$	重心距离/cm	
	B	b	d	r				I_x	I_{x1}	I_y	I_{y1}	I_u	i_x	i_y	i_u	W_x	W_y	W_u		X_0	Y_0
2.5/1.6	25	16	3	3.5	1.162	0.91	0.080	0.70	1.56	0.22	0.43	0.14	0.78	0.44	0.34	0.43	0.19	0.16	0.392	0.42	0.86
			4		1.499	1.18	0.079	0.88	2.09	0.27	0.59	0.17	0.77	0.43	0.34	0.55	0.24	0.20	0.381	0.46	0.90
3.2/2	32	20	3		1.492	1.17	0.102	1.53	3.27	0.46	0.82	0.28	1.01	0.55	0.43	0.72	0.30	0.25	0.382	0.49	1.08
			4		1.939	1.52	0.101	1.93	4.37	0.57	1.12	0.35	1.00	0.54	0.42	0.93	0.39	0.32	0.374	0.53	1.12
4/2.5	40	25	3	4	1.890	1.48	0.127	3.08	5.39	0.93	1.59	0.56	1.28	0.70	0.54	1.15	0.49	0.40	0.385	0.59	1.32
			4		2.467	1.94	0.127	3.93	8.53	1.18	2.14	0.71	1.36	0.69	0.54	1.49	0.63	0.52	0.381	0.63	1.37
4.5/2.8	45	28	3	5	2.149	1.69	0.143	4.45	9.10	1.34	2.23	0.80	1.44	0.79	0.61	1.47	0.62	0.51	0.383	0.64	1.47
			4		2.806	2.20	0.143	5.69	12.1	1.70	3.00	1.02	1.42	0.78	0.60	1.91	0.80	0.66	0.380	0.68	1.51
5/3.2	50	32	3	5.5	2.431	1.91	0.161	6.24	12.5	2.02	3.31	1.20	1.60	0.91	0.70	1.84	0.82	0.68	0.404	0.73	1.60
			4		3.177	2.49	0.160	8.02	16.7	2.58	4.45	1.53	1.59	0.90	0.69	2.39	1.06	0.87	0.402	0.77	1.65

(续)

型号	截面尺寸/mm				截面面积/cm²	理论质量/(kg/m)	外表面积/(m²/m)	惯性矩/cm⁴					惯性半径/cm			截面系数/cm³			$\tan\alpha$	重心距离/cm	
	B	b	d	r				I_x	I_{x1}	I_y	I_{y1}	I_u	i_x	i_y	i_u	W_x	W_y	W_u		X_0	Y_0
5.6/3.6	56	36	3	6	2.743	2.15	0.181	8.88	17.5	2.92	4.7	1.73	1.80	1.03	0.79	2.32	1.05	0.87	0.408	0.80	1.78
			4		3.590	2.82	0.180	11.5	23.4	3.76	6.33	2.23	1.79	1.02	0.79	3.03	1.37	1.13	0.408	0.85	1.82
			5		4.415	3.47	0.180	13.9	29.3	4.49	7.94	2.67	1.77	1.01	0.78	3.71	1.65	1.36	0.404	0.88	1.87
6.3/4	63	40	4	7	4.058	3.19	0.202	16.5	33.3	5.23	8.63	3.12	2.02	1.14	0.88	3.87	1.70	1.40	0.398	0.92	2.04
			5		4.993	3.92	0.202	20.0	41.6	6.31	10.9	3.76	2.00	1.12	0.87	4.74	2.07	1.71	0.396	0.95	2.08
			6		5.908	4.64	0.201	23.4	50.0	7.29	13.1	4.34	1.96	1.11	0.86	5.59	2.43	1.99	0.393	0.99	2.12
			7		6.802	5.34	0.201	26.5	58.1	8.24	15.5	4.97	1.98	1.10	0.86	6.40	2.78	2.29	0.389	1.03	2.15
7/4.5	70	45	4	7.5	4.553	3.57	0.226	23.2	45.9	7.55	12.3	4.40	2.26	1.29	0.98	4.86	2.17	1.77	0.410	1.02	2.24
			5		5.609	4.40	0.225	28.0	57.1	9.13	15.4	5.40	2.23	1.28	0.98	5.92	2.65	2.19	0.407	1.06	2.28
			6		6.644	5.22	0.225	32.5	68.4	10.6	18.6	6.35	2.21	1.26	0.98	6.95	3.12	2.59	0.404	1.09	2.32
			7		7.658	6.01	0.225	37.2	80.0	12.0	21.0	7.16	2.20	1.25	0.97	8.03	3.57	2.94	0.402	1.13	2.36
7.5/5	75	50	5	8	6.126	4.81	0.245	34.9	70.0	12.6	21.0	7.41	2.39	1.44	1.10	6.83	3.3	2.74	0.435	1.17	2.40
			6		7.260	5.70	0.245	41.1	84.3	14.7	25.4	8.54	2.38	1.42	1.08	8.12	3.88	3.19	0.435	1.21	2.44
			8		9.467	7.43	0.244	52.4	113	18.5	34.2	10.9	2.35	1.40	1.07	10.5	4.99	4.10	0.429	1.29	2.52
			10		11.59	9.10	0.244	62.7	141	22.0	43.4	13.1	2.33	1.38	1.06	12.8	6.04	4.99	0.423	1.36	2.60
8/5	80	50	5	8	6.376	5.00	0.255	42.0	85.2	12.8	21.1	7.66	2.56	1.42	1.10	7.78	3.32	2.74	0.388	1.14	2.60
			6		7.560	5.93	0.255	49.5	103	15.0	25.4	8.85	2.56	1.41	1.08	9.25	3.91	3.20	0.387	1.18	2.65
			7		8.724	6.85	0.255	56.2	119	17.0	29.8	10.2	2.54	1.39	1.08	10.6	4.48	3.70	0.384	1.21	2.69
			8		9.867	7.75	0.254	62.8	136	18.9	34.3	11.4	2.52	1.38	1.07	11.9	5.03	4.16	0.381	1.25	2.73

(续)

型号	截面尺寸/mm				截面面积/cm²	理论质量/(kg/m)	外表面积/(m²/m)	惯性矩/cm⁴					惯性半径/cm			截面系数/cm³			$\tan\alpha$	重心距离/cm	
	B	b	d	r				I_x	I_{x1}	I_y	I_{y1}	I_u	i_x	i_y	i_u	W_x	W_y	W_u		X_0	Y_0
9/5.6	90	56	5	9	7.212	5.66	0.287	60.5	121	18.3	29.5	11.0	2.90	1.59	1.23	9.92	4.21	3.49	0.385	1.25	2.91
			6		8.557	6.72	0.286	71.0	146	21.4	35.6	12.9	2.88	1.58	1.23	11.7	4.96	4.13	0.384	1.29	2.95
			7		9.881	7.76	0.286	81.0	170	24.4	41.7	14.7	2.86	1.57	1.22	13.5	5.70	4.72	0.382	1.33	3.00
			8		11.18	8.78	0.286	91.0	194	27.2	47.9	16.3	2.85	1.56	1.21	15.3	6.41	5.29	0.380	1.36	3.04
10/6.3	100	63	6	10	9.618	7.55	0.320	99.1	200	30.9	50.5	18.4	3.21	1.79	1.38	14.6	6.35	5.25	0.394	1.43	3.24
			7		11.11	8.72	0.320	113	233	35.3	59.1	21.0	3.20	1.78	1.38	16.9	7.29	6.02	0.394	1.47	3.28
			8		12.58	9.88	0.319	127	266	39.4	67.9	23.5	3.18	1.77	1.37	19.1	8.21	6.78	0.391	1.50	3.32
			10		15.47	12.1	0.319	154	333	47.1	85.7	28.3	3.15	1.74	1.35	23.3	9.98	8.24	0.387	1.58	3.40
10/8	100	80	6	10	10.64	8.35	0.354	107	200	61.2	103	31.7	3.17	2.40	1.72	15.2	10.2	8.37	0.627	1.97	2.95
			7		12.30	9.66	0.354	123	233	70.1	120	36.2	3.16	2.39	1.72	17.5	11.7	9.60	0.626	2.01	3.00
			8		13.94	10.9	0.353	138	267	78.6	137	40.6	3.14	2.37	1.71	19.8	13.2	10.8	0.625	2.05	3.04
			10		17.17	13.5	0.353	167	334	94.7	172	49.1	3.12	2.35	1.69	24.2	16.1	13.1	0.622	2.13	3.12
11/7	110	70	6	10	10.64	8.35	0.354	133	266	42.9	69.1	25.4	3.54	2.01	1.54	17.9	7.90	6.53	0.403	1.57	3.53
			7		12.30	9.66	0.354	153	310	49.0	80.8	29.0	3.53	2.00	1.53	20.6	9.09	7.50	0.402	1.61	3.57
			8		13.94	10.9	0.353	172	354	54.9	92.7	32.5	3.51	1.98	1.53	23.3	10.3	8.45	0.401	1.65	3.62
			10		17.17	13.5	0.353	208	443	65.9	117	39.2	3.48	1.96	1.51	28.5	12.5	10.3	0.397	1.72	3.70
12.5/8	125	80	7	11	14.10	11.1	0.403	228	455	74.4	120	43.8	4.02	2.30	1.76	26.9	12.0	9.92	0.408	1.80	4.01
			8		15.99	12.6	0.403	257	520	83.5	138	49.2	4.01	2.28	1.75	30.4	13.6	11.2	0.407	1.84	4.06
			10		19.71	15.5	0.402	312	650	101	173	59.5	3.98	2.26	1.74	37.3	16.6	13.6	0.404	1.92	4.14
			12		23.35	18.3	0.402	364	780	117	210	69.4	3.95	2.24	1.72	44.0	19.4	16.0	0.400	2.00	4.22

(续)

型号	截面尺寸/mm				截面面积/cm²	理论质量/(kg/m)	外表面积/(m²/m)	惯性矩/cm⁴					惯性半径/cm			截面系数/cm³			$\tan\alpha$	重心距离/cm	
	B	b	d	r				I_x	I_{x1}	I_y	I_{y1}	I_u	i_x	i_y	i_u	W_x	W_y	W_u		X_0	Y_0
14/9	140	90	8	12	18.04	14.2	0.453	366	731	121	196	70.8	4.50	2.59	1.98	38.5	17.3	14.3	0.411	2.04	4.50
			10		22.26	17.5	0.452	446	913	140	246	85.8	4.47	2.56	1.96	47.3	21.2	17.5	0.409	2.12	4.58
			12		26.40	20.7	0.451	522	1100	170	297	100	4.44	2.54	1.95	55.9	25.0	20.5	0.406	2.19	4.66
			14		30.46	23.9	0.451	594	1280	192	349	114	4.42	2.51	1.94	64.2	28.5	23.5	0.403	2.27	4.74
15/9	150	90	8		18.84	14.8	0.473	442	898	123	196	74.1	4.84	2.55	1.98	43.9	17.5	14.5	0.364	1.97	4.92
			10		23.26	18.3	0.472	539	1120	149	246	89.9	4.81	2.53	1.97	54.0	21.4	17.7	0.362	2.05	5.01
			12		27.60	21.7	0.471	632	1350	173	297	105	4.79	2.50	1.95	63.8	25.1	20.8	0.359	2.12	5.09
			14		31.86	25.0	0.471	721	1570	196	350	120	4.76	2.48	1.94	73.3	28.8	23.8	0.356	2.20	5.17
			15		33.95	26.7	0.471	764	1680	207	376	127	4.74	2.47	1.93	78.0	30.5	25.3	0.354	2.24	5.21
			16		36.03	28.3	0.470	806	1800	217	403	134	4.73	2.45	1.93	82.6	32.3	26.8	0.352	2.27	5.25
16/10	160	100	10	13	25.32	19.9	0.512	669	1360	205	337	122	5.14	2.85	2.19	62.1	26.6	21.9	0.390	2.28	5.24
			12		30.05	23.6	0.511	785	1640	239	406	142	5.11	2.82	2.17	73.5	31.3	25.8	0.388	2.36	5.32
			14		34.71	27.2	0.510	896	1910	271	476	162	5.08	2.80	2.16	84.6	35.8	29.6	0.385	2.43	5.40
			16		39.28	30.8	0.510	1000	2180	302	548	183	5.05	2.77	2.16	95.3	40.2	33.4	0.382	2.51	5.48
18/11	180	110	10		28.37	22.3	0.571	956	1940	278	447	167	5.80	3.13	2.42	79.0	32.5	26.9	0.376	2.44	5.89
			12		33.71	26.5	0.571	1120	2330	325	539	195	5.78	3.10	2.40	93.5	38.3	31.7	0.374	2.52	5.98
			14		38.97	30.6	0.570	1290	2720	370	632	222	5.75	3.08	2.39	108	44.0	36.3	0.372	2.59	6.06
			16	14	44.14	34.6	0.569	1440	3110	412	726	249	5.72	3.06	2.38	122	49.4	40.9	0.369	2.67	6.14
20/12.5	200	125	12		37.91	29.8	0.641	1570	3190	483	788	286	6.44	3.57	2.74	117	50.0	41.2	0.392	2.83	6.54
			14		43.87	34.4	0.640	1800	3730	551	922	327	6.41	3.54	2.73	135	57.4	47.3	0.390	2.91	6.62
			16		49.74	39.0	0.639	2020	4260	615	1060	366	6.38	3.52	2.71	152	64.9	53.3	0.388	2.99	6.70
			18		55.53	43.6	0.639	2240	4790	677	1200	405	6.35	3.49	2.70	169	71.7	59.2	0.385	3.06	6.78

注：截面图中的 $r_1=1/3d$ 及表中 r 的数据用于孔型设计，不做交货条件。

表 B-3 槽钢截面尺寸、截面面积、理论质量及截面特性 (GB/T 706—2016)

符号意义：
h —— 高度
b —— 腿宽度
d —— 腰厚度
t —— 腿中间厚度
r —— 内圆弧半径
r_1 —— 腿端圆弧半径
Z_0 —— 重心距离

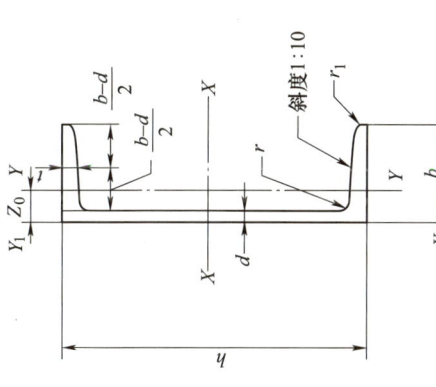

型号	截面尺寸/mm						截面面积/ cm^2	理论质量/ (kg/m)	外表面积/ (m^2/m)	惯性矩/ cm^4			惯性半径/cm		截面系数/ cm^3		重心距离/cm
	h	b	d	t	r	r_1				I_x	I_y	I_{y1}	i_x	i_y	W_x	W_y	Z_0
5	50	37	4.5	7.0	7.0	3.5	6.925	5.44	0.226	26.0	8.30	20.9	1.94	1.10	10.4	3.55	1.35
6.3	63	40	4.8	7.5	7.5	3.8	8.446	6.63	0.262	50.8	11.9	28.4	2.45	1.19	16.1	4.50	1.36
6.5	65	40	4.3	7.5	7.5	3.8	8.292	6.51	0.267	55.2	12.0	28.3	2.54	1.19	17.0	4.59	1.38
8	80	43	5.0	8.0	8.0	4.0	10.24	8.04	0.307	101	16.6	37.4	3.15	1.27	25.3	5.79	1.43
10	100	48	5.3	8.5	8.5	4.2	12.74	10.0	0.365	198	25.6	54.9	3.95	1.41	39.7	7.80	1.52
12	120	53	5.5	9.0	9.0	4.5	15.36	12.1	0.423	346	37.4	77.7	4.75	1.56	57.7	10.2	1.62

(续)

型号	截面尺寸/mm						截面面积/cm²	理论质量/(kg/m)	外表面积/(m²/m)	惯性矩/cm⁴			惯性半径/cm		截面系数/cm³		重心距离/cm
	h	b	d	t	r	r₁				I_x	I_y	I_{y1}	i_x	i_y	W_x	W_y	Z_0
12.6	126	53	5.5	9.0	9.0	4.5	15.69	12.3	0.435	391	38.0	77.1	4.95	1.57	62.1	10.2	1.59
14a	140	58	6.0	9.5	9.5	4.8	18.51	14.5	0.480	564	53.2	107	5.52	1.70	80.5	13.0	1.71
14b		60	8.0	9.5	9.5	4.8	21.31	16.7	0.484	609	61.1	121	5.35	1.69	87.1	14.1	1.67
16a	160	63	6.5	10.0	10.0	5.0	21.95	17.2	0.538	866	73.3	144	6.28	1.83	108	16.3	1.80
16b		65	8.5	10.0	10.0	5.0	25.15	19.8	0.542	935	83.4	161	6.10	1.82	117	17.6	1.75
18a	180	68	7.0	10.5	10.5	5.2	25.69	20.2	0.596	1270	98.6	190	7.04	1.96	141	20.0	1.88
18b		70	9.0	10.5	10.5	5.2	29.29	23.0	0.600	1370	111	210	6.84	1.95	152	21.5	1.84
20a	200	73	7.0	11.0	11.0	5.5	28.83	22.6	0.654	1780	128	244	7.86	2.11	178	24.2	2.01
20b		75	9.0	11.0	11.0	5.5	32.83	25.8	0.658	1910	144	268	7.64	2.09	191	25.9	1.95
22a	220	77	7.0	11.5	11.5	5.8	31.83	25.0	0.709	2390	158	298	8.67	2.23	218	28.2	2.10
22b		79	9.0	11.5	11.5	5.8	36.23	28.5	0.713	2570	176	326	8.42	2.21	234	30.1	2.03
24a	240	78	7.0	12.0	12.0	6.0	34.21	26.9	0.752	3050	174	325	9.45	2.25	254	30.5	2.10
24b		80	9.0	12.0	12.0	6.0	39.01	30.6	0.756	3280	194	355	9.17	2.23	274	32.5	2.03
24c		82	11.0	12.0	12.0	6.0	43.81	34.4	0.760	3510	213	388	8.96	2.21	293	34.4	2.00
25a	250	78	7.0	12.0	12.0	6.0	34.91	27.4	0.722	3370	176	322	9.82	2.24	270	30.6	2.07
25b		80	9.0	12.0	12.0	6.0	39.91	31.3	0.776	3530	196	353	9.41	2.22	282	32.7	1.98
25c		82	11.0	12.0	12.0	6.0	44.91	35.3	0.780	3690	218	384	9.07	2.21	295	35.9	1.92

（续）

型号	截面尺寸/mm						截面面积/cm²	理论质量/(kg/m)	外表面积/(m²/m)	惯性矩/cm⁴			惯性半径/cm		截面系数/cm³		重心距离/cm
	h	b	d	t	r	r_1				I_x	I_y	I_{y1}	i_x	i_y	W_x	W_y	Z_0
27a	270	82	7.5	12.5	12.5	6.2	39.27	30.8	0.826	4360	216	393	10.5	2.34	323	35.5	2.13
27b	270	84	9.5	12.5	12.5	6.2	44.67	35.1	0.830	4690	239	428	10.3	2.31	347	37.7	2.06
27c	270	86	11.5	12.5	12.5	6.2	50.07	39.3	0.834	5020	261	467	10.1	2.28	372	39.8	2.03
28a	280	82	7.5	12.5	12.5	6.2	40.02	31.4	0.846	4760	218	388	10.9	2.33	340	35.7	2.10
28b	280	84	9.5	12.5	12.5	6.2	45.62	35.8	0.850	5130	242	428	10.6	2.30	366	37.9	2.02
28c	280	86	11.5	12.5	12.5	6.2	51.22	40.2	0.854	5500	268	463	10.4	2.29	393	40.3	1.95
30a	300	85	7.5	13.5	13.5	6.8	43.89	34.5	0.897	6050	260	467	11.7	2.43	403	41.1	2.17
30b	300	87	9.5	13.5	13.5	6.8	49.89	39.2	0.901	6500	289	515	11.4	2.41	433	44.0	2.13
30c	300	89	11.5	13.5	13.5	6.8	55.89	43.9	0.905	6950	316	560	11.2	2.38	463	46.4	2.09
32a	320	88	8.0	14.0	14.0	7.0	48.50	38.1	0.947	7600	305	552	12.5	2.50	475	46.5	2.24
32b	320	90	10.0	14.0	14.0	7.0	54.90	43.1	0.951	8140	336	593	12.2	2.47	509	49.2	2.16
32c	320	92	12.0	14.0	14.0	7.0	61.30	48.1	0.955	8690	374	643	11.9	2.47	543	52.6	2.09
36a	360	96	9.0	16.0	16.0	8.0	60.89	47.8	1.053	11900	455	818	14.0	2.73	660	63.5	2.44
36b	360	98	11.0	16.0	16.0	8.0	68.09	53.5	1.057	12700	497	880	13.6	2.70	703	66.9	2.37
36c	360	100	13.0	16.0	16.0	8.0	75.29	59.1	1.061	13400	536	948	13.4	2.67	746	70.0	2.34
40a	400	100	10.5	18.0	18.0	9.0	75.04	58.9	1.144	17600	592	1070	15.3	2.81	879	78.8	2.49
40b	400	102	12.5	18.0	18.0	9.0	83.04	65.2	1.148	18600	640	1140	15.0	2.78	932	82.5	2.44
40c	400	104	14.5	18.0	18.0	9.0	91.04	71.5	1.152	19700	688	1220	14.7	2.75	986	86.2	2.42

注：表中 r、r_1 的数据用于孔型设计，不做交货条件。

表 B-4 热轧工字钢（GB 707—1988）

符号意义：
- h —— 高度；
- b —— 腿宽度；
- d —— 腰厚度；
- t —— 平均腿厚度；
- r —— 内圆弧半径；
- r_1 —— 腿端圆弧半径；
- I —— 惯性矩；
- W —— 抗弯截面系数；
- i —— 惯性半径；
- S —— 半截面的静力矩。

型号	尺寸/mm						截面面积 /cm²	理论重量 /(kg/m)	参考数值							
									x-x				y-y			
	h	b	d	t	r	r_1			I_x /cm⁴	W_x /cm³	i_x /cm	$I_x:S_x$ /cm	I_y /cm⁴	W_y /cm³	i_y /cm
10	100	68	4.5	7.6	6.5	3.3	14.345	11.261	245	49.0	4.14	8.59	33.0	9.72	1.52
12.6	126	74	5.0	8.4	7.0	3.5	18.118	14.223	488	77.5	5.20	10.8	46.9	12.7	1.61
14	140	80	5.5	9.1	7.5	3.8	21.516	16.890	712	102	5.76	12.0	64.4	16.1	1.73
16	160	88	6.0	9.9	8.0	4.0	26.131	20.513	1130	141	6.58	13.8	93.1	21.2	1.89
18	180	94	6.5	10.7	8.5	4.3	30.756	24.143	1660	185	7.36	15.4	122	26.0	2.00
20a	200	100	7.0	11.4	9.0	4.5	35.578	27.929	2370	237	8.15	17.2	158	31.5	2.12
20b	200	102	9.0	11.4	9.0	4.5	39.578	31.069	2500	250	7.96	16.9	169	33.1	2.06
22a	220	110	7.5	12.3	9.5	4.8	42.128	33.070	3400	309	8.99	18.9	225	40.9	2.31
22b	220	112	9.5	12.3	9.5	4.8	46.528	36.524	3570	325	8.78	18.7	239	42.7	2.27
25a	250	116	8.0	13.0	10.0	5.0	48.541	38.105	5020	402	10.2	21.6	280	48.3	2.40
25b	250	118	10.0	13.0	10.0	5.0	53.541	42.030	5280	423	9.94	21.3	309	52.4	2.40
28a	280	122	8.5	13.7	10.5	5.3	55.404	43.492	7110	508	11.3	24.6	345	56.6	2.50

附　录　393

(续)

型号	尺寸/mm						截面面积 /cm²	理论重量 /(kg/m)	参考数值						
									x-x				y-y		
	h	b	d	t	r	r_1			I_x /cm⁴	W_x /cm³	i_x /cm	$I_x:S_x$ /cm	I_y /cm⁴	W_y /cm³	i_y /cm
28b	280	124	10.5	13.7	10.5	5.3	61.004	47.888	7480	534	11.1	24.2	379	61.2	2.49
32a	320	130	9.5	15.0	11.5	5.8	67.156	52.717	11100	692	12.8	27.5	460	70.8	2.62
32b	320	132	11.5	15.0	11.5	5.8	73.556	57.741	11600	726	12.6	27.1	502	76.0	2.61
32c	320	134	13.5	15.0	11.5	5.8	79.956	62.765	12200	760	12.3	26.3	544	81.2	2.61
36a	360	136	10.0	15.8	12.0	6.0	76.480	60.037	15800	875	14.4	30.7	552	81.2	2.69
36b	360	138	12.0	15.8	12.0	6.0	83.680	65.689	16500	919	14.1	30.3	582	84.3	2.64
36c	360	140	14.0	15.8	12.0	6.0	90.880	71.341	17300	962	13.8	29.9	612	87.4	2.60
40a	400	142	10.5	16.5	12.5	6.3	86.112	67.598	21700	1090	15.9	34.1	660	93.2	2.77
40b	400	144	12.5	16.5	12.5	6.3	94.112	73.878	22800	1140	16.5	33.6	692	96.2	2.71
40c	400	146	14.5	16.5	12.5	6.3	102.112	80.158	23900	1190	15.2	33.2	727	99.6	2.65
45a	450	150	11.5	18.0	13.5	6.8	102.446	80.420	32200	1430	17.7	38.6	855	114	2.89
45b	450	152	13.5	18.0	13.5	6.8	111.446	87.485	33800	1500	17.4	38.0	894	118	2.84
45c	450	154	15.5	18.0	13.5	6.8	120.446	94.550	35300	1570	17.1	37.6	938	122	2.79
50a	500	158	12.0	20.0	14.0	7.0	119.304	93.654	46500	1860	19.7	42.8	1120	142	3.07
50b	500	160	14.0	20.0	14.0	7.0	129.304	101.504	48600	1940	19.4	42.4	1170	146	3.01
50c	500	162	16.0	20.0	14.0	7.0	139.304	109.354	50600	2080	19.0	41.8	1220	151	2.96
56a	560	166	12.5	21.0	14.5	7.3	135.435	106.316	65600	2340	22.0	47.7	1370	165	3.18
56b	560	168	14.5	21.0	14.5	7.3	146.635	115.108	68500	2450	21.6	47.2	1490	174	3.16
56c	560	170	16.5	21.0	14.5	7.3	157.835	123.900	71400	2550	21.3	46.7	1560	183	3.16
63a	630	176	13.0	22.0	15.0	7.5	154.658	121.407	93900	2980	24.5	54.2	1700	193	3.31
63b	630	178	15.0	22.0	15.0	7.5	167.258	131.298	98100	3160	24.2	53.5	1810	204	3.29
63c	630	180	17.0	22.0	15.0	7.5	179.858	141.189	102000	3300	23.8	52.9	1920	214	3.27

注：1. 截面图和表中标注的圆弧半径 r 和 r_1 值，用于孔型设计，不作为交货条件。
2. 热轧型钢表（GB/T 706—2016）中没有列出工字钢的 $I_x:S_x$ 数值，为方便读者查询，本表仍采用 1988 版标准。

附录 C 习题参考答案

第二章 平面汇交力系

2-1 略

2-2 $F_R = 90.6$ N、$\langle F_R, i \rangle = 46.79°$

2-3 $F_R = 352$ N、$\alpha = 33°16'$

2-4 $F_A = 1.12F$、$F_D = 0.5F$

2-5 $F_{CB} = 20\sqrt{2}$ kN（压）、$F_{Ax} = 20$ kN（←）、$F_{Ay} = 10$ kN（↓）

2-6 $F_{CD} = 4.24$ kN、$F_A = 3.16$ kN

2-7 $F_{AB} = 86.6$ kN（拉）、$F_{BC} = 100$ kN（压）

2-8 $F_{AB} = 0.866P$（拉）、$F_{AC} = 0.5P$（拉）

2-9 $F_{AB} = 54.6$ kN（拉）、$F_{BC} = 74.6$ kN（压）

2-10 $F_1 : F_2 = 0.612$

2-11 $F_A = 800$ N、$F_B = 800$ N、$F_C = 1200$ N

2-12 $F = F_1 \cot\alpha$、$F_2/F_1 = 5.67$

2-13 $\theta = 2\arcsin\dfrac{P_1}{P}$

2-14 $\theta = 90° - 2\alpha$

2-15 $F_{T1} = 1$ kN、$F_{T2} = 1.41$ kN、$F_{T3} = 1.58$ kN、$F_{T4} = 1.15$ kN

2-16 $F_H = \dfrac{F}{2\sin^2\theta}$

第三章 力矩·力偶·平面力偶系

3-1 略

3-2 $M_A(\boldsymbol{F}) = -Fb\cos\theta$、$M_B(\boldsymbol{F}) = F(a\sin\theta - b\cos\theta)$

3-3 $M_A(\boldsymbol{F}_R) = 15.2$ kN·m

3-4 a) $F_A = F_B = M/l$；b) $F_A = F_B = M/(l\cos\theta)$

3-5 a) $F_A = F_B = M/(2l)$
     b) $F_A = F_B = M/l$

3-6 $F_C = F_D = Fl/d$

3-7 $M_2 = \dfrac{r_2}{r_1}M_1$、$F_{O_1} = \dfrac{M_1}{r_1\cos\theta}$、$F_{O_2} = \dfrac{M_1}{r_1\cos\theta}$

3-8 $F_A = F_C = 0.53$ kN

3-9 $F_A = F_B = \dfrac{M}{\sqrt{a^2+b^2}}$

3-10 $M_2 = 3 \text{ N} \cdot \text{m}$,$F_{AB} = 5 \text{ N}$

3-11 $F_A = \sqrt{2}\dfrac{M}{l}$

3-12 $M = Fa\tan 2\theta$

第四章　平面任意力系

4-1 (1) $F'_R = 98.0 \text{ N}$、$\langle \bm{F}'_R, \bm{i} \rangle = 47.6°$,$M_A = -80.2 \text{ N} \cdot \text{m}$（顺时针）

(2) $d = 0.818 \text{ m}$

4-2 (1) $F'_R = 709.4 \text{ kN}$、$\langle \bm{F}'_R, \bm{i} \rangle = 70.8°$,$M_O = -2355 \text{ kN} \cdot \text{m}$（顺时针）

(2) $d = 3.32 \text{ m}$

4-3 a) $F_{Ax} = 2.12 \text{ kN}$,$F_{Ay} = 0.33 \text{ kN}$,$F_B = 4.23 \text{ kN}$

b) $F_A = 16 \text{ kN}(\uparrow)$,$M_A = 6 \text{ kN} \cdot \text{m}$（逆时针）

c) $F_{Ax} = 0$,$F_{Ay} = 15 \text{ kN}$,$F_B = 21 \text{ kN}$

d) $F_A = 6 \text{ kN}$,$F_B = 12 \text{ kN}$

4-4 $F_{Ax} = 20 \text{ kN}$,$F_{Ay} = 100 \text{ kN}$,$M_A = 130 \text{ kN} \cdot \text{m}$

4-5 $F_{Ax} = 32 \text{ kN}(\leftarrow)$,$F_{Ay} = 0$,$M_A = 132 \text{ kN} \cdot \text{m}$（逆时针）

4-6 a) $F_{Ax} = 0$,$F_{Ay} = 17 \text{ kN}$,$M_A = 33 \text{ kN} \cdot \text{m}$

b) $F_{Ax} = 3 \text{ kN}$,$F_{Ay} = 5 \text{ kN}$,$F_B = -1 \text{ kN}$

4-7 $F_T = 0.707 \text{ kN}$,$F_{Ax} = 0.683 \text{ kN}$,$F_{Ay} = 1.183 \text{ kN}$

4-8 $\alpha = \arccos\left[\left(\dfrac{2b}{l}\right)^{1/3}\right]$

4-9 (1) $F_A = 33.2 \text{ kN}$,$F_B = 96.8 \text{ kN}$

(2) $P_{\max} = 52.2 \text{ kN}$

4-10 $F_A = -6.7 \text{ kN}$,$F_{Bx} = 6.7 \text{ kN}$,$F_{By} = 13.5 \text{ kN}$

4-11 $F_{Ax} = -4.66 \text{ kN}$,$F_{Ay} = -47.62 \text{ kN}$,$F_{BC} = 22.4 \text{ kN}$（拉）

4-12 $F_T = \dfrac{Pr}{l\cos\alpha(1-\cos\alpha)}$；当 $\alpha = \arccos\dfrac{1}{2}$ 时,$F_{T\min} = \dfrac{4Pr}{l}$

4-13 $F_{Ax} = 400 \text{ N}$,$F_{Ay} = -150 \text{ N}$,$F_B = F_C = 250 \text{ N}$

4-14 a) $F_{Ax} = 34.6 \text{ kN}$,$F_{Ay} = 60 \text{ kN}$,$M_A = 220 \text{ kN} \cdot \text{m}$,$F_C = 69.3 \text{ kN}$

b) $F_A = -2.5 \text{ kN}$,$F_B = 15 \text{ kN}$,$F_D = 2.5 \text{ kN}$

c) $F_A = 2.5 \text{ kN}$,$M_A = 10 \text{ kN} \cdot \text{m}$,$F_C = 1.5 \text{ kN}$

d) $F_A = 51.25 \text{ kN}$,$F_B = 105 \text{ kN}$,$F_D = 6.25 \text{ kN}$

4-15 $F_{AB} = \dfrac{3}{4}ql$、$F_{Cx} = \dfrac{3}{4}ql$、$F_{Cy} = 0$

4-16　$F_{Ax}=50$ kN、$F_{Ay}=25$ kN、$F_B=-10$ kN、$F_D=15$ kN

4-17　a) $F_{Ax}=F_{Ay}=0$、$F_{Bx}=-50$ kN、$F_{By}=100$ kN
　　　b) $F_{Ax}=20$ kN、$F_{Ay}=70$ kN、$F_{Bx}=-20$ kN、$F_{By}=50$ kN

4-18　$F_T=\dfrac{Fa\cos\alpha}{2h}$

4-19　$F_{AC}=8$ kN（拉）、$F_{BC}=6.93$ kN（压）

4-20　$F=F_T\dfrac{h}{H}$、$F_{BD}=\dfrac{P}{2}+F_T\dfrac{ha}{2bH}$

4-21　$F_{Ax}=-7$ kN、$F_{Ay}=3$ kN、$F_{Cx}=7$ kN、$F_{Cy}=3$ kN

4-22　$F_{Ax}=1200$ N、$F_{Ay}=150$ N、$F_B=1050$ N、$F_{BC}=1500$ N（压）

4-23　$F_{CD}=60$ kN（拉）、$F_{EO}=-36.1$ kN（压）

4-24　$F_1=\dfrac{\sqrt{2}}{2}(3ql+F)$、$F_2=-\dfrac{1}{2}(3ql+F)$、$F_3=\dfrac{1}{2}(3ql+F)$

4-25　$F=1684$ N、$F_{AB}=666.7$ N、$F_{Ox}=1459$ N、$F_{Oy}=325$ N
　　　$F_{Dx}=0$、$F_{Dy}=1167$ N

4-26　$F_{Ax}=ql$、$F_{Ay}=F+ql$、$M_A=(F+ql)l$、$F_{Dx}=\dfrac{1}{2}ql$、$F_{Dy}=ql$

4-27　$F_{Ax}=\dfrac{P}{2}$、$F_{Ay}=0$、$M_A=PR$

第五章　空间力系

5-1　$M_x=\dfrac{F}{4}(h-3r)$、$M_y=\dfrac{\sqrt{3}}{4}F(r+h)$、$M_z=-\dfrac{Fr}{2}$

5-2　$F_x=F_y=-\dfrac{\sqrt{3}}{3}F$、$F_z=\dfrac{\sqrt{3}}{3}F$

　　　$M_x(\mathbf{F})=\dfrac{\sqrt{3}}{3}Fa$、$M_y(\mathbf{F})=-\dfrac{\sqrt{3}}{3}Fa$、$M_z(\mathbf{F})=0$

5-3　$F_A=596.28$ N、$F_B=F_C=-298.14$ N

5-4　$F_{CA}=-\sqrt{2}P$、$F_{BD}=P(\cos\theta-\sin\theta)$、$F_{BE}=P(\cos\theta+\sin\theta)$、$F_{AB}=-\sqrt{2}P\cos\theta$

5-5　$a=350$ mm

5-6　$F_{Ay}=F_{By}=0$、$F_2=577.4$ N、$F_{Az}=265.5$ N、$F_{Bz}=611.9$ N

5-7　$F=70.9$ N、$F_{Ax}=-47.6$ N、$F_{Az}=-68.4$ N、$F_{Bx}=-19.1$ N、
　　　$F_{Bz}=-207$ N

5-8　$F_{Ax}=-2$ kN、$F_{Az}=4.5$ kN、$F_{Bx}=-6$ kN、$F_{Bz}=1.5$ kN

5-9　$F_{Ox}=150$ N、$F_{Oy}=75$ N、$F_{Oz}=500$ N

$M_x=100$ N·m,$M_y=-37.5$ N·m、$M_z=-24.4$ N·m

5-10 $F_1=F$、$F_2=-\sqrt{2}F$、$F_3=-F$、$F_4=\sqrt{2}F$、$F_5=\sqrt{2}F$、$F_6=-F$

第六章　静力学专题

6-1 静止、$F_s=98$ N

6-2 4383 N$<F<6574$ N

6-3 $f_s=\dfrac{1}{2\sqrt{3}}$

6-4 $\dfrac{M\sin(\theta-\varphi_f)}{l\cos\theta\cos(\beta-\varphi_f)}\leqslant F\leqslant\dfrac{M\sin(\theta+\varphi_f)}{l\cos\theta\cos(\beta+\varphi_f)}$ （其中 $\tan\varphi_f=f_s$）

6-5 $a<\dfrac{b}{2f_s}$

6-6 $b\leqslant 110$ mm

6-7 （1） $F\geqslant W\tan(\alpha+\varphi_f)$、$\tan\varphi_f=f_s$

　　（2） $\alpha\leqslant\varphi_f=\arctan f_s$

6-8 $F_1=-29.7$ kN、$F_2=21$ kN、$F_3=21$ kN、$F_4=-21$ kN、$F_5=15$ kN

　　$F_6=9$ kN、$F_7=0$、$F_8=-41.0$ kN、$F_9=9$ kN

6-9 $F_{BB'}=F_{BC'}=F_{CC'}=F_{DD'}=0$、$F_{AB}=F_{BC}=F_{CD}=11.67$ kN、$F_{DC'}=24.0$ kN

　　$F_{AB'}=F_{B'C'}=-14.58$ kN、$F_{DE}=25$ kN、$F_{C'D'}=F_{D'E}=-18.75$ kN

6-10 $F_{BC}=F_{CE}=0$、$F_{BE}=-4.24$ kN、$F_{DE}=3$ kN、$F_{AD}=-8.49$ kN

　　$F_{BD}=3$ kN、$F_{AB}=-3$ kN、$F_{OD}=9$ kN

6-11 $F_1=-125$ kN、$F_2=53$ kN、$F_3=-87.5$ kN

6-12 $F_{CD}=-0.866F$

6-13 $F_1=\sqrt{2}F$

6-14 $F_1=-\dfrac{4}{9}F$（压）、$F_2=-\dfrac{2}{3}F$（压）、$F_3=0$

6-15 a） $x_C=\dfrac{2}{5}a$、$y_C=\dfrac{b}{2}$

　　b） $x_C=0$、$y_C=\dfrac{4b}{3\pi}$

6-16 $x_C=18.38$ cm，$y_C=13.18$ cm

6-17 a） $x_C=0$、$y_C=153.6$ mm

　　b） $x_C=19.7$ mm、$y_C=39.7$ mm

6-18 $x_C=79.7$ mm、$y_C=34.9$ mm

6-19　$x_C = 21.4$ mm, $y_C = 21.4$ mm, $z_C = -7.1$ mm

6-20　a) (2.02 m, 1.16 m, 0.716 m)
　　　b) (0.511 m, 1.41 m, 0.717 m)

6-21　$P_2 = \dfrac{l}{a} P_1$

6-22　$F = 8660$ N

6-23　$F_1 : F_2 = 0.612$

6-24　$AC = a + \dfrac{F}{k}\left(\dfrac{l}{b}\right)^2$

6-25　$F_B = 15$ kN、$F_D = 2.5$ kN

第八章　轴向拉伸与压缩

8-1　略

8-2　$\sigma = 124.3$ MPa

8-3　$\sigma = 68.5$ MPa

8-4　$\sigma = 10$ MPa

8-5　$\sigma_{45°} = 5$ MPa、$\tau_{45°} = 5$ MPa

8-6　$\sigma_{\max} = 50$ MPa（压应力）、$\Delta l = 0$

8-7　$\Delta l = 0.105$ mm（伸长）

8-8　$x = \dfrac{E_2 A_2}{E_1 A_1 + E_2 A_2} l$

8-9　$E = 70$ GPa、$\nu = 0.33$

8-10　$\Delta D = -0.0179$ mm

8-11　$\delta = 26.4\%$、$\psi = 65.2\%$、塑性材料

8-12　(1) $d \geqslant 17.8$ mm；(2) $d \geqslant 32.9$ mm；(3) $d \geqslant 25.2$ mm

8-13　$d \leqslant 51.1$ mm

8-14　$a \geqslant 228$ mm、$b \geqslant 398$ mm

8-15　$[P] = 21.2$ kN

8-16　$\sigma = 200$ MPa $< [\sigma]$

8-17　$d \geqslant 22.6$ mm

8-18　$\sigma = 37.1$ MPa $< [\sigma]$

8-19　45 mm × 45 mm × 3 mm

8-20　$[F] = 112$ kN

8-21　$[P] = 38.6$ kN

8-22 AB 杆：100 mm×100 mm×10 mm、AD 杆：80 mm×80 mm×6 mm

8-23 $F_{N1}=-17.5$ kN、$F_{N2}=12.5$ kN、$F_{N3}=2.5$ kN、$\sigma_{max}=-43.75$ MPa

8-24 $\sigma_1=-\dfrac{E_1}{E_1A_1+E_2A_2}F$、$\sigma_2=-\dfrac{E_2}{E_1A_1+E_2A_2}F$

8-25 $\sigma_{max}=133.3$ MPa$<[\sigma]$

8-26 $F_{N1}=\dfrac{5}{6}F$、$F_{N2}=\dfrac{1}{3}F$、$F_{N3}=-\dfrac{1}{6}F$

8-27 $F_{N1}=\dfrac{3}{1+4\cos^3\alpha}F$、$F_{N2}=\dfrac{6\cos^2\alpha}{1+4\cos^3\alpha}F$

8-28 $\sigma_{max}=-64$ MPa

8-29 $F_{NAC}=28$ kN、$F_{NBC}=-22$ kN

8-30 $F_{N1}=-\dfrac{9EA\alpha\Delta T}{10}$、$F_{N2}=-\dfrac{3EA\alpha\Delta T}{10}$

8-31 $F_{N1}=F_{N3}=5.33$ kN、$F_{N2}=-10.67$ kN

第九章　剪切与挤压

9-1 $\tau=0.95$ MPa、$\sigma_{bs}=7.4$ MPa

9-2 $t_{max}=7.96$ mm

9-3 $b\geqslant100$ mm、$d\geqslant50$ mm

9-4 $d\geqslant15$ mm

9-5 $d\geqslant10.8$ mm、$D\geqslant13.7$ mm、$h\geqslant3.6$ mm

9-6 $\tau=99.5$ MPa$<[\tau]$、$\sigma_{bs}=125$ MPa$<[\sigma_{bs}]$、$\sigma_{max}=125$ MPa$<[\sigma]$

9-7 $\delta\geqslant9$ mm、$l\geqslant90$ mm、$h\geqslant48$ mm

9-8 $[F]=1099.6$ kN

9-9 由剪切：$l\geqslant78$ mm；由挤压：$l\geqslant119$ mm

9-10 由剪切：$[F]=58.9$ kN；由挤压：$[F]=96$ kN；由拉伸：$[F]=120$ kN

9-11 $\tau=31.8$ MPa$<[\tau]$、$\sigma_{bs}=41.7$ MPa$<[\sigma_{bs}]$

9-12 $d\geqslant19.9$ mm

9-13 $\tau=63.7$ MPa$<[\tau]$、$\sigma_{bs}=133.3$ MPa$<[\sigma_{bs}]$、$\sigma_{max}=88.9$ MPa$<[\sigma]$

9-14 $[F]=157.4$ kN

9-15 $t_{min}=80$ mm

9-16 $\sigma_{bs}=148.2$ MPa$<[\sigma_{bs}]$、$\tau=31.5$ MPa$<[\tau]$

第十章 扭 转

10-1 略

10-2 $|T|_{max}=2005.3$ N·m

10-3 $\tau_{max}=135.3$ MPa

10-4 $\tau_A=63.7$ MPa、$\tau_{max}=84.9$ MPa、$\tau_{min}=42.4$ MPa

10-5 $d\leqslant 90.85$ mm

10-6 $\tau_A=44.6$ MPa、$\tau_B=27.9$ MPa

10-7 $d=252$ mm，$D=420$ mm，空心轴的重量为实心轴的 70.6%

10-8 $\tau_1=64.8$ MPa、$\tau_2=71.3$ MPa

10-9 (1) $|T|_{max}=700$ N·m；(2) $d\geqslant 35.5$ mm；(3) 不合理

10-10 (1) 略； (2) $\tau_{max}=12.1$ MPa； (3) $\varphi_{AC}=-7.55\times 10^{-4}$ rad $=-0.0432°$

10-11 $D_1\geqslant 42.2$ mm、$D_2\geqslant 43.1$ mm

10-12 (1) 略； (2) $\tau_{max}=45.6$ MPa$<[\tau]$； (3) $\varphi_{BC}=-0.0031$ rad $=-0.178°$

10-13 (1) $\tau_{max}=46.6$ MPa；(2) $P=71.7$ kW

10-14 $\tau_{max}=71.3$ MPa$\leqslant[\tau]$、$|\varphi'|_{max}=2.05°/\text{m}>[\varphi']$

10-15 由强度条件：$d\geqslant 63.4$ mm；由刚度条件：$d\geqslant 68.4$ mm

10-16 $E=216$ GPa、$G=81.8$ GPa、$\nu=0.32$

10-17 AE 段：$\tau_{max}=45.2$ MPa$<[\tau]$、$\varphi'=0.462°/\text{m}<[\varphi']$
       BC 段：$\tau_{max}=71.3$ MPa$<[\tau]$、$\varphi'=1.02°/\text{m}<[\varphi']$

10-18 $\tau_{max}=51.6$ MPa$<[\tau]$、$\varphi'=1.9°/\text{m}>[\varphi']$

第十一章 弯 曲 内 力

11-1 a) $F_{SC-}=-2F$、$M_{C-}=-2Fl$、$F_{SC+}=-2F$、$M_{C+}=-Fl$

b) $F_{SC-}=-4$ kN、$M_{C-}=-4$ kN·m、$F_{SC+}=-4$ kN、$M_{C+}=4$ kN·m

c) $F_{SA+}=-6$ kN、$M_{A+}=0$、$F_{SB-}=-2$ kN、$M_{B-}=-20$ kN·m

d) $F_{SC-}=0$、$M_{C-}=-2ql^2$、$F_{SC+}=0$、$M_{C+}=-ql^2$

e) $F_{SA+}=-5F$、$M_{A+}=2Fl$、$F_{SB-}=-5F$、$M_{B-}=-\dfrac{Fl}{2}$、

$F_{SB+}=F$、$M_{B+}=-\dfrac{Fl}{2}$

f) $F_{SC+}=\dfrac{ql}{4}$、$M_{C+}=\dfrac{3ql^2}{4}$、$F_{SB-}=\dfrac{ql}{4}$、$M_{B-}=ql^2$

g) $F_{SB-}=-\dfrac{ql}{4}$、$M_{B-}=0$、$F_{SC+}=-\dfrac{ql}{4}$、$M_{C+}=\dfrac{ql^2}{4}$

h) $F_{SA+}=0$、$M_{A+}=6$ kN·m、$F_{SC-}=0$、$M_{C-}=6$ kN·m、
$F_{SB-}=-8$ kN
$M_{B-}=-2$ kN·m

11-2 a) $|F_S|_{max}=\dfrac{M_e}{l}$、$|M|_{max}=M_e$

b) $|F_S|_{max}=\dfrac{3ql}{4}$、$|M|_{max}=\dfrac{9ql^2}{32}$

c) $|F_S|_{max}=\dfrac{3ql}{2}$、$|M|_{max}=ql^2$

d) $|F_S|_{max}=\dfrac{3ql}{4}$、$|M|_{max}=\dfrac{ql^2}{4}$

e) $|F_S|_{max}=F$、$|M|_{max}=\dfrac{Fl}{2}$

f) $|F_S|_{max}=\dfrac{5ql}{4}$、$|M|_{max}=ql^2$

g) $|F_S|_{max}=F$、$|M|_{max}=M_e+2Fl$

h) $|F_S|_{max}=\dfrac{3ql}{2}$、$|M|_{max}=\dfrac{3ql^2}{2}$

11-3 a) $|F_S|_{max}=F$、$|M|_{max}=2Fl$

b) $|F_S|_{max}=4$ kN、$|M|_{max}=6$ kN·m

c) $|F_S|_{max}=10$ kN、$|M|_{max}=22$ kN·m

d) $|F_S|_{max}=0$、$|M|_{max}=2ql^2$

e) $|F_S|_{max}=2F$、$|M|_{max}=2Fl$

f) $|F_S|_{max}=\dfrac{3ql}{4}$、$|M|_{max}=ql^2$

g) $|F_S|_{max}=10$ kN、$|M|_{max}=63$ kN·m

h) $|F_S|_{max}=8$ kN、$|M|_{max}=6$ kN·m

i) $|F_S|_{max}=\dfrac{3ql}{2}$、$|M|_{max}=ql^2$

j) $|F_S|_{max}=\dfrac{3ql}{4}$、$|M|_{max}=\dfrac{3ql^2}{4}$

11-4 $a=0.354l$

11-5 a) $M_{max}=\dfrac{Fl}{4}$; b) $M_{max}=\dfrac{Fl}{6}$; c) $M_{max}=\dfrac{Fl}{6}$; d) $M_{max}=\dfrac{Fl}{8}$

11-6 a) $|F_S|_{max}=26$ kN、$|M|_{max}=36$ kN·m

b) $|F_S|_{max}=15$ kN、$|M|_{max}=10$ kN·m

第十二章 弯曲应力

12-1 (1) $y_C=0.275$ m、$S_{z0}=-0.02$ m³；(2) 大小相等，正负相反

12-2 a) $I_{z0}=0.468\times10^{-3}$ m⁴

b) $y_C=157.5$ mm、$I_{z0}=60.1\times10^{-6}$ m⁴

c) $y_C=125$ mm、$I_{z0}=25521$ cm⁴

12-3 实心截面：$\sigma_{max}=159.2$ MPa；空心截面：$\sigma_{max}=93.5$ MPa

12-4 (1) $\sigma_K=-61.7$ MPa

(2) $\sigma_{1max}=92.6$ MPa，截面 1—1 的上（下）边缘处

(3) $\sigma_{max}=104.2$ MPa，跨中截面的上（下）边缘处

12-5 $[F]=56.88$ kN

12-6 $D\geqslant 67.4$ mm

12-7 $\sigma_{max}=119.3$ MPa$<[\sigma]$

12-8 $\sigma_{t\,max}=45$ MPa$<[\sigma_t]$、$\sigma_{c\,max}=105$ MPa$<[\sigma_c]$

12-9 $[F]=44.2$ kN

12-10 $\sigma_{max}=108.6$ MPa$<[\sigma]$

12-11 $b=66$ mm、$h=132$ mm

12-12 $\sigma_{t\,max}=26.2$ MPa$<[\sigma_t]$、$\sigma_{c\,max}=52.4$ MPa$<[\sigma_c]$

12-13 $[F]=8.1$ kN

12-14 $d=124$ mm

12-15 No. 22b

12-16 $b=86$ mm、$h=129$ mm

12-17 $a=3l/13$

12-18 (1) $\dfrac{\sigma_{1max}}{\sigma_{2max}}=\dfrac{3}{52}\times\dfrac{13}{9}\left(\dfrac{h_2}{h_1}\right)^2=\dfrac{1}{3}$；(2) $\dfrac{\sigma'_{2max}}{\sigma_{2max}}=\dfrac{99}{266}\times\dfrac{13}{9}=\dfrac{143}{266}\approx 0.538$

第十三章 弯 曲 变 形

13-1 a) $w|_{x=a}=0$、$w|_{x=a+l}=0$；b) $w|_{x=a}=0$、$w|_{x=a+l}=0$

c) $w|_{x=0}=0$、$w|_{x=l}=-\Delta l_{BC}$；d) $w|_{x=l}=0$、$\theta|_{x=l}=0$

13-2 $\theta_1=\dfrac{M_e}{6EIl}(l^2-3b^2-3x^2)$
$w_1=\dfrac{M_e}{6EIl}(l^2x-3b^2x-x^3)$ $\Bigg\}$ $(0\leqslant x<a)$

$$\left. \begin{array}{l} \theta_2 = \dfrac{M_e}{6EIl}[-3x^2+6l(x-a)+(l^2-3b^2)] \\ w_2 = \dfrac{M_e}{6EIl}[-x^3+3l(x-a)^2+(l^2-3b^2)x] \end{array} \right\} (a<x\leqslant a+b)$$

13-3 $\theta_{\max}=-\dfrac{ql^3}{6EI}$、$w_{\max}=-\dfrac{ql^4}{8EI}$

13-4 $\theta_A=\dfrac{5ql^3}{48EI}$、$\theta_B=\dfrac{ql^3}{24EI}$、$w_A=-\dfrac{ql^4}{24EI}$

13-5 $\theta_B=\dfrac{ql^3}{12EI}$、$w_B=\dfrac{ql^4}{16EI}$

13-6 $w_C=-\dfrac{Fl^3}{48EI}-\dfrac{M_e l^2}{16EI}$、$\theta_B=\dfrac{Fl^2}{16EI}+\dfrac{M_e l}{3EI}$

13-7 $\theta_C=\dfrac{Fl^2}{4EI}$、$w_B=\dfrac{11Fl^3}{48EI}$

13-8 $\theta_A=-\dfrac{qa^3}{6EI}$、$\theta_B=0$、$w_C=-\dfrac{qa^4}{8EI}$

13-9 $w_C=-\dfrac{5ql^4}{768EI}$

13-10 $w_C=\dfrac{Fa}{48EI}(3l^2-16al-16a^2)$、$\theta_C=\dfrac{F}{48EI}(24a^2+16al-3l^2)$

13-11 $|w|_{\max}=13.7 \text{ mm}<[w]$

13-12 $I_z\geqslant 6.7\times 10^4 \text{ cm}^4$

13-13   No.18 工字钢

13-14 $F_C=\dfrac{7}{4}F$、$F_A=\dfrac{3}{4}F$、$M_A=\dfrac{1}{4}Fl$、$|M|_{\max}=\dfrac{1}{2}Fl$

13-15 $F_B=-\dfrac{3M_e}{2l}$、$F_A=\dfrac{3M_e}{2l}$、$M_A=\dfrac{M_e}{2}$、$|M|_{\max}=M_e$

13-16 $|M|_{\max}=0.125ql^2$

13-17 $F_{NBC}=\dfrac{3Aql^4}{8(Al^3+3hI)}$

13-18 $w_O=-\dfrac{Fa^3}{3EI}$

第十四章 应力状态分析与强度理论

14-1   点 1：$\sigma_1=\sigma_2=0$、$\sigma_3=-120 \text{ MPa}$

       点 2：$\sigma_1=36 \text{ MPa}$、$\sigma_2=0$、$\sigma_3=-36 \text{ MPa}$

       点 3：$\sigma_1=70.4 \text{ MPa}$、$\sigma_2=0$、$\sigma_3=-10.4 \text{ MPa}$

点4：$\sigma_1=120$ MPa、$\sigma_2=\sigma_3=0$

14-2　$\sigma_1=10.62$ MPa、$\sigma_2=0$、$\sigma_3=-0.07$ MPa、$\alpha_0=4.73°$

14-3　a) $\sigma_\alpha=-27.3$ MPa、$\tau_\alpha=-27.3$ MPa

　　　b) $\sigma_\alpha=52.3$ MPa、$\tau_\alpha=-18.7$ MPa

　　　c) $\sigma_\alpha=0.49$ MPa、$\tau_\alpha=-20.5$ MPa

　　　d) $\sigma_\alpha=35$ MPa、$\tau_\alpha=-8.7$ MPa

14-4　(1) a) $\sigma_1=52.4$ MPa、$\sigma_2=0$、$\sigma_3=-32.4$ MPa、$\alpha=22.5°$；

　　　　　b) $\sigma_1=37$ MPa、$\sigma_2=0$、$\sigma_3=-27$ MPa、$\alpha=-70°14'$；

　　　　　c) $\sigma_1=62.4$ MPa、$\sigma_2=17.6$ MPa、$\sigma_3=0$、$\alpha=58°17'$；

　　　　　d) $\sigma_1=120.7$ MPa、$\sigma_2=0$、$\sigma_3=-20.7$ MPa、$\alpha=-22.5°$

　　　(2) 略

14-5　略

14-6　略

14-7　(1) $\sigma_1=150$ MPa、$\sigma_2=75$ MPa、$\sigma_3=0$、$\tau_{max}=75$ MPa

　　　(2) $\sigma_\alpha=131$ MPa、$\tau_\alpha=-32.5$ MPa

14-8　(1) $\sigma_\alpha=-45.8$ MPa、$\tau_\alpha=8.79$ MPa

　　　(2) $\sigma_1=108$ MPa、$\sigma_2=0$、$\sigma_3=-46.3$ MPa、$\alpha_0=33°17'$

14-9　$\sigma_x=120$ MPa、$\tau_{xy}=69.3$ MPa

14-10　a) $\sigma_1=50$ MPa、$\sigma_2=50$ MPa、$\sigma_3=-50$ MPa、$\tau_{max}=50$ MPa

　　　　b) $\sigma_1=52.2$ MPa、$\sigma_2=50$ MPa、$\sigma_3=-42.2$ MPa、$\tau_{max}=47.2$ MPa

　　　　c) $\sigma_1=130$ MPa、$\sigma_2=30$ MPa、$\sigma_3=-30$ MPa、$\tau_{max}=80$ MPa

14-11　$\varepsilon_x=380\times10^{-6}$、$\varepsilon_y=250\times10^{-6}$、$\gamma_{xy}=650\times10^{-6}$、$\varepsilon_{30°}=66\times10^{-6}$

14-12　$\sigma_x=80$ MPa、$\sigma_y=0$

14-13　$\sigma_1=\sigma_2=-35.7$ MPa、$\sigma_3=-150$ MPa

14-14　$F=125.5$ kN

14-15　$T=2998.5$ N·m

14-16　$\Delta l=9.3\times10^{-3}$ mm

14-17　$\sigma_x=40$ MPa、$\sigma_t=80$ MPa、$p=3.2$ MPa、$\sigma_{r4}=72.1$ MPa$<[\sigma]$

14-18　a) $\sigma_{r1}=57$ MPa、$\sigma_{r3}=64$ MPa、$\sigma_{r4}=60.8$ MPa

　　　　b) $\sigma_{r1}=25$ MPa、$\sigma_{r3}=50$ MPa、$\sigma_{r4}=43.3$ MPa

　　　　c) $\sigma_{r1}=11.2$ MPa、$\sigma_{r3}=82.4$ MPa、$\sigma_{r4}=77.4$ MPa

　　　　d) $\sigma_{r1}=37$ MPa、$\sigma_{r3}=64$ MPa、$\sigma_{r4}=55.7$ MPa

14-19　$\sigma_{r3}=122.1$ MPa、$\sigma_{r4}=111.4$ MPa

14-20　$\sigma_{r1}=32.4$ MPa$<[\sigma_t]$、$\sigma_{r2}=33.1$ MPa$<[\sigma_t]$

14-21 $p=1.39$ MPa

14-22 $\sigma_{r2}=26.6$ MPa$<[\sigma_t]$

第十五章 组合变形

15-1 $\sigma_{t\max}=28\dfrac{F}{bh}$、$\sigma_{c\max}=29.6\dfrac{F}{bh}$

15-2 $\sigma_{t\max}=14.3$ MPa，$\sigma_{c\max}=18.3$ MPa

15-3 8 倍

15-4 $\sigma_{\max}=121$ MPa 超过许用应力 0.75%，仍可使用

15-5 $b=68$ mm

15-6 $[F]=1359$ N

15-7 $\sigma_{\max}=55.8$ MPa$<[\sigma]$

15-8 $\sigma_{\max}=128$ MPa$<[\sigma]$

15-9 $P=788$ N

15-10 $\sigma_{r3}=58.3$ MPa$<[\sigma]$

15-11 $d=60$ mm

15-12 $d\geqslant 67.9$ mm

15-13 $\sigma_{r3}=3.32$ MPa$<[\sigma]$

15-14 $d\geqslant 23.6$ mm

15-15 $\sigma_{r3}=107.4$ MPa$<[\sigma]$

15-16 $M=94.2$ N·m、$T=100.5$ N·m、$\sigma_{r4}=163.3$ MPa

15-17 $\sigma_{r3}=84.4$ MPa$<[\sigma]$

第十六章 压杆稳定

16-1 a) $F_{cr}=2540$ kN； b) $F_{cr}=2645$ kN； c) $F_{cr}=3136$ kN

16-2 (1) $F_{cr}=37.8$ kN；(2) $F_{cr}=13.12$ kN；(3) $F_{cr}=459$ kN

16-3 $\sigma_{cr}=7.39$ MPa

16-4 当 $l=2$ m 时，$F_{cr}=159.5$ kN；当 $l=1$ m 时，$F_{cr}=423.4$ kN

16-5 $F_{cr}=400$ kN、$\sigma_{cr}=663$ MPa

16-6 $F_{cr}=247.7$ kN

16-7 $F_{cr}=412.0$ kN

16-8 $\lambda_p=92.6$、$\lambda_s=52.5$

16-9 $[F]=7.49$ kN

16-10 $n=3.86$

16-11　$n=6.5>n_{st}$

16-12　(1) $F_{max}=59.3$ kN；(2) $n=1.70$ 不安全；(3) 没有变化

16-13　$T=66.4$ ℃

16-14　$a=44$ mm、458.7 kN

16-15　$d=97$ mm

16-16　$n=1.695>n_{st}$

16-17　$F=\dfrac{3\pi^2 EI}{4h^2}$

参 考 文 献

[1] 王永廉，唐国兴. 理论力学 [M]. 3版. 北京：机械工业出版社，2019.
[2] 王永廉，方建士. 材料力学 [M]. 4版. 北京：机械工业出版社，2023.
[3] 单辉祖，谢传峰. 工程力学：静力学与材料力学 [M]. 北京：高等教育出版社，2004.
[4] 哈尔滨工业大学理论力学教研室. 理论力学 [M]. 6版. 北京：高等教育出版社，2002.
[5] 刘鸿文. 材料力学 [M]. 6版. 北京：高等教育出版社，2017.

教学支持申请表

本书配有多媒体课件、教学设计（教案）、备课笔记、教学及考核大纲、习题详解、期末试卷等，为了确保您及时有效地申请，请您**务必完整填写**如下表格，加盖系/院公章后扫描或拍照发送至下方邮箱，我们将会在2～3个工作日内为您处理。

请填写所需教学资源的开课信息：

采用教材				□中文版 □英文版 □双语版
作　者			出版社	
版　次			ISBN	
课程时间	始于　　年　月　日		学生专业及人数	专业：_____； 人数：_____。
	止于　　年　月　日		学生层次及学期	□专科　□本科　□研究生 第____学期

请填写您的个人信息：

学　校	
院　系	
姓　名	
职　称	□助教 □讲师 □副教授 □教授　　职　务
手　机	电　话
邮　箱	

系／院主任：　　　　　　　　　　（签字）

（系／院办公室章）

_____年_____月_____日

100037　北京市西城区百万庄大街 22 号 机械工业出版社高教分社　张金奎
电话：(010) 88379722
邮箱：jinkui_zhang@163.com
网址：www.cmpedu.com